普通高等教育“十一五”国家级规划教材
普通高等教育“十二五”电子信息类规划教材

综合布线系统

第3版

刘化君 编 著

机 械 工 业 出 版 社

本书比较全面、系统和完整地介绍了综合布线系统基础理论、综合布线系统工程设计、综合布线施工技术、布线系统测试与工程验收等内容，反映了综合布线领域的最新技术与应用。

全书由9章及附录分4个知识单元组成。基础理论单元主要介绍了综合布线的理论基础。系统工程设计单元讨论了综合布线系统的构成、工程设计和布线工程方案等。布线施工技术单元讲述了综合布线系统的安装施工，电缆、光纤光缆的布线技术和技巧。布线系统测试与工程验收单元重点讲述了综合布线系统的测试与工程验收技术，以及布线故障诊断技术等。附录给出了相关的综合布线系统标准目录及常用图形符号。为帮助读者掌握基本理论和技术，每章末附有一定数量的思考与练习题。

全书以观念新、内容新、体例新为特色，知识结构合理，实用性强；文字叙述由浅入深、循序渐进；概念描述准确，清楚易懂；内容编排重点突出，注重理论联系实际，是一本理论与实践紧密结合的教材。本书适用面较广，可供网络工程、物联网工程、通信工程、信息工程、电信工程及管理、广播电视工程、智能电网信息工程、建筑电气与智能化和信息管理与信息系统等专业的本科生作为教材使用，也可作为相关领域工程技术人员、IT管理人员的技术参考书以及相关培训班的教材使用。

图书在版编目（CIP）数据

综合布线系统/刘化君编著．—3版．—北京：机械工业出版社，2014.2（2017.1重印）

普通高等教育“十一五”国家级规划教材

ISBN 978-7-111-45664-3

Ⅰ.①综…　Ⅱ.①刘…　Ⅲ.①计算机网络-布线-高等学校-教材　Ⅳ.①TP393.03

中国版本图书馆CIP数据核字（2014）第022854号

机械工业出版社（北京市百万庄大街22号　邮政编码100037）
责任编辑：刘丽敏　责任校对：刘怡丹
版式设计：霍永明　封面设计：张　静
责任印制：李　洋
三河市国英印务有限公司印刷
2017年1月第3版第4次印刷
184mm×260mm·23印张·562千字
标准书号：ISBN 978-7-111-45664-3
定价：43.00元

第3版前言

本书自出版发行第1版、第2版以来，得到了众多同行的支持和广大读者的厚爱，尤其是列入普通高等教育“十一五”国家级规划教材的第2版目前已重印5次。为紧跟综合布线技术的发展，满足教学应用需求，决定修订出版第3版。

随着全球范围内下一代网络通信技术的快速发展与应用，综合布线系统也在随之不断变化而更新。本书此次修订在保持第2版体例结构、编著特色的基础上，为适应“宽带中国”战略要求，建设智慧城市、数字家庭，遵循“光进铜退”的发展趋势增补了光纤入户用光缆、互联网数据中心（IDC）布线系统设计、光纤配线网（ODN）设计、光纤布线系统的施工与检测以及综合布线系统的智能管理等内容，剔除了一些不再常用的技术，重新组织、增添了综合布线系统工程示例，修订、更新内容达60%以上。经过这次修订，本书更加全面、系统和完整地从理论与工程实际紧密结合的角度介绍了综合布线的基础理论、布线系统工程设计、布线施工技术、综合布线系统测试与工程验收等内容，反映了综合布线领域的最新技术和应用。

全书由4个知识单元共9章及附录组成。

第1单元为综合布线系统基础理论，包含第1~4章，主要讨论综合布线系统的概念和执行标准、所要用到的传输介质、接续设备及信道传输特性等。基本原理是永恒的，进步的是技术，修订和新增的内容主要是光纤光缆的结构与特性、光纤入户用光缆、光纤传输系统中的主要设备、电子配线架和计算机网络连接设备等。

第2单元为综合布线系统工程设计，包含第5~6章，主要内容为综合布线系统的构成、综合布线系统工程设计。其修订和新增内容涵盖了综合布线系统的服务网络（包括计算机网络、电信网和广播电视网）、互联网数据中心布线系统设计、光纤配线网（ODN）设计等，并重点讨论了光纤入户配线网络系统的工程设计，给出了多种综合布线系统工程方案示例，旨在为宽带中国战略，推进光纤入户、三网融合和物联网应用提供技术支撑服务。

第3单元为综合布线施工技术，包含第7~8章，主要讨论综合布线的“一间、两区、三个子系统”，即设备间、工作区、管理区、水平干线子系统、垂直干线子系统、建筑群子系统的布线安装施工技术。专题讨论了光纤、光缆布线施工技术，并对其进行了许多更新和扩充，新增了光纤系统的极性管理、光缆线路常见故障及处理方法等。

第4单元为布线系统测试与工程验收，即第9章，其功能与第2版相同，但内容已被全面修订，并更新到综合布线系统的最新状态，不仅更新了材料，还增加了深度，修订、补充内容涉及综合布线的测试验收标准与链路模型、测试仪器、电缆布线系统的测试，以及光纤系统的测试与认证、综合布线系统的工程验收等。

全书4个知识单元紧密相关，体例严谨，系统全面，形成了一个完整知识结构，呈现了：理论联系实际，体现实用性；内容系统全面，突出技术先进性；技术概念准确，清楚易懂，实现易用性的特色。

本书适用面较广，可供网络工程、物联网工程、通信工程、信息工程、电信工程及管理、广播电视工程、智能电网信息工程、建筑电气与智能化和信息管理与信息系统等专业的本科生作为教材使用，也可作为相关领域工程技术人员、IT管理人员的技术参考书以及相关培训班的教材使用。

本书在写作过程中得到了众多同行的支持和帮助，是经集体研究而形成的一项成果，具体情况为：刘枫（南京工程学院）执笔第2章传输介质、第3章接续设备；南京长江都市建筑设计股份有限公司高级工程师陈杰执笔第8章光缆布线施工技术，并审阅了书稿；在此一并表示衷心感谢！其余各章由刘化君撰写。本书由刘化君教授主编，并对各章节内容进行了统编改写，最后予以定稿。

综合布线系统的发展速度很快，新的布线标准仍在不断修订补充，加上作者水平有限和时间仓促，因此，在这次修订中难免存在一些不妥或疏漏之处，衷心希望广大读者批评指正。

编　者

第2版前言

本书第1版自2004年7月出版发行以来，得到了众多同行的支持和广大读者的厚爱，并且列入普通高等教育“十一五”国家级规划教材予以修订再版，作者对此表示衷心的感谢！

本书这次修订幅度很大，主要是根据2007年10月1日开始实施的《综合布线系统工程设计规范》（GB 50311—2007）、《综合布线系统工程验收规范》（GB 50312—2007）等国家标准进行了重新编写。从体例结构到内容，重新撰写部分达到85%以上。本书修订再版后，更为全面、系统地介绍了综合布线系统的基础理论、构成与工程设计方法、布线施工技术、系统测试与工程验收等内容。全书由综合布线系统基础理论、综合布线系统工程设计、综合布线施工技术及布线系统测试与工程验收4个知识单元共9章及附录组成。

第1单元为综合布线系统基础理论，内容由绪论、传输介质、接续设备、信道传输特性等4章内容组成。主要概述综合布线的理论基础知识。

第2单元为综合布线系统工程设计，主要内容包括：综合布线系统的构成、工程设计、工程方案及其设计实例等。本单元在详细讨论综合布线系统构成及其设计方法的基础上，密切联系真实的综合布线系统，提供了如何进行布线系统工程设计的具体技术和解决方案。

第3单元为综合布线施工技术，主要内容含有：综合布线施工要点、综合布线系统的布线与安装、电缆敷设技术、光纤的接续连接与光缆布线施工技术等。本单元主要讨论综合布线的“一区、两间、三个子系统及管理”，即工作区，设备间、进线间，配线子系统、干线子系统、建筑群子系统及管理系统的布线安装与施工技术，重点介绍“依次”和“如何”将线路接入中心设备。

第4单元为布线系统测试与工程验收，主要内容含有：测试验收标准与链路模型、测试项目、测试仪器、电缆布线系统的测试、光纤链路性能测试及其布线故障诊断、综合布线工程验收等。重点讲述对布线系统的测试、布线故障诊断，因为在安装线缆之后，必须保证它可靠而合适地工作。

附录给出了综合布线系统相关的标准参考目录及常用图形符号。为帮助读者掌握基础理论和技术，每章末附有思考与练习题。

本书修订时，以“观念新、内容新、体例新”作为指导思想和原则，反映综合布线系统最新成就，力求在内容和体系上形成以下特色：

1. 观念新，教材适用层次定位明确

本教材的特色之一是定位服务于工科、工程应用型本科院校的本科教学，教材适用层次、读者对象定位明确。所拟定的知识内容属于新兴学科、交叉学科，相关课程是培养新兴职业——网络工程师、布线工程师素质的主干专业课程，并涉及计算机网络工程及实验课程内容。

2. 内容新，知识结构完整，实用性强

本教材的另一特色是内容新，从理论与实践密切结合的角度比较全面、系统地阐述综合布线的基础理论、系统工程设计、布线施工技术、系统测试与工程验收等内容。全书采用国际、国内及通信等行业公布的最新标准规范和当前最新技术成果，许多概念、术语以及图表、技术指标数据直接来自于GB 50311—2007、GB 50312—2007，以尽可能多的篇幅反映了综合布线系统领域的最新发展，并总结了作者多年来的工程经验、实践体会和教学经验。全书4个知识单元紧密相关，体例严谨，系统全面，重点突出，形成了一个完整而合理的知识结构。

同时，在取舍内容时特别注意了理论技术的实用性，所涉及的内容不但具有较强的系统性，而且具有很好的技术平台中立性。为便于教师的教、易于学生的学，配有许多精心设计的综合布线系统技术案例。通过本教材的学习，读者能够系统地学习综合布线系统的基本理论知识，全面掌握综合布线系统的工程设计、布线施工与安装工艺、系统测试和工程验收等技术，为今后的职业发展奠定坚实的理论和技术基础。

3. 体例新，易学易用

本书体例新，易学易用，主要体现在以下几个方面：

1）模块化的知识结构。本书将知识点模块化，分成4个单元，并相互勾连成为有机整体，紧紧围绕应用实例，向读者展示综合布线系统的基础理论、系统工程设计、布线技术、系统测试与工程验收，并以时间推进为主线，着重就综合布线工程项目的规划设计、施工技术、测试与验收等进行深入浅出的讨论。知识结构系统完整，层次分明；理论与实践密切结合，符合认知规律。

2）以学习者为中心的体系结构。全书内容整体设计贯彻以学习者为中心的理念，各单元内容紧密联系，构建了综合布线系统知识结构。

3）工程能力训练贯穿始终。针对应用型人才工程能力培养的核心问题，紧扣为教学改革和教学需要服务的主线，把实践教学活动融合在教学过程之中，将抽象知识、操作过程形象化，真正体现了学以致用，使学习以职业工作为导向。让学生在系统学习综合布线系统知识的过程中，循序渐进地得到工程能力的训练与提高。

总之，本教材努力突出的特色是：理论联系实际，体现实用性；内容系统全面，突出技术先进性；技术概念准确，清楚易懂，实现易用性。一切为了教和学，教师易教，学生易学，是我们努力追求实现的目标。

本书可供网络工程、通信工程、信息技术、智能建筑、系统集成等专业的本科生作为教材使用，也可作为相关领域工程技术人员、IT管理人员的技术参考书以及相关培训班的教材使用。

本书在写作过程中得到了众多同行的支持和帮助，是经集体研究而形成的一项成果，具体情况为：刘枫（南京工程学院）执笔第2章传输介质、第3章接续设备，黄晓宇（湖南工程学院）执笔改写第8章光缆布线施工技术及第9章布线系统测试与工程验收，其余各章节由刘化君撰写。本书由刘化君教授主编，并对各章节内容进行了统编改写，最后予以定稿。南京工程学院副校长吴中江教授、南京普天通信股份有限公司高级工程师陈照光博士审阅了书稿，在此一并表示衷心感谢！

本书作者的研究工作得到了教育部教育教学改革重大课题“地方应用型本科院校人才培养目标、模式和方法的研究与实践”、中国高等教育学会教育科学“十一五”规划研究课题“工程应用型人才工程实践与创新能力培养的改革与实践”项目的支持。

由于综合布线系统的发展速度很快，加上作者水平有限和时间仓促，因此，在这次修订中难免存在一些不妥之处，衷心希望广大读者批评指正。

编　者

第1版前言

综合布线系统GCS（Generic Cabling System）是建筑群或建筑物内用于数据、语音、影像和其他信息的传输网络。它以其高品位的光纤、双绞线等作为信号传输介质，使语音和数据通信设备、交换设备及其他信息管理系统彼此相连接。综合布线系统是信息时代的必然产物。正以其鲜明的特点和优势逐步取代传统布线。在过去，布线是没有组织的，也没有标准。一些调查数据说明了这样三个事实：①标准的综合布线系统费用低于网络基础结构整个费用的1/10。②标准的综合布线系统的使用寿命在15年以上，在用户所拥有的资产中综合布线系统的寿命排在建筑物主体工程之后。居第二位。③约有70%的网络故障是出自布线系统。显然，它必须可靠有效！信息技术领域也已经越来越多地意识到精良的综合布线的重要性，因此综合布线系统也就应运而生了。

本书比较全面、系统、完整地介绍了综合布线系统的基础知识、设计方法、施工技术、测试、验收及鉴定等内容，基本上全面反映了当前综合布线领域的最新技术和理论成果，并介绍了该领域的技术发展趋势。全书由综合布线系统概述、综合布线系统设计、综合布线技术及综合布线管理四部分共十二章及附录组成。

第一部分为综合布线系统概述，内容由绪论、传输介质和接续设备、通道传输特性及其主要技术指标等内容组成。主要概述综合布线所要用到的理论基础知识。

第二部分为综合布线系统设计，主要内容含有：综合布线系统的组成、综合布线系统设计、综合布线系统工程方案及其设计实例（以某种业务楼为例）。本部分在详细讨论综合布线系统设计方法的基础上，密切联系真实的综合布线系统，提供如何进行布线的具体解决方法和方案。

第三部分为综合布线技术，主要内容含有：综合布线系统安装施工、电缆布线技术、工作区信息模块的安装、光缆布线技术。本部分主要讲述综合布线的技术和技巧，重点介绍“依次”和“如何”将线路接入中心设备。

第四部分为综合布线系统管理，主要内容含有：综合布线系统的监测与管理、线缆测试和认证、布线故障诊断、布线系统工程的验收与鉴定。重点讲述对安装认证和线缆测试，因为在安装完线缆之后，必须保证它可靠而合适地工作。

附录给出了相关的综合布线系统标准参考资料目录。为帮助读者掌握基本理论和技术，每章末附有一定数量的思考与练习题。

本书在撰写时，严格遵循综合布线系统的技术标准、规范（以综合布线系统国家标准、国家工程建设标准和国家推荐性标准及相关网站公布的最新标准为依据），并体现出以下三个特点：

（1）自成体系。本书内容丰富，系统全面，涵盖综合布线系统的理论与技术。其中既包括信息技术、通信、楼宇建筑、系统集成等专业本科生应掌握的综合布线系统的理论基础，也包括适用于该领域工程技术人员的技术知识；书末附有综合布线系统的技术标准、规范等介绍，供读者查阅参考使用。

（2）内容先进。本书内容取材新颖，注重将综合布线系统的最新发展适当的引入教学之中，以保持内容的先进性。

（3）实用性强。本书内容编排重点突出，注重理论联系实际，给出了较多综合布线的实用技巧和案例，体现出工程技术的实用性。虽然用较多的篇幅讲述了必要的实用技术，但是更着重于基础理论知识及其与实际应用的结合，目的是希望该教材与综合布线系统一样耐久而实用。

总之，本书在体现自成体系、内容先进、实用性强等特点的基础上，反映了作者多年在该领域的教学经验、实践技术经验和研究成果。另外，还力求做到在文字叙述上由浅入深，循序渐进；概念描述准确，清楚易懂。拟订编撰大纲时就确定了要达到教师好用、学生欢迎及实用性强的这样一个目标。

本书可供信息技术、网络工程、通信、建筑、系统集成等专业的本科生作为教材使用，也可作为相关领域工程技术人员、IT管理人员的技术参考书以及相关培训班的教材使用。

本书是普通高等教育应用型人才培养规划教材编审委员会电子与通信类分委员会的领导下，集体研究而形成的一项成果，具体编写情况为：李铭（南京工程学院）执笔第2章、第3章、第12章；李万林（解放军理工大学通信工程学院）执笔第5章、第6章；黄晓宇（湖南工程学院）执笔第8~11章；刘化君（南京工程学院）执笔第1章、第4章、第7章及附录等。本书由刘化君教授主编，并对大部分章节内容进行了统编改写，最后予以定稿；黄晓宇副教授任副主编。教授级高级工程师沈卫康先生审阅了全部书稿，并提出了建设性修改意见；最后，全书由南京师范大学博士生导师李艺教授主审，在此一并表示衷心感谢！

由于综合布线系统的发展速度很快，加上作者水平有限和时间仓促，因此，本书中难免存在一些缺点、错误或过时的内容，恳请广大读者批评赐教。

作　者

2004年2月6日

目　　录

第1章　绪　　论

随着IT产业的迅猛发展，以信息网络和多媒体通信技术为先导的信息消费时代提前到来。概念模糊的“类计算机”依靠互联网迅速而广泛地渗透到信息社会的各个领域，潜移默化地影响着人们的日常生活和工作。这种影响不易被察觉，直到某一天当人们发现已经离不开信息网络的时候，才会深深地意识到这是一场史无前例的变革。

人们需要网络，因为人们需要信息；人们离不开网络，因为人们离不开信息交流。在信息社会中，一个现代化的建筑物内，除了具有电话、传真、空调、消防设备、电源、照明线路之外，信息网络通信线路更是不可缺少。在数字化的信息社会中，无论是在办公室、家里、银行或是商场，代表数字化网络通信的缆线正像常青藤一样到处蔓延。为了使延伸的网络通信缆线不至于造成泛滥而无法控制，广大从业人员开始注意到综合布线的重要性。

综合布线系统（Generic Cabling System，GCS）是信息时代的必然产物。它正以其鲜明的特点和优势逐步取代传统专属布线，信息技术领域已经越来越多地意识到综合布线系统的重要性。因此，本书针对综合布线系统发展的需要，拟就综合布线系统的基础知识、系统构成、工程设计、施工技术、系统测试与工程验收等内容进行介绍，力争反映出综合布线系统领域的最新技术与应用。

1.1　综合布线系统概述

综合布线系统是一种由缆线及相关接续设备组成的信息传输系统，它以一套单一的配线系统综合通信网络、信息网络及控制网络，可以使相互间的信号实现互连互通。综合布线系统的主体是建筑群或建筑物内的信息传输介质，以使语音、数据通信设备、交换设备和其他信息管理系统彼此相连，并使这些设备与外部通信网络连接；显然，它包含了建筑物内部和外部线路（网络线路、电话局线路等）间的缆线（所谓缆线是指包括电缆、光缆在一个总的护套里，由一个或多个同一类型的缆线线对组成，并可包括一个总的屏蔽物）及相关设备的连接措施。

1.1.1　综合布线系统的产生与建立

在计算机网络技术和通信技术发展的基础上，为进一步适应社会信息化和信息经济化的需要，综合布线系统应运而生，并且得到了迅速发展。综合布线系统是通信网络技术与建筑技术相结合的产物，也是计算机网络、物联网工程的基础。

计算机网络最初（4800bit/s 的 Ethernet）从一个争用型无线频道传输系统（ALOHA）发展到现在大面积普及的1000Base-T，大约经历了二十多年的时间。数字通信技术也大致经历了虚拟电路（Virtual Circuit）、帧中继（Frame Relay）、B-ISDN（Broadband Integrated Services Digital Network）和 ATM（Asynchronous Transfer Mode）等阶段。计算机网络在世界范围内的迅速扩展直接导致了20世纪80年代中后期对于综合布线系统的深入研究。

20世纪80年代中期，推广灵活而廉价的PC成为大势所趋。到1985年，Novell决心将PC连接的Ethernet网络延伸到世界的每一个角落，10Base-T和同轴电缆开始垄断局域网（Local Area Network，LAN），随之而来的是Xerox的Rawson和Schmidt，它们将Ethernet移植到光纤和对绞电缆上。此时，IBM也试图将自己的令牌环网Token Ring推向前台，但最终IEEE的802委员会专家组采纳了基于UTP的10Base-T，即IEEE 802.3。使对绞电缆构造的星形拓扑结构赢得了在网络布线领域的决定性胜利。这样一来，UTP几乎与电话线以及后来的有线电视（Community Antenna Tele Vision，CATV）缆线一样，成为每一个办公室的基本要求，而星形Ethernet战胜了令牌环网和光纤分布式数据接口（Fiber Distributed Data Interface，FDDI）成为行业的主流直到今天。就在以太网、令牌网和FDDI争夺市场难分高低时，一些过于急躁的用户可能做了错误的选择，随后在布线改造上所花费的巨额资金以及在使用维护上所消耗的大量精力，驱使人们不得不思考另一种更优化的方案：有没有一种新的布线技术可以应付上述尴尬局面？不断复杂的通信网络缆线，迫使人们不得不面临网络布线方面的麻烦。

正是在这样的背景下，一种融计算机网络技术、通信技术、控制工程和建筑艺术于一体的所谓的“智能建筑系统（Intelligent Building System，IBS）”推向市场。IBS抛弃传统的专属布线技术，寻求了一种规范的、统一的、结构化、易于管理的、开放式、便于扩充的、高效稳定的、维护和使用费用低廉的、更多地关注健康和环境保护的综合布线方案。综观综合布线系统的发展过程，可以按照时间段将其划分为以下3个时期。

1. 综合布线系统的萌芽

20世纪50年代初到60年代末，可作为综合布线系统的萌芽期。在20世纪50年代初到60年代末，可以说还没有形成计算机通信网络，但是一些发达国家在高层建筑中采用电子器件组成控制系统，并通过各种线路把分散的仪器、设备、电力照明系统、电话系统连接起来，进行集中监控和管理。这种用来连接的线路可谓是综合布线系统的雏形。可见综合布线系统是早于计算机通信网络发展的，但这时的综合布线系统没有统一的标准，也不知道未来的发展趋向，仅是盲目地应付当时的通信需求。到20世纪60年代末期，出现了数字自动化系统，使得建筑物内的通信需求进一步加大，对原有的那些布线系统必须重新改造或者拆除才能适应新的发展需要，布线与通信的矛盾开始日渐突出。

2. 综合布线系统的建立

20世纪70年代初到80年代末是综合布线系统的建立阶段。首先是20世纪70年代初Xerox公司发明了以太网技术，随后Xerox公司、Intel公司和DEC公司在1978年把以太网技术标准化，并且战胜了令牌环网和FDDI成为IEEE 802.3的国际标准。从此，综合布线系统从某种程度上可以说是围绕以太网的升级而不断完善。

在20世纪80年代中期，大规模和超大规模集成电路的迅猛发展带动了信息技术的发展。1984年，人们对美国康涅狄格（Connecticut）州的哈特福德（Hartford）市的一座旧金融大厦进行了改建，在楼内增添了计算机、程控数字交换机等先进的办公设备，以及高速通信线路等基础设施。此外，大楼的暖气、通风、给排水、消防、保安、供电、交通等系统均由计算机统一控制，实现了自动化综合管理，为用户提供语音通信、文字处理、电子文件以及情报资料等信息服务。在这次前所未有的尝试中，人们对建筑物内的综合布线系统产生了浓厚的兴趣，多家公司纷纷进入布线领域。这时虽然各厂家之间的产品兼容性较差，但为后来综合布线系统的发展奠定了良好基础。

1984年出现的首座智能建筑，采用的是传统专属布线方式，其不足日益显露。1985年初，计算机行业协会（CCIA）提出对建筑物布线系统标准化的倡议；美国电子行业协会（EIA）和美国电信行业协会（TIA）开始标准化制订工作。美国电话电报公司（AT&T）Bell实验室的专家们经过多年的研究，在该公司的办公楼和工厂试验成功的基础上，于20世纪80年代末在美国率先推出了结构化综合布线系统（Structured Cabling System，SCS），其代表产品是建筑与建筑群综合布线系统（SYSTIMAX PDS）。这些事件标志着综合布线系统的建立。

3. 综合布线系统的标准化

自20世纪90年代至今，进入了综合布线系统的标准化时期。

1991年7月，ANSI/TIA/EIA 568《商业建筑通信布线标准》问世；同时，与布线信道、管理、电缆性能及连接器件性能等有关的相关标准也同时推出。

1993年，我国原邮电部和建设部颁布《城市住宅区和办公楼电话通信设施设计标准》。

1995年，我国工程建设标准化协会颁布《建筑与建筑群综合布线系统设计规范》。

1995年底，ANSI/TIA/EIA 568标准正式更新为ANSI/TIA/EIA 568—A。制订ANSI/TIA/EIA 568—A标准的目的是：①建立一种支持多供应商环境的通用电信布线系统；②可以进行商业大楼结构化布线系统的设计和安装；③建立各种布线系统的配置和技术标准。

同时，国际标准化组织（ISO）推出了ISO/IEC 11801：1995（E）国际布线标准；于2000年，ANSI/TIA/EIA颁布了ANSI/TIA/EIA 568—B商业建筑物电信布线标准。

2007年4月6日，中华人民共和国建设部发布了《综合布线系统工程设计规范》（编号为GB 50311—2007）、《综合布线系统工程验收规范》（编号为GB 50312—2007）为国家标准，自此使得我国的综合布线系统工程标准更加规范。

1.1.2　综合布线系统的概念

综合布线系统应该说是跨学科、跨行业的系统工程，内容广泛，涵义丰富。它作为信息产业技术主要体现在建筑自动化（Building Automatization，BA）、通信自动化（Communication Automatization，CA）、办公自动化（Office Automatization，OA）和计算机网络（Computer Network，CN）几个方面。今后随着IT技术的发展，综合布线系统的内涵会进一步丰富和发展，以满足建筑电气与智能化日益增长的要求。

1. 传统专属布线

所谓布线（Cabling）是指能够支持信息电子设备相连的各种缆线、跳线、接插软线和连接器件组成的系统。因此，传统专属布线的含义是指，不同应用系统（电话语音系统、计算机网络系统、建筑自动化系统等）的布线系统各自独立，不同的设备采用不同的传输介质构成各自的通信网络；同时，连接传输介质的插座、模块及配线架的结构和标准也不尽相同，专属某一类系统。

传统专属布线方式由于没有统一的设计规范，不但施工、使用和管理不方便，而且相互之间也达不到资源共享的目的；加上施工时期不同，致使形成的布线系统存在极大差异，难以互换通用。尤其当工作场所需要重新规划，设备需要更换、移动或增加时，只能重新敷设缆线，安装插头、插座，并需中断办公，使得布线工作费时、耗资、效率低下。因此，传统专属布线的主要缺陷就是不利于布线系统的综合利用和管理，限制了应用系统的发展变化以及通信网络规模的扩充和升级。

2. 综合布线系统

综合布线系统自20世纪90年代引入我国以来，已经历了数次更新换代。从3类布线到5类布线，再到5e类、6类布线，每一次布线技术的突破，都是与网络技术发展的要求相适应的。将摩尔定律运用在布线领域显示出，每5年布线技术将提供10倍的带宽以满足相应的通信网络需求。综合布线系统已经成为炙手可热的新技术。因此，综合布线系统的涵义也随着通信网络技术的发展而不断发展。

（1）综合布线

所谓综合布线，就是指建筑物或建筑群内的线路布置标准化、简单化，是一套标准的集成化分布式布线系统。综合布线通常是将建筑物或建筑群内的若干种线路，如电话语音系统、数据通信系统、报警系统、监控系统等合为一种布线系统，进行统一布置，并提供标准的信息插座，以连接各种不同类型的终端设备。

（2）综合布线系统

综合布线系统与计算机系统一样，随着科学技术的进步而不断发展，所以对它的定义也不断发生变化。综合布线系统引入我国后，由于各国产品类型不同，对综合布线系统的定义也有差异。我国原邮电部于1997年9月发布的YD/T 926. 1—1997通信行业标准《大楼通信综合布线系统第1部分：总规范》中，对综合布线系统的定义是："通信电缆、光缆、各种软电缆及有关连接器件构成的通用布线系统，它能支持多种应用系统。即使用户尚未确定具体的应用系统，也可进行布线系统的设计和安装。综合布线系统中不包括应用的各种设备"。

何谓综合布线系统？事实上，到目前为止，也还很难给出一个统一的描述，来概括综合布线系统的精确涵义。目前常将建筑物与建筑群综合布线系统简称为综合布线系统。简言之，所谓综合布线系统是指建筑物内或建筑群体中的信息传输媒介系统。它将相同或相似的缆线（如对绞电缆、同轴电缆或光缆）以及连接器件（如配线架等），按一定关系和通用秩序组合，使建筑物或建筑群内部的语音、数据通信设备、交换设备以及建筑物自动化管理等系统彼此相连，集成为一个具有可扩展性的柔性整体，并可以与外部的通信网络相连接，构成一套标准规范的信息传输系统。目前，它是以通信自动化为主的综合布线系统。

综合布线系统是一种有线信息传输媒介系统，为开放式星形拓扑结构，并能支持语音、数据、图像、多媒体业务等信息的传递。按照美国标准，综合布线系统由建筑群子系统、垂直子系统、水平子系统、管理子系统、设备间子系统和工作区子系统6个子系统组成。根据我国《综合布线系统工程设计规范》（GB 50311—2007）规定，综合布线系统可划分为7个部分，其中包括3个子系统：配线子系统、干线子系统和建筑群子系统，及工作区、设备间、管理区；当然，对于一个建筑群及建筑物的配线系统而言，还需要考虑将外部缆线引入的进线间。有时为了便于直观形象地理解，通常把一个综合布线系统表述为：一区、两间、3个子系统及管理，即工作区、进线间、设备间、配线子系统、干线子系统、建筑群子系统及管理系统共7个部分构成。一个智能建筑的综合布线系统就是将各种不同组成部分构成一个有机的整体，而不是像传统的专属布线那样自成体系，互不相干。

综合布线在智能建筑中构成的信息传输系统，称之为智能建筑综合布线系统（Premises

Distribution System，PDS），即建筑物与建筑群综合布线系统的简称。综合布线系统在智能建筑中的配置水平和类型体现了建筑物的智能化程度。一个良好的综合布线系统应具有兼容性、开放性、可靠性、先进性和经济性等特点，并对其服务的设备具有一定的独立性。综合布线系统是由许多部件组成的，主要有传输介质（非屏蔽对绞电缆、大对数电缆和光缆等）、配线架、连接器、插座、插头、适配器、光电转换设备、系统电气保护设施等，并由这些部件来构造各个部分。

综合布线系统是作为建筑物的公用通信配套设施，为满足多家电信业务经营者提供业务的需求而发展起来的一种特别设计的布线方式。它为智能建筑和智能建筑群中的信息设施提供了多厂家产品兼容、模块化扩展、更新与系统灵活重组的可能性。既为用户创造了现代信息传输系统环境，强化了控制与管理，又为用户节约了费用，保护了投资。毋庸置疑，这种科学的、规范的、能提高管理和维护效率并节约成本的布线技术，将有着十分惊人的应用发展前景。

3. 综合布线系统与传统专属布线的区别

通过以上讨论可知，综合布线系统是满足实现智能建筑各种综合服务需求，用于传输数据、语音、图像及多媒体业务等多种信号，并支持多厂商各类设备的集成化信息传输介质系统，是智能建筑的重要组成部分。形象地说，综合布线系统是智能建筑的神经中枢系统。

综合布线系统与传统专属布线的区别，其实就是要求布线系统的结构与当前连接的设备位置无关。在传统的专属布线方式中，终端设备安装在哪里，传输介质就要铺设到哪里。综合布线系统则是先按照建筑物的结构，将建筑物中所有可能放置设备的位置都预先布放缆线，然后再根据实际所连接的终端设备情况，通过调整内部跳线装置，将所有设备连接起来。同一线路的接口可以连接不同的通信设备，例如电话、终端或微型计算机等。

一般情况下，传统的专属布线是总线拓扑结构，而综合布线系统是星形拓扑结构。在工作区的各个位置有充足的端口可供选择，而且每个工作区（房间）都有预留缆线，扩展空间大，便于集中控制和统一管理。

另外，采用综合布线系统，可以使电话点和数据点互换使用。在规划设计、布线施工的时候，可以先将可能应用的地方都布置上信息点，留待以后使用时根据具体情况再予以决定。

1.1.3　综合布线系统的重要性

一个单位需要具有各种功能的设备，如电话机、计算机、传真机、安全保密设备、火灾报警器、供热及空调设备、生产设备、集中控制系统等。通常，一个建筑物墙体结构的生命周期通常为 50 年，软件生命周期最短仅为 1 年，PC 或工作站的生命周期也在 5 年左右，大型服务器的生命周期为 10 年左右。综合布线系统在所有的通信网络中生命周期最长，可达 15 年以上。一个基于标准的综合布线系统可保证支持未来的应用。一般说来，可以向用户提供 15 年以上的承诺，而其寿命则远远不止 15 年。显然，在通信网络中，生命周期最长的布线系统占投资比例却最小。因此，注意力应当放在如何根据具体的需求正确地选择并安装不同的缆线，以保障通信网络中物理层以上的高层协议和应用能正常工作。

许多计算机网络系统管理员或者包括软件开发人员可能会有这样一个误解，认为布线是件很简单的事情，只不过是网线两头接上水晶头，缆线拉到位再接通就可以了，却不知道仅仅缆线和接头本身就有许多学问。实践证明这种看法是一种偏见。有统计数据表明，约有70%的通信网络故障与低劣的布线技术和电缆部件问题故障有关。实践经验也表明，即使一段像头发丝那么细的导线接触到了墙后空间的某个地方，或者因为一台小型通风电动机起动而产生了一个电场，这个电场在传输缆线上产生了噪声，都会导致功能强大的计算机硬件、复杂的网络软件以及实行精密纠错控制和网络协议管理的模块无法工作。如此看来，如何强调综合布线系统的重要性都是不过分的。因此综合布线系统中的缆线和接头对于通信网络系统来说是一个关键项目，关系到通信网络能否正常运行。

综合布线系统为通信网络正常、有效运行提供了物质基础，属于 ISO/OSI-RM 7 层模型的最底层，即物理层。在数字通信技术中，布线工程师的任务只是保证建立一个流畅、稳定、低成本、易于扩展和维护的综合布线系统，而不会去管如路由选择、电子邮件或网上聊天之类的高层应用。如果物理层工作不正常或不稳定，就根本谈不上 TCP/IP、IPX/SPX 或者 NetBIOS/NetBEUI 等。所以，综合布线工作的基本原则通常有 3 点：①保证通信网络稳定、流畅、可靠；②保证网络使用和管理更容易、更透明、更廉价；③保证网络配置的灵活性、先进性，有较长的生命周期。

随着互联网和信息高速公路的发展，各国的政府机关、大型集团公司也都在针对自己的建筑物特点，进行综合布线，以适应不断发展的需要。智能建筑、智能小区已成为 21 世纪的开发热点。

不管怎样说，综合布线系统是通信网络的基础，因此，它必须可靠有效！

1.2 综合布线系统的功能与特点

实施宽带战略，推进智慧城市建设，加快网络、通信基础设施建设和升级，大幅度提高网速，离不开综合布线系统的支撑；全面推进电信网、广播电视网和互联网的三网融合，光纤入户，建设数字家庭，开展物联网应用项目等更需要综合布线系统作为底层基础设施提供技术支撑。因此，可认为综合布线系统是信息高速公路的匝道。这一切都是因综合布线系统所具有的功能特点所决定的。

1.2.1 综合布线系统的功能

建设综合布线系统的初衷是将语音、数字数据、视频图像，以及建筑设备监控、消防报警、安全防范、公共广播等系统的信息综合在一起，组成一个完整的信息传输媒介系统，以满足智能建筑、智能小区、数字家庭的信息传输需要。这也是综合布线系统所应具备的基本功能。具体而言，综合布线系统所发挥的有利作用主要体现在如下 3 个方面。

1. 能形成具有通用性和稳定性的信息传输媒介系统

传统的专属布线方法是，各种不同基础设施的布线分别进行设计和施工，如电话系统、消防与安全报警系统、能源管理系统等都是独立进行的。在一个自动化程度较高的建筑物内，各种线路如麻，敷设缆线时又免不了在墙上打洞、室外挖沟，而且还会形成难以管理、布线成本高、功能不足和不适应形势发展需要等问题。为克服这些缺点，综合布线系统采取标准化的统一材料、统一设计、统一布线、统一安装施工，做到了结构清晰，便于集中管理和维护，能够形成一个具有通用性和稳定性的信息传输媒介系统。

通用性是指其布线系统可以用于多种通信网络。由于综合布线系统是一套由共用配件所组成的全开放式配线系统，因此可以把不同制造厂家的各类设备综合在一起同时工作，兼容多种类型的传输介质、接续器件等；可以将语音、数据、监控的图像及控制设备等不同性质的信号综合到一套标准的布线系统中进行传输。

建设综合布线系统，并不仅仅是“美观布线”，而是使信息传输系统具有稳定性、高效性和可维护性。没有人敢吹嘘自己施工的工程“绝对”没有问题，但重要的是，如果出现问题，能够方便快捷地检测到故障，并能够有效地将其隔离、排除这些故障。很多传统的专属布线系统可能都或多或少地存在这方面的问题。一旦系统发生故障，无法检测到问题所在。若没有现成的可供参考的文档，可能要盲目地挖凿新装修的墙面、地板，可能要冒险凿开通风井；即使很容易检测到故障，也无法隔离，感觉到无从下手。这样带来的一个直接后果将是无法排除故障。一些较早使用计算机网络的用户可能对此感受很深，初期的网络规模一般较小，随着业务的不断拓展，网络规模需要随之扩大，由于初期缺乏统一规划，每一次网络扩容都要把以前的缆线和新布缆线绞在一起，最终成为一个无法实施管理、无法进行扩展，甚至根本无法使用的网络。综合布线系统按照国际、国家布线标准建设信息传输媒介系统，可有效地解决这些问题，避免出现类似问题。

2. 允许灵活配置信息网络拓扑结构

传统专属布线方式由于各系统之间互相封闭，其体系结构相对固定，若要迁移或增加设备相当困难，甚至是不可能的。综合布线系统的灵活性主要表现在灵活组网、灵活变位和灵活变更应用类型等方面。

为了适应不同的信息网络拓扑结构，通过综合布线系统可以在电信间进行跳线管理，使系统连接成为星形、环形、总线型等不同的逻辑结构，灵活地实现不同拓扑结构的网络。当终端设备位置需要改变时，除进行跳线管理外，不需要进行更多的布线改变，使工位移动变得十分灵活。当用户需要把设备从智能建筑的一个房间搬到同层的另一个房间或另一层的房间中去，或者在一个房间中需要增加其他新设备时，也只需在电信间进行跳线操作，就可以满足这些新增需求，而不需要重新布线。在实际工程中，一幢建筑物在设计和建设初期往往有许多不可预知的情况，只有当用户确定后才知道通信网络配置需求。采用综合布线系统后，只需在电信间的配线架作相应的跳线操作，就可以满足不断变化的用户应用需求。

综合布线系统是极富弹性的布线概念，可采用光纤、5e 类、6 类对绞电缆及其混合布线方式。采用 5e 类、6 类对绞电缆，最大数据传输速率可达到 1000Mbit/s；根据特殊用户的需求可把光纤敷设到桌面；干线光缆可设计为 500Mbit/s 带宽，为将来的发展留有足够的余量。通过主干通道可同时多路传输多媒体信息，星形拓扑结构为将来发展交换式网络奠定坚实的基础。

另外，综合布线系统还能够满足多种应用要求，如数据终端、模拟或数字式电话机、个人计算机、工作站、打印机和主机等，使信息网络系统能灵活地连接不同类型的设备。

3. 可支撑语音、数据、图像、多媒体信息传输

由于语音通信和计算机网络系统的通信引出端的安装位置和缆线的路由分布基本一致，传输信号均为低压的语音或数据信号，且其电气特性和使用要求大致相同，可以采用同一性质的传输介质和布线部件。因此，目前综合布线系统的综合范围基本上是以语音通信系统和计算机网络系统两部分为主，传输语音和数字数据两种信息。其他信息系统的纳入，可根据具体工程的实际情况和用户的客观需要，以及现场的具体条件予以确定。大楼智能化建设中的建筑设备、监控、出入口控制等系统的设备在提供满足 TCP/IP 接口时，也可使用综合布线系统作为信息的传输介质，将电话语音系统、数据通信系统、报警系统、监控系统等合为一种布线系统，进行统一布置，并提供标准的信息插座，以连接各种不同类型的终端设备，支撑语音、数据、图像、多媒体信息业务传输。

需要注意的是，在综合布线系统实际应用中，不可能高度综合所有系统。因为综合布线系统要受诸多因素的限制。譬如，在智能建筑中，建筑自动化系统或各种弱电系统的类型、品种繁杂，设备性能不一，传输信号各异，尤其是各种系统的终端设备、低压信号传感装置或自动控制设备的安装位置，因功能和应用需要都有所不同，与综合布线系统的配线接续设备和通信引出端的具体位置有显著差别。这说明不能采用过于强调综合的技术方案！否则，不但会增加工程建设投资、日常维护费用和维护检修工作量，而且也不能满足其他系统实际使用的需要。另外，我国有关主管部门也规定不应综合所有系统。例如，我国国家标准《火灾自动报警系统设计规定》（GB 50116—1998）、《火灾自动报警系统施工验收规范》（GB 50116—1992）等明确规定：火灾报警和消防专用的传输信号控制线路必须单独设置和自行组网，不得与建筑自动化系统的各个低压信号线路合用，也不允许与通信系统，包括综合布线系统的线路混合组网。

1.2.2 综合布线系统的特点

布线技术是从电话预布线技术发展起来的，经历了非结构化布线系统到结构化布线系统的发展过程。作为智能建筑的基础，综合布线系统是必不可少的，它可以满足建筑物内部及建筑物之间的所有计算机、通信以及建筑自动化系统设备的配线要求。与传统专属布线相比，综合布线系统具有标准化、结构模块化、开放性、可扩展性、可靠性和经济性等特点。

1. 标准化

系统平台、网络协议、网络技术和网管标准均遵循国际标准、国家标准或行业推荐标准。布线产品均符合 ISO/IEC 11801 和 ANSI/TIA/EIA 568-A/B 标准，可为用户提供安全可靠的优质服务。

2. 结构模块化

综合布线系统的接插元器件，如配线架、终端模块等采用积木式结构，可以方便地进行更换、插拔，使管理、扩展和使用变得十分简单、容易。

3. 开放性

综合布线系统采用开放式体系结构，符合国际现行标准。它几乎对所有著名厂商的产品都是开放的，并支持所有的通信协议。这种开放性的特点使得设备的更换或网络结构的变化都不会导致综合布线系统的重新铺设，只需进行简单的跳线管理即可。

4. 可扩展性

综合布线系统（包括材料、部件、通信设备等设施）严格遵循国际或国家标准，具有很好的可扩展性。无论计算机设备、通信设备、控制设备随技术如何发展，将来都可以很方便地将这些设备连接到系统中。综合布线系统灵活的配置为应用的扩展提供了较高的兼容性、可扩展性。

5. 可靠性

综合布线系统采用高品质的标准材料和组合压接的方式构成一套高标准的信息传输网络。每条信道都采用专用仪器校核信道衰减、串扰、信噪比，以保证其电气性能良好。综合布线系统的星形拓扑结构使得线路故障不影响其他线路的正常运行，同时为线路的运行维护及故障检修提供了极大的方便，从而能够保障系统的可靠运行。

6. 经济性

综合布线系统与传统专属布线方式相比，是一种既具有良好初期投资特性，又具有较高性能价格比的高新技术。虽然综合布线系统设备的价格比较高，但由于它是将原来相互独立、互不兼容的若干种布线类别，集成为一套完整的布线系统，并由一个施工单位完成几乎全部弱电缆线的布线。这样可以省去许多重复性劳动和设备占用，缩短布线周期；并且信息点越多，每个信息点平均费用也越低。

1.3 综合布线系统的相关标准

一些曾经做过网络工程、物联网工程的技术人员往往认为，综合布线系统工程与安装多媒体教室之类的工作一样，依靠经验就可很好地完成任务。而事实上，综合布线系统工程是依靠严格执行布线规程、标准，来保证综合布线系统工程的先进性、实用性、灵活性、开放性以及可维护性的。

1.3.1 制订布线标准的组织机构

综合布线系统这一概念从提出到现在已经普及应用，其中许多技术也从形成逐步走向成熟，中间得益于许多国际性标准化组织的积极参与，像 ANSI/TIA/EIA、ISO/IEC 等都是长期以来从事计算机通信网络及综合布线系统标准开发和颁布的组织机构。

1. 国际标准化组织

国际标准化组织（International Standards Organization，ISO）是一个非官方的国际性标准制订机构，1947 年成立于瑞士日内瓦，网址为 http：//www. iso. ch。ISO 的组织机构包括全体大会、主要官员、成员团体、通信成员、捐助成员、政策发展委员会、理事会、ISO 中央秘书处、特别咨询组、技术管理局、标准委员会、技术咨询组、技术委员会等。目前有近百个成员国，中国是该组织的创始国之一，现在我国的国家标准局代表我国参加该组织。

国际标准化组织主要致力于促进知识、科学、技术和经济活动等方面的标准开发，所涉及的内容之广泛是其他组织无法相比的。ISO 所制订的国际标准涉及各行各业，其技术工作高度分散，分别由 2700 多个技术委员会（TC）、分技术委员会（SC）和工作组（WG）承担。在这些委员会中，世界范围内的工业界代表、研究机构、政府权威、消费团体和国际组织都作为对等合作者共同讨论全球的标准化问题。在综合布线方面，主要与国际电工委员会（IEC）、国际通信联盟（ITU）共同颁布了著名的 ISO/IEC 11801—1995《信息技术——用户房屋综合布线》的国际布线标准。于 2002 年 8 月正式通过了 ISO/IEC 11801—2002（第 2 版），给综合布线技术带来了革命性的影响。

2. 美国国家标准学会

美国国家标准学会（American National Standards Institute，ANSI）是一家私有的非营利成

员组织，由5家工程学会和3家美国政府机构于1918年创立，主要从事对各种标准的制订，其成员包括约1400家私人公司和政府机构及国际会员。其网址为 http：//www. ansi. org。

ANSI协调并指导全美国的标准化活动，给标准制订、研究和使用单位以帮助，提供国内外标准化情报。同时，又起着行政管理机关的作用。通过ANSI，使政府有关系统和民间系统相互配合，起到了政府和民间标准化系统之间的桥梁作用。ANSI是ISO的创始成员，同时也是ISO管理委员会5家永久会员之一，以及ISO技术管理委员会的4家永久会员之一。它与TIA/EIA共同颁布的商用建筑通信布线标准及其TSB系列综合布线系统的标准，对计算机技术、通信网络技术的发展起到了重要作用。

3. 通信行业协会/电子行业协会

通信行业协会/电子行业协会（TIA/EIA）的网址为 http：//www. tiaonline. org 和 http：//www. eia. org。实际上，TIA/EIA是两个不同的机构。前者是通信行业协会（Telecommunication Industry Association）的英文缩写，后者是电子行业协会（Electronic Industry Alliance）的英文缩写。EIA创建于1924年，当时名为无线电制造商协会（Radio Manufacturers Association，RMA），总部设在弗吉尼亚的阿灵顿。EIA制订了许多有名的标准，主要涉及ISO/OSI-RM的物理层。

1991年，TIA/EIA的专家们合作颁布了一个叫"TIA/EIA 568—A 商用建筑通信布线标准"的权威行业标准，并不断改进，其中包括更高级的布线规格、模块化插座的测试要求等。这便是所谓的"通信系统公报"。到了1999年发布了一个增补版，名为"TIA/EIA 568—A 5"，并推荐了5e类、6类对绞电缆的相关内容，2000年，颁布了新版的"TIA/EIA 568—B"标准。这些标准成为综合布线技术发展的重要参考文献。

4. 国际电工委员会

国际电工委员会（International Electrotechnical Commission，IEC）是一家成立于1906年的国际电工专门组织，主要颁布与电子电气相关的技术标准，促进国际合作。在综合布线系统方面，1995年，它与ISO合作开发了ISO/IEC 11801—1995《信息技术——用户房屋综合布线》的国际布线标准，同样成为综合布线系统技术中的重要参考文献。其网址为 http：//www. iec. ch。

5. 电气与电子工程师学会

电气与电子工程师协会（Institute of Electrical and Electronic Engineers，IEEE）成立于1963年，由美国电气工程师协会和无线电工程师协会合并组成。其网址为 http：//www. ieee. org。

IEEE是美国规模最大的制订标准的专业协会。它由大约17万名从事电气工程、电子和有关领域的专业人员组成，分设10个地区和206个地方分会，设有31个技术委员会。这是一家非营利性的国际性权威机构，负责全球约30%的电气、机械、计算机、通信和控制领域的技术文献，并开发了多达800多项国际标准。IEEE制订的标准主要有：电气与电子设备、试验方法、元器件、符号、定义以及测试方法等。其中，最引人注目的成就之一是通过802方案对LAN和城域网（MAN）进行的标准化。802方案含局域网和城域网各方面近百个单独的规范，符合IEEE的LAN包括以太网（IEEE 802. 3）和令牌环网（802. 5），802系列标准和所有规范限于物理层和数据链路层。IEEE的802参考模型实际上将ISO/OSI-RM的数据链路层分成了两个独立的部分：媒体访问控制（MAC）和逻辑链路控制（LLC）。MAC子层负责通过传输介质物理地发送和接收数据；LLC 能够提供数据帧的可靠传输。IEEE 802.3ab 定义了 1000Base 的 Ethernet，IEEE 802.8 定义了光纤技术，IEEE 802.11 定义了无线局域网等。

6. 国际电信联盟

国际电信联盟（International Telecommunications Union，ITU）为适应电信科学技术发展的需要而成立的，包含有3个咨询委员会，其网址为 http：//www.itu.int。1924 年在巴黎成立了“国际电话咨询委员会” （CCIF），1925 年在巴黎成立了“国际电报咨询委员会”（CCIT），1927 在华盛顿成立了“国际无线电咨询委员会”（CCIR）。这3个咨询委员会都召开了不少会议，解决了许多问题。1956 年，国际电话咨询委员会和国际电报咨询委员会合并成为“国际电报电话咨询委员会”，即 CCITT。1972 年 12 月，国际电信联盟在日内瓦召开全权代表大会，通过了国际电信联盟的改革方案，国际电信联盟的实质性工作由国际电信联盟标准化部门（ITU-T）、国际电信联盟无线电通信部门（ITU-R）和国际电信联盟电信发展部门（ITU-D）三大部门承担。其中 ITU-T 由原来的国际电报电话咨询委员会（CCITT）和国际无线电咨询委员会（CCIR）的标准化工作部门合并而成，主要职责是完成国际电信联盟有关电信标准化工作，使全世界的电信标准化。

ITU 主要致力于通信领域中各种行业标准开发，由于计算机网络与通信技术的结合越来越紧密，ITU 的标准也常常用于计算机通信、网络布线等方面，著名的 CCITT 建议书等就是由该组织提出的，并对促进通信技术的发展起到了积极的推动作用。

我国于 1920 年加入国际电信联盟，1932 年派代表参加了马德里国际电信联盟全权代表大会，1947 年在美国大西洋城召开的全权代表大会上被选为行政理事会的理事国和国际频率登记委员会委员。中华人民共和国成立后，我国的合法席位曾一度被非法剥夺。1972 年 5 月 30 日在国际电信联盟第 27 届行政理事会上，正式恢复了我国在国际电信联盟的合法权利和席位，开始积极参加国际电信联盟的各项活动。

7. 欧洲标准化委员会

欧洲标准化委员会（CENELEC）是一个立足欧洲面向全球的国际性标准机构，主要在欧洲充当 ISO 的角色。在计算机网络及综合布线系统方面的主要贡献是积极参与了千兆以太网标准，6类、7类综合布线系统标准的制订工作。

8. 中国国家标准化管理委员会

中国国家标准化管理委员会（Standardization Administration of the People's Republic of China，SAC）是国务院授权履行行政管理职能，统一管理全国标准化工作的主管机构。国务院有关行政主管部门和有关行业协会也设有标准化管理机构，分别管理本部门、本行业的标准化工作，所颁布的标准具有法律效力。

1.3.2 综合布线系统标准

综合布线系统标准是指布线技术法规，它不但限定了产品的规格、型号和质量，也为用户提供一套明确的判断标准和质量测试方法，以确保技术的兼容性。表 1.1 是与综合布线系统相关的一些主要标准，也是综合布线系统方案中引用最多的标准。在实际工程项目中，虽然并不需要涉及所有的标准和规范，但作为综合布线系统的设计人员，在进行综合布线系统方案设计时应遵守综合布线系统性能、工程设计标准；综合布线施工工程应遵守布线测试、安装、管理标准，以及防火、防雷接地标准。因此，对综合布线系统标准的来龙去脉有一个比较全面的了解是非常重要的。

表1.1 综合布线系统相关的一些主要标准

	国家布线标准	国际布线标准	欧洲布线标准	北美布线标准
综合布线系统性能、系统设计	GB 50311—2007 GB 50373—2006 GB 50174—2008	ISO/IEC 11801—2002 ISO/IEC 61156—5 ISO/IEC 61156—6 ISO/IEC 24764—2010	EN 50173—2000 EN 50173—2002 EN 50173. 5/1—2007	ANSI/TIA/EIA 568—A ANSI/TIA/EIA 568—B TIA 568—C. 0/C. 1/C. 2 ANSI/TIA 942—A
安装、测试和管理	GB 50312—2007 GB 50374—2006 CJJ/T 117—2007	ISO/IEC 14763—1 ISO/IEC 14763—2 ISO/IEC 14763—3	EN 50174—2000	ANSI/TIA/EIA 569 ANSI/TIA/EIA 606 ANSI/TIA/EIA 607
连接器件	GB /T 9771. 1—2000 YD/T 1092—2001	IEC 61156 等 IEC 60794—1—2	CENELEC EN 50288—X—X 等	ANSI/TIA/EIA455—25C—2002 TIA—568—C. 3 等
防火测试	GB 12666—1990 GB /T 18380—2001	ISO/IEC 60332 ISO/IEC 1034—1/2	NES—713	UL910 NFPA 262—1999

1. 国家布线标准

在国内进行综合布线系统设计施工时必须参考执行中华人民共和国的国家标准和通信行业标准，但由于这是一项涉及面较广泛的工程，不仅涉及计算机技术、通信技术、而且牵涉到建筑、装饰装修、电气安装、广播电视及消防安全等相关领域。同时，由于一些历史原因，国家标准的制订主要也是以ANSI/TIA/EIA 568—A/B及ISO/IEC 11801等作为依据，并结合国内具体实际进行了相应的修改。比如在美国标准中，将综合布线系统划分为建筑群子系统、垂直子系统、水平子系统、管理子系统、设备间子系统和工作区子系统，而我国原邮电部于2001年颁布的通信行业标准《大楼通信综合布线系统》（YD/T926. 1 ~ 3—2001）则规定综合布线系统可由建筑群主干布线子系统、建筑物干线布线子系统和水平布线子系统3个布线子系统构成。另外，因工作区布线一般为非永久性布线，所以并未包括在综合布线系统工程中。

2000年2月28日，国家质量技术监督局、中华人民共和国建设部联合发布了中华人民共和国国家标准《建筑与建筑群综合布线系统工程设计规范》（GB /T 50311—2000）、《建筑与建筑群综合布线系统工程验收规范》（GB /T 50312—2000），于2000年8月1日开始实施。这两个标准与YD/T 926相比，确定了一些技术细节，侧重于布线工程建设。它们只是关于3类和5类布线系统的标准，未涉及5e类电缆系统以上的布线系统。

面对计算机网络技术从10/100Mbit/s和1000Mbit/s到10Gbit/s的快速发展，以及欧美国际布线标准的提升，2007年4月6日，中华人民共和国建设部、国家质量监督检验检疫总局联合发布了《综合布线系统工程设计规范》（GB 50311—2007）和《综合布线系统工程验收规范》（GB 50312—2007），均自2007年10月1日起实施。新标准主要针对5e类、6类电缆及光纤布线系统。

2. 国际布线标准

早在1991年，ANSI/TIA/EIA就颁布了一个名为“ANSI/TIA/EIA 568—A《商用建筑通信布线标准》”的权威行业标准，并不断改进，包括更高级的布线规格、模块化插座的测试要求等，即所谓的“通信系统公报”。1999年发布了一个增补版叫“ANSI/TIA/EIA 568—A.5”，并推荐了Cat 5 Enhanced类、6类对绞电缆的相关内容。2000年颁布了ANSI/TIA/EIA 568—B标准。2001年4月1日发布了商业建筑物通信电缆标准《商用建筑通信布线系统标准》第二部分平衡对绞电缆布线系统。2002年6月，在美国通信工业协会（TIA）TR—42委员会的会议上，正式通过了ANSI/TIA/EIA 568—B.2-1—2002，即讨论已久的6类布线标准。这个标准成为ANSI/TIA/EIA 568—B标准的附录。该标准也被国际标准化组织ISO批准，标准号为ISO/IEC/11801—2002。当然，这并不意味着废除原有的ANSI/TIA/EIA 568—A标准。事实上在网络工程中，这两者并没有谁代替谁的情况发生，而是同时并存。B版标准主要考虑了以下一些内容：综合布线系统中的电缆传输距离、传输介质、开放式办公布线、实际安装、现场测试、工作区连接和通信设备等，并专门针对对绞电缆及光纤做了较详细的说明。另外，ISO也与IEC合作，于1995年7月颁布了ISO/IEC 11801《信息技术——用户通用布线系统》的国际布线标准；ISO/IEC 11801—2002（第2版）于2002年8月13日投票通过，2002年9月印刷出版成为正式标准颁布使用。这个标准定义了6类、7类电缆的标准，把Cat5/Class D的系统按照Cat5+重新定义，以确保所有的Cat5/Class D系统均可运行吉比特以太网。更重要的是在这个版本中定义了Cat6/Class E和Cat7/Class F类链路，并考虑了电磁兼容性（EMC）等问题。

ANSI/TIA/EIA 568—B标准经过多年的使用及修订，使得ANSI/TIA/EIA 568—B系列布线标准出现了许多增补内容（如568—B.1标准有6个附录，568—B.2有10个附录，568—B.3有1个附录）。2008年8月29日，TIA（电信工业协会）的TR—42.1商业建筑布线小组委员会在临时会议上提出发布TIA 568—C.0以及TIA 568—C.1标准，并在TR—42委员会的10月全体会议上批准发布了这两个标准，ANSI/TIA/EIA 568—B系列标准将会被逐步替代。TIA 568—C版本系列标准分为4个部分：①TIA 568—C.0用户建筑物通用布线标准（由TR—42.1小组委员会负责）；②TIA 568—C.1商业楼宇电信布线标准（由TR—42.1小组委员会负责）；③TIA 568—C.2布线标准 第二部分：平衡双绞线电信布线和连接硬件标准（由TR—42.7小组委员会负责）；④TIA 568—C.3光纤布线和连接硬件标准（由TR—42.8小组委员会负责）。

TIA系列布线标准在过去、现在都对我国的布线行业有着巨大的影响，例如，我国的国家布线标准GB 50311、50312的2000年版本、2007年修订标准均参照了TIA的现行标准及修订中的草案。可以预测，TIA 568—C系列布线标准实施后同样会对我国通信网络基础设施建设产生积极的推动力。

3. 行业布线惯例

在综合布线设计与施工中，如果有相关的国际标准、国家标准和地方法规，当然应该参照执行。但是，实际应用中仍然会存在一些“无据可查”的情况，这时可参考一些行业惯例。在综合布线系统设计安装时可能涉及的行业惯例相当多，需要视具体情况而查用。

另外，在布线设计施工中经常要考虑到的一个重要问题是不同缆线相遇时的处理方案，比如不属于同一个工程的缆线以及本次布线中的不同缆线等。理论上，同一综合布线系统工程中，不会出现缆线交叉走线的情况，但是在具体施工时可能会有一些特例。那么，如果出现这样的特例，在通常情况下，相互平行的缆线走线时，电源缆线一般位于信息缆线的上部。如果出现电源缆线与信息缆线相交叉时，尽量采用垂直交叉走线，并符合最小交叉净距要求，且通常是电源缆线“绕道而行”。

1.3.3 综合布线标准的要点

无论是国际、国家或地区制订的综合布线系统标准，如 ISO/IEC 11801—2002、ANSI/TIA/EIA 568—A/B 或 GB /T 50311—2007、GB /T 50312—2007，还是行业惯例，均包含有以下几个方面的内容。

1）目的。目的部分指出：①规范一个通用语音和数据传输的缆线布线标准，以支持多设备、多用户环境；②为服务于商业通信设备和布线产品的设计提供方向；③能够对商用建筑中综合布线系统进行规划和安装，使之能够满足用户的多种通信需求；④为各种类型的缆线、连接器件以及综合布线系统的工程设计和安装建立性能和技术标准。

2）范围。指出适用范围，一般标准针对的是“商业办公”通信系统，同时要指出使用寿命。综合布线系统的使用寿命一般要求在 15 年以上。

3）内容。标准的内容主要说明所用传输介质、拓扑结构、布线距离、用户接口、缆线规格、连接器件性能、安装工艺等。

为便于读者准确把握布线标准以及发展情况，现就有关布线标准的内容要点进行简单解释。

1. 综合布线美洲标准

（1）ANSI/TIA/EIA 568

1991 年 7 月，由通信行业协会/美国电子行业协会发布了 ANSI/TIA/EIA 568，即“商业建筑通信布线标准”，正式定义发布了综合布线系统的缆线与相关组成部件的物理和电气指标。ANSI/TIA/EIA 568—A 标准包括了以下基本内容：①办公环境中电信布线的最低要求；②建议的拓扑结构和距离；③决定性能的传输介质参数；④连接器和引脚功能分配，确保互通性；⑤电信布线系统要求有超过 10 年的使用寿命。

自 1995 年 8 月 ANSI/TIA/EIA 568—A 发布以来，伴随更高性能的产品和市场应用需要的改变，对这个标准也提出了更高的要求。委员会也相继公布了很多的标准增编、临时标准以及技术公告（TSB）。为了简化下一代的 ANSI/TIA/EIA 568—A 标准，TR—42.1 委员会决定将新标准“一化三”。每一部分与现在的 ANSI/TIA/EIA 568—A 章节有相同的着重点。

1）ANSI/TIA/EIA 568—B.1：第一部分，一般要求。该标准目前已发布，它最终将取代 ANSI/TIA/EIA 568—A。这个标准着重于水平和垂直干线布线拓扑、距离、传输介质选择、工作区连接、开放型办公室布线系统、电信间与设备间、安装方法以及现场测试等内容。它集合了 TIA/EIA/TSB 67、TIA/EIA/TSB 72、TIA/EIA/TSB 75、TIA/EIA/TSB 95、ANSI/TIA/EIA 568—A—2、ANSI/TIA/EIA 568—A—3、ANSI/TIA/EIA 568—A—5、ANSI/TIA/EIA/IS 729 等标准中的内容。

2）ANSI/TIA/EIA 568—B.2：第二部分，平衡对绞电缆布线系统。这个标准着重于平衡对绞电缆、跳线、连接器件的电气和机械性能规范以及部件可靠性测试规范、现场测试仪性能规范、实验室与现场测试仪比对方法等内容。它集合了 ANSI/TIA/EIA 568—A—1 和部分 ANSI/TIA/EIA 568—A—2、ANSI/TIA/EIA 568—A—3、ANSI/TIA/EIA 568—A—4、ANSI/TIA/EIA 568—A—5、ANSI/TIA/EIA/IS 729、TIA/EIA/TSB 95 中的内容。

3）ANSI/TIA/EIA 568—B.2.1：ANSI/TIA/EIA 568—B.2 的增编，是目前第一个关于 6

类布线系统的标准。

4）ANSI/TIA/EIA 568—B.3：第三部分，光纤布线部件标准。这个标准定义光纤布线系统的部件和传输性能指标，包括光缆、光纤跳线和连接器件的电气与机械性能要求，器件可靠性测试规范，现场测试性能规范。该标准取代了ANSI/TIA/EIA 568—A中的相应内容。

（2）TIA/EIA/TSB 36/40

1991年11月，TIA公布了技术白皮书TIA/EIA/TSB 36，即“非屏蔽对绞电缆附加参数”，该白皮书进一步以“Category”定义了UTP性能指标。TIA/EIA/TSB 36包括1~5类线的定义，并明确地列出了3~5类线的物理和电气参数指标。

为了使布线连接器件与缆线类别匹配，TIA/EIA发布了TIA/EIA/TSB 40，即“非屏蔽对绞电缆连接器件的附加传输参数”。TIA/EIA/TSB 40将布线连接器件分为3类、4类、5类，同时，由于安装过程也会影响到布线性能，TIA/EIA/TSB 40还包含了布线的具体操作规范。

（3）TIA/EIA/TSB 67

为适应支持高速通信网络（100Mbit/s）的5类非屏蔽对绞电缆布线工程要求，TIA/EIA于1995年10月正式颁布了TIA/EIA/TSB 67测试标准。这个标准主要是测试5类非屏蔽对绞电缆布线系统传输特性的标准，其主要内容包括：①定义了两种“链路”连接模型；②定义了要测试参数的内容；③定义了每一种连接模型及3~5类链路PASS/FAIL测试极限；④减少了测试报告项目；⑤定义了现场测试仪的性能要求及如何验证这些性能指标的要求；⑥定义了现场测试与实验室测试结果的比较方法。

（4）TIA/EIA/TSB 95

TIA/EIA/TSB 95即100Ω 4对5类布线附加传输性能指南，提出了关于回波损耗和等效远端串扰（ELFEXT）的信道参数要求。这是为了保证在已经广泛安装的传统5类布线系统能支持千兆位以太网传输而设立的参数。由于这个标准是作为指导性的TSB投票的，所以它不是强制性标准。

需要注意的是，这个指导性的规范不要求用来对新安装的5类布线系统进行测试。过去安装的5类布线系统即使能通过TIA/EIA/TSB 95的测试，但很多都通不过ANSI/TIA/EIA 568—A—5—2000的这个5e类标准的检测。这是因为5e类标准中的一些指标要比TIA/EIA/TSB 95严格得多。

（5）ANSI/TIA/EIA/IS 729

100Ω外屏蔽对绞电缆布线的技术规范ANSI/TIA/EIA/IS 729是一个对ANSI/TIA/EIA 568—A和ISO/IEC 11801外屏蔽（ScTP）对绞电缆布线规范的临时性标准。它定义了ScTP链路和元器件的插座接口、屏蔽效能、安装方法等参数。

（6）ANSI/TIA/EIA 569-A

1990年10月公布了建筑通信线路间距标准ANSI/TIA/EIA 569—A，是加拿大标准协会（CSA）和电子行业协会（EIA）共同努力的结果。目的是使支持电信传输介质和设备的建筑物内部和建筑物之间设计和施工标准化，尽可能地减少对厂商设备和传输介质的依赖性。

（7）ANSI/TIA/EIA 570—A

住宅电信布线标准ANSI/TIA/EIA 570—A所草议的要求，主要是制订新一代的家居电信布线标准，以适应现今及将来的电信服务。标准主要提出有关布线的新等级，并建立一个布线介质的基本规范及标准，主要应用支持语音、数据、图像、视频、多媒体、家居自动系统、环境管理、保安、音频、电视、探头、警报及对讲机等服务。标准主要用于新建筑、更新增加设备、单一住宅及建筑群等。

（8）ANSI/TIA/EIA 606

商业建筑通信基础结构管理规范 ANSI/TIA/EIA 606 来源于 ANSI/TIA/EIA 568、ANSI/TIA/EIA 569 标准。在编写这些标准的过程中，试图提出电信管理的目标，但委员会很快发现管理本身的命题应予以标准化，于是制订了 ANSI/TIA/EIA 606 标准。这个标准用于对布线和硬件进行标识，目的是提供与应用无关的统一管理方案。

ANSI/TIA/EIA 606 标准的目的是为了提供一套独立于系统应用之外的统一管理方案。与综合布线系统一样，管理子系统也必须独立于应用之外，这是因为在建筑物的使用寿命内，应用系统大多会有多次的变化。综合布线系统的标签与管理可以使系统移动、增添设备以及更改更加容易、快捷。

（9）ANSI/TIA/EIA 607

为了对建筑物内的电信接地系统进行规划、设计和安装，制订了商业建筑通信接地要求 ANSI/TIA/EIA 607 标准。它支持多厂商、多产品环境，以及可能安装在住宅的工作系统接地。

2. 综合布线系统国际标准

（1）IEC 61935

IEC 61935 定义了实验室和现场测试的对比方法，这一点与美洲的 TSB 67 标准相同。它还定义了综合布线系统的现场测试方法以及跳线和工作区电缆的测试方法。该标准还定义了布线参数、测试过程以及用于测量 ISO/IEC 11801 中定义的布线参数所使用的测试仪器的精度要求。

（2）ISO/IEC 11801

ISO/IEC 11801 是由联合技术委员会 ISO/IEC JTC1 的 SC 25/WG 3 工作组在 1995 年制订发布的，这个标准把有关元器件和测试方法归入国际标准。目前该标准包含有 ISO/IEC 11801—1995、ISO/IEC 11801—2000（修订）、ISO/IEC 11801—2002（第2版）3 个版本。

1）ISO/IEC 11801 的修订稿 ISO/IEC 11801—2000 对链路的定义进行了修正。ISO/IEC 认为以往的链路定义应被永久链路和信道的定义所取代。此外，对永久链路和信道的等效远端串扰（ELFEXT）、综合近端串扰、传输延迟做了规定。而且，修订稿进一步提高了近端串扰等传统参数的指标。需要注意的是，修订稿的颁布，可能使一些全部由符合现行 5 类标准的缆线和元器件组成的系统达不到 D 级类系统的永久链路和信道的参数要求。

2）2002 年的 ISO/IEC 11801 第 2 版覆盖了 6 类（Class e）综合布线系统和 7 类（Class f）综合布线系统。

根据 ISO/IEC 11801—2002，综合布线应能在同一电缆中同时传输语音、数字、文字、图像、视频等不同信号。同时在若干布线组件结构标准中，特别提出了高达 1 GHz 的传输频率及所有相关信息传输应用共同电缆的可行性等。

（3）7 类电缆标准的发展概况

国际标准化组织（ISO）早在 20 世纪 90 年代末期就已经开始积极探讨 7 类电缆问题。即在 1997 年 9 月 ISO/IEC（国际电工委员会）SC25 等工作组决定在 ISO/IEC 中提出能用于

F级布线系统、带宽为600MHz的新型电缆。国际上习惯将此类电缆按带宽归入对称数据电缆中的7类。

1999年10月27日在日本京都市召开了IEC SC-4EC的第63次会议，决定对计划用于200～600MHz的电缆提出两个新的分规范：IEC 61156-5和IEC 61156-6。

2001年12月，ISO/IEC SC25/WG3中的46C工作组在法国发布了61156-5的最后草案稿46C/511/FDIS，确定7类电缆的带宽为600MHz。2002年3月正式发布标准61156-5。虽然该标准将7类电缆的带宽最终规范到600MHz，但在实际应用中，带宽甚至可扩展到1.2GHz。

3. 综合布线系统国家标准

2007年4月6日，中华人民共和国建设部、国家质量监督检验检疫总局联合发布的《综合布线系统工程设计规范》（GB 50311—2007）、《综合布线系统工程验收规范》（GB 50312—2007），是在2000版标准的基础上总结经验修订完善的，并增加了强制性条款，使之更加符合目前行业的发展需要。新布线标准注入了相当多的新内容，与原来标准相比更加实用，更具可操作性，特别是设计内容，80%都是新内容；验收标准的内容也完善了许多，但总框架并没有改变。GB 50311—2007、GB 50312—2007与GB /T 50311—2000、GB /T 50312—2000和国际标准主要的差异和特点有以下几点：

1）保持3类和5类布线的基本链路和信道的测试规范，支持已经安装的布线系统的评估。

2）对于5e、6和7类的测试参数、曲线与门限值与ISO-11801—2002的要求相呼应，但不采用插入损耗大于4dB时，对NEXT、PSNEXT和ACR不做评估的特例。

3）《综合布线系统工程设计规范》（GB 50311—2007）规定，当温度提升5℃时，永久链路的最大长度需要减小1～2m。

4）对于光缆，需要对每一条光缆的两个方向都测试衰减和长度测试。

5）在GB 50312—2007的附录7.0.2中，参照光缆系统相关测试标准规定，对光纤链路的测试分为等级1（必须）和等级2（可选）。等级1要求光纤链路都应测试衰耗（插入损耗）、长度及极性。等级1测试使用光缆损失测试仪OLTS（为光源与光功率计的组合）测量每条光纤链路的插入损耗及计算光纤的长度。在等级2中，除了包含等级1的测试内容外，还要求使用光时域反射仪（Optical Time Domain Reflectometry，OTDR）对每条光纤做出OTDR曲线，以此来加强对光缆的质量控制。

6）对于测试仪，明确要求产品应有国际和国内检测机构的认证书和计量证书。

总之，GB 50311—2007、GB 50312—2007标准体现的主要思想是：①与国际标准接轨，以国际标准的技术要求为主，避免了厂商对标准应用的一些误导；②内容符合国家的法规政策，满足电信业务竞争的机制要求；③许多数据、条款更贴近工程实际应用，可操作性强，且留有发展余地。

1.3.4 综合布线其他相关标准

1. 防火标准

缆线是布线系统防火的重要部件，国际上综合布线中电缆的防火测试标准有UL910和IEC 60332。其中UL910等标准为加拿大、日本、墨西哥和美国使用，UL910等同于美国消防协会的 NFPA 262—1999。UL910 标准则高于 IEC 60332-1 及 IEC 60332-3 标准。

此外，建筑物综合布线涉及的防火方面的设计标准还应依照国内相关标准 GB 50045—1995《高层民用建筑设计防火规范》、GBJ 16—1987《建筑设计防火规范（2001 版）》、GB 50222—1999《建筑室内装修设计防火规范》。

2. 机房及防雷接地标准

机房及防雷接地标准可参照以下标准：

GB 50057—1994《建筑物防雷设计规范》；GB 50174—1993《电子计算机机房设计规范》，现正在修改为《电子信息系统机房设计规范》；GB 50343《建筑物电子信息系统防雷技术规范》。

3. 智能建筑与智能小区相关标准与规范

在国内，综合布线系统的应用可分为建筑物、建筑群和住宅小区。因此信息产业部、建设部都在加快这方面标准的起草和制订工作，主要有：

GB /T 50314—2006《智能建筑设计标准》推荐性国家标准，2007 年 7 月 1 日起开始施行。

97X700《智能建筑弱电工程设计施工图集》，1998 年 4 月 16 日施行，统一编号为 GJBT—471。

CECS 119：2000《城市住宅建筑综合布线系统工程设计规范》。

1.4 综合布线系统的发展

只有不断创新才会发展，只有不断发展才能进步。综合布线系统从提出到成熟一直到广泛应用，虽然只有 20 多年的时间，但其发展同其他 IT 技术一样迅猛。随着网络在国民经济及社会生活各个领域的不断扩张，综合布线系统已成为 IT 行业备受青睐的新技术。由于计算机网络公司、宽带智能小区以及科研院所、高等院校的宽带管理、宽带科研、宽带教学等像雨后春笋般成长，导致通信网络充斥整个空间，因而综合布线系统的需求连年增长。尤其是随着信息社会与网络技术的高速发展和广泛应用，综合布线的发展目标、标准和技术理念，产品的研发都会随之而改变。

1.4.1 综合布线标准不断完善

综合布线系统作为一种新兴产业无论是技术还是市场发展都日新月异，总是由标准指导和规范才能有序进行。综合布线产品从 3 类到 5 类、5e 类，提升到 6 类、6e 类和 7 类，新产品技术在以无法想象的速度飞速发展。因此，布线标准也在随之不断地更新完善。国际标准化委员会 ISO/IEC、欧洲标准化委员会 CENELEC 和北美的工业技术标准化委员会 ANSI/TIA/EIA 都一直在努力制订新的标准，使之达到系列化，以满足综合布线系统的技术要求。布线标准的不断完善将会使市场更加规范化、标准化，并朝着健康有序的方向发展。

随着综合布线技术的不断发展，与之相关的综合布线系统的国际标准也更加规范化和开放化。ISO/IEC 已经制订了 6e 类综合布线标准和 7 类连接器标准，但标准滞后于市场是目前存在的现状。

1. 增强型6类综合布线标准

2002年6月，在美国通信工业协会（TIA）TR—42委员会的会议上，正式通过了6类布线标准，是ANSI/TIA/EIA 568—B.2的增编。ANSI/TIA/EIA 568—B.2还处在草案阶段时，就有了增编，这会让人们感到很困惑，但它是为了将目前的6类问题单独地列出对待，也说明6类的标准还有很多工作要研讨。这个分类标准作为ANSI/TIA/EIA 568—B标准的附录，被正式命名为ANSI/TIA/EIA 568—B.2.1。该标准同时也被国际标准化组织（ISO）批准，标准号为ISO 11801—2002。新的6类标准在两个方面对以前的草案进行了完善，TIA指定6类系统组成的成分必须向下兼容（包括3类、5类、5e类布线产品），同时必须满足混合使用的要求。6类布线标准对100Ω平衡对绞电缆、连接器件、跳线、信道和永久链路作了具体要求。

对于6类电缆至关重要的传输参数之一是信道衰减，更确切地说应该称为布线插入损耗（Insertion Loss）。因为它从定义上包括了阻抗不匹配的影响。有时行业内的许多人不恰当地用衰减这个词来表示插入损耗。有消息说负责千兆位以太网标准的IEEE 802.3委员会认为在电缆误差性能方面改善1dB，对于系统设计者来说远比在串扰性能上改善1dB有价值。这是因为随着数字信号处理（Digital Signal Proceed，DSP）技术的进步，可以将某些相关噪声如NEXT和回声信号消除掉。因此主要的限制因素变成信道衰减。另外，关于6类电缆还有一个称为插入损耗偏差的新参数正在研究。

2. 7类布线标准

7类标准是一套在100Ω对绞电缆上支持最高600MHz宽带传输的布线标准。1997年9月，ISO/IEC确定7类布线标准的研发。与4类、5类、5e类和6类相比，7类具有更高的传输带宽（至少600MHz）。从7类标准开始，布线历史上出现了“RJ型”和“非RJ型”接口的划分。由于“RJ型”接口目前达不到600MHz的传输带宽，7类标准还没有最终论断，国际上正在积极研讨7类标准草案。但是在1999年7月，ISO/IEC接受了西蒙TERA为非RJ型接口标准，并于2002年7月，最终确定西蒙的TERA为7类非RJ型接口。

注意：RJ是Registered Jack的缩写。在美国联邦通信委员会标准和规章（FCC）中RJ描述公用电信网络的接口，常用的有RJ—11和RJ—45，计算机网络的RJ—45是标准8位模块化接口的俗称。在以往的4类、5类、5e类，包括刚刚出台的6类布线系统中，采用的都是RJ型接口。

根据国际标准组织ISO/IEC JTC1/SC25/WG3（用户建筑群通用布缆）工作组第53次会议精神，近期主要工作是ISO/IEC 11801第3版新项目提案（NWIP）。第3版ISO/IEC 11801标准将涵盖5个部分的内容，分别为ISO/IEC 11801—1（性能标准）、ISO/IEC 11801—2（商用楼宇布线）、ISO/IEC 11801—3（工业布线，当前标准ISO/IEC 24702）、ISO/IEC 11801—4（家居布线，当前标准ISO/IEC 15018）、ISO/IEC 11801—5（数据中心布线，当前标准ISO/IEC 24764）。

目前，下一代的40G/100G布线系统也已成为大家最为关心的话题，IEEE 802.3于2012年7月成立了NG（Next Generation）Base-T研究小组，研究40GBase-T相关标准，计划将于2016年3月正式发布。

3. 国家布线标准不断修订完善

我国的布线标准是随着布线产品与应用技术的发展而逐渐得以完善的。从1995年，国家以中国工程建设标准化协会发布的第一本布线规范至今，已经有十几本，它们分别以协会标准、行业标准、国家标准的形式发布，涵盖了产品、工程设计、施工、工程验收、标准图集诸方面的内容。其中最为广泛应用的标准是中华人民共和国建设部、国家质量监督检验检疫总局于2007年4月6日联合发布的《综合布线系统工程设计规范》和《综合布线系统工程验收规范》。《综合布线系统工程设计规范》编号为GB 50311—2007，自2007年10月1日起实施。其中，第7.0.9条为强制性条文，必须严格执行。同时，批准《综合布线系统工程验收规范》为国家标准，编号为GB 50312—2007，自2007年10月1日起实施。其中，第5.2.5条为强制性条文，必须严格执行。也就是说，新标准增加了强制性条款。

目前，对2007版国家标准的修订工作已列入议事日程。总的修订思想是，综合布线系统应适用于语音、数据、图像、多媒体等业务信息的传递，进一步拓展综合布线系统的适用范围，使它可延伸到诸如安全防范系统、楼宇自控系统等领域的实际应用，使大楼内使用通用的传输介质与传输平台去完成各个信息之间的互连互通，达到线缆的集成，真正体现结构化布线系统的内涵，具体包括：①进一步引入国际标准的新内容；②充分体现电信网、广播电视网和互联网三网融合（光纤）与物联网（智能化管理）的技术理念；③关注布线系统的改造工程；④提出不同类型建筑物的个性化设计方案；⑤强化工程的检测与验收等。

综合布线系统的标准化工作是长期、延续、复杂的，需要得到国家管理部门、行业与社会各界专家学者技术人员的支持。在布线标准众多的情况下，如何选择使用标准，掌控与把握标准条款的正确理解与应用是十分必要的。

1.4.2 综合布线系统的发展方向

目前全球智能建筑发展迅速，智能建筑是全球社会信息化发展的必然产物，而建筑电气与智能化的基础是综合布线。综合布线系统能为建筑提供电信服务、网络通信服务、安全报警服务、监控管理服务，是建筑物实现通信自动化、办公自动化和建筑自动化的基础。同时计算机网络传输速率在过去的20多年里增加了100倍，从10Mbit/s达到了1000Mbit/s。这对承载其应用的传输介质提出了更高的要求，从而也促进了综合布线系统的快速发展。

显然，综合布线系统要解决的矛盾是现有技术怎样适应未来的需要。Moore定律在推动信息社会发展的同时，也促使社会生活方式在飞速变革，但所有的基于信息技术的变化并不是完全不可预测和无法控制的。“百年大计，规划第一”，综合布线系统工程已经成为建筑设计施工的重要组成部分。那么，应当如何保证综合布线系统工程的生命力呢？这主要应考虑面向未来的开放性原则，即一方面要考虑到现在的应用，另一方面还要考虑到未来的发展需求。

一般的建筑物通常被划分为不同的耐久性，比如具有历史性、纪念性、代表性的建筑物属于1级建筑，其耐久年限通常可达100年，像埃及金字塔这样的“建筑”据说已经“使用”了几千年。大城市的火车站、航空港、大型体育场馆设施等重要公共建筑被定义为2级，其耐久年限一般可达50年甚至超过50年。对于大中型医院、高等院校及主要工业厂房等属于比较重要的公用工业与民用建筑被划分为3级建筑，其耐久年限一般为40～50年；而一般普通建筑的耐久年限通常为15～40年。对于耐久年限在15年以内的通常称为简易建筑或临时建筑。那么，基于建筑物的综合布线系统通常也要求有一个相应配套的设计使用年限。但由于计算机技术和通信技术日新月异，很多信息产品实际上并不是因为不能使用了，而是因升级换代被淘汰了。

因此，综合布线系统的设计通常倡导遵循“开放性布线原则”和“预先的布线系统（Premise Distributed System，PDS）”技术。这在一定程度上能延续现在通信网络的使用寿命。通信网络应具有很好的伸缩性和适应能力，面对未来新的通信网络技术，这种前瞻性设计将起重要作用。对于 IT 的其他技术领域，用户可能只需要预测两三年后的情况即可，但对于综合布线系统，不得不将预测提高到 5 年，甚至更长。幸运的是光纤技术可给用户预留足够的发展空间，相信还会有其他通信技术的新突破。

布线技术也是一样，用户不可能指望现在的缆线系统会使用到 20 年以后，因而，在工程实际中多主张综合布线系统的设计比“够用”略超前一些即可，但线槽系统应当是便于更新的，应是先进的、独立的设计，以适用于从对绞电缆到光缆的所有缆线系统，甚至可以适用于现在还没有研制出或根本没有听说过的传输介质。

综上所述，各有所见。为适应 IT 技术快速发展的需要，未来的综合布线系统应呈现以下几种特性：

1. 开放性

为了延长布线系统和通信网络的使用寿命，在综合布线系统中要充分考虑到未来整个布线系统和应用系统的升级，为今后的技术发展留有扩展空间，使其具有良好的适应能力。综合布线系统的接口应全部采用相关的标准接口，其电气特性也应全部符合标准规定，部分改变应用系统设备不会影响布线结构。要根据工程实际情况、通信网络的构成原则，既考虑到工程实际需求，又留有冗余和备份。

2. 智能性

智能性是针对智能建筑和智能小区布线提出的。目前，对智能小区而言，布线系统既有标准可循，又被市场需求推动，而且房地产商也越来越看重建楼时对综合布线的考虑，用不到总投资 1% 的成本可以赢得几倍甚至十几倍的利润。综合布线系统将进一步体现智能配线（软件、硬件）产品的开发与应用。

3. 集成性

集成性是指布线系统的功能和设备集成化，使其像计算机和电话一样任意插拔，成为即插即用的系统。

4. 灵活性

综合布线在相当长的一段时间内还是要围绕有线传输介质展开。因此，布线系统的体系结构应相对固定，一般的线路也应通用，可以根据用户需要，有限地移动设备位置。随着无线局域网和移动通信技术的迅速发展，综合布线系统将进一步呈现不受缆线约束限制的灵活性，适用于无线网络的互联。

5. 兼容性

兼容性主要表现为综合布线系统的相对独立性，它不影响其上层的应用系统，上层应用系统的改变也不会从根本上改变现有的综合布线系统。

1.4.3　综合布线系统的主导技术

发展是技术的生命力，技术推动产品的开发与应用。综合布线系统作为一种新兴产业无论是技术还是市场都在日新月异，综合布线技术也不会总是停留和保持在一种传统的模式和固定的观念上，在一定的条件下也必然会发生改变。综合布线的主导技术已经呈现出以下发展趋势。

1. 区域配线应用技术

目前的建筑物已不再是单一功能，而体现为多样性，因此这类建筑物用户的数量和位置反映出不确定的因素，如出租型办公楼、会展中心、会议室、超市和场馆等。针对此类项目，如按传统的设计技术去确定工作区加以信息点的配置，其结果必然会使信息点的位置偏离实际的使用场地而造成人力和器材的浪费。为此，区域配线方式应为：

1）多用户信息插座。该插座相当于将12个RJ-45插座集中安装于一个盒体，将某一个区域的多个信息点集中设置在某一个位置；然后根据用户确定的位置，再通过设备电缆延伸到工作区用户终端。但工作区的设备电缆长度应不大于22m。

2）集合点配线箱。该设备在水平电缆的路由中设置，也就是将水平干线电缆和配线设备分为房屋建设期和用户使用装修期两个阶段实施，这样可以适应用户的多次变换。重要的是注意楼层配线设备到集合点配线箱之间的路由距离应不小于15m。

3）集成布线系统。现在的综合布线系统主要是对语音和数据系统提供综合支持。进一步发展将是使用相同或类似的综合布线思想来解决楼房自控制系统的综合布线问题，使各楼房控制系统都像电话/计算机一样，成为即插即用的系统。在这种建筑物内的各子系统，如空调自控系统、照明控制系统、保安监控系统等，将向网络系统学习，并被纳入网络布线系统进行综合考虑，比如空调自控系统和照明控制系统共享传感器等。

2. 6类、7类对绞电缆布线技术

综合布线的铜缆对绞电缆伴随计算机网络从以太网10Mbit/s、令牌网4Mbit/s、16Mbit/s阶段，快速以太网100Mbit/s阶段，以及现在的吉比特以太网，经历了3类、4类、5类、5e类、6类、6e类的演变过程。5e类对绞电缆是为了满足快速以太网100Mbit/s的需求而推出的。6类、7类对绞电缆则是为了满足吉比特以太网1000Mbit/s的需求而产生的。

原来的5类对绞电缆已经不能满足吉比特以太网的要求。5e类对绞电缆根据ISO/IEC 11801标准修改本将替代原来的5类对绞电缆。但是5e类线用于吉比特以太网时，4对线的每一对线都要作为发送或接收双向应用，不如6类线用作吉比特以太网时只使用4对线中的2对性能好。

按照IEEE 802.3an标准提出的解决方案，6e类和7类铜缆布线系统支持传输1000Mbit/s的信息量也已成为可能。也就是说铜缆的线对至少应能支持625MHz的传输性能。还有一种说法，既然6e类可以达到该指标，那么7类的布线产品应达到支持1GHz的带宽。由于7类产品为屏蔽布线，更有利于降低缆线之间的串扰影响。对于6e类和7类的电缆及接插件的结构、材质，以及制造工艺上的变革使得系统的传输距离可以达到55~100m。吉比特以太网的布线系统以解决高端用户的需求为出发点，无论从综合布线还是网络的建设都可以提高使用效率，降低成本。目前6类线的造价为5e类的1.3~1.4倍，从计算机网络设备减少来看，综合投资不是太高，况且6类对绞电缆与5e类对绞电缆属于同一物理结构，大量生产6类对绞电缆会进一步降低造价。因此可预计未来几年6类、7类对绞电缆将成为综合布线系统铜缆的主导产品。

3. 光纤入户与光纤端接技术

全面推进光纤入户是建设信息高速公路、大幅度提高网速的必选技术。随着信息经济的发展需要，光纤在局域网的应用会越来越多，应用地位也会越来越高。光纤的应用不仅能满足通信网络对信息传输的高速增长或传输距离的要求，还适用于一些特定的场合。如综合布线环境中存在严重的干扰源（电场与磁场），当采用屏蔽布线仍然达不到 EMC 指标要求时，光纤无疑是抗干扰性较好的传输介质。又如在一些管线较为密集的部位布放缆线，电缆与电力线之间或其他弱电系统缆线之间的间距达不到相应的标准要求时；内、外网络传输电缆间距达不到保密标准的规定等情况时，光纤也是首选传输介质。

光纤入户的进一步应用是光纤至办公区（FTTO）。光纤越来越接近用户界面已成为现实，光纤至办公区主要解决企业、公司、单位或家庭自建内部通信网络的联网问题。将光纤布放至某一区域的办公区以后，经过以太网交换机或其他网络设备，然后通过综合布线缆线连接至终端设备。内部通信网络可以经过建筑物的楼层交换设备，或者设备间的骨干交换设备，或直接将光纤在光配线设备处与公用网的单模光纤相连，实现通信网络的互连互通。当然，这种做法仅仅是光纤至办公区的一种应用方式。另外，也可以采用无线网卡与综合布线系统相结合的方式，完成通信网络的拓展与延伸。

全光网络逐步替代铜缆网络是发展的大趋势，这种替代会在一些局部应用开始，包括智慧城市、智能小区建设等。所谓全光网络，从原理上讲就是在网络中直到端用户节点之间的信号信道始终保持光信号形式，即端到端的全光路，中间没有光电转换器。

光纤入户需要多种先进技术的支持，光纤端接技术的进步（比如熔接技术取代压接技术）使得光纤布线工程更加便捷。例如，现场免熔接技术可使每根光纤端接时间小于 1min，采用免打线快接式配线架可降低安装、维护成本。从下面一些光纤端接技术将会越来越多地得到广泛应用。

1）基于 PCB 的配线技术。随着光接口技术的发展，已逐渐可以在印制电路板（PCB）上实现光配线技术、光印制线路板技术、光表面安装技术，以及光器件和电器件统一的模块化设计、安装技术。这样不仅可以提高配线过程的自动化程度，也可解决人工配线对工艺要求高、容易降低线路质量的问题。

2）预端接带状光缆。主干光缆的纤芯只要在各个光交接箱终端并配线，就可以方便灵活组网，但过多的光纤跳接可能引起线路指标劣化。为保证纤芯的灵活调度，可将主干光缆纤芯带设计为共享纤芯、独享纤芯和直通纤芯 3 种类型，并使用预端接带状光缆。

3）光分插复用设备（OADM）和光交叉连接设备（OXC）。目前，光纤接入网大多通过光纤配线架接入城域网。这种手工配置方式在规模较大的光传输网中，严重影响着业务的指配时间、对网络业务模式和故障的响应时间。实现光网络自动重新配置，自动建立光通道连接、缩短业务的指配时间、加快故障响应时间、建立等级服务并在此基础上发展新的增值服务，是光接入网络的发展目标。随着 DWDM 逐渐向网络边缘的推进，接入网将会逐步采用光分插复用设备和光交叉连接设备，实现光交换和光路由，光纤配线设备的功能将融合到 OADM 和 OXC 中。

4. 多媒体信息传输技术

综合布线系统除完成基本的配线功能之外，还应能用于支持多媒体信息处理与交换，特别是要适用于大客户用户群和家居配线场景，以扩展功能，实现任何人（Whoever）在任何地方（Wherever）、任何时间（Whenever），以任何方式（Whatever）可以与任何人（Whomever）进行各种信息传递、交换服务。

例如，在配线箱体中设置电、光的连接模块及管理跳线，同时又预留电话交换设备、以太网交换机、接入网设备、有线电视放大器、各种功能模块和适配器等设施的安装空间，让用户可以根据自身的需要予以选择，可随意配置，为电信网、广播电视网和互联网的三网融合提供条件。上述这些基础设施除了完成各终端设备的内部通信以外，还可通过端口实现宽带和综合业务的接入；也可将部分业务的信息经过端口和公用通信网络实现信息的集成和远程监控，为用户提供全方位的多媒体信息服务解决方案。

目前IEEE 802.3ef标准已提出，可使综合布线系统支持IP信息的综合应用，使得语音、数据、视频、安防等业务的综合应用成为可能。在标准中允许将电缆的信号线对和电源线对组合在一起同时传输，并可以保证信号的安全。当线对作为电源线使用时，每对线可以承载约为175mA的电流，这使数据的IP信息可以更加接近于末端用户，支持现场的设备正常工作，从而降低了缆线的敷设工程量。

5. 网络化智能管理技术

目前综合布线系统工程的维护管理大部分采用应用软件加以实施，但这只是管理的一种模式。对于一些规模较大的工程则无法实现实时、有效的管理。如果将硬件与软件结合，采用以太网平台进行管理无疑会给用户带来更大的方便。具体做法是将配线模块与网络设备端之间的连接状态经过特殊的跳线与电子开关实时地监测端口的忙闲状态，并将使用情况与端口的地址信息送至网络平台所连接的管理服务器进行综合管理。当然也可将信息传输至建筑物的中央集成系统，实现集中监控。

综合布线系统另一个重要内容就是对系统的标识与管理。ANSI/TIA/EIA 606、GB 50311—2007和GB 50312—2007标准已经对标签内容的表示方式和材料选用做出了智能化管理要求。智能布线系统（AIM系统）将是综合布线的新生力量。

6. 电磁干扰与防火技术

随着信息技术、无线电技术、微波技术的快速发展，空间的电磁波越来越多，而对绞电缆在传递信息的过程中也会自行产生电磁辐射，加重了空中电磁污染，也造成了电磁泄密的可能性。面对如此情况，也就对信息网络的保密性、安全性提出了更高的要求，需要在一些重要场合部署屏蔽布线系统。另外，对综合布线系统的防火性能也应有明确的指标和强制性要求。

（1）屏蔽布线系统

就综合布线系统的应用而言，经过数十年的发展，综合布线系统已经完全成熟，并拥有了在非屏蔽布线系统、屏蔽布线系统和光纤布线系统等多介质系统中的高速传输能力。更高带宽的应用需要更有效的措施将所传输的宽带信号与外界干扰隔离，以保证数据的可靠性。例如，目前计算机网络的传输速率已经达到了10Gbit/s，作为计算机网络的承载传输介质之一的对绞电缆，也面对着更高的性能要求，其要求之一就是要尽量改善传输线路中的信噪比，以保证数据的可靠性和安全性。从电磁兼容（EMC）的观点出发，电磁干扰和电磁辐射是客观存在的，作为综合布线工程由于受到现场条件的限制，无法避免环境电磁干扰的影响。所以，随着高带宽的普及应用，屏蔽布线系统已经显现出其不可或缺的优势，在一些重要场合开始应用屏蔽布线系统。

实施屏蔽布线系统的目标包括以下全部或其中的几项：①采取相应措施，设计最佳的电缆路由，避免恶劣的电磁环境，提高线路的信噪比，降低与减少外界电磁波对对绞电缆所传输信息的干扰与影响；②选择合适的屏蔽电缆，降低线对之间的电磁干扰；③采取相应措施与选择合适的屏蔽电缆，防止信号因电磁辐射而产生信息泄密；④采用多种方式的屏蔽方案，选用不同的屏蔽产品，如屏蔽电缆、屏蔽壳体（或屏蔽模块）、屏蔽机柜等。

屏蔽布线系统主要应用于综合布线系统中的配线子系统。产品的选择应根据用户需要、系统的性能要求、工程投资、经费预算等综合考虑。

（2）防火

综合布线的缆线材质按其燃烧的特性可以分为普通型（PVC）、低烟无卤型（LSZH）、低烟无卤阻燃型（LSHF-FR）及氟塑料树脂制成的难燃型四类。在国外的防火标准中，主要以燃烧时间、火焰蔓延距离、燃烧时释放的烟雾和热量等指标来衡量缆线的防火性能。在我国一些等级较高的建筑物和重要场合，也已经重视布线系统的防火性能指标问题。选用缆线时，开始考虑根据建筑物的等级、缆线的布放方式、产品价格、安装工时及维护方式等，对防火性能做出具体要求。如何结合国内相关行业标准提出选用的缆线应达到的防火等级将是进一步需要研究的重大问题之一。

展望未来，伴随着物联网、云计算和大数据等应用的出现，基于 IP 的多媒体子系统（IP based Multimedia Subsystem，IMS）等信息技术将进一步促使综合布线系统从“无源向有源，单一向综合”的发展。综合布线系统领域正致力于在缆线技术方面开辟新的研究领域，并将在下一代缆线技术方面不断取得突破。这种新一代的缆线将不仅支持用户目前的应用，而且还支持未来的应用，还能保证用户的通信网络不会随着技术的发展而过时。

思考与练习题

1. “综合布线系统”这一概念主要是针对哪些情况、从何时提出的？
2. 简述“综合布线系统”的概念。
3. 综合布线系统由哪几部分构成？
4. 综合布线系统与传统专属布线系统比较，其主要优点是什么？
5. 综合布线系统主要有哪些功能特点？
6. ANSI/TIA/EIA 568—B 标准是有关什么方面的标准？
7. ANSI/TIA/EIA 568—B 与 ISO/IEC 11801 标准的区别是什么？
8. 如何获取相关的国际和国家标准文件？试在 Internet 上检索相关的综合布线系统标准。
9. 通过 Internet 检索综合布线系统的最新发展，并写出综述报告。

第2章　传输介质

所谓传输介质是指网络连接设备之间的中间介质，也就是信号传输的媒体。传输介质的目的是将通信网络系统信号无干扰、无损伤地传输给用户设备。为了使信号到达接收设备并且解码无误，信号在传输介质中传输的可靠性必须得到保证。目前，已经有许多不同的传输介质用来支持不同的通信网络系统。常用的传输介质可以分为导向传输介质和非导向传输介质。

导向传输介质通常为某种类型的电缆或光缆。所谓电缆就是由两根或两根以上的绝缘导体集中装配在一起组成的缆线。电缆是一个组合体，它由绝缘导体、加固元件和护套构成。护套的作用是将导体和加固元件固定在一起。一般情况下，电缆可以为铜质非屏蔽对绞电缆、屏蔽对绞电缆或同轴电缆。光缆是由光纤组成的缆线。

非导向传输介质包括卫星、无线电波、红外线等。在无线信号传输中，非导向传输介质是大气。微波通信和卫星通信都是通过大气传输无线电波的。其他的无线通信系统用光（可见光或不可见光）来传输通信系统信号。

传输介质的特性主要分为两个方面：①传输介质的物理特性。例如，导体的金属材料、强度、柔韧性、防水性以及温度特性等。传输介质的物理特性在出厂时已经确定，对于使用者只是在购买时进行选择而无法用一般的方法进行测试；②传输介质的电气特性。

本章主要介绍综合布线系统中常用的导向传输介质，包括对绞电缆、同轴电缆、光纤和光缆。

2.1　对绞电缆

对绞（Twisted Pair，TP）电缆也称为对绞线、双扭电缆，是由两两相交的线对组成的。它是最古老但又是最常用的导向传输介质之一。

2.1.1　对绞电缆的传输特性

对绞电缆的物理模型是平行传输线，其传输特性可用一次参数与二次参数来表征。一次参数是指单位长度传输线的分布电阻、电感、电容和漏电导，可分别用 R、L、C、G 来表示。这些参数与传输线所用材料的性能（金属材料的电阻率和介质的绝缘性能等）、尺寸（导线的横截面积、导线中心轴线间的距离等）、工作环境（温度、湿度）和频率有关。一次参数可以用近似公式计算，也可以通过测量方法得到。二次参数是指传输线的特征阻抗和传输常数。特征阻抗 Z_0 可表示为

$$Z_0 = \sqrt{(R + j\omega L) / (G + j\omega C)}$$

式中，ω 为传输信号的角频率。

在阻抗匹配（指端接阻抗与特征阻抗相等）时，电信号在传输线上传播将呈行波状态。若线长为 l，则末端电压（或电流）与始端电压（或电流）之间存在如下关系：

$$V_i/V_o = I_i/I_o = e^{\gamma l} = e^{-(\alpha + j\beta)l}$$

式中，$\gamma = \alpha + j\beta$，称为传输常数。其实部 α 称为衰减常数，虚部 β 称为相移常数。γ 与一次参数的关系为

$$\gamma = \sqrt{(R + j\omega L)\ (G + j\omega C)}$$

由于二次参数可直接通过测量方法得到，因而一次参数可以从测得的二次参数推算出来。在实际应用中，应尽可能保持阻抗匹配状态，以防止电波在线路上的反射，造成能量的损失。

为了确保通信系统信道的特征阻抗，需要选择适当的电缆和相关连接器件。综合布线系统中大多采用特征阻抗为 100Ω 的电缆，也有使用特征阻抗为 120Ω、150Ω 电缆的。无论 3 类、4 类、5 类、5e 类或 6 类电缆，每对芯线的特征阻抗在整个工作带宽范围内应基本恒定、均匀。链路特征阻抗应小于标准值的 ±15%；链路上任何点的阻抗不连续都将导致该链路信号反射和信号畸变。

2.1.2　对绞电缆的构成

对绞电缆是由两根具有绝缘层的铜导线按一定密度螺旋状互相绞缠在一起构成的线对。所谓线对（Pair）是指一个平衡传输线路的两个导体，一般指一个对绞线对。把一对或多对对绞线对放在一个绝缘套管中便成了对绞电缆。对绞电缆中的各线对之间按一定密度逆时针相应地绞合在一起，绞距为 3.8114cm；外面包裹绝缘材料，基本结构如图 2.1 所示。

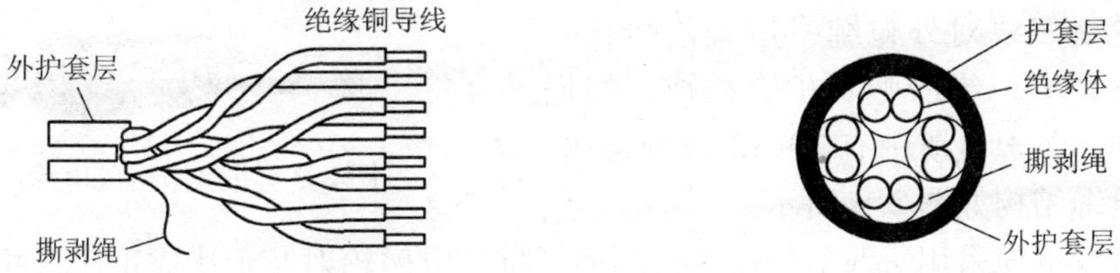

图 2.1　对绞电缆的基本结构

对绞电缆的电导线是铜导体。铜导体采用美国线规尺寸系统（American Wire Gauge，AWG）标准，见表 2.1。

表 2.1　对绞电缆导体线规

缆线规格	线径	
AWG（美国线规）	毫米（mm）	英寸（in）
19	0.9	0.0359
22	0.64	0.0253
24	0.511	0.0201
26	0.4	0.0159

在对绞电缆内，不同线对具有不同的扭绞长度，相邻对绞线对的扭绞长度差约为 1.27cm。线对互相扭绞的目的就是利用铜导线中电流产生的电磁场互相抵消邻近线对之间的串扰，并减少来自外界的干扰，提高抗干扰性。对绞线对的扭绞密度和扭绞方向以及绝缘

材料，直接影响它的特征阻抗、衰减和近端串扰等。

常见的对绞电缆绝缘外皮里面包裹着4对共8根线，每两根为一对相互扭绞。也有超过4线对的大对数电缆，大对数电缆通常用于干线子系统布线。在布线标准中，对绞电缆有时也称为平衡电缆。平衡电缆（Balanced Cable）是指由一个或多个金属导体线对组成的对称电缆。如图2.2所示是4线对对绞电缆和25线对大对数电缆的外形图。

为了提高对绞电缆的抗电磁干扰能力，需要在对绞线对的外面再加上一个用金属丝编制成的屏蔽层，构成屏蔽对绞电缆（Shielded Twisted Pair，STP）。因此，对绞电缆按其结构是否有金属屏蔽层，有非屏蔽对绞电缆（Unshielded Twisted Pair，UTP）、屏蔽对绞电缆（STP）、网孔屏蔽对绞线（ScTP）等结构形式。

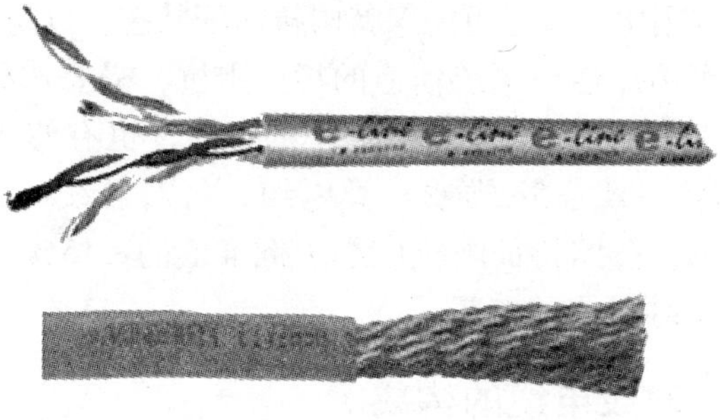

图2.2　4线对对绞电缆和25线对大对数电缆的外形图

1. 非屏蔽对绞电缆

非屏蔽对绞电缆是综合布线系统中使用频率最高的一种传输介质。UTP电缆可以用于语音、低速数据、高速数据和呼叫系统，以及建筑自动化系统。非屏蔽对绞电缆依靠成对的绞合导线使EMI/RFI最小化，所以不用外加屏蔽层。UTP电缆由多线对外包缠一层聚乙烯化合物的氯化物（PVC）绝缘塑料护套构成，根据电缆类型不同，每根电缆中有2～12双绞合线。非屏蔽对绞电缆结构如图2.3所示。

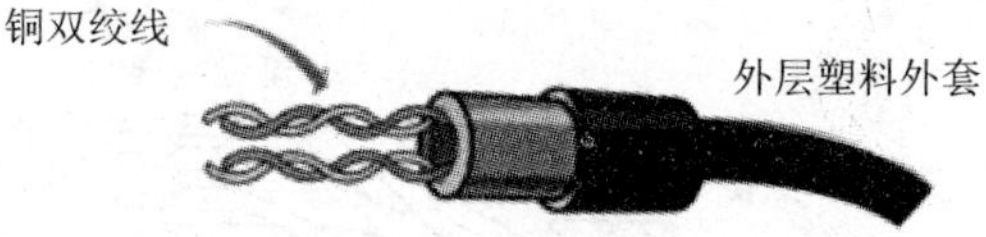

图2.3　非屏蔽对绞电缆结构

非屏蔽对绞电缆采用每线对的绞距与所能抵抗的电磁辐射及干扰成正比，并结合滤波与对称性等技术，经由精确的生产工艺而制成。采用这些技术措施可以减少非屏蔽对绞线对之间的电磁干扰。非屏蔽对绞电缆的特征阻抗为100Ω。UTP电缆一般为22AWG或24AWG，但24AWG是最常用的规格。

非屏蔽对绞电缆的优点主要有：线对外没有屏蔽层，电缆的直径小，节省所占用的空间；质量小、易弯曲，较具灵活性，容易安装；串扰影响小；具有阻燃性；价格低等。但是它的抗外界电磁干扰的性能较差，在信息传输时易向外辐射，安全性较差，在军事和金融等重要部门的综合布线系统工程中不宜采用。

2. 屏蔽对绞电缆

屏蔽是保证电磁兼容性的一种有效方法。所谓电磁兼容性即EMC，它一方面要求设备或网络系统具有一定的抵抗电磁干扰的能力，能够在比较恶劣的电磁环境中正常工作；另一方面要求设备或网络系统不能辐射过量的电磁波干扰周围其他设备及网络的正常工作。实现屏蔽的一般方法是在连接器件的外层包上金属屏蔽层，以滤除不必要的电磁波。屏蔽对绞电缆与非屏蔽对绞电缆一样，电缆芯是铜对绞线对，外护套是绝缘塑料皮，只不过在护套层内增加了金属屏蔽层，从而对电磁干扰有较强的抵抗能力。在屏蔽对绞电缆的护套下面，还有一根贯穿整个电缆长度的漏电线（地线），该漏电线与电缆屏蔽层相连。屏蔽对绞电缆结构如图2.4所示。

根据防护要求，对于屏蔽电缆可分为电缆金属箔屏蔽（F/UTP）、线对金属箔屏蔽（U/FTP）、电缆金属编织丝网加金属箔屏蔽（SF/UTP）、电缆金属箔编织网屏蔽加上线对金属箔屏蔽（S/FTP）几种结构。这是按照ISO/IEC 11801—2002推荐的方法进行统一命名的，如图2.5所示。

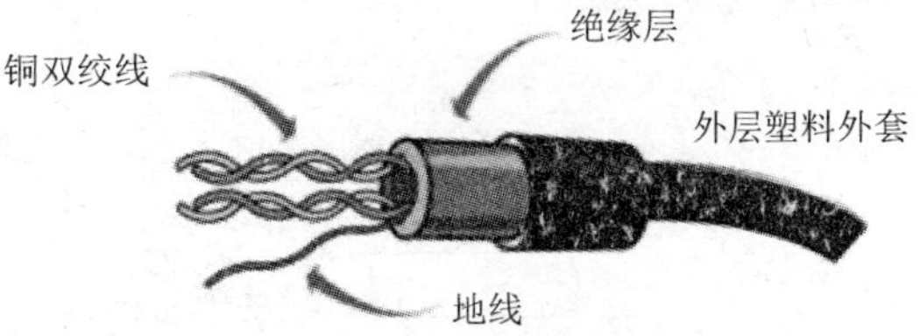

图2.4　屏蔽对绞电缆结构

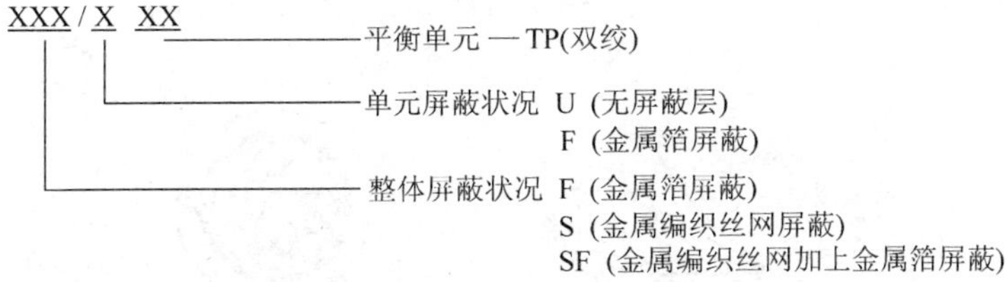

图2.5　屏蔽电缆命名方法

不同的屏蔽电缆会产生不同的屏蔽效果。一般认为金属箔对高频、金属编织丝网对低频的电磁屏蔽效果为佳。如果采用双重绝缘（SF/UTP和S/FTP）则屏蔽效果更为理想，可以同时抵御线对之间和来自外部的电磁辐射干扰，减少线对之间及线对对外部的电磁辐射干扰。因此，屏蔽布线工程有多种形式的电缆可以选择，但为保证良好屏蔽，电缆的屏蔽层与屏蔽连接器件之间必须做好360°的连接。

根据ISO/IEC 11801—2002的命名规则，还可以引导出其他一些类型的屏蔽对绞电缆。通常按增加的金属屏蔽层数量和金属屏蔽层绕包方式，将屏蔽对绞电缆分为铝箔屏蔽对绞电缆（Foil Twisted Pair，FTP），铝箔、铜网双层屏蔽对绞电缆（Shielded Foil Twisted Pair，SFTP），独立双层屏蔽对绞电缆（SSTP）3种形式。

FTP是在4对对绞线对的外面加一层或两层铝箔，利用金属对电磁波的反射、吸收和趋肤效应原理有效地防止外部电磁干扰进入电缆，同时也阻止内部信号辐射出去干扰其他设备的工作。FTP屏蔽对绞电缆结构如图2.6所示。

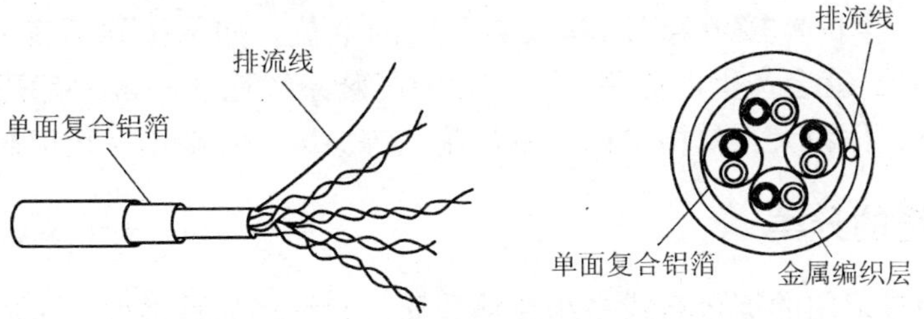

图2.6　FTP屏蔽对绞电缆结构

SFTP由绞合的线对和在多对对绞线对外纵包铝箔后，再在铝箔外增加一层铜编织网而构成。SFTP屏蔽对绞电缆如图2.7所示，SFTP提供了比FTP更好的电磁屏蔽特性。

SSTP的每一对线都有一个铝箔屏蔽层，4对线合在一起还有一个公共的金属编织屏蔽层，可以达到非常优异的屏蔽效果。由电磁理论可知，这种结构不仅可以减少电磁干扰，也使线对之间的综合串扰得到有效控制，7类对绞电缆就采用了这种结构。图2.8给出了SSTP

屏蔽对绞电缆示意图。

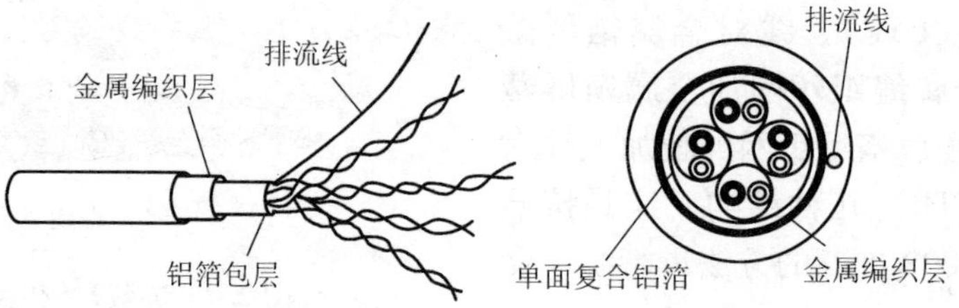

图 2.7　SFTP 屏蔽对绞电缆

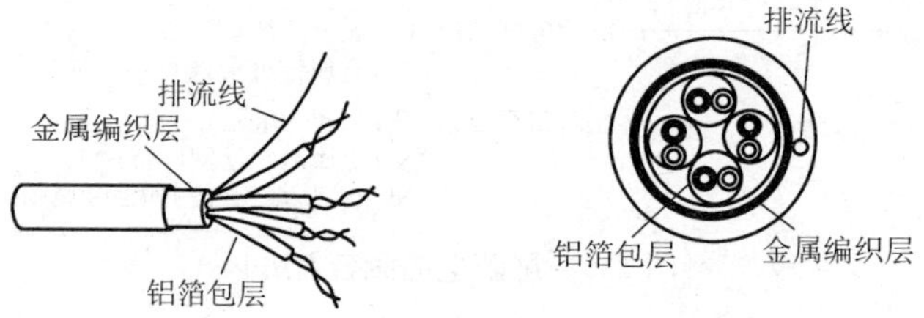

图 2.8　SSTP 屏蔽对绞电缆示意图

从图 2.6 ~ 图 2.8 可以看出，非屏蔽对绞电缆和屏蔽对绞电缆都有一根用来撕开电缆保护套的拉绳。屏蔽对绞电缆在铝箔屏蔽层和内层聚酯包皮之间还有一根排流线，即漏电线，把它连接到接地装置上，可泄放金属屏蔽层的电荷，解除线对之间的干扰。

3. 网孔屏蔽对绞线

ScTP 由铝箔网孔屏蔽的 4 对铜导线构成，外面包覆着一层聚氯乙烯（PVC）。铝箔屏蔽具有较好的抵御 EMI/RFI 的性能。以成本、性能和安装难易程度来衡量，ScTP 处于 UTP 和 STP 之间。

屏蔽对绞电缆外面包有较厚的屏蔽层，所以它具有抗干扰能力强、保密性好、不易被窃听等优点。屏蔽对绞电缆价格相对较高，安装时也比非屏蔽对绞电缆困难一些。在安装时，屏蔽对绞电缆的屏蔽层应两端接地（在频率低于 1MHz 时，一点接地即可；当频率高于 1MHz 时，最好在多个位置接地），以释放屏蔽层的电荷。如果接地不良（接地电阻过大、接地电位不均衡等），就会产生电势差，成为影响屏蔽系统性能的最大障碍和隐患。由于屏蔽对绞电缆的重量、体积大，价格贵以及不易施工等原因，一般不采用屏蔽对绞电缆。

2.1.3　对绞电缆的分类

对绞电缆作为最常用的综合布线系统传输介质，有许多品种类型，可以从不同的角度进行分类。

按用途可分为建筑物用干线电缆、垂直电缆、水平电缆以及工作区缆线等。

按导体结构可分为实心导体、绞合导体、铜皮导体电缆。

按绝缘材料可分为聚烯烃、聚氯乙烯、含氟聚合物及低烟无卤热塑性材料绝缘电缆。

按绝缘型式可分为实心绝缘和泡沫实心皮绝缘电缆。

按有无总屏蔽可分为无总屏蔽电缆和带总屏蔽电缆。

按护套材料可分为聚氯乙烯、含氟聚合物及低烟无卤热塑性材料护套电缆。

按规定的最高传输频率可分为16MHz（3类）、20MHz（4类）、100MHz（5类）或200MHz（6类）电缆等。

按特征阻抗可分为100Ω和150Ω电缆。

实际中，通常按电气传输特性或缆线结构型式、应用场合来进行分类。

1. 按电气传输特性分类

对屏蔽和非屏蔽两大类对绞电缆，按其电气传输特性可分为100Ω屏蔽/非屏蔽电缆、大对数电缆、双体电缆和150Ω屏蔽电缆，每种电缆又有多种型号。

（1）100Ω非屏蔽电缆

100Ω非屏蔽电缆的品种较多，国际电工委员会和国际电信委员会TIA/EIA已经建立了对绞电缆的国际标准，并根据应用领域分为7个类别。每种类别的缆线生产厂家都会在其绝缘外皮上标注其种类，例如Cat5或者Categories-5等指5类对绞电缆。各类对绞电缆简介如下：

1）7类对绞电缆：7类对绞电缆系统是欧洲提出的一种ISO/IEC电缆标准。7类对绞电缆系统可以支持高传输速率的应用，提供高于600MHz的整体带宽，最高带宽可达1.2GHz，能够在一个信道上支持包括数据、多媒体、宽带视频如CATV等多种应用，安全性极高，线对分别屏蔽，降低了射频干扰，不需要昂贵的电子设备来降低噪声。

2）6类/6e类对绞电缆：EIA/TIA的6类标准于2002年6月7日颁布，6类的带宽由5类、5e类的100MHz提高到200MHz。为支持IEEE 802.3an标准的高速局域网10GBase—T，TIA/EIA于2009年发布了TIA 568—C.2标准，规定了6e类对绞电缆性能标准，将带宽提高到了500MHz。

3）5e类对绞电缆：4对24AWG非屏蔽对绞电缆；5e类（Cat 5e）是厂家为了保证通信质量单方面提高的Cat5标准，并没有被TIA/EIA认可。5e类对现有的UTP 5类对绞电缆的部分性能进行了改善，不少性能参数，如近端串扰（NEXT）、衰减串扰比（ACR）等都有所提高，但带宽仍为100MHz。

4）5类对绞电缆：4对24AWG非屏蔽对绞电缆、25对24AWG非屏蔽对绞电缆，增加了绕绞密度，外套一种高质量的绝缘材料，传输频率为100MHz，用于语音传输和最高传输速率为100Mbit/s的数据传输，主要适用于100Base-T和10Base-T网络。

5）4类对绞电缆：有4对24AWG非屏蔽对绞电缆和25对24AWG非屏蔽对绞电缆两种。该类对绞电缆的传输频率为20MHz，用于语音传输和最高传输速率16Mbit/s的数据传输，主要适用于基于令牌的局域网和10Base-T以及100Base-T。

6）3类对绞电缆：有4对24AWG非屏蔽对绞电缆和25对24AWG非屏蔽对绞电缆两种。该类电缆的传输频率为16MHz，用于语音传输及最高传输速率为10Mbit/s的数据传输，主要适用于10Base-T。

7）2类对绞电缆：传输频率为1MHz，用于语音传输和最高传输速率4Mbit/s的数据传输，常应用于4Mbit/s、令牌传递协议的令牌网。

8）1类对绞电缆：主要用于传输语音（1类对绞电缆标准主要用于20世纪80年代初之前的电话缆线），不适用于数据传输。

（2）100Ω屏蔽电缆

100Ω屏蔽电缆分为5类4对24AWG屏蔽电缆和5类4对26AWG屏蔽电缆。

（3）大对数电缆

大对数电缆是对多线对对绞电缆构成的一种电缆的通称。通常有25对、50对、100对、

200对对绞电缆的大对数电缆。

(4) 双体电缆

双体电缆主要有24AWG非屏蔽4/4对、24AWG非屏蔽/屏蔽4/4对、24/22AWG非屏蔽/屏蔽4/2对、24AWG非屏蔽2/2对几种类型。

(5) 150Ω屏蔽电缆

150Ω屏蔽电缆有1A型、6A型、9A型几种。

双体电缆和150Ω屏蔽电缆在国内较少使用，市场上几乎见不到。

2. 按缆线结构型式和应用场合分类

对屏蔽对绞电缆和非屏蔽对绞电缆，按缆线结构形式和应用场合又可分为垂直主干电缆、自承式电缆、加固自承式电缆、架空电缆、直埋电缆等品种。

为了便于布线，还有一些对绞电缆与同轴复合电缆、对绞电缆与同轴及光缆复合电缆。这些特殊的电缆主要应用于宽带多媒体接入网。

2.1.4 对绞电缆的性能

1. 衡量对绞电缆性能的主要指标

衡量对绞电缆的电气性能指标主要有：线对支持的带宽（Hz）、衰减、特征阻抗、回波损耗、ARC值、时延、近端串扰、近端串扰功率和、等效远端串扰、等效远端串扰功率和以及耦合衰减等。

衡量对绞电缆的物理特性有两个方面：护套材料，包括屏蔽与非屏蔽、防火阻燃等级及材料；物理性能，包括重量、直径尺寸（导体、绝缘体、电缆）、弯曲半径、拉力、温度（安装和操作）。

在厂家提供的电缆产品目录中，一般还会表明：性能指标是否超过地区或国家标准的规定值，主要传输带宽、电缆测试的环境条件、电缆的整体结构、电缆支持的应用网络、电缆的兼容性、电缆规格型号及订货产品编号等内容。

2. 对绞电缆的性能比较

对绞电缆的类型不同，其性能、价格也有差异。表2.2对几种对绞电缆作了一个性能综合比较，供读者参考。

表2.2 对绞电缆性能的综合比较

电缆类型 / 项目	UTP	STP	
		FTP/SFTP	SSTP
价格	低	较高	高
安装成本	低	较高	高
抗干扰能力	弱	较强	强
保密性	一般	较好	好
信号衰减	较大	较小	小
适用场合	网络流量不大，设备和线路安装密度不大的情况。如：办公环境	网络流量较大，传输距离较远，设备和线流庞大、复杂。如：银行、机场、工厂	高速网络系统，高保密的高速通信系统。如：从事CAD的大型企业，军事系统等

选择UTP和FTP电缆的关键取决于外部EMC的干扰影响。干扰场强低于3V/m时，一般不考虑防护措施。根据对绞电缆性能测试表明：在30MHz频段内，UTP与FTP的传输效果和抗EMC能力相近，超过时，则FTP较之UTP的隔离度明显要高出20~30dB。

目前，千兆位以太网铜线（5e类）标准是1000Base-T（IEEE 802.3ab）。1000Base-T以62.5MHz为传输频率，采用4个线对全双工传输信号，因而两端的设备（网卡、交换机）必须分别设计4个收发器，导致设备成本增加，以致千兆位以太网设备价格较高。

1000Base-TX是针对6类布线的千兆位以太网规范草案，它有较高的技术优势。可以设计成用两个线对完成一个方向的单向信号传输，另两个线对完成相反方向的信号传输，即两个线对用于发送数据，另两个线对用于接收数据，也就是半双工操作。因此，设备端只需2个收发器，所以1000Base-TX的网卡价格要比1000Base-T低30%~40%左右。

此外，由于1000Base-T采用全双工方式工作，对回波损耗非常敏感。因此，在支持1000Base-T的网络设备上需要具备有源数字信号处理器来补偿回波损耗。而1000Base-TX的网络设备可以不再需要这个有源数字信号处理器，于是其成本可以降低许多。

3. 对绞电缆的安全性能

许多国家对对绞电缆的使用安全性提出了较高要求，并规定进入建筑物的数据通信电缆必须满足表2.3的安全要求。表2.3中的MPP、CMP为最高等级，应满足UL910试验规定的阻燃、低发烟等特殊要求；这种电缆须采用EEP介质绝缘以及Flam Arrest之类的高阻燃PVC作为护套；对于其他类别电缆称之为Non-plenum Cable，其阻燃要求有所降低。

表2.3 数据通信对绞电缆的安全级别

使用环境	UL标志	阻燃试验要求
天花板隔层等强制通风	MPP	UL910
通道内的水平敷设	CMP	
楼层之间垂直敷设	MPR CMR	UL1666
通用环境	MP	UL1581
	CM	IEEE 383
限制使用（居民楼或金属管道内）	CMX	UL VW-1

注：电缆直径应小于6.35mm（0.25in），MPP为多用途天花板隔层电缆，CMP为天花板同层通信电缆，MP为多用途电缆，CM为通信电缆，CMX为限制使用的CM缆线。

4. 对绞电缆的环境保护

目前，在所使用的许多电缆中都含有卤素。卤素是一种非金属元素，当含有卤素成分的物质燃烧时，便能释放出有毒烟雾伤害眼睛、鼻子、肺和咽喉。更为严重的是卤素所释放出的烟雾以及烟尘将使得建筑物内的疏散工作难以进行。因此，为了防火和防毒，在易燃区域，综合布线所用的缆线应具有阻燃护套，相关连接件也应选用阻燃型的。采用防火、防毒的缆线和连接件，在火灾发生时，不会或很少散发有害气体，对疏散人员和救火人员都有较好的作用。当缆线穿在不可燃管道内，或在每个楼层均采用切实有效的防火措施而不会发生火势蔓延时，也可以选用非阻燃型缆线。阻燃防毒缆线有以下几种：

1）低烟无卤阻燃型（LSHF-FR）。不易燃烧，释放一氧化碳（CO）少，低烟，不释放卤素，危害性小。

2）低烟无卤型（LSZH）。有一定的阻燃能力，燃烧时，释放 CO，但不释放卤素。

3）低烟非燃型（LSNC）。不易燃烧，释放 CO 少，但释放少量有害气体。

4）低烟阻燃型（LSLC）。情况与 LSNC 类相同。

如果缆线所在环境既有腐蚀性，又有被雷击的可能性时，选用的缆线除了要有外护层之外，还应有复式铠装层。

2.1.5 常用对绞电缆简介

在实际布线工程中，对于电话语音数据、视频传输的干线子系统、配线子系统布线主要采用5类、5e类及6类产品。由于在对绞电缆中，非屏蔽对绞电缆（UTP）的使用率最高，如果没有特殊说明，一般是指 UTP。

1. 5类对绞电缆

典型的5类4对非屏蔽对绞电缆是美国缆线规格为24AWG的实芯裸铜导体，以高质量的氟化乙烯做绝缘材料；与低级别的电缆相比较，增加了绕绞密度，传输频率达100MHz。5类4对非屏蔽对绞电缆物理结构如图2.9所示。

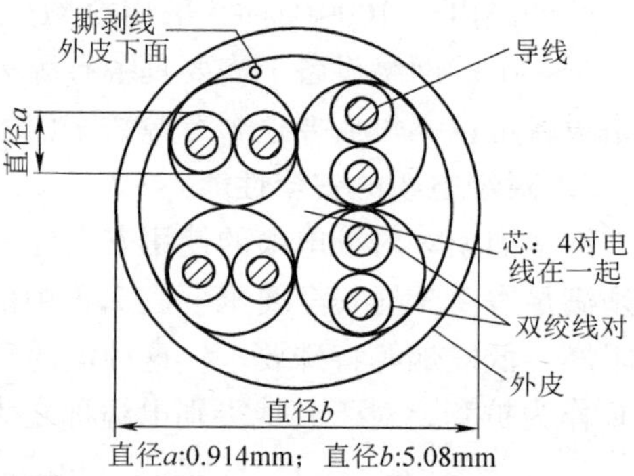

图2.9 5类4对非屏蔽对绞电缆物理结构

5类4对非屏蔽对绞电缆的电气特性见表2.4。其中，“9.38ΩMAX. Per 100m@20℃”是指在20℃的恒定温度下，每100m对绞电缆的电阻为9.38Ω。

表2.4 5类4对非屏蔽对绞电缆电气特性

频率需求/MHz	阻抗/Ω	衰减值（dB/100m）Max	NEXT/dB（最差对）	直流阻抗/Ω MAX. Per 100m@20℃
0.256	—	1.1		9.38
0.512	—	1.5		
0.772	—	1.8	66	
1	85～115	2.1	64	
4		4.3	55	
10		6.6	49	
16		8.2	46	
20		9.2	44	
31.25		11.8	42	
62.50		17.1	37	
100		22.0	34	

5类对绞电缆可用于语音传输和最高传输速率为100Mbit/s的数据传输，主要适用于100Base-T和10Base-T网络。

2. 5e类对绞电缆

5e类对绞电缆（1061/2061/3061）的导线线径为0.511mm（24AWG号线规），线对间紧密绞距（每12mm或更短就有一个扭绞）。因此，与5类对绞电缆相比，5e类对绞电缆的衰减和串扰更小，可提供更坚实的通信网络基础，满足大多数应用需求，尤其能支持千兆位以太网1000Base-T，给网络的安装和测试带来了便利，成为目前网络应用中较好的解决方案。原标准规定的5e类对绞电缆传输特性与普通5类对绞电缆的相同，只是5e类对绞电缆的全部4对线都能实现全双工通信。由于5e类对绞电缆已超出了原有的标准，市面上相继出现了带宽为125MHz和200MHz的5e类对绞电缆，其特性较原标准也有了提高。据有关材料介绍，这些5e类对绞电缆的传输距离已超过了100m的限制，可达到130m甚至更长。5e类对绞电缆主要用于千兆位以太网。5e类对绞电缆具有以下优点：

1）能够满足大多数应用要求，并且满足低综合近端串扰的要求。

2）可为高速数据传输提供解决方案。

3）有足够的性能余量，为布线安装带来方便。

3. 6类对绞电缆

随着计算机网络技术的飞跃发展和高速通信系统的需求，对网络数据传输速率的要求日益提高，作为通信网络平台，综合布线系统的带宽也在不断增加，为顺应网络的发展需要，发布了6类对绞电缆标准。

在ISO/IEC 11801：2002版中，对Class E系统的定义是“Class E is specified up to 250MHz”，围绕这一要求的是一系列缆线传输性能的指标定义，包括Return Loss、Insertion Loss、NEXT、PSNEXT、ACR、PS ACR、ELFEXT、PS ELFEXT、Propagation Delay、Delay Skew等参数。对于缆线本身的具体要求，则主要涉及阻抗、电流、电压、功率参数。而在另一个重要的综合布线国际标准ANSI/TIA/EIA 568-B.2-1中，对Cat 6的定义为“Category6：This designation applies to 100MHz cables whose transmission characteristics are specified up to 250MHz”，并且也定义了一系列电气参数，与ISO/IEC 11801中规定的参数基本相同。因此，任何满足上述标准中规定的各项电气参数的4对8芯对绞铜电缆系统，都是合格的Cat6/Class E级系统。

6类对绞电缆是一种标准的4线对缆线，用1对线实现500Mbit/s，而其频率范围可达到250MHz，1Hz（周期）上产生2bit（正好是一个周期的高电平和低电平）便足够使用了，因此编码方式比较简单。如图2.10所示是一种6类4线对非屏蔽对绞电缆。这种对绞电缆的产品特征是单股裸铜线聚乙烯（PE）绝缘，2根绝缘导线扭绞成对，聚乙烯或聚卤低烟无卤护套。可应用于语音综合业务数据网络（ISDN）、ATM 155Mbit/s、622Mbit/s、100Mbit/s下FDDI、快速和千兆位以太网以及其他专为6类对绞电缆设计的应用。

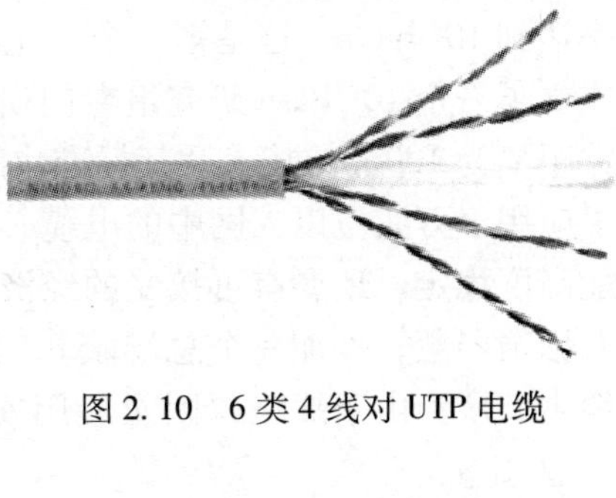

图2.10 6类4线对UTP电缆

6类对绞电缆与5e类的另一个不同之处是拥有更紧密的缆线绕绞，同时线对间采用了圆形或片形或十字星形、十字骨架分隔器。十字星形填充的对绞电缆构造是在电缆中间有一个十字交叉中心，把4个线对分成分别的信号区，这样可以提高电缆的近端串扰（NEXT）性能。6类对绞电缆（Giga SPEED-XL系列）包括1071E系列和1081A系列两种。1071E系列采用紧凑的圆形设计方式及中心平行隔离带技术，它可获得最佳的电气性能；其物理结构横截面如图2.11a所示。1081A系列采用中心扭十字骨架技术，线对之间的分隔可阻止线对间串扰，其物理结构截面如图2.11b所示。外皮有非阻燃（CMR）、阻燃和低烟无卤3种材料。为了减少衰减，电缆绝缘材料和外套材料的损耗应达到最小。在6类对绞电缆中通常使用聚乙烯（PE）和聚四氟乙烯两种材料。

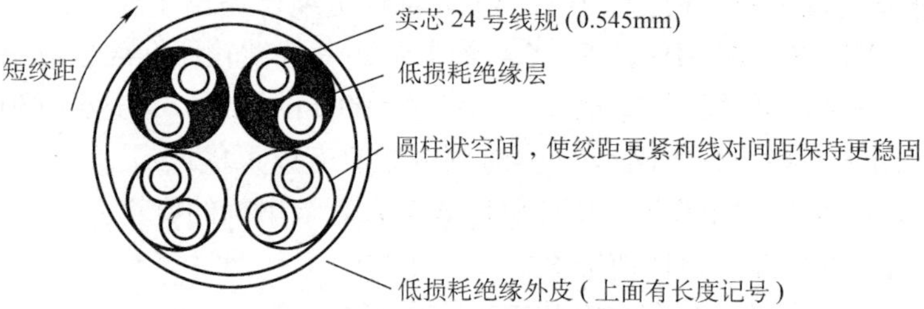

a) Giga SPEED-XL1071E系列

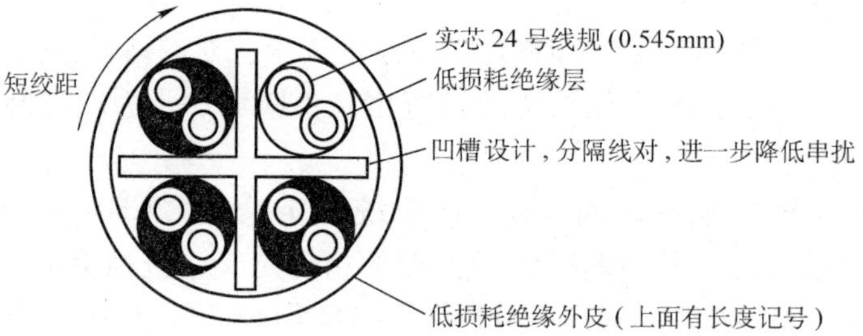

b) Giga SPEED-XL1081A系列

图2.11　6类对绞电缆结构横截面

6类对绞电缆采用十字骨架分隔器，可以减少在安装过程中由于电缆连接和弯曲引起的电缆物理上的失真。由于6类对绞电缆所采用的十字骨架是硬体结构，刚性大，增加了缆线的外形尺寸和弯曲半径。采用这种缆线须对基于5类或5e类系统的原有线槽尺寸和路由设计进行改动，空间需求约增加20%～40%左右，因此施工难度和成本也相应提高。

6类对绞电缆已经成为中高端市场的主要代表。2009年，TIA/EIA发布了TIA—568C.2标准，以10GBase—T以太网为目标的新一代综合布线标准Cat.6a（超6类系统），信道带宽达到500MHz。

4. 7类对绞电缆

2002年6月1日电气和电子工程师学会（IEEE）通过了万兆位以太网标准，数据传输速率达到10Gbit/s，这是第一个以光纤为骨干的以太网标准。同年11月，IEEE 802.3委员会成立了一个10GBase研究组专门研究在非屏蔽对绞电缆（UTP）上传输速率为10Gbit/s、传输距离为100m的技术及其标准化问题，以与光纤互补。

应用于万兆位以太网中的电缆必须满足未来技术不断发展的要求。电缆安装后要求电气性能高度稳定，还要有可接受的经济性。为此研制和生产了分相屏蔽7类对绞电缆（每个绞对有铝箔屏蔽，外加一个总屏蔽），又称为PIMF（Pair In Metal Foil）电缆。在欧洲，数据电缆生产厂商由于战略原因及应用安全性的考虑，已在多年前采用和推广这种日趋重要的

PIMF 电缆。如 1996 年，德国标准草案 EDIN 44312-5 提出了 600MHz 高速传输对绞电缆，并在整个德国进行布线重组和推广。

7 类对绞电缆的设计标准与电缆特性密切相关，对电缆的使用也具有非常重要的意义。7 类对绞电缆的结构如图 2.12 所示。根据 IEC 61156-5 标准，7 类对绞电缆导体的直径为 0.50～0.65mm，而在实际缆线制造中，一般控制在 0.50～0.55mm。导体采用高导电率、低衰减的无氧铜。为了获得低衰减和低工作电容，并尽量减小电缆外径，绝缘采用皮泡皮结构，发泡度控制在 60%～70%，绝缘线径控制在 1.35～1.50 mm 之间。采用较大节距对绞，且节距差要小，以减小电缆变形，降低时延和时延差。线对采用铝箔屏蔽，以提高共享能力，消除或减少环境的电磁干扰，提高电磁兼容性。并在铝箔屏蔽外采用铜丝编织，以降低转移阻抗，使电缆结构和传输参数稳定，进一步消除或减少环境的电磁干扰。护套多采用低烟无卤阻燃聚烯烃材料，以满足绿色环保要求。

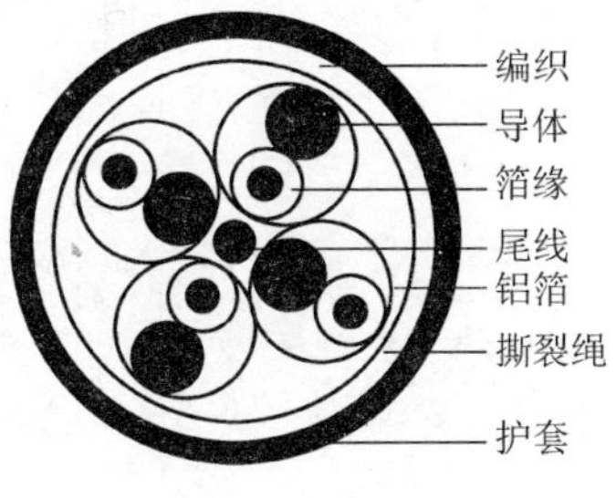

图 2.12　7 类对绞电缆结构

7 类对绞电缆能满足 600MHz 以上，甚至 1.2GHz 的传输性能要求，是真正实现同一根电缆上传输多媒体信息的解决方案。它完全可用于“SOHO（小型办公室、家庭办公系统）、CCBD（建筑物内的指挥、控制与通信）”以及高质量视频影像（如远程医疗诊断、远程教育等）交互式传输系统中。在实际应用中需注意，如果 8 芯对绞电缆中有 1 根缺陷芯线，那么整根电缆将出现缺陷，将废弃无用。

2.1.6　对绞电缆的标识

当使用对绞电缆组建网络时，需要了解对绞电缆的颜色以及外部护套上印刷的各种标志的含义。了解这些标志对于正确选择、安装不同类型的对绞电缆，或迅速定位网络故障会大有帮助。

1. 对绞电缆的颜色标识

在 4 线对的对绞电缆中，每个线对都用如表 2.5 所示的不同颜色进行标识。

表 2.5　4 线对对绞电缆的色彩编码

线对	1	2	3	4
颜色编码	白/蓝，蓝	白/橙，橙	白/绿，绿	白/棕，综

对于大对数对绞电缆，线对的数量一般以 25 对为增量变化。通常将 25 对线分为 5 个组，一组有 5 个线对，每组有一个特征色，每组特征色按如下方式来确定。白色：线对 1～5；红色：线对 6～10；黑色：线对 11～15；黄色：线对 16～20；紫色：线对 21～25。

每组中的 5 个线对按照组的颜色和线对的颜色进行编码，一个组的 5 个线对的颜色编码如下。蓝色：第一个线对；橙色：第二个线对；绿色：第三个线对；棕色：第四个线对；蓝灰色：第五个线对。

超过 25 线对的多线对，再以每 25 个为一个包扎组，每个包扎组用彩色的标记条捆扎。这些标记条再按照色标顺序：白蓝、白橙、白棕、白灰、红蓝、红橙、……即 25 对线的色标顺序循环。

通过对线对进行编码，使得每个电缆的线对易于跟踪，避免线对的混乱。

2. 对绞电缆型式代码的表示

对绞电缆作为数字通信用对称电缆产品，包括型式和规格两个方面的标记。对绞电缆型式代码的标记如图 2.13 所示；其中产品的型式代号规定见表 2.6。数字通信用对称对绞电缆产品代号为 HS。

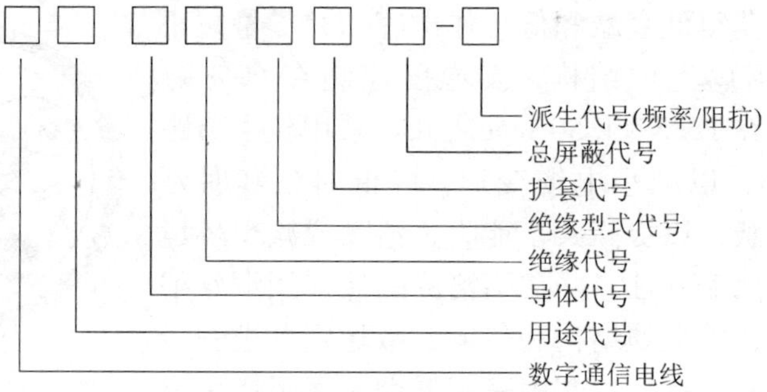

图 2.13 对绞电缆型式代码的标记

表 2.6 对绞电缆型式代码

划分方法	类别	代号	划分方法	类别	代号
用途	主干电缆	HSG	绝缘材料	聚烯烃	Y
	水平电缆	HS		聚氯乙烯	V
	工作区电缆	HSQ		含氟聚合物	W
	设备	HSB		低烟无卤热塑性材料	Z
导体结构	实心导体	省略	护套材料	聚氯乙烯	V
	绞合导体	R		含氟聚合物	W
	铜皮导体电缆	TR		低烟无卤热塑性材料	Z
绝缘型式	实心绝缘	省略	总屏蔽	有总屏蔽	P
	泡沫实心皮绝缘	P		无总屏蔽	省略
最高频率	16MHz（3类电缆）	3	特征阻抗	100Ω	省略
	20MHz（4类电缆）	4		150Ω	150
	100MHz（5类电缆）	5			

3. 对绞电缆规格代码的表示

非屏蔽对绞电缆规格代码的表示方法如图 2.14a 所示；屏蔽对绞电缆规格代码的表示方法如图 2.14b 所示。

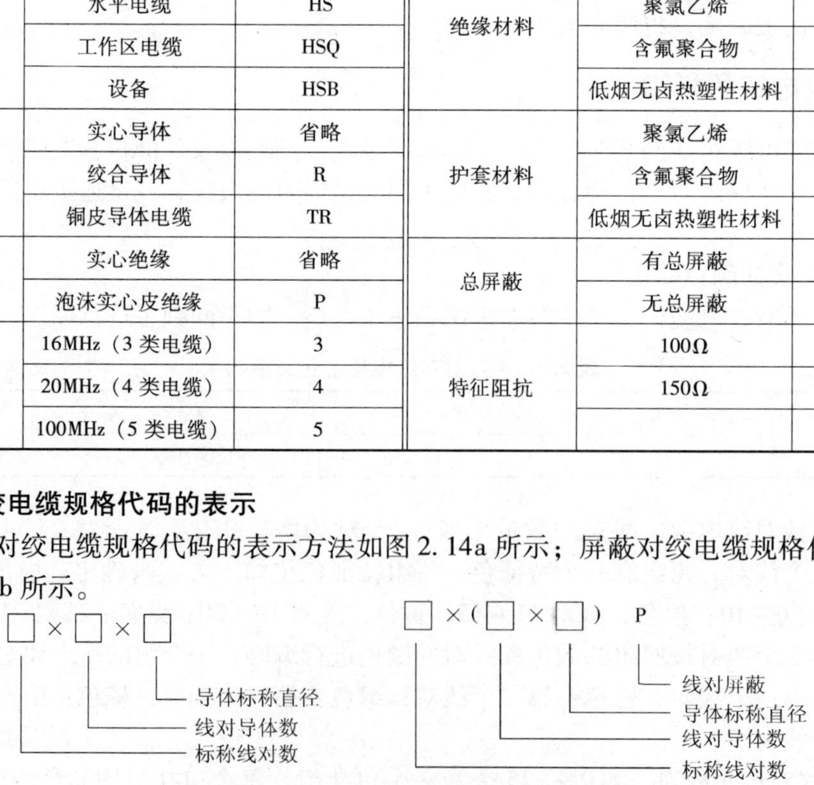

a）非屏蔽对绞电缆规格代码标记　b）屏蔽对绞电缆规格代码的标记

图 2.14 对绞电缆规格代码的标记

例如：4 对 0.4mm 线径实心聚丙稀聚氯乙烯护套 100Ω 非屏蔽 5 类数字对称电缆标记为：HSBYV5 4×2×0.4。

再如：2 对 0.5mm 线径绞合导体聚乙烯绝缘低烟无卤护套 150Ω 屏蔽 5 类工作区电缆标记为：HSQRYZP-5/150 2×2×0.5P。

4. 对绞电缆外部护套上印刷的各种标志

由于对绞电缆外部护套上印刷的各种标志没有统一标准规定，因此并不是所有的对绞电缆都会有相同的记号。通常使用的对绞电缆，不同生产商的产品标志可能不同，但一般包括对绞电缆类型、NEC/UL 防火测试和级别、CSA 防火测试、长度标志、生产日期、生产商和产品号码等信息。例如，AVAYA-C SYSTEIMAX 1061C + 4/24AWG CM VERIFIED UL CAT5E 31086FEET 09745.0 METERS 是一条对绞电缆的记号，以此为例说明各部分记号标志的含义：

1）AVAYA-C SYSTEMIMAX：指的是该对绞电缆的生产商。

2）1061C +：指的是该对绞电缆的产品号码。

3）4/24 AWG：说明这条对绞电缆由 4 对线芯 24AWG 线规的线对所构成。其中，AWG 表示美国缆线规格标准；铜电缆的直径通常用 AWG 单位来衡量。AWG 数值越小，电缆线直径越大；通常使用的对绞电缆均是 24AWG。

4）CM：指通信通用电缆，CM 是 NEC（美国国家电气规程）中防火耐烟等级中的一种。

5）VERIFIED UL：说明对绞电缆满足美国保险商实验所安全标准（Underwriters Laboratories，UL）的标准要求。UL 成立于 1984 年，是一家非营利的独立组织，致力于产品的安全性测试和认证。

6）CAT 5e：指该对绞电缆通过 UL 测试，达到超 5 类标准。目前市场上常用的对绞电缆是 5 类和 5e 类。5 类线主要是针对 100Mbit/s 网络提出的，该标准最为成熟。在开发千兆位以太网时许多厂商把可以运行千兆位以太网的 5 类产品冠以“增强型”Enhanced Cat 5，简称 5e 推向市场。ANSI/TIA/EIA 568—A—5 是 5e 标准；5e 也被人们称为“超 5 类”或“5 类增强型”。

7）31086FEET 09745.0 METERS：表示生产这条对绞电缆时的长度点。该标记对于购买对绞电缆非常实用。如果想知道一箱对绞电缆的长度，可以找到对绞电缆头部和尾部的长度标记相减后得出。

再如，另一种对绞电缆的标志：AMP NETCONNECT ENHANCED CATEGORY 5 CABLE E138034 1300 24AWG-UL CMR/MPR OR CUL CMG/MPG VERIFIEDUL CAT 5 1347204FT 1353，除与第一条相同的标志之外，还有：

①ENHANCED CATEGORY 5 CABLE：也表示该对绞电缆属于 5e 类；

②E138034 1300：代表其产品号；

③CMR/MPR、CMG/MPG：表示该对绞电缆的类型；

④CUL：表示对绞电缆同时还符合加拿大的标准；

⑤1347204FT：对绞电缆的长度点，FT 表示以英尺作为单位；

⑥1353：指的是该产品的生产日期，这里是 2013 年第 53 周。

2.2 同轴电缆

同轴电缆（Coaxial Cable）是一种由内、外两个导体组成的通信电缆。它的中心是一根单芯铜导体，铜导体外面是绝缘层，绝缘层的外面有一层导电金属层，最外面还有一层保护用的外部套管。同轴电缆与其他电缆不同之处是只有一个中心导体，图2.15是同轴电缆的结构示意图。金属层可以是密集型的，也可以是网状的，金属层用来屏蔽电磁干扰，防止辐射。由于同轴电缆只有一个中心导体，通常被认为是非平衡传输介质。

图2.15 同轴电缆的结构示意图

1. 同轴电缆的主要电气性能

衡量同轴电缆的主要电气性能的参数有特征阻抗、衰减、传播速度和直流回路电阻。同轴电缆的主要物理参数有中心导体直径、屏蔽层的内外径、外部隔离材料的材质和最小弯曲半径。同轴电缆应用于较高频率范围时，它的一次参数和二次参数可近似计算。其特征阻抗 Z_0、衰减常数 α 和传输速率 V_p 分别为：

$$Z_0=\sqrt{\frac{L}{C}}=\frac{138}{\sqrt{\varepsilon_r}}\lg\frac{b}{a}$$

$$\alpha\approx\frac{R}{2Z_0}=(1.317\times10^{-5})\times\sqrt{\varepsilon_r}\times\frac{\sqrt{f}\ (1/a+1/b)}{\lg b/a}$$

$$V_p\approx\frac{1}{\sqrt{LC}}=\frac{3\times10^5}{\sqrt{\varepsilon_r}}$$

式中，a 为内导体半径；b 为外导体半径；ε_r 是介质的相对介电常数。

根据内、外导体尺寸 a、b 的不同，同轴电缆可分为中同轴（2.6/9.5mm）、小同轴（0.2/4.4mm）及微同轴（0.7/2.9mm）等标准规格。对于前两种同轴电缆，$b/a\approx3.6$，此时 a 为最小，其特征阻抗近似为75Ω。

2. 同轴电缆的类型及用途

同轴电缆还可按其特征阻抗的不同，分为基带同轴电缆和宽带同轴电缆两类。

（1）基带同轴电缆

基带同轴电缆的特征阻抗为50Ω，如RG-8（细缆）、RG-58（粗缆）。利用这种同轴电缆来传输基带信号，其距离可达1km，传输速率为10Mbit/s。基带同轴电缆被用于早期的计算机网络10Base-2和10Base-5中。目前这两种电缆已不再用于计算机网络，已逐渐被对绞电缆和光纤所替代。

（2）宽带同轴电缆

宽带同轴电缆的特征阻抗为75Ω，如RG-59。这种电缆主要用于视频和有线电视

(CATV)的数据传输，传输的是频分复用宽带信号。宽带同轴电缆用于传输模拟信号时，其信号频率可高达300~400MHz，传输距离可达100km。当用于连接计算机网络时，可构造10Base-5网络，传输数字信号时可达10Mbit/s，传输距离达到500m。

此外还有一种特征阻抗为93Ω的RG-62电缆，主要用于ARCnet网络。

同轴电缆主要用于对带宽容量需求较大的通信系统。由于早期的UTP电缆没有足够的带宽，同时光缆和光电子器件的价格过于昂贵，所以早期的数据通信系统和局域网一般采用同轴电缆。现在数据通信系统和局域网都使用UTP电缆和光缆作为传输介质。有线电视和视频网络成为同轴电缆的主要应用领域，它们都需要能够支持高频信号的长距离传输。

同轴电缆的低频串扰及抗外界干扰特性都不如对称电缆。当频率升高时，由于外导体的屏蔽作用加强，同轴管所受的外界干扰及同轴管间的串扰将随频率的升高而降低，因而它特别适合于高频传输。当频率在60kHz以上时，同轴电缆中电波的传输速度可接近光速，且受频率变化影响不大，所以时延失真很小。同轴电缆的下限频率定为60kHz，上限频率可达数十兆赫兹。

同轴电缆因外部设有密闭的金属（铅、铝、钢）或塑料护套，以保护缆芯免遭外界机械、电磁、化学或人为侵害和损伤。同轴电缆具有寿命长、容量大、传输稳定、外界干扰小、维护方便等优点。所以，早期构建的总线拓扑结构计算机网络多数采用同轴电缆作为传输介质，现在同轴电缆主要用于有线电视网络。

2.3 光纤和光缆

光纤（Optical Fiber，OF）是光导纤维的简称，它由特殊材料的石英玻璃制成。光纤是一种新型的光波导。在光纤的生产工艺中可能会产生微裂纹，并且由于光纤微小的几何尺寸和较为敏感的机械性能，是不能直接应用在通常的光纤通信系统中的。为了保护光纤不受外界环境的影响，满足通信系统的需求，需要将光纤包在各类附加材料组成的光缆中，才可以进行系统应用。光缆（Optical Cable）是指由单芯或多芯光纤构成的缆线。在综合布线系统中，光纤不但支持FDDI主干、1000Base-FX主干、100Base-FX到桌面，还可以支持CATV/CCTV及光纤到桌面（FTTD），因而成为综合布线系统中的主要传输介质。

2.3.1 光纤的结构

光纤的典型结构是由中心的纤芯和外围的包层同轴组成的圆柱形细丝。一根标准的光纤包括光导纤维、缓冲层、加强层和外护套几个部分。其中每个部分都有其特定的功能，以保证数据能够可靠传输。如图2.16所示是一根标准光纤的结构示意图。请注意各个独立部分以及它们之间的相互关系。

光纤裸纤一般包括3个主要部分：中心高折射率玻璃纤芯，称为芯径；纤芯的折射率比包层稍高，损耗比包层低，光能量主要在纤芯内传输。中间为低折射率硅玻璃形成的包层；包层为光的传输提供反射面和光隔离，并起一定的机械保护作用。外面是保护性的树脂涂覆层。由于这3个部分之间关系紧密，通常一起生产。典型的光纤剖面纤芯、包层及涂覆层尺寸如图

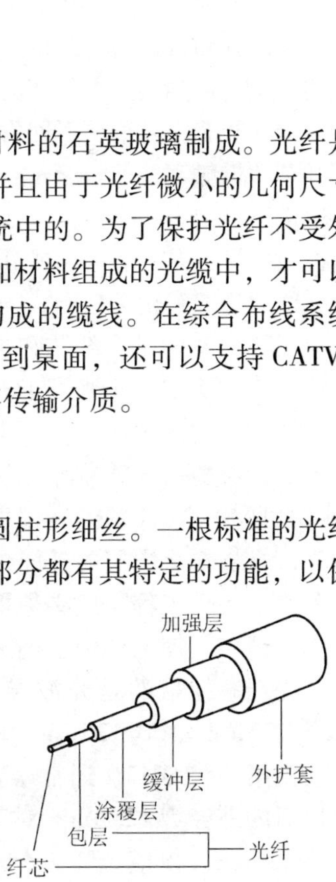

图2.16 光纤结构示意图

2.17所示，自内向外分别是纤芯和包层及涂覆层。

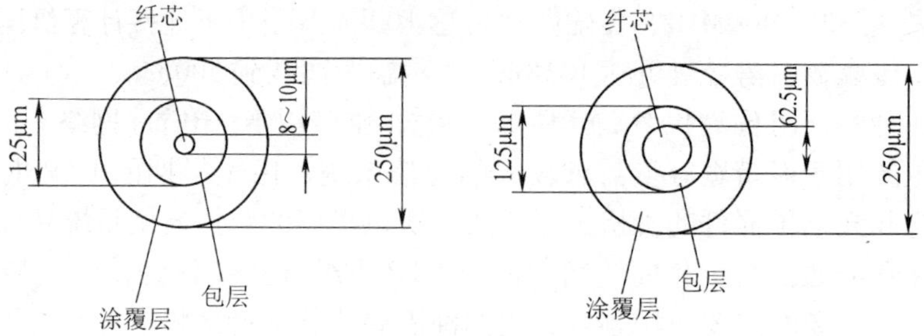

图2.17 光纤剖面纤芯、包层及涂覆层尺寸

根据光的折射、反射和全反射原理可知，光在不同物质中的传播速度是不同的。当光从一种物质射向另一种物质时，就会在两种物质的交界面处产生折射和反射；而且，折射光的角度会随入射光的角度变化而变化。当入射光的角度达到或超过某一角度时，折射光会消失，入射光全部被反射回来，这就是光的全反射。不同的物质对相同波长光的折射角度是不同的（即不同的物质有不同的光折射率），相同的物质对不同波长光的折射角度也不同。光纤通信就是基于这个原理而形成的。

光纤的纤芯由高纯度二氧化硅（SiO_2）制造，并有极少量的掺杂剂如二氧化锗（GeO_2）等，折射率为n_1。事实上，有许多材料可用来制造光纤的纤芯。每种材料的主要区别在于它们的化学成分和折射率，掺杂的目的是提高折射率。包层紧包在纤芯的外面，通常也用高纯二氧化硅（SiO_2）制造，折射率为n_2，并掺杂B_2O_3及F等以降低其折射率。包层的主要作用是提供一个使纤芯内光线反射回去的环绕界面。根据几何光学的全反射原理，包层的折射率要略小于纤芯的折射率，即$n_2 < n_1$，以便使光线被束缚在纤芯中传输。除了纤芯和包层外，在包层外面通常还分别有一次涂覆层（厚5~40μm）、100μm厚的缓冲层和二次涂覆层（即套塑层）。涂覆层的材料是环氧树脂或硅橡胶，其作用是增强光纤的机械强度，在光纤受到外界振动时保护光纤的物理和化学性能，同时又可以增加柔韧性、隔离外界水气的侵蚀。

需要注意的是，纤芯和包层是不可分离的，纤芯与包层合起来组成裸纤，光纤的传输特性主要由它决定。用光纤工具剥去外护套（Jacket）以及套塑层（Coating）后，暴露在外面的是涂有包层的纤芯。实际上，很难看到真正的纤芯。通常所说的光纤是指涂覆后的光纤。裸纤经过涂覆后才能制作光缆。目前使用较为广泛的光纤有紧套光纤和松套光纤两种。紧套光纤是指在一次涂覆的光纤再紧套一层聚乙烯或尼龙套管，光纤在套管内不能自由活动。松套光纤是指在涂覆层的外面再套上一层塑料套管，光纤在套管内可以自由活动。套塑后的光纤若用于实际工程，还必须把若干根光纤疏松地置于特制的塑料绑带或铝皮内，再覆塑料或用钢带铠装，加上外护套构成光缆。

光纤芯径指的是光波导的几何尺寸。CCITT标准对光纤芯径的规定是：多模光纤为62.5/125μm和50/125μm，单模光纤小于10/125μm。对于50μm多模光纤已从OM1、OM2发展到第三代OM3。通常谈到的62.5/125μm多模光纤，指的是纤芯外径为62.5μm，加上包层后的外径为125μm。对于50/125μm规格的光纤，纤芯外径为50μm，加上包层后的外径为125μm。单模光纤的纤芯是8~10μm，外径也是125μm。

2.3.2 光纤的类型

光纤主要用于高质量数据传输及网络干线连接。光纤的种类很多，分类方法也各种各样。可按照制作材料、工作波长、折射率分布和传输模式等对它们进行分类。

按照制造光纤所用的材料分类，有石英系列光纤、多组分玻璃光纤、塑料包层石英芯光纤、全塑料光纤和氟化物光纤等。

按光纤的工作波长分，有短波长光纤、长波长光纤和超长波长光纤。光纤布线中使用光波的以下几个波段：800～900nm 短波波段；1250～1350nm 长波波段和 1500～1600nm 长波波段。在这些波段中，光纤传输性能表现最佳，尤其是运行于波段的中心波长之中。所以，多模光纤运行波长为 850nm 或 1300nm，而单模光纤运行波长则为 1310nm 或 1550nm。

下面主要讨论按折射率分布和传输模式的分类方式。

1. 按折射率分布情况分类

若按横截面上的折射率分布情况，可将光纤分为突变型（或阶跃型）、渐变型（或梯度型）以及三角形等。三角形是渐变型光纤的一种特例。

（1）突变型光纤（SIF）

突变型光纤（Step Index Fiber，SIF）的纤芯折射率高于包层折射率，使得输入的光能在纤芯至包层的交界面上不断产生全反射而前进。这种光纤纤芯的折射率是均匀的，包层的折射率稍低一些。在突变型光纤中，沿径向距离 r 的折射率分布可表示为

$$n(r)=\begin{cases}n_1 & r\leqslant a\\ n_2 & r>a\end{cases}$$

式中，a 为纤芯半径。

在突变型光纤中，纤芯到玻璃包层的折射率是突变的，只有一个台阶，所以也称为突变型折射率多模光纤，简称突变光纤，也称阶跃光纤。这种光纤的传输模式很多，各种模式的传输路径不一样，经传输后到达终点的时间也不相同，因而产生时延差，使光脉冲受到展宽。所以这种光纤的模间色散高，传输频带不宽，传输速率不能太高，只适用于短途低速通信，比如：工控。这是研究开发较早的一种光纤，现在已被淘汰。

（2）渐变型光纤（GIF）

为了解决突变型光纤存在的弊端，人们又研制、开发了渐变折射率多模光纤，简称渐变型光纤（Graded Index Fiber，GIF）。渐变型光纤的包层折射率分布与阶跃光纤一样，是均匀的。在渐变型光纤中，纤芯折射率中心最大，沿纤芯半径方向逐渐减小，折射率分布可表示为

$$n(r)=\begin{cases}n_1\left[1-2\Delta\left(\dfrac{r}{a}\right)^{\alpha}\right]^{1/2} & r\leqslant a\\ n_1(1-2\Delta)^{1/2}=n_2 & r>a\end{cases}$$

式中，a 为纤芯半径，$\alpha=1\sim\infty$；渐变型光纤中心芯径到玻璃包层的折射率是逐渐变小的，这样可使高次模光按正弦形式传播。显然，当 $\alpha\geqslant10$ 时，折射率分布为突变型；$\alpha=1$ 时，为三角形。渐变光纤通常取 $\alpha\approx2$，即按平方律分布。

定义

$$\Delta=\frac{n_1^2-n_2^2}{2n_1^2}\approx\frac{n_1-n_2}{n_1}$$

为相对折射率差。在石英玻璃光纤中，$n_1 \approx 1.5$，$\Delta \approx 0.01$，即包层折射率仅比纤芯略低一些。

渐变型光纤能减少模间色散，提高光纤带宽，增加传输距离，但成本较高。现在的多模光纤多为渐变型光纤。

由于高次模和低次模的光线分别在不同的折射率层界面上按折射定律产生折射，进入低折射率层中，因此，光的行进方向与光纤轴方向所形成的角度将逐渐变小。同样的过程不断发生，直至光在某一折射率层产生全反射，使光改变方向，朝中心较高的折射率层行进。这时，光的行进方向与光纤轴方向所构成的角度，在各折射率层中每折射一次，其值就增大一次，最后达到中心折射率最大的地方。在这以后，与上述完全相同的过程不断重复进行，由此实现了光波的传输。可以看出，光在渐变光纤中会自动地进行调整，从而最终到达目的地，这叫做自聚焦。

2. 按光在光纤中的传输模式分类

按光纤中信号的传输模式，可分为多模光纤（Multi Mode Fiber，MMF）和单模光纤（Single Mode Fiber，SMF）两类。

何谓模式？由于光波是一种频率极高的电磁波，光波在光纤中的传播就是电磁波在介质波导中的传播。根据介质波导的结构，电磁场将在其中构成一定的分布形式。通常把电磁场的各种不同分布形式称为“模式”。在光波导中，传播电磁波的模式比金属波导复杂得多。除了存在无轴向电磁场分量的横电场模式 TE 和横磁场模式 TM 之外，还有轴向电场、磁场不为零的混合模式 HE 和 EH。另外，还可能存在若干不被封闭在纤芯中的辐射模式电磁场，这将造成光能的损耗。各种模式的电磁波，其实质是对光纤边值问题的求解。光纤中究竟存在哪些具体模式，需要根据光纤的圆柱体边界条件，求解麦克斯韦方程组来决定。

所谓“模式”其实就是光线的入射角。简单地说，在光纤的受光角内，以某一角度射入光纤端面，并能在光纤的纤芯至包层交界面上产生全反射的传播光线，就可称之为光的一个传输模式。当光纤的纤芯直径较大时，在光纤的受光角内，可允许光波以多个特定的角度射入光纤端面，并在光纤中传播，此时，就称光纤中有多个模式。这种能传输多个模式的光纤就称为多模光纤。显然，以不同入射角入射在光纤端面上的光线在光纤中会形成不同的传输模式。入射角大就称为“高次模”（High Order Modes）；入射角小就称为“低次模”（Low Order Modes）。光在光纤中会以几十种乃至几百种传播模式进行传播，如 TMmn 模、TEmn 模、HEmn 模等（其中，m、n = 0、1、2、3、…）。其中，HE11 被称为基模，指光沿光纤轴传输；其余的都称为高次模，因而还有一次模、二次模之说。

工程实用中往往关心光纤中传播的模式数目，以及模式数与哪些因素有关。根据模式理论，可以推导出光纤中传播的最大模式数为

$$N_{\max} = \frac{\alpha}{\alpha + 2} \times \frac{1}{2} V^2$$

式中，α 是因折射率不同引起的系数；V 为光纤的一个重要系数，称为归一化频率。V 可按理论计算得出，也可进行实际测量。其理论计算公式为

$$V = \frac{2\pi\alpha}{\lambda} \sqrt{n_1^2 - n_2^2}$$

当 $V \leqslant 2.405$ 时，光波在光纤中以单一模式传播。对于突变型光纤，因 $\alpha = \infty$，其最大传播模式数 $N_{\max} = \frac{1}{2}V^2$；对于渐变型光纤，$\alpha = 2$，其最大传播模式数 $N_{\max} = \frac{1}{4}V^2$。

只允许传输一个基模的光纤就称为单模光纤。单模光纤纤芯很细，芯径一般为8～10μm，而且用于单模的光源一般来讲也是激光（只有少数在1310nm处使用发光二极管）。这样，进入纤芯的光线是与轴线平行的，只有一种角度，所以称为单模。单模光纤使用1310nm和1550nm的波长，其模间色散很小，适用于远程通信。单模光纤对光源的谱宽和稳定性有较高的要求，即谱宽要窄，稳定性要好。

多模光纤相对单模光纤直径要大得多，纤芯的外径是50μm或62.5μm，可传输多种模式的光。这样可使得光线可以从多种角度入射，因此称为多模。多模光纤使用850nm和1300nm的波长。多模光纤的成本比单模光纤要低。由于多模光纤的模间色散较大，限制了传输数字信号的频率，而且这种情况随距离的增加会更加严重。例如600MB/km的光纤在2km时只有300Mbit/s的带宽。因此，多模光纤传输的距离就比较近，一般只有几千米。

显然，单模光纤只能传输一个模式，多模光纤则能承载成百上千个模式。在光纤通信中实际应用较多的3种光纤，如图2.18所示。

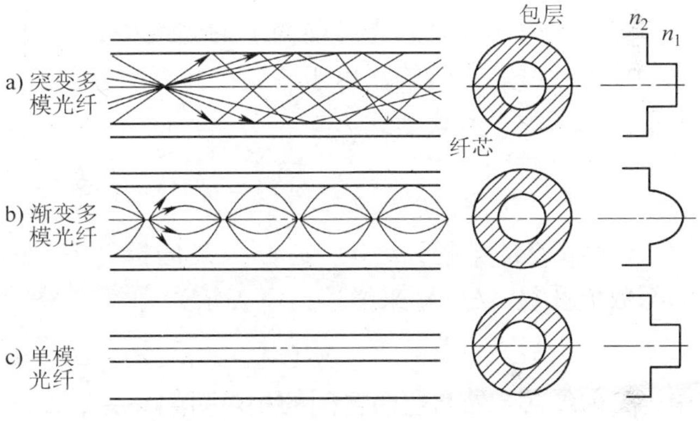

图2.18 不同传输模式的光纤

在图2.18中，突变多模光纤是指光纤的纤芯和包层的折射率沿光纤的径向分布是均匀的，而在两者的交界面上发生突变。这种光纤的带宽较窄，适用于小容量短距离通信。渐变多模光纤是指纤芯的折射率是其半径r的函数$n(r)$，沿着径向随r的增加而逐渐减小，直到达到包层的折射率值为止，而包层内的折射率又是均匀的。此类光纤带宽较宽，适用于中等容量的中距离通信。单模光纤是指纤芯中仅传输基模式的光波，由于纤芯直径很小，制作工艺难度大，其折射率分布属于突变型。单模光纤的带宽很宽，适用于大容量远距离通信。

2.3.3 光纤的传输性能

目前，世界上80%以上的数据传输量是由光通信系统完成的。因此，光纤的传输性能在光通信系统中非常重要。对于多模光纤可采用几何光学的方法分析其光线传播性能；然而，由于单模光纤的纤芯可与常用的光波长相比拟，不能用几何光学的方法分析单模光纤的光线传播性能，需要用波动光学的分析方法。因此在此仅对多模光纤的传输性能进行简单讨论。

1. 光源与光纤的耦合

通常把光源发射的光功率尽可能多地送入传输光纤，称为耦合。常用耦合效率来衡量耦合的程度。耦合效率定义为

$$\eta = P_i / P_s$$

式中，P_i为耦合入光纤的功率；P_s为光源发射的功率。

一般，发光二极管的光源与多模光纤的耦合效率为5%～15%；激光二极管的光源与多模光纤的耦合效率为30%～80%。

2. 光纤的数值孔径

光纤的数值孔径是衡量光纤接收光功率能力的参数。光纤的导光特性基于光射线在纤芯与包层界面上的全反射，使光线限定在纤芯中传输。入射到光纤端面的光并不能全部被光纤所传输，只是在某个角度范围内的入射光才可以。通常把这个角度称为光纤的数值孔径（Numerical Aperture，NA）。

当光线从光源入射纤芯端面的入射角 $\theta \leqslant \theta_0$ 时，进入纤芯的光线将会在纤芯与包层界面间产生反射向前传播，而入射角 $\theta > \theta_0$ 时，光线将进入包层散失掉。入射临界角 θ_0 与光纤折射率的关系为

$$\sin\theta_0 = n_1 \sin(90° - \theta) = \sqrt{n_1^2 - n_2^2} \approx n_1 \sqrt{2\Delta}$$

凡角度在 θ_0 以内的入射光线均可在光纤内传播，定义入射临界角 θ_0 的正弦为突变折射率光纤的数值孔径 NA，即

$$NA = \sin\theta_0 = n_1 \sqrt{2\Delta}$$

显然，在用于表示入射到光纤端面上的光线中，只有与纤芯轴夹角为 θ_0 的圆锥体内的入射光线，才能在纤芯内传输。由于渐变型光纤的径向折射率分布 $n(r)$ 是随半径方向呈抛物线规律变化的函数，其表达式为

$$n(r) = n(0)\left[1 - 2\left(\frac{r}{a}\right)^2 \Delta\right]^{1/2}$$

式中，a 为光纤的半径，$n(0)$ 是 $r=0$ 处的折射率，因此光纤端面各点的 NA 也是 r 的函数，用局部数值孔径 $NA(r)$ 来描述，可表示为

$$NA(r) = \sqrt{n^2(r) - n_2^2} = n(r)\sqrt{2\Delta_r}$$

式中，Δ_r为纤芯 r 处与包层之间的相对折射率差；$\Delta_r = [n(r) - n_2]/n(r)$。

显然，当 $r=0$ 时，$NA(r)_{max} = N(0)\sqrt{2\Delta}$为光纤的最大理论数值孔径。由此可知，光纤的数值孔径 NA 是一个表示光纤捕捉光射线能力的物理量。NA 只取决于光纤材料的折射率，而与其几何尺寸无关。光纤的数值孔径越大，表示光纤捕捉光射线能力越强。从提高光源与光纤耦合的效率出发，显然要求 NA 值大一些好。当然，NA 越大，纤芯对光能量的束缚越强，光纤抗弯曲性能也越好，对于光纤的对接也是有利的。但随着 NA 值的增大，将使光纤的色散增加或带宽降低，而影响通信容量。所以 ITU-T 建议，$NA = (0.15 \sim 0.24) \pm 0.02$；我国一般取 $NA = 0.2 \pm 0.02$。

3. 光纤的损耗

光纤的损耗特性是指光信号的能量从发送端经过光纤传输后到接收端的衰减程度。由于损耗的存在，在光纤中传输的光信号，不管是模拟信号还是数字脉冲，其幅度都要减小。光纤的损耗直接关系到光纤通信系统传输距离的长短，是光纤最重要的参数特性之一。

光纤的损耗通常用衰减系数 α 表示，单位为 dB/km。α 直接影响着通信系统的传输距离。一般情况下，信号在光纤中传输时所受衰减可定义为长度为 L(km) 的光纤输入端光功率 P_i与输出端光功率 P_o的比值

$$\alpha(\lambda) = \frac{10}{L}\lg\frac{P_i}{P_o}$$

如光功率经过长 1km 的光纤传输后，输出光功率是输入的一半，则此光纤的衰减为

$$\alpha_f = 3\text{dB/km}$$

形成光纤损耗的原因很多，其损耗机理复杂，计算也比较复杂，而且有些是不能计算的。光纤损耗的机理可分为两大类：①吸收损耗；②散射损耗。吸收损耗是由 SiO_2 材料引起的固有吸收和由杂质引起的吸收产生的。散射损耗主要由材料微观密度不均匀引起的瑞利（Rayleigh）散射和由光纤结构缺陷（如气泡）引起的散射产生的。

造成光纤损耗的主要因素有本征、弯曲、挤压、杂质、不均匀和对接等。

1）本征。本征是光纤的固有损耗，包括瑞利散射、固有吸收等。

2）弯曲。光纤弯曲时部分光纤内的光会因散射而损失掉，造成损耗。

3）挤压。光纤受到挤压时产生微小的弯曲而造成损耗。

4）杂质。光纤内杂质吸收或散射在光纤中传播的光，造成损耗。

5）不均匀。光纤材料的折射率不均匀而造成损耗。

6）对接。光纤对接时产生的损耗，如不同轴（单模光纤同轴度要求小于 0.8pm）、端面与轴心不垂直、端面不平、对接纤芯不匹配和熔接质量差等。

根据光纤对传输光波损耗测试结果表明，光纤的损耗还与所传输的光波波长有关。在某些波长附近光纤的损耗最低。把这些波段称为光纤的低损耗“窗口”或“传输窗口”。多模光纤一般有两个窗口，即两个最佳的光传输波长，分别是 850nm 和 1300nm；单模光纤也有两个窗口，分别是 1310nm 和 1550nm。对应于这些窗口波长，选用适当的光源，可以降低光能的损耗。

4. 光纤的模式带宽

虽然光纤采用了渐变折射技术，但在光纤中依然存在模态散射，仅仅是程度有所不同。即便是单模光纤，在光纤的拐弯处也会有反射，而一旦有反射就涉及路径不同，因此还会发生散射。所以，光脉冲经过光纤传输之后，不但幅度会因衰减而减小，波形也会出现愈来愈大的失真，发生脉冲宽度随时间而展宽的现象。如果这种扩散太大，展宽的脉冲可能对某一端的脉冲造成干扰，进而在传输系统中导致码间干扰和相应高比特差错率，使两个原本有一定间隔的光脉冲，经过光纤传输之后产生了部分重叠。为避免重叠的发生，对输入脉冲应有最高速率限制。若定义相邻两个脉冲虽然重叠但仍能区别开来的最高脉冲速率为该光纤链路的最大可用带宽，则脉冲的展宽不仅与脉冲的速率有关，也与光纤的长度有关。所以，通常用光纤传输信号的速率与其传输长度的乘积来描述光纤的带宽特性，用 BL 表示，单位为 GHz · km 或 MHz · km。显然，对某个 BL 值而言，当距离增长时，允许的模式带宽就需要相应减小。例如，在 850nm 波长的情况下，某一根光纤最小模式带宽是 160MHz · 1km，则意味着当这根光纤长 1km 时，可以传输最大频率为 160MHz 的信号；而当长度是 500m 时，最大可传输 160MHz · 1km/0.5km = 320MHz 的信号；而当长度是 100m 时，最大可传输 160MHz · 1km/0.1km = 1600MHz = 1.6GHz 的信号，其余情况依此类推。

对于 50/125μm 光纤，在 850nm 的波长下，最小信息传输能力是 500MHz · 1km。

最小模式带宽意味着光纤所应有信息传输能力的最小值应当是 160MHz · 1km 或 500MHz · 1km。这也正是“最小”两字的由来。

为什么在 100Mbit/s 时可以支持 2000m 的多模光纤，在 1Gbit/s 时只能支持 550m？其主要原因是因多模光纤的不同模式延迟（Differential Mode Delay，DMD）而产生的现象。经过测试，发现多模光纤在传送光脉冲时，光脉冲在传输过程中会发散展宽。当这种发散状况严重到一定程度后，前后脉冲之间会相互叠加，使得接收端根本无法准确分辨每一个光脉冲信号，这种现象称为微分模式延迟。产生微分模式延迟的主要原因在于，多模光纤中同一个光脉冲包含多个模态分量，从光传输的角度看，每一个模态分量在光纤中传送所走的路径不同。例如，沿光纤中心直线传送的光分量，与通过光纤包层反射传送的光分量具有不同的路径。从电磁波角度看，在多模光纤芯径中的这个三维空间内包含着很多模态（300～1100）分量，其构成相当复杂。

5. 光纤的色散

它是在光纤中传输的光信号，因不同成分光的时间延迟不同而产生的一种物理效应。光的色散（Dispersion）是一种常见的物理现象。例如，用一块三棱镜对着太阳光或者荧光灯，可以看见光被分成了赤、橙、黄、绿、青、蓝、紫七种颜色；还有雨后的彩虹等，都是最简单的色散现象。顾名思义，色散就是指一束同颜色的光通过透光物质后被散开成不同颜色光的现象。色散是光纤的一个重要参数。光纤的色散是指所传信号的不同频率成分或不同模式成分，在传输过程中因群速度不同相互散开，引起传输信号波形失真、脉冲展宽的物理现象。群速是指光波能量的传播速度。光波在折射率为 n_1 的纤芯中传播速度为 $v = C/n_1$（C 为光在空气中的传播速度 $= 3 \times 10^8 m/s$）。光纤色散的存在使传输的信号脉冲畸变，从而限制了光纤的传输容量和传输带宽。色散和带宽都是衡量光脉冲展宽大小的参数。色散越小，带宽就越大，所产生的脉冲展宽就越小。所以，在光纤通信中，色散和带宽是一对矛盾。

从机理上说，光纤的色散分为模式色散、材料色散和波导色散。

（1）模式色散

模式色散是指多模传输时因同一波长分量的各种传导模式的相位常数不同、群速度不同，引起到达终端的光脉冲展宽的现象。在多模光纤中，传输模式很多，不同的模式，其传输路径不同，所经过的路程就不同，到达终点的时间也就不同，这就引起了脉冲的展宽。对模式色散进行严密的分析比较复杂，这里仅作简单讨论。在同一根光纤中，高次模到达终点走的路程长，低次模走的路程短，这就意味着高次模到达终点需要的时间长，低次模到达终点需要的时间短。在同一条长度为1m的光纤上，最高次模与最低次模到达终点所用的时间差，就是这段光纤产生的脉冲展宽。

（2）材料色散

材料色散是由于光纤的折射率随波长（频率）发生变化时使得信号的各波长（频率）的群速度不同而引起的色散。显然，这种色散取决于光纤材料折射率的波长特性和光源的谱线宽度。石英玻璃的折射率，严格来说，并不是一个固定的常数，而是对不同的传输波长有不同的值。光纤通信实际上使用的是光源发出的光，也并不是只有理想的单一波长，而是有一定的波谱宽度。光的波长不同，折射率 n 就不同，光传输的速度也就不同。因此，当把具有一定光谱宽度的光源发出的光脉冲射入光纤内传输时，光的传输速度将随光波长的不同而改变，到达终端时将产生时延差，从而引起脉冲波形展宽。

（3）波导色散

波导色散是由于波导结构参数与波长有关而产生的，它取决于波导尺寸和纤芯与包层的相对折射率差。由于纤芯与包层的折射率差很小，因此在交界面产生全反射时，就可能有一部分光进入包层之内。这部分光在包层内传输一定距离后，可能又回到纤芯中继续传输。进入包层内的这部分光强的大小与光波长有关，这就相当于光传输路径长度随光波波长的不同而异。把有一定波谱宽度的光源发出的光脉冲射入光纤后，由于不同波长的光传输路径不完全相同，所以到达终点的时间也不相同，从而出现脉冲展宽。具体来说，入射光的波长越长，进入包层中的光强比例就越大，这部分光走过的距离就越长。这种色散是由光纤中的光波导引起的，由此产生的脉冲展宽现象叫做波导色散。

一般说来，3 种色散的大小顺序是：模式色散 > 材料色散 > 波导色散。

对于多模光纤，总色散等于三者之和，在限制带宽方面起主导作用的是模式色散，其他两个色散影响很小。

对于单模光纤由于只传输基模，不论是阶跃型还是渐变型的单模光纤，都不会产生模式色散，其总色散由材料色散、波导色散组成。这两种色散都与波长有关，所有以模光纤的总色散也称为波长色散。光纤的波长色散系数是单位光纤长度的波长色散，通常用 $D(\lambda)$ 表示，单位为 ps/(nm · km)。

对光纤用户来说，一般只关心光纤的总带宽或总色散。光纤光缆在出厂时，也只标明光纤的总带宽或总色散。

在 DWDM 系统中，特别是在信道数为几十到上百、单信道速率为 10Gbit/s 和 40Gbit/s 的情况下，光纤的色散对系统传输质量影响十分显著。为了适应长距离、大容量光纤通信的要求，需使光纤的色散降低频带展宽。因而降低光纤色散是光纤研究的重要课题之一。

6. 截止波长

通常单模光纤工作在给定的波长范围内，导波在纤芯中。由纤芯和包层的界面来导行，沿轴线方向传输。当波长超出给定范围时，导波就不能有效地封闭在纤芯中，将向包层辐射，在包层里的导波按指数迅速衰减，这时就认为出现了辐射模，导波处于截止状态，把此波长称为截止波长。只有当工作波长大于截止波长时，才能保证单模工作状态。

7. 光纤的主要性能

目前，几种常用光纤主要性能见表 2.7。

表 2.7　常用光纤主要性能

<table>
<tr><th colspan="2" rowspan="2">光纤类型</th><th rowspan="2">纤芯直径 /μm</th><th rowspan="2">材　料</th><th colspan="3">传输损耗/（dB/km）</th><th rowspan="2">模式带宽 /（GHz/km）</th></tr>
<tr><th>850nm</th><th>1300nm</th><th>1550nm</th></tr>
<tr><td colspan="2">单模光纤</td><td>1 ~ 10</td><td>纤芯：以 SiO_2 为主的玻璃
包层：以 SiO_2 为主的玻璃</td><td>2</td><td>0.38</td><td>0.2</td><td>50 ~ 100</td></tr>
<tr><td rowspan="5">多模光纤</td><td rowspan="3">突变型</td><td rowspan="3">50 ~ 60
(200)</td><td>纤芯：以 SiO_2 为主的玻璃
包层：以 SiO_2 为主的玻璃</td><td>2.5</td><td>0.5</td><td>0.2</td><td rowspan="3">0.005 ~ 0.02</td></tr>
<tr><td>纤芯：以 SiO_2 为主的玻璃
包层：塑料</td><td>3</td><td>高</td><td>高</td></tr>
<tr><td>纤芯：多组分玻璃
包层：多组分玻璃</td><td>3.5</td><td>高</td><td>高</td></tr>
<tr><td rowspan="2">渐变型</td><td rowspan="2">50 ~ 60</td><td>纤芯：以 SiO_2 为主的玻璃
包层：以 SiO_2 为主的玻璃</td><td>2.5</td><td>0.5</td><td>0.2</td><td>1</td></tr>
<tr><td>纤芯：多组分玻璃
包层：多组分玻璃</td><td>3.5</td><td>高</td><td>高</td><td>4</td></tr>
</table>

2.3.4 光纤及其标准

光通信系统使用的传输介质为光纤、光缆。ITU-T对光纤、光缆的规范主要是从应用性能方面的要求来规定的。有关结构、环境试验等方面的规范在IEC的标准中有较为具体的规定。经过多年的发展，光纤光缆领域的技术标准已经逐步形成了一套相对稳定的标准体系。其中ITU-T的G.65x系列建议书，IEC的60793和63794系列标准，GB/T 9771、GB/T 15972、GB/T 12357等系列国家标准，以及以行业标准为主的一系列光缆标准，为光纤光缆产品的生产，为工程建设和应用提供了先进、统一的技术规范，提高了整个行业的标准化、规范化程度。

1. 单模光纤种类及其标准

单模光纤的纤芯较小（一般为9μm左右），只能传输一种模式的光。因此，其模间色散很小，适用于远程通信，多用于传输距离长、传输速率线对较高的线路，如长途干线传输、城域网建设等。

单模光纤的国际标准有ITU-T建议和IEC建议。我国的国标GB/T 9771.1～GB/T 9771.5—2000《通信用单模光纤系列》标准共有5个部分，每一部分在主要技术内容上都参照了国际标准的规定，某些特性要求也参照了国际上同类产品的先进技术指标。ITU-T G.652～G.656系列标准在2009年～2010年进行了更新，但实际的技术指标并没有大的变化。在所有单模光纤系列的标准中，均删除了跳线截止波长的相关内容。

按照ITU-T的定义，单模光纤包括了从G.652到G.657共6个系列，涵盖了到目前为止所有品种的单模光纤。单模光纤的种类与标准发展进程见表2.8。其中，G.653、G.654、G.656这3类光纤在当前通信网络中基本不使用，G.655单模光纤有少量使用。G.652D单模光纤是当前光纤通信网络的主流光纤，而G.657单模光纤的应用需求呈现不断增长的趋势。

表2.8 ITU-T单模光纤的种类与标准

标准号	创立年份	当前实施版本及通过日期	当前实施版本划分的光纤子类
G.652	1988	第8版/2009-11	A、B、C、D
G.653	1988	第7版/2010-07	A、B
G.654	1988	第8版/2010-07	A、B、C
G.655	1996	第5版/2009-11	A、B、C、D、E
G.656	2004	第3版/2010-07	—
G.657	2006	第1版/2009-11	A1和A2，B2和B3

（1）G.652单模光纤

G.652单模光纤（非色散位移光纤，或称标准单模光纤），其零色散点在1310nm，包括4类光纤，分别是G.652A、G.652B、G.652C和G.652D。其中G.652D是在2003年版本中增加的标准，G.652C和G.652D消除了光纤1385nm的OH离子吸收峰（俗称“水峰”），将工作波长扩展至1285～1625nm范围，因此也称为全波光纤。这4种光纤的分类主要基于PMD（色散）的要求和在1383nm处的损耗要求。目前，无中继放大器的单模光系统传输距离可以达到120km。根据理论计算，在普通的单模G.652光纤中，对于以1550nm波长来传输光信号的光纤系统来说，当光纤传输系统传输 2.5Gbit/s 的光信号时，光纤的色散受限传输距离为 960km；当光纤传输系统传输 10Gbit/s 的光信号时，光纤的色散受限传输距离为 60km；当光纤传输系统传输 40Gbit/s 的光信号时，光纤的色散受限传输距离大约为 4km。

（2）G.657 单模光纤

为适应 FTTx 技术的发展，ITU-T 第 15 研究组于 2006 年 10 月 30 日至 11 月 10 日在瑞士日内瓦召开了 SG15 2005—2008 研究期第 4 次全会，这次全会除了对多项光纤光缆标准进行了修订之外，在光纤光缆标准方面最引人注目的成果就是通过了 G.657 标准。该标准为《Characteristics of a Bending Loss Insensitive Single Mode Optical Fibers and Cables for the Access Network》。2009 年 11 月，ITU-T 正式通过了 G.657 单模光纤标准。G.657 分为 G.657A 和 G.657B，G.657A 与 G.652 后向兼容，适用于 O、E、S、C 和 L 波段（1260 ~ 1625 nm 波长范围），其传输特性和光学特性的技术要求与 G.652D 相似，主要区别在于稍小的模场直径与较好的弯曲损耗特性。G.657B 光纤不强调其与 G.652 光纤的兼容性，而是突出其强烈的抗弯曲性能。

G.657A 又分为 A1 和 A2 两个子类，主要区别在于 A2 类光纤具备较好的抗弯性能，其弯曲半径达到 7.5mm，A1 类光纤的弯曲半径为 10mm，两者在弯曲损耗方面的具体指标见表 2.9。

表 2.9 G.657 A 类单模光纤的宏弯损耗指标

项　目		G.657A1		G.657A2		
弯曲半径/mm		15	10	15	10	7.5
弯曲圈数		10	1	10	1	1
宏弯曲损耗/dB	1550nm	0.25	0.75	0.03	0.1	0.5
	1625nm	1.0	1.5	0.1	0.2	1.0

G.657B 又分为 B2 和 B3 两个子类，主要区别在于 B3 类光纤具备较好的抗弯性能，其弯曲半径达到 5mm，B2 类光纤的弯曲半径为 7.5mm，两者在弯曲损耗方面的具体指标见表 2.10。

表 2.10 G.657 B 类单模光纤的宏弯损耗指标

项　目		G.657B2			G.657B3		
弯曲半径/mm		15	10	7.5	10	7.5	5
弯曲圈数		10	1	1	1	1	1
宏弯曲损耗/dB	1550nm	0.03	0.1	0.5	0.03	0.08	0.15
	1625nm	0.1	0.2	1.0	0.1	0.25	0.45

在 G.657 光纤中，A2 类光纤由于与 G.652D 光纤具有良好的兼容性，并具有较强的抗弯曲性能，因此，当前国内使用的弯曲不敏感光纤主要是 G.657A2 光纤。需要注意，由于各厂家采用不同的抗弯曲技术，如有的采用空气微孔实现抗弯性能、有的采用深下陷包层技术实现抗弯性能等，导致波导结构差异较大，不同结构的光纤在使用过程中存在一定的不兼容性。因此，目前光纤通信网络只是小范围内小批量应用 G.657 光纤，主流还是 G.652D 光纤。

2. 多模光纤及其标准

多模光纤的纤芯一般较粗（50μm 或 62.5μm），纤芯直径远远大于光波波长（约 1μm），使得光纤中会存在着几十种乃至几百种传播模式。同时因为其模间色散较大，限制了传输频率，而且随距离的增加会更加严重。因此多模光纤传输的距离比较近，一般只有几千米。按照 ITU-T 对光纤的分类只有 G.651 一种；IEC 分为 A1、A2、A3、A4 类多模光纤，A1、A2、A3、A4 类又分别分为 a、b、c、d 等；我国多模光纤型号命名也采用了 IEC 规定。

2007 年 7 月，ITU-T 发布了多模光纤新标准《用于光接入网的 50/125μm 梯度折射率分布多模光纤光缆特性》（G.651.1）。该标准规定的光纤是众所周知的 G.651 光纤的改进型，计划用于光接入网系统或 FTTx，在 850nm 波长 1Gbit/s 以太网系统传输链路长度达到 550m。该标准规定的光纤保留了 G.651 的许多特性，但制造容差更加严格，传输特性的要求得到了大幅度提高，同时也改善了柔韧性，易于 FTTx 环境的安装使用。G.651.1 与 G.651 特性的比较对照见表 2.11。

表 2.11 ITU-T G.651.1 与 G.651 特性的比较对照

<table>
<tr><th colspan="3">参　数</th><th>G.651.1/2007-07</th><th>G.651/1998-02</th></tr>
<tr><td colspan="3">包层直径/μm</td><td>125 ±2.0</td><td>125 ±3.0</td></tr>
<tr><td colspan="3">芯直径/μm</td><td>50 ±3.0</td><td>50 ±3.0</td></tr>
<tr><td colspan="3">芯/包层不同同心度误差/μm</td><td>≤3.0</td><td>≤3.0</td></tr>
<tr><td colspan="3">芯不圆度（%）</td><td>≤6.0</td><td>≤6.0</td></tr>
<tr><td colspan="3">包层不圆度（%）</td><td>≤2.0</td><td>≤2.0</td></tr>
<tr><td colspan="3">数值孔径（%）</td><td>0.200 ±0.015</td><td>0.20 ±0.02</td></tr>
<tr><td colspan="2" rowspan="2">宏弯损耗（半径 15mm，2 圈）/dB</td><td>850nm</td><td>≤1</td><td>无规定</td></tr>
<tr><td>1300nm</td><td>≤1</td><td>无规定</td></tr>
<tr><td colspan="3">筛选张力/GPa</td><td>≥0.69</td><td>≥0.35</td></tr>
<tr><td colspan="2" rowspan="2">满注入带宽/（MHz·km）</td><td>850nm</td><td>≥500</td><td>≥20</td></tr>
<tr><td>1300nm</td><td>≥500</td><td>≥20</td></tr>
<tr><td rowspan="4">色散特性</td><td colspan="2" rowspan="2">零色散波长/nm</td><td>1295（λ_{max}）</td><td rowspan="2">≤120ps/（nm·km）（850nm）</td></tr>
<tr><td>1340（λ_{max}）</td></tr>
<tr><td colspan="2" rowspan="2">最大零色散斜率/［ps/（nm·km）］</td><td>≤0.105（1295nm≤λ_0≤1310nm）</td><td rowspan="2">≤6ps/（nm·km）（1300nm）</td></tr>
<tr><td>≤375×（1590 − λ_0）×10^{-6}（1310nm≤λ_0≤1340nm）</td></tr>
<tr><td colspan="2" rowspan="2">衰减系数/（dB/km）</td><td>850nm</td><td>≤3.5</td><td>≤4.0</td></tr>
<tr><td>1300nm</td><td>≤1.0</td><td>≤2.0</td></tr>
</table>

从表 2.11 可以知道，ITU-T G.651.1 标准突出了如下两点：

1）强调了光纤的弯曲损耗特性，明确规定在弯曲半径 15mm、2 圈弯曲情况下的弯曲损耗要小于或等于 1dB。

2）不仅提高了传输带宽要求，而且对多模光纤的色散特性作了进一步的具体要求：零色散波长 λ_0 要求为 1295 ~ 1340nm；对零色散斜率进行了分段要求，对于 1295nm ≤ λ_0 ≤

1310nm的多模光纤，其最大零色散斜率 $S_{0\max} \leqslant 0.105\text{ps/nm} \cdot \text{km}$，对于 $1310\text{nm} \leqslant \lambda_0 \leqslant 1340\ \text{nm}$的多模光纤，其最大零色散斜率 $S_{0\max} \leqslant 375 \times (1590 - \lambda_0) \times 10^{-6}$。

在常用的多模光纤中，主要有 Ala 类 50/125μm 和 Alb 类 62.5/125μm 两种类型。50/125μm 渐变型多模光纤的芯径和数值孔径都比较小，不利于与 LED 的高效耦合。而 62.5/125μm 光纤芯径大、数值孔径大，具有较强的集光能力，被普遍选择使用。

随着网络应用带宽需求的不断提高，ISO/IEC 公布了 60793-2-10 作为 A1 类多模光纤的技术规范 2011 版。表 2.12 是 IEC 60793-2-10 与 ISO/IEC 11801 对多模光纤的对应关系。OM1 指传统 62.5μm 多模光纤，OM2 指传统 50μm 多模光纤，OM3 是万兆光纤。在 A1a 类光纤中，除 A1a.1 和 A1a.2 外，新增加子类 A1a.3 对应 ISO/IEC 11801 规范的 OM4。

表 2.12　IEC 60793-2-10 与 ISO/IEC 11801 对多模光纤分类的对应关系

项目	GB /T 12357.1、IEC 60793-2-10				ISO/IEC 11801					
分类名称	A1b	A1a.1	A1a.2	A1a.3	OM1		OM2		OM3	OM4
芯径/μm	62.5	50	50	50	50	62.5	50	62.5	50	50
IEC 分类对应关系	—	—	—	—	A1a.1	A1b	A1a.1	A1b	A1a.2	A1a.3
满注入条件下最小模式带宽/(MHz·km)(850nm)	100～800	200～800	1500	3500	200		500		1500	3500
满注入条件下最小模式带宽/(MHz·km)(1300nm)	200～1000	200～1200	500	500	500		500		500	500
最小有效带宽/(MHz·km)(850nm)	未定义	未定义	2000	4700	未定义		未定义		2000	4700

需注意，光纤系统在传输信号时，光纤和两端的有源设备是不可或缺的，随着 IEEE 802.3ae 的公布，50/125μm 光纤的应用取得了积极的进展。

2.3.5　光缆及其性能

为了保护光纤的固有机械强度，通常的方法是采用塑料涂覆和应力筛选。即光纤从高温拉制出来后，要立刻用软塑料（例如紫外固化的丙烯酸树脂）进行一次涂覆和应力筛选，除去断裂光纤，并对成品光纤再用硬塑料（例如高强度聚酰胺塑料）进行二次涂覆，做成很结实的光缆。

1. 光缆的结构

一根光纤只能单向传送信号，如果要进行双向通信，光缆中至少要包括两根独立的芯线，分别用于发送和接收。在一条光缆中可以包裹2、4、8、12、18、24甚至上千根光纤，同时还要加上缓冲保护层和加强件保护，并在最外围加上光缆护套。图2.19是松套管室外铠装多模光缆的构成示意图。

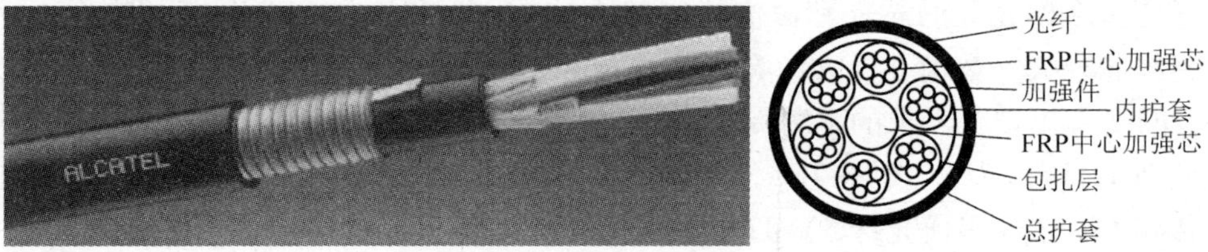

图2.19 松套管室外铠装多模光缆的构成示意图

光缆结构的主旨在于想方设法保护内部的光纤，不受外界机械应力和潮湿的影响。因此在光缆设计、生产时，相应按照光缆的应用场合、敷设方法设计光缆结构。一般，光缆主要由缆芯、护套以及填充物等组成，有时在护套外面还加有铠装。

（1）缆芯

缆芯通常由涂覆光纤、缓冲器和加强件等部分组成。

涂覆光纤是光缆的核心，决定着光缆的传输特性。

缓冲器，即放置涂覆光纤的塑料缓冲保护层。一个缓冲器可放一根或多根光纤；缓冲器主要有紧套管缓冲和松套管缓冲两种类型。紧套管缓冲是在涂覆层外加一层塑料缓冲材料。它为光缆提供了极好的抗振抗压性能，同时尺寸也较小，但它无法保护光纤免受外界温度变化带来的破坏。在温度过高或过低时，塑料缓冲层会扩张或收缩，而导致光纤的断裂。紧套管缓冲光缆主要用于室内布线。松套管缓冲是用塑料套管作为缓冲保护层，该套管内有一根或多根已经涂有涂覆层的光纤，光纤在套管内可以自由活动，这样可以避免缓冲层收缩或扩张而引起的应力破坏，受温度变化的影响较小。但这种结构不能防止因挤压和碰撞引起的破坏。松套管缓冲光缆主要用于室外布线。

光缆通常包含一个或几个加强件。加强件的功能是为了在牵引时，使光缆有一定的抗拉强度，释放光纤承受的机械压力。加强件通常处在缆芯中心，有时配置在护套中。加强件通常用杨氏模量大的钢丝或非金属材料例如芳纶纤维（Kevlar）或纤维玻璃棒做成。

（2）护套

光缆的最外层是光缆的护套（Sheath），它是非金属元件，其作用是将光缆的部件加固在一起，保护光纤和其他的光缆部件免受损害。因此，要求护套应具有良好的抗侧压力、密封防潮和耐腐蚀等性能。

护套的材料取决于光缆的使用环境和敷设方式，室内、室外型光缆所使用的护套材料也不相同。通常的护套由聚乙烯或聚氯乙烯（PE或PVC）和铝带或钢带构成。

（3）填充物

在光缆缆芯的空隙中注满填充物，其作用是保护光纤免受潮气和减少光纤的相互摩擦。用于填充的复合物应在光缆允许的低温下不使光缆弯曲特性恶化及流出。填充物主要有填充油膏、热溶胶、聚酯带、阻水带和芳纶带等。

2. 光缆特性

光缆的传输特性取决于涂覆光纤。对光缆机械特性和环境特性的要求由使用条件确定。

光缆生产出来后，对影响光缆特性的主要项目（如拉力、压力、扭转、弯曲、冲击、振动和温度等），要根据国家标准做例行试验检测。成品光缆一般要求给出如下一些特性。这些特性参数都可以用经验公式进行分析计算，这里只作简要的定性说明。

（1）拉力特性

光缆能承受的最大拉力取决于加强件的材料和横截面积。多数光缆能承受的最大拉力在10～40N范围内，一般要求应大于1km光缆的重量。

（2）压力特性

光缆能承受的最大侧压力取决于护套的材料和结构，多数光缆能承受的最大侧压力在10～40N/10cm。

（3）弯曲特性

弯曲特性主要取决于纤芯与包层的相对折射率差Δ以及光缆的材料和结构。实用光纤最小弯曲半径一般为20～50mm，光缆最小弯曲半径一般为200～500mm。在以上条件下，光辐射引起的光纤附加损耗可以忽略，若小于最小弯曲半径，附加损耗则急剧增加。

（4）温度特性

光缆温度特性主要取决于光缆材料的选择及结构的设计。采用松套管二次被覆光纤的光缆温度特性较好。温度变化时，光纤损耗增加，主要是由于光缆材料（塑料）的热膨胀系数比光纤材料（石英）大2～3个数量级，在冷缩或热胀过程中，光纤受到应力作用而产生的。我国对光缆使用温度的一般要求是，低温地区为-40～+40℃，高温地区为-5～+60℃。

（5）耐磨性

耐磨性主要是指光缆护套和标识的耐磨性。在光缆的施工过程中，可能会出现护套磨损，当磨损超出一定范围后，光缆护层就不能起到保护作用。

3. 光纤及光缆的标识

光缆中每根光纤都可以用颜色进行识别，通常通过纤芯颜色（全色谱）或光纤排列顺序（领示色谱）进行标识，标识颜色应符合GB/T 6995.2规定；也可以按产品规范中的规定进行标识，其色序标识方法与铜缆有些类似。如采用全色谱标识的12芯光缆，这12根光纤的颜色优先顺序排列见表2.13。若光缆中或松套管中的光纤多于12根，可用带颜色的标记纱将多根光纤组成光纤束来识别，也可以在着色光纤和松套管外再作颜色环标记。

表2.13　全色谱光纤颜色的排列顺序

序号	1	2	3	4	5	6	7	8	9	10	11	12
色谱	蓝	橙	绿	棕	灰	白	红	黑	黄	紫	粉红	青绿

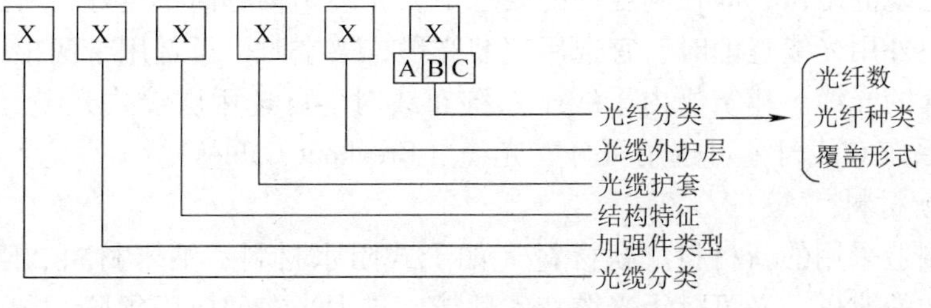

图2.20　光缆型号及规格标注形式

光缆型号及规格标注形式如图2.20所示。通信用光缆型号中的常见标注符号见表2.14。

表2.14 通信用光缆型号中的常用标注符号

分类代号		加强件类型		结构特征		光缆护套		光缆外护层	
代号	含义	代号	含义	代号	含义	代号	含义	代号	含义
GY	室（野）外光缆		金属	B	扁平形状	Y	聚乙烯	23	绕包钢带铠装聚乙烯
GR	软光缆	F	非金属	C	自承式结构	V	聚氯乙烯	22	绕包钢带铠装聚氯乙烯
GJ	室（局）内用光缆	G	金属重型	D	带状	U	聚氨乙烯	53	纵包钢带铠装聚氯乙烯
GS	设备内光缆	H	非金属重型	T	填充式光缆	A	铝塑综合	52	绕包钢带铠装聚乙烯
GH	海底光缆			X	中心束管	S	钢塑综合	33	细圆钢丝铠装聚乙烯

4. 光缆的选用

光缆是光纤的应用形式。选用光缆时不仅要考虑光纤芯数和光纤种类，还要根据使用环境来选择具有合适护套的光缆。选用光缆时需注意以下几点：

（1）选择光纤类型、纤芯数

光缆中的光纤类型的选择与网络的传输速率、容量和距离密切相关。从技术实现的角度来看，人们常根据光缆所使用的网络来选择不同的光纤。G.652光纤和G. 655光纤对于单通路速率为2.5Gbit/s、10Gbit/s的WDM系统都适用。对于通路比较密集的WDM系统，G.652光纤对于非线性效应的抑制情况较好，而G.655光纤对于FWM等非线性效应的抑制较差。综合这两种光纤应用的本质来看，采用G.652光纤开通基于2.5Gbit/s的WDM系统是一种较为经济的选择，对于基于10Gbit/s的WDM系统需要进行色散补偿，常用的方法是使用色散补偿光纤，这将增加系统成本；而G.655光纤开通基于10Gbit/s的WDM系统时也需要进行少量的色散补偿，但色散补偿成本相对较低。在实际中，核心网常选用G.655C光纤、城域网选用G.652D光纤、接入网选用G.652B光纤、局域网常选用G.652B光纤或G.651光纤等。需要指出的是，光缆传输特性是由其中所用的光纤类型决定的。

在确定选用的纤芯数量时，不仅要满足当前需要，也要提前估算未来网络的需求。

传输距离在2km以内时，可选用多模光纤；超过2km时，可用中继或单模光纤。

（2）选择光缆结构

正确选择光缆的结构，即在满足性能要求下，光缆结构越简单越好；所选择的光缆要便于施工安装。户外用光缆直埋时，宜选用铠装光缆；架空时，可选用带两根或多根加强筋的黑色塑料外护套的光缆。建筑物内干线子系统布线时，可选用层绞式光缆（Distribution Cables）；配线子系统布线时，可选用可分支光缆（Breakout Cables）。

（3）选择新材料

注意光缆制造采用的新材料。新材料（如干式阻水材料、纳米材料、阻燃材料等）既能促进光缆结构的改进，又可赋予光缆特殊性能，扩大光缆的应用领域。在选用建筑物内用的光缆时，应注意其阻燃、毒和烟的特性。一般在管道中或强制通风处可选用阻燃但有烟的类型（Plenum）；在暴露的环境中应选用阻燃、无毒和无烟的类型（Riser）。

5. 光缆的优缺点

（1）光缆的优点

光缆相对于对绞电缆，主要优点表现在噪声抑制好、信号衰减小和带宽高等方面。

1）噪声抑制性好，不受电磁场和电磁辐射的影响。因为光纤传输使用光波而不是电磁波，因而噪声不再是影响因素。唯一可能的干扰是外界光源，也被光缆的外护套屏蔽了。

2）信号衰减小。光纤传输的距离比其他导向传输介质要长得多，信号不经过再生就可以传输许多千米。无中继段长从几十到一百多千米，而铜线只有几百米。

3）带宽高。相对于对绞电缆和同轴电缆，光缆可以支持极高的带宽。光纤的通频带很宽，理论值可达 3×10^{15}Hz。目前，数据传输速率和波特率并不受光缆本身限制，而是受现有信号产生和接收技术水平的限制。

另外，光纤还具有使用环境温度范围较宽、寿命长、安全可靠等优点，可用于易燃、易爆场所。

（2）光缆的缺点

光缆的缺点主要是费用高、安装与维护难，以及脆弱性。

1）费用高。由于纤芯材料的任何不纯净或是不完善都可能导致信号丢失，必须万分精确地进行制造。同样，激光光源开销也很大，因此光缆费用很高。

2）安装/维护难。在敷设光缆时，一点点粗糙和断折都将导致光线散射和信号丢失；所有的接头都必须打磨并精确地接合；所有连接的接头必须完全对齐并匹配，并且有完善的封装；因此安装与维护光缆具有一定的技术难度。

3）脆弱性。玻璃纤维比铜导线更容易断裂，因而光缆不适合在移动较频繁的环境中使用。

2.3.6 常用典型光缆简介

随着通信光缆技术的发展，光缆材料、制造技术、应用场合也在随之不断变化。针对核心网传输距离长、路由复杂多变的特点，先后开发出了一些结构复杂的直埋、管道和架空室外光缆。面对城域网的多业务、大容量、中等距离的特点，又开发出了结构适中的光缆，如大芯数的光纤带光缆、无卤阻燃光缆、雨水管道光缆等。考虑到接入网的距离短、容量小等特点，又研制出了结构简单的轻便光缆，如小 8 字形光缆、开槽光缆等。可以说光缆类型多种多样，常用典型光缆有如下几种。

1. 按光缆结构划分

根据缆芯结构的特点，光缆可分为中心束管式、层绞式、带状式和骨架式 4 种基本型式，不同的结构，用途也不相同，用户可以根据线路情况选择使用。

（1）中心束管式

中心束管式结构光缆把一次涂覆光纤或光纤束置于光缆中心，放入一根松套管中，加强件配置在套管周围而构成。这种结构的加强件同时起着护套的部分作用，有利于减轻光缆的重量。

松套管由温度特性好的材料做成。一般，松套管中可放入具有适当余长的多根（2～12 芯）单模或多模光纤，并充满防潮光纤用油膏，如图 2.21 所示。中心束管式工艺简单，成本低（比层绞式光缆的价格便宜 15% 左右），在架空敷设或具备良好管道保护的支干线通信网络中较具竞争力。

图 2.21 中心束管式光缆

(2) 层绞式光缆

层绞式是把松套光纤绕在中心加强件周围绞合而构成的。层绞式光缆结构一般由 6～12 根松套管（或部分填充绳）绕中心金属加强件绞合成圆形的缆芯，缆芯外首先挤上 PE 内护层，再纵包阻水带和双面覆膜皱纹钢带并挤上 PE 内护层构成皱纹钢带铠装，最后用低碳钢丝进行绕包铠装，并挤上 PE 外护套构成双层铠装光缆。松套管由温度特性好的材料做成，管中可放入具有适当余长的多根（2～144 芯）单模或多模光纤，并充满防潮光纤用油膏，缆芯所有缝隙均填充阻水化合物。这种结构的缆芯制造设备简单，工艺相当成熟，得到广泛应用。采用松套光纤的缆芯可以增强抗拉强度，改善温度特性。

一种层绞式直埋光缆如图 2.22 所示。它的最大优点是防水，防强大拉力，可以直接埋地。同时易于分支，即光缆需分支时，不必将整个光缆开断，只需将需分支的光纤开断即可。这对于数据通信网，有线电视网沿途增设光节点非常方便。

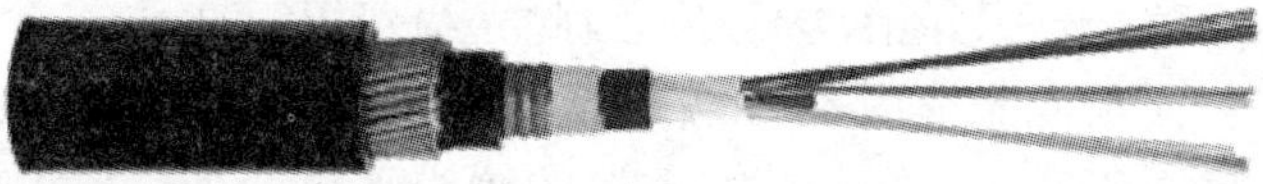

图 2.22 层绞式直埋光缆

(3) 带状式光缆

带状式是指把带状光纤放入大套管内，形成中心束管式结构；也可以把带状光纤放入骨架凹槽内或松套管内，形成骨架式或层绞式结构。带状式光缆的芯数可以做到上千芯，它是将 4～12 芯光纤排列成行，构成带状光纤单元，再将多个带状单元按一定方式排列成缆。光纤带体积小，能提高光缆中光纤的集装密度，可构成的芯数很大（由 320～3456 芯），适用于当前发展迅速的光纤接入网。

(4) 骨架式光缆

骨架式光缆是把紧套光纤或一次涂覆光纤放入中心加强件周围的螺旋形塑料骨架凹槽内而构成的。这种结构的缆芯抗侧压力性能好，利于对光纤的保护。

除上述几种典型的结构之外，还有许多因特殊场合、环境下使用的特殊结构的光缆。例如：电力系统使用的光纤复合架空地线复合（OPGW）光缆，全介质自承式（ADSS）光缆，光纤复合相线（OPPC）光缆，易燃易爆环境使用的阻燃光缆，以及各种不同条件下使用的军用光缆等。

2. 按光缆应用环境划分

根据光缆的应用环境与条件，可将其分为室内型、室外型及室外室内通用型 3 个类别。室内型、室外型类别的光缆不能互换应用环境，而且室内型光缆与室外型光缆连接时需分别端接后再通过光纤跳线进行连接，因此还有引入户内光缆等。

(1) 室内型光缆

室内型光缆（执行YD/T1258.1~1258.3—2003标准）用于干线子系统、配线子系统和光纤跳线。室内型光缆在外皮与光纤之间加了一层尼龙纱线作为加强结构；其外皮材料分为非阻燃、阻燃和低烟无卤等不同类别，以适应不同的消防级别。

1）室内型光缆纤芯主要有OptiSPEED、LazrSPEED两类。

OptiSPEED室内型光缆的物理特性包括以下几项。

光缆最小弯曲半径：安装过程中保证20倍光缆直径；安装完毕后保证10倍光缆直径。

缓冲层光纤直径：900μm。

缓冲层光纤最小弯曲半径：35mm（1.4in）。

工作温度：-20~70℃。

安装温度：-40~70℃。

储存温度：0~70℃。

LazrSPEED室内型光缆的物理特性包括以下几项。

光缆最小弯曲半径：安装过程中保证20倍光缆直径；安装完毕后保证10倍光缆直径。

缓冲层光纤直径：900μm。

缓冲层光纤最小弯曲半径：19mm（0.74in）。

最大允许张力：883N。

工作温度：0~50℃。

储存温度：-60~+85℃。

2）常用的室内型光缆可分为双芯跳线T2Z和双芯截式光缆T2L两种。

双芯跳线T2Z：由两根单芯光缆组成，两根光缆端接头分开，外皮为低烟零卤素。可连接所有主要类型接头。如图2.23a所示。

双芯截式光缆T2L：两根T1单芯光缆平行放在零卤素外皮内。主要应用于双芯光纤到桌面。如图2.23b所示。

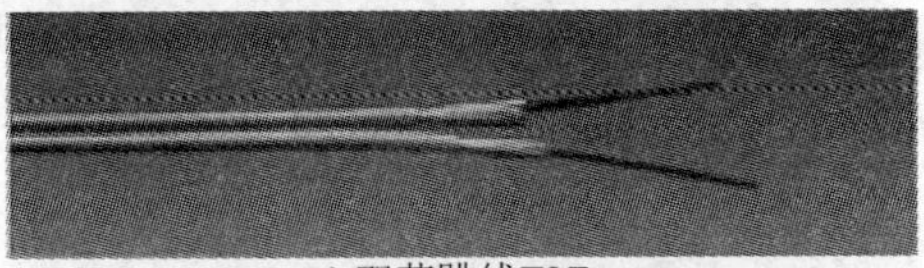

a) 双芯跳线T2Z

b) 双芯截式光缆T2L

图2.23 室内型光缆

（2）室外型光缆

按照具体应用环境的不同，室外型光缆一般采用聚酯充胶管，光纤有初级涂层（250μm），中央管有纱状加强件，外皮为抗紫外线材料。对于应用环境恶劣的光缆还加有螺纹钢铠尼龙聚酯层、防水玻璃纱丝等特殊保护材料。

常用的室外型光缆有低负荷室内/室外型紧束光缆CxLU和同心铠装光缆NMSTA两种。

1）低负荷室内/室外紧束光缆CxLU，如图2.24a所示。其光纤颜色各不相同，900 μm紧束光纤，12芯以内用纱状加强物，芯带RBG加强芯，外皮为低烟无卤素、防水抗紫外线材料。其中x为光纤数，可以为2、4、6、…、24。主要用于楼内主干。

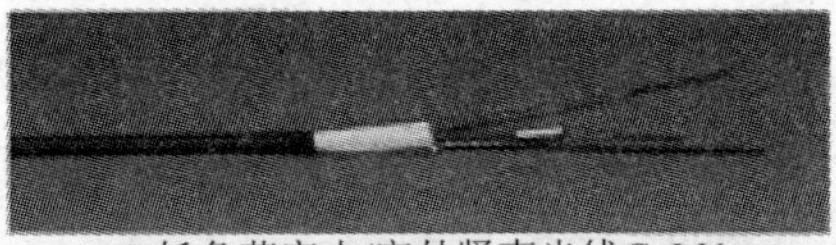

a) 低负荷室内/室外紧束光线CxLU

b) 同心铠装光缆NMSTA

图2.24 室外型光缆

2）同心铠装光缆NMSTA，如图2.24b所示。其特点是同心放置的聚酯管内最多可设24根有独自涂层、独自颜色或标号（250mm）的光纤，中心管有一层纱状加强件环绕，内有一层聚酯及螺纹钢铠，外有一层尼龙聚酯层，具有防水、抗紫外线及防咬等性能。其中光纤数可以为2、4、6、…、48。主要用于楼宇之间、CATV。

（3）引入光缆

引入光缆是指由楼内光纤配线设备至用户端光纤配线箱或光纤信息插座之间的光缆。由于楼层间或者楼道中存在各种复杂情况，因此，引入光缆应具有较高的抗侧压力和抗张力，结构简单、弯曲性能好，容易端接，并满足光缆在室内使用对阻燃性能的要求。

3. 按光缆敷设方式划分

若按光缆敷设方式划分，一般将光缆分为直埋光缆、管道光缆、架空光缆和水底光缆等。

（1）直埋光缆

直埋光缆外部有钢带或钢丝的铠装，光缆的缆芯主要有松套管层绞式铠装光缆和中心束管式铠装光缆两类。可直接埋设在地下 0.8 ~ 1.2m 之间，要求有抵抗外界机械损伤和防止土壤腐蚀的性能。要根据不同的使用环境和条件选用不同的护层结构，如在有虫、鼠害的地区，光缆的护层必须能防虫、鼠的咬啮。

（2）管道光缆

管道光缆一般敷设在城市市区内。当管道敷设条件比较好时，对光缆护层没有特殊要求，无需铠装。

（3）架空光缆

架空光缆是利用已有的架空明线杆路，架挂在电杆上使用的光缆。由于架空光缆不仅易受台风、洪水、冰凌等自然灾害的危害，还容易受到外力影响以及本身机械强度减弱等影响，所以架空光缆的故障率高于直埋光缆和管道光缆。

在综合布线系统中所使用的光缆，还有一些是针对建筑群、办公环境专门设计的光缆，它们适用于这些环境的管道、直埋或架空安装。

（4）水底光缆

水底光缆是敷设于水底穿越河流、湖泊和滩岸等处的光缆，其敷设环境比管道敷设、直埋光缆的条件要差很多。水底光缆必须采用钢丝或钢带铠装结构，护层的结构要根据河流的水文地质情况综合考虑。如在石质土壤、冲刷性强的季节性河床，光缆遭受磨损、拉力大的情况，不仅需要粗钢丝做铠装，甚至要用双层铠装。

2.3.7 光纤入户用光缆

为了推动光纤到户（Fiber To The Home，FTTH）的发展，以便将视频、数据和语音等宽带业务通过光纤送入家庭终端，各光缆制造厂家根据 FTTH 网络特点开发出了许多 FTTH 光缆产品。

1. FTTH 光缆的特点

FTTH 光缆是指将光网络单元（Optical Network Unit，ONU）安装在住家用户或企业用户处，是光接入系列中除 FTTD（光纤到桌面）外最靠近用户的光接入网应用类型。光缆的结构是随着光网络的发展和光缆的使用环境的拓宽而演进的。新一代的全光网络要求作为光信号传输介质的光缆既能够提供更宽的工作带宽、更高的传输速率、更远的传输距离，又具有使用寿命长、便于安装维护等特点。对于FTTH光缆为了满足安装使用环境的需要，在保证光缆线路长期可靠的同时，还要降低城市管理工程、光缆安装和光缆自身的成本。因此，FTTH光缆结构具有下列一些主要特点：

1）纤芯数由中到少，越接近用户端纤芯数越少。

2）为降低城市管理工程造价，用小管或微管将现有的大管分隔成若干子管或安装新的小管，无金属小尺寸光缆被安装在大管道中的若干子管内。

3）接续和维护成本低，光纤识别容易；在光缆终端和线路中途接入方便。

4）在大楼前或没有保护的室内安装时，具有较好的机械弯曲性能，弯曲半径可达15mm。

5）用于室内时，光缆具有阻燃性能。

6）在温度变化和老化时不会因光缆收缩而产生光纤微弯，具有长期的可靠性。

7）除用于架空方式之外，还能适应其他敷设方式。

2. FTTH光缆类型

在FTTH中，以光缆在FTTH网络的位置不同，可以将光缆分为馈线光缆、配线光缆和入户光缆。

馈线光缆是指从局端的光纤线路终端（Optical Line Terminal，OLT）至光纤配线网（Optical Distribution Network，ODN）之间的光缆。当ODN设置在局端机房内时，配线系统的ODN直接通过各种互连光缆与OLT跳接，主干光缆应该选择室内设备互连用的各种光缆，如设备互连用的单芯光缆、双芯光缆、多芯光缆和光纤带光缆。当ODN设置在室外时，配线系统与主干光缆系统之间的连接光缆应该选择室外型光缆。具体选用光缆时还应考虑光缆使用的环境和敷设方式。主干光缆的芯数可以依据系统内ODN的具体数量或者光分路器来确定。

配线光缆是指自ODN到光用户接入点之间的光缆。根据ODN与光用户接入点的位置不同，配线光缆可以选用室外型光缆、室内/室外型两用光缆和室内型光缆。

入户光缆是指光用户接入点至用户终端的光缆。当用户接入点置于室外时，户外段应该选择室外光缆或者室内/室外型光缆；当用户接入点置于室内或者建筑物内时，入户光缆应该选用室内型光缆。

对于典型的FTTH网络，通常将其分成骨干环、本地环和FTTH［或光纤到大楼（FTTB）］3个层次的网络。若按照FTTH光缆在不同网络层次中的具体分布，可以将FTTH光缆分为骨干环网光缆、本地环网接入光缆和室外接入光缆。

（1）骨干环网光缆

对于骨干环网络，可以采用不同的光缆敷设方法，如管道、直埋和架空等。常用的光缆结构有松套管、光纤带光缆等类型，光缆的纤芯数一般为48~288芯为宜。

在新建网络时，如果现有的管道具有较大的可用内径，那么可用几个小管将大管分隔为几个子管。在骨干环网建设初期，一个子管只安装一根光缆，剩余的其他子管供将来再使用。光缆敷设可以采用气吹或水飘浮，这些敷设方法的优点是成本低、快捷。表2.15列出了管道和小管的尺寸，以供参考。骨干环网光缆主要使用松套层绞式光缆；一般144芯以下采用单纤层绞式光缆；144芯以上采用光纤带光缆。

表 2.15 管道和小管的尺寸

管道最小内径/mm	小管类型
40	7个直径为8mm/10mm小管+聚乙烯护套
48	5个直径为12mm/15mm小管，无聚乙烯护套
54	5个直径为12mm/15mm小管+聚乙烯护套

（2）本地环网接入光缆

本地环网接入光缆是由普通的管道松套层绞式光缆演变而来的。为了减小光缆直径，法国SAGEM光缆公司开发出了一种将加强件嵌入光缆外护套中间的接入光缆，如图2.25所示。该接入光缆外护套采用高密度聚乙烯（HDPE），具有摩擦系数小、成本低和加工方便等特点。

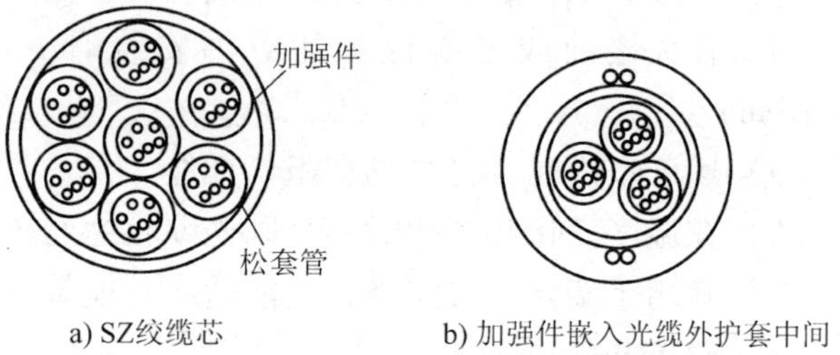

图2.25 本地环网接入光缆结构

表2.16给出了4种新的接入光缆的直径、标准安装长度和小管内径。从表2.16可以看出，接入光缆的安装长度取决于管道类型和尺寸、光缆路由和敷设设备。

表 2.16 4种新的接入光缆的直径、标准安装长度和小管的内径

光纤数	光缆直径/mm	光缆质量/$kg \cdot km^{-1}$	管道最小内径/mm	安装长度/m
24	4	11	5.5	约1550（水漂浮），2000（气吹）
24～48	6	25	8	约1550（水漂浮），2000（气吹）
60～72	7.8	42	12	约1550（水漂浮），3000（气吹）
96～144	9.5	63	12/16	约2000（水漂浮），约2000（气吹）

（3）室外接入光缆

建设FTTH网络，需要结构简单、价格便宜和敷设快捷的室外接入光缆。室外接入光缆主要有气吹微型光缆和皮线光缆等可供选用。

1）气吹微型光缆。气吹微型光缆技术要解决两个关键问题：光缆结构和管道的微型化。特别是适合于气吹敷设的光缆必须具有尺寸小、重量轻、便于中途接入和宽阔的工作温度范围。气吹微型光缆的结构如图2.26所示。由于最大的光缆外径为6.5mm，所以光缆中的松套管外径应该小于1.6mm。研究证明，HDPE最适合作为气吹敷设光缆的外护套材料，气吹微型光缆外护套的HDPE厚度为0.5mm。为了防止水的侵入，在缆芯周围缠绕了一层吸水膨胀阻水带，并通过在玻璃钢加强件外涂覆吸水膨胀树脂，解决玻璃钢加强件与松套管之间间隙的阻水问题。气吹微型光缆的松套管由两层材料组成，一层是聚碳酸酯（PC），另一层是聚对苯二甲酸丁二醇酯（PBT），既提高了松套管的机械稳定性，又使光缆的使用温度范围扩大到-40～70℃。

图2.26 气吹微型光缆结构

由于气吹微型光缆要求精细，需要注意：①控制松套工艺过程中的光纤余长；②在松套管绞合时必须调整和控制松套管放管张力和扎纱张力，避免光纤产生永久应变和松套管产生压痕；③在挤护套过程中各方面应高度稳定，以便能够挤出厚度均匀、无气泡的外护套。

为保证气吹微型光缆的性能，可按照 IEC 60794-1-2（2003-05）标准，对气吹微型光缆抗拉、冲击、压扁、反复弯曲和渗水等性能进行测试验证。

2）皮线光缆。皮线光缆是一种新型的入户光缆，全名是蝶形引入光缆，俗称皮线光缆。接入网用蝶形引入光缆分为两大系列：①非自承式蝶形引入光缆，适用于室内布线使用（1、2、4 芯）；②自承式蝶形引入光缆，适用于室外架空引入使用（1、2、4 芯）。皮线光缆的主要特点有：①通过在弹性方面的特殊设计，保证安装过程中光纤不易折断。在将光缆弯曲的时候，只需要在弯曲的位置将光缆放开，光缆就会自动回到原来的位置，不会导致变形或是在光缆护套上留下任何印记。②无论是从哪个方向弯曲，光缆都很柔韧，使光纤可以在很小的弯曲半径进行安装或缠绕。③踏压、挤压、弯曲、打结不会影响光缆的传输损耗。④光滑的光缆护套，耐磨耐用。⑤布线时可以根据现场的距离进行裁减。此外，皮线光缆还具有外径小、重量轻、成本低、易敷设等优点，而且易于用手剥离出光纤，可以像普通电话线一样柔软地使用，甚至在光缆折叠和打结受力以后光纤芯都不会折断，特别适于在建筑物内小角度铺设安装。

2.4　端接跳线

端接跳线简称跳线（Jumper）。跳线是指不带连接器件或带连接器件的电缆线对与带连接器件的光纤，用于配线设备之间进行连接。跳线主要有铜跳线（包括屏蔽/非屏蔽对绞电缆）和光纤跳线（包括多模/单模光纤跳线）两种。

1. 铜跳线

综合布线所用的铜跳线由标准的跳线电缆和连接器件制成，跳线电缆有 2 ~ 8 芯不等，连接器件为两个 6 位或 8 位的模块插头，或者有一个或多个裸线头。跳线根据使用场合不同可有多种型号。模块化跳线两头均为 RJ-45 水晶头，采用 ANSI/TIA/EIA 568-A 或 ANSI/TIA/EIA 568-B 针结构，并有灵活的插拔设计，防止松脱和卡死；110 型跳线的两端均为 110 型接头，有 1 对、2 对、3 对、4 对共 4 种；117 适配器跳线的一端带有 RJ-45 水晶头，另一端不端接，常用于电信设施的网络设备与配线架的连接；119 适配器跳线的一端带有 RJ-45 水晶头，另一端为 1 对、2 对或 4 对的 110 型接头，常用于电信设施的网络设备与配线架的连接；还有一种区域布线跳线，线的一端带有 RJ-45 水晶头，另一端带有 RJ-45 插座。跳线的长度根据用户的需要可长可短，通常在 0.305 ~ 15.25m 之间。图 2.27 列出了部分铜跳线的实物图。

a) RJ-45～RJ-45　b) RJ-45～100(4 对)　c)110～110

图 2.27　部分铜跳线的实物图

目前，市场上有各类颜色的5e 类标准跳线，其彩色护套既可方便地辨别系统以免拔错跳线，又能在拥挤的接线架上保护插头。常用的5e 类带 RJ-45 护套标准跳线，如图 2.28 所示。

对于跳线来说，一个重要问题是弯曲时的性能。一般用户用普通对绞电缆自制的跳线可称为硬跳线。由于普通的对绞电缆一般为实线芯，缆线比较硬，不利于弯曲，同时实线芯缆线在弯曲时会有很明显的回波损耗出现，导致缆线性能下降；而软跳线则没有这些问题。软跳线是布线生产厂家加工生产的原装跳线，软跳线的每一芯线都是多股细铜线，制造工艺较好，便于理线，不容易折断，方便使用。软跳线虽然价格高一些，但可以确保系统的整体性能。

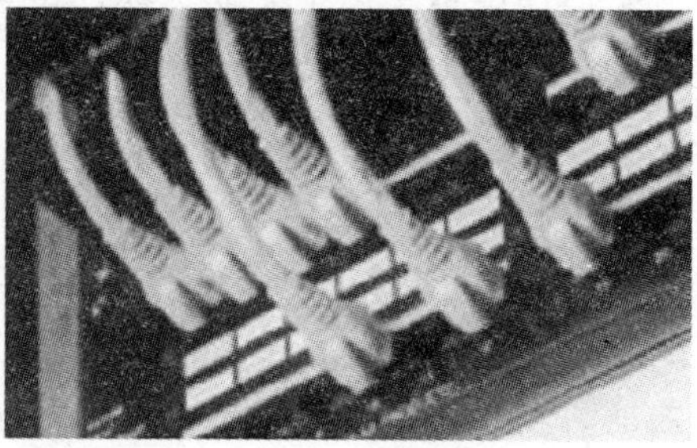

图 2.28　5e 类带 RJ-45 护套标准跳线

2. 光纤跳线和尾纤

光纤跳线和尾纤是光通信网络中应用最为广泛的基础元器件之一。光纤两端的接头可以是同一种接头，也可以是它们中两者的混合。光纤两端都端接光纤连接器插头的称为跳线，只有一端端接光纤连接器插头的称为尾纤，如图 2.29 所示。光纤跳线和尾纤都是实现光纤通信设备及系统活动连接的无源器件，也是光纤、光缆配线的重要组成部分。它们与光纤配线架、交接箱、终端盒配合使用，可以实现光纤设备与光纤跳接、光纤直接连接、光纤和信息插座之间的连接，从而实现整个光纤通信网络高效灵活的管理与维护。其中尾纤主要用于室内电缆到各种工厂制作中继设备的连接。

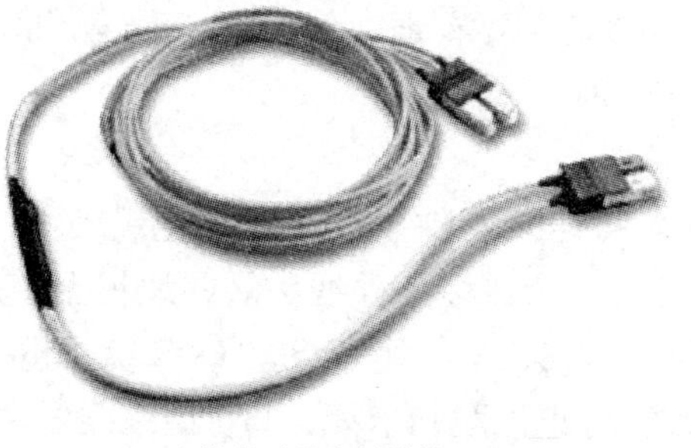

a) 微分时延光纤跳线

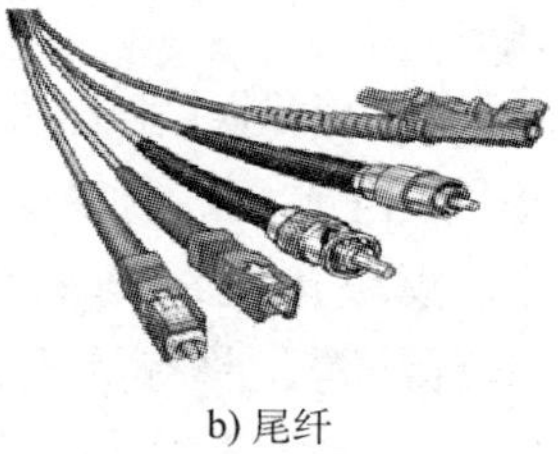

b) 尾纤

图 2.29　光纤跳线和尾纤

光纤跳线一般采用 62.5/125μm 光纤，由含有一根或两根纤芯、带缓冲层、渐变折射率的光纤在两端端接 ST、SC、LC、MT-RJ 等连接器而构成。混合光纤软线的一端接 ST 型连接器插头，另一端接 SC 型双锥形连接器插头。此外，还有用于对非 ST 头兼容设备进行互连的光纤软线。光纤跳线芯纤的椭圆度和偏心率要严格加以控制。光纤跳线可采用单工光纤及双工光纤两种结构，它们都放在一根阻燃的 PVC 复式护套内。光纤跳线结构如图 2.30 所示。

光纤跳线同样有单模和多模之分，而且多模跳线又有 50/125μm 和 62.5/125μm 两种。跳线可以是单芯的也可以是双芯的，长度从 0.61m（2ft）到 30.48m（100ft）不等，用户也可根据实际需要向厂家定制。由于成品光纤跳线稳定性较高，不但可保证系统的性能，还可以节省用户投资。

光纤跳线的种类很多，在实际中还有一种野外型光纤防水尾缆，专用于光接收机。这种

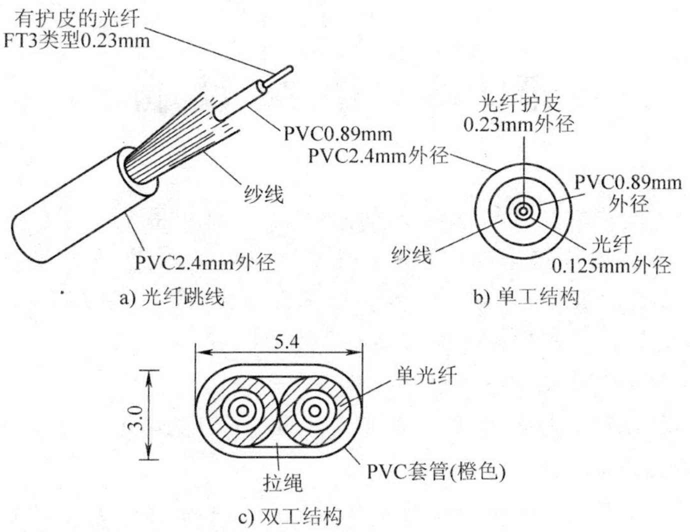

图2.30　光纤跳线结构

光纤防水尾缆损耗小、抗损力强、防水性能好，有单芯和二芯之分。二芯时其中一芯为反传光信号用或作正向备用；接头型号可由用户指定（常用FC/APC）。

思考与练习题

1. 综合布线常用的传输介质有哪几种？它们各有何优、缺点？

2. 对绞电缆为什么要将线对进行缠绕，缆线缠绕的次数对缆线的性能有影响吗？

3. 简述各类非屏蔽对绞电缆的传输性能。在选择对绞电缆时应注意哪些性能指标？

4. 屏蔽对绞电缆和非屏蔽对绞电缆在结构和性能上有哪些差别？

5. 6类对绞电缆与5类对绞电缆、5e类对绞电缆在结构上有哪些改进？

6. 对绞电缆有哪几种线规？实际观察一根对绞电缆，查看缆线上标注了哪些电气特性指标？

7. 光缆一般由哪几部分组成？各部分有何作用？

8. 按照光在光纤中的传播模式来分，光纤可分为哪几类？各有什么特点？按照光纤适于传输的光的波长来分，光纤可以分为哪几类？

9. 什么是单模光纤和多模光纤？选用单模光纤和多模光纤的主要依据是什么？

10. 已知某一实用的多模光纤参数为：工作波长 $\lambda=850\text{nm}$，纤芯半径 $\alpha=50\mu\text{m}$，数值孔径 $NA=0.26$，试求该光纤中的可传输模式是多少？

11. 已知某一均匀光纤的参数为：$n_1=1.5$，$\lambda=1.3\mu\text{m}$，试计算：①若 $\Delta=0.25$，为保证单模传输，其光纤纤芯半径 α 应取多大？②若取 $\alpha=5\mu\text{m}$，为保证单模传输，Δ 应取多大？

12. 设有一光纤通信系统，发送端的光功率 $P_s=20\mu\text{W}$，经10km的光缆（损耗系数 $\varepsilon=2.5\text{dB/km}$）传输后，试问接收端的光功率 P_r 为多少？

13. 什么是光纤的散射损耗？什么是光纤的色散？什么是材料色散、波导色散和模式色散？

14. 光纤跳线和尾纤有什么区别？布线时使用生产厂家加工生产的原装跳线有什么好处？

15. 实际观察单模光纤和多模光纤，区别室内/外型光缆，看看缆线上标注了哪些特性指标？

16. 光缆有哪些分类？光缆型号是由哪几部分构成的？试识别下列光缆的型号：

1）GYFTY21—12J50/125（30409）B。

2）GYZT53—24D8/125（303）A。

第3章　接续设备

接续设备是综合布线系统中各种连接器件的统称，意指用于连接电缆线对和光纤的一个器件或一组器件，常称为连接器件（Connecting Hardware）。它不仅包括各种缆线连接器、连接模块、适配器、配线架/箱、跳接设备、端子设备以及配线管理组件，也包括网络连接设备等。有多种连接器件，相应地也有多种分类方式。

若按连接器件装设位置来划分，通常以装设配线设备的位置来命名，有建筑群配线设备（Campus Distributor，CD）、建筑物配线设备（Building Distributor，BD）和电信间（楼层）配线设备（Floor Distributor，FD）等。

按连接器件在综合布线系统中的线路段落来划分，主要有：①终端连接器件。如总配线架（箱、柜）和各种信息插座（即通信引出端）等；②中间连接器件。如中间配线架（盘）和中间分线设备等。

按连接器件在综合布线系统中的使用功能来划分，可分为：①配线设备。如配线架（箱、柜）等；②交接设备。如配线盘（电信间的交接设备）和室外设置的交接箱等；③分线设备。有电缆分线盒和各种信息插座等；④网络连接设备。如网卡、集线器、交换机和路由器等。

若按连接器件的设备结构可以分为架式和柜式（箱式、盒式）两种；若按安装方式来划分，可以分为壁挂式和落地式；信息插座有明装和暗装方式，且有墙上、地板和桌面安装方式。

本章将介绍综合布线系统中常用的一些接续设备，考虑到组建网络的需要，还将简单介绍有关的网络连接设备。

3.1　对绞电缆系统连接器件

综合布线接续设备多种多样，不同的综合布线系统、布线方式所使用的接续设备也不一致。对绞电缆系统连接器件包括配线架、信息模块和跳线等，主要用于端接或直接对绞电缆，使对绞电缆和连接器件组成一个完整的信息传输信道。

3.1.1　对绞电缆连接器

对绞电缆与终端设备或网络连接设备连接时所用的连接器称为信息模块，常见的信息模块主要有两种形式，一种是RJ-45，如图3.1所示；另一种是RJ-11，如图3.2所示。

1. RJ-45信息模块

RJ-45信息模块一般用于工作区对绞电缆的端接，通常与跳线进行有效连接。它的应用场合主要有：端接到不同的面板（如信息面板出口）、安装到表面安装盒（如信息插座）、安装到模块化配线架中。如图3.3所示，是一个RJ-45信息模块的示意图，以及它端接到信息面板后的外形图。RJ-45信息模块也分为非屏蔽模块和屏蔽模块，如图3.4所示是屏蔽信息模块结构图。

图 3.1 RJ-45 普通模块、紧凑式模块、免打模块

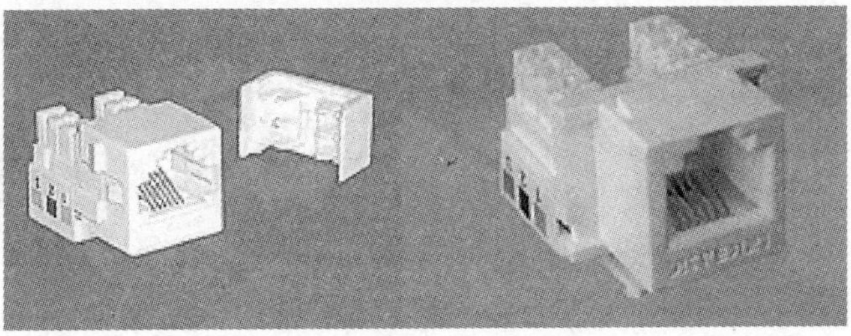

图 3.2 RJ-11 电话模块

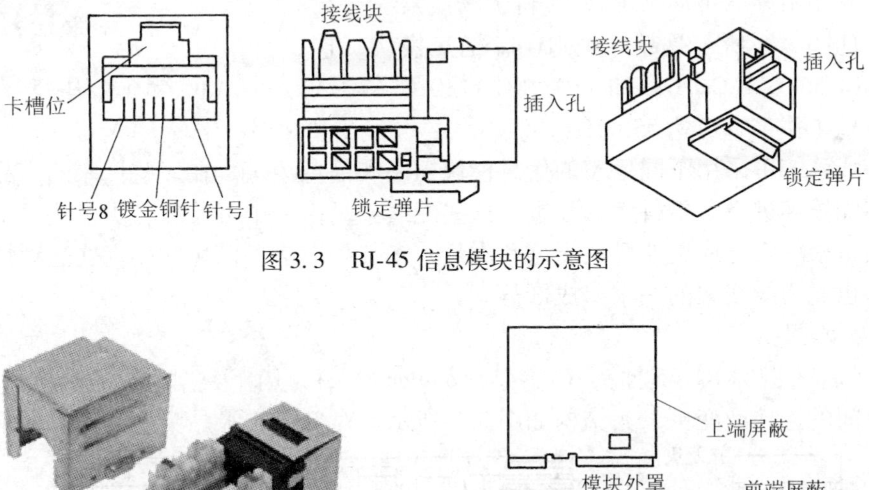

图 3.3 RJ-45 信息模块的示意图

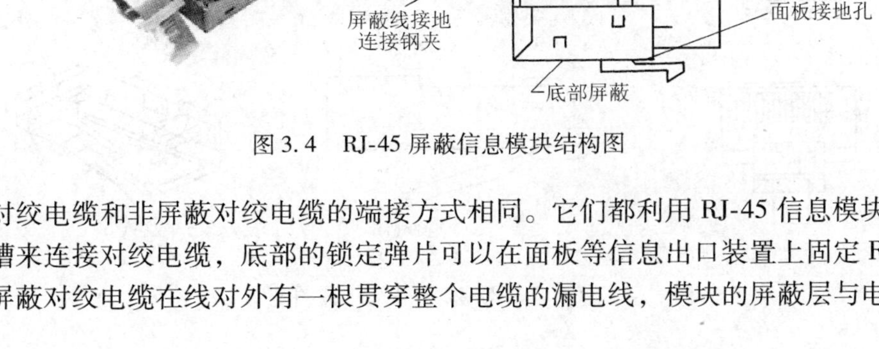

图 3.4 RJ-45 屏蔽信息模块结构图

屏蔽对绞电缆和非屏蔽对绞电缆的端接方式相同。它们都利用 RJ-45 信息模块上的接线块通过线槽来连接对绞电缆，底部的锁定弹片可以在面板等信息出口装置上固定 RJ-45 信息模块。但屏蔽对绞电缆在线对外有一根贯穿整个电缆的漏电线，模块的屏蔽层与电缆的屏蔽

层通过漏电线相连，这样可以在从连接器开始的整个电缆上为电缆导线提供保护，使电磁干扰产生的噪声被导入地下。目前，信息模块一般都满足5类或5e类、6类或超6类传输标准要求，适用于宽带终端接续。现将常用的几种信息模块产品介绍如下。

（1）5e类屏蔽与非屏蔽RJ-45信息模块

这种信息模块满足5e类传输标准要求，分屏蔽与非屏蔽系列，采用扣锁式端接帽作保护，适用于设备间与工作区的通信插座连接，如图3.5所示。这类信息模块可应用于ISDN、ATM 155/622Mbit/s、1000Mbit/s以太网等工作区终端连接及快捷式配线架连接。

图3.5 5e类屏蔽与非屏蔽RJ-45模块

（2）6类/超6类信息模块

由于综合布线6类系统是一个强调物理层传输能力的结构化布线系统，因此6类信息模块多数都采用计算机微调和电容补偿技术，提供具有高性能、高余量的6类指标。通常采用独特的阻抗匹配技术，以保证系统传输的稳定性；还采用了斜位式绝缘位移技术，保证连接的可靠性；采用阻燃、抗冲击PVC塑料，以使系统具有兼容性能。如图3.6所示是超6类RJ-45信息模块，它符合TIA/EIA 568C.2 Cat 6A和ISO/IEC 1180 Class EA规范的要求，工作带宽可达550MHz。

图3.6 超6类RJ-45信息模块

综合布线系统可采用不同厂家的信息模块插座和信息插头。在一些厂家的产品中，信息模块插座与配线架进行了更科学的配置，这些配线架只由一个可装配各类模块的空板和模块组成，用户可根据实际应用的模块类型和数量来安装相应信息模块插座。在这种情况下，信息模块插座也成为配线架的一个组成部分。

2. RJ-45水晶头

RJ-45水晶头俗称RJ-45插头（RJ-45 Modular Plug），用于数据电缆的端接，实现设备、配线架模块间的连接及变更，其结构如图3.7所示。对RJ-45水晶头的技术要求是：①满足

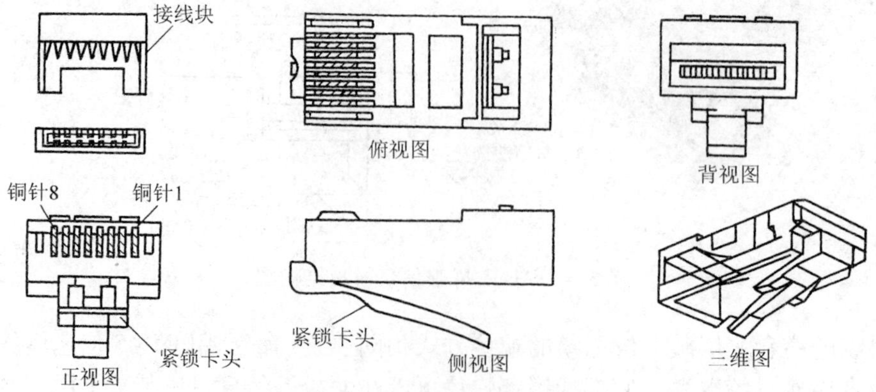

图3.7 RJ-45水晶头结构图

5e 类或 6 类传输标准；②具有防止松动、自锁、插拔功能；③接点镀金层厚度为 50 μm，插拔寿命不低于 1000 次。

RJ-45 水晶头通常接在对绞电缆的两端，形成跳线。RJ-45 水晶头插入 RJ-45 信息模块插座时，水晶头的插入部分被顶部的塑料片固定在相应位置，将塑料片压下去插头就被释放出来。图 3. 8 是 RJ-45 水晶头与对绞电缆端接后的实物图。

图 3. 8　RJ-45 水晶头与对绞电缆端接后的实物图

RJ-45 连接器是 8 针连接器，线对和针序号的对应关系，有 ANSI/TIA/EIA 568-A 和 ANSI/TIA/EIA 568-B 两种国际标准。表 3. 1 给出了这两种标准的线序。在图 3. 9 中分别标出了 RJ-45 水晶头和 RJ-45 信息模块插座每个针的序号。图 3. 9 a 中 RJ-45 水晶头的针序号是按照 ANSI/TIA/EIA 568-B 标准给出的；图 3. 9 b 中插座的推荐颜色及线对分配是按照 ANSI/TIA/EIA 568-A 标准给出的。根据表 3. 1 不难画出按照 ANSI/TIA/EIA 568-B 标准的对应关系图。

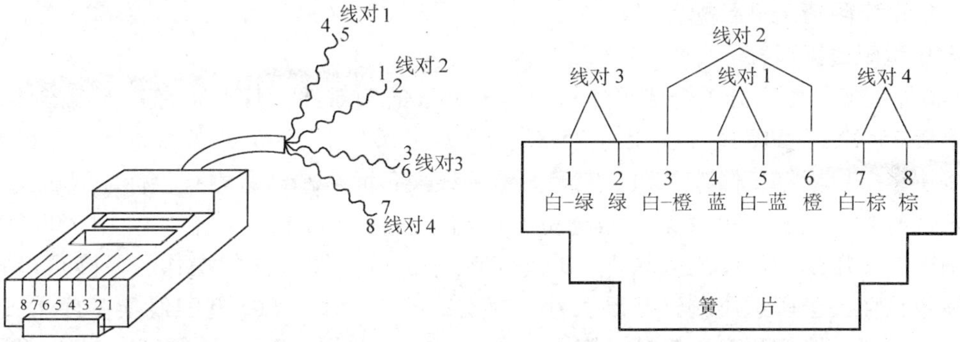

a) RJ－45 水晶头的针序号

b) RJ－45 插座的推荐颜色及线对分配图 (TIA/EIA－568－A)

图 3. 9　RJ-45 水晶头针序号及线对分配

表 3. 1　ANSI/TIA/EIA 568 线序标准

引针号	1	2	3	4	5	6	7	8
ANSI/TIA/EIA 568-A	白/绿	绿	白/橙	蓝	白/蓝	橙	白/棕	棕
ANSI/TIA/EIA 568-B	白/橙	橙	白/绿	蓝	白/蓝	绿	白/棕	棕

注意，在一个综合布线系统工程中，需要统一使用一种连接方式，一般使用 ANSI/TIA/EIA 568—B 标准制作连接线、插座、配线架，否则必须标注清楚。

5e 类和 6 类的连接器，在外观上很相似，但在物理结构上是有差别的。通常比较重视缆线的性能指标，实际上模块连接器也必须达到相应的标准，电缆须与同类的连接器件端接。如果把一条 5e 类电缆与一个 3 类标准连接器或配线盘端接，就会把电缆信道的性能降低为 3 类。此外，连接跳线也必须与缆线同属一类。

3.1.2 对绞电缆配线架

配线架是对缆线进行端接和连接的装置，在配线架上可进行互连或交接操作。布线系统中的对绞电缆线对的端接多数是在配线架上完成的。配线架属于管理子系统中重要组件之一，是实现干线和配线两个子系统交叉连接的枢纽。配线架通常安装在机柜或墙上。通过安装附件，配线架可以满足UTP、STP、同轴电缆、光纤的需要。在网络工程中常用的配线架有对绞电缆配线架和光纤配线架两大类，在此先讨论对绞电缆配线架。

对绞电缆配线架的作用是在管理子系统中将对绞电缆进行交叉连接，用在主交接间和各分交接间，可使凌乱的对绞电缆分类标识后，再通过跳线与交换设备连接，这样可以使得每根网络连线更有秩序和便于以后的维护管理。

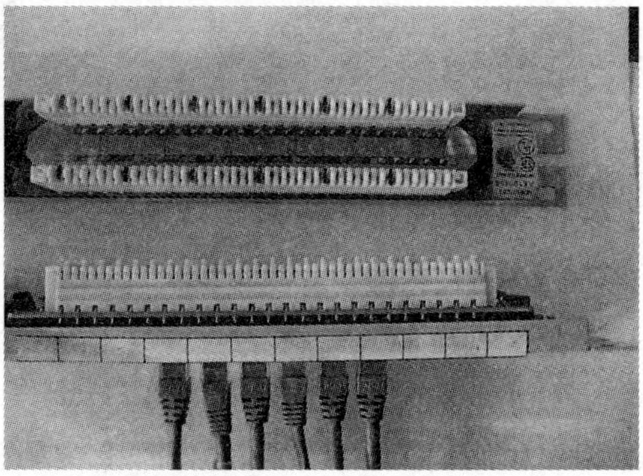

图3.10 5e类增强型/6类快接式配线架

通常将对绞电缆配线架分为110型配线架和模块式快速配线架等类型。相应地，许多厂商都有自己的产品系列，并且对应3类、5类、5e类、6类和7类缆线分别有不同的规格和型号，如图3.10所示。在具体项目中，应参阅产品手册，根据实际情况进行配置。

1. 110型配线架

110型配线架是由高分子合成阻燃材料压模而成的塑料件，其上装有若干齿形条，每行最多可端接25对线。110型配线架有25对、50对、100对、300对多种规格，它的套件还包括连接块、空白标签、标签夹和基座等。沿配线架正面从左到右均有色标，以区别每条输入线。把这些输入线放入齿形条的槽缝里，再与连接块（110C）接合。利用788 J1工具，就可以把连线冲压到110 C连接块上。现场安装人员做一次这样的操作，最多可端接5对线，具体数目取决于所选用的连接块大小。例如，在25对的110型配线架基座上安装时，应选择5个4对连接块和1个5对连接块，从左到右完成白区、红区、黑区、黄区和紫区的安装，如图3.11所示。

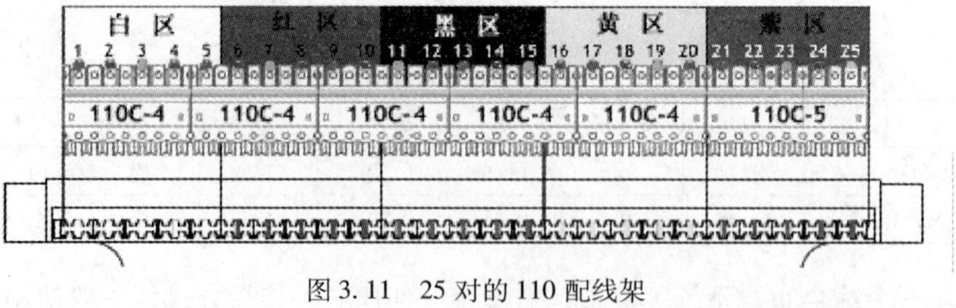

图3.11 25对的110配线架

在结构上，110型配线架可分为带脚（也称支撑腿）和不带脚的配线架。110型配线架主要有110A、110P、110JP和110VisiPatch等端接器件类型，其中，110A型是夹接式，110P型为接插式。110A、110P、110JP和110VisiPatch型配线架的电气功能完全相同，只是规模和所占用的墙面板或空间大小均有所不同，但每一种连接器件都有它自己的特点。例如，在配线线路数目相同的情况下，110A 型占用的空间是 110P 型的一半并且价格也较低。

110 型配线架的缺点是不能进行二次保护，所以在进入建筑物的地方需要考虑安装具有过电流、过电压保护装置的配线架。

（1）110A 型配线架

110A 型配线架配有若干引脚，俗称“带脚的 110 型配线架”，以便为其后面的安装电缆提供空间；配线架侧面的空间，可供垂直跳线使用。110A 型可以应用于所有场合，特别是可用于大型语音点和数据点缆线管理，也可以应用在交接间接线空间有限的场合。110A 型配线架通常直接安装在二级交接间、电信间或设备间墙壁的胶木板上。每个交连单元的安装脚使接线块后面留有缆线走线用的空间。100 对线的接线块应在现场端接。如图 3.12 所示是机架型 110A 型配线架，这种机架型 110A 型配线架适用于电信间、设备间水平布线或设备端接、集中点的互配端接。

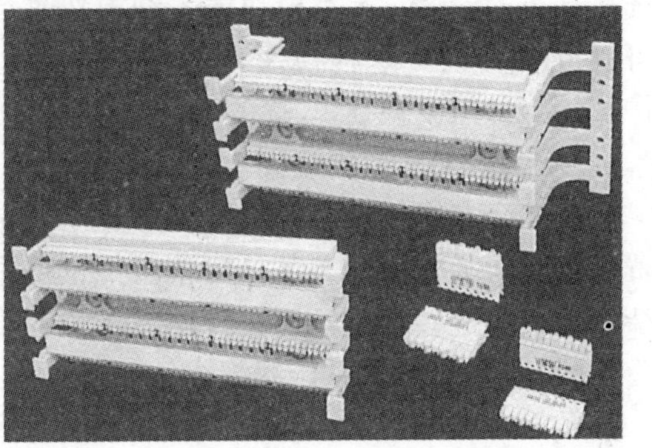

图 3.12　机架型 110A 型配线架

110A 型配线架有 188B1 和 188B2 两种底板，底板上面装有两个封闭的塑料分线环。188B1 底板用于承受和支持连接块之间的水平方向走线，安装在终端块的各色场之间。188B2 底板除了有 2.54cm 的支脚使缆线可以在底板后面通过之外，其他与 188B1 完全一样。

（2）110P 型配线架

110P 型配线架有 300 对和 900 对两种型号。由 300 对线的 188D2 垂直底板及相应的 188E2 水平过线槽组成的 110P 型配线架，安装在一个金属背板支架上，底部有一个半密闭状的过线槽，如图 3.13 所示。

由于 110P 型配线架没有支撑脚，不能安装在墙上，只能用于某些空间有限的特殊环境，如装在 48.26cm（19in）机柜内。在 110P 型配线架上的 188C2 和 188D2 垂直底板，分别配有分线环，以便为 110P 型终端块之间的跳线提供垂直通路；188E2 底板为 110P 型终端块之间的跳线提供水平通路。

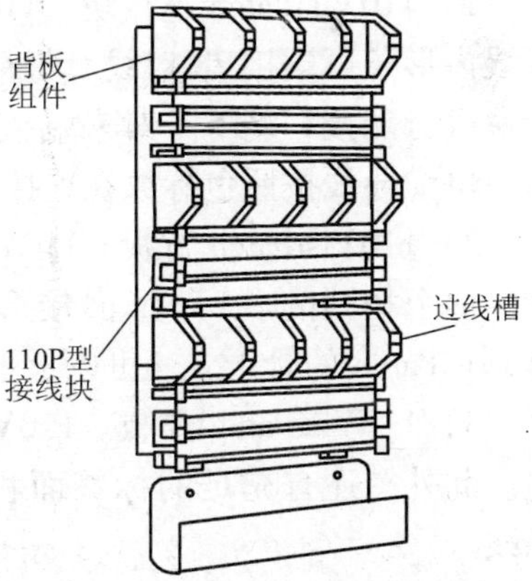

图 3.13　110P 型配线架组件

110P 型配线架用插拔快接跳线代替了跨接线，不但外观简洁，而且为管理提供了方便，对管理人员技术水平要求不高。但 110P 型硬件不能垂直叠放在一起，也不能用于 2000 条线路以上的管理间或设备间。

2. 模块式快速配线架

模块式快速配线架又称为机柜式配线架，是一种 48.26cm（19in）的模块式嵌座配线架。它通过背部的卡线连接水平或垂直干线，并通过前面的 RJ-45 水晶头将工作区终端连接到网络设备。如图 3.14 所示是一个模块式快速配线架的实物图。

配线架一般可容纳 24、32、64 或 96 个嵌座，其附件包括标签与嵌入式图标，用于方便用户对信息点进行标识；机架型配线架在 48.26cm (19in) 标准机柜上安装时，还需选配水平缆线管理环和垂直缆线管理环。

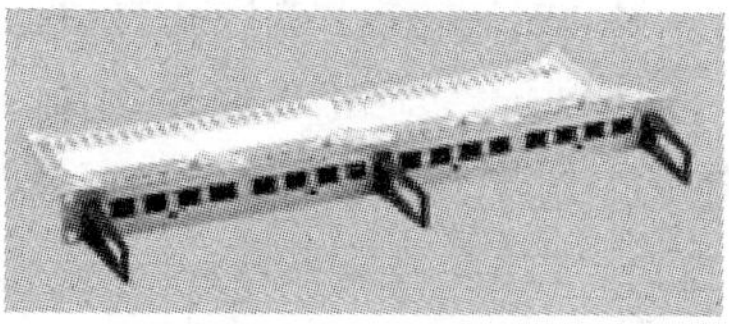
图 3.14 模块式快速配线架的实物图

模块式快速配线架中还有混合多功能型配线架，它只提供一个配线架空板，用户可以根据自己的应用情况选择6类、5e类、5类模块或光纤模块进行安装，并且可以混合安装。这种模块化的结构设计，使安装、维护、扩容都简便快捷。

3. 新型110型配线架

在综合布线系统中，当配线架与“复杂的跳线”连接时，为避免连接类错误，需要花费许多时间和精力。尤其是当信息点的数量多到一定程度的时候，对其管理将变得更为复杂。为解决这些难题，人们研发了许多新的、更为完善的解决方案。

(1) 110VisiPatch 配线架

在110型配线架系统基础上，研发了一种全新的SYSTIMAX 110VisiPatch 配线架系统。110VisiPatch 配线架采用全球先进的110绝缘置换连接器（Insulation Displacement Connector, IDC）卡接式技术和设计，加强了配线的组织和管理。它通过使用独特的反向暗桩式跳线设计，允许集成和更高密度的配线管理，解决了高密度110型配线架的跳线管理混乱问题，形成有条理的美好外观。它使日常缆线接插工作快捷、高效，可供墙壁表面安装的支架节省了交接间的空间，而灵活的、可快速嵌接的配套套件可使安装省时、省力。110VisiPatch 配线架系统包括以下部件。

1) 110VisiPatch 连接块。110VisiPatch 连接块由塑料铸模阻燃材料制成，每行接线板的接线齿形条可端接28对线。每行端接25对线时，可沿着接线板的中央由线槽进入，按照连接块进行端接，剩下3对未端接；每行端接4对线时，可沿着接线板的中央或左右两侧进入。电缆导线按照色标放在连接齿上，然后安装110C的连接块完成电缆与接线板的连接。

2) 110VisiPatch 背板。110VisiPatch 背板采用高强度结构化塑料制成，配有墙面安装套件；两个相同的“L”形嵌接形成坚固的U形通道。这种轻型背板易于安装在墙上成为110VisiPatch 的骨干，还可以上下堆叠。

3) 110VisiPatch 盖板。110VisiPatch 盖板可以快速直接嵌入连接板上，以保护端接的电缆。此外，还有充足的标签面积，可插入彩色标签使线路易于识别，并方便插入4对接插线。

4) 连接环。连接环可直接嵌入背板，提高垂直跳线管理密度，而不需要安装传统的垂直配线面板。

5) 过线盖板。过线盖板提供垂直跳线管理保护，同时也增加了美观性。

6) 110VisiPatch 快接式跳线。110VisiPatch 接插线采用反向跳线技术，插入时发出轻响，不但使跳线反插入配线架容易，也使得前面跳线整洁美观。创新的“反向”跳线设计能确保跳线不会隐藏电路标签或阻碍连接头，并使得跳线更容易从配线架上拔插。该设计在插头上添加的标签空间，可以为那些特别重要的电路标注附加识别标签，例如：禁止迁移、这是跳线等，便于随时识别。

(2) 模块化可翻转配线架

一般，模块化可翻转配线架（Patch Max）的结构特点是：①面板上装有8位插针的模块插座连到标准的110型配线架48.26cm（19in）上；②面板可翻转，可从支架的前端或后端进行端接缆线；③后部封装，以保护印制电路板（PCB）；④Patch Max带有理线器。理线器有利于跳线管理，可按所选的配线架选择。

模块化可翻转配线架有以下几种常见产品。

1）Patch Max GS3模块化配线架。Patch Max GS3配线架如图3.15所示，是一个支持Category 6信道规格的配线架系统，保证与6类标准兼容；配有内置线路、电缆固定器环、彩色编码标签及图标等。Patch Max GS3有24端口（2U）和48端口（3U）两种配置，可以进行48.26cm（19in）的机柜或墙体安装，并带有缆线管理条的墙壁安装设备和束缚线，每个都有标识。Patch Max配线架的一项非常独特的性能是它独立的6端口模块可以向前翻转进行端接，比原来在后面端接要容易得多。通过前后的标签进行标识，使得系统安装更加简单，管理更加容易。

图3.15 Patch Max GS3配线架

2）1100GS3配线架。1100GS3配线架采取增强的连接器场图（CFPM）设计，改善了串扰影响；内置的电缆管理条使安装变得更加容易；保证与6类标准兼容；可以进行48.26cm（19 in）的机柜安装，也可用框架固定或直接安装在墙上。产品有24端口（1U）和48端口（2U）两种型号。

3）iPatch™1100GC3智能型配线架。iPatch™1100GS3面板的增强型CFPM设计，改善了串扰影响；采用硬件和软件结合的方式，提供了对所有配线间的实时、瞬间控制；保证与6类标准兼容。该产品有24端口和48端口两种型号。

3.1.3 跳接设备

跳接设备主要指各种类型的110型交连硬件系统，其中比较重要的器件有110C型连接块、110型接插线等。跳接设备的主要功能是将传输介质连接在跳接器上，通过跳线互相连接起来。跳线可采用颜色和标号加以识别。

1. 110型交连硬件系统

在缆线跳接设备中有多种方法可实现跳接，目前110型交连硬件系统主要有110A型和110P型两种交连硬件系统及其交连方式。

（1）110A型交连硬件系统

110A型交连方式采用跨接式（也叫卡接式）跳接，也就是使用一小段导线将两个端子板上需要连接的端子连在一起。操作时需要使用专用工具，这种跳接法是一种最基本的方法。110A型交连方式属于跨接线管理类的端接式系统，用于对线路不进行改动、移位或重新组合的情况。

110A型交连硬件系统的组成含有：

1）100或300对线的接线块，配有或不配有安装脚。

2）3、4或5对线的110C型连接块。

3）110A 型底板，110A 型硬件系统配用的底板有 188B1 和 188B2 两种。188B1 底板用于承受和支持连接块之间的水平方向跨接线；188B2 底板支撑脚使缆线可以在底板后面通过。

4）定位器（188A）。

5）框架（XLBET）。

6）交连跨接线。

7）标签标记带、色标不干胶线路标志。

（2）110P 型交连硬件系统

110P 型交连方式采用快接式（也叫插拔式）跳线，即一次可跳多对线，通过简单的插拔即可，不需要专用工具，不需要对管理人员进行专门的培训。110P 型交连方式属于插入线管理类的插拔式系统，用于经常需要重新安排线路连接的情况。

110P 型交连硬件系统的组成包括：

1）安装在终端块面板上的 100 对线的 110D 型接线块。

2）垂直底板，110P 型硬件系统配用的底板有 188C2 和 188D2 两种。188C2 在 900 对线组合装置的各个色场之间提供垂直过线槽；188D2 在 300 对线组合装置的各个色场之间提供垂直过线槽。

3）水平跨接线过线槽（188E2）；188E2 在中继线/辅助场和主布线场提供水平接插线过线槽，也为各列 300 对线终端块之间提供水平接插线过线槽。110 跨接线过线槽形状如图 3.16 所示，是一个白色模压塑料架，为在两个 110 跨接线块之间引导跳线提供水平路径。

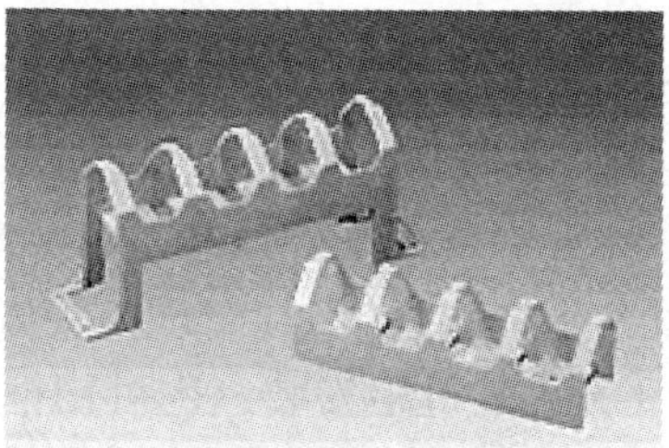

图 3.16 110 跨接线过线槽

4）管道组件。

5）3、4 或 5 对线的 110C 连接块。

6）插接线。

7）标签标记带等。

2. 110C 连接块

110C 连接块是一个小型的阻燃塑料模密封器，内含熔锡快速接线夹，当连接块推入接线场的齿形条时，通过夹子切开连线的绝缘层。110C 连接块固定在 110 型配线架上，为配线架上的电缆连接器与跳线提供紧密连接。连接块的顶部用于交叉连接，顶部的连线通过连接块与齿形条内的连线相连。

110C 连接块有 3 对线（110C-3）、4 对线（110C-4）和 5 对线（110C-5）3 种规格之分。所有的接线块每行均端接 25 对线，3、4 或 5 对线的连接决定了线路的模块系数。采用 3 对线的模块化方案，可以使用 7 个 3 对线连接块和 1 个 4 对线连接块，最后一对线通常不用。采用 2 对线或 4 对线的模块化方案，可以在末端使用 5 个 4 对线连接块和 1 个 5 对线连接块。为了便于快速进行对绞电缆的鉴别和连接，110C 连接块的前面都有彩色标识，连接块上彩色标识顺序为蓝、橙、绿、棕、灰。3 对连接块分别为蓝、橙、绿；4 对连接块分别为蓝、橙、绿、棕；5 对连接块分别为蓝、橙、绿、棕、灰。如图 3.17 所示是 110C-4、110C-5 连接块的实物图及 110C-4 的正视图。

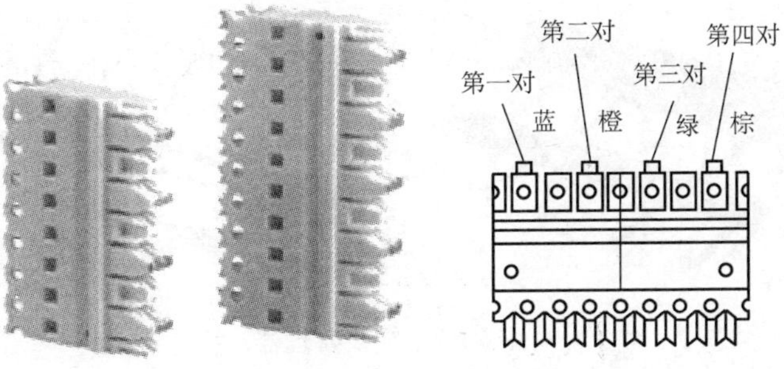

a) 实物图　　b) 正视图

图 3.17　110C 连接块

110C 连接块可用于 110A 型、110P 型和 110JP 型、100VP 型配线架。当使用 3 对线或 4 对线的连接块时，每个齿形条上的最后一个连接块需比前面各个连接块多 1 对线，才能凑足 25 对线。设计选型决定了终端块所配的连接块的类型。

110C 连接块便于将每个 3 对线和 4 对线的线路都断开，以利于测试，而不会影响邻近线路。

3. 110 型接插线

110 型接插线是预先装有连接器的跨接线，只要把插头夹到所需的位置就可以完成交连。接插线有 1、2、3 和 4 对线 4 种型号可供选择，长度也有数种，其内部的独特结构可防止插接极性接反或各个线对错开。例如，一种由 1074 软线和 110 插头组成的 110 型 Power SUM 接插线如图 3.18a 所示；4 芯 110 型跳线如图 3.18b 所示。

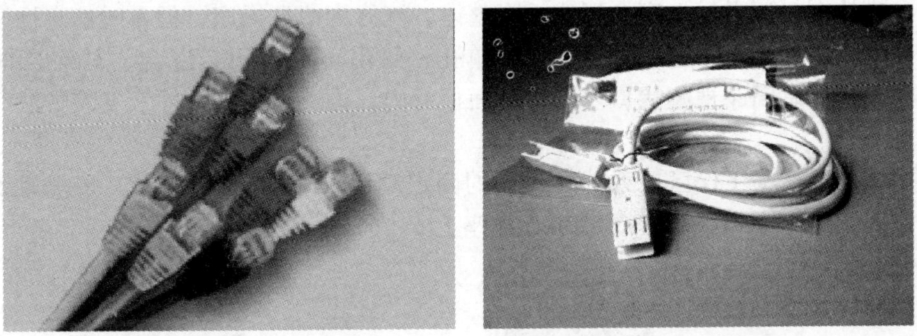

a) 110 型 Power SUM 接插线　　b) 4 芯 110 型跳线

图 3.18　110 型接插线

4. 缆线管理器

缆线管理器是有效管理缆线路径的设备，通常与配线架一起安装。

由于缆线本身具有重量，当重量过大时，会给连接器施加拉力，造成接触不良。采用缆线管理器可以将缆线托平，而不对模块施力。

缆线管理器为缆线提供了平行进入 RJ-45 模块的通道，使缆线在压入模块前不再多次直角转弯，不仅减少了自身的信号辐射损耗，同时也减少了对周围电缆的辐射干扰，还避免了当线路扩充时因改变一根电缆而引起其他电缆的变动，保证了系统的整体可靠性。如图 3.19 所示是部分缆线管理器的实物图。

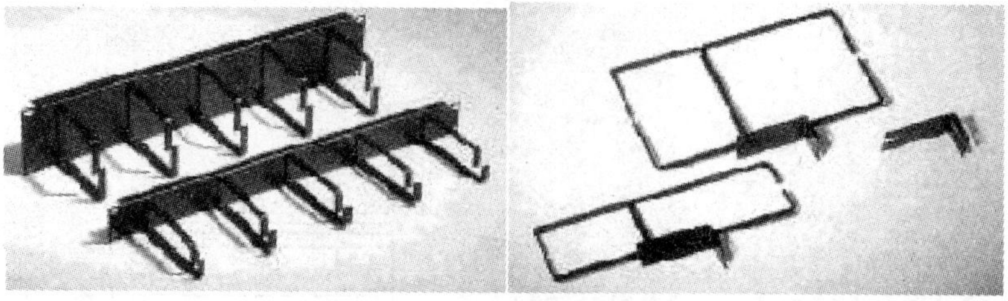

图 3.19 缆线管理器

此外，常用的还有分线环、设备托架、理线器、墙装型支架等部件。

5. 电源配接线

电源配接线把辅助电源连至 110 型终端块的 1 个 4 对线连接块。电源配接线是 1 根 1 对线的电缆：一端接有一个含 6 个导电片的模块化插头，接电源；另一端接有一个 1 对线的 110 型接插线插头，连至 110 型连接块。

6. 测试线

测试线可以在不拆卸任何跨接线的情况下测试链路，其长度有 1.2m 和 1.8m 两种。为了能与 110 型连接块互连，在其上有一个锁定机构。

3.1.4 端子设备

端子设备主要包括各种类型的信息插座、缆线接头和插头；除了模块化插座之外，还有与之配套使用的面板、插座盒以及多功能适配器等。

面板、模块有时还需加上底盒形成一个整体，统称为信息插座，但有时信息插座只代表面板，可以根据不同的需求进行选择，比如单孔、双孔或数字-语音混合、对绞电缆-光纤混合等，有些甚至还有闭路视频接口。同时，面板的内部构造、规格尺寸及安装方法等也有较大差异。

信息插座盒可作为工作区子系统在桌面的固定端口，如图 3.20 所示。每根对绞电缆需终接在工作区的一个 8 脚（针）的模块化插座上。

图 3.20 信息插座盒

有多种形式的面板，以适应不同场合的实际需求，包括单缸标准面板、双缸面板、外斜面板、组合家具/不锈钢金属面板、表面安装盒等，多数都采用嵌入式组合方式，面板外形尺寸符合国标 86 型结构尺寸，如图 3.21 所示，适合多类型模块安装，用于工作区子系统布线。用户可根据需要选择单孔或多孔面板。一般面板上的数据、语音端口标识清晰，各孔都配有防尘滑门，用以保护模块、遮蔽灰尘和污物进入。

当然，面板的作用是保护内部模块、使接线头与模块接触良好，但它还有一个重要作用

图3.21 符合国标86型结构的各类面板

是作为方便用户使用的管理标注。

另外，还有一类金属地板信息插座面板（带3个信息模块），如图3.22所示。金属地板信息插座面板具有防尘、防水功能，一般安装在建筑物内地板上，可适应于计算机房、机场、展览馆等大面积的办公场所；内部可以装置电话、计算机、电源、电视等功能插座。金属地板信息插座面板的主要特点有：①面盖材料采用黄铜；②功能件采用防火、耐高温PC塑胶；③底盒内部空间加大加深，内外壁全部镀锌防止生锈；④钢板厚度1.5mm，带黄铜接地端子。

图3.22 金属地板信息插座面板

适配器又称转换器，主要功能是转换各种型号、规格的插头和插座，使之能够相互匹配。因此，适配器的种类和型号非常多。例如，如图3.23所示是一个多功能适配板，比较适于别墅住宅和小型办公室使用。该适配板共有4个功能模块区，用户可根据需要自由搭配使用。它提供了1～16个数据通信接口；有2进6出插口，可接6台电视机；配置了1～8部外线电话接口；还具有保安监控接线。

图3.23 多功能适配板

适配器可用于：把不同大小或类型的插头与信息插座相匹配；提供引线的重新排列；将多芯大缆线分成较小的几股；缆线之间互连等。

3.2 光纤系统连接器件

在光纤通信（传输）链路中，为了实现不同模块、设备和系统之间的灵活连接，需有一种能在光纤与光纤之间进行可拆卸（活动）连接的器件，使光信号能按所需的信道进行传输，以实现和完成预定或期望的目的和要求。光纤系统连接器件包括光纤连接器、光信号转换器件、光纤配线架、光纤配线箱以及光纤铜缆组合式配线系统等。

3.2.1 光纤连接器

光纤连接器（Fiber Optic Connector）是连接两根光纤或光缆使其成为光通路可以重复拆装的活接头。光纤连接器的发展大致可分3个阶段。20世纪80年代，为了探讨制造光纤连接器的工艺方法，出现了多达20余种结构的光纤连接器；20世纪90年代，经过批量生产和使用，各种结构和工艺的优缺点逐渐分明，形成了以直径2.5mm陶瓷插针为关键元件的FC、ST和SC这3种类型连接器。目前，为适应光纤到桌面的需要，光纤连接器进入了体积小、价格低的第三阶段。

光纤连接器的种类众多，结构各异。若按光纤接头可拆卸与否可分为固定连接器和活动连接器。固定连接器是一种不可拆卸的连接器。比较常用的是活动连接器，俗称活接头。国际通信联盟（ITU）建议将其定义为“用以稳定地，但并不是永久地连接两根或多根光纤的无源组件”。它主要用于实现系统中设备之间、设备与仪表之间、设备与光纤之间，以及光纤与光纤之间的非永久性固定连接，是光纤通信系统中不可缺少的无源器件。

光纤连接器与光纤固定接头的最大不同就是可以拆卸，使用灵活。在实际光纤通信系统中，光源与光纤的连接以及光纤与光电检波器的连接均采用光纤活动连接器。在下面的讨论介绍中，如果不特别说明就是指光纤活动连接器。

光纤连接器可分为单芯型和多芯型，单芯型光纤连接器用于单根光纤之间的连接，多芯型光纤连接器用于多根光纤之间的连接。光纤连接器也有多模和单模之分，单模光纤之间的连接需采用单模光纤连接器，多模光纤之间的连接需采用多模光纤连接器。

1. 光纤连接器的基本结构

在一些实用的光纤通信系统中，光源与光纤、光纤与光检测器之间的连接均采用光纤连接器连接。光纤连接器的主要用途是用以实现光纤的接续。目前，大多数光纤连接器由3部分组成，即两个光纤插针体和一个耦合管，如图3.24所示。两个插针体装进两根光纤尾端；耦合管起对准套管的作用。耦合管多配有金属或非金属法琅盘，以便于连接器的安装固定。耦合管的耦合方式可以分为：套筒耦合、V形槽耦合、锥形耦合等；套管结构可以分为：直套管、锥形套管等；紧固方式有：螺丝紧固、销钉紧固、弹簧销紧固等。

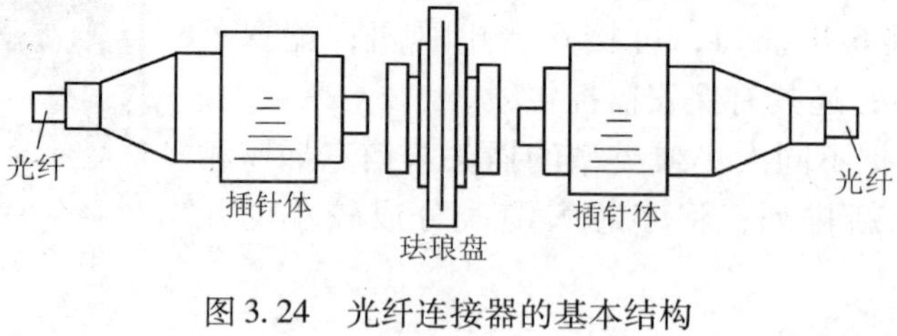

图3.24 光纤连接器的基本结构

2. 光纤连接器的性能

光纤连接器是光纤传输系统中使用量最多的光无源器件，可从光学性能和力学性能两个方面考察。对光纤连接器的要求主要是插入损耗小、回波损耗高、体积小、拆卸重复性好、互换性好和可靠性高等。由于光纤连接器是一种损耗性产品，所以还要求其寿命长及价格便宜。

（1）光学性能

对于光纤连接器的光学性能方面的要求，主要是插入损耗和回波损耗两个最基本的参数。

1）插入损耗（Insertion Loss）即连接损耗，是指因光纤连接器的接入而引起的链路有效光功率的损耗。插入损耗越小越好，一般要求应不大于0.5dB。

2）回波损耗（Return Loss，Reflection Loss）是指连接器对链路光功率反射的抑制能力，其典型值应不小于20dB。实际应用的光纤连接器，插针表面经过了专门的抛光处理，可以使回波损耗更大，一般不低于45dB。

（2）力学性能

1）互换性、重复性及插拔次数。光纤连接器是通用的无源器件，对于同一种型号的光纤连接器，一般都可以任意组合使用，并可以多次重复使用。所谓互换性，是指同一种连接器不同插针替换时损耗的变化范围，一般应小于±0.1dB。所谓重复性，即每次插拔后其损耗的变化范围，一般应小于±0.1dB。插拔次数指连接器在上述损耗参数范围内可插拔的次数。通常的光纤连接器一般都可以插拔1000次以上。

2）抗拉强度。对于做好的光纤连接器，一般要求其抗拉强度应不低于90N。

3）工作温度。一般要求，光纤连接器必须在-40～+70℃的温度下能够正常使用。

（3）影响光纤连接器性能的主要因素

光纤连接时，产生的损耗主要来自制造技术和光纤本身的不完善。光纤的横向错位、角度倾斜、端面间隙、端面形状、端面光洁度以及纤芯直径、数值孔径、折射率分布的差异和光纤的椭圆度、偏心度等都会影响连接质量。其中，轴心错位和间隙造成的损耗影响最大。

1）纤芯（或模场）尺寸失配。如图3.25所示，发射光纤纤芯直径为D_S，接收光纤纤芯直径为D_X，D_S与D_X失配会产生插入损耗。

2）数值孔径失配。如图3.26所示，数值孔径失配会产生插入损耗。

3）折射率分布失配。如图3.27所示，若g为折射率分布指数，折射率分布失配会产生插入损耗。

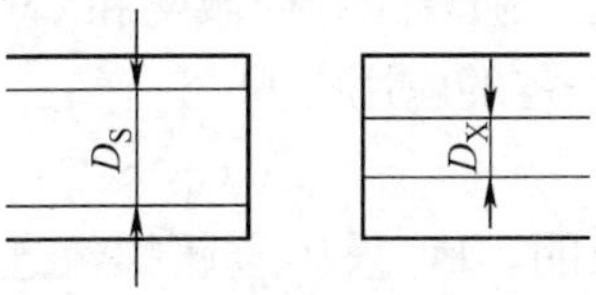

图3.25 纤芯尺寸失配

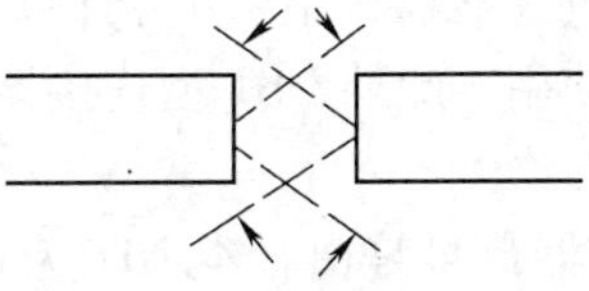

图3.26 数值孔径失配

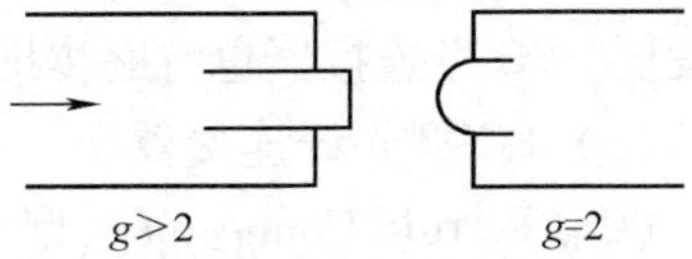

图3.27 折射率分布失配

4）端面间隙过大。由于端面间隙过大而不重合会造成插入损耗，如图3.28所示。

5）轴线倾角过大。若插入的两端轴线不在同一轴线上，且不平行会增加插入损耗，如图3.29所示。

6）横向偏移或同心度。因插入的两端轴线不同轴，但处于平行状态时会造成插入损耗，如图3.30所示。

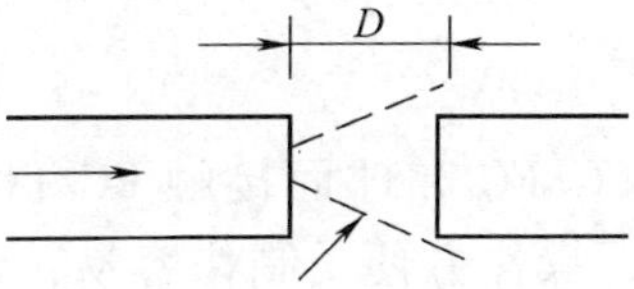

图3.28 端面间隙过大

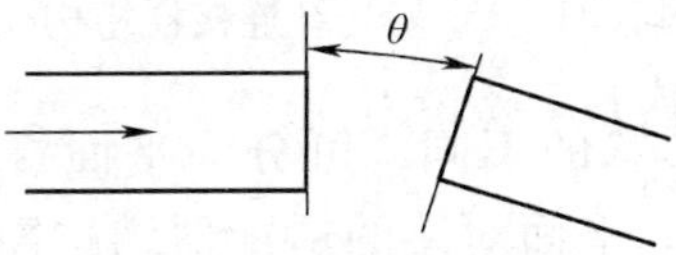

图3.29 轴线倾角过大

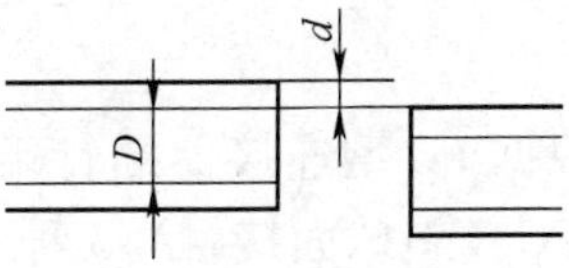

图3.30 横向偏移

7）菲涅尔反射。光信号在端面形成反射时也会造成信号损失。

（4）改善光纤连接器性能的措施

由于光纤通信技术应用领域不断扩大，对光纤连接器提出的要求也越来越多，其技术也在不断进行改进，目的是努力降低插入损耗，尽可能提高回波损耗，并改善连接器的机械耐力（重复插拔性能）和温度性能。目前改进工作主要从以下两个方面入手：

1）改进制作材料。由于陶瓷材料与石英玻璃材料的热匹配性好，物理化学性能稳定，加工精度高，机械耐力好，因此越来越受到重视。目前使用较多的陶瓷材料是氧化铝和氧化锆。比较理想的组合是用氧化铝制作插针套管，用氧化铬制作耦合套筒。

2）改进插针体对接端端面的对接方式和端面的加工工艺。目前物理接触，即端面呈凸面拱型结构，又称球面接触（Physical Connection，PC）型正在逐步取代平面接触（Ferrule Connector，FC）型；对于PC型研磨的工艺也在不断改进，人工研磨正逐渐被机器研磨所取代；出现了APC（Advance Physical Contact）技术，即在传统PC研磨的基础上，再用二氧化硅磨片或微粉进行超精细研磨，以减小因光纤连接器对接端面处折射率不匹配对插入损耗和回波损耗性能的影响。

3. 常用光纤连接器

光纤连接器的种类、型号很多。常见光纤连接器按传输介质的不同可分为硅基光纤的单模、多模连接器，还有其他传输介质如塑胶等为传输介质的光纤连接器；按连接头结构型式可分为：FC、SC、ST、MU、LC、MT等各种型号；按连接器的插针端面形状可分为FC（平面接触）、PC（球面接触，包括SPC或UPC）和APC型；按光纤芯数还有单芯、多芯（如MT-RJ）型光纤连接器之分。

光纤连接器的主流品种有FC型（螺纹连接方式）、SC型（直插式）和ST型（卡扣式）3种类型，它们的共同特点是都有直径为2.5mm的陶瓷插针。这种插针可以批量进行精密磨削加工，以确保光纤连接的精密度。插针与光纤组装非常方便，经研磨抛光后，插入损耗一般小于0.2dB。我国使用较多的是FC系列连接器，主要用于干线子系统。随着光纤局域网和CATV的发展，SC型连接器也将逐步推广使用。此外，ST型连接器也有一定的应用空间。

（1）FC型光纤连接器

FC（Ferrule Connector）型连接器最早是由日本NIT公司研制的。FC采用金属螺纹连接结构，插针体采用外径2.5mm的精密陶瓷插针。FC型连接器是一种用螺纹连接、外部零件采用金属材料制作的圆头尾纤连接器，其结构如图3.31所示。

图3.31 FC型光纤连接器结构

根据FC型连接器插针端面形状的不同，可分为平面接触FC/FC和球面接触FC/PC、FC/APC（斜球面接触）3种结构。平面对接的适配器结构简单，操作方便，制作容易，但光纤端面对微尘较为敏感，且容易产生菲涅尔反射，提高回波损耗较为困难。球面对接的适配器对该平面适配器做了改进，采用对接端面呈球面的插针，而外部结构没有改变，使得插入损耗和回波损耗性能有了较大幅度的改善，FC/PC 适配器如图 3.32 所示。

图 3.32　FC/PC 适配器

FC/FC 和 FC/PC 光学性能相差较大，在选用时一定要弄清楚其端面为平面抛光型（FC）还是球面（或 PC）研磨型。

FC 光纤连接器大量用于光缆干线系统，其中 FC/APC 光纤连接器用在要求高回波损耗的场合，如 CATV 网等。FC 型光纤连接器是目前世界上使用较多的品种，也是我国采用的主要品种，并制订有 FC 型光纤连接器的国家标准。

（2）SC 型光纤连接器

SC（Subscriber Connector）型连接器由接头和适配器配套组成，分为单工和双工两类。它采用插拔式结构，外壳采用矩形结构，用工程塑料制造，容易做成多芯连接器，插针体为外径 2.5mm 的精密陶瓷插针。SC 型光纤连接器的主要特点是不需要螺纹连接，直接插拔，操作空间小，便于密集安装。按其插针端面形状也分为球面接触的 SC/PC 和斜球面接触的 SC/APC 两种结构。SC 型光纤连接器广泛用于光纤用户网中。我国已制订了 SC 型光纤连接器的国家标准，其标准代号为 FOCIS3。如图 3.33a 所示是 SC 型光纤连接器、SC 型适配器及 SC/PC 型适配器的实物图形；图 3.33b 给出了 SC 型光纤双芯连接器和 SC 型光纤单芯连接器连接时的连接示意图。

a) SC 型光纤连接器、SC 型适配器及 SC/PC 型适配器的实物图形

b) SC 型光纤连接器连接示意图

图 3.33　SC 型光纤连接器

(3) ST型光纤连接器

ST (Straight Tip) 型连接器也是由接头和适配器配套组成的，且是早期广泛使用的一种光纤连接器。它将光纤屏蔽在突出的接头内，前端用高精密陶瓷铸成，用铜环来旋转、固定接入的光纤。即采用带键的卡口式锁紧结构，插入后只需要转动一下即可卡住。插针体为外径2.5mm的精密陶瓷插针，插针的端面形状通常为PC面。ST型连接器的特点主要是作为单光纤连接器，使用非常方便，大量用于光纤接入网。我国已制订有ST/PC型连接器的国家标准，其标准代号为FOCIS2。如图3.34所示是ST型光纤连接器、ST型适配器以及ST型光纤单芯连接器连接时的示意图。

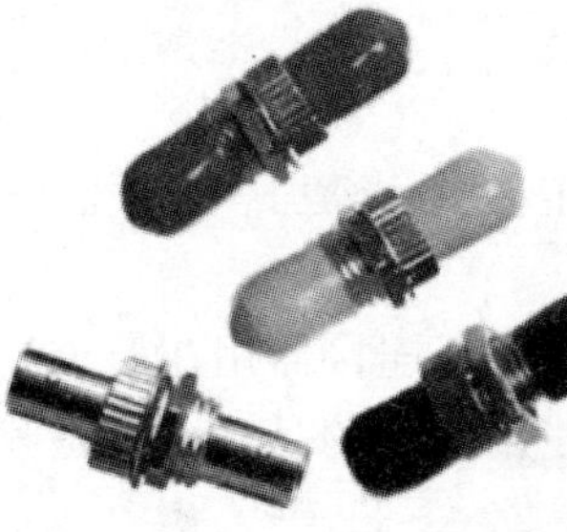

a) ST型光纤连接器、ST型适配器

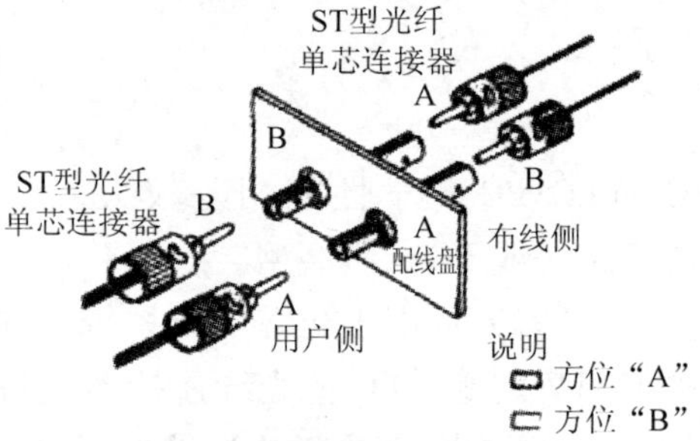

b) ST型光纤连接器连接示意图

图3.34 ST型光纤连接器

4. 新一代光纤连接器

随着光纤接入网的发展，光纤密度和光纤配线架上连接器密度的不断增加，目前使用的光纤连接器已显示出体积过大、价格太贵的不足，因此光纤连接器正逐渐向小型化发展。全球有关厂商已经研究出新一代的光纤连接器，主要涉及单芯光缆连接器、光纤带连接器（多纤连接器）和多芯光缆连接器，有十余种产品面世。TIA已批准了8种结构的光纤连接器标准，其中用于光纤带连接的有4种。新一代光纤连接器在结构上大致可分为以下4类。

第一类是在插头直径为2.5mm连接器的基础上加以改进，如NTT公司的简化SC型连接器、Panduit公司的双联插头的FJ型连接器、Seicor公司的单插头但含有2芯和4芯光纤的SC/DC型和SC/QC型连接器等。SC/DC型和SC/QC型连接器可在SC型连接器的直径为2.5mm的套管内，容纳2根光纤（DC）或4根光纤（QC）。

第二类是围绕光纤带而设计的多芯光纤连接器，即MT型的系列光纤连接器。标准MT-RJ光纤连接器（又称适配器、法兰盘或耦合器）是一种收发一体光纤连接器，用于光纤活动连接器的接续、耦合，原材料采用耐高温、耐酸、耐碱的超高硬度（高密度）的氧化锆套筒。具有良好的光学性能和较高的机械稳定性，适用于单模和多模光纤传输。该类连接器采用的也是插拔式锁紧结构。如图3.35所示是一些新型的MT-RJ型光纤连接器，它们的体积更小、使用更方便、接入方式更灵活。

第三类是插头直径为1.25mm的小型连接器。如美国贝尔研究室开发出来的LC型连接器、日本NTT公司的MU型连接器、瑞士Diamond公司的E—2000型连接器等。如图3.36所示是LC型光纤多模/单模光纤连接器。这些连接器采用插拔式锁紧结构，外壳为矩形，用工程塑料制成，带有按压键。由于它的陶瓷插针的外径仅为1.25mm，其外形尺寸也相应减少，所以组装密度比现有连接器要提高一倍多，特别适用于新型的同步终端设备和用户线路终端。

图 3.35 MT-RJ 型光纤连接器

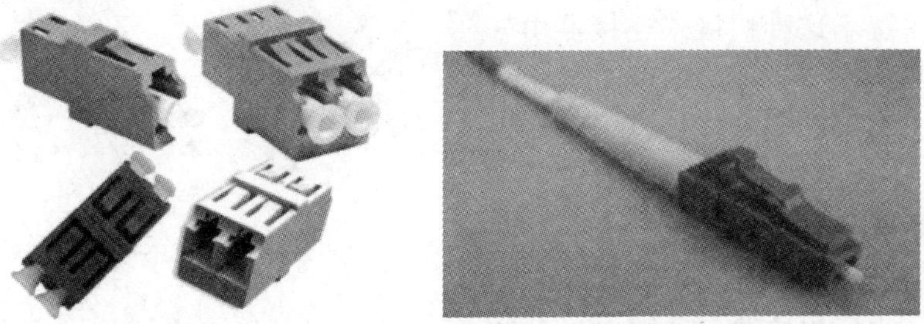

图 3.36 LC 型多模/单模光纤连接器

LC 型连接器采用具有弹力的独立套管连接，保证了每个纤芯端面的物理接触，从而保证了每一个连接的高性能；LC 型连接器的单套管方式可使纤芯清洁非常容易。另外，LC 型连接器还具有传统的磨接 EZ 型及免磨接的快接安装方式 Qwik Crimp 型。通常情况下，LC 型光纤连接器以双芯连接器的形式使用，但需要时也可分开为两个单芯连接器。目前，在单模超小型连接器（SFF）方面，LC 型连接器实际已经占据了主导地位，在多模方面的应用也增长迅速。

第四类是无套管的光纤连接器，如 NTT 公司的 FPC 型、PLC 型连接器等。

FPC（光纤物理接触）型连接器是用于印制电路板上光器件相互连接的新型连接器。目前光通信系统多采用无源双星（PDS）结构和波分复用（DWM）系统，这些系统由很多光学元件组成，不仅有电/光和光/电器件，而且还有光路分支、波分复用、交换和放大器件。这些器件都被安装在印制电路板上，目前这些元器件的尾纤是采用熔接方法连接的，若重新熔接很困难，因为这需要有一段尾纤的余长，而在极小的封装空间内，很难容纳这样的余长。FPC 型光纤连接器必须很小，且应具有良好的光学性能，其大小的目标是熔接接头的加强管尺寸，即直径为 4mm，长度为 40mm。此外，其性能要与物理接触（PC）连接器，如 SC 型连接器和 MU 型连接器相当。这些连接器的平均损耗为 0.07dB，最大损耗为 0.3dB；平均回波损耗为 50dB，最小回波损耗为 40dB。这些损耗在环境温度变化时必须稳定。

在光波导，如平面光波线路（PLC）与光纤连接时，通常是采用粘结剂构成不可拆接头。日本 NTT 开发了一种不用折射率匹配材料或粘接剂的能使 PLC 与光纤之间达到 PC 接触的连接器。该连接器的原理与 FPC 型连接器相似。这种 PLC 型连接器在试验中有较理想的性能：回波损耗达 40dB 以上，插入损耗 0.9dB（包括波导的固有损耗 0.5dB）。

小型化的单芯光纤连接器、以带状光纤连接器为主的多芯光纤连接器均可与目前大量使用的直径为2.5mm插针的连接器并驾齐驱。在光缆干线网中，多数采用FC型连接器；对于光纤带光缆，则使用MT型连接器提供固定或活动连接；在光纤接入网的光缆终端架上，则采用SC型连接器；对于新型的同步终端设备和用户线路终端，则采用LC型或MU型连接器；当实现FTTH时，在安装于每个用户大楼或房间的光网络单元中，则采用简化的SC型连接器，以实现高密度封装。

目前，许多公司如3M公司推出了SC型、ST型单、多模快接式连接器，如图3.37所示，能使光纤网络连接更加快捷简便。这种快接式连接器无需任何胶水预置，并具有一切热熔型及环氧树脂型连接器的工作特性。对于光纤的紧急修复及桌面上的快速连接是一种较为理想的连接器，尤其适用于智能建筑综合布线系统。这种快接式连接器由于无需加热工具，能节省成端时间，是一种清洁、简单、实用的光纤连接器，适用于光纤到桌面及众多连接器同时使用的场合。

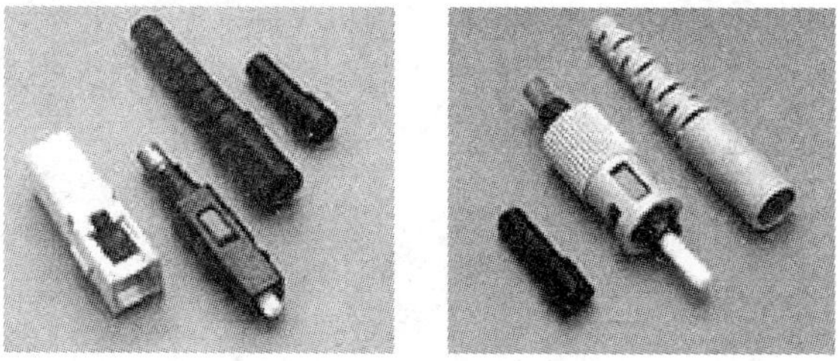

a) SC型多模块接式连接器　　b) ST型多模块接式连接器

图3.37　快接式连接器

5. 光纤连接器的表示

在实际中，光纤连接器多采用如图3.38所示的方式，指定光纤的模式类型（单模还是多模）、接头的型号、连接器所连光纤的长度，以及光纤外径。例如OFC-S-FC/PC-30-10表示单模光纤活动连接器、FC/PC型接头、光纤外直径3mm、光纤长度10m。OFC-M-FC/PC-09-05表示多模光纤活动连接器、FC/PC型接头、光纤外直径0.9mm、光纤长度5m。

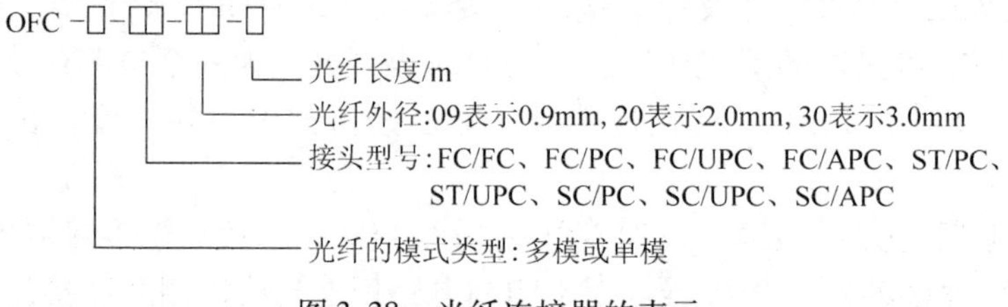

图3.38　光纤连接器的表示

3.2.2　光信号转换器件

1. 光开关

光开关是一种具有一个或多个可选择的传输端口对光传输线路或集成光路中的光信号进行相互转换或逻辑操作的器件，可以实现主/备光路切换，光纤、光器件的测试等。端口即指连接于光器件中允许光输入或输出的光纤或光纤连接器。光开关在光纤通信中有着广泛的应用，可用于光纤通信系统、光纤网络系统、光纤测量系统或仪器以及光纤传感系统。

根据光开关的工作原理，可分为机械式和非机械式两大类。机械式光开关靠光纤或光学元件移动，使光路发生改变。非机械式光开关则依靠电光效应、磁光效应、声光效应以及热光效应来改变波导折射率，使光路发生改变。近年来，非机械式光开关成为研究热点。

常用的光开关主要有MEMS光开关、喷墨气泡光开关、热光效应光开关、液晶光开关、全息光开关、声光开关、液体光栅光开关、SOA 光开关等种类。影响光开关性能的因素也很多，如光开关之间的串扰、隔离度、消光比等。

2. 光分路器

光分路器（Optical Branching Device，OBD）也称为分光器，用于实现将光网络系统中的光信号进行耦合、分支、分配。光分路器是光纤链路中最重要的无源器件之一，是具有多个输入端和多个输出端的光纤汇接器件，常用 $M\times N$ 来表示一个分路器有 M 个输入端和 N 个输出端。

按光分路器工作原理可以分为熔融拉锥型和平面波导型两种。熔融拉锥技术是将两根或多根光纤捆在一起，然后在拉锥机上熔融拉伸，并实时监控分光比的变化，分光比达到要求后结束熔融拉伸，其中一端保留一根光纤（其余剪掉）作为输入端，另一端则作多路输出端。平面光波导技术是用半导体工艺制作光波导分支器件，分路的功能在芯片上完成，可以在一只芯片上实现多达 1×32 以上分路，然后，在芯片两端分别耦合封装输入端和输出端多通道光纤阵列。衡量光分路器技术性能的指标主要有：插入损耗、附加损耗、分光损耗、分光比、隔离度，另外光分路器的稳定性也是一个重要指标。

近年来，光分路器已形成一个多功能、多用途的产品系列。从功能上看，它可分为光功率分配耦合器及光波长分配耦合器。光分路耦合器的类型从端口形式上可分为 X 形（2×2）耦合器、Y 形（1×2）耦合器、星形（$N\times N$，$N>2$）耦合器、树形（$1\times N$，$N>2$）耦合器等。另外，由于传导光模式不同，它又有多模耦合器和单模耦合器之分。如图 3.39 所示是一种单模光分路器。在光纤 CATV 系统中使用的光分路器一般都是 1×2、1×3 以及由它们组成的 $1\times N$ 光分路器。

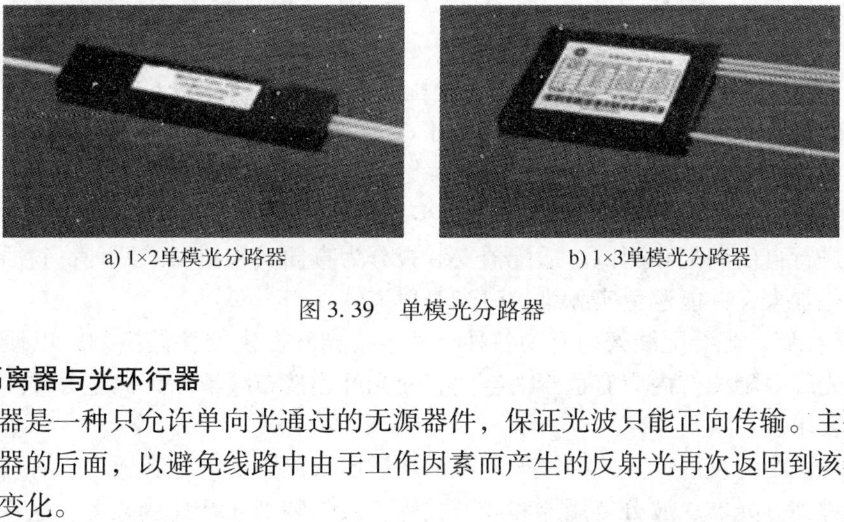

a) 1×2单模光分路器　　b) 1×3单模光分路器

图 3.39　单模光分路器

3. 光隔离器与光环行器

光隔离器是一种只允许单向光通过的无源器件，保证光波只能正向传输。主要用在激光器或光放大器的后面，以避免线路中由于工作因素而产生的反射光再次返回到该器件致使该器件的性能变化。

光环行器与光隔离器的工作原理基本相同，通常光隔离器为两端的器件，光环行器则为多端口的器件。它的典型结构有 N（$N\geq3$）个端口。光环行器是双向通信中的重要器件，它可以完成正反向传输光的分离。

4. 光衰减器

光衰减器是用于对光功率进行衰减的器件，它主要用于光纤通信系统的指标测量、短距离通信系统的信号衰减以及系统实验等场合。根据衰减量是否变化，光衰减器可以分为固定衰减器和可变衰减器。

固定衰减器对光功率衰减量固定不变，主要用于调整光纤传输线路的光损耗。具体规格有 3dB、6dB、10dB、20dB、30dB 和 40dB 等标准衰减量，衰减量误差小于 10%。

可变衰减器所造成的功率衰减值可以在一定范围内调节，用于测量光接收机灵敏度和动态范围。可变衰减器又分为连续可变和分档可变两种。

3.2.3　光纤配线架

光纤配线架（Optical Distribution Frame，ODF）是光纤传输系统中一个重要的配套接续设备。它采用模块化设计，允许灵活地把一条线路直接连到一个设备线路或利用短的互连光缆把两条线路交连起来。

1. 光纤配线架的基本功能

光纤配线架主要用于光缆终端的光纤固定、光纤熔接、光纤配接、光路的跳接及光纤存储等。它对于光纤通信网络安全运行和灵活配置有着重要的作用。

1）光纤固定。光缆进入配线架后，通常在配线架的底部设有光缆固定器，对其外护套和加强芯要进行机械固定和分组。固定器除固定光缆外，还具有高压防护功能，通过加装地线保护部件，进行端头保护处理，可避免在某些情况下由光缆铠甲层或钢芯引入高压而造成的损害。

2）光纤熔接。通常在位于配线架下面的抽拉板上，有用于光纤熔接的熔接盘。当熔接光纤时，可拉出抽拉板作为平台，并在箱体外部完成基本操作；部分熔接盘底板还设有光纤加强管固定槽，光纤熔接点加强保护后在此固定；熔接盘两侧进出口设置有过线夹，用于有效保护纤线。熔接标示图贴于盖板上，配置清晰明了；熔接盘内还有光纤盘绕区，富余纤芯、纤带可自然松散盘绕于此。

3）光纤配接。多数光纤配线架均采用适配器板连接方式，由 6 口 ST、SC 适配器（耦合器）或 12 个 LC、MT-RJ、VF-45 和 Optic-Jack 组成一个标准配置的适配板。这种适配器安装在连接板中构成光纤配线架光纤连接的关键部分。连接时，将尾缆上连带的连接器插接到适配器上，与适配器另一侧的光纤连接器实现光路对接。适配器与连接器应能够灵活插拔；光路可进行自由调配和测试。适配器安装板分为直插式和斜插式两种；斜插式连接使尾纤的弯曲半径加大，并能避免实际维护时光直射人体。

4）光纤存储。光纤配线架内有为各种交叉连接光纤提供的存储空间，以便于能够规则整齐地放置光纤。配线架内应有适当的空间，使光纤连接布线清晰，调整方便，能满足最小弯曲半径的要求。

随着光纤网络的发展，光纤配线架现有的功能已不能满足许多新要求。有些厂家将一些光纤网络部件如分光器、波分复用器和光开关等直接加装到光纤配线架上。这样，既使这些部件能方便地应用到网络中，又增强了光纤配线架的功能和灵活性。

2. 光纤配线架的结构类型

光纤配线架结构可分为机柜式、机架式和壁挂式 3 种类型。

（1）机柜式光纤配线架

机柜式光纤配线架采用封闭式结构，纤芯容量比较固定，外形也较为美观，如图 3.40a 所示。机柜式光纤配线架容量大、密度高。一般由不同容量的熔接子架、分配子架，通过不同的组合以满足不同的需要。

各种子架可安装在不同高度标准的48.26cm（19in）机架上，也可安装在机柜或固定在墙壁上，如图3.40b所示。分配子架可装卸6位适配器座板，无需工具就可轻易地安装或拆除，座板支持所有适配器，如FC、SC和ST等类型的连接器。

适配器座板采用可装卸式倾角定位座使对光纤、尾纤、跳纤和连接头的操作方便和安全，光纤的布线弯曲半径大，并能对光纤起到保护作用。熔接托盘为保护光纤熔接接头和存储光纤提供了一种简单而灵活的结构。

系统机架提供中间配线盘、垂直走线槽和水平走线槽，使光纤布线清晰，并能确保最小弯曲半径，如图3.40c所示。整体结构采用塑料粉末静电喷涂处理，塑面附着力强。机架底座和顶部可分别与地面和走线槽相连。

a)　b)　c)

图3.40　机柜式光纤配线架

（2）机架式光纤配线架

机架式光纤配线架一般采用模块化设计，如图3.41a、b所示，是一种简易型机架式（24口、ST型、SC型、FC型可选）光纤配线架。用户可根据光缆的数量和规格选择相对应的模块，灵活地组装在机架上。这是一种面向未来的结构，可以为以后光纤配线架向多功能发展提供便利条件。

a) 机架式光纤配线架　b) ST型光纤配线架

图3.41　光纤配线架

（3）壁挂式光纤配线架

壁挂式光纤配线架一般为箱体结构，适用于光缆条数和光纤芯数都较小的场所，是一种简易型壁挂式（8口、ST型、SC型、FC型可选）光纤配线架。

光纤配线架应尽量选用铝材机架，以便其结构牢固，外形美观。机架的外形尺寸应与现行传输设备标准机架相一致，以方便机房排列。表面处理工艺和色彩也应与机房内其他设备相近，以保持机房内的整体美观。

3. 大容量光纤配线架

目前常用的大容量光纤配线架大致可分为单元式、抽屉式和模块式3种。

1）单元式光纤配线架是在一个机架上安装多个单元，每一个单元就是一个独立的光纤配线架。这种配线架既保留了原有中小型光纤配线架的特点，又通过机架的结构变形，提高了空间利用率，是大容量光纤配线架早期常见的结构。由于它提供的空间有一定的局限性，因此在操作和使用上有许多不便。

2）抽屉式光纤配线架也是将一个机架分为多个单元，每个单元由一至两个抽屉组成。当进行熔接和调线时，拉出相应的抽屉在架外进行操作，从而有较大的操作空间，使各单元之间互不影响。抽屉在拉出和推入状态均设有锁定装置，可保证操作使用的稳定、准确和单元内连接器件的安全、可靠。这种光纤配线架虽然巧妙地为光缆终端操作提供了较大的空间，但与单元式一样，在光纤连接线的存储和布放上，仍不能提供较大的便利。这种机架是目前常见形式之一。

3）模块式结构是把光纤配线架分成多种功能模块，光缆的熔接、调配线、连接线存储及其他功能操作，分别在各模块中进行，这些模块可以根据需要组合安装到一个公用机架内。目前推出的模块式大容量光纤配线架，利用面板和抽屉等独特结构，使光纤的熔接和调配线操作方便了许多。另外，采用垂直走线槽和中间配线架，有效地解决了尾纤的布放和存储问题。因此，模块式光纤配线架是大容量光纤配线架中很受欢迎的一种，但目前造价相对较高。

4. 智能型光纤配线架

智能型光纤配线架（IODF）是集计算机通信、自动控制、光传输及测试技术于一体，并与传统的ODF架完美结合的高技术系统。主要通过各种智能化模块实时采集所监测光纤的光功率变化值，并上报各级网管中心。当发现线路故障时可迅速发出报警信息，辅助技术维护人员及时准确排除。同时，也可以预报传输系统物理线路的故障隐患，通过统计分析光缆性能，为管理人员提供决策依据。具体体现如下：

1）具有光功率计的功能，可以监测传输系统的收光功率值、反映光功率的变化和定位故障光缆段。

2）直观反映传输系统的工作状况，及时发出声光报警、发现光缆物理线路的故障隐患。

3）具有传输资源的管理功能，提供机房设备包括IODF架上各端子及相应路由的全面管理。例如，一种称为“密集波分复用环境下的光配线架”，除具备常规光配线架所有功能外还具备对光节点的功率监测与显示功能；此外，这种新型IODF还提供与本地光通信设备网管系统的标准接口，可以在网管系统上设置光路由地址表。

为了更智能化地管理配线架，配合智能化配线架的应用，一些企业还开发了许多系统管理软件，能够让用户对每条链路进行设置，确定该链路在发生变化时是否发出SNMP报警或呼叫，确保接收至关重要的链路报警。这些系统管理软件甚至实现记录集合点、管理配线架到配线架布线、光纤配线架和光缆以及网络交换设备的整体功能。

3.2.4 光纤配线箱

光纤配线箱适用于光缆与光通信设备的配线连接，通过配线箱内的适配器，用光跳线引出光信号，实现光纤配线功能；也适用于光缆和配线尾纤的保护性连接。

光纤配线箱的类型、型号也比较多，如图3.42所示是GPX30/A系列的一个光纤配线箱，主要用于光缆与光通信设备之间的配线连接，它具有熔接、跳线、存储、调度等多项功能，适用于小芯数光缆的成端和分配。光纤配线箱表面采用静电喷塑工艺，耐腐蚀、外表美观，适用于各种形式的光缆配接。适配器端板可灵活调换，适合FC型、SC型和ST型适配器的安装。光缆可由机箱后部的两侧进入并进行固定、接地和保护。连接器损耗（包括插入、互换和重复）不大于0.5dB，插入损耗不大于0.2dB，插拔耐久性寿命大于1000次，外形尺寸（$W \times D \times H$）480mm×300 mm×43 mm（1U），容量（芯）24，环境温度为-15~40℃，相对湿度不大于85%（30℃），大气压力为70~106kPa。

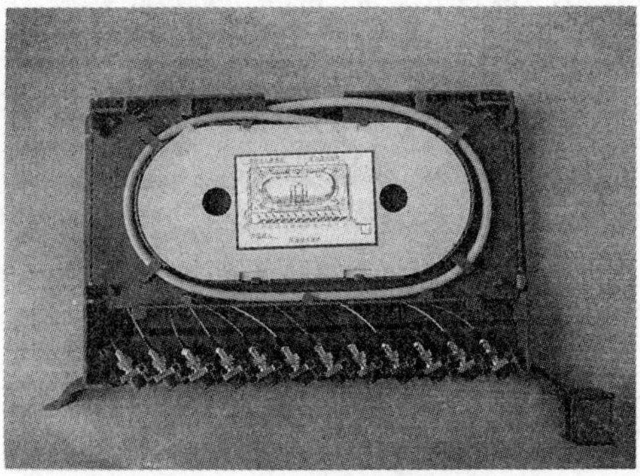

图3.42 GPX30/A系列光纤配线箱

光纤配线箱技术在不断发展，著名的综合布线系统制造商Molex不久前推出了高密度光纤配线箱系列产品。这种新型的高密度光纤配线箱可以协助存放和端接大量的光缆进线，是为支持Molex的6口/6口斜角适配面板和通用接合盘而设计的。

高密度光纤配线箱分成2U、3U和4U机架安装方式，可以支持24~192芯光纤配置/端接。另外它还带有双电缆卷轴，既可以独立使用，也可以组合用于1芯、2芯或3芯存放环。由于采用重型球状轴承滑轮，可以平滑地拉开抽屉。

3.2.5 光纤铜缆组合式配线系统

综合布线系统的灵活性、高效性，主要应体现在安装维护方便和简单易行等方面。如若网络系统的升级或变更能够达到系统化、模块化、集中化，当布线系统出现故障时能及时报警，将是综合布线系统所追求的目标。为此，针对互联网数据中心（IDC）等核心网络系统的布线需要，Comm Scope公司推出了一系列专用于IDC等使用的布线产品。

1. iPatch智能实时光纤铜缆配线系统

iPatch智能实时光纤及6类铜缆配线系统，如图3.43所示。这种智能配线系统已经推出多年，被全球数百个数据中心所采用。iPatch具有实时性、可靠性、高效性等优点，是一个有源配线系统，利用网络可直接实施整个配线系统的管理，如配线出现故障能直接报警并指出故障点。利用iPatch配有的原厂管理软件，可查看整个布线系统的连接情况及用户资料。对于大型布线系统的管理有较大的优势。

图3.43 iPatch智能实时光纤及6类铜缆配线系统

2. Insta Patch 光纤跳线组合式配线系统

专用于数据中心的Insta Patch光纤跳线组合式配线系统，如图3.44所示。Insta Patch是近期Comm Scope推出的用于大规模光纤跳线连接的光纤配线系统，主要应用于数据中心等需要大规模、多芯数跳接连接光纤的配线系统。由于数据中心机柜之间、服务器之间、存储器之间经常需要多芯数连接，而Insta Patch正是一种一次可同时连接12芯或24芯光纤的快捷式光纤连接头，且无需工地现场熔接，非常方便、实用、快捷。每次连接12芯甚至更多芯数仅需数秒时间，能保证核心系统以最短的时间实现变更。

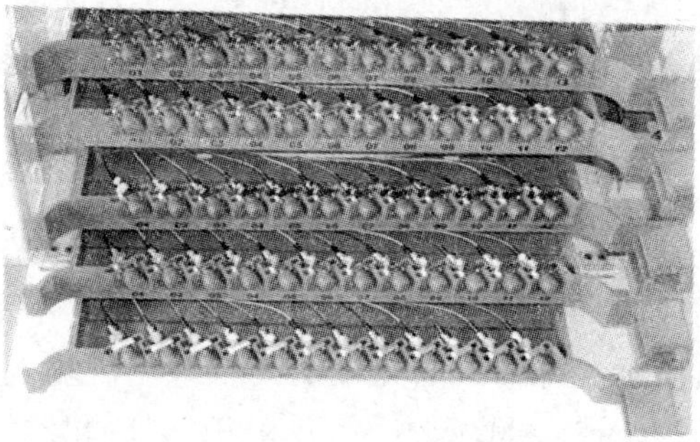

图3.44 Insta Patch光纤跳线组合式配线系统

3. 多媒体光纤铜缆正面维护型配线系统

可翻转正面维护多媒体光纤铜缆混合配线系统是一种组合式光纤铜缆配线架，它秉承了Comm Scope一贯的前面施工、前面维护和可翻转等优点，并自带跳线过线槽。组合式配线架还具有可随意更换光纤或铜缆配件的优势，如可随时变更LC型、ST型或SC型多模或单模连接器，也可变换成5e类或6类铜缆连接系统。

3.3 光纤传输系统中的主要设备

光纤传输系统一般由许多不同的有源和无源部件构成，如激光器、光检测器、光纤、连接器和耦合器等。按光信号的传输过程，光纤传输系统主要由光发射机、光纤线路、光中继器、光接收机等部分构成。典型的光纤传输系统组成如图3.45所示。

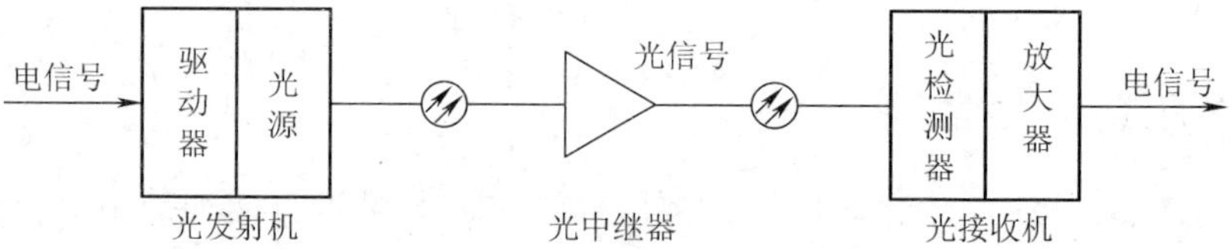

图3.45 光纤传输系统组成

注意，光纤传输系统中的有源设备，如光发射机、光接收机本身并不属于综合布线系统的组成部件，而是布线系统网络的周边设备。

1. 光发射机

光发射机的作用是通过光源（如激光器或发光二极管）产生光束，它将电信号转变成光信号，再把该信号输入光纤。光发射机通常由均衡放大、码型变换、复用、扰码、时钟提取、光源、光源的调制电路、光源的控制电路（ATC和APC）及其光源的监测和保护电路等组成，其核心是光源和驱动电路。

光源主要有发光二极管（LED）、激光二极管（LD）和垂直腔表面发光器（VCSEL）等类型。LED作光源输出的是非相干光，其谱宽宽，入纤功率小，调制速率低；LD作光源，输出的相干光，其谱宽窄，入纤功率大，调制速率高，而且光纤的耦合效率LED比LD低10～15dB。因此，LED适宜于短距离低速传输系统，如多模光纤通道一般采用这种光源；

LD适宜于长距离高速传输系统，如单模光纤通道就一般采用这种光源。

由于LED、LD两种发光器件传输方式的不同，必须对光源本身进行改造，以适应光纤的变化。因此又研制了垂直腔表面发射激光这种新型的光源VCSEL、DFB/FP等。VCSEL吸收了激光二极管的性能优势（如响应速度高、传输光谱窄）和发光二极管的优势（如耦合效率高、成本低），可以测试传输速率高达10Gbit/s的信号。发光器件性能比较见表3.2。

表3.2 发光器件性能比较

比较项目	LED光源	VCSEL光源	DFB/FP光源
成本	低	适中	高
用途	多模光纤	多模光纤	单模光纤
最高支持的传输速率/（Gbit/s）	10	12.5	40
实际标准最高的传输速率/（Gbit/s）	0.622	10	40

2. 光接收机

光接收机主要由光检测器、放大器、均衡器、时钟提取电路、取样判决器及自动增益控制（AGC）电路组成，主要功能是把光纤传来的光信号经过光检测器（如发光二极管）转换为电信号，然后进行放大、整形，恢复为与光发射机输入端相同的电信号，并且用AGC保证稳定地输出。其中：

1）光检测器的作用是把光信号变换为电信号，它是光接收机中的关键器件。光检测器有光敏二极管（PIN）和雪崩光敏二极管（APD）两种。

2）光接收机的放大器包括前置放大器、主放大器两部分。前置放大器的作用是保证电信号不失真地放大。主放大器主要是提供足够高的增益，把来自前置放大器的输出信号放大到判决电路所需要的信号电平，并通过它实现自动增益控制（AGC）。

3）均衡器的作用是对已经发生畸变（失真）的、存在码间干扰的电信号进行整形和补偿，使之成为有利于判决的码间干扰最小的升余弦波形，减少误码率。

3. 光中继器

对于长距离的光纤传输系统还需要光中继器，其作用是将经过长距离光纤衰减和畸变后的微弱光信号进行放大、整形、再生成一定强度的光信号，继续送向前方，以保证良好的通信质量。光中继器主要有两种：①光电中继器；②全光中继器。

典型的光电中继器采用光/电/光转换形式。其工作原理是将接收到微弱光信号用光电检测器转换成电信号后进行放大、整形和再生后，恢复成原来的数字信号，然后再对光源进行调制，变换成光脉冲信号后送入光纤。

目前，全光中继器主要是掺铒光纤放大器。掺铒光纤放大器是一个直接对光波实现放大的有源器件。用掺铒光纤放大器作中继器具有设备简单、没有光/电/光的转换过程、工作频带宽等优点。但是，用全光放大器做中继器时对波形的整形不起作用。

3.4 电子配线架

在智能化概念不断普及的情况下，为提高配线系统的管理效率，电子配线架正逐步取代传统配线架，成为配线设备的首选。电子配线架是在传统配线架上附加了一套检测装置，这套装置能够自动检测出配线架上所有跳线的连接关系，并以此为基础派生出方便布线管理的一系列功能。

1. 电子配线架的概念

电子配线架，英文为E-panel或者Patch Panel，又称“综合布线管理系统”或者“智能布线管理系统”等，其基本功能是：

1）引导跳线。由配线管理系统建立工单后，系统会通过配线端口的LED灯闪烁、显示屏文字和声音等方式指示跳线位置。操作人员完成跳接后，系统会通过第九芯检测端口指示是否对应以及链路是否接通，以避免跳线错误。

2）实时扫描。系统通过对配线端口的实时扫描，可以随时记录跳线操作，形成日志文档，并且实时监视配线状态的改变，及时生成完整、准确的配线信息数据库，并以数据库方式保存所有链路连接信息。

3）故障诊断。系统通过跳线中第九芯形成的直流回路可以在端口间交流信息，从而对链路状态做出实时判断，及时发现链路异常；并根据要求输出各种各样的报告。

4）远程管理。可以Web方式远程控制和管理整个系统。对于身在异地的光缆管理维护技术人员，或者有多个分支机构的单位，可在不同地点实施远程布线管理操作。

通常把具有以上功能的配线架统称为电子配线架。目前常用的电子配线架按照其原理可分为端口探测型配线架（以美国康普公司配线架为代表）和链路探测型配线架（以以色列瑞特公司配线架为代表）两种类型。若按布线结构可以分为单配线架方式（Inter Connection）和双配线架方式（Cross Connection）；若按跳线种类可分为普通跳线和9针跳线；若按配线架生产工艺可分为原产型和后贴传感器条型。

2. 电子配线架技术

准确地说，电子配线架是一种智能化布线管理系统，由硬件和软件共同组成。硬件的作用是对跳接的链路连接情况进行实时监测。软件的作用是对硬件监测的数据进行分析、处理和存档。智能化布线管理系统的硬件通常包括铜缆或光缆的电子配线架、连接电子配线架的控制器等，如图3.46所示。它可以支持5类、6类对绞电缆，同时支持多模光缆和单模光缆，也支持常用的RJ-45跳线，并能够管理LC型、ST型、SC型、MT-RJ型等连接器件。

图3.46 电子配线架

目前，智能配线系统还没有统一的国际标准可供遵循，设计理念也不尽相同。从硬件角度来讲大致可分为端口检测、链路检测两种技术方式。

（1）端口检测技术

端口检测技术即在端口内置了微开关，当用标准跳线接入端口时产生感应；也可认为是触碰式探测，即在电子配线架上的RJ-45模块上安装一个碰触开关，一旦跳线插到模块里就会碰触到这个开关。这个开关通过电路通知系统，该模块有跳线插进。端口检测技术适用于单端（单配线架）和双端（双配线架）两种模式，一般触碰式探测采用单配线架方式。端口连接状态通过配线架端口的触发感应完成，如图3.47所示。这种端口检测技术的特点是连接跳线需要按照顺序建立连接关系。

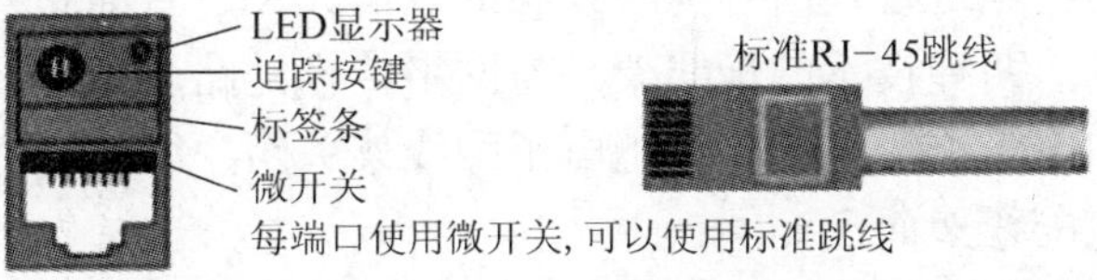

a) 铜缆电子配线架端口及适用跳线

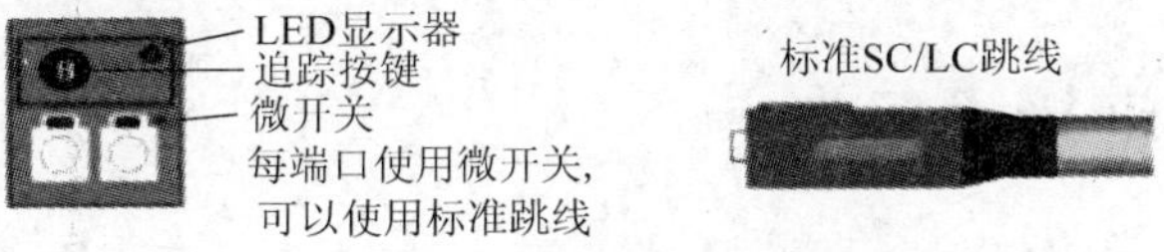

b) 光缆电子配线架端口及适用跳线

图 3.47　端口检测技术的跳线连接

（2）链路检测技术

链路检测技术依靠跳线中附加的导体接触形成回路进行检测；对于光缆跳线，也需要附加一根金属针来探测链路，如图 3.48 所示。使用链路检测技术时，一般建议采用双端（双配线架）模式。端口间的连接关系通过光缆设备分析或扫描完成。这种链路检测技术的特点是：通过 9 针或 10 针条形接触形成回路进行检测，必须在铜跳线和光跳线中固化一根金属丝；需要使用特殊跳线，允许跳线两端不按次序连接；需要上层设备构建特有网络，形成一套管理网络来扫描电子配线架，并建立数据库。

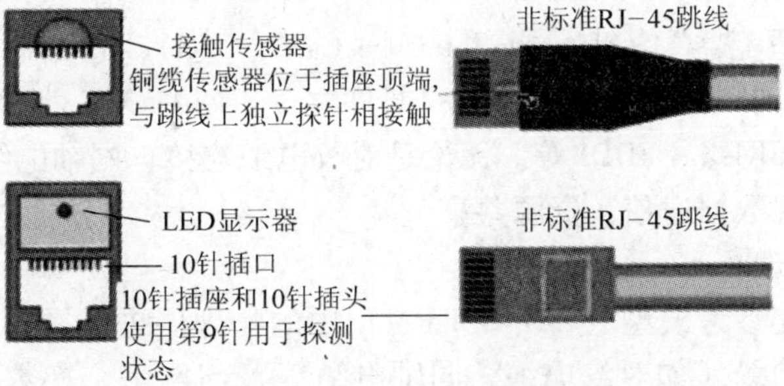

a) 铜缆电子配线架端口及适用跳线

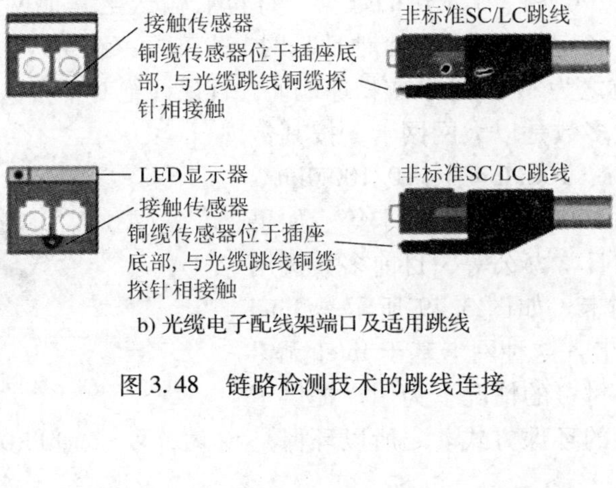

b) 光缆电子配线架端口及适用跳线

图 3.48　链路检测技术的跳线连接

这两种技术的共同特点是管理信号与物理层的通信无关，智能布线系统的运行不影响铜缆或光缆的物理层通信。两种技术的配线架是与网络传输链路严格分开的，网络传输属于网络传输，电子配线架归电子配线架。即使把电子配线架关闭，网络传输也不受影响，只不过电子配线架变成了普通配线架而已。

3. 电子配线架的使用范围

电子配线架主要用于互联网数据中心、大型机房等需要对大量信息点进行管理的场所。

3.5 计算机网络连接设备

前面比较详细地介绍了综合布线系统中常用的接续设备，考虑组建网络的需要，本节简单介绍有关计算机网络的几种连接设备。

计算机网络连接设备通常分为网内连接设备和网间连接设备两大类。网内连接设备主要有网卡、中继器、集线器及交换机等。网间连接设备主要有网桥及路由器等。同时随着无线局域网产品技术的普及应用，基于802.11系列标准的无线局域网连接设备也开始出现。按照ISO/OSI-RM的7个层次，除网卡外，可以将网络连接设备分为物理层连接设备、数据链路层连接设备、网络层连接设备等类型。

在互联网中，用于计算机之间、网络与网络之间的常见连接设备有网卡、集线器、交换机和路由器。

3.5.1 网卡

网卡也叫“网络适配器”（Network Interface Card，NIC），它是物理上将计算机连接到网络的硬件设备，是计算机网络中最基本的部件之一。每种NIC都针对某一特定的网络，例如以太网络、令牌环网络、FDDI等。无论是对绞电缆连接、同轴电缆连接还是光纤连接，都须借助网卡才能实现数据通信、资源共享。

1. 网卡的工作原理

网卡在开放式互连参考模型（ISO/OSI-RM）中的物理层进行操作。网卡插在计算机的主板扩展槽中，通过网线（如对绞电缆、同轴电缆等）与网络交换数据。它主要完成两大功能：①读入由网络传输过来的数据包，经过拆包，将其变成计算机可以识别的数据，并将数据传输到所需设备中；②将PC发送的数据，打包后输送至其他网络设备。对于网卡而言，都有一个唯一的网络节点地址。这个地址是网卡生产厂家在生产时固化写入只读存储芯片（ROM）中的，并称之为MAC地址或物理地址，且保证绝对不会重复。

通常使用的网卡大多数是以太网网卡，按其传输速率可分为10Mbit/s、100Mbit/s、10/100Mbit/s自适应网卡以及千兆（1000Mbit/s）网卡等。如果只是作为一般用途，如日常办公等，目前多数选用10/100Mbit/s自适应网卡。如图3.49所示是Intel PRO/1000GT台式机网卡，这种网卡基于Intel无铅技术制造，在无需额外付费的情况下为用户提供了赋予台式机千兆位性能的环保方式。之所以环保是

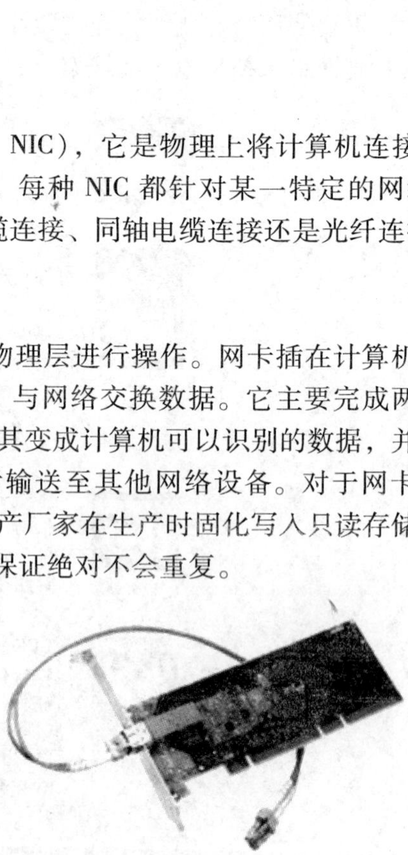

图3.49 Intel PRO/1000 GT台式机网卡

因为GT台式机网卡不含铅，符合欧盟的有害物质限用指令和日本的白色商品回收法令（White Goods Recycling Act）。

2. 网卡的主要性能指标

衡量网卡性能的技术指标很多，通常在网卡包装盒上印了密密麻麻一大堆，其中比较重要的指标有以下几个。

1）系统资源占用率。网卡对系统资源的占用一般感觉不出来，但在网络数据量较大时，比如在线点播、语音传输、IP电话就很明显了。

2）全/半双工模式。网卡的全双工技术是指网卡在发送（接收）数据的同时，可以进行数据接收（发送）的能力。从理论上来说，全双工能把网卡的传输速率提高一倍，所以性能肯定比半双工模式要好得多。现在的网卡一般都是全双工模式的。

3）网络（远程）唤醒。网络（远程）唤醒（Wake on LAN）功能是很多用户在购买网卡时很看重的一个指标。通俗地讲，就是远程开机，即不必移动双腿就可以唤醒（启动）任何一台局域网上的计算机，这对于需要管理一个具有几十、近百台计算机的局域网工作人员来说，无疑是十分有用的。

4）兼容性。与其他计算机产品相似，网卡的兼容性也很重要，不仅要考虑到与自己的机器兼容，还要考虑到与其所连接的网络兼容，否则很难联网成功，出了问题也很难查找原因。所以选用网卡时尽量采用知名品牌，不仅容易安装，而且能享受到一定的质保服务。

3. 选用网卡需考虑的因素

随着计算机网络技术的发展，为了满足各种应用环境和应用层次的需求，出现了许多不同类型的网卡，网卡的划分标准也呈现多样化。选择网卡时需考虑的一些性能指标见表3.3，一般应考虑以下3个主要因素。

表3.3 网卡选项

选 项	说 明
局域网	以太网、百兆以太网、千兆以太网和万兆以太网等
所支持的计算机总线	MCA、ISA、EISA、PCI、NuBus和VME
RAM缓冲器大小/KB	16、32、64和128等
数据位/bit	16、32、64和128等
数据速率/（Mbit/s）	10、100和1000
所支持的介质类型及接口	同轴电缆、UTP、STP、光纤和无线
所支持的操作系统	Windows 8/7/XP，2003/2008，UNIX/Linux，Mac OS等
处理器能力	Pentium Ⅱ、Pentium Ⅲ和Pentium Ⅳ，现在是i7等

1）数据速率。网卡速度描述网卡接收和发送数据的快慢，10/100Mbit/s的网卡价格较低，就应用而言能满足普通小型共享式局域网传输数据的要求；在传输频带较宽或交换式局域网中，应选用速度较快的1000Mbit/s或者10Gbit/s网卡。

2）总线类型。按主板的总线类型来分，常见的有ISA（Industry Standard Architecture）网卡、PCI（Peripheral Computer Interface）网卡等。ISA网卡是一种老式的扩展总线设计，支持8位和16位数据传输，速度为8Mbit/s。PCI网卡是一种现代的总线设计，支持32位和64位的数据传输，速度较快。PCI网卡的一个突出优点是比ISA网卡的兼容性好，支持即插即用。目前大多是1000Mbit/s的PCI网卡。

3）所支持的介质类型及接口。按网卡所支持的介质类型及接口类型来分有RJ-45水晶接口（即常说的方口）、BNC细缆接口（即常说的圆口）、AUI粗缆接口3类，以及综合了这几种接口类型于一身的2合1、3合1网卡，如TP接口（BNC+AUI）、IPC接口（RJ-45+BNC）、Combo接口（RJ-45+AUI+BNC）等。接口的选择与网络布线形式有关，RJ-45接口是100Base-T网络采用对绞电缆的接口类型；而BNC接口则是10Base2采用同轴电缆的接口类型。比较新的网卡提供了光纤接口。

3.5.2 集线器

集线器（Hub）属于通信网络系统中的基础设备，是对网络进行集中管理的最小单元。英文Hub就是中心的意思，像树的主干一样，它是各分支的汇集点。集线器工作在局域网（LAN）环境，像网卡一样，工作于ISO/OSI-RM参考模型的物理层，因此被称为物理层设备。

最简单的独立型集线器有多个用户端口（8口或16口），如图3.50所示，用对绞电缆把每一端口与网络工作站或服务器进行连接。数据从一个网络节点发送到集线器以后，就被中继到集线器中的其他所有端口，供网络上每一用户使用。独立型集线器通常是最便宜的集线器，适合小型独立的工作组、办公室或者部门。

图3.50 集线器

普通集线器外部面板结构非常简单。比如D-Link最简单的100Base-T Ethernet Hub集线器是个长方体，背面有交流电源插座和开关、一个AUI接口和一个BNC接口，正面的大部分位置分布有RJ-45接口。在正面的右边还有与每个RJ-45接口相对应的LED接口指示灯和LED状态指示灯。高档集线器从外表上看，与现代路由器或交换式路由器没有多大区别。尤其是现代双速自适应以太网集线器，由于普遍内置有可以实现内部10Mbit/s和100Mbit/s网段间相互通信的交换模块，使得这类集线器完全可以在以该集线器为节点的网段中，实现各节点之间的数据交换，有时大家也将此类交换式集线器简单地称之为交换机。这些使得初次使用集线器的用户很难正确地辨别它们，通常比较简单的方法是根据背板接口类型来判断。

1. 集线器的工作原理

集线器是一个共享网络连接设备，主要提供信号放大和中转功能，它把一个端口接收的所有信号向所有端口分发出去。一些集线器在分发之前将弱信号加强后重新发出，一些集线器则排列信号的时序以提供所有端口间的同步数据通信。在这方面，集线器所起的作用相当于多端口的中继器。其实，集线器实际上就是中继器的一种，区别仅在于集线器能够提供更多的端口服务，所以集线器又叫多口中继器。集线器具有以下两个特点。

1）Hub只是一个多端口的信号放大设备，工作中当一个端口接收到数据信号时，由于信号在从源端口到Hub的传输过程中已有了衰减，所以Hub便将该信号进行整形放大，使被衰减的信号再生（恢复）到发送时的状态，紧接着转发到其他所有处于工作状态的端口上。从 Hub 的工作方式可以看出，它在网络中只起到信号放大和重发作用，目的是扩大网络的传输范围，而不具备信号的定向传送能力，因此 Hub 是一种共享式网络连接设备。

2）Hub 只与它的上连设备（如上层 Hub、交换机或服务器等）进行通信，同层的各端口之间不会直接进行通信，而是通过上连设备将信息再广播到所有端口上。由此可见，即使是在同一 Hub 的不同两个端口之间进行通信，需要经过两步操作：①将信息上传到上连设备；②上连设备将该信息再广播到所有端口。不过，随着技术的发展变化，目前许多 Hub 在功能上进行了拓宽，不再受这种工作机制的影响。

2. 集线器的类型

集线器有很多种型号、类型。若按局域网的类型分类，集线器可分为以下 5 种类型。

1）单中继网段集线器。最简单的集线器是一种中继 LAN 网段的集线器，与堆叠式以太网集线器或令牌环网多站访问部件等类似。

2）多网段集线器。多网段集线器从单中继网段集线器直接派生而来，采用集线器背板，这种集线器带有多个中继网段。其主要优点是可以将用户分布于多个中继网段上，以减少每个网段的流量负载。

3）端口交换式集线器。该集线器是在多网段集线器基础上，将用户端口和多个背板网段之间的连接过程自动化，并通过增加端口交换矩阵（PSM）来实现。PSM 可提供一种自动工具，用于将任何外来用户端口连接到集线器背板上的任何中继网段上。端口交换式集线器具有自动实现移动、增加和修改网段的优点。

4）网络互连集线器。端口交换式集线器注重端口交换，而网络互连集线器在背板的多个网段之间可提供某些类型的集成连接。该功能通过一台综合网桥、路由器或 LAN 交换机来完成。目前，这类集线器常采用机箱形式。

5）交换式集线器。目前，集线器和交换机之间的界限已变得比较模糊。交换式集线器有一个核心交换式背板，采用一个纯粹的交换系统代替传统的共享传输介质中继网段。此类产品已经广泛应用。应该指出，这类集线器和交换机之间的特性几乎没有区别。

3. 集线器的性能指标

集线器的基本性能技术指标，也是厂商直接提供给用户的参考信息，一般有如下几项：①集线器的类型，如双速以太网集线器或 8 端口 10/100Mbit/s 自适应以太网集线器；②所能支持的标准，如符合 IEEE 802.3 和 IEEE 802.3u 标准；③所具备的功能，如提供 8 个 10/100Mbit/s 自适应端口、1 个级联端口，内置交换模块，可实现内部 10Mbit/s 和 100Mbit/s 网段之间的相互通信，支持 MAC 地址表等。

4. 局域网集线器的选用

随着计算机网络技术的发展，在局域网尤其是大中型局域网中，集线器已退出应用，而被交换机所替代。目前，集线器主要应用于一些中小型网络或大中型网络的边缘部分。例如，在组建中小型局域网时，若以速度为标准，选用集线器应主要考虑以下 3 个因素。

1）上连设备带宽。如果上连设备具有 100Mbit/s 的数据传输速率，自然选用 100Mbit/s 的集线器；否则 10Mbit/s 集线器也是可用的。

2）连接端口数。由于连接在集线器上的所有站点均争用同一个上行链路，所以连接的端口数目越多，就越容易发生冲突。同时，发往集线器任一端口的数据将被发送至与集线器相连的所有端口上，端口数过多将降低设备有效利用率。依据实践经验，一个10Mbit/s集线器所管理的计算机数不宜超过15个，100Mbit/s的不宜超过25个。如果超过，应使用交换机来代替集线器。

3）应用需求。当传输的数据信息不涉及语音、图像，流量相对较小时，选择10Mbit/s即可。如果数据流量较大，且涉及多媒体应用（注意集线器不适于用来传输时间敏感性信号，如语音信号）时，应选择100Mbit/s或10/100Mbit/s自适应集线器。

3.5.3 交换机

在计算机网络中，交换机（Switch）是应用最广泛的一种连接设备。按照交换机工作在OSI参考模型中的层次，可以分为第2层、第3层和第4层交换机。目前，常用的交换机都遵循以太网协议，称之为以太网交换机。提到交换机，在没有特别说明的情况下，通常指的是以太网交换机。

1. 交换机的基本组成

以太网交换机在OSI参考模型的数据链路层的MAC子层工作，也称为第2层交换机，常简称交换机。交换机（第2层交换机）本质上是一个多端口网桥，工作在MAC子层。一般地，交换机由端口、端口缓冲器、帧转发机构和背板4个基本部分组成，如图3.51所示。

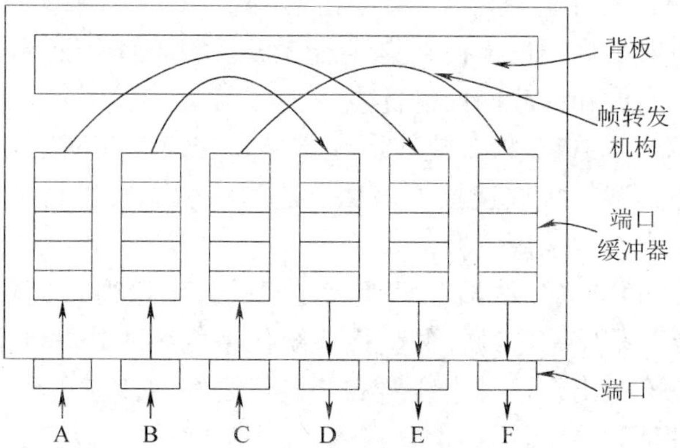

图3.51 交换机的组成结构

其中，背板也称为母板或底板。

1）端口。交换机的端口主要有以太网端口、快速以太网端口、千兆位以太网端口、万兆位以太网端口和控制台端口等，支持不同的数据传输速率。

2）端口缓冲器。端口缓冲器提供缓存能力，特别是在同时具有不同速率的端口时，交换机的端口缓冲器会起到很大作用。由高速端口向低速端口转发数据，必须有足够的缓存能力。

3）帧转发机构。通常，有存储转发交换、直通交换和无碎片交换3种类型的帧转发机构，在端口之间转发数据信息。

4）背板。背板是交换机最基本的硬件组成部分，提供插槽或端口间的连接和数据传输，背板的性能直接地影响着交换机的处理性能。目前交换机的内部结构主要有总线交换结构、共享内存交换结构和矩阵交换结构等不同的形式。交换机的背板传输速率决定了它所支持的并发交叉连接能力和进行广播式传输的能力。一个48端口的100Mbit/s交换机最多可支持24个交叉连接，它的背板传输速率至少应该有24×100Mbit/s=2400Mbit/s。当某端口接收的帧在端口地址表中查找不到时，它要把该帧广播输出到其他所有的端口，交换机应该具有48×100Mbit/s=4800Mbit/s的背板传输速率。

2. 交换机的工作原理

交换机是工作在ISO/OSI-RM数据链路层的网络互连设备。在数据通信中完成两个基本操作：①构造和维护MAC地址表；②交换数据帧。其工作原理是交换机收到数据帧后，根据该数据帧的MAC地址，查询交换机的内部地址表（MAC地址表），找到相应的交换机端口后，将此数据帧转发出去。利用专门设计的集成电路可使交换机以线路速率在所有的端口并行转发数据。显然，第2层交换机的最大好处是数据传输快，因为它仅需要识别数据帧中的MAC地址，而直接根据MAC地址产生选择转发端口的算法又十分简单，易于采用ASIC芯片实现。所以，第2层交换的解决方案实际上是一个“处处交换”的廉价方案。

第3层交换机实际上是将第2层交换机与路由器结合起来的一种网络互连设备，它既可以完成第2层交换机的端口交换功能，又可完成部分路由器的路由功能。当然，这种两层设备与3层设备的结合，并不是简单的物理组合，而是各取所长的逻辑组合。其中最重要的是，当某一信息源的第一个数据流进入第3层交换机后，其中的路由系统将产生一个MAC地址与IP地址映射表，并将该表存储起来；当同一信息源的后续数据流再次进入第3层交换机时，交换机将根据第一次产生并保存的地址映射表，直接从第2层由源地址传输到目的地址，而不再经过第3层路由系统处理，消除了路由选择时产生的网络时延，提高了数据分组的转发效率，解决了网间数据传输时路由产生的速率瓶颈。

第3层交换机是将第2层交换机和路由器两者优势结合成一个有机、灵活并可提供线速性能的整体交换方案。另外，第3层交换的目的也非常明确，即只需在源地址和目的地址之间建立一条更为直接快捷的第2层通路，而不必经过路由器来转发同一信息的每个数据分组。

目前，在第3层交换机的基础上已经研发出第4层交换机。第4层交换机除具有第3层交换机的功能外，还能根据第4层TCP/IP中的端口号来区分数据包的应用类型，实现各类应用数据流量的分配和均衡。

3. 交换机的类型

交换机有许多类型，每种都支持不同速率和不同局域网类型，比如以太网、令牌环网、FDDI和ATM等，如图3.52所示。不同类型交换机的性能差别很大，可根据性能参数、功能及用途等为标准进行分类，以便于根据实际情况合理选用。

图3.52 交换机

（1）以外形尺寸划分

按照交换机的外形尺寸和安装方式，可以划分为机架式交换机和桌面式交换机。机架式交换机是指外形规格符合48.26cm（19in）的工业标准，可以安装在48.26cm（19in）机柜内的交换机上。该类交换机以16口、24口或48口为主流，适合于大中型网络。桌面式交换机是指直接放置于桌面使用的交换机，该类交换机大多数以8～16口为主流，适用于小型网络。

（2）以端口速率划分

以交换机端口的传输速率为标准，可以将交换机划分为快速以太网交换机、千兆以太网交换机和万兆以太网交换机。快速以太网交换机的端口速率全部为100Mbit/s，大多数为固定配置交换机，通常适用于接入层。为了避免网络瓶颈，实现与汇聚层交换机的连接，有些快速交换机会配置1～4个1000Mbit/s端口。千兆以太网交换机的端口和插槽全部为1000Mbit/s，通常用于汇聚层或核心层。千兆以太网交换机的端口类型主要包括：1000Base-T双绞线端口、1000Base-SX光纤端口、1000Base-LX光纤端口、1000Mbit/s GBIC插槽和1000Mbit/s SFP插槽。万兆以太网交换机是指拥有10Gbit/s以太网端口或插槽的交换机，通常用于汇聚层或核心层。万兆端口主要以10Gbit/s插槽方式提供。

（3）以所处的网络位置划分

根据在网络中的位置和担当的角色，可以将交换机划分为接入层交换机、汇聚层交换机和核心层交换机。接入层交换机也称为工作组交换机，一般拥有24～48个100Base-TX端口，用于实现计算机等设备的接入。接入层交换机通常为固定配置。汇聚层交换机也称为骨干交换机或部门交换机，是面向楼宇或部门的交换机，用于连接接入层交换机，并实现与核心交换机的连接。汇聚层交换机可以是固定配置，也可以是模块化配置，一般配有光纤端口。核心层交换机也称为中心交换机或高端交换机，全部采用模块化结构，可作为网络骨干构建高速局域网。核心层交换机不仅具有较高的性能，而且具有硬件冗余和软件可伸缩性等特点。

（4）以协议层次划分

根据能够处理的网络协议所处的ISO/OSI-RM的最高层次，可以将交换机划分为第2层交换机、第3层交换机和第4层交换机。第2层交换机只能工作在数据链路层，根据数据链路层的MAC地址完成端口到端口的数据交换，它只需识别数据帧中的MAC地址，通过MAC地址表来转发数据帧。第2层交换机虽然也能划分子网，限制广播、建立虚拟局域网，但它的控制能力较弱，灵活性不够，也无法控制流量，缺乏路由功能，因此，只能作为接入层交换机。第3层交换机除具有数据链路层功能外，还具有第3层的路由功能。当网络规模较大，以至于不得不划分虚拟局域网，以减小广播造成的影响时，可以借助于第3层交换机的路由功能，实现虚拟局域网间数据包的转发。在大型网络中，核心层通常采用第3层交换机。第4层交换机工作在传输层以上，一般部署在应用服务器群的前面，将不同应用的访问请求直接转发到相应的服务器所在的端口，从而实现对网络应用的高速访问，优化网络应用性能。

另外，也可以根据是否被管理为标准，将交换机划分为智能交换机与傻瓜交换机；还可以以交换机的结构为标准划分为固定配置交换机和模块化交换机等。

4. 交换机的性能及其选用

交换机作为网络连接的主要设备，决定着网络的性能。随用户单位规模大小不同，网络的结构也有很大差别，需要视具体情况选用交换机。但是为了让网络能承担大量的数据传输且能持久稳定、安全可靠，必须选用性能优异，且价格适宜的交换机。

考虑到交换机主要性能指标以及新技术的发展趋势，在实际中应重点考虑以下性能指标。

1）背板带宽、2/3 层交换吞吐率。这个参数决定着网络的实际性能，不管交换机功能有多少，管理多方便，如果实际吞吐率较低，网络只会变得阻塞不堪。所以这个参数是很重要的。背板带宽包括交换机端口之间的交换带宽，端口与交换机内部的数据交换带宽和系统内部的数据交换带宽。2/3 层交换吞吐率表现了 2/3 层交换的实际吞吐率，这个吞吐率应该大于等于交换机∑（端口×端口带宽）。

对于核心交换机所配置的每个插槽的交换背板带宽不能小于 48Gbit/s；数据交换转发能力应大于 550Mbit/s；背板交换能力应大于 800Mbit/s；支持带宽管理，可以对不同业务进行最大使用带宽的限制和最小使用带宽的保证。

2）虚拟网类型和数量。一个交换机支持虚拟网类型和数量的多少，将会影响网络拓扑的设计与实现。对于核心交换机支持 VLAN，并支持基于端口、MAC 地址、IP 地址、协议、用户认证 VLAN 等 4 种以上，VLAN 数目大于等于 3000。

3）Trunking。目前交换机都支持 Trunking 功能。

4）交换机端口数量及类型。不同的应用环境有不同的需要，应视具体情况而定。对于核心交换机一般要求配置 32 口千兆位光纤模块、48 口 100/1000M 电口模块，所配模块需具备分布交换能力，并配置相应的 GB IC 千兆位光纤模块；支持万兆以太网接口。

5）支持网络管理的协议和方法。对于核心交换机所支持的协议类型应包括：IP、IPv6、RIP/RIP2、OSPF、BGP-4 等多种路由协议；能够支持 PIMV1.0、PIMV2.0、DVMRP2.0、IGMP、IGMP Snooping 组播协议。

6）能否支持 QoS、802.1q 优先级控制、802.1X、802.3X 协议；支持 Console/telnet、Web、SNMP 和远端的系统维护；支持用户认证与授权服务。这些功能有利于提供更好的网络流量控制和用户管理，应该考虑选用具有这些功能的交换机。

7）堆叠的支持。主要参数有堆叠数量、堆叠方式、堆叠带宽等。当用户量增加后，堆叠就显得非常重要了。

8）交换机的交换缓存和端口缓存、主存、转发时延等也是相当重要的参数。对于核心交换机，MAC 地址表深度不应小于 256KB。

9）对于第 3 层交换机来说，802.1d 跨越树也是一个重要参数。这个功能可以让交换机学习到网络结构，对提高网络性能也有很大帮助。

10）第 3 层交换机还有一些重要的参数，如启动其他功能时 2/3 层能否保持线速转发、路由表大小、访问控制列表大小、对路由协议的支持情况、对组播协议的支持情况、包过滤方法、扩展能力等都是值得考虑的，应根据实际情况确定。

3.5.4 路由器

路由器（Router）是网络之间互联的设备。如果说交换机的作用是实现计算机、服务器等设备之间的互连，从而构建局域网的话，那么，路由器的作用则是实现网络与网络之间的互联，从而组成更大规模的互联网。目前，任何一个有一定规模的计算机网络（如企业网、园区网等），无论采用的是快速以大网技术、FDDI 技术，还是光以太网技术，都离不开路由器，否则就无法正常运行和管理。

1. 路由器的基本组成

从本质上讲，路由器就是一台专用的计算机，有两个或两个以上的网络接口卡（NIC）连接两个以上的网络，在它所连接的网络之间转发数据包。路由器由硬件和软件两大部分组成。

（1）路由器的硬件

路由器的硬件基本组成如图 3.53 所示，主要包含输入端口、交换开关、路由表、转发引擎、路由处理器和输出端口等组成部分。路由器与普通计算机不同，路由器中没有硬盘，所以要有 Flash 和 NVRAM 存储器，它们都是非易失性存储器。Flash 的容量相对较大，用于存放操作系统软件；NVRAM 的容量相对较小，用于存放配置数据。

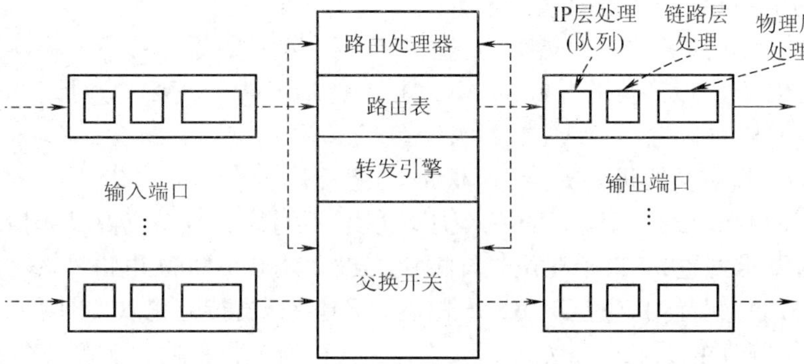

图 3.53 路由器的组成结构

1）输入端口。输入端口是物理链路和输入数据报的入口。端口通常由线卡提供，一块线卡一般支持 4、8 或 16 个端口，一个输入端口具有许多功能：①进行数据链路层的封装和解封装；②在转发表中查找输入数据报目的地址从而决定目的端口（称为路由查找），路由查找可以使用一般的硬件来实现，或者通过在每块线卡上嵌入一个微处理器来完成；③提供服务质量（QoS），端口要把收到的数据报分成几个预定义的服务级别。端口的再一个功能是运行诸如串行线网际协议（SLIP）和点对点协议（PPP）或者诸如点对点隧道协议（PPTP）。一旦路由查找完成，需用交换开关将数据报送到其输出端口。如果路由器是输入端加队列的，则有几个输入端共享同一个交换开关。这样输入端口的最后一个功能是参加对公共资源（如交换开关）的仲裁协议。

2）交换开关。交换开关用于连接多个网络接口，在路由处理器的控制下提供高速数据通路，IP 数据报由输入端口到输出端口的转发通过交换开关实现。可以使用多种不同的技术实现交换开关，迄今为止使用最多的交换开关技术是总线交换、交叉开关交换和共享存储器。最简单的交叉开关使用一条总线来连接所有输入和输出端口，总线交换开关的缺点是其交换容量受限于总线的容量以及为共享总线仲裁所带来的额外开销。交叉开关通过开、关提供多条数据通路，具有 $N \times N$ 个交叉点的交叉开关可以被认为具有 $2N$ 条总线。如果一个交叉开关是闭合，输入总线上的数据在输出总线上可用，否则不可用。交叉开关的闭合与打开由调度器来控制，因此调度器限制了交叉开关的速度。在共享存储器路由器中，进来的数据包被存储在共享存储器中，所交换的仅是数据包的指针，以提高交换容量，但开、关的速度受限于存储器的存取速度。

3）路由表。路由表是路由器中一个非常重要的数据结构，它包含了IP数据报转发路径的正确信息，在路由处理模块和转发引擎之间起着承上启下的作用。在转发引擎的控制下，数据包从输入端口经过交换开关送到输出端口输出。路由表可以静态或动态建立。通常，路由表首先建立一个初始路由表。有时初始路由表也可以在启动时通过读取存储器中存储的初始路由表来完成。该初始路由表包含了通过网络到达每个网段的每条可能路径的数据库。初始路由表中的信息由网络管理员提供，可能包含与该路由器所连接的网络有关的信息，也可能是一些到达远端网络的路由。一旦初始路由表驻留在存储器中，路由器随后就必须对它的连接拓扑结构的变化做出反应。

4）转发引擎。转发引擎是高性能路由器的重要组成部分，能够在极短的时间内、准确地按照输入数据报的目的地址查找路由表，从而决定目的端口，完成各种类型报文的转发。

5）路由处理器。路由处理器执行路由协议，维护路由信息与路由表，并运行对路由器进行配置和管理的软件。同时，它还处理那些目的地址不在路由表中的数据包。无论在中低端路由器还是在高端路由器中，路由处理器都是路由器的心脏。通常在中低端路由器中，路由处理器负责交换路由信息、路由表查找以及转发数据包。在路由器中，路由处理器的能力直接影响路由器的吞吐量（路由表查找时间）和路由计算能力（网络路由收敛时间）。在高端路由器中，通常分组转发和查表由ASIC芯片完成，路由处理器只实现路由协议、计算路由以及分发路由表。

6）输出端口。输出端口在数据报被发送到输出链路之前对数据报存储，可以实现复杂的调度算法以支持优先级等要求。与输入端口一样，输出端口同样要能支持数据链路层的封装和解封装，以及许多较高级协议。

（2）路由器的软件

与所有的计算机一样，没有软件路由器是无法正常工作的。路由器的软件主要包括自举程序、路由器操作系统、配置文件和路由器管理程序等。

1）自举程序。自举程序也称为BootStrap，被固化在路由器的ROM中。在系统加电自检后，BootStrap载入操作系统并完成路由器的初始化工作。

2）路由器操作系统。路由器操作系统用来调度路由器各部分的运行。路由器厂商对其称谓各不相同，例如，Cisco叫做网络互联操作系统（IOS）。IOS提供了命令行接口（CLI），借助于CLI可以对路由器进行配置、运行维护管理。不同型号的路由器、不同版本的IOS的大部分CLI命令格式基本相同。

3）配置文件。对路由器进行配置后，所有的参数都以文件的形式保留在路由器的内存中，称为运行配置文件。当路由器关机或重新启动后，运行配置文件将会丢失。通过CLI命令，可以将内存中的运行配置文件备份在NVRAM中，称为启动配置文件，也称为备份配置文件。路由器断电后启动配置文件不会丢失，下次启动时，可以将启动配置文件自动加载到内存中，生成运行配置文件，而不必重新进行配置。

4）路由器管理程序。这是厂家随系统提供的实用管理程序，可以方便对路由器进行配置和管理。如 Cisco 提供的可以嵌入 Cisco 路由器内部的图形化设备管理软件（SDM）、对话式初始设置程序（SET）等。

2. 路由器的工作原理及功能

互联网由各种各样的异构网络组成，路由器是其中非常重要的组成部分。按照 ISO/OSI-RM，路由器工作在网络层，是一种连接多个网络或网段的网络互联设备，它为不同网络之间的用户提供最佳的通信路径，因此路由器有时俗称为“路径选择器”。路由器主要完成网络层中继的任务，其功能是：①数据包转发和路由选择；②建立、实现和终止网络连接；③在一条物理数据链路上实现复用多条网络连接；④差错检测与恢复；⑤排序、流量控制；⑥服务选择；⑦网络管理。其中连接不同的网络、路由选择和数据包转发是其重要的功能。

（1）连接网络

一般说来，异种网络互联与多个子网互联都应采用路由器来完成。路由器能将不同网络或网段之间的数据信息进行“翻译”，以使它们能够相互“读”懂对方的数据含义，从而构成一个更大的网络。

从过滤网络流量的角度来看，路由器的作用与交换机非常相似。但与交换机不同，路由器使用专门的软件协议从逻辑上对整个网络进行划分。例如，一台支持 IP 的路由器可以把网络划分成多个子网段，只有指向特殊 IP 地址的网络流量才可以通过路由器。对于接收到的每一个数据包，路由器都会重新计算其校验值，并写入新的物理地址。因此，使用路由器转发和过滤数据的速度往往要比只查看数据包物理地址的交换机慢一些。但是，对于那些结构复杂的网络，使用路由器可以提高网络的整体效率。路由器的另外一个明显优势就是可以自动过滤网络广播。

（2）路由选择和数据包转发

路由选择是路由器最重要的功能。所谓路由就是指通过相互连接的网络把数据信息从源节点传送到目的节点的活动。一般说来，在路由过程中，信息至少会经过一个或多个中间节点。路由器使用路由协议来获得网络信息，采用基于“路由矩阵”的路由算法和准则来选择最优路由。在互联网上数据交换的一个基本要求是每个节点都具有可达的唯一地址。在 Internet 中使用的地址是 32 位的 IP 地址，该地址由网络号和主机号组成。IP 地址分为以下 3 类：

1）A 类地址：使用 7 位标识网络，24 位用来规定网络上的主机。

2）B 类地址：使用 14 位标识网络，16 位用来标识主机。

3）C 类地址：使用 21 位标识网络，8 位用来标识主机。

规定了 IP 地址之后，接下来便是如何选择路由将数据分组转发到目的地址。路由选择涉及规定路由选择参数以及如何获得这些参数。路由器在选择路由时，常用的算法有两种：①距离向量；②链路状态。前一种由路由选择信息协议（RIP）使用，后一种由开放式最短路径优先协议（OSPF）使用。

路由器要为经过它的每个数据包寻找一条最优传输路由，并将该数据包有效地传送到目的节点。路由器通过路由决定数据的转发。转发策略称为路由选择（Routing），这也是路由器名称的由来（Router，转发者）。为了完成路由选择工作，路由器利用路由表（Routing Table）为数据传输选择路由，路由表包含网络地址、网上路由器的个数和下一个路由器的名字等内容。路由器利用路由表查找数据分组从当前位置到目的地址的正确路由。如果某一网络路由发生故障或拥塞，路由器可选择另一条路由，以保证数据分组的正常传输。路由表可以是由系统管理员固定设置好的，也可以由系统动态修改，由路由器自动调整，也可以由主机控制。

3. 路由器的类型

路由器的类型很多，可以从不同的角度进行划分，譬如按照协议划分，可分为单协议路由器和多协议路由器等。在此，仅从路由器所处的位置及作用予以介绍。

（1）接入路由器

接入路由器是指将局域网用户接入到广域网中的路由器设备，局域网用户接触最多的是接入路由器。只要有 Internet 的地方，就会有路由器。如果用户通过局域网共享线路联入 Internet，就一定要使用路由器。

接入路由器连接家庭或 Internet 服务提供商（ISP）内的小型企业用户。接入路由器不仅仅提供 SLIP 或 PPP 连接，还支持诸如 PPTP 和 IPSec 等网络协议。有的读者可能会心生疑问：我是通过代理服务器上网的，不用路由器不也能接入 Internet 吗？其实代理服务器也是一种路由器，一台计算机插入网卡，加上 ISDN（或 MODEM 或 ADSL），再安装上代理服务器软件，事实上就已经构成了路由器。只不过代理服务器是用软件实现路由功能，而路由器是用硬件实现路由功能，就像 VCD 解压软件和 VCD 机的关系一样，结构虽然不同，但功能却相同。

（2）企业级路由器

与接入路由器相比，企业级路由器用于连接一个校园或企业内成千上万的计算机，一般普通的局域网用户难以接触到。企业级路由器支持的网络协议多、速度快，要处理各种类型的局域网，不仅支持多种协议，包括 IP、IPX 和 Vine，还要支持防火墙、分组过滤、虚拟网（VLAN）以及大量的管理和安全策略等。

企业级路由器连接许多计算机系统，其主要目标是以尽量简单的方法实现尽可能多的端点互连，并支持不同的服务质量。许多现有的企业网络都是由 Hub 或网桥连接起来的以太网段。尽管这些设备价格便宜、易于安装、无需配置，但它们不支持服务等级。相反，有路由器参与的网络能够将机器分成多个碰撞域，并因此能够控制一个网络的大小。此外，路由器还支持一定的服务等级，至少允许分成多个优先级别。

（3）骨干级路由器

骨干级路由器实现企业级网络的互联。只有工作在通信等部门的技术人员，才能有机会接触到骨干级路由器。Internet 目前由几十个骨干网构成，每个骨干网服务几千个小网络，对它的要求是速度高、可靠性好，而成本代价则处于次要地位。骨干级 IP 路由器的主要性能瓶颈是在路由表中查找某个路由所耗费的时间。当收到一个数据分组时，输入端口在路由表中查找该数据分组的目的地址以确定其目的端口，当数据分组越短或者当数据分组要发往许多目的端口时，势必增加路由查找的代价。因此，将一些常访问的目的端口放到缓存中能够提高路由查找的效率。不管是输入缓冲还是输出缓冲路由器，都存在路由查找的瓶颈问题。除了性能瓶颈问题，路由器的稳定性也是一个非常重要的问题。

对于骨干网上的路由器，连接着长距离骨干网上的 ISP 和企业网络，计算机终端系统通常是不能直接访问的。Internet 的快速发展无论是对骨干网、企业网还是接入网都带来了不同的挑战。骨干网要求路由器能对少数链路进行高速路由转发。企业级路由器不但要求端口数目多、价格低廉，而且要求配置简单方便，并提供服务质量保障（QoS）。

（4）新一代路由器

路由器的发展有起有伏。20世纪90年代中期，传统路由器成为制约Internet发展的瓶颈。这时ATM交换机取而代之，成为IP骨干网的核心，路由器变成了配角。进入20世纪90年代末，Internet规模进一步扩大，流量每半年翻一番，ATM网又成为瓶颈，路由器东山再起，吉比特路由器在1997年面世后，人们又开始以吉比特路由器取代ATM交换机，架构了以路由器为核心的骨干网。

目前，高速路由器有吉比特交换路由器和太比特交换路由器。商品化路由器的交换带宽可高达25Gbit/s，支持1G/10Gbit/s的以太网接口和OC3/12/48/192等POS（Packet Over SDH）接口，时延和时延抖动为微秒数量级。另外，高性能交换路由器还通过优先级控制等措施，从尽力而为的服务向提供QoS的服务发展。

由于多媒体等在网络中的应用发展，以及高速以太网等新技术的不断涌现，网络的带宽与速率飞速提高，传统路由器已不能满足人们的要求。因为传统路由器的分组转发均基于软件，在转发过程中对分组的处理要经过许多环节，转发过程复杂，使得分组转发的速率较慢。另外，由于路由器是网络互联的关键设备，是网络之间进行通信的一个“关口”，对其安全性有很高的要求，因此路由器中各种附加的安全措施也增加了CPU的负担，这样就使得路由器成为整个Internet的瓶颈。

在未来Internet使用的3种核心技术中，光纤和DWDM都已经是很成熟的技术。如果没有与现有的光纤技术和DWDM技术提供的原始带宽对应的路由器，新的网络基础设施将无法从根本上改善性能，因此开发高性能的太比特路由器，以及光路由器已经成为迫切要求。

目前，正在研发新一代路由器，如太比特路由器、可编程虚拟化路由器等。新一代路由器使用转发缓存来简化数据分组的转发操作。在快速转发过程中，只需对一组具有相同目的地址和源地址的数据分组的前几个进行传统的路由转发处理，并把成功转发的数据分组的目的地址、源地址和下一个路由器地址放入转发缓存中。当其后的数据分组要进行转发时，首先查看转发缓存，如果该数据分组的目的地址和源地址与转发缓存中的匹配，则直接根据转发缓存中的下一个路由器地址进行转发，而无须经过传统的复杂操作。这样可减轻路由器的负担，实现提高路由器吞吐率的目标。在未来互联网研究的热点中，已经提出了一种支持未来网络创新的可编程虚拟化路由器。这种可编程虚拟化路由器面临性能、虚拟化和可编程等技术挑战。

4. 路由器的主要性能指标及其选用

衡量路由器的性能指标有许多。从专业技术的角度讲，主要是从以下几个方面评价路由器的性能。

1）全双工线速转发能力。路由器最基本且最重要的功能是数据包转发。在同样端口速率下转发小数据包是对路由器包转发能力最大的考验。全双工线速转发能力是指以最小包长（以太网64B、POS口40B）和最小包间隔（符合协议规定）在路由器端口上双向传输同时不引起丢包为标准。该指标是路由器性能的重要指标。

2）设备吞吐率。设备吞吐率指路由器整机分组转发能力，是衡量路由器性能的重要指标。设备吞吐率通常小于路由器所有端口吞吐率之和。

3）端口吞吐率。端口吞吐率是指单位时间内转发数据包的数量，通常以pps（包每秒）为单位。吞吐率衡量路由器在某端口上的数据包转发能力。通常采用两个相同速率接口测试。

4）背靠背帧数。背靠背帧数是指以最小帧间隔发送最多数据包不引起丢失时的数据包数量。该指标用于测试路由器缓存能力。

5）路由表能力。路由器通常依靠所建立及维护的路由表来决定如何转发。路由表能力是指路由表内所容纳路由表项数量的极限。由于 Internet 上执行 BGP 的路由器通常拥有数十万条路由表项，所以该项指标也是路由器性能的重要体现。

6）丢包率。丢包率是指测试中所丢失数据包数量占所发送数据包的比值，通常在吞吐率范围内测试。丢包率与数据包长度以及发送频率相关。

7）时延。时延是指数据包第一个比特进入路由器到最后一个比特从路由器输出的时间间隔。在测试中通常使用测试仪表发出测试数据包到收到数据包的时间间隔。时延与数据包长相关，通常在路由器端口吞吐率范围内测试，超过吞吐率测试该指标没有意义。

8）时延抖动。时延抖动是指时延变化。数据业务对时延抖动不敏感，当 IP 出现多业务，包括语音、视频业务时，才有测试该指标的必要性。

9）VPN 支持能力。通常路由器都能支持 VPN，其性能差别一般体现在所支持 VPN 数量上。专用路由器一般支持 VPN 的数量较多。

10）无故障工作时间。该指标按照统计方式指出设备无故障工作的时间。通常无法测试，可以通过主要器件的无故障工作时间计算，或者根据大量相同设备的工作情况计算。

若从使用的角度看，通常首先考虑路由器是否是模块化结构。模块化结构的路由器一般可扩展性较好。路由器能支持的接口种类体现了路由器的通用性。常见的接口类型有：通用串行接口（通过电缆转换成 RS 232 DTE/DCE 接口、V. 35 DTE/DCE 接口、X. 21 DTE/DCE 接口、RS 449 DTE/DCE 接口和 EIA530 DTE 接口等）、10Mbit/s 以太网接口、快速以太网接口、10/100Mbit/s 自适应以太网接口、千兆位以太网接口、ATM 接口、令牌环接口、FDDI 接口、E1/T1 接口、E3/T3 接口、ISDN 接口等。然后考察用户的可用槽数，该指标指模块化路由器中除 CPU 板、时钟板等必要系统板及系统板专用槽位外，用户可以使用的插槽数。路由器的内存也是需要关注的。路由器中可能有多种内存，例如 Flash、DRAM 等。内存用做存储配置、路由器操作系统、路由协议软件等。在中低端路由器中，路由表可能存储在内存中。通常说来路由器内存越大越好（不考虑价格）。但是与 CPU 能力类似，内存同样不直接反映路由器的性能；因为高效的算法与优秀的软件可节约内存。

另外，还有许多衡量路由器的其他指标，如热插拔组件、网络管理能力等。由于路由器通常要求 24h 工作，所以更换部件不应影响路由器工作。部件热插拔是路由器 24h 工作的保障。网络管理能力是指网络管理员通过网络管理程序对网络上资源进行集中化管理的操作，包括配置管理、记账管理、性能管理、差错管理和安全管理等。路由器所支持的网管程度体现路由器的可管理性与可维护性。

思考与练习题

1. 简述综合布线系统中常用的接续设备有哪些？
2. 对绞电缆连接器包括哪些部分？它们的针脚和对绞电缆的线对是如何确定的？
3. 常见的信息模块分为哪几种类型？
4. 简述对绞电缆连接系统的连接器件组成。

5. 对绞电缆配线架有哪几种形式?
6. 简述光纤连接系统的连接器件组成。
7. 什么是光纤连接器?其基本结构由哪几部分组成?
8. 常见的光纤连接器有哪几种类型?各有什么特点
9. 光纤连接器的主要技术指标有哪些?
10. 什么是光分路器?它有什么用途?光分路器常见类型有哪些?
11. 什么是光衰减器?它有什么用途?光衰减器有哪两种类型?
12. 光纤配线架的基本功能有哪些?
13. 简述电子配线架的概念。它具有哪些基本功能?
14. 在实际综合布线工程中,常用哪些网络连接设备?
15. 交换机的哪些性能指标影响数据转发时延?
16. 根据在网络中的位置和所起的作用,路由器可分为哪几类?

第 4 章　信道传输特性

无论是电信号还是光信号，都要通过信道才能从信源传送到信宿。从研究数据传输的观点来说，信道的范围除包括传输介质外，还可以包括有关的变换装置，比如发送设备、接收设备、调制解调器等。不同的传输介质有不同的传输特性和性能规范；它们不仅是综合布线系统测试的依据，也是设计综合布线系统时要考虑的重要指标。本章的任务主要是分析讨论数据通信系统中信道的传输特性及其主要技术指标。

4.1　信道传输特性的概念

数据通信系统由终端设备系统、数据传输系统和数据处理系统三部分组成。其中，数据传输系统又由传输信道及两端的数据电路终接设备构成。由于数据通信质量不但与传送的信号、发/收两端设备的特性有关，而且还要受到传输信道质量及噪声干扰的影响，所以传输信道是影响通信质量的重要因素之一。因此，在设计或评价综合布线系统性能时，经常要用到数据通信中的许多基本概念，如信道、带宽、数据传输速率等，要涉及信道的传输特性，否则就无法衡量其性能的优劣。

4.1.1　信道和链路

1. 信道和链路的概念

信道（Channel）是通信系统中必不可少的组成部分。通俗地说，信道是指以传输介质为基础的信号通路。具体地说，信道是指由有线或无线电线路提供的信号通路；抽象地说，信道是指定的一段频带，它让信号通过，同时又给信号以限制和损害。信道的作用是传输信号。

在数据通信系统中，对信道可以从下面两种不同的角度进行理解：一种是将传输介质与完成信号变换功能的设备都包含在内，统称为广义信道。由于这是一种扩大了范围的说法，因此还要根据具体的研究对象和所关心的问题，定义出不同类型的广义信道。例如，在研究调制解调问题而要求了解已调信号通过信道传输后的信号特性时，则可从调制器输出端到解调器的输入端，包括所有设备和传输介质在内，并称此广义信道为调制信道。又如，在研究编码、译码问题时，也同样可以定义一种广义信道：编码信道。显然，这种做法对简化所研究的问题十分有利。另一种是仅指传输介质（如对绞电缆、同轴电缆、光纤、微波、短波等）本身，这类信道称为狭义信道。虽然在论述通信原理时常采用广义信道这一术语，但通常总是把信道看做是以信号传输介质为基础的信号通路，即采用狭义信道的概念。狭义信道尚可更深入地定义为：能够传输信号的任何抽象的或具体的信息传输路径。

对信道分类的方法很多，按照信道所采用传输介质的不同，可将信道分为有线信道和无线信道。有线信道是以有形的导向传输介质为传输介质的信道。有线信道的传输介质包括对绞电缆、同轴电缆、光导纤维（光缆）及波导等。无线信道是以非导向传输介质（即宇宙空间）为传输介质的信道。无线信道的传输介质比较多，它包括中长波地表波传播、超短波及微波视距传播（含卫星中继）、短波电离层反射、超短波流星余迹散射、对流层散射、电离层散射、超短波超视距绕射、波导传播、光波视距传播等。可以这样认为，凡不属有线信道的传输介质均为无线信道的传输介质。

从综合布线系统的角度讲，信道是指连接两个应用设备的端到端的传输通道，它包括了设备电缆、设备光缆、工作区电缆和工作区光缆。综合布线系统的信道是有线信道。链路（Link）与信道有所不同，它在综合布线系统中是指两个接口间具有规定性能的传输路径，其范围比信道小。在链路中既不包括两端的终端设备，也不包括设备电缆（光缆）和工作区电缆（光缆）。

2. 布线系统信道、永久链路、CP链路构成模型

如图4.1所示是布线系统信道、永久链路、CP链路构成模型。综合布线系统信道由最长为90m水平缆线、最长10m的跳线和设备缆线及最多4个连接器件组成；永久链路（Permanent Link）则由90m水平缆线及3个连接器件组成，它是信息点（TO）与楼层配线设备（FD）之间的传输线路。不难看出，永久链路不包括工作区缆线和连接楼层配线设备的设备缆线、跳线，但可以包括一个CP链路。CP链路（CP Link）是楼层配线设备（FD）与集合点（CP）之间的传输线路，包括了各端的连接器件在内的永久性的链路。集合点（Consolidation Point，CP）是指楼层配线设备与工作区信息点之间水平缆线路由中的连接点。楼层配线设备（Floor Distributor，FD）是终接水平电缆、水平光缆和其他布线子系统缆线的配线设备。

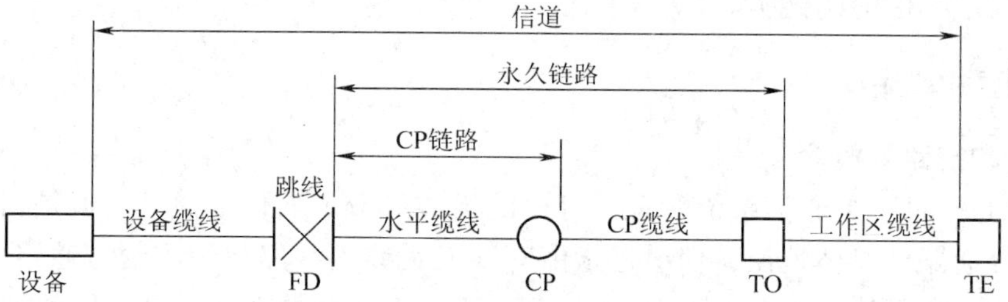

图4.1 布线系统信道、永久链路、CP链路构成模型

3. 光纤信道构成方式

根据光纤信道OF—300、OF—500和OF—2000的3个等级，光纤信道有以下3种构成方式。

1）由水平光缆和主干光缆至楼层电信间的光纤配线设备经光纤跳线连接构成，如图4.2所示。

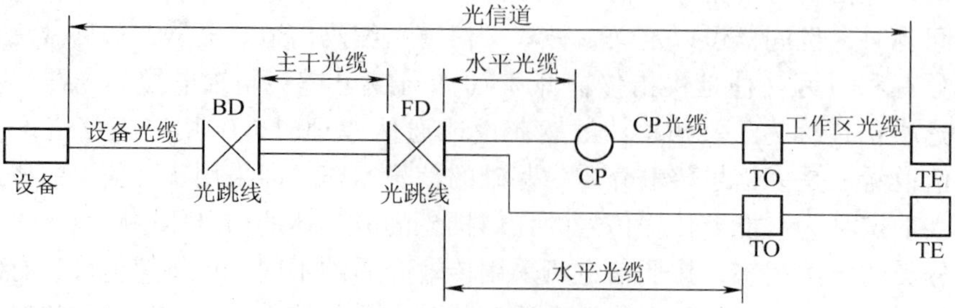

图4.2 光缆经电信间经光纤跳线连接

2）由水平光缆和主干光缆在楼层电信间做端接（熔接或机械连接）构成，FD 只设光纤之间的连接点，如图 4.3 所示。

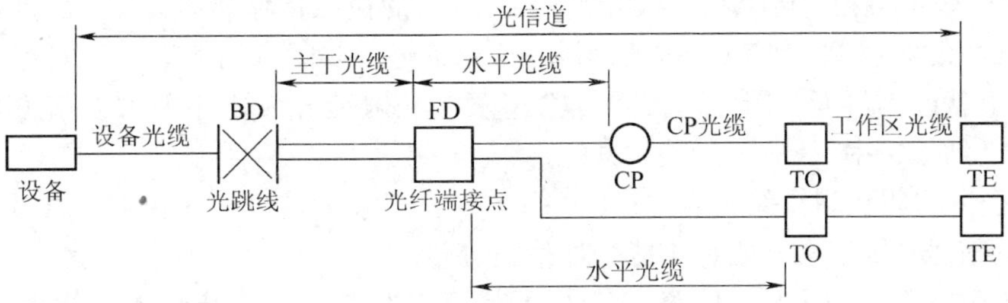

图 4.3　光缆在电信间做端接

3）由水平光缆经过电信间直接连接至大楼设备间光配线设备构成，FD 安装于电信间，只作为光缆路径的场合，如图 4.4 所示。

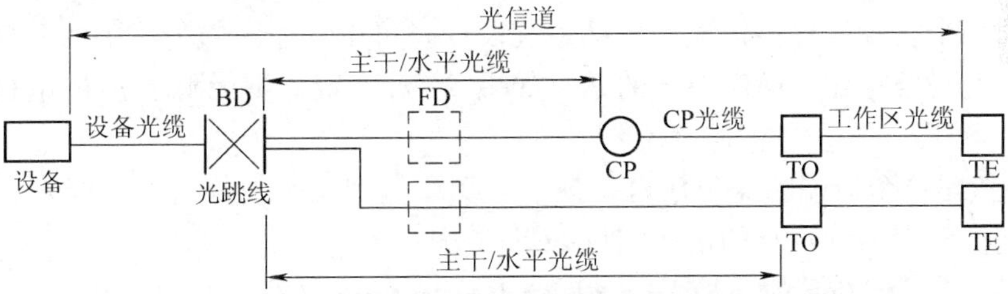

图 4.4　光缆经电信间直接连接至设备间

4. 信道容量

对任何一个网络通信系统而言，人们总希望它通信效率高，又有高可靠性。但这两项指标却是相互矛盾的。也就是说，在一定的物理条件下，提高其通信效率，就会降低它的通信可靠性。数据通信设计者总是在给定的信道环境下，千方百计地设法提高信息传输速率，同时又尽量降低误码率。那么，对于给定的信道环境，信息传输速率与误码率之间是否存在某种关系？或者说，在一定的误码率要求下，信息传输速率是否存在一个极限值呢？信息论证明了这个极限值的存在，并给出了计算公式。这个极限值称为信道容量。信道容量可定义为：对于一个给定的信道环境，在传输差错率（即误码率）趋近于零的情况下，单位时间内可以传输的信息量。换句话说，信道容量是信道在单位时间里所能传输信息的最大速率，单位为比特/秒（bit/s）。

信息论中的香农（C. E. Shannon）定律给出了有扰模拟信道容量的计算公式。设信道（调制信道）的输入端加入单边功率谱密度为 n_0(W/Hz) 的加性高斯白噪声，信道的带宽为 B(Hz)，信号功率为 S(W)，则通过这种信道无差错传输的最大信息传输速率 C 为

$$C = B\log_2\left(1+\frac{S}{n_0B}\right)$$

令 $N = n_0B$

$$C = B\log_2\left(1+\frac{S}{N}\right)$$

式中，将 S/N 称为信噪比，则 C 是用 bit/s 表示的信道容量，称为香农容量。

信道容量给出了信道所能传输的最大信息传输速率（即能达到的最大传输能力）与信道带宽 B 和信噪比 S/N 之间的关系。

香农公式表明，在给定 B、S/N 的情况下，信道的极限传输能力为 C，而且此时能够做到无差错传输（即差错率为零）。这就是说，如果信道的实际传输速率大于 C 值，则无差错传输在理论上就已不可能。因此，实际传输速率（一般地）要求不能大于信道容量，除非允许存在一定的差错率。

由香农公式可得出以下结论：

1）提高信号和噪声功率之比，能增加信道容量。

2）当噪声功率 $N \to 0$ 时，信道容量 C 可趋于无穷大。这意味着无干扰信道容量为无穷大。

3）当信道容量 C 一定时，可以用不同的带宽和信噪比的组合（或互换）来传输；即信道容量可以通过系统带宽与信噪比的互换而保持不变。例如，如果 $S/N = 7$，$B = 4000\text{Hz}$，则可得 $C = 12 \times 10^3 \text{bit/s}$；但是，如果 $S/N = 15$，$B = 3000\text{Hz}$，则可得同样数值 C 值。这提示人们，为达到某个实际信息传输速率，在系统设计时可以利用香农公式中的互换原理，确定合适的系统带宽和信噪比。但需指出的是，如果 S、n_0 一定，则无限增大 B 并不能使 C 值也趋于无限大。

例 4.1 考虑一个极端的噪声信道，其中信噪比近似于零。换言之，噪声很强使得信号很微弱。对于该信道，计算它的信道容量如下：

$$C = B\log_2(1 + S/N) = B\log_2(1 + 0) = B\log_2(1) = B \times 0 = 0$$

这就是说，该信道容量是零，与带宽无关。换言之，在该信道上不能发送任何数据。

例 4.2 计算常规电话线路理论上的最高比特率。电话线通常的带宽是 3000Hz（300～3300Hz）；信噪比通常是 3162（35dB）。对于该信道，计算信道容量如下：

$C = 3000\log_2(1 + S/N) = 3000\log_2(1 + 3162)\text{bit/s} = 3000\log_2(3163)\text{bit/s} = 3000 \times 11.62\text{bit/s} = 34860\text{bit/s}$

这就是说，电话线上的最高比特率是 34860bit/s。如果要想更快地发送数据，则应该增加线路的带宽或改善信噪比。

信道传输容量是指信道在一定时间内通过或传输数据的总量。信道最大传输容量仅在理想信道条件下方可实现，而在现实环境下无法达到。系统元器件以及周围环境等因素给信道的传输特性带来一定损害，从而影响综合布线系统的传输性能。综合布线系统中信道的传输性能直接影响通信网络传输比特误码率。

4.1.2 数据传输的主要指标

数据通信的传输特性和通信质量取决于传输介质和传输信号的特性。对于导向传输介质而言，传输特性主要受限于传输介质自身的特性；而对于非导向传输介质，传输特性取决于发送天线生成的信号带宽和传输介质的特性，且前者更为重要。

为了测量传输介质的性能，通常采用的主要指标有带宽（Band Width，BW）或吞吐率（Throughput）、传输速率、频带利用率、时延和波长等。下面讨论介绍这些指标的含义。

1. 带宽或吞吐率

带宽本来是指某个信号具有的频带宽度。由于一个特定的信号往往是由许多不同的频率成分组成的，因此一个信号的带宽是指该信号的各种不同频率成分所占据的频率范围。例如，在传统通信线路上传送电话信号的标准带宽是 3.1kHz（从 300Hz ~ 3300Hz，即语音的频率范围）。然而，在过去很长一段时间，通信主干线路都是用来传送模拟信号的，因此表示通信线路允许通过的信号频带范围就称为线路的带宽（通频带）。对电缆而言，就是指电缆所支持的频率范围。带宽是一个表征频率的物理量，其单位是 Hz。换言之，带宽是用于描述“信息高速公路”的宽度的。增加带宽意味着提高信道的通信能力，增加带宽需要高频。准确地讲，应该是更大的可以利用的频率范围，而且要确保在这种频率下信号的干扰、衰减是可以容忍的。因而对于宽带网络来讲，5 类对绞电缆比同样长度的 3 类对绞电缆具有更大的带宽；而 5e 类、6 类和 7 类对绞电缆则比同样长度的缆线具有更大的带宽。当然，光纤是目前所想到的“最宽”的“信息高速公路”。目前常用对绞电缆带宽等级见表 4.1。

表 4.1　常用对绞电缆带宽等级

电缆级别	支持带宽范围/MHz	电缆级别	支持带宽范围/MHz
5 类	1 ~ 100	6 类	1 ~ 250
5e 类	1 ~ 100	7 类	1 ~ 600

对于光纤来说，带宽指标根据光纤类型的不同而不同。一般认为单模光纤的带宽是无极限的，而多模光纤有确定的带宽极限。多模光纤的带宽根据光纤纤芯的大小和传输波长有所不同。纤芯越小，光纤的带宽指标就越大；传输波长越长，所能提供的带宽就越宽。

显然，带宽越宽传输信号的能力越强。铜缆在超过推荐带宽情况下使用时会造成严重的信号损失（衰减）和串扰；光纤则会造成模态失真，使信号变得难以识别。

正是因为带宽代表数字信号的发送速率，所以带宽有时也称为吞吐率。吞吐率是对数据通过某一点的快慢的衡量。换言之，如果考虑将传输介质上的某一点作为比特通过的分界面，那么吞吐率就是在 1s 内通过这个分界面的比特数。如图 4.5 所示阐释了这个概念。在实际应用中，吞吐率常用每秒发送的比特数（或字节数、帧数）来表示。

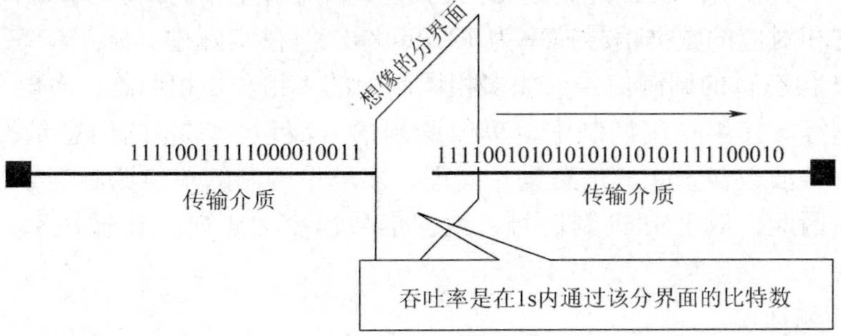

图 4.5　吞吐率

2. 传输速率

传输速率是指单位时间内传送的信息量，它是衡量数据通信系统传输能力的主要指标之一。在数据传输系统中，定义有以下 3 种速率。

（1）调制速率

调制速率表示信号在调制过程中，单位时间内调制信号波形的变换次数，即单位时间内所能调制的次数，简称波特率，其单位是波特（Baud），它是以电报电码的发明者法国人波特（Baud）的名字来命名的。如果一个单位调制信号波的时间长度为 $T(\mathrm{s})$，那么调制速率 R_B定义为

$$R_B(\mathrm{Baud}) = 1/T(\mathrm{s})$$

例如，在一个调频波中，一个“1”或“0”状态的最短时间长度为 $T = 833 \times 10^{-6}\mathrm{s}$，则调制速率为：$R_B = 1/T = 1/(833 \times 10^{-6}) \approx 1200\mathrm{Baud}$。

在数据通信中，单位调制信号波称为码元，因而调制速率也可定义为每秒传输的信号码元个数，故调制速率又称为码元传输速率。

（2）数据信号速率

1）数据信号速率。数据信号速率又称为信息速率，通常称之为传输速率。它表示通过信道每秒传输的信息量，单位是比特/秒，用 bit/s 表示。数据信号速率 R_b可定义为

$$R_b = \sum_{i=1}^{m} \frac{1}{T_i} \log_2 N_i$$

式中，m 表示并行传输的通路数；T_i表示第 i 路一个单位调制信号波的时间长度（用 s 表示）；N_i表示第 i 路调制信号波的状态数。

2）比特和比特/秒。比特（Binary digit）既可作为信息量的度量单位，也可用来表征二进制代码中的位。由于在二进制代码中，每一个“1”或“0”就含有一个比特的信息量，所以表征数据信号速率的单位（bit/s）也就表示每秒钟传送的二进制位数。bit/s 是用来表示传输速率的最常用单位；在速率较高的情况下，还可以使用千比特/秒（Kbit/s）、兆比特/秒（Mbit/s）和千兆比特/秒（Gbit/s）作为单位。1Kbit/s = 1024bit/s，1Mbit/s = 1024Kbit/s，1Gbit/s = 1024Mbit/s。

3）调制速率与数据信号速率的关系。调制速率（Baud）与数据信号速率（bit/s）之间存在一定的关系。由于二进制信号中每个码元包含一个比特（bit）信息，故码元速率和数据信号速率在数值上相等。例如，设二态调频信号的调制速率为 200Baud，此时数据信号速率也是 200bit/s，可见它们在数值上是相同的。又如调制速率为 1200Baud 的二态串行传输的调频波，与它相对应的数据信号速率为 1200bit/s。但在实际中，除了二态调制信号之外，还有多状态（M 状态）的调制信号，如多相调制中的4 相和8 相调制，多电平调幅中的4 电平和8 电平调制等。在4 相制调制中，单位调制信号波包含 2bit 的信息量；在 8 相制调制中，单位调制信号波包含 3bit 的信息量。同理，多电平调制的单位调制信号波里也包含多个比特的信息量。因此，对于 M 进制信号，数据信号速率大于码元传输速率，两者的关系是 $R_b = R_B \log_2 M$。

（3）数据传输速率

数据传输速率，是指信源入/出口处单位时间内信道上所能传输的数据量，在数值上等于每秒传输构成数据代码的二进制比特数，单位为比特/秒，记为 bit/s。

数据传输速率和数据信号速率之间的关系需要考虑用多少比特来表示一个字符。因此，也可以用字符/分作为单位。另外，如果采用起止同步方式传输，还需要考虑在数据以外附加传输的比特数。

例如：在使用数据信号速率为 1200bit/s 的传输电路时，按起止同步方式来传送 ASCII 码数据时，数据传输速率 R_c为

$$R_c = 1200 \times 60/(8+2)(\text{字符/分}) = 7200(\text{字符/分})$$

分母括号中的“2”是在一个字符的前后分别附加的一个起始比特和终止比特。

需要指出的是，在信道上的数据传输速率（Mbit/s）和传输信道的频率（MHz）是截然不同的两个概念。在信噪比固定不变的情况下，数据传输速率表示单位时间内线路传输的二进制位的数量，是一个表征速率的物理量；而传输信道的频率衡量的是单位时间内线路电信号的振荡次数。

以 MHz 为单位的信道带宽与以 Mbit/s 为单位的信息传输能力或数据传输速率之间的基本关系类似于高速公路的行车道数量与车流量的关系。带宽可比作高速公路上行车道的数量，数据传输速率可类比为交通流量或每小时车辆的通过数量。

从上述讨论可知，带宽取决于所用传输介质的质量、每一种传输介质的精确长度及传输技术，传输速率描述在特定带宽下对信息进行传输的能力。带宽与传输速率二者之间有一定的关系，这种关系与编码方式有关，但不一定是一对一的关系。带宽越宽传输越流畅，容许传输的速率越高。某些特殊的网络编码方式能够在有限的频率带宽上高速传输数据。例如 ATM155，其中 155 是指传输速率，即 155Mbit/s，而实际的带宽只有 80MHz；又如 1000Mbit/s 以太网，由于采用 4 对线全双工的工作方式，对其带宽的要求只有 100MHz。在计算机网络领域，由于设计者关心特定传输介质在满足系统传输性能下的最高传输速率，因此数据传输速率被广泛使用；而在电缆行业中常用的则是带宽。缆线的频带带宽和缆线上传输的数据速率也是两个截然不同的概念，不要将二者混淆。

3. 频带利用率

频带利用率是描述传输速率与带宽之间关系的一个指标，这也是一个与数据传输效率有关的指标。传输数据信号是需要占用一定频带的，数据传输系统占用的频带越宽，传输数据信息的能力就越大。显然，在比较数据传输系统效率时，只考虑它们的数据信号速率是不够充分的。因为即使两个数据传输系统的数据信号速率相同，其通信效率也可能不同，还需看传输相同信息所占用的频带宽度。因此，真正衡量数据传输系统的信息传输效率需要引用频带利用率的概念，即单位传输带宽所能实现的传输速率。频带利用率定义式如下：

$$\eta = R/B$$

式中，R 表示系统的传输速率；B 表示系统所占的频带宽度。

当传输速率采用调制速率 R_B 时，其频带利用率的单位为 Baud/Hz；当传输速率采用数据信号速率 R_b 时，其频带利用率的单位为 bit/(Hz · s)。

显然，传输速率与带宽之间存在着一种直接关系，即信号传输速率越高，允许信号带宽越大；反之，信号带宽越大，则允许信号传输速率越高。

4. 时延

时延或延迟（Delay 或 Latency）是指一个比特或报文或分组从一个链路（或一个网络）的一个节点传输到另一个节点所需要的时间。由于发送和接收设备存在响应时间，特别是计算机网络系统中的通信子网还存在中间转发等待时间，以及计算机系统的发送和接收处理时间，因此，时延由发送时延、传播时延和排队时延几个不同部分组成。

（1）发送时延

发送时延是发送数据所需要的时间。发送时延的计算公式为

$$\text{发送时延} = \text{数据块长度}/\text{信道带宽}$$

信道带宽就是数据在信道上的发送速率，也常称为数据在信道上的传输速率。因此发送时延又称为传输时延。信号传输速率和电磁波在信道上的传播速率是两个完全不同的概念，不可混淆。

（2）传播时延

传播时延是电磁波在信道中传播所需要的时间。传播时延的计算公式是

传播时延 = 信道长度/电磁波在信道上的传播速率

如图4.6所示阐释了传播时延这个概念。电磁波在自由空间的传播速率是光速，即 3.0×10^5km/s。电磁波在介质中的传播速率比在自由空间中略低一些，在电缆中的传播速率约为 2.3×10^5km/s，在光纤中的传播速率约为 2.0×10^5km/s。例如，1000km 长的光纤信道带来的传播时延大约为5ms。

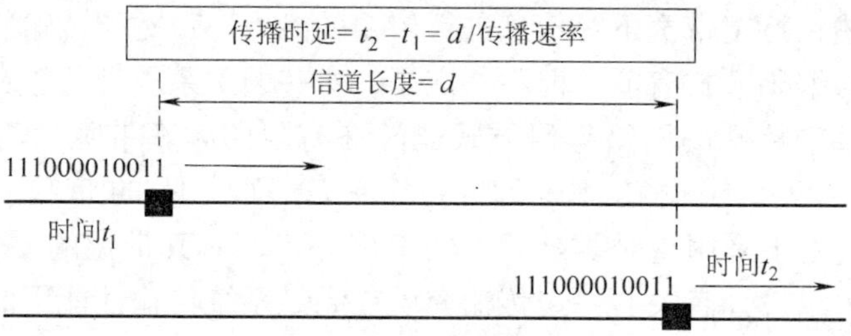

图4.6 传播时延

（3）排队时延

排队时延是指数据在交换节点的缓存队列中排队等候发送所经历的时间。这种时延的大小主要取决于网络中当时的数据流量。当网络的数据流量很大时，还会发生队列溢出，使数据丢失，这相当于排队时延为无穷大。

显然，数据传输经历的总时延是以上3种时延之和，即

总时延 = 发送时延 + 传播时延 + 排队时延

需要指出的是，在总时延中，究竟哪一种时延占主导地位，需要具体分析。假若不考虑排队时延，假定有一个100MB的数据块（这里的M显然是指 2^{20}，而B是字节，1B = 8bit）在带宽为1Mbit/s的信道上的发送时延是 $100\times1048576\times8/10^6$s = 838.9s，即将近要用14min才能把这样大的数据块发送完毕。然而，若将这样的数据块用光纤传送到1000km远的计算机时，那么每一个比特在1000km的光纤上只需用5ms就能传送到目的地。因此对于这种情况，发送时延占主导地位。如果将传播距离减小到1km，那么传播时延也会相应地减小到原来数值的千分之一。显然，由于传播时延在总时延中所占比重微不足道，总时延基本上还是发送时延的数值。

假如，要传送的数据仅有一个字节，即在键盘上键入一个字符，也就是8bit。在1Mbit/s的信道上的发送时延是 $8/10^6$s = 0.008ms。显然，当传播时延为5ms时，总时延为5.008ms，在这种情况下，传播时延就决定了总时延的大小。这时，即使提高信道的带宽到1000倍，也就是说将数据的发送速率提高到1Gbit/s，总时延也不能减小多少，这时传播时延占主导地位。同时也表明，不能笼统地认为：“数据的发送速率越高，传送得就越快”。因为数据传送的总时延是由发送时延、传播时延和排队时延3种时延组成的，不能仅考虑其中某一项时延。

5. 波长

波长是信号通过传输介质进行传输的另一个特征。波长将简单正弦波的频率或周期与传输介质的传播速度连在一起。换言之，当信号的频率与传输介质无关时，波长依赖于频率与传输介质。虽然波长可与电信号相伴，但当提到光纤中光的传输时，一般习惯用波长。波长是在一个周期中一个简单信号可以传输的距离。

波长可由已知的传播速度与信号周期来计算：波长 = 传播速度 × 周期。

由于周期与频率彼此互为倒数，因此可写成：波长 = 传播速度 ×（1/频率） = 传播速度/频率。

如果用 λ 表示波长，传播速度用 c 表示，频率用 f 表示，则得到：$\lambda = c/f$。

通常波长以 μm 而不是 m 作为度量单位。例如，空气中红光的波长是

$$\lambda = c/f = (3\times10^{8})/(4\times10^{14}) = 0.75\times10^{-6}\mathrm{m} = 0.75\mu\mathrm{m}$$

由于光在缆线中的传播速度比空气中慢，因而在电缆或光缆中，波长低于 0.5μm。

4.1.3　电磁干扰与电磁兼容性

随着信息时代的高速发展，各种高频通信设施不断出现，相互之间的电磁辐射和电磁干扰也日趋严重。目前，已把电磁干扰看做一种环境污染，并成立专门的机构对电信和电子产品进行管理，制订电磁辐射限值标准，加以控制。同样，在综合布线系统的周围环境中，也不可避免地存在着这样或那样的干扰源，如荧光灯、氩灯、电子启动器或交感性设备，如电梯、变压器、无线电发射机、开关电源、雷达设备、500V 电压以下的电力线路和电力设备等。其中危害最大的是这些设备产生的电磁干扰和电磁辐射。

1. 电磁干扰

电磁干扰（Electro Magnetic Interference，EMI）也称为噪声，指在铜导线中由电磁场引起的电噪声，是电子系统辐射的寄生电能。这里的电子系统指使用电的所有设备，例如铜导线、电动机等，都会产生电磁干扰。这种寄生电能可能在附近的其他电缆或系统上影响综合布线系统的正常工作，降低数据传输的可靠性，增加误码率，使图像扭曲变形、控制信号误动作等。

有多种不同的电磁干扰源，有一些是人工干扰源，一些是自然干扰源。电磁干扰的人工干扰源主要有：电力电缆和设备、通信设备和系统、具有大型电机的大型设备、加热器和荧光灯等。电磁干扰的自然界干扰源主要是静电、闪电等。

电磁干扰可以通过电感、传导、耦合等方式中的任何一种进入通信电缆，导致信号损失。潜在的电磁干扰大部分存在于大型的商业建筑中，在这些地方有很多电气和电子系统共用一个空间。许多系统会产生与操作频率相同或者有部分频率重叠的信号，使系统之间互相干扰。

电磁辐射则涉及常规综合布线系统在正常运行情况下，信息不被无关人员窃取的安全问题或者造成电磁污染。电缆既是电磁干扰的主要发生器，也是接收器。作为发生器，它向空间辐射电磁噪声；电缆也能敏感地接收从其他邻近干扰源所发射的电磁“噪声”。为了抑制电缆的电磁干扰必须采取保护措施。

目前国内外对设备发射电磁干扰及其防御电磁干扰都有相应的标准，规定了最高辐射容限。我国也制订了适合国情的抗电磁干扰的相关标准。

在选择综合布线系统缆线材料时，应根据用户要求，并结合建筑物的周围环境状况进行

考虑，一般应主要考虑抗干扰能力和传输性能，经济因素次之。常用的各种对绞电缆的抗电磁干扰能力参考指标值如下：

1）UTP 电缆（无屏蔽层）：40dB。

2）FTP 电缆（纵包铝箔）：85dB。

3）SFTP 电缆（纵包铝箔，加铜编织网）：90dB。

4）SSTP 电缆（每对芯线和电缆线包铝箔、加铜编织网）：98dB。

5）配线设备插入后恶化不大于 39dB。

在综合布线系统中，通常采用对绞电缆，对绞电缆具有吸收和发射电磁场的能力。测试显示，如果对绞电缆的绞距与电磁波的波长相比很小时，可以认为电磁场在第一个绞节内产生的电流与第二个绞节内产生的电流相同。这样，电磁场在对绞电缆中所产生的影响可以抵消。按照电磁感应原理，很容易确定电缆中电流产生电磁场的方向。第一个绞节内电缆产生的电磁场与第二个绞节内产生的电磁场大小相等、方向相反、相加为零。但这种情况只有在理想的平衡电缆中才能发生。实际上，理想的平衡电缆是不存在的。首先，弯曲会造成绞节的松散；另外，电缆附近的任何金属物体也会形成与对绞电缆的电容耦合，使相邻绞节内的电磁场方向不再完全相反，而会发射电磁波。因此，当周围环境的干扰场强度或综合布线系统的噪声电平高于相关标准规定时，干扰源信号或计算机网络信号频率大于或等于 30MHz 时，应根据其超过标准的量级大小，分别选用 FTP、SFTP、STP 等不同的屏蔽缆线和屏蔽配线设备。

光纤通信系统不易受噪声的影响。光纤以脉冲的形式传输信号，这些信号不会受到电磁干扰能量的影响，因此光纤是高电磁干扰环境下的理想选择。如果电磁干扰很严重以至找不到合理的解决方法时，那么可以选用光缆来取代铜质通信电缆。

2. 电磁兼容性

电磁兼容性（Electro Magnetic Compatibility，EMC）是指系统发出的最小辐射和系统能承受的最大外部噪声，即设备或者系统在正常情况下运行时，不会产生干扰同一空间中其他设备、系统电信号的能力。当所有设备可以共存并且能够在不会引入有害电磁干扰的情况下正常运行，那么这个设备就被认为与另一个设备是电磁兼容的。电磁兼容包括放射、免疫两个方面。

为了让通信系统和电气设备是电磁兼容的，应该选定这些设备并检验它们是否可以在相同的环境下运行，并不会对其他系统产生电磁干扰。同时，需选择不会产生电磁干扰的系统；选择对由其他设备产生的噪声和电磁干扰具有免疫力的系统。

4.2 电缆信道性能指标

按照国家标准 GB 50311—2007、YD/T 1092—2001，并参考国际布线标准 ISO/IEC 11801—2002、ANSI/TIA/EIA 568，描述平衡电缆信道（Balanced Cabling Links）性能的电气特性参数有直流环路电阻、特征阻抗、回波损耗、衰减、串扰、时延等，其中与信道长度有关的参数，如衰减、直流环路电阻、时延等；与对绞电缆纽距相关的参数有：特征阻抗、衰减、串扰和回波损耗等。按照 GB 50311—2007 关于综合布线电缆系统 A、B、C、D、E 和 F 的分级情况，不同布线系统级别的具体性能指标也不相同。

4.2.1　直流环路电阻

任何导线都存在电阻。直流环路电阻是指一对导线电阻之和，ISO/IEC 11801—2002 规定不得大于 19.2Ω/100m，每对对绞电缆的差异应小于 0.1Ω。当信号在信道中传输时，直流环路电阻会消耗一部分信号，并将其转变成热能。测量信道直流环路电阻时，应在线路的远端短路，在近端测量直流环路电阻。测量值应与电缆中导线的长度和直径相符合。每对线的直流环路电阻应低于表 4.2 所列数值。

表 4.2　直流环路电阻限值

信道级别	A	B	C	D	E	F
最大直流环路电阻/Ω	560	170	40	25	25	25

4.2.2　特征阻抗

特征阻抗（Characteristic Impedance）描述由电缆及相关连接器件组成的传输信道的主要特性。特征阻抗指链路在规定工作频率范围内对通过的信号的阻碍能力，用欧姆（Ω）来度量。YD/T 1019—2001 规定，当$f \geqslant 1$MHz 时，特征阻抗满足（100 ± 15）Ω。特征阻抗由线对自身的结构、线对间的距离等因素决定。它根据信号传输的物理特性，形成对信号传输的阻碍作用。与直流环路电阻不同的是特征阻抗包括电阻及工作频率 1 ~ 100MHz 内的电感阻抗及电容阻抗。所有铜质电缆都有一个确定的特征阻抗指标，该指标的大小取决于电缆的导线直径和覆盖在导线外面的绝缘材料的电介质常数。电缆的阻抗指标与电缆的长度无关，一条 100m 长的电缆与一条 10m 长的电缆具有相同的特征阻抗。

综合布线系统要求整条电缆的特征阻抗保持为一个常数（呈电阻状态），如图 4.7 所示。与电缆的反射系数相似，定义比值 r 为一常数。无论是哪一类对绞电缆，它的每对芯线的特征阻抗在整个工作带宽范围内应保持均恒。链路上任何一点的阻抗不连续将导致该链路信号反射和信号畸变，链路特征阻抗与标称值之差要求小于 20Ω。

$$r = \frac{R_i - Z_o}{R_i + Z_o} = \frac{150 - 100}{150 + 100} = 0.2 = 20\%$$

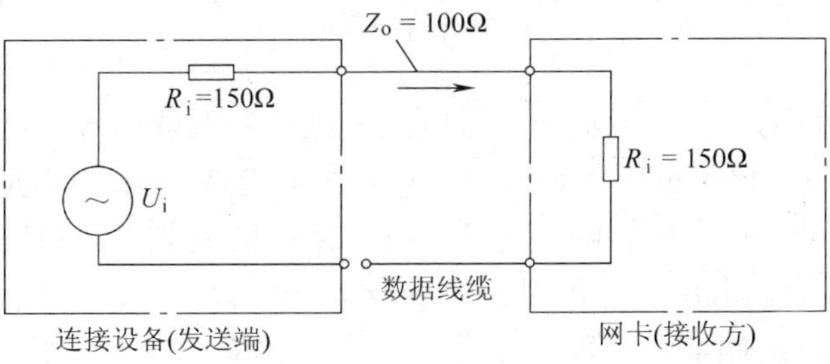

图 4.7　特征阻抗计算

除了要保证链路中每对芯线的特征阻抗的恒定和均匀外，还须保证电子设备的特征阻抗和电缆的特征阻抗相匹配，否则也会导致链路信号的反射，继而造成对传输信号的干扰和破坏。如果两者的特征阻抗不匹配，而又必须连接时，可采用阻抗匹配部件来消除信号的反射。

4.2.3　回波损耗和插入损耗

以往在使用非屏蔽对绞电缆传输数据时，其中一个线对用来传输数据，另一个线对用来接收数据，噪声几乎不会对传输产生大的影响，但是在千兆位以太网传输方案中，则有可能造成很大的影响。因为千兆位以太网采用的是双向传输，即4个线对同步传输和接收数据。对任一个线对来说，信号的传输端同时也是来自另一端信号的接收端，回波损耗问题非常重要。

1. 回波损耗

回波损耗（Return Loss，RL）又称反射衰减，简称回损。回波损耗是由于链路或信道特性阻抗偏离标准值导致功率反射而引起（布线系统中阻抗不匹配产生的反射能量）的。由输出线对的信号幅度和该线对所构成的链路上反射回来的信号幅度的差值导出。回波损耗的测量仅适用于5e类电缆或更高级别的UTP电缆，而不适用于3类、4类和5类电缆。在测试链路中影响回波损耗数值的主要因素有电缆结构、连接器和安装等，这种测量对于在相同电缆线对上同时发送和接收信号的全双工通信非常重要。

在全双工网络中，如果链路所用的缆线和相关连接器件阻抗不匹配，即整条链路有阻抗异常点，就会造成信号反射。被反射到发送端的一部分能量将以噪声的形式在接收端出现，导致信号失真，从而降低综合布线系统的传输性能。一般情况下UTP链路的特征阻抗为100Ω，标准规定可以有正负15%的浮动，如果超出范围则就是阻抗不匹配。信号反射的强弱视阻抗与标准的差值有关，典型的例子如断开就是阻抗无穷大，导致信号100%的反射。由于是全双工通信，整条链路既负责发送信号也负责接收信号，那么如遇到信号的反射再与正常的信号进行叠加后就会造成信号的不正常，如图4.8所示即是回波损耗的示意图。

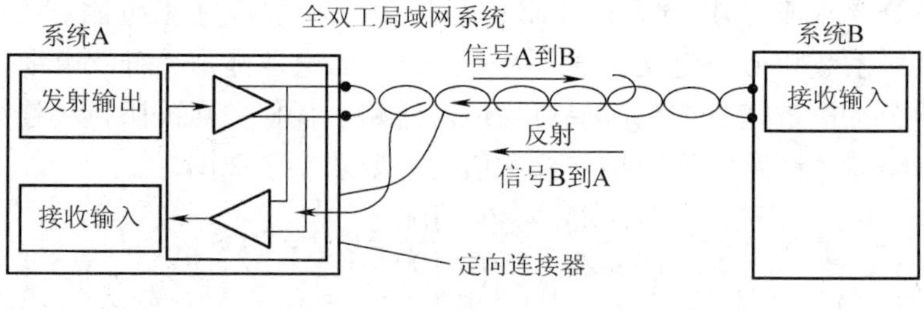

图4.8　回波损耗的示意图

回波损耗的计算值 = 输入信号幅度 - 由链路反射回来的信号幅度

单位为分贝（dB）。该数值越大，说明反射信号就越弱，对应的回波损耗就越小。

回波损耗合并了两种反射的影响，包括对标称阻抗的偏差以及结构的影响。测量回波损耗（*RL*）时，在电缆的远端用电缆的基准阻抗 Z_R（100Ω）终端，测量传输信号被反射到发射端的比例。定义公式如下：

$$RL = -20\lg\left|\frac{Z_r - Z_R}{Z_r + Z_R}\right|$$

式中：Z_r表示测量得到的复数阻抗。

在有些场合，经常还提到结构回波损耗（Structural Return Loss，SRL），SRL是衡量信道一致性的指标。由于信道所用缆线和相关连接器件阻抗不匹配的影响，会造成阻抗的随机性或者周期性不均匀。当电磁波沿着不均匀链路传输时，在链路阻抗变化处就会发生反射。被反射到发送端的一部分能量会形成干扰，导致信号失真，因而降低了综合布线系统的传输性能。电缆内部的不均匀性用结构回波损耗（*SRL*）表示

$$SRL = -20\lg\left|\frac{Z_{CM}-Z_C}{Z_{CM}+Z_C}\right|$$

式中，Z_{CM}表示由开短路法测量得到的复数阻抗；Z_C表示拟合特征阻抗。

拟合特征阻抗 Z_C用来从特征阻抗中分离出电缆结构的影响，从而计算出链路的结构回波损耗。目前通常采用四阶拟合。

上述两个公式非常清楚地表明了 *RL* 与和 *SRL* 两者之间的区别。*RL* 采用的参照阻抗值是 100Ω，而 *SRL* 采用拟合阻抗值（Z_C）作为参照。在 YD/T 1092—2001 中规定允许用结构回波损耗的测量代替回波损耗的测量，但以回波损耗作为基准规范。注意布线系统信道与永久链路或 CP 链路的回波损耗值并不相同。布线系统信道的最小回波损耗值见表 4.3 所列数值。

表 4.3　信道最小回波损耗值

频率/MHz \ 等级	C 级/dB	D 级/dB	E 级/dB	F 级/dB
1	15.0	17.0	19.0	19.0
16	15.0	17.0	18.0	18.0
100	—	10.0	12.0	12.0
250	—	—	8.0	8.0
600	—	—	—	8.0

2. 插入损耗

插入损耗（Insertion Loss，IL）在许多学术文献中有不同的解释。一般说来，插入损耗是指发射机与接收机之间，插入电缆或元器件产生的信号损耗，有时也指衰减。插入损耗多指功率方面的损失，衰减是指信号电压的幅度相对原信号幅度变小。插入损耗以接收信号电平的对应分贝（dB）来表示。对于光纤连接器的光性能方面的要求，主要是插入损耗和回波损耗这两个最基本的参数。在综合布线系统中，插入损耗即指连接损耗，是指因连接器的导入而引起的损耗。同样，布线系统信道与永久链路或 CP 链路的插入损耗值也不相同。布线系统信道的最大插入损耗值见表 4.4 所列数值。

表 4.4　布线系统信道的最大插入损耗值

频率/MHz \ 等级	A 级/dB	B 级/dB	C 级/dB	D 级/dB	E 级/dB	F 级/dB
0.1	16.0	5.5	—	—	—	—
1	—	5.8	4.2	4.0	4.0	4.0
16	—	—	14.4	9.1	8.3	8.1
100	—	—	—	24.0	21.7	20.8
250	—	—	—	—	35.9	33.8
600	—	—	—	—	—	54.6

4.2.4 衰减

必须指出，任何一种能够传输信号的介质，它既为信号提供通路，又对信号造成损害。这种损害具体反映在信号波形的衰减和畸变上，最终导致出现通信的差错现象。

信号在信道中传输时，会随着传输距离的增加而逐渐变小。衰减（Attenuation，ATT）是指信号沿传输链路传输后幅度减小的程度，单位为分贝（dB）。衰减是指由于绝缘损耗、阻抗不匹配、连接电阻等因素，信号沿链路传输损失的能量。它遵循趋肤效应和邻近效应，随着频率的增加，衰减会增大。在高频范围，导体内部电子流产生的磁场迫使电子向导体外表面的薄层聚集；频率越高，这个薄层越薄。这一效应相当显著，并且随频率平方根的增加而增加。

衰减与传输信号的频率有关，也与导线的传输长度有关。随着长度的增加，信号衰减也随之增加。衰减值越低表示链路的性能越好，如果链路的衰减过大，会使接收端无法正确地判断信号，导致数据传输的不可靠。如图4.9所示是信号衰减的示意图。

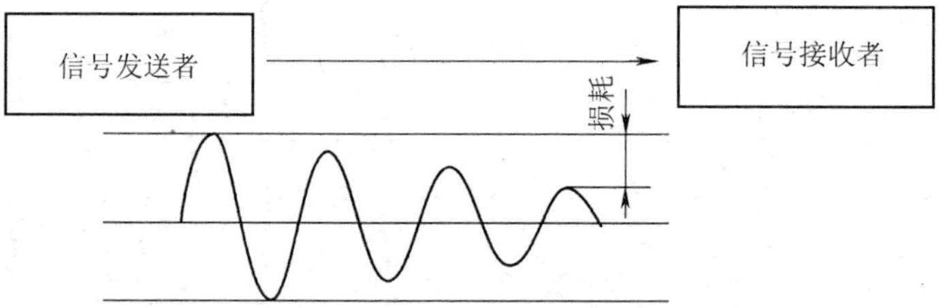

图4.9 信号的衰减

产生衰减的原因是由于电缆的电阻造成的电能损耗以及电缆绝缘材料造成的电能泄漏。链路的衰减由电缆材料的电气特性、结构、长度及传输信号的频率而决定。在1～100MHz频率范围内，衰减主要由趋肤效应决定，与频率的平方根成正比。链路越长，频率越高，衰减就越大。当电缆特征阻抗与试验仪器特征阻抗匹配时，可通过以下定义测试电缆的衰减：

$$\alpha = \frac{100}{L} \times \left(10 \times \lg \frac{P_1}{P_2}\right)$$

式中，α表示衰减常数，单位为dB/100m；P_1表示负载阻抗等于信号源阻抗时的输入功率；P_2表示负载阻抗等于被测电缆特征阻抗时的输出功率；L表示试样长度，单位为m。

电缆的信号衰减受温度的影响很大，当测试环境温度偏离标准值20℃时，须进行换算。换算公式如下：

$$\alpha_{20} = \frac{\alpha_t}{1 + K_{20} \times (t - 20)}$$

式中，α_t表示测试环境温度为t时的衰减常数，单位为dB/100m；α_{20}表示20℃时的衰减常数，单位为dB/100m；t表示试验时的电缆温度，单位为℃；一般取电缆所处的环境温度为电缆温度；K_{20}表示电缆的温度系数，单位为1/℃，参考值为0.002。

一般，衰减的具体计算按以下步骤进行：

（1）计算每100m对绞电缆在不同频率（f）下的衰减

$$att_{\text{cable,100m}} = k_1\sqrt{f} + k_2 f + \frac{k_3}{\sqrt{f}}$$

其中，对于 Cat5：$k_1 = 1.967$，$k_2 = 0.023$，$k_3 = 0.05$，$f = 1 \sim 100\text{MHz}$；对于 Cat4：$k_1 = 2.050$，$k_2 = 0.043$，$k_3 = 0.057$，$f = 1 \sim 20\text{MHz}$；对于 Cat3：$k_1 = 2.320$，$k_2 = 0.238$，$k_3 = 0$，$f = 1 \sim 16\text{MHz}$。

（2）连接器件的衰减

按照不同频率（f）范围，取表 4.5 所列连接器件的衰减 att_{conn} 值。

表 4.5　连接器件的衰减值

类别	带宽/MHz	att_{conn}/dB			
		1 ~ 10MHz	> 10 ~ 31.25MHz	> 31.25 ~ 62.5MHz	> 62.5MHz
5	1 ~ 100	0.1	0.2	0.3	0.4
4	1 ~ 20	0.1	0.2		

（3）计算链路衰减

对于信道

$$ATT = att_{\text{cable},100\text{m}}\left(\frac{length + 2}{100}\right) + 4att_{\text{conn}}$$

对于永久链路

$$ATT = att_{\text{cable},100\text{m}}\left(\frac{length + 0.8}{100}\right) + 2att_{\text{conn}}$$

其中，*length* 是包括转接线在内的链路总长度，单位为 m。衰减测量的频率步长一般为 1MHz。

除了电缆会造成链路衰减之外，链路中的插座和连接器、配线盘等都对衰减有影响，在连接过程中不恰当的端接以及阻抗不匹配形成的反射也会造成过量的衰减。表 4.6 中列出了 5 类对绞电缆布线系统中基本链路和信道允许的衰减值。

表 4.6　5 类对绞电缆布线系统中基本链路和信道允许的衰减值

频率/MHz	基本链路衰减/dB	信道衰减/dB
1.00	2.1	2.5
4.00	4.0	4.5
8.00	5.7	6.3
10.00	6.3	7.0
16.00	8.2	9.2
20.00	9.2	10.3
25.00	10.3	11.4
31.25	11.5	12.8
62.50	16.7	18.5
100.00	21.6	24.0
长度/m	94	100

由表 4.6 可以看出，由于包含的终端和连接线多于基本链路，信道的衰减值比基本链路的衰减值要大。同时，在低频时信道会表现出较低的衰减值，而在频率较高时，会表现出较

高的衰减值。

链路衰减的不良影响可以通过考察模拟视频信号的传输效果来论证。过度衰减导致视频流中的低频亮度信号部分的强度低于高频色度信号部分，使得接收的影像灰暗，对比度过低。

4.2.5　串扰

当电流在一条导线中流通时会产生一定的电磁场，该电磁场会干扰相邻导线上的信号，信号频率越高这种影响就越大。常把这种干扰叫做串扰（Cross Talk）或串音。串扰被视为一种噪声或干扰，单位为分贝（dB）。在综合布线时，人们把许多条绝缘的对绞电缆集中成一个线捆接入配线架，对于一个线捆内的相邻线路，如果在相同频率范围内接收或者发送信号，彼此间就会产生电磁干扰（串扰），从而使要传输的波形发生变化，造成信息传输错误。

1. 近端串扰（NEXT）和远端串扰（FEXT）

串扰可以通过在近端或在远端与原信号进行比较来衡量。因此，一般把串扰分为近端串扰（Near End Cross Talk，NEXT）和远端串扰（损耗）（Far End Crosstalk Attenuation，FEXT）两种类型。近端串扰是出现在发送端的串扰，定义为信号从一对绞电缆输入时，对在同一端的另一对绞电缆上信号的干扰程度。远端串扰是出现在接收端的串扰，定义为信号从一对绞电缆输入时，在另一端的另一对绞电缆上信号的干扰程度。通常远端串扰的影响较小。图4.10是近端串扰和远端串扰的示意图。近端串扰和远端串扰的大小分别用近端串扰损耗和远端串扰（损耗）来表示。

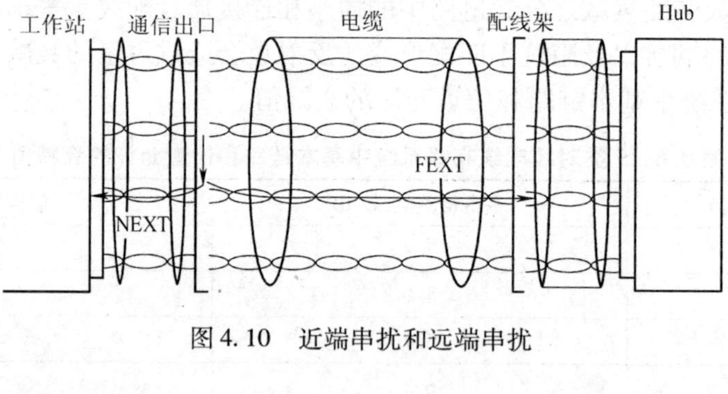

图4.10　近端串扰和远端串扰

（1）近端串扰损耗的定义

在一条链路中处于线缆一侧的某发送线对，对于同侧的其他相邻（接收）线对通过电磁感应所造成的信号耦合（由发射机在近端传送信号，在相邻线对近端测出的不良信号耦合）为近端串扰，如图4.11所示。近端串扰值（dB）和导致该串扰的发送信号（参考值定为0）之差值为近端串扰损耗。

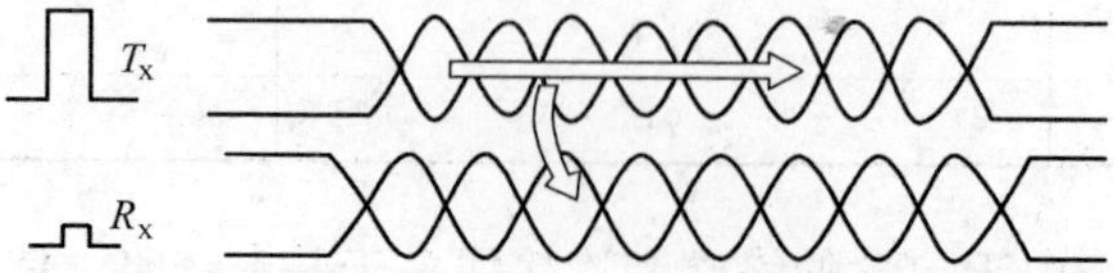

图4.11　线对的信号耦合

近端串扰是用近端串扰的损耗值来度量的，因此近端串扰值越高越好，高的近端串扰值意味着有很少的能量从发送信号线对耦合到同一电缆的其他线对中，也就是耦合过来的信号损耗高。低的近端串扰值意味着较多的能量从发送信号线对耦合到同一电缆的其他线对中，也就是耦合过来的信号损耗低。对于耦合信号与原来的发送信号在同一通道端被测量情况下，一般用主串线对的输入功率与被串线对的串扰输出功率之比来衡量。定义式为

$$NEXT = 10\lg\frac{P_{1N}}{P_{2N}}\ (\mathrm{dB})$$

式中，P_{1N}表示主串线对的输入功率；P_{2N}表示被串线对近端的串扰输出功率。

具体计算公式如下：

1）计算对绞电缆的 $NEXT_{\text{cable}}$。

$$NEXT_{\text{cable}} = k_4 - 15\lg\left(\frac{f}{0.772}\right)$$

其中，k_4是常数，对于 Cat5、Cat4 及 Cat3，k_4分别取 64、58 及 43。f 分别为 1 ~ 100MHz、1 ~ 20MHz 及 1 ~ 16MHz。

2）计算连接器件的 $NEXT_{\text{conn}}$。

$$NEXT_{\text{conn}} = k_5 - 20\lg\left(\frac{f}{16}\right)$$

其中，k_5是常数，对于 Cat5、Cat4 及 Cat3，k_5分别取 56、46 及 34。

3）计算链路的 $NEXT$。

对于信道

$$NEXT = -20\lg\left(10^{\frac{-NEXT_{\text{cable}}}{20}} + 2\times10^{\frac{-NEXT_{\text{conn}}}{20}}\right)$$

对于永久链路

$$NEXT = -20\lg\left(10^{\frac{-NEXT_{\text{cable}}}{20}} + 10^{\frac{-NEXT_{\text{conn}}}{20}}\right)$$

线对与线对之间的近端串扰（NEXT）在布线的两端均应符合近端串扰值的要求。例如，布线系统信道的最小近端串扰值应符合表 4.7 的规定。

表 4.7　信道最小近端串扰值

频率/MHz	A 级/dB	B 级/dB	C 级/dB	D 级/dB	E 级/dB	F 级/dB
0.1	27.0	40.0	—	—	—	—
1	—	25.0	39.1	60.0	65.0	65.0
16	—	—	19.4	43.6	53.2	65.0
100	—	—	—	30.1	39.9	62.9
250	—	—	—	—	33.1	56.9
600	—	—	—	—	—	51.2

由表 4.7 可以看出，近端串扰是频率的函数，频率越高，近端串扰值越低。

（2）远端串扰（损耗）的定义

从链路或信道近端线缆的一个线对发送信号，经过线路衰减从链路远端干扰相邻接收线对（由发射机在远端传送信号，在相邻线对近端测出的不良信号耦合）为远端串扰

(FEXT)。可见，远端串扰指耦合信号在原来传输信号相对另一端进行测量的情况下，传输信号大小与耦合信号大小的比率。这种比率越大，表示发送的信号与串扰信号幅度差就越大，所以从数值上来讲，它们的值无论是用负数还是用正数表示，均为绝对值越大，串扰所带来的损耗越低。

近端串扰是 UTP 电缆的一个重要性能指标，UTP 电缆的串扰指标一般都很高。不管是近端串扰、远端串扰还是外部噪声产生的串扰，对比特误码率都有非常重要的影响，随之也影响到综合布线系统信道的传输性能。串扰就像其他影响综合化布线系统信道的损害因素一样，可以蔓延到难以控制的地步并且影响更多的应用。

2. 近端串扰功率和（PS NEXT）

近端串扰功率和（Power Sum NEXT，PS NEXT）是指：在4对对绞电缆一侧测量3个相邻线对对某线对近端串扰总和（所有近端干扰信号同时工作时，在接收线对上形成的组合串扰），单位为分贝（dB）。近端串扰功率和定义为

$$PS_j = -10 \lg \sum_{i=1}^{n} (10^{-0.1n})$$

式中，n 取1、2、3，分别是接收线对与3个工作的传输线对之间线对到线对的串扰，PS_j表示第j对线的近端串扰功率和。

如图4.12所示是近端串扰的示意图。在千兆位以太网中，所有线对都被用来传输信号，每个线对都会受到其他线对的干扰。因此近端串扰与远端串扰须考虑多线对之间的综合串扰，才能得到对于能量耦合的真实描述。

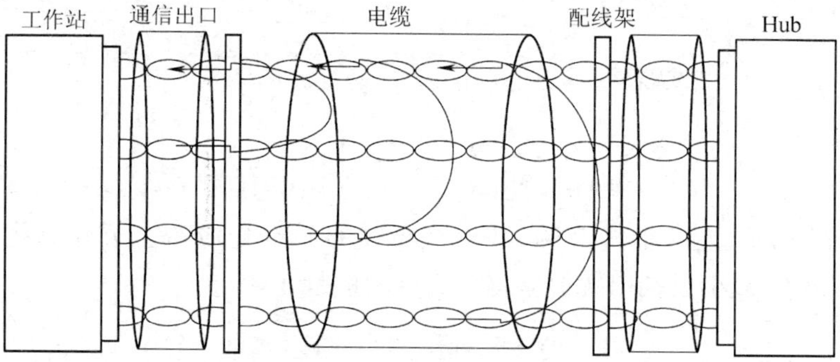

图4.12 近端串扰

与回波损耗一样，近端串扰功率和也是 UTP 电缆布线系统采用的一种新的性能测量方法。近端串扰功率和（PS NEXT）只应用于布线系统的 D、E、F 级，在布线的两端均应符合 PS NEXT 值要求。布线系统信道的 PS NEXT 值应符合表4.8的规定。

表4.8 信道最小近端串扰功率和值

频率/MHz	D级/dB	E级/dB	F级/dB
1	57.0	62.0	62.0
16	40.6	50.6	62.0
100	27.1	37.1	59.9
250	—	30.2	53.9
600	—	—	48.2

3. 等电平远端串扰（ELFEXT）

远端串扰 FEXT 并不是一种很有效的测试指标，电缆长度对测量到的 FEXT 值的影响很大，这是因为信号强度与它所产生的串扰及信号在发送端的衰减程度有关。因此两条一样的电缆，会因长度不同而有不同的 FEXT 值，所以须以等电平远端串扰（Equal Level FEXT，ELFEXT）值的测量来替代 FEXT 值的测量，并将其定义为

$$ELFEXT = 10\lg \frac{P_{1F}}{P_{2F}}$$

式中，P_{1F}表示主串线对远端的输出功率；P_{2F}表示被串线对远端的串扰输出功率。

如图 4.13 所示是等电平远端串扰的示意图。ELFEXT 也被定义为远端串扰损耗与插入损耗之间的差值，以分贝（dB）为单位，这是信噪比的另一种表示方式，即在一条 UTP 链路中有两个以上的信号朝同一方向传输时信号耦合的情况。

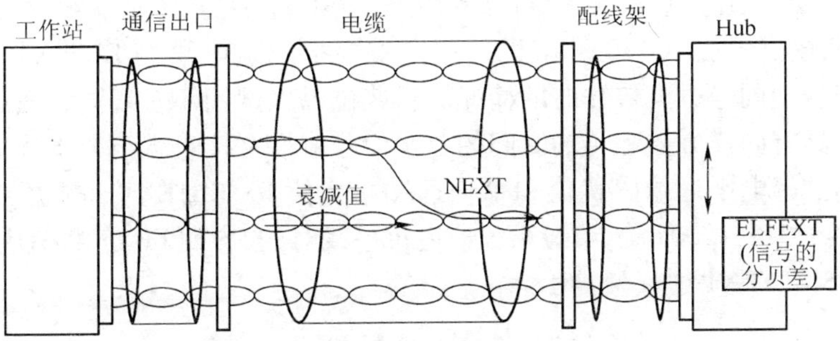

图 4.13　等电平远端串扰

线对与线对之间等电平远端串扰（ELFEXT）只应用于布线系统的 D、E、F 级。它的测量对于采用全双工传输方式的系统（如 1000 Base-T、100Base-T）特别重要。布线系统信道每一线对的 ELFEXT 数值应符合表 4.9 的规定。

表 4.9　信道等电平远端串扰 ELFEXT 的值

级　别	频率/MHz	最小 ELFEXT/dB①
D	$1 \leqslant f \leqslant 100$	$-20\lg\left[10^{\frac{63.8-20\lg(f)}{-20}}+4\times10^{\frac{75.1-20\lg(f)}{-20}}\right]$②
E	$1 \leqslant f \leqslant 250$	$-20\lg\left[10^{\frac{67.8-20\lg(f)}{-20}}+4\times10^{\frac{83.1-20\lg(f)}{-20}}\right]$③
F	$1 \leqslant f \leqslant 600$	$-20\lg\left[10^{\frac{94-20\lg(f)}{-20}}+4\times10^{\frac{90-15\lg(f)}{-20}}\right]$③

①测量的近端串扰 FEXT 值对应的 ELFEXT 值若大于 70.0dB 则仅供参考。

②ELFEXT 计算值大于 60.0dB 时均按 60.0dB 考虑。

③ELFEXT 计算值大于 65.0dB 时均按 65.0dB 考虑。

线对与线对之间等电平远端串扰（ELFEXT）对于布线系统信道，对应关键频率的数值应参考表 4.10 给出的建议值。

表4.10 信道最小等电平远端串扰ELFEXT的建议值

频率/MHz	D级/dB	E级/dB	F级/dB
1	57.4	63.3	65.0
16	33.3	39.2	57.5
100	17.4	23.3	44.4
250	—	15.3	37.8
600	—	—	31.3

4. 等电平综合远端串扰功率和（PS ELFEXT）

等电平综合远端串扰功率和（Power Sum ELFEXT，PS ELFEXT）描述某线对受其他线对的等电平远端串扰的综合影响程度，单位为分贝（dB）。等电平综合远端串扰功率和也只适用于D、E、F类信道。它的测量对于采用全双工传输方式的系统（如1000 Base-T、100Base-T）特别重要。在1000Base-T网络中，重要指标是电缆的ELFEXT和PS ELFEXT，即两个以上的信号朝同一方向传输时的情况。千兆位以太网用4对线同时发送一组信号，再在接收端组合，具有同样方向和传输时间的串扰信号就会在接收端组合干扰正常信号，所以要求链路有很好的等电平远端串扰值和综合远端串扰值PS ELFEXT。根据《综合布线工程验收规范》（GB 50312—2007），布线系统信道每一线对的PS ELFEXT数值应参考表4.11所列关键频率的PS ELFEXT建议值。

表4.11 信道最小PS ELFEXT建议值

频率/MHz	D级/dB	E级/dB	F级/dB
1	54.4	60.3	62.0
16	30.3	36.2	54.5
100	14.4	20.3	41.4
250	—	12.3	34.8
600	—	—	28.3

5. 衰减串扰比（ACR）

衰减串扰比（Attenuation to Crosstalk Ratio，ACR）是反映电缆性能的另一个重要参数，又称信噪比，单位为分贝（dB）。ACR有时也以信噪比（Signal-Noice Ratio，SNR）表示，定义为：在同一频率下受相邻线对串扰的线对上其近端串扰损耗（NEXT）与本线对传输信号衰减值（Attenuation）之差。线对i与k间衰减串扰比的计算公式

$$ACR_{ik} = NEXT_{ik} - IL_k$$

式中，i为线对号；k为线对号；$NEXT_{ik}$为线对i与线对k间的近端串扰；IL_k是线对k的插入损耗。

ACR描述了信号与噪声串扰之间的重要关系，体现的是电缆的性能，也就是在接收端信号的富裕度，这是确定可用带宽的一种方法。实际上，ACR是衡量系统信噪比的唯一测量标准，是决定网络正常运行的重要因素。通常可通过提高链路近端串扰损耗或降低信号衰减值水平来改善链路ACR。如图4.14所示是衰减、串扰、ACR之间的关系曲线图。

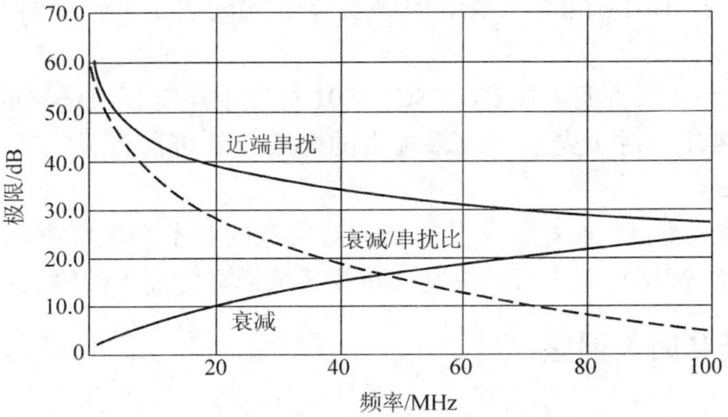

图 4.14　衰减、串扰、ACR 关系图

由图 4.14 可以看出，随着频率的增加，信号衰减值加大，近端串扰损耗降低，ACR 逐渐趋近于 0dB。ACR 的测试结果越接近 0dB，链路就越不可能正常工作；当 ACR 等于 0dB 时，表明此时接收到的信号和串扰信号幅值相等。因此可用 ACR 来衡量，当在传输线对上发送信号时在接收端所收到的信号中有多少来自于串扰的噪声影响。ACR 直接影响误码率，当 ACR 值增大，表示抗干扰能力增强。在 YD/T 1092—2004 中没有对这一参数做出规定，但目前一般系统要求大于 10dB。

信道 ACR 值越大越好。由于每对线对的 NEXT 值不尽相同，因此每对线对的 ACR 值也不相同，一般以最差的 ACR 值为该电缆的 ACR 值。线对与线对之间的衰减串扰比（ACR）只应用于布线系统的 D、E、F 级，由于 ACR 值是 NEXT 与插入损耗分贝值之间的差值，因此在布线的两端均应符合 ACR 值要求。布线系统信道的 ACR 值应符合表 4.12 的规定。

表 4.12　信道最小衰减串扰比值

频率/MHz	D 级/dB	E 级/dB	F 级/dB
1	56.0	61.0	61.0
16	34.5	44.9	56.9
100	6.1	18.2	42.1
250	—	-2.8	23.1
600	—	—	-3.4

由表 4.12 可以看出，ACR 值会随着传输信号频率的增加而减少，这是由于随着传输信号频率的增加，近端串扰的值在减少而电缆信号的衰减在增加。ACR 参数中包含了衰减和串扰，它也是系统性能的标志，这可从以下几个方面予以理解：

1）从信道传输方面：希望 ACR 值大以减少传输误码率（BER）。另外随着信号频率增加，ACR 的数值将减小，所以 ACR 值实际上是一个与频率相关的信噪比值。

2）从缆线生产技术方面：缆线长度越短或导线直径越大，则整个链路衰减越小，而 NEXT 主要取决于缆线的结构和生产质量，利用独立的线对屏蔽技术可以得到最佳的 NEXT 值。

3）从信道速率方面：一条信号传输信道的传输能力（类似于水渠）是由频率带宽（相

当于水渠的宽度）与ACR（相当于水渠的深度）值共同决定的。单独考虑一方没有实际意义。

4）D级传输链路要求方面：在ISO/IEC 11801标准中规定D级链路的ACR值在100MHz的频率下应当大于4dB。对于先进布线系统中的屏蔽或非屏蔽配置，都可超过标准规定的数值。

5）信号编码方式方面：数据信号传输信道对带宽的要求会随数据的传输速率增加、改用低级编码方式（如NRZ）等因素而提高。布线系统带宽应高于传输的信号频率。

4.2.6　传播时延和时延偏差

1. 传播时延

传播时延又称链路时延，或称链路延迟，它表征了信号在线对中的传播速度，与额定传输速率（Nominal Velocity of Propagation，NVP）值成正比，一般用纳秒（ns）或微秒（μs）作为度量单位。按照时延概念的内涵，由于时延包括了发送时延、传播时延、处理时延和排队时延，而传播时延度量了一个比特、报文或分组从一个链路节点到另一个节点的实际传播时间，而且会随着链路长度的增加而增加，因此传播时延是构成时延的主要成分。

对于100m长的传输链路，传播时延的测量值一般可精确到十亿分之一秒，即1ns。传播时延通常用100m来表示。例如，对绞电缆的传播时延约为435ns［$100/(2.3\times10^5)$ s］；同轴电缆或光缆大约为500ns［$100/(2.0\times10^5)$ s］。表4.13给出了布线系统永久链路最大传播时延值。

表4.13　永久链路最大传播时延值

等级 / 频率/MHz	A级/μs	B级/μs	C级/μs	D级/μs	E级/μs	F级/μs
0.1	19.400	4.400	—	—	—	—
1	—	4.400	0.521	0.521	0.521	0.521
16	—	—	0.496	0.496	0.496	0.496
100	—	—	—	0.491	0.491	0.491
250	—	—	—	—	0.490	0.490
600	—	—	—	—	—	0.489

由于对绞电缆中不同的电缆线对有不同的扭绞率，提高扭绞率可以降低近端串扰，但同时也增加了对绞电缆的长度，进而导致了对绞电缆有更大的传播时延。传播时延是局域网为何要有长度限制的主要原因之一，如果传播时延偏大，会造成延迟碰撞增多。

2. 传播时延偏差

传播时延偏差是指以同一缆线中信号传播时延最小的线对作为参考，其余线对与参考线对时延的差值，即最快线对与最慢线对信号传输时延的差值（Delay Skew），以纳秒或微秒作为单位，范围一般在50ns以内。对绞电缆扭绞率变化以及线对的绝缘结构决定了偏差值的大小。在千兆位以太网中，由于使用4对线传输，且为全双工，那么在数据发送时，采用了分组传输，即将数据拆分成若干个数据分组，按一定顺序分配到4对线上进行传输；而在接收时，又按照反向顺序将数据重新组合，如果时延差过大，那么势必造成传输失败。工业标准规定，对 100m 长的水平电缆线路，当其工作频率在 2 ~ 12.5MHz 之间时，其时延偏差不应超过 45ns。

利用对绞电缆进行实时传输的典型案例是在证券交易所内把金融信息发送到高分辨率显示屏。这类显示屏需要 100MHz 以上的可用带宽和 RGB 同步模拟视频信号。过度的时延差可能会导致色散，随着信道长度增加则会产生重影。

综上所述，可以得到如下几点结论：

1）衰减、串扰、ACR 决定了电缆传输信道的传输带宽。在确定网络的传输带宽时，不能单一地衡量某一指标，必须进行综合平衡分析。

2）特征阻抗、拟合特征阻抗、回波损耗、结构回波损耗反映了电缆传输信道的结构特性以及和系统相匹配的性能。通信电缆与系统的阻抗匹配越好，网络中的误码就越少；回波损耗和衰减引起的噪声越大、信号越弱，接收器不能完全译解真正的数据信号，因此误码的机会就越大。

3）传播时延、时延偏差决定了数据帧的丢失率和完整性。特别是在千兆、万兆位以太网中，电缆信道须具有良好的传播时延特性才可以确保数据帧的完整性。

4.3　光纤信道性能指标

一条完整的光纤信道一般由光纤、连接器件（连接器、耦合器、接插板）和熔接点组成。它的传输性能不仅取决于光纤和连接器件质量，还取决于连接器件的应用现场环境以及熔接。光纤信道性能主要指标有光纤的工作波长、光纤信道损耗、光纤信道的通信富裕度、带宽和反射损耗等；其中，影响光纤信道性能的主要参数是光纤信道损耗。下面按照国家布线标准 GB 50311—2007，并参考国际布线标准 ISO/IEC 11801—2002，讨论单模和多模光纤信道的主要性能指标。

4.3.1　光纤的工作波长

对光纤信道传输性能的要求，前提是每一光纤信道使用单个波长窗口。在波分复用系统中，所用的硬件都安装于设备间和工作区；对波分复用和波分分解的要求可参见有关应用标准。在综合布线系统中，光纤的工作波长窗口参数应符合表 4.14 的规定。

表 4.14　光纤的工作波长窗口参数

光纤模式标称波长/nm	下限/nm	上限/nm	基准试验波长/nm	最大光谱宽度（FWHM）/nm
多模光纤 850	790	910	850	50
多模光纤 1300	1285	1330	1300	150
单模光纤 1310	1288	1339	1310	10
单模光纤 1550	1525	1575	1550	10

4.3.2　光纤信道的损耗

连接光纤的任何设备都可能使光波功率产生不同程度的损耗，光波在光纤中传播时自身也会产生一定的损耗。光纤信道损耗主要是由光纤本身、连接器和熔接点造成的。光纤链路的全程损耗定义为光发送/接收（S/R）与光接收/发送（R/S）参考点之间的光衰减，即从数据中心机房的光纤配线架（ODF）输入端口至楼层光配线箱或光纤信息插座的输出端口之间的光衰减量，以 dB 表示。当计算光纤链路或信道衰减时，需要注意，有两种不同的计算方式，即光纤链路或信道中包含光分路器和不包含光分路器的情况。如图 4.15 所示是信道中包含光分路器的光纤配线网（ODN）的链路模型。

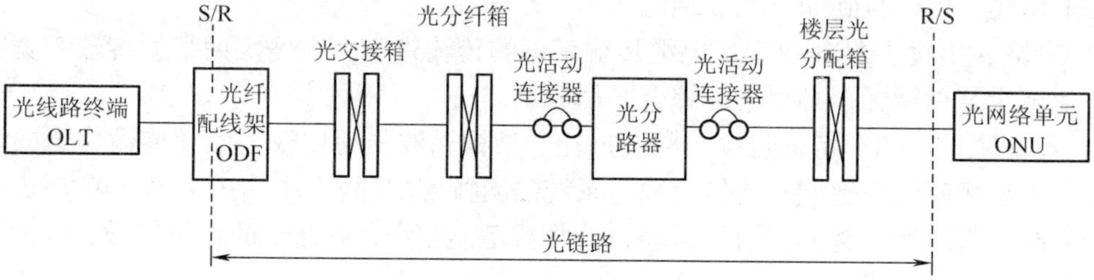

图 4.15 光纤配线网（ODN）链路模型

对于不包含光分路器的情况，在计算光纤链路最大损耗极限时，主要考虑光纤本身的损耗、连接器产生的损耗和熔接点产生的损耗。一般情况下，尽管光纤的长度、连接器和熔接点数目不确定，但综合布线系统要求光纤信道的任意两个端点之间总的链路损耗应控制在一定范围内。

1. 光纤自身的衰减

光纤自身的衰减 A_c 根据光纤类型不同及导入光波长不同而不同。在综合布线时，需要了解光纤自身的衰减特性。对于城域网中应用最多的 G.652 光纤来说，当光信号波长为 1550nm 时，$\alpha=0.275$dB/km；对于今后可能应用较多的 G.655 光纤来说，当光信号波长为 1550nm 时，$\alpha=0.25$dB/km。可见对于不同类型的光纤，其衰减系数是不同的。通常，确定工作波长下的光纤衰减 A_c 见表 4.15 所列，光纤损耗 = 光纤衰减系数 × 光纤长度。

表 4.15 光纤衰减系数与带宽

光纤直径/μm	工作波长/nm	最大衰减/（dB/km）	最大传输带宽/MHz
50/125	850	3.5	500
	1300	1.5	500
62.5/125	850	3.5	160
	1300	1.5	500
9/125	1310	1	N/A
	1550	1	N/A

2. 光纤连接损耗

光纤连接损耗是指节点至配线架之间的连接损耗，如各种连接器；光纤与光纤互连所产生的耦合损耗，如光纤熔接或机械连接部分，以及其他损耗。光纤连接损耗主要由连接器件损耗和熔接点损耗两部分形成：①连接器件损耗（A_{con}）= 连接器件损耗/个 × 连接器个数（一般取 $A_{con}=0.75$ dB/个）；②熔接点损耗（A_s）= 熔接点损耗/个 × 熔接点个数（一般要求 $A_s=0.3$dB/个）。每个无源部件损耗 A_{pc} 大约为 2.5dB。

3. 光纤耦合损耗

一般说来，两相互连接光纤的直径与数值孔径 NA 相同时，耦合损耗为 0。但当接收光纤的直径和数值孔径小于发送光纤时，就会出现耦合损耗 A_m；且差别越大，耦合损耗也越大。光纤耦合损耗值 A_m 见表 4.16 所列。

表 4.16　光纤耦合损耗值 A_m

接收光纤	发送光纤耦合损耗/dB				
	50μm $NA=0.20$	51μm $NA=0.22$	62.5μm $NA=0.275$	85μm $NA=0.26$	100μm $NA=0.29$
50μm，$NA=0.20$	0.0	0.4	2.2	3.8	5.7
51μm，$NA=0.22$	0.0	0.0	1.6	3.2	4.9
62.5μm，$NA=0.275$	0.0	0.0	0.0	1.0	2.3
85μm，$NA=0.26$	0.0	0.0	0.1	0.0	0.8
100μm，$NA=0.29$	0.0	0.0	0.0	0.0	0.0

4. 其他原因造成的损耗

其他原因造成的损耗主要有：光纤色散损耗 P_d（厂家说明）；信号源老化损耗 M_a，约为 1～3dB；热偏差损耗 M_t，约为 1dB；以及安全性方面的损耗 M_s，约为 1～3dB 等。

5. 光纤信道的总损耗

综合上述，光纤信道总损耗值 A 的计算公式如下：

$$A=A_c\times L+A_{con}\times N_{con}+A_s\times(N_s+N_r)+A_{pc}\times N_{pc}+A_m\times N_m+P_d+M_a+M_t+M_s$$

式中，L 为光纤信道长度；N_r计划个数；其余的 N_x为各种连接个数（x 代表 con、pc、s、m）。

当光纤链路或信道中包含光分路器时，除上述 A 值之外，还应考虑光分路器的插入损耗。光分路器的插入损耗最大值见表 4.17 所示。

表 4.17　光分路器插入损耗最大值

光分路器类型	1:4	1:8	1:16	1:32	1:64	2:4	2:8	2:16	2:32
插入损耗最大值/dB	7.5	11.0	14.5	17.5	21.0	8.0	11.5	15.0	18.0

光纤链路的衰减是网络中非常重要的性能指标之一，在规划设计网络时要对链路的损耗做出预计算，使其符合光功率要求。

4.3.3　光纤链路通信富裕度

通常用 G 表示光信号增益，其计算公式表示为

$$G=P_t-P_r$$

式中，P_t代表指定的发送功率；P_r是接收装置灵敏度；则光纤链路的富裕度 M 为

$$M=G-L=(P_t-P_r)-L$$

只有当 $M>0$ 时，光纤通信系统才能正常运行。

4.3.4　光纤的模式带宽

光纤的模式带宽是光纤传输系统中的重要参数之一，带宽越宽，数据传输速率就越高。

在大多数多模光纤系统中，采用发光二极管作为光源，光源本身也会影响带宽。这是因为发光二极管光源的频谱分布很宽，其中长波长的光比短波长的光传播速度要快。这种光传播速度的差别就是色散，它会导致光脉冲在传输后被展宽。

综合布线系统多模光纤的最小模式带宽应符合表4.18的规定。

表4.18　多模光纤的模式带宽

光纤类型	光纤直径/μm	最小模式带宽/（MHz·km）		
		过量发射带宽		有效光发射带宽
		波长		
		850nm	1300nm	850nm
OM1	50或62.5	200	500	—
OM2	50或62.5	500	500	—
OM3	50	1500	500	2000

4.3.5　反射损耗

对所有光纤信道来说，光的反射损耗也是一个重要指标。光纤传输系统中的反射是由多种因素造成的，其中包括由光纤连接器和光纤拼接等引起的反射。如果某个部件向光发送端反射回的光太强，则光发送端的调制特性和光谱就会发生改变，从而使光纤传输系统的性能降低。对于单模光纤来说，反射损耗尤其重要，因为光源的性能会受反射光的影响。

光的反射损耗用来描述注入光纤的光功率反射回源端的多少。这些反射对用于多模光纤的LED和ELED光源来说并不是问题，但它却会影响激光器正常工作，所以对反射损耗应有一定的限制。

若不考虑工作波长或光纤纤芯大小，向光纤信道发射的光功率与在光纤信道的另一端接收的光功率是不同的。光的反射损耗包括信道中两个光接口之间的所有损耗，以及无源光器件，如光缆、连接器、发射器、接收器和任何维护容限造成的损耗容差。选择光源时要使光源能为光纤信道以及接收器的结合提供足够的光功率，以确保应用系统正常工作。

在综合布线系统中，光纤信道任一接口处光纤的反射损耗，应大于表4.19中所列数值。

表4.19　最小的光纤反射损耗限值

	多　模		单　模	
标称波长/nm	850	1300	1310	1550
反射损耗/dB	20	20	26	26

综上所述，在综合布线工程中，经常使用的主要技术参数如下。

（1）多模光纤

多模光纤标称直径为62.5/125μm或50/125μm。在850nm波长时最大衰减为3.5dB/km；最小模式带宽为160MHz·km（62.5/125μm）、400MHz·km（50/125μm）；在1300nm波长时最大衰减为1.5dB/km，最小模式带宽为500MHz·km（62.5/125μm，50/125μm）。

（2）单模光纤

单模光纤应符合 IEC 793—2、型号 BI 和 ITU—T G.652 标准。1310nm 和 1550nm 波长时最大衰减为 1.0dB/km，截止波长应小于 1280nm，1310nm 时色散应不大于 6.0ps/(km·nm)；1550nm 时色散应不大于 20.0ps/(km·nm)。

（3）光纤连接器件

光纤活动连接器耦合损耗的最大值为 0.75dB/对纤芯，连接器件损耗 = 连接器件个数 × 0.75dB。光纤熔接头衰减最大值取 0.3dB/接头（单芯光纤熔接），熔接损耗 = 熔接点数量 × 熔接头衰减/接头；当采用机械冷接时，双向平均值为 0.15dB/接头。对于最小反射损耗，多模光纤为 20.0dB，单模光纤为 26.0dB。

4.4　提高信道传输质量的措施

通过上述讨论分析可知，就电缆而言，影响通信系统信道传输质量的主要因素是电缆结构。电缆结构的对称性和均匀性是电缆生产控制的重点。下面就如何提高数字通信电缆质量、改善信道传输性能予以简单讨论。

1. 降低衰减的措施

电缆传输介质的衰减常数为

$$\alpha = 8.686\left(\frac{R}{2}\sqrt{C/L} + \frac{G}{2}\sqrt{L/C}\right)$$

式中，R 为导体直流回路电阻；C 为导体间互电容；G 为导体间介质电导；L 为导线电感。

一般情况下，由于 G 很小，最后一项可以不考虑。所以，减小 R 和 C 是减小衰减常数 α 的有效措施。减小 R 可通过加大导体直径来实现（在规定的范围内），此时绝缘外径也应成比例增大，以保持电容 C 不变；减小互电容 C 可通过加大绝缘层厚度，或采用绝缘层物理发泡，减小相对介电常数 ε_r 来实现。

2. 降低线对间串扰的措施

串扰来自于线对间的电磁场耦合，降低线对间串扰或者说提高 NEXT 和 ELFEXT，主要是降低线对间电容不平衡。绝缘单线的均匀性和对称性是提高 NEXT 和 ELFEXT 的基础。另一方面，优良的绞对节距设计也是提高串扰防卫度的有力措施。5 类、6 类缆线的绞对节距应在 9～25mm，且绞对节距差越大越好，但也要注意不能导致太大的时延差，因为有可能存在同一帧数据的各比特分线对传送的情况，例如 1000Base-T。

3. 提高结构回波损耗的措施

提高结构回波损耗（SRL），主要从以下几个方面着手：

1）提高线对纵向结构的均匀性，保证电缆长度方向上特征阻抗的均匀一致性。

2）在单线拉丝绝缘挤出工序中，要保证绝缘外径偏差在 ±2μm 以内，导体直径波动 ±0.5μm以内，且要求表面光滑圆整；否则，对绞后的线对会有较大的特征阻抗波动。单线挤出工序中另一重要的控制参数是偏心度，偏心度应控制在 5% 以内。

3）绞对工序也是影响 SRL 的重要工序。除了绞对节距的合理设计可提高串扰防卫度外，为了消除绝缘单线偏心对特征阻抗的影响，应采用有单线“预扭绞”或“部分退扭”的群绞机或对绞机绞对，以“细分”由于单线不均匀造成的特征阻抗变化，使线对在总长度上阻抗发生的变化如同微风轻拂平静水面形成的细波纹。普通的市话电缆对绞机不具备这样的性能。另外，绞对中还要注意放线张力的精确控制，防止一根导线轻微地缠绕在另一根导线上，导致电阻、电容不平衡，引起串扰。

4. 降低传播时延和时延偏差的措施

传播时延是决定5e类、6类缆线使用距离的关键参数，由于相速度 $Vp=1/\varepsilon_r$，所以减小绝缘相对介电常数 ε_r 是降低传播时延的重要途径。5类缆线可用实心HDPE（高密度聚乙烯）绝缘，6类缆线最好用物理发泡PE或FEP绝缘，以减小 ε_r，并降低传播时延 τ；减小时延偏差的措施是适当减小绞对节距差。

在挤护套工序中，护套内径不能太小，否则过分挤压线对，会导致相对介电常数变大，使电缆的电气性能降低。

综上所述，数字通信电缆的各项技术指标，特别是近、远端串扰和衰减指标均对数据通信系统有重要影响，特征阻抗和传播时延指标也不能忽视。在100Mbit/s以上高速以太网中，就CSMA/CD协议看，传输速率与距离成反比，6类缆线在200Mbit/s速率下，布线距离为100m时，虽然位误码率允许，但链路长度已超过CSMA/CD的最小帧长，在TCP/IP数据链路层上不能保证帧的冲突差错，帧的差错检测将由协议的高层完成，显然将会影响数据传输效率。目前，在对绞电缆中，一对用于发送、一对用于接收、一对用于语音、一对备用的情况下，如10Base-TX和100Base-TX，近端串扰是噪声的主要来源。对于1000Base-T，远端串扰是干扰的主要来源。在16Mbit/s及以下低速网络中，串扰引起的位误码率是影响对绞电缆使用距离的主要因素。在100Mbit/s、1000Mbit/s高速网络中，串扰和传播时延以及时延偏差是限制使用距离的因素。

思考与练习题

1. 简述链路与信道的区别。
2. 解释带宽、吞吐率、数据传输速率、频带利用率、传播时延和时延偏差的概念。
3. 简述ACR的含义。当传输信号频率增加时，ACR如何变化？
4. 什么是回波损耗？如何降低信道的回波损耗？
5. 何谓近端串扰和远端串扰？为什么说等电平远端串扰比远端串扰更有意义？
6. 试描述综合布线中衰减的物理意义。
7. 减小传输介质衰减常数 α 的措施有哪些？
8. 有哪几种串扰，各自的含义如何？
9. 光纤信道的总损耗由哪几部分损耗构成？简述各种损耗产生的主要原因。
10. 简述改善信道传输质量的措施。

第5章　综合布线系统的构成

信息已成为当今社会的一种关键性战略资源。为了使这种资源充分发挥作用，信息必须迅速而精确地在各种型号的计算机、电话机、传真机及通信设备之间传输。尤其是随着千兆位以太网、光网络、智能建筑的应用和发展，原来的专属布线系统已无法满足要求。因此，寻求一种更合理、更优化、弹性强、稳定性和扩展性好的布线技术，已成为当务之急。这不但是满足现在的要求，更重要的是迎接信息社会对布线系统的挑战。

本章主要讨论综合布线系统的组成、综合布线系统的拓扑结构以及所服务的网络。

5.1　概述

近年来，智能建筑（Intelligent Building）与综合布线系统越来越受到政府和企业的重视。智能建筑是现代信息化社会发展的产物，它已成为当代建筑业和电子信息业共同谋求发展的方向。目前世界各国政府和各大跨国企业集团均对智能建筑表示出了极大关注，并制订了种种法规和政策以促进其迅速发展。我国不少省市也均已出台了旨在促进智能建筑发展的一些规定，而众多的房地产开发商，更是出于商业利益的需要，积极促进智能建筑与综合布线系统的发展。

1. 何谓智能建筑

智能建筑的概念，起源于20世纪80年代，即1984年由美国联合技术公司在改建哈特福德市一幢旧的金融大厦时，为开拓市场而使用了“智能建筑”。这个新名词的实质是运用当时的计算机及网络技术、电子技术和传感器技术等，对整个大厦的建筑设备，如空调、照明、供电、供水、电梯和消防等进行自动化控制与管理，从而提高建筑物的信息与技术含量，增强其整体竞争力。因其在大厦出租率、投资回收率和经济效益等方面取得了巨大成功，引起了世界各国的重视和效仿。智能建筑因此也在世界范围内得到迅速发展。1992年，智能建筑的概念随着综合布线系统进入我国。近年来，我国也建成了一大批具有相当智能化水平的大型公共建筑。

智能建筑和综合布线系统的发展历史虽然较短，但有关其描述并不少，目前还尚未形成统一的概念。按照美国智能建筑协会（American Intelligent Building Institute）的体系，可以将智能建筑概括为：“对建筑的结构、系统、服务和管理四个基本要素进行优化，使其为用户提供一个高效率且具有经济效益的环境。”在我国，一个被广为接受的描述性定义是：“通过对建筑物的四个基本要素，即结构、系统、服务和管理以及它们之间的内在联系，以最优化的设计，采用最先进的计算机技术（Computer）、控制技术（Control）、通信技术（Communication）和图形显示技术（CRT），即所谓的4C技术，建立一个由计算机系统管理的一体化集成系统，提供一个投资合理、又拥有高效、幽雅、舒适、便利和高度安全的环境空间。同时，智能建筑能帮助业主和物业管理者在费用开支、生活舒适、商务活动和人身安全等方面的利益有最大的回报。”这一描述包含两层含义：①智能建筑对使用者的承诺：提供全面、高质量、安全舒适、高效快捷和灵活应变的综合服务；②智能建筑应具备的特征：采用多种信息的传输、处理、监控、管理以及一体化集成的高新技术，以实现信息、资源和任务的共享，达到优化建设投资，降低运营成本和提高利润的目的。因此，智能建筑的实现目标是在先进的软、硬件环境中，用科学的管理，提供高效的服务，实现高额的利润回报，并且系统具有充分的灵活性和适应能力。从这个定义可以看出，只要是带有智能化的建筑物，并具有相应的功能，便可以称之为智能建筑。智能建筑是一个具有广泛内涵的概念。

需要补充说明的是：智能大厦与智能建筑是有区别的。

提到智能大厦，人们总是将它等同于智能建筑，这在智能大厦刚刚产生的年代不会引起歧义，因为当时智能建筑的主要形式就是商业用的智能化大楼。然而，随着整个智能化过程的进展，将智能大厦等同于智能建筑，则有很多不妥之处。

建筑是一个通称，它包括建筑物和构筑物两类。凡是供人在其中生产、生活或其他活动的房屋或场所都叫“建筑物”，如住宅、学校、办公楼和电影院等。而人们不在其中生产、生活的建筑则叫“构筑物”，如纪念碑、水塔和堤坝等。就建筑物来说，按使用性质可以分为：

1）民用建筑物：非生产性建筑物，如住宅、商业办公楼和学校等。

2）工业建筑物：工业生产性建筑物，如主要生产厂房、辅助生产厂房等。

3）农业建筑物：指农副业生产建筑物，如粮仓、畜禽饲养场等。

因此，传统意义上的智能建筑，实际上特指智能化民用建筑中的商业办公楼。目前，这种智能化民用建筑不仅包括智能化商业办公楼，即智能大厦，而且还包括智能化住宅小区，即智能小区以及智能住宅，或智能家居。可以说，智能建筑是一个内涵比较大的动态化概念，它随时代的发展而有不同的内涵。昨天的智能建筑只包括智能大厦，今天的智能建筑则包括智能大厦和智能小区、智能家居等，当然，明天还会包括更新更多的内容。智能建筑与智能大厦、智能小区、智能家居之间的关系，可以用图5.1表示出来。

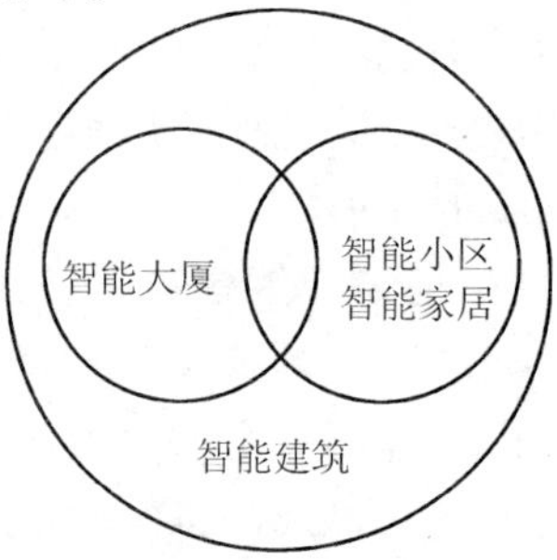

图5.1 智能建筑与智能大厦、智能小区、智能家居的关系

2. 智能建筑的发展过程

20世纪80年代开始，逐渐开展宽带网络的建设，开始提升智能建筑质量水平；特别是将4C技术（计算机技术、控制技术、通信技术及CRT图形显示技术）综合应用到智能建筑。就智能建筑的功能来看，可以将其发展大致划分为以下4个阶段：

1）单功能系统阶段（1980~1985年）：以闭路电视监控、停车场收费、消防监控和空调设备监控等子系统为代表。

2）多功能系统阶段（1986~1990年）：如综合保安系统、楼宇自控系统、火灾报警系统和有线通信系统等。

3）集成系统阶段（1991~1995年）：主要包括楼宇管理系统、办公自动化系统和通信网络系统。

4）智能建筑智能管理系统阶段（1996年~至今）：以计算机网络为核心，实现系统化、集成化与智能化管理。

3. 智能建筑的组成部分

智能建筑经过几年的快速发展，已经进入智能化管理阶段，其组成一般包括：中央计算机控制系统（即系统集成）(SI)、建筑自动化系统（Building Automation System，BAS）、办公自动化系统（Office Automation System，OAS）、通信自动化系统（Communication Automation System，CAS）和综合布线系统（Generic Cabling System，GCS）等几大部分。

（1）中央计算机控制系统（系统集成）

中央计算机控制系统是以计算机为主体的高层控制中心，简称主控中心。它通过综合布线系统将各子系统在物理上、逻辑上和功能上连为一体，对整个建筑实施统一管理和监控，同时为各子系统之间建立一个标准的信息交换平台，以实现信息综合、资源共享。

（2）建筑自动化系统

建筑自动化系统利用现代电子技术对建筑物内的环境及设备运转状况进行监控和管理，从而使建筑物达到安全、高效、便利和灵活之目标，具体由照明控制、空调控制、门禁、给排水控制、冷热源控制、电力控制、消防、保安、电梯管理和车库管理等若干部分构成。

（3）办公自动化系统

办公自动化系统（OAS）是由计算机技术、通信技术、多媒体技术和系统科学等高新技术所支撑的辅助办公自动化手段，主要包括：电子信箱、微博、微信、视听、电子显示屏、物业管理、文字处理、共用信息库、日常事务管理等若干部分。OAS 主要完成各类电子数据处理，对各类信息实施有效管理，辅助决策者迅速做出正确的决定等。

（4）通信自动化系统

通信自动化系统（CAS）主要负责建立建筑物内外各种图像、文字、语音及数据的信息交换和传输，确保信息畅通。CAS 主要包括：卫星通信、无线寻呼、电视会议、可视图文、传真、电话、有线电视和数据通信等部分。

（5）综合布线系统

综合布线系统是建筑物内多种信息的传输介质系统，利用电缆或光缆来完成各类信息的传输。它与传统建筑物信息传输系统的区别是采用模块化设计，统一标准实施，以满足智能建筑高效、可靠和灵活性等要求。

4. 综合布线系统

通过以上对智能建筑的讨论可知，智能建筑实质上是利用电子系统集成技术将 BAS、OAS、CAS 和建筑艺术有机地结合为一体的一种适合现代信息化社会综合要求的建筑物，而综合布线系统正是实现这种结合的有机载体。综合布线系统是满足实现智能建筑各综合服务需要，用于传输数据、音频、视频、图像和图形等多种信号，并支持多厂商各类设备的集成化信息传输介质系统，是智能建筑系统工程的重要组成部分。

综合布线系统采用模块化和分层星形拓扑结构设计，能适应任何建筑物或建筑群的布线系统，其代表产品有建筑物与建筑群布线系统（Premises Distribution System，PDS）等。PDS 一词的含义是预先的布线系统，又称开放式布线系统（Open Cabling Systems），有时也称之为建筑物结构化综合布线系统（SCS）；按功能则称为综合布线系统。PDS 与智能建筑布线系统（IBS）和工业布线系统（IDS）的差别是，PDS 以商务环境和办公自动化环境为主。综合布线系统在国内许多建筑物中已经被采用，甚至成为一些建筑物的宣传重点。

综合布线系统是伴随智能建筑的发展而崛起的，是智能建筑得以实现的“信息高速公路”。在智能建筑尚不成熟和有待完善的今天，综合布线系统甚至成为智能建筑的代名词，因此它的发展将会更快、更为迅速。

由此可知，综合布线系统只是智能建筑中的一部分，但却是整个智能建筑的“血脉”。不论是建筑自动化、办公自动化系统，还是通信自动化系统，都必须通过综合布线系统将彼此相对独立的、布局分散的功能模块相连接。综合布线系统建立在建筑物基础之上，是位于接入端的底层基础设施。它能够支持数据、音频、视频及图形图像等信息的传输，成为现今和未来计算机网络和通信系统的有力支撑环境。从综合布线系统诞生之日起，就注定与计算机网络连在一起了。

5.2 综合布线系统的组成部分

理想的综合布线系统不仅可以支持数据、语音传输，而且能支持音频、视频等多媒体业务，并对其服务的设备具有一定的独立性。因此，通常一个完整的综合布线系统采用模块化和分层星形拓扑结构设计，由工作区、配线子系统、干线子系统、建筑群子系统、设备间、进线间和管理7个部分构成。综合布线系统总体结构如图5.2所示。

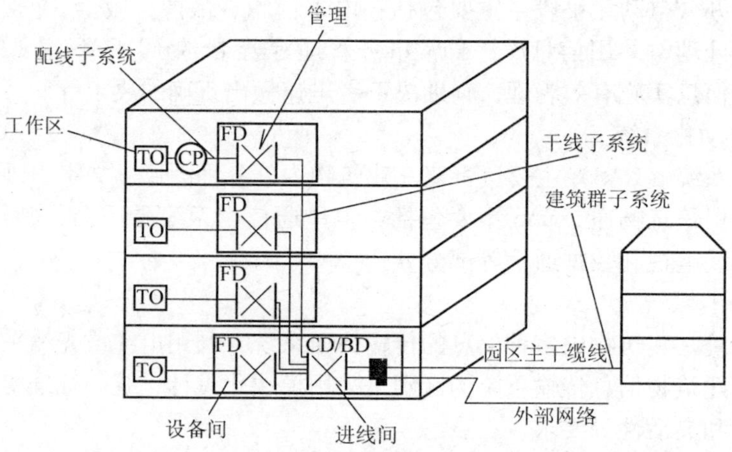

图5.2 综合布线系统总体结构

5.2.1 工作区

工作区又称为服务区子系统，是一个需要设置终端设备（TE）的独立区域。工作区由配线子系统的信息插座模块（TO）延伸到终端设备处的连接缆线及适配器组成。连接电缆将水平电缆和工作区内的计算机与通信设备连接在一起，是终端设备至信息插座之间的传输介质。工作区可能还会包括一些专门的硬件，从而可以通过在工作区所安排的通信电缆进行信号的接收和发送。一个工作区的服务面积约为5～10m^2，不同的应用场合面积的大小有所不同。一般情况下，每个工作区配置一个电话或计算机终端设备，或按用户要求设置，如图5.3所示。工作区的布线由插座开始，服务器及工作站可通过对绞电缆直接与信息插座相连，或通过室内的Hub，并经过由楼层Hub及中心Hub与其他网络站点互相通信。

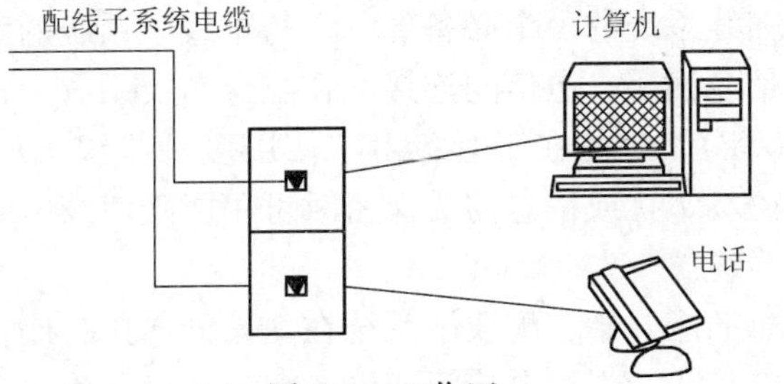

图 5.3　工作区

1. 工作区的布线

工作区的布线是指在信息插座/连接器与工作站内设备之间的电缆布线，其中包括许多不同的硬件，用来将用户的电话、计算机以及其他的设备连接到信息插座/连接器上。

工作区布线是非永久性布线，布线线缆可以更改和替换。通常使用组合式插头来端接工作站。这些 8 位插头能够插进端接水平电缆的信息插座。组合式工作区软线须在两端使用同样的连接器，这会使得电缆两端的配线稳定。通常需使用束状对绞电缆来制作工作区电缆。扁平、非对绞电缆不能作为工作区子系统布线的材料。

2. 注意事项

1）工作区电缆距离。工作区电缆通常都是短的、柔软的电缆，这种电缆的最大传输距离为 5m。因此，从 RJ-45 插座到终端设备之间所用的对绞电缆，一般不超过 5m。但是，传输距离（工作区长度加上电信间的配线电缆或路经跳线）可以达到 10m。如果减少电信间设备或跳线电缆的长度，可以增加工作区电缆的有效长度。

2）RJ-45 插座安装在墙壁上或不被碰撞的地方，插座距地面 30cm 以上。

3）插座和水晶头（与对绞电缆）不要接错线头。

4）在进行终端设备和 I/O 连接时，可能需要某种电子传输装置，但这种装置并不是工作区的一部分。例如，调制解调器能为终端与其他设备之间的兼容性、传输距离的延长提供所需的信号转换，但不能说是工作区的一部分。

5.2.2　配线子系统

配线子系统也称为水平子系统。配线子系统由工作区的信息插座模块、信息插座模块至电信间配线设备（Floor Distributor，FD）的配线电缆和光缆、电信间的配线设备及设备缆线和跳线等组成。配线子系统将干线子系统线路延伸到用户工作区，一般为星形拓扑结构。它负责从管理子系统即分线盒出发，利用对绞电缆将管理子系统连接到工作区子系统的信息插座，如图 5.4 所示。

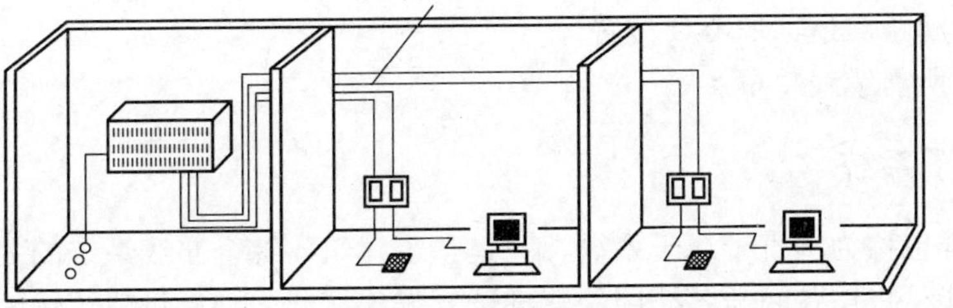

图 5.4　配线子系统

配线子系统是综合布线系统的一个必备部分，与干线子系统的区别在于：配线子系统总是在一个楼层上，仅与信息插座、电信间连接。在综合布线系统中，配线子系统一般仅使用4对非屏蔽对绞电缆（UTP），目的在于避免由于使用多种缆线类型而造成灵活性降低和管理上的困难。如果有电磁场干扰或信息需要保密时可用屏蔽对绞电缆。当某些应用需要的宽带较高时，也可以采用光缆。

从用户工作区的信息插座开始，配线子系统在交叉处连接，或在小型通信系统中的以下任何一处进行互连：分电信间、干线电信间或设备间。在设备间，当终端设备位于同一楼层时，配线子系统将在干线电信间或远程通信（卫星）电信间的交叉连接处连接。

1. 配线布线距离

所有安装在配线子系统中配线电缆的长度为90m。这个距离是电信间中水平跳接（HC）的电缆终端到信息插座/连接器的电缆终端的距离。配线子系统的缆线长度应符合如图5.5所示的划分，具体要求是：配线子系统信道的最大长度不应大于100m；工作区设备缆线、电信间配线设备的跳线和设备缆线之和不应大于10m，当大于10m时，水平缆线长度（90m）应适当减少；楼层配线设备（FD）跳线、设备缆线及工作区设备缆线各自的长度不应大于5m。

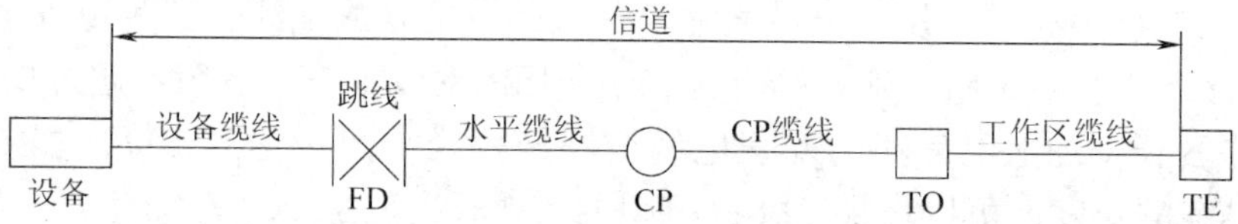

图5.5 配线子系统缆线划分

需要注意的是，在综合布线系统的应用中，可选择不同类型的电缆和光缆，因此，在相应的网络中所能支持的传输距离是不相同的。在IEEE 802.3 an标准中，综合布线系统6类布线系统在10Gbit/s以太网中所支持的长度应不大于55m，但6A类和7类布线系统支持长度仍可达到100m。

2. 注意事项

1）配线子系统的传输介质一般为对绞电缆。

2）采用线槽或在天花板吊顶内布线，一般不使用地面线槽方式。

3）若采用3类对绞电缆，传输速率仅为16Mbit/s；采用5类对绞电缆，传输速率为100Mbit/s。

4）传输介质布线方法和缆线的走向。

5）距电信间距离最近的I/O位置。

6）距电信间距离最远的I/O位置。

7）配线区所需缆线总量。

5.2.3 干线子系统

干线子系统也称为垂直干线子系统，它是整个建筑物综合布线系统的关键链路。干线子系统的主要功能是将设备间与各楼层的管理子系统连接起来，提供建筑物内垂直干线电缆的路由。具体说是实现数据终端设备、交换机和各管理子系统之间的连接。

1. 干线子系统的组成

干线子系统由设备间至电信间的干线电缆和光缆，安装在设备间的建筑物配线设备（Building Distributor，BD）及设备缆线和跳线组成。其中，建筑物干线缆线是连接建筑物配线设备至楼层配线设备及建筑物内楼层配线设备之间相连接的缆线，可为主干电缆或主干光缆；建筑物配线设备是指为建筑物主干缆线或建筑群主干缆线终接的配线设备。干线子系统通常在两个单元之间，特别是在位于中央节点的公共系统设备处提供多个线路设施。该子系统包括所有的布线电缆，或者说可能包括一栋多层建筑物的楼层之间干线布线的内部缆线，或从主要单元（如计算机机房或设备和其他干线电信间）来的所有缆线，如图 5.6 所示。

为了与建筑群的其他建筑物进行通信，干线子系统将中继线交叉连接点和网络接口（由数据通信局提供的网络设施的一部分）连接起来。网络接口通常放在设备相邻的房间。干线子系统包括：①干线或远程通信（卫星）电信间、设备间之间的竖向或横向的电缆；②设备间和网络接口之间的连接电缆或设备与建筑群子系统各设施间的电缆；③干线电信间与各远程通信（卫星）电信之间的连接电缆；④主设备间和计算机主机房之间的干线电缆。

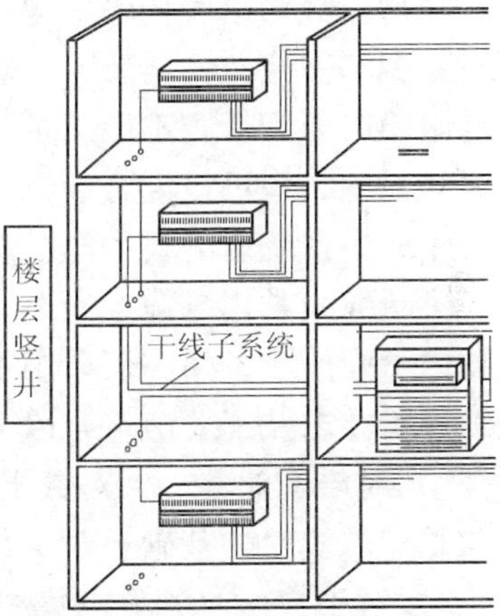

图 5.6　干线子系统

干线子系统是综合布线系统中最持久的子系统，要为建筑物服务 5 ~ 10 年。在这期间，需要干线子系统能够支持建筑物目前和将来的需要。即使在不安装新电缆的情况下，干线子系统也能够支持建筑物中通信系统的变化。

2. 干线子系统拓扑

通常情况下，综合布线系统包含主配线架［即建筑物配线架（BD）或建筑群配线架（CD）］、分配线架［即楼层配线架（FD）］和信息插座等基本单元。主配线架通常放在设备间，分配线架放在楼层的电信间，信息插座安装在工作区。规模比较大的建筑物，在主配线架与分配线架之间也可设置中间交叉配线架（IC），中间交叉配线架安装在二级电信间。连接主配线架和分配线架的缆线称为垂直干线；连接分配线架和信息插座的缆线称为水平配线。

工业布线标准要求干线子系统中的所有缆线都要安装成分层星形拓扑结构。从理论和实际应用出发，综合布线系统最常用的网络拓扑结构也是星形拓扑，它是由一个中心主节点即主跳接（Main Cross- Connect，MC）及其向外延伸到的各从节点即中间跳接（Intermediate Cross-Connect，IC）组成的，如图 5.7 所示。主跳接在设备间（ER）的主配线架上进行；中间跳接在二级交接间的配线架上进行；跳接是在干线和水平线交叉的楼层配线间的配线架上进行。干线线缆可在配线架或入楼的保护设备上进行端接。

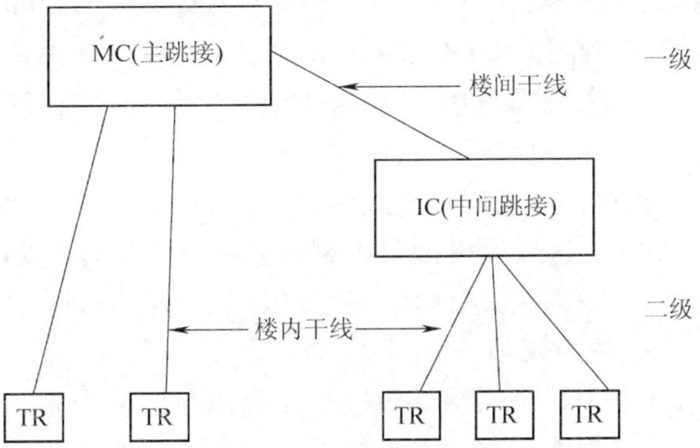

图 5.7　干线子系统拓扑结构

3. 干线子系统的缆线

干线子系统实际使用的传输介质由多种因素决定，主要因素是：①必须支持的电信业务；②通信系统所需的使用寿命；③建筑物或建筑群的大小；④当前和将来用户数的多少。

由于干线子系统要支持的业务面很宽，在布线标准中，可以选用的缆线也有多种，主要有：①4对5类（或6类）对绞电缆（UTP或FTP）；②100Ω大对数对绞电缆（UTP或FTP）；③150Ω（STP-A）对绞电缆；④62.5/125μm多模光纤；⑤8.3～10/125μm单模光纤。

目前，针对语音传输（电话信息点）一般使用3类大对数对绞电缆（25对、50对等），针对数据和图像传输需要，一般使用多模光纤或5e类及以上大对数对绞电缆。当大对数铜缆的限距能力和带宽不能满足要求时，垂直干线可以使用光缆。这些传输介质可以单独用于干线子系统，也可以混合起来使用。

干线子系统所需要的电缆总对数和光纤总芯数，应能满足实际需求，并有适当的备份容量。主干缆线常用电缆或光缆，并互相作为备份。如果电话交换机和计算机服务器设置在建筑物内不同的设备间，可采用不同的主干缆线以分别满足语音和数据传输需要。主干电缆和光缆容量要求及配置应符合以下规定：

1）对语音业务，大对数主干电缆的对数应按每一个电话8位模块通用插座配置1对线，并在总需求线对的基础上至少预留约10%的备用线对。

2）对于数据业务应以集线器（Hub）或交换机（SW）群（按4个Hub或SW组成1群）或以每个Hub或SW设备设置1个主干端口配置。每1群网络设备或每4个网络设备宜考虑1个备份端口。主干端口为电端IC时按4对线容量配置，为光端口时按2芯光纤容量配置。

3）当工作区至电信间的水平光缆延伸至设备间的光配线设备（BD/CD）时，主干光缆的容量包括所延伸的水平光缆光纤的容量在内。

4. 干线子系统布线距离限制

干线子系统的最大布线距离由所选用的传输介质类型所决定。一般，在干线子系统中，建筑群配线架（CD）到楼层配线架（FD）间的距离小于2000m；建筑物配线架（BD）到楼层配线架（FD）的距离小于500m。若采用单模光纤作为干线电缆，建筑群配线架（CD）到楼层配线架（FD）之间的最大距离可为3000m。若采用5类对绞电缆作为干线电缆，对传输速率超过100Mbit/s的高速应用系统，布线距离应小于90m，否则需选用单模或多模光纤。在建筑群配线架和建筑物配线架上，接插线和跳线的长度一般不要超过20m；否则应从允许的干线电缆最大长度中扣除。

通常，将主配线架放在建筑物的中间位置，使得从设备间到各层电信间的路由距离不超过100m，这样就可以采用对绞电缆作为传输链路了。如果安装长度超过了规定的距离，则要将其划分成几个区域，每个区域由满足要求的干线子系统布线来支持。

5. 注意事项

1）干线子系统一般选用光缆作为传输介质，以提高数据传输速率。

2）光缆可选用多模光纤（室内、近距离），也可以是单模光纤（室外、远距离）。

3）垂直干线缆线的拐弯处，不要直角拐弯，应有一定的弧度，以防光缆受损。

4）垂直干线缆线要防止遭受破坏。如埋在路面下，要防止修路、挖掘对缆线造成的危害；架空缆线要防止雷击。

5）满足每层楼的干线要求及防雷电设施。

6）满足整栋建筑物干线要求和防雷击设施。

5.2.4　建筑群子系统

由于综合布线系统大多数采用有线通信方式，一般通过建筑群子系统连入公用通信网。从全程全网来看，建筑群子系统也是公用通信网的一个组成部分，使用性质和技术性能基本一致，其技术要求也基本相同。

建筑群子系统由连接多个建筑物之间的主干电缆和光缆、建筑群配线设备（Campus Distributor，CD）及设备缆线和跳线组成。建筑群配线设备是指终接建筑群主干缆线的配线设备。建筑群子系统将建筑物内电缆延伸到建筑群的另外一些建筑物中的通信设备和装置上，是建筑物外界网络与内部系统之间的连接系统，如图 5.8 所示。

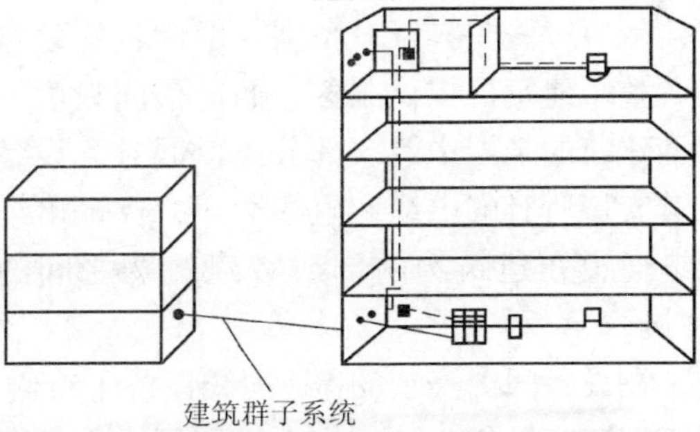

图 5.8　建筑群子系统

建筑群子系统中的 CD 宜安装在进线间或设备间，并可与建筑物入口设施或 BD 合用场地。建筑物入口设施（Building Entrance Facility）是提供符合相关规范机械与电气特性的连接器件，使得外部网络电缆和光缆引入建筑物内。同时需要注意，CD 配线设备内、外侧的容量应与建筑物内连接 BD 配线设备的建筑群主干缆线容量及建筑物外部引入的建筑群主干缆线容量相一致。《综合布线系统工程设计规范》GB 50311—2007 规定，综合布线系统水平缆线与建筑物主干缆线及建筑群主干缆线之和所构成信道的总长度不应大于 2000m；建筑物或建筑群配线设备之间（FD 与 BD、FD 与 CD、BD 与 BD、BD 与 CD 之间）组成的信道出现 4 个连接器件时，主干缆线的长度不应小于 15m。

从系统划分来说，建筑群子系统是综合布线系统一个可能的组成部分。当综合布线系统覆盖不止一个大楼时，建筑群子系统才是一个必不可少的子系统；即只有当系统从一个建筑物延伸至另一个建筑物时，才需要考虑建筑群子系统。建筑群子系统用来连接分散的建筑物，这样就需要支持提供建筑群之间通信所需要的硬件，其中包括 UTP 电缆、光缆以及防止电缆上的脉冲电压进入建筑物的电气保护装置等。

在建筑群子系统中，一般有架空缆线、直埋缆线、地下管道缆线 3 种室外电缆敷设方式，或者这 3 种方式的任何组合，具体情况应根据现场环境予以决定。一般情况下，建筑群子系统常采用地下管道敷设方式。管道内敷设的铜缆或光缆应符合管道和引入口的各项设计要求。此外安装时至少应预留 1 ~ 2 个备用管孔，以供扩充之用。当采用直埋沟内敷设缆线时，如果在同一个沟内埋入其他的图像、监控电缆，应设立明显的共用标志。

建筑群子系统配有提供建筑物内外布线的连接点。户外线缆在进入建筑物时通常在引入口处要经过一次转接，然后再进入户内系统。在转接处需要考虑电气保护设备，一般情况下，电信局来的电缆线应进入一个阻燃接头箱，再接至保护装置。另外，还需要考虑防火、防雷电等因素。

5.2.5 设备间

设备间（Equipment Room，ER）是综合布线系统中为各类信息设备（如计算机网络设备、交换机、路由器等）提供信息管理、信息传输服务的地方。

1. 设备间的构成

设备间是在每一幢建筑物的适当地点进行网络管理和信息交换的场地。对于综合布线系统而言，设备间主要安装有建筑物配线设备。其作用是把公共系统中的各种不同设备互连起来，其中包括电信部门的光缆、电缆和交换机等。为使建筑物内系统的节点可任意扩充、分组，常采用配线架等布线设备。它还包括设备间和邻近单元如建筑物的入口区中的导线，所有的高频电缆也汇总于此。一般情况下，设备间包含如下部分：①大型通信和数据设备；②电缆终端设备；③建筑物之间和内部的电缆通道；④通信设备所需的电保护设备，如图5.9所示。

设备间是一种特殊类型的电信间，但又与电信间有一些差异，设备间一般为整栋建筑物或者整个建筑群提供服务；而电信间只为一栋大型建筑的某层中的一部分提供服务。设备间能够支持所有的电缆和电缆通道，保证电缆和电缆通道在建筑物内部或者建筑物之间的连通性。

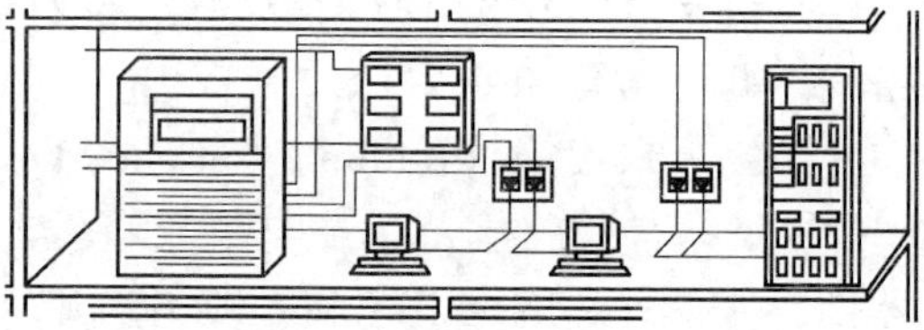
图5.9 设备间

在设备间内安装的BD配线设备干线侧容量与主干缆线的容量相一致。设备侧的容量与设备端口容量相一致或与干线侧配线设备容量相同。通常采用跳接式配线架连接交换机，采用光纤终结架连接主机及网络设备。就计算机网络系统而言，设备间包括网络集线器（Hub）、智能交换机（Intelligent Switcher）及设备的连接线，一般采用标准机柜，将这些设备（交换机，集线器）集成到机柜中，以便于统一管理；同时，还应把主机及网络设备的输出线与干线子系统相连接，并通过配线架的跳线控制主配线架（Main Distribution Frame，MDF）的路由，构成通信网络系统的一个重要组成部分。

由于设备间中放置的设备类型很特殊又很重要，所以对建筑物中的设备间有一些特殊要求：①一般要经过通用的、可靠的和专业的设计；②整个空间都可以支持通信设备、通信电缆和电缆支持结构；③设备间中不能安装其他非通信类型的设备；④建筑公共设施，包括通电管道、通风管道或者水管都不应该经过设备间；⑤设备间内不可放置电气设备或者机械设备、后勤服务物资等。

2. 设备间的位置和大小

一般情况下，设备间坐落在一个比较安全的地方，而且处于建筑物的中心地带。选择处于中心位置的房间做设备间可以减少通往电信间和接入设备的干线电缆长度。设备间能够支持独立建筑或建筑群环境下的所有主要通信设备，包括程控用户交换机PBX、服务器、集线器、路由器、其他支持局域网和广域网连接的设备。设备间还具有与外部通信缆线端接点的功能。因此通常设备间也是放置通信接地板的最佳位置，接地板用于接地导线与接地干线的连接。因此，如何选取设备间的位置至关重要。具体确定设备间的位置时，应考虑以下几点：

1）设备间应位于主干路由预留通道处，易于从建筑物承重部分进入，并且处于配线电缆、干线电缆线或两种缆线集中的地方，以方便主干线缆的进出。

2）尽量远离强振动源和强噪声源，尽量避开强电磁场的干扰，应远离有害气体源以及腐蚀、易燃、易爆物。

3）尽量避免设在建筑物的高层（考虑承重量）或地下室（考虑环境条件）。选择设备间的位置时应考虑线路延伸问题，选择一个本身有利于延伸而不被建筑设施包围的区域，以方便日后设备间的扩容。

4）应便于安装通信设备及接地装置。通过计算确定每个设备间的安装传输介质类型和数量，确定所需的端接空间、机架和机柜的尺寸。用户使用的设备将决定最佳的端接方法和所需接口。如果使用场合需要进行电缆之间的跳接，那么采用挂墙式的安装方式即可，这样可以节省地面空间。如果使用中有电缆与设备间的跳线，那么机架固定方式最为理想。典型的设备间会有多种跳线区和接口，以便为语音、数据和其他通信需求提供服务。设立设备间的主要目的就是为了方便网络的管理，当综合布线工程全面竣工以后，整个布线系统的管理工作只需在这里跳线即可。

设备间的大小规划基于以下因素：①现有或者将来要安装设备的大小和数量；②建筑物或需要支持的建筑群大小、房间的扩充需求。

3. 注意事项

1）设备间要有足够的空间，保障设备的存放。

2）设备间应有良好的工作环境。不应位于：有雨水和潮气侵蚀的地方；太热的地方；存在有损害仪器的腐蚀剂和毒气的地方。

3）设备间的建设标准应按机房建设标准设计。

另外，应注意与其他专业设施条件的配合，比如地板载荷、房间照度、温度、湿度等环境条件。按规模的重要性选择双电源末端互供电，再设置 UPS；或者选择单电源加 UPS 供电。

5.2.6　进线间

进线间是建筑物外部通信和信息管线的入口部位，并可作为入口设施和建筑群配线设备的安装场地。进线间主要作为室外电缆、光缆引入建筑物的成端或分支处，也是光缆作盘长的空间位置。另外，在此空间也可配置各种入口设施（如配线架、传输设备和接入网设备等）。

随着信息与通信业务的发展，进线间的作用越来越显得重要，原来从电信线缆的引入角度考虑将其称为交接间。进线间的功能已不仅仅是完成配线方面的功能了，但它又不同于电信枢纽楼对进线间的使用要求。体现在管道容量上，进线间也是在现阶段被得到认识和引起设计上重视的一个原因。因此，GB 50311—2007 将进线间列入了综合布线系统的 7 个部分之一。

5.2.7　管理

在综合布线系统中，各标准、厂商对管理子系统的理解定义有所差异。仅从布线的角度看，称之为楼层电信间或配线间比较合理，而且也形象；但从综合布线系统最终应用（数据、语音网络）的角度理解，称之为管理更为合理。管理不但是综合布线系统区别与传统专属布线系统的一个重要方面，也是综合布线系统灵活性、可管理性的集中体现。

所谓管理是针对设备间、电信间、进线间和工作区的配线设备、缆线等设施，按一定的模式进行标识和记录的规定。内容包括管理方式、标识、色标和连接等。这些内容的实施，将给今后维护和管理带来很大的方便，有利于提高管理水平和工作效率。特别是较为复杂的综合布线系统，如采用计算机进行管理，其效果将十分明显。目前，市场上已有商用的管理软件可供选用。

有时，也将管理称为管理子系统，实质上它是面向整个综合布线系统，用来提供与其他各个部分的连接手段，以使整个综合布线系统及其所连接的设备、器件等构成一个完整的有机整体。

1. 管理子系统的主要功能

管理子系统的主要功能是使整个布线系统与其连接的设备、器件构成一个有机的应用系统。综合布线管理人员可以在配线区域，通过调整管理子系统的交连方式，就可以安排或重新安排线路路由，使传输线路延伸到建筑物内部各个工作区。所以说，只要在配线连接器件区域调整交连方式，就可以管理整个应用系统终端设备，从而实现综合布线系统的灵活性、开放性和扩展性。管理子系统有3种应用，即配线/干线连接、干线子系统互相连接和入楼设备的连接。线路的色标标记管理也在管理子系统中实现。

每个电信间及设备间都有管理子系统。应该说，管理子系统是对综合布线系统实施灵活管理、维护的关键部分。电信间为连接其他子系统提供管理手段，是连接干线子系统和配线子系统的设施。在电信间中的布线系统包括配线架、配线管理盘（包括水平的和垂直的）、集线器、机柜，以及在电信间中进行布线用的凹槽、管道、设备电缆、跳线和电源等，如图5.10所示。

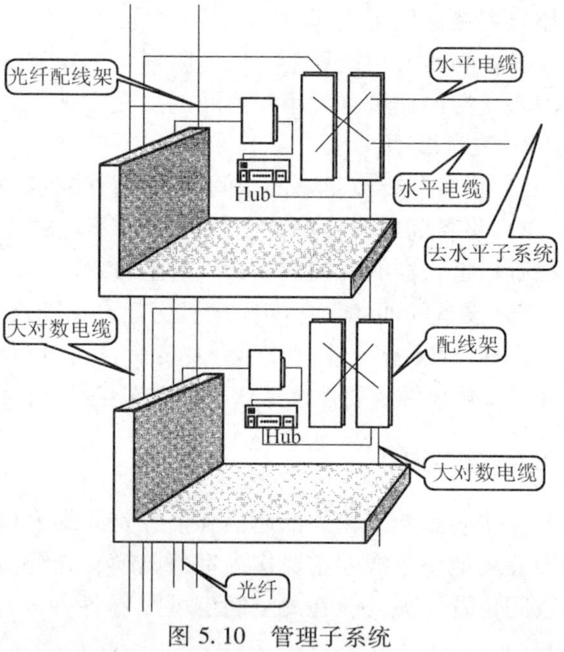

图 5.10 管理子系统

对通信线路的管理通常采用交接和互连两种方式。交接指交叉连接（Cross-Connect），是指在配线设备和信息通信设备之间采用接插软线或跳线上的连接器件相连的一种连接方式。互连（Interconnect）是指不用接插软线或跳线，使用连接器件把一端的电缆、光缆与另一端的电缆、光缆直接相连的一种连接方式。这两种连接方式都允许将通信线路定位或重定位到建筑物的不同部分，可弹性地作各种跳线，以便能更容易地管理通信线路。

2. 综合布线系统的分级管理

综合布线系统工程是非常复杂的一项工程，其技术管理涉及综合布线系统的工作区、电信间、设备间、进线间、入口设施、缆线管道与传输介质、配线连接器件及接地等各个方面。为便于实施管理，根据布线系统的复杂程度将其分为以下4个等级。

1）一级管理。针对单一电信间（弱电间）或设备间电信基础设施的管理。

2）二级管理。针对同一建筑物内多个电信间（弱电间）或设备间电信基础设施的管理。

3）三级管理。针对同一建筑群内多栋建筑物内有多个电信间（弱电间）电信基础设施的管理。

4）四级管理。针对多个场所（本地或异地）或建筑群电信基础设施的管理。

对每个管理级别的要求是

1）标识符。标识符用于标识电信基础设施的组成组件。标识符可由数字、英文字母、汉语拼音或其他字符组成，布线系统内各同类型的器件与缆线的标识符应具有同样特征（相同数量的字母和数字等）。

2）记录。记录包含与每个标识符相关的信息，包括来自记录组的报告和绘图的信息。

3）标签。标签是附着在被识别组件上的标识符的物理体现。

3. 电信间

在综合布线系统的管理中，电信间（Telecommunications Room，TR）是一个比较重要的管理场所。电信间是指放置电信设备、电缆和光缆终端配线设备并进行缆线交接的专用空间。在此作一些简单介绍。

（1）电信间的位置与数目

一般情况下，电信间设置在建筑物楼层中不显眼的小地方，比如楼梯间或是靠近楼梯的一些小空间。现在许多建筑设计师已经开始意识到在工作场所开辟专用通信设备管理空间的重要性，并在自己的设计中为通信设备提供这种管理专用空间。因此，电信间的位置一般都靠近建筑物的中心或者接受服务的工作区中心。因为这个位置可以限制水平电缆的长度，将距电信间的最大长度限制在 90m 内；同时，也可以提供良好的网络覆盖，符合所有人包括建筑设计师的愿望。工业布线标准也要求电信间应该建立在需要它进行服务的工作区的同一楼层上。

需要注意的是，把楼层电信间设置在建筑物中心位置，可能使这些区域意外地接近机械室或配电室，容易对通信设备和电缆带来电磁兼容性影响，因此需要综合考虑这些因素。而在有些情况下，由于地面总面积或信息插座距离长度超过了 90m，某些楼层会需要不止一个电信间。为了以最小的设备空间覆盖最大的布线距离，在安排电信间的位置时，应注意考虑：配线电缆允许的电缆距离为 90m，其中电信间和端接插座所需要的几条电缆的平均长度为 5 ~ 6m，电信间到信息插座之间所剩配线电缆的距离通常只剩 84m 左右。因此，作为最佳设计，在提供服务的区域内达到任何信息插座所需要的电缆长度应不超过 50m。

在商业建筑物中，如果电信间由多个小交换机用户群共享，那么从公共走廊或者其他的公共区域就应该很容易到达电信间。在高层商业建筑物中，电信间应该垂直分布。这样就可以减小建筑物中两个电信间之间的距离。

从布局位置上看，楼层电信间是干线电缆的转接点，既可以是无源的，也可以是有源的。楼层电信间可安装附加设备，如视频分配硬件、控制面板和相关布线部件。在保证通信系统有足够的线路管理附件的条件下，根据机架高度和墙壁计算出备用空间。一旦决定了机架配置，制订了墙壁固定空间的要求，便可以开始进行楼层电信间的布局。在理想情况下，配线电缆应由一侧空间入线，干线电缆从相对的另一侧入线。这样可使配线与干线电缆并排跳线，并能使电源电缆分布在这些通路的四周。

电信间的数目，应从所服务的楼层范围来考虑。按照标准，建筑物的每层至少应当安装一个电信间。如果配线电缆长度都在90m范围以内，可以设置一个电信间；当超出这一范围时，可设两个或多个电信间，并相应地在电信间内或紧邻处设置干线通道。另外，如果网络及建筑物的规模较小，或者跨度较大而信息点不多，比如大的机房、厂房车间等，可以考虑整个建筑物共用一个电信间而不必机械地为每一个层楼设置一个。实际上，很多情况下各楼层的主要空间可能被接待处、会议室、办公室或资料室等分别占据，通常需要若干条电缆来支持这些区域。这时，一般由相邻楼层的一个电信间来馈送，但要注意，确保布线不超过水平电缆最长90m距离的限制。

（2）电信间的大小

电信间的大小和构造可根据ANSI/TIA/EIA 568—B标准所定义的规范而确定。ANSI/TIA/EIA 568—B标准是基于需要接受服务的使用面积来定义电信间的面积的，其尺寸规范一般描述为：为单独工作区中每10㎡的使用地面面积所提供的通信布线。一般，电信间的面积不小于5㎡，如覆盖的信息插座超过200个时，可适当增加面积。

（3）电信间的电源配置

电信间中的照明应加以排列，提供地面最大照明面积。为了便于操作管理间中的通信设备，至少应配备4个专用电源插座，且千万不能接在同一电路上。同时，不应妨碍电缆梯、高架插槽、套管、设备、电缆机架或机柜上沿的进入。

目前，大部分通信网络设备都配有双电源，通常这些电源共同承担网络集线器或主机的负载。如果其中一个电源发生故障，则由剩下的一个电源为设备供电。虽然电源连接独立的供电线路，提高了电源线路的保护能力，若要彻底保护最好增配不间断电源（UPS）。为了方便使用电动工具以及进行设备测试，应沿四周每间隔2m设置一个电源插座，且所有电源插座应按相关的标准和规定安装，以不妨碍电缆布线或墙上固定硬件和设备为准。

按照地方或国家通信屏蔽接地和接地标准的建议，如果通信屏蔽接地主干穿过每一机架或机柜，则应该在每一管理间安装通信地线汇流排。

（4）注意事项

1）配线架的配线对数由管理的信息点数决定。

2）利用配线架的跳线功能，可使布线系统具有灵活、多功能的能力。

3）配线架一般由光纤配线盒和铜缆配线架组成。

4）管理子系统应有足够的空间放置配线架和网络设备（集线器、交换机等）。

5）对于密封式楼层电信间，门的最小尺寸一般宽900㎜、高1800㎜，并最好是向外开的。此外，从安全角度考虑，门应从外面加锁。

6）电信间应有良好的通风，安装有源设备时，室温宜保持在10～30℃，相对湿度宜保持在20%～80%。

4. 综合布线的标识系统

综合布线系统的管理规范对综合布线系统工程具有许多积极的意义，它为最终用户、生产厂家、咨询商、承包商、设计人员、安装施工员以及网管人员建立了准则。通俗地讲就是统一了标识、统一了“语言”。ANSI/TIA/EIA 606、GB 50312—2007标准对综合布线系统各个组成部分的标识管理工作做了说明，提供了一套独立于系统应用之外的统一管理方案。与综合布线系统独立于网络一样，管理子系统也独立于应用之外，以使应用系统在变化时，管理子系统不会受到影响。

综合布线使用电缆标记、场标记和插入标记3种标记，其中插入标记最为常用。

1）电缆标记由背面涂有不干胶的白色材料制成，可直接在各种电缆表面，其尺寸和形状根据需要而定，在配线架安装和做标记之前利用这些电缆标记来辨别电缆的源发地和目的地。

2）场标记也是由背面为不干胶的材料制成的，可贴在设备间、配线间、二级交接间和中继线/辅助场合建筑物布线区域的平整表面上。

3）插入标记是硬纸片，可以插在1.27cm×20.32cm的透明塑料夹里，这些塑料夹位于110型接线架上的两个水平齿条之间。每个标记都用颜色来指明端接于设备间和配线间的管理场电缆的源发地。

综合布线系统应在需要管理的各个部位设置标签，分配由不同长度的编码和数字组成的标识符，以表示相关的管理信息。不同颜色的配线设备之间应采用相应的跳线进行连接，色标及其应用场合宜按照图5.11所示使用。

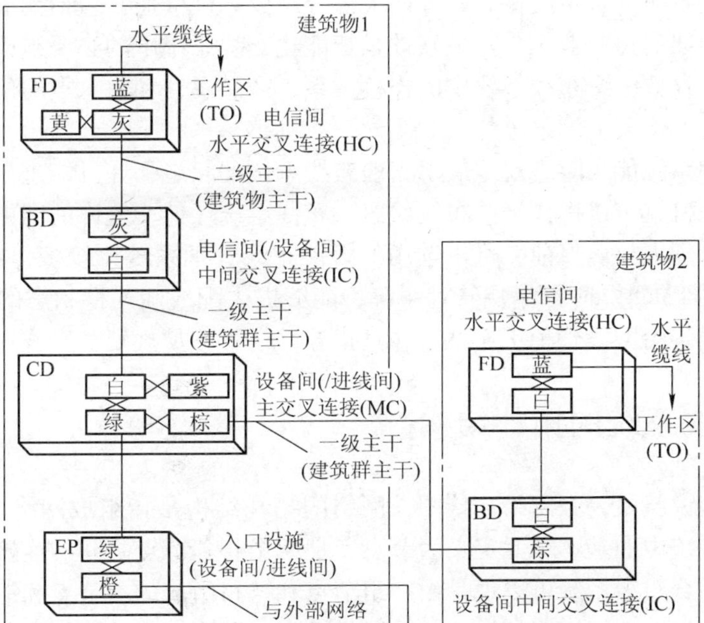

图5.11 色标及其应用场合示意图

1）橙色：用于分界点，连接入口设施与外部网络的配线设备。

2）绿色：用于建筑物分界点，连接入口设施与建筑群的配线设备。

3）紫色：用于与信息通信设施（PBX）、计算机网络和传输等设备连接的配线设备。

4）白色：用于连接建筑物内主干缆线的配线设备（一级主干）。

5）灰色：用于连接建筑物内主干缆线的配线设备（二级主干）。

6）棕色：用于连接建筑群主干缆线的配线设备。

7）蓝色：用于连接水平缆线的配线设备。

8）黄色：用于报警、安全等其他线路。

9）红色：预留备用。

5. 智能布线管理系统

综合布线系统在安装完成后，用户会得到大量图样和记录表，而且要依赖这些纸质的文档资料和电子表格进行日常管理。当需要改变跳线连接时，必须先查阅相关资料，搞清连接路由，再到配线架找到相应的端口进行跳线连接的改变；完成后还要及时更新相关文档和图样表格等。如果更新不及时，随着连接关系改变的不断积累和人员的变化，必将产生大量的错误，需要大量的人力及时间才可能纠正这些错误。整个布线系统将成为一个极难管理的系统。随着综合布线技术的不断发展，需要布线管理系统的智能化。

智能布线管理系统是用来管理综合布线的硬件和软件的系统，也称为电子配线架或者智能配线架。通过智能布线管理系统将网络连接的架构及其变化自动传给系统管理软件，管理系统将收到的实时信息进行处理，用户通过查询管理系统，便可随时了解布线系统的最新结构。通过将管理元素全部电子化，可以实现直观、实时和高效的无纸化管理。

智能布线管理系统一般由硬件和软件两大部分组成。硬件通常包括铜缆或光缆电子配线架、连接电子配线架的控制器等。管理软件是智能化布线系统中的必要组成部分，通常包括数据库软件，用以存放综合布线系统中的连接关系、产品属性和信息点的位置等，并能以图形方式显示出来。

智能布线管理系统能实时直观地展示当前布线系统的状态，并且能进行远程管理，只需要利用网络甚至手机就可以操作当前布线状况。布线系统任何非允许的变更，都会在第一时间发出警告通知管理人员。目前，可供选用的智能布线管理系统比较多，功能各异。例如，以色列 RIT 公司的 PatchView 网络层管理系统，能够提供配线间连接状态的实时信息，所有的连接改变都会报告给网络管理工作站，并且指导网络管理员规划、实施连接线路的改变。

5.3 综合布线系统的拓扑结构

拓扑，简单地说就是一张网络连接图。网络的拓扑结构是指组成网络节点的物理分布。可以把综合布线系统中的基本单元定义为节点，把两个相邻节点之间的连接线称为链路。从拓扑学观点看，综合布线系统可以说是由一组节点和链路组成的。节点和链路的几何图形就是综合布线拓扑结构。选择正确的拓扑结构非常重要，因为它影响网络设备的选型、布线方式、升级方法和网络管理等各个方面。

由于各种通信网络固有技术特性的限制（如流量特性、传输距离等）、建筑物形态的多样性、工程范围的大小等因素，使得在设计综合布线系统方案时，需从通信网络系统的技术要求出发，构建有效的布线拓扑结构。因此，本节介绍有关综合布线系统拓扑结构的概念。

5.3.1 常见网络的拓扑结构

综合布线系统的拓扑结构由各种网络单元组成，并按技术性能要求和经济合理原则进行组合和配置。

综合布线系统通常是分布在一个有限地理范围内的信息网络传输介质系统，虽然所涉及的地理范围只有几千米，但构成的网络拓扑结构却有很多种。常见的网络拓扑结构有星形、环形、总线型和树形等结构，如图 5.12 所示。

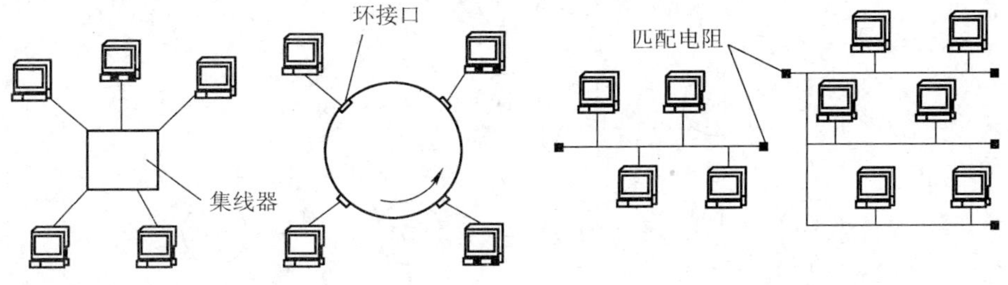

图 5.12　各种网络拓扑结构

1. 星形拓扑结构

星形拓扑结构的网络将各工作站以星形方式连接起来，网络中的每一个节点设备都以中心节点为中心。中心节点通常是集线器或配线架，用缆线将网络节点连接到中心节点上。星形拓扑结构还可细分为基本星形和多级星形结构。

（1）基本星形拓扑结构

基本星形拓扑结构以一个建筑物配线架（BD）为中心节点，配置若干个楼层配线架（FD），每个楼层配线架（FD）连接若干个信息插座（TO）。如图 5.13 所示，就是一个典型的两级星形拓扑结构。这种结构形式有比较好的对等均衡的网络流量分配，是单幢智能建筑物内部综合布线系统的基本形式。

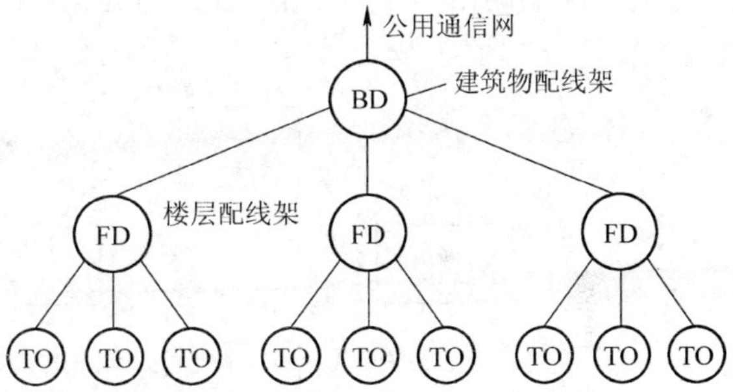

图 5.13　基本星形拓扑结构

（2）多级星形拓扑结构

多级星形拓扑结构以某个建筑群配线架（CD）为中心节点，以若干建筑物配线架（BD）为中间层中心节点，相应地有再下层的楼层配线架和配线子系统，构成多级星形拓扑结构，如图 5.14 所示。这种结构形式常用于由多幢智能建筑物组成的智能小区，综合布线系统的建设规模较大，网络拓扑结构也较为复杂。设计时应适当考虑对等均衡的网络流量分配等问题。

有时，为了使综合布线系统的网络拓扑结构具有更高的灵活性和可靠性，并适应今后应用系统的发展要求，可以在某些同级汇合层次的配线架（如 BD 或 FD）之间再额外放置一些连接用的缆线（电缆或光缆），构成有迂回路由的星形拓扑结构，如图 5.14 中虚线所示的 BD1 与 BD2 之间的 L1，BD2 与 BD3 之间的 L2，以及 FD1 与 FD2 之间的 L3，FD3 与 FD4 之间的 L4。

2. 环形拓扑结构

环形拓扑结构要求网络中的所有节点通过一条首尾相连的通信链路连接成为一个连续的圆形。在环形拓扑结构中，网络中的每个节点直接连接，数据信息沿着链路从一个节点传输

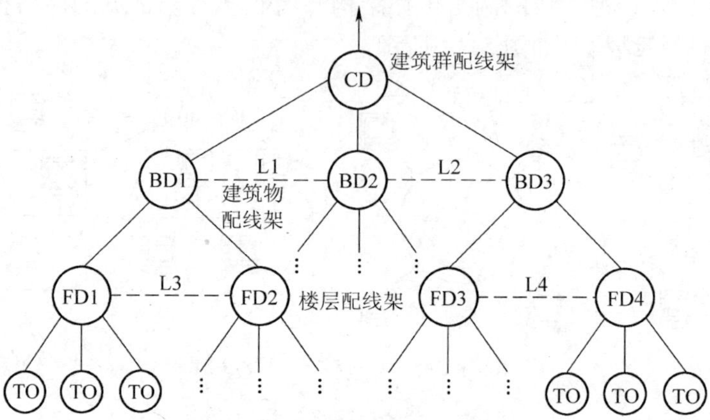

图 5.14 多级星形拓扑结构

到另一个节点。环形拓扑结构比较简单，系统中各节点地位相等，比较节省通信设备和线缆。

由环形拓扑结构构成的网络有时也称为自愈网络，在环上的每一个配线节点都可以通过两条不同方向的路由与中心节点互通。如图 5.15 所示是一种环形拓扑结构的光纤配线网络系统。

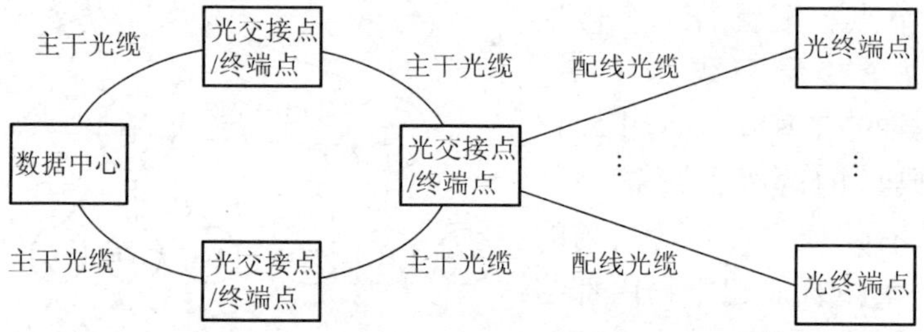

图 5.15 环形拓扑结构的光纤配线网络系统

3. 总线型拓扑结构

总线型拓扑结构是最简单的网络拓扑结构，它将各节点与一根总线相连接。总线型拓扑结构中所有节点发送的信号都通过总线向电缆的两端同时输送，为避免这些信号在电缆两端弹回并在缆线中继续传输，须在电缆两端安装“终结器”，即匹配电阻。作为总线的通信缆线可以是同轴电缆、对绞电缆，也可以是扁平电缆。总线型拓扑结构的优点是安装简单，价格相对比较便宜；但不容易移动或改装，容错性较差，某一个节点发生故障就会导致整个通信网络瘫痪。

4. 树形拓扑结构

树形拓扑结构是总线型拓扑结构的一种演化，是一种分级结构，又被称为分级的集中式网络结构。传输介质是不构成闭合环路的分支电缆。同样，来自任何节点的发送也都在传输介质上广播，并能被所有其他节点接收。通常把总线型和树形拓扑结构的传输介质称之为多点式或广播式媒体。树形拓扑结构的特点是网络成本低，结构比较简单。

树形拓扑结构网络具有逐渐延伸递减的特点，而且常与其他拓扑结构组合使用，如图

5.16 所示是一种树形拓扑结构的光纤配线网络系统。

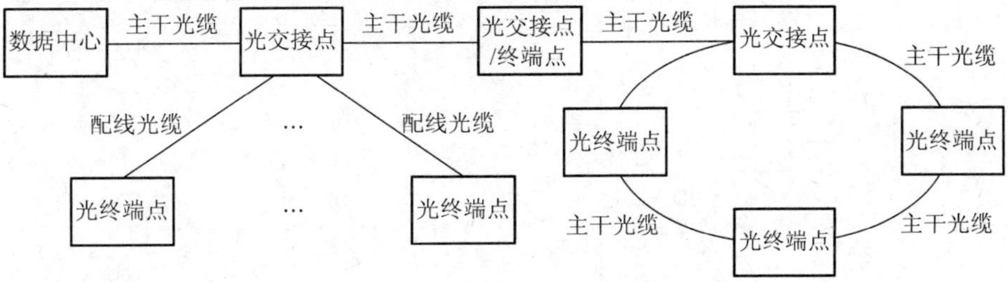

图 5.16　树形拓扑结构的光纤配线网络系统

5.3.2　综合布线系统的结构

作为 ISO/OSI—RM 中最底层的物理层，综合布线系统构建了某种结构化的信道，像一条信息通道一样连接建筑物内、外的各种低压电子电器装置。这些信道提供传输各种信息数据的能力。

1. 综合布线系统的基本结构

综合布线系统的基本结构如图 5.17 所示，其中，配线子系统中可以设置集合点（CP），也可不设置集合点。

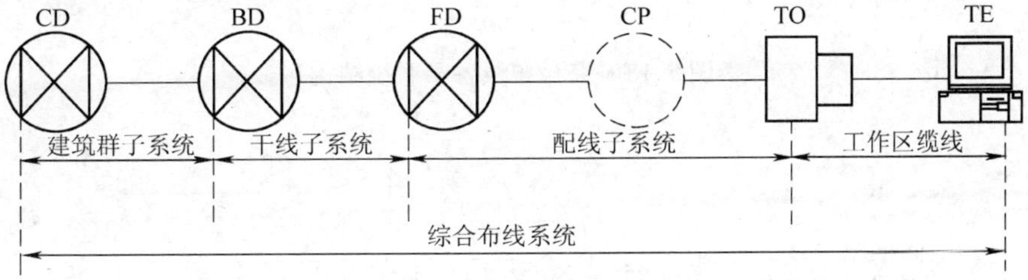

图 5.17　综合布线系统的基本结构

2. 综合布线各子系统结构

综合布线各子系统结构应符合如图 5.18 所示要求，其中，图中的虚线表示 BD 与 BD 之间、FD 与 FD 之间可以设置主干缆线。注意，建筑物 FD 可以经过主干缆线直接连至 CD，TO 也可以经过水平缆线直接连至 BD。

3. 入口设施及引入部分结构

在进线间，综合布线系统的入口设施及引入缆线结构应符合如图 5.19 所示的要求。对设置了设备间的建筑物，设备间所在楼层的 FD 可以与设备中的 BD/CD 及入口设施安装在同一场地。

4. 综合布线系统宜采用分层星形拓扑结构

ANSI/TIA/EIA 568—A 标准建议干线子系统采用分层星形拓扑结构，它规定了两个层次，如图 5.20 所示。建筑物内设备间（ER）的干线连接（MC）配线架（主配线架）采用星形拓扑结构，干线直接连接到电信间（TR，也称楼层配线间）的水平连接（HC）配线架（分配线架）上，再通过水平分配线架按星形拓扑结构将水平缆线连接到各房间工作区（WA）通信出口处。

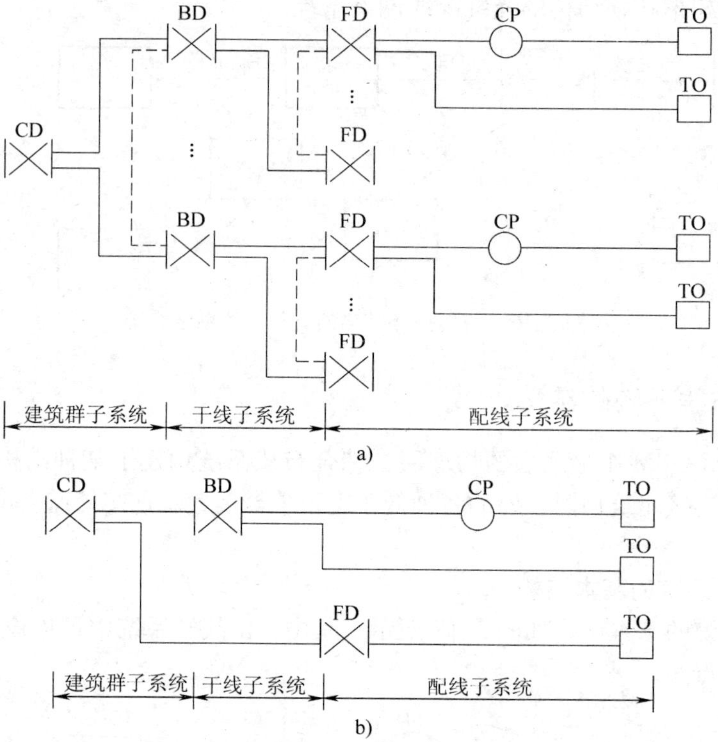

图 5.18　综合布线各子系统结构

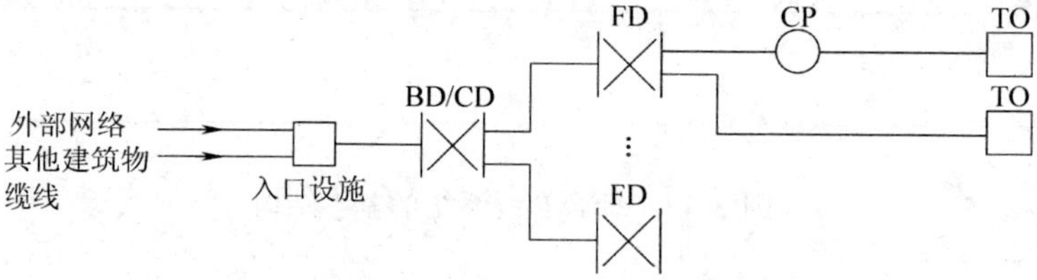

图 5.19　综合布线系统引入部分结构

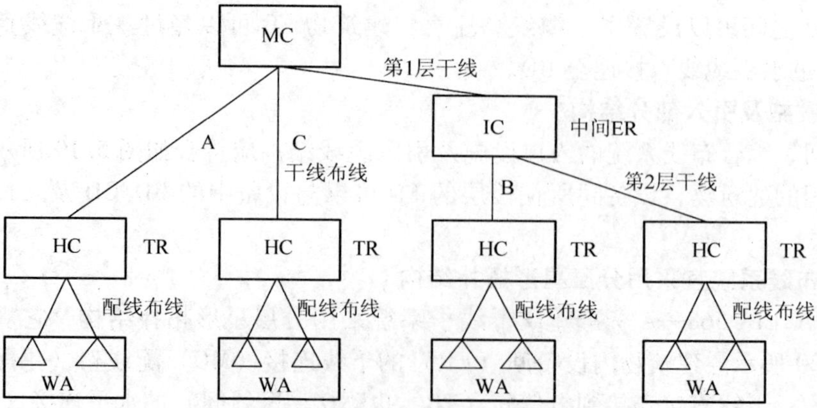

图 5.20　ANSI/TIA/EIA 568—A 拓扑结构

当主干缆线使用UTP电缆时，如果主配线架到楼层分配线架间的干线距离超过UTP所规定的最大距离90 m，或是连接到另一幢大楼的设备间（ER），则需要在MC和HC之间增加一个中间设备间（ER），经中间连接（IC）配线架转接。

综合布线系统采用分层星形拓扑结构的优势在于，每个分支子系统都是相对独立的单元，对每个子系统的改动不会影响其他子系统，只要改变节点连接方式就可使综合布线系统在星形、总线型、环形、树形等结构间进行转换。

5.4　综合布线系统的服务网络

综合布线系统可服务于各类通信网络，包括计算机网络、电信网、广播电视网以及控制网络等，其中计算机网络是智能建筑进行数据通信的基础设施。目前，计算机网络、电信网及广播电视网正处于向下一代互联网、宽带通信网和双向交互式电视网的演进之中，将实现三网融合。本节就综合布线系统所服务的通信网络作简单讨论介绍。

5.4.1　计算机网络

自20世纪70年代世界上出现第一个远程计算机网络开始，到80年代的局域网，90年代的综合业务数字网，……，计算机网络得到了迅猛异常的高速发展。计算机网络的规模不断扩大，功能也不断增强，今天已经形成了覆盖全球的互联网，并向着全球智能信息网发展。

计算机网络是指利用通信设备和线路将分布在地理位置不同的、具有独立功能的多个计算机系统连接起来，在功能完善的网络软件（网络通信协议及网络操作系统等）的控制下，进行数据通信，实现资源共享、互操作和协同工作的系统。简单地说，计算机网络是由“计算机集合”加“通信设施”组成的系统。

1. 计算机网络技术

计算机网络种类繁多、性能各异。自1985年10Mbit/s以太网问世以来，计算机网络技术不断发展。近年来，在传统以太网和快速以太网的基础上，千兆以太网、万兆以太网相继问世。目前大多数计算机网络采用交换机作为核心设备，组成交换式网络以提高数据传输速率。

（1）快速以太网

以太网最初由Xerox公司于1975年研制成功，1979～1982年间，由DEC、Intel和Xerox三家公司制订了以太网的技术规范DIX，以此为基础形成的IEEE 802.3以太网标准在1989年正式成为国际标准。以太网的基本特征是采用一种称为载波监听多址访问/冲突检测（Carrier Sense Multiple Access/Collision Detection，CSMA/CD）的共享访问方案，即多个工作站都连接在一条总线上，所有的工作站都不断向总线上发出监听信号，但在同一时刻只能有一个工作站在总线上进行数据传输，而其他工作站必须等待其传输结束后再开始自己的数据传输。冲突检测方法保证了只能有一个站点在电缆上传输。早期以太网传输速率为10Mbit/s。30多年来，以太网技术不断发展，成为迄今最广泛应用的局域网技术，并产生了多种局域网技术标准。

100Base-T是将10Mbit/s以太网经过改进后在100Mbit/s下运行的一种快速以太网，因此也是一种共享传输介质技术。1995 年 5 月正式通过了快速以太网 100Base-T 标准，即 IEEE 802.3u 标准，这是对 IEEE 802.3 的补充。虽然 100Base-T 与 10Base-T 一样采用星形拓扑结构，但有 4 个不同的物理层标准，并且应用了网络拓扑结构方面的许多新规则。

1）100Base-TX。100Base-TX 使用两对 5 类非屏蔽对绞电缆，一对用于发送数据，另一对用于接收数据，最大网段长度为 100m，采用 ANSI/TIA/EIA 568 布线标准；采用 4B/5B 编码法，使其可以 125MHz 的串行数据流传送数据；使用 MLT-3（3 电平传输码）波形法来降低信号频率到 125MHz/3 = 41.6MHz。100Base-TX 是 100Base-T 中使用最广的物理层标准。

2）100Base-FX。100Base-FX 使用多模（62.5μm 或 125μm）或单模光纤，连接器可以是 MIC/FDDI 连接器、ST 连接器或廉价的 SC 连接器；最大网段长度根据连接方式不同而变化。例如：对于多模光纤的交换机-交换机连接或交换机-网卡连接，最大允许长度为 412m。如果是全双工链路，则可达到 2000m。100Base-FX 主要用于高速主干网，或远距离连接，或有强电气干扰的环境，或要求较高安全保密的环境。

3）100Base-T4。100Base-T4 是为了利用大量的 3 类音频级布线而设计的。它使用 4 对对绞电缆，3 对用于同时传送数据，第 4 对线用于冲突检测时的接收信道，信号频率为 25MHz，因而可以使用数据级 3、4 或 5 类非屏蔽对绞电缆，也可使用音频级 3 类缆线。最大网段长度为 100m，采用 ANSI/TIA/EIA 568 布线标准。由于没有专用的发送或接收线路，所以 100Base-T4 不能进行全双工操作。100Base-T4 采用比曼彻斯特编码法高级的多的 6B/6T 编码法。

4）100Base-T2。随着数字信号处理技术和集成电路技术的发展，只用两对 3 类 UTP 电缆就可以传送 100Mbit/s 的数据，因而针对 100Base-T4 不能实现全双工的缺点，IEEE 制订了 100Base-T2 标准。100Base-T2 采用两对音频或数据级 3、4 或 5 类 UTP 电缆，一对用于发送数据，另一对用于接收数据，可实现全双工操作；采用 RJ-45 连接器，最长网段为 100m，采用 ANSI/TIA/EIA 568 布线标准。采用名为 PAM5 的 5 级脉幅调制方案。

100Base-T 问世以后，在以太网 RJ-45 连接器上可能出现 5 种以上不同的以太网信号，即 10Base-T、10Base-T 全双工、100Base-TX、100Base-TX 全双工或 100Base-T4 中的任一种。为了简化管理，IEEE 推出了自动协商模式。IEEE 自动协商模式能使集线器和网卡知道线路另一端已有的速度，并把速度自动调节到线路两端能达到的最高速度。自动调节的优先顺序为：100Base-T2 全双工、100Base-T2、100Base-TX 全双工、100Base-T4、100Base-TX、100Base-T 全双工和 10Base-T。IEEE 自动协商模式技术避免了由于信号不兼容可能造成的网络损坏。

（2）千兆位以太网

千兆位以太网技术仍然是以太网技术，它采用了与 10Mbit/s 以太网相同的帧格式、帧结构、网络协议、全/半双工工作方式、流控模式以及布线标准。由于该技术不改变传统以太网的桌面应用、操作系统，因此可与 10Mbit/s 或 100Mbit/s 的以太网很好地配合。升级到千兆位以太网不必改变网络应用程序、网管部件和网络操作系统，能够最大限度地保护初始投资。

千兆位以太网技术有 IEEE 802.3z 和 IEEE 802.3ab 两个标准。

1）IEEE 802.3z。IEEE 802.3z 工作组负责制订光纤（单模或多模）和同轴电缆的全双工链路标准。IEEE 802.3z 定义了基于光纤和短距离铜缆的 1000Base-X，采用 8B/10B 编码技术，信道传输速率为 1.25Gbit/s，去耦后能实现 1000Mbit/s 的传输速率。IEEE 802.3z 千兆位以太网标准有：①1000Base-SX。1000Base-SX 只支持多模光纤，可以采用直径为 62.5μm 或 50μm 的多模光纤，工作波长为 770～860nm，传输距离为 220～550m；②1000Base-LX：1000Base-LX 支持直径为 62.5μm 或 50μm 的多模光纤，工作波长范围为 1270～1355nm，传输距离为 550m。1000Base-LX 也可以采用直径为 9μm 或 10μm 的单模光纤，工作波长范围为 1270～1355nm，传输距离为 5km 左右；③1000Base-CX：1000Base-CX 采用 150Ω 屏蔽对绞电缆（STP），传输距离为 25m。

2）IEEE 802.3ab。IEEE 802.3ab 工作组制订了基于 UTP 的半双工链路的千兆位以太网标准。IEEE 802.3ab 定义基于 5 类 UTP 的 1000Base-T 标准，其目的是在 5 类 UTP 上以 1000Mbit/s 速率传输 100m。

千兆位以太网最初主要用于提高交换机与交换机之间或交换机与服务器之间的连接带宽。10/100Mbit/s 交换机之间的千兆连接将极大地提高网络带宽，使网络可以支持更多的 10Mbit/s 或 100Mbit/s 的网段；也可以通过在服务器中增加千兆网卡，将服务器与交换机之间的数据传输速率提升至前所未有的境界。千兆位以太网标准被所有主要网络产品厂商所支持，其中包括 HP、3Com 及 Cisco 等公司。

（3）万兆位以太网

当千兆位以太网开始进入商业应用的时候，万兆位以太网（又称 10Gbit/s 以太网）又横空出世。在历经 1999 年的组织成型、2000 年的方案成型及互操作性测试之后，于 2002 年 6 月，10Gbit/s 以太网技术标准 IEEE 802.3ae 被 IEEE 标准委员会批准，数据传输速率为 10Gbit/s，传输距离可延伸到 40km。

10Gbit/s 以太网的首选布线系统解决方案将向光纤传输介质迁移：①光通信技术已经得到证明可以超越 10Gbit/s；②密集波分复用光纤中光通信技术的进步，使数据传输速率的大幅提高超越目前使用中的速率已成为可能；③今天光元件的价格具有了与铜缆的竞争力。

10Gbit/s 以太网的接口有多种，通常将其统称为 10GE，其中最看好的是 10GBase-T。如果要支持 10GBase-T 应用必须要部署 Cat. 6A 铜缆。大多数国内外厂家都能够生产制造 Cat. 6A 线缆，部分厂家也有很好地制造 Cat. 6A 接插件的能力。

10Gbit/s 以太网的广域网接口可以直接连接 WDM，但为了降低组网成本提高 10Gbit/s 以太网的竞争力，研发了一种在普通多模光纤上实现 10Gbit/s 性能的方法。这种方法称为粗波复用技术（Coarse Wavelength Division Multiplexing，CWDM）。但由于现有的多模光纤并不是为支持 10Gbit/s 速率而设计的，所以 CWDM 解决方案还需要通过多个激光源、合光器、分光器和探测器来进行补偿。这些额外的电子设备使得 CWDM 成为一个昂贵的选择。但据有关资料介绍，朗讯科技已经推出了把下一代性能和向下兼容性结合起来的多模光纤综合布线解决方案 SYSTIMAX Lazr SPEED。由于数据信号在普通多模光纤上以 10Gbit/s 的速率传输时性能会急剧退化，所以朗讯设计了一种新型光纤。这种新的 Lazr SPEED 多模光纤只使用单一 VCSEL 收发器就能在传输 10Gbit/s 信号时达到令人满意的精度，无需再购买昂贵的光电器件。为了简化管理，还改进了所有的接续设备。归纳起来，Lazr SPEED 解决方案具有兼容性、安装快速、升级简易、管理方便，并提供定制的管理软件等特性。10Gbit/s 光网络理想的布线系统解决方案应该价格更低、性能更好，而且应与传统应用保持兼容。

2. 计算机网络的组成结构

在智能建筑中，计算机网络主要由建立在综合布线系统基础上的局域网（LAN）、主干网（Backbone）和广域网（WAN）3个部分组成。

（1）局域网

局域网是在小区域范围（如一个办公区或一个建筑物）内，对各种数据通信设备进行互连的数据通信网络。在此主要是指连接在楼层配线架中的集线器上的工作站点和服务器构成的子网或称网段。根据需要在一个楼层内可以配置多个网段，也可以将几个楼层配置为一个网段。局域网通常是以太网（100Mbit/s 或 1000Mbit/s）或令牌环网。

（2）主干网

主干网是指覆盖建筑群中的各个建筑物和建筑物内各层的通信干线，包含了汇聚层和骨干层设备。通常采用1000Base-T、FDDI 和 ATM 等高速网络技术，以提供较大的通信容量。

（3）广域网

广域网是智能建筑与外界的数据通信链路，采用的主要网络技术有 DDN、X.25 分组交换网、帧中继、电话网、ISDN、无线通信网和卫星通信网等。

在计算机网络工程中，目前主要采用光纤接入 FTTx、HFC 的 Cable MODEM、光纤 + 以太网交换机、光纤同步传输系统（SDH/MSTP）等技术进行组网。例如，采用以太网交换机组成计算机多级网络（LAN）的一个组网方案如图5.21所示。

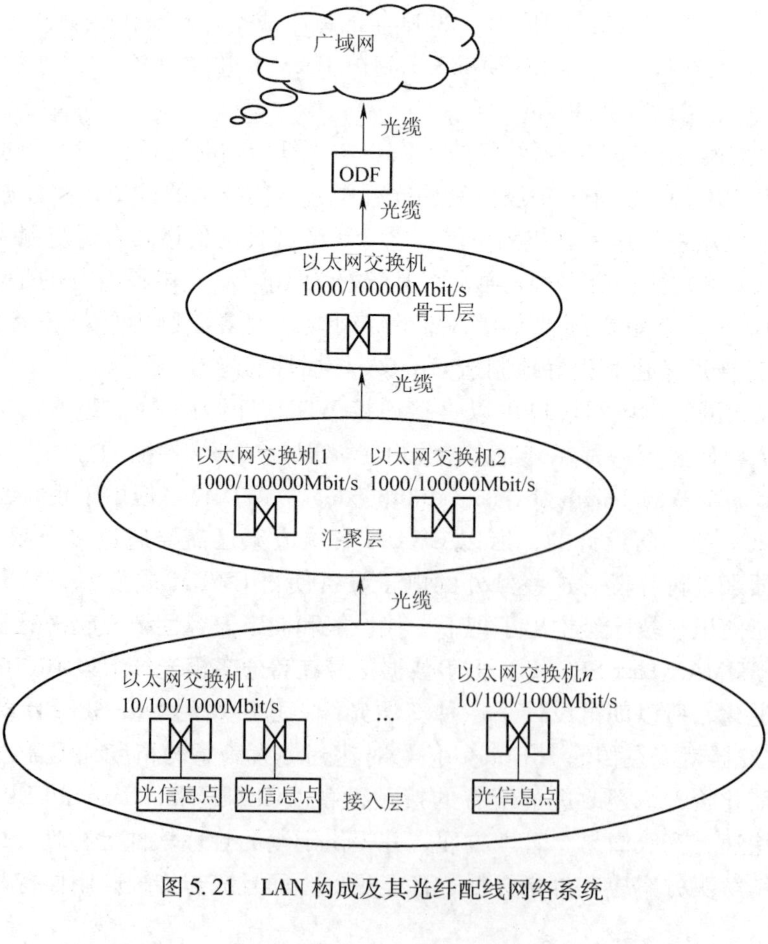

图5.21 LAN构成及其光纤配线网络系统

5.4.2　电信网

电信网（Telecommunication Network）是由各种通信线路、设备构成的，使各级通信点相互连接的通信系统。它利用电缆、无线、光纤或者其他电磁系统，将各种文字、语音和图形图像等多媒体信息变换成电信号，并且在任何两地间的任何两个人或两个通信终端设备之间，按照约定的协议进行传输和交换。电信网是实现远距离通信的重要基础设施。

1. 电信网的构成

电信网是一种由传输、交换、终端设备和信令过程、协议以及相应的运行支撑系统组成的综合系统，从概念上可分为物理网、业务网和支撑管理网，如图 5.22 所示。

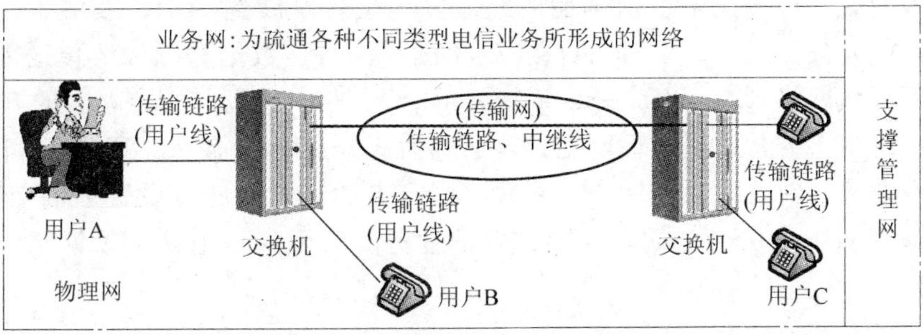

图 5.22　电信网的组成结构

（1）物理网

电信网中的物理网是由用户终端、交换系统和传输系统等电信设备组成的实体结构，是电信网的物质基础。

1）用户终端。用户终端是电信网最外围的设备，它将用户所发送的各种形式的信息转变为电磁信号送入电信网路传送，或将从电信网路中接收到的电磁信号、符号等转变为用户可识别的信息。

2）交换系统。交换系统处于电信网枢纽位置，是各种信息的集散中心，是实现信息交换的关键环节。它包括各种电话交换机、电报交换机、数据交换机、移动电话交换机、分组交换机和宽带异步转移模式（ATM）交换机等。

3）传输网。传输网是信息传递的通道，它将用户终端与交换系统之间或交换系统之间连接起来，形成传输系统。传输系统按传输介质不同，可分为有线传输系统和无线传输系统。有线传输系统包括金属线传输系统和光缆传输系统。无线传输系统可分为长波、中波、短波、超短波和微波通信系统，微波通信系统又可分为地面微波通信系统和卫星通信系统等。

（2）业务网

业务网是指互通电话、电报、传真、数据和图像等各类电信业务的网络。主要包括：电话网（PSTN）/IP 网、分组交换网（CHINA PAC）、数字数据网（CHINA DDN）、计算机互联网、帧中继网（CHINA FRN）、综合业务数字网（ISDN）等。

（3）支撑管理网

支撑管理网是为保证业务网正常运行，增强网路功能，提高全网服务质量而形成的网络。在支撑管理网中传递的是相应的控制、监测及信令等信号。支撑管理网包括信令网、同步网和管理网。

随着电信网综合化、智能化的发展以及电信新业务不断增多，出于不同的研究目的，对电信网的构成在概念上有许多划分方法，如将电信网分为承载层、支撑层和业务层等。

2. 公共交换电话网

公共交换电话网（Public Switched Telephone Network，PSTN）是一种用于全球语音通信的电路交换系统，是目前世界上最大的网络。公共交换电话网主要由交换系统和传输系统两大部分组成，其中，交换系统中的设备主要是电话交换机，电话交换机随着电子技术的发展经历了磁石式、步进制和纵横制交换机，最后到程控交换机的发展历程。传输系统主要由传输设备和线缆组成，传输设备也由早期的载波复用设备发展到SDH，线缆也由铜线发展到光纤。为了适应业务的发展，PSTN目前正处于满足语音、数据和图像等传送需求的转型时期，正在向下一代网络（Next Generation Network，NGN）、移动与固定融合的方向发展。

在电信网络中，公共交换电话网提供普通电话业务、ISDN业务、IP电话和会议电话/集群调度电话等业务。对住宅小区用户，一般由固定电话运营商通过设置远端交换模块（Remote Switching Module，RSM）的方式提供电话业务。对于自建电话交换网络，通常有以下几种类型。

（1）住宅直线电话

所谓直线电话是指将电话机直接与电信运营商的语音交换机设备相连的连接方式。一般，住宅小区家庭电话、写字楼里中小企业的办公电话大部分都是这种直线电话，如图5.23所示。对于不同类型的住宅建筑可以通过家居配线箱，经市话电缆或3类大对数电缆连接至电信运营商设置的远端交换模块（RSM）。如果是住宅楼单元、楼层或用户内设置光纤网络单元或在用户内设置光纤网络终端，则与电话交换设备间通过光纤配线网相连，满足多业务的接入。每一个光纤网络单元或光纤网络终端需要配置2~4芯光缆（考虑备份）。

（2）专用电话交换网

专用电话交换网是指为满足其拥有者内部通话需要而组建的电话网。对于需要组建专用电话交换网的工业企业或单位，因为地域较大，一般是通过设置汇集局与端局来构成电话交换专网。图5.24表示了各个建筑物中的光纤配线架（ODF）通过光缆进行互通的关系。在这种情况下，程控用户交换机（PABX）之间可以按照2~4芯光缆配置。如果信息中心的程控用户交换机（PABX）与各个分交换点（作业区、办公区PABX等）之间采用环形拓扑结构组网，光缆光纤的数量可按照各交换点对光纤的总需求量进行配置。

通常，信息中心的程控用户交换机（PABX）采用直接呼出/呼入中继方式（DOD1 + DID）。其中，DOD1（Direct Outward Dialing-one）即直拨呼出中继方式，1为含有只听一次拨号音之意；DID（Direct Inward Dialing）即直拨呼入中继方式。

（3）建筑与建筑群电话交换网

建筑与建筑群电话交换网是指根据建筑物的功能、类型和需求组建的电话交换网络，包括单体建筑物电话网和建筑群电话网两种情况，并有直线电话或者程控用户交换机（PABX）等方式，如图5.25所示。每个电话交换机系统对光缆光纤的需求，主要由交换机的中继电路数和采用的传输系统要求决定。单体建筑物电话交换网的构成框架如图5.25a所示，建筑群电话交换网的构成如图5.25b所示，其中TP为电话信息点。

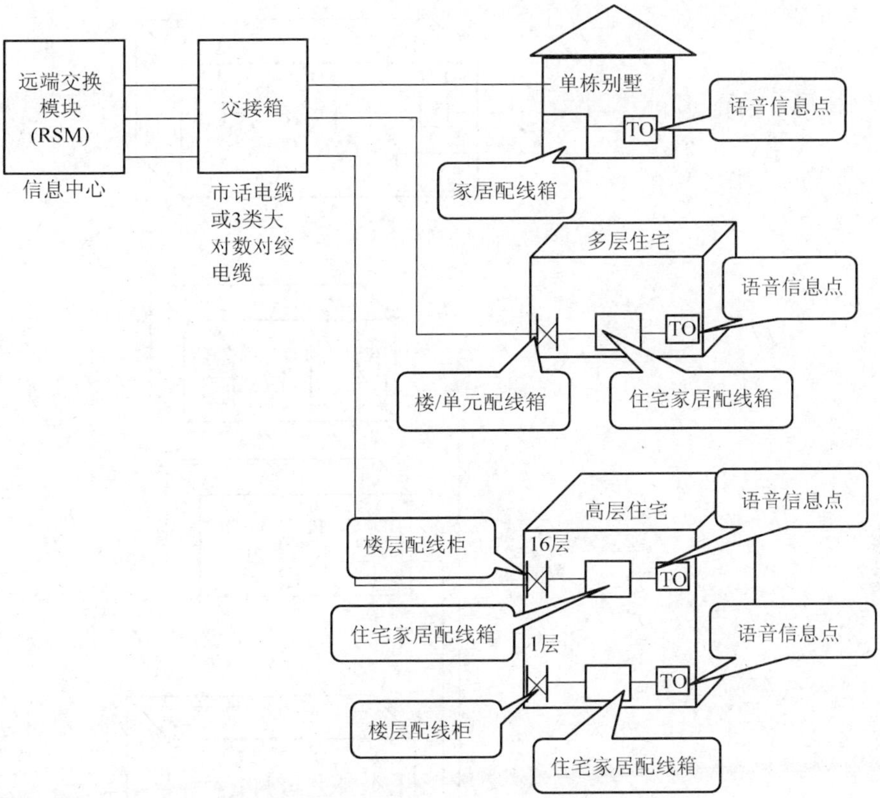

图 5.23　住宅直线电话交换网的构成

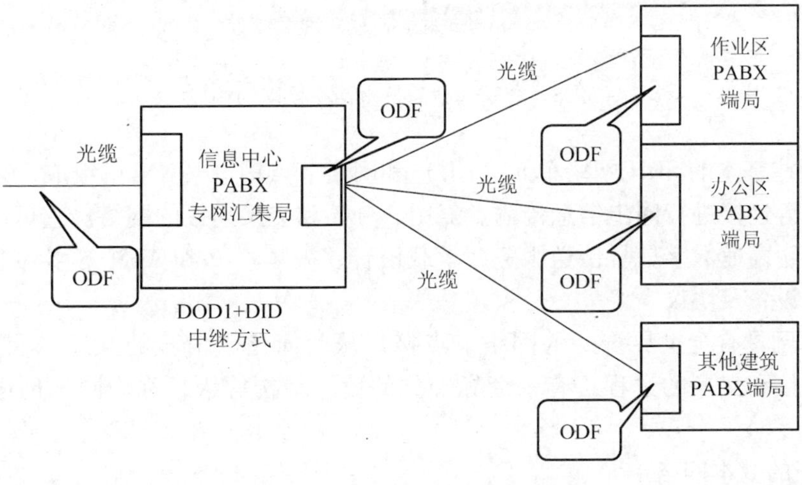

图 5.24　专用电话交换网的构成

3. 电信 SDH 网络简介

对于工业企业自建的通信网络，目前语音业务仍占有相当的比重，同步数字体系（Synchronous Digital Hierarchy，SDH）技术仍然具有生命力。多业务传输平台（MSTP）就是利用 SDH 的技术优势，同时引入虚级联、链路容量调整方案（LCAS）和通用成帧规程（GFP）等来提高带宽利用率、进行动态带宽分配的。

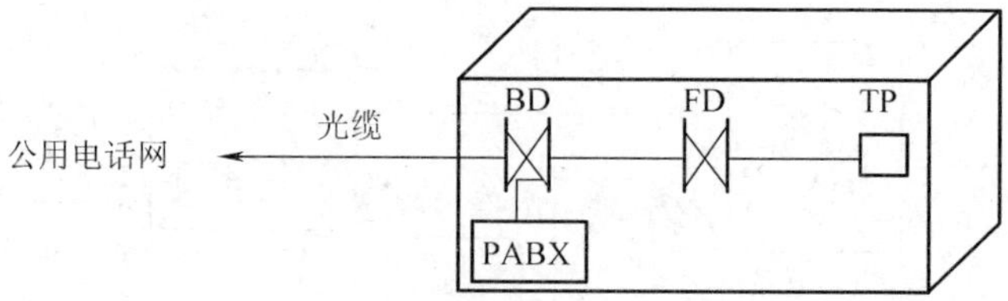

a) 单体建筑物电话交换网的构成

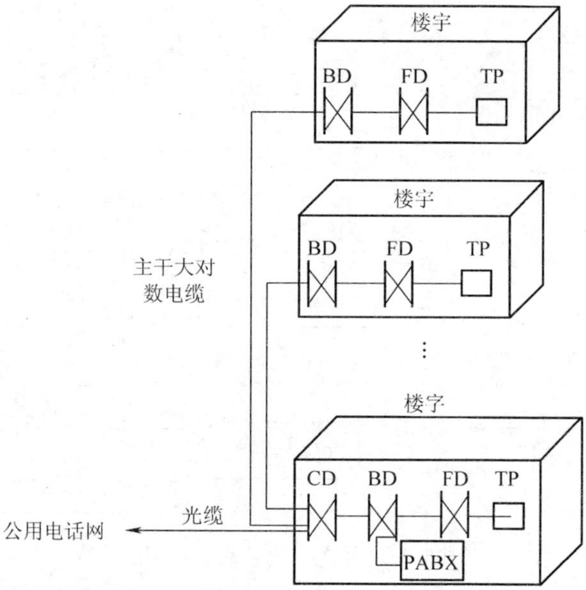

b) 建筑群电话交换网的构成

图5.25　建筑与建筑群电话交换网的构成

SDH由一些基本的SDH网络单元（NU）和网络节点接口（NNI）组成，是通过光纤线路或微波设备等连接进行同步信息传输、复用、分插和交叉连接的网络。它可以为客户提供端到端的全透明高速数字信号传送服务，承载语音、视频、IP和ATM等多种业务，用户可任选各种网络设备及协议。

SDH传输网具有全世界统一的网络节点接口从而简化了信号的互通以及信号的传输、复用、交叉连接和交换的过程；有一套标准化的信息结构等级，称为同步传送模块STM-N（N=1、4、16、64、…）。

（1）SDH的基本网络单元

SDH系统的基本网络单元主要由同步光缆线路系统、终端复用器（TM）、分插复用器（ADM）、再生中继器（REG）和同步数字交叉连接设备（SDXC）等构成。

1）终端复用器（TM）。TM是SDH基本网络单元中最重要的网络单元之一。它的主要功能是将若干个PDH低速率支路信号复用成为STM-1帧结构电（或光）信号，或将若干个STM-n信号复用成为STM-N（$n<N$）信号输出。解复用过程与复用过程相反。

2）分插复用器（ADM）。ADM是SDH传输系统中最具特色、应用最广泛的基本网络单元，其功能是在高速信号中分接（或插入）部分低速信号。

3）再生中继器（REG）。REG 的功能是将经过光纤长距离传输后，受到较大衰减和色散畸变的光脉冲信号，转换成电信号后，进行放大、整形、再定时和再生成为规范的电脉冲信号，经过调制光源变换成光脉冲信号，送入光纤继续传输，以延长通信距离。

4）同步数字交叉连接设备（SDXC）。SDXC 是指 SDH 设备或网络中的数字交叉连接设备，主要实现 SDH 设备内支路间、群路间、支路与群路间和群路与群路间的交叉连接，还兼有复用、解复用、配线、光电互转、保护恢复、监控和电路资源管理等多种功能。

（2）SDH 网络节点接口

所谓网络节点接口（NNI）是指网络节点之间的接口。SDH 使用国际通用的 G. 703、STM-1 和 STM- 4 等标准接口。通信速率可根据需要在 2Mbit/s、34Mbit/s、155Mbit/s、622Mbit/s 和 2. 5Gbit/s 等速率中任意选择。

目前，在传输网中大量使用了 SDH 设备，有 10G、2. 5G、622/155M 和 155M ADM/TM 等多种设备类型，主要采用 2 纤芯或 4 纤芯光纤环形网络方式。一种实际的 SDH 设备结构如图 5. 26a 所示，SDH 设备布线后如图 5. 26b 所示。

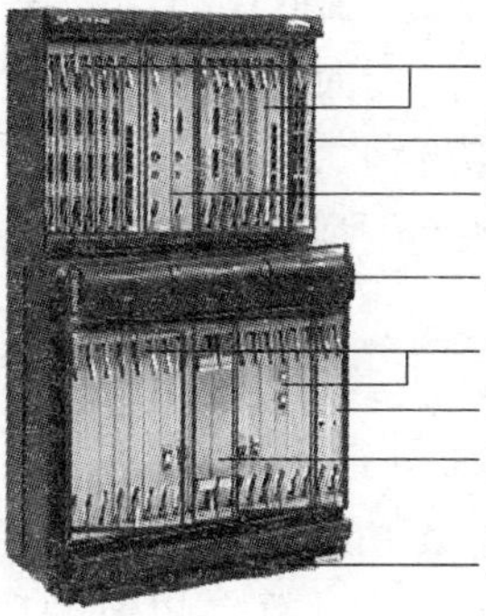

a) SDH设备结构

b) SDH设备布线

图 5. 26　SDH 设备结构及布线

SDH 作为一代理想的传输体系，具有路由自动选择能力，上下电路方便，维护、控制和管理功能强，标准统一，便于传输高速率业务等优点，能很好地适应通信网飞速发展需要。在标准化方面，已建立一系列建议，基本上覆盖了 SDH 的方方面面，广泛应用在干线网和长途网、中继网、接入网中。

近年来，点播电视、多媒体业务和其他宽带业务如雨后春笋般纷纷出现，为 SDH 应用在接入网中提供了广阔的空间。SDH 技术应用于接入网的好处是：①对于要求高可靠、高质量业务的大型企事业用户，SDH 可以提供较为理想的网络性能和业务可靠性；②可以将网管范围扩展至用户端，简化维护工作；③利用 SDH 固有灵活性，可使网络运营者更快、更有效地提供用户所需的长期和短期业务需求。SDH 技术与一些先进技术相结合，如光波分复用（WDM）技术、ATM 技术和互联网技术（IP over SDH）等，使 SDH 网络的作用不断增大。

众所周知，传统的电信网络是由各单一媒体甚至是各单一业务所组成的网络，这样不可避免地造成了资源浪费和重复建设。长期以来电信网的主要业务是单一的语音业务，电信网等于电话网的理念已在人们心中根深蒂固。但随着需求的扩大，业务的发展，技术的更新，以承载窄带语音业务为主的传统电信网正受到前所未有的冲击和挑战，特别是语音分组化传送的实现更加推进了整个电信网络的变革。电信网呼唤集语音、数据和图像为一体的综合电信网络平台，宽带化是今后电信网络发展的趋势。

5.4.3 广播电视网

广播电视网是指为交换、传输广播电视节目信号的传输网。它将调频广播信号、电视广播信号、卫星电视广播信号及市地有线电视广播信号传送到每一个电视输出端。我国有线广播电视网络已有几十年的发展历史，现已覆盖了千家万户，扮演着我国信息基础设施的关键成分。随着社会信息化的进一步发展，广播电视有线网络面临着新的发展要求及挑战。目前，广播电视网络正在转变电视广播传输单相运营模式，发展成为一种全新双向宽带接入网，允许同步承载电视业务、数据业务及电信业务，以此为更多用户提供更完善的双向交互业务。

1. 广播电视有线网络结构

我国有线电视网络是以混合光纤同轴电缆（Hybrid Fiber Coaxial，HFC）为主体结构的一点到多点的网络。HFC是一种宽带接入技术，采用光纤到服务区，而在进入用户的“最后1km”采用同轴电缆。它融合数字与模拟传输为一体，集光电功能于一身，同时提供较高质量和较多频道的传统模拟广播电视节目，具有较好性能价格比的电话服务、高速数据传输服务和多种信息增值服务。

HFC是由传统有线电视网引入光纤后演变而成的一个传输介质共享式宽带传输系统。HFC的主要结构由模拟前端、数字前端、光纤传输网络、同轴电缆传输网络、光节点（FN）、网络接口单元和用户终端设备等部分组成。模拟前端的主要功能是将模拟电视信号调制在HFC所规定的50～450MHz或550MHz的频段。数字前端提供对数字图像的压缩调制、数字电视信号的调制以及用户信息的路由选择等功能。光纤传输网络由一级、二级城域光纤干线网组成，一级光纤干线网一般为环形网结构；二级光纤干线网为星形网结构或树形网结构。光纤传输网络的主要作用是将所有接入到HFC的信息复用成一组信息流，然后将其变换为光信号后传送。光节点（FN）主要进行光电和电光转换。网络接口单元的主要作用：①将电话、数据和电视信号分开；②将这些业务信号分送到不同的用户设备。

有线电视网络根据服务的用户数和网络支持的应用业务确定光纤通达的位置。一般，光纤到一个区域的分支点（FTTF），光节点（FN）满足的用户数不多于2000户；光纤到路（FTTC），光节点（FN）满足用户数不多于500户。为了适应综合业务的应用，随着光纤技术的发展，光纤到建筑物（FTTB），越来越接近用户已经成为现实，此时光节点（FN）满足的用户数约为125户。

HFC的主要优点是基于现有的有线电视网络，单向提供窄带、宽带及数字视频业务。因此，成本较低，可方便地升级到光纤到户（FTTH）。缺点是主要依赖单向广播方式实现向各用户传送视频。在这样的条件之下，用户处于被动接收信息的地位，难以开展双向交互式服务。

随着互动电视、直播卫星、网络流媒体和移动电视等的崛起，有线电视网络面临着严峻的挑战，目前正将单向广播式有线电视网络转变为双向交互式网络，建设下一代广播电视网络（Next Generation Broadcast，NGB），升级为高速数据传输交换网络，为终端用户提供宽带接入、视频传输和语音通话等多种服务。

2. 有线电视网络双向化接入技术

广播电视有线网络技术经历了多种技术并存发展的过程，双向化交互式技术也是这样。广播电视有线网络使用较普遍的技术主要包括以太数据通过同轴电缆传输（Ethernet over COAX，EoC）技术、LAN 技术、无源光网络（Passive Optical Network，PON）技术和 CMTS（Cable Modem Termination System）技术。目前，我国有线电视双向网改技术方案主要为 CMTS + CM、EPON + EoC 和 EPON + LAN 这 3 种。

（1）CMTS 接入网技术

CMTS 技术基于 HFC 网络，以数字调制方式传送数据及音视频信号，向用户提供宽带 IP 接入服务。CMTS 接入支持各种 IP 宽带业务，如互联网接入、局域网互联，以及音频、视频、数据等宽带 IP 增值业务。CMTS 宽带接入系统结构图 5.27 所示。CMTS 是数据网和 HFC 网络之间的连接设备，主要在业务节点接口（Service Network Interface，SNI）完成数据转发、协议处理和射频调制解调（RFI）等功能。CM 是 HFC 网络内用户接入端设备，其关键功能相似于 CMTS 设备，也是完成射频调制解调（RFI）、协议处理等，并将数据转发给用户网络接口（User Network Interface，UNI）。

图 5.27　CMTS 宽带接入网结构

CMTS 接入的优点有：在网络线路达到标准的前提下，其性能稳定、安装方便和使用简单，不需要在用户家庭重新布线；技术标准及产品比较成熟。CMTS 业务可以利用现有的 HFC 网络资源，具有覆盖面广、成本低的特点。

CMTS 接入的缺点是：上行的漏斗效应导致噪声汇聚，对传输性能和带宽影响较大，将增加相关维护工作，因此对于一些网络状况较差的地区，CMTS 上行端口只能采用较小的上行带宽和较低的调制方式，导致 CMTS 下行通道传输速率有限。

（2）PON 接入网技术

无源光网络（PON）接入网技术是为了支持点到多点应用发展起来的光纤接入网（OAN）技术。PON 接入网结构主要采用一点到多点网络拓扑，并依托无源光分路器、无源合路器将用户接入端光网络单元（ONU）的信号汇聚在一起。通常情况下，PON 系统由局端光纤线路终端（OLT）、光纤配线网（ODN）、用户端光网络单元（ONT）及光网络用户终端（ONU）组成，PON 系统基本组成如图 5.28 所示。PON 为单纤双向系统，在下行方向（OLT 到 ONU），OLT 发送的信号通过 ODN 到达各个 ONU；在上行方向（ONU 到 OLT），各 ONU 在指定时间发送信号到 OLT。ODN 由光分路器、光纤光缆及光缆分线盒、光缆交接箱等一系列无源器件组成，在 OLT 和 ONU 间提供光通道。

光纤接入网（OAN）是一种以光纤作为主要传输媒介的接入网。按照光纤到达的位置，光纤接入网又有多种方式，有光纤到路边（FTTC）、光纤到大楼（FTTB）、光纤到办公室（FTTO）和光纤到家（FTTH）之分。

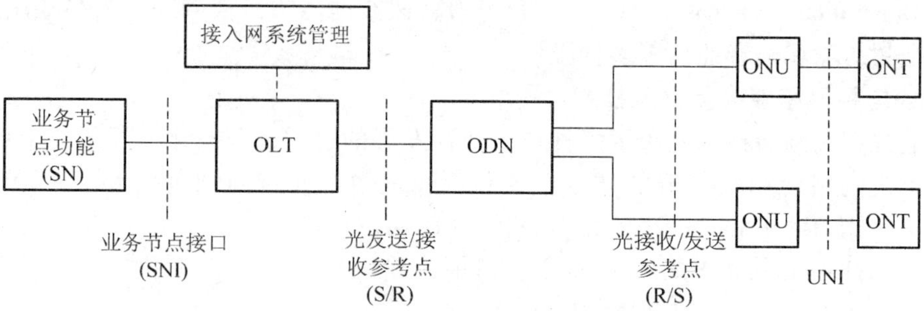

图5.28 PON系统基本组成

光纤接入网（OAN）的主要组成部分是OLT和远端ONU。它们在整个接入网中完成从业务节点接口（SNI）到用户网络接口（UNI）间有关信令协议的转换。接入设备本身还具有组网能力，可以组成多种形式的网络拓扑结构。同时接入设备还具有本地维护和远程集中监控功能，通过透明的光传输形成一个维护管理网，并通过相应的网管协议纳入网管中心统一管理。

PON的接入技术目前已经投入使用的主要有3种：①以ATM协议为传输平台的APON/BPON；②以以太网技术为传输平台的以太无源光网络（EPON/GEPON）；③以通用帧结构为传输平台的千兆无源光网络（GPON）。这3种PON技术相关内容的比较见表5.1。其他技术的PON，如WDM-PON、CDMA-PON尚在研究和发展之中。

表5.1 3种PON技术相关内容的比较

APON/BPON	EPON/GEPON	GPON
ATM封装	以太网封装	ATM、GFP封装
FSAN提出ITU-T标准化，最为完善，强化后于2001年改名为BOPN	由IEEE EFM工作组提出，IEEE标准化，IEEE 802.3ah标准已通过	FASN提出，ITU-T标准化，逐步完善中，该方面落后于BPON和EPON
产业化程度最高，拥有80%以上的PON市场份额，但已被淘汰	目前已经有多个厂商可提供解决方案，在亚洲，市场份额正大幅增长	目前几乎还没有厂商可提供商用的解决方案，大规模应用发展还尚需时间
带宽622MHz	带宽1GHz	带宽10GHz以上

目前，无源光网络（PON）技术是广播电视有线网络双向技术改造及三网融合接入网建设的首选技术。

（3）LAN用户端接入技术

通常情况下，LAN技术主要用于广播电视有线双向化网路用户接入端，其转发或封装数据均依托以太网交换机。LAN的技术核心在于MAC地址识别，入户介质主要是5类或超5类对绞线。自1985年至今，已经将以太网IEEE 802.3标准系列修订并完善，且传输速率已经远超过10Mbit/s发展至100Gbit/s。

目前，使用最为普遍的是IEEE 802.3—2005标准，该标准传输定义距离为10km；下行速率为1000Mbit/s、100Mbit/s。就强化网络管理功能方面而言，IEEE 802.3—2005标准定义了链路、OAM监控功能（以太网环回测试为基础），与此同时，也定义了光接口物理参数要求。LAN接入网技术的特点包括：成本低、应用广泛和技术成熟而且简单。

对于以上几种技术而言，目前对有线电视网络的支撑能力都还有待提高。随着国家下一代广播电视网（NGB）技术体系的形成，NGB 接入网标准最终确定为 HiNOC、C-HomePlugAV 和 C-DOCSIS，并推出了三项双向网络改造的行业标准：《NGB 宽带接入系统 C-DOCSIS 技术规范》、《NGB 宽带接入系统 C-HomePlugAV 技术规范》和《NGB 宽带接入系统 HINOC 传输和媒质接入控制技术规范》。通过这些新技术的实施，将能够满足视频、音频和数据等多种业务的需求，实现人性化的双向交互式广播电视网络。

思考与练习题

1. 综合布线系统由哪几部分组成？
2. 简述工作区、配线子系统的组成及功能。
3. 简述干线子系统的基本组成部分。
4. 通常要求干线子系统采用什么样的拓扑结构？
5. 试述配线子系统与干线子系统的区别。配线子系统可选用哪几种缆线？
6. 简述设备间的构成及作用。
7. 简述管理系统中常用的色标及其应用场合。
8. 试画出综合布线系统的基本结构示意图。
9. 查阅《综合布线系统工程设计规范》GB 50311—2007，简述关于缆线的长度限制值。
10. 综合布线系统能够服务于哪些通信网络？

第6章　综合布线系统工程设计

综合布线系统是智能建筑及建筑群的重要基础设施。由于综合布线系统和网络技术息息相关，在设计综合布线系统的同时必须考虑到网络技术的发展与应用，也就是说系统布线设计要与网络技术相结合，做到两者在技术性能上的统一，避免硬件资源冗余和不足，充分发挥综合布线系统的优势。

本章主要介绍综合布线系统工程设计中的一些基本概念。首先，讨论综合布线系统工程设计原则、系统等级划分与工程设计步骤等。然后，以开放型办公室布线系统、互联网数据中心（IDC）布线系统和光纤配线系统为主要对象，比较详细地讨论各子系统的设计方法。最后，介绍综合布线工程方案的构成，并通过小型综合布线系统工程实例，给出一个比较完整的综合布线工程设计方案，供读者参考。

6.1　综合布线系统设计原则与分级

综合布线系统工程设计，除应符合 GB 50311—2007 之外，还应符合国家现行有关标准的规定。综合布线系统的工程设计，既要充分考虑所能预见的计算机技术、通信技术和控制技术的飞速发展，同时又要考虑政府宏观政策、法规的指导和实施原则。它包括系统设计和工程设计两个方面。

6.1.1　综合布线系统设计原则

综合布线系统的设计主要是通过对建筑物结构、系统、服务与管理 4 个要素的合理优化，使整个系统成为一个功能明确、投资合理、应用高效和扩容方便的实用综合布线系统。具体说来，应遵循兼容性、开放性、灵活性、可靠性和先进性等原则。

1. 兼容性原则

综合布线系统是能综合多种数据信息传输于一体的信息传输系统，在进行工程设计时，需确保相互之间的兼容性。所谓兼容性是指它自身是完全独立的，与应用系统相对无关，可适用于多种应用系统。综合布线系统综合语音、数据、图像和监控设备，并将多种终端设备连接到标准的 RJ-45 信息插座内；对不同厂家的语音、数据和图像设备均应兼容，而且使用相同的电缆与配线架，相同的插头和信息模块。

过去，为一幢建筑物或一个建筑群内的语音或数据线路布线时，往往是采用不同厂家生产的电缆线、插座以及接头等。例如，用户交换机通常采用对绞电缆，计算机网络系统采用粗同轴电缆或细同轴电缆。不同设备使用不同的配线材料，而连接这些不同配线的插头、插座及端子板也各不相同，彼此互不相容。一旦需要改变终端机或电话机位置时，就需敷设新的缆线，安装新的插座和接头。

综合布线系统通过统一的规划和设计，采用相同的传输介质、信息插座、交连设备和适配器等，把语音、数据及视频设备的不同信号综合到一套标准的系统中。由此可见，这种布线比传统专属布线大为简化，可节约大量的物资、时间和空间。在使用时，用户可不用定义某个工作区的信息插座的具体应用，只把某种终端设备（如个人计算机、电话和视频设备等）插入这个信息插座，然后在电信间和设备间的交接设备上做相应的跳线操作，这个终端设备就被接入到各自的系统中了。

2. 开放性原则

对于传统的专属布线方式，只要用户选定了某种设备，也就选定了与之相适应的布线方式和传输介质。如果更换另一种设备，那么原来的布线系统就要全部更换。对于一个已经竣工的建筑物，这种变化是十分困难的，要增加很多投资。

综合布线系统由于采用开放式体系结构，符合多种国际上现行的标准，因此它几乎对所有著名厂商的产品都是开放的，如计算机设备、交换机设备等，并支持所有通信协议，如 GB 50311—2007、ISO/IEC 11801—2002、ANSI/TIA/EIA 568 等。

在进行综合布线系统工程设计时，采用模块化设计，便于今后升级扩容。布线系统中除了固定于建筑物中的电缆之外，其余所有接插件全部采用模块标准部件，以便于扩充及重新配置。这样做的好处是，当用户因发展需要而改变配线连接时，不会因此而影响到整体布线系统，从而保证用户先前在布线方面的投资。同时还充分考虑了建筑物内所涉及的各部门信息的集成和共享，保证了整个系统的先进性、合理性；总体结构具有可扩展性和兼容性，可以集成不同厂商、不同类型的先进产品，使整个系统可随技术的进步和发展，不断得到改进和提高。

3. 灵活性原则

传统的专属布线方式是封闭的，体系结构相对固定，若要迁移或增加设备相当困难且非常麻烦，甚至是不可能的。

综合布线系统中任一信息点应能够很方便地与多种类型设备（如电话、计算机、检测器件以及传真机等）进行连接。综合布线系统采用标准的传输缆线和相关连接器件，模块化设计。因此所有信道都通用。每条信道可支持终端、以太网工作站及令牌环网工作站。所有设备的开通及更改均不需要改变布线，只需增减相应的应用设备以及在配线架上进行必要的跳线管理即可。另外，组网也可灵活多样，甚至在同一房间可有多用户终端、以太网工作站和令牌环网工作站并存，为用户管理数据信息流提供必要条件。

4. 可靠性原则

传统的专属布线方式由于各个应用系统互不兼容，因而在一个建筑物中往往有多种布线方案。因此建筑物系统的可靠性要由所选用的布线可靠性来保证，当各应用系统布线不恰当时，就会造成交叉干扰。

综合布线系统采用高品质的传输介质和组合压接的方式构成一套标准化的数据传输信道。所有线槽和相关连接件均通过 ISO 认证，每条信道都采用专用仪器测试链路阻抗及衰减，保证了其电气性能。应用系统布线全部采用点到点端接，任何一条链路故障均不影响其他链路的运行，为链路的运行维护及故障检修提供方便，从而也保障了应用系统的可靠运行。各应用系统往往采用相同的传输介质，因而可互为备用，提高冗余度。

5. 先进性原则

先进性原则是指在满足用户需求的前提下，充分考虑信息社会迅猛发展的趋势，在技术上适度超前，使设计方案保证将建筑物建成先进的、现代化的智能建筑。综合布线系统工程应在现在和将来都能够适应企业发展的需要，具备数据、语音和图像通信的功能。所有布线均采用最新通信标准，配线子系统链路均按8芯对绞电缆配置。对于特殊用户的需求可把光纤引到桌面（Fiber To The Desk）。语音干线部分用铜缆，数据部分用光缆，可为同时传输多路实时多媒体信息提供足够的带宽容量。

目前智能建筑大多采用5类对绞电缆及以上的综合布线系统，适用于100Mbit/s以太网和155Mbit/s ATM网。5e类以及6类对绞电缆则适用于1000Mbit/s以太网，并完全具有适应语音、数据、图像和多媒体对传输带宽的要求。在进行综合布线工程设计时，应使方案具有适当的先进性。在进行垂直干线布线时，尽量采用5e类以上的对绞电缆或者光纤等适当超前的布线技术。当未来发展需要其他业务时，只改变工作区的相关设备或者改变管理、跳线等易更新部件即可。

6.1.2 工程设计原则

不同的建筑，入住不同的用户；不同的用户，有着不同的需求；不同的需求，构成了不同的建筑物综合布线系统。因此在工程设计中应该做到：

1. 设计思想应当面向功能需求

根据建筑物的用户特点、需求，分析综合布线系统所应具备的功能，结合远期规划进行有针对性的设计。综合布线支持的业务为语音、数据和图像（包括多媒体通信），而监控、保安、对讲、传呼和时钟等系统如有需要也可共用一个综合布线系统。

2. 综合布线系统应当合理定位

信息插座、配线架（箱、柜）的标高及水平配线的设置，在整个建筑物的空间利用中应全面考虑，合理定位，满足发展和扩容需要。关于房屋的尺寸、几何形状、预定用途以及用户意见等均应认真分析，使综合布线系统真正融入建筑物本身，达到和谐统一、美观实用。一般，大开间办公区的信息插座位置应设置于墙体或立柱，便于将来办公区重新划分、装修时就近使用。普通住宅可按房间的功能，对客厅、书房和卧室分别设置语音或数据信息插座。

弱电竖井中综合布线用桥架、楼层水平桥架及入户暗/明装PVC管时，需设计空间位置，同时兼顾后期维护的方便性。

3. 经济性

经济性是指在实现先进性、可靠性的前提下，达到功能和经济的优化设计。综合布线系统作为建筑的公共电信配套设施在建设期应考虑一次性投资建设，能适应多家电信业务经营者提供通信与信息业务服务的需求，保证电信业务在建筑区域内的接入、开通和使用；使用户可以根据自己的需要，通过对入口设施的管理就可以选择电信业务经营者，避免造成将来建筑物内管线的重复建设而需要重复投资。

4. 选用标准化定型产品

综合布线系统要选用经过国家认可的产品质量检验机构鉴定合格的、符合国家有关技术标准的定型产品；特别推荐采用国际大公司的名牌产品。因为国际大公司实力雄厚，有好的产品质量和售后服务保证。在一个综合布线系统中一般应采用同一种标准的产品，以便于设计、施工管理和维护，保证系统质量。

另外，在进行综合布线系统工程设计时，要注意电气防护及接地指标要求。作为强制性条款，当电缆从建筑物外面进入建筑物时，应选用适配的信号线路浪涌保护器，信号线路浪涌保护器应符合设计要求。

总之，综合布线系统的设计应依照国家标准、通信行业标准和推荐性标准，并参考国际标准进行。此外根据系统总体结构的要求，各个子系统在结构化和标准化基础上，应能代表当今最新技术成就。在具体进行综合布线系统工程设计时，注意把握好以下几个基本点：

1）尽量满足用户的通信需求。

2）了解建筑物、楼宇之间的通信环境与条件。

3）确定合适的通信网络拓扑结构。

4）选取适用的传输介质。

5）以开放式为基准，保持与多数厂家产品、设备的兼容性。

6）将系统设计方案和建设费用预算提前告知用户。

6.1.3　综合布线系统等级划分

对于建筑与建筑群，应根据用户实际需要，选择适当配置的综合布线系统。综合布线系统对于电缆布线系统共分为 6 个等级，光缆部分分为 3 个等级。

1. 电缆布线系统等级划分

电缆布线系统划分为 A、B、C、D、E、F 共 6 个等级。等级表示为由对绞电缆和连接器所构成的链路和信道，它的每一对绞线缆所能支持的传输带宽，用 Hz 表示。综合铜缆布线系统的分级与类别划分见表 6.1 所列。

表 6.1　铜缆布线系统的分级与类别

系统等级	传输带宽/MHz	支持应用器件	
		电缆	连接器件
A	0.1	—	—
B	1	—	—
C	16	3 类	3 类
D	100	5/5e 类	5/5e 类
E	250	6 类	6 类
F	600	7 类	7 类

注：3 类、5/5e 类（5e 类）、6 类和 7 类布线系统应能支持向下兼容的应用。

布线系统对绞电缆与连接器件按性能可以分为 3 类、4 类、5 类、6 类和 7 类布线产品。4 类系统具有过渡性，在我国的布线工程中得到应用；7 类布线产品为全屏蔽布线系统。

布线系统的等级与产品应用类别是相对应的关系，但又具有应用向下兼容的问题。向下兼容体现了布线系统的通用特性。比如，对 6 类布线系统既要达到 E 级规定的带宽（250MHz）和传输特性，但又要能支持 D 级的应用。

在《商业建筑电信布线标准 >》ANSI/TIA/EIA 568—A 标准中对于 D 级布线系统，支持应用的器件为 5 类，但在 ANSI/TIA/EIA 568—B. 2—1 中仅提出 5e 类（超 5 类）与 6 类的布线系统，并确定 6 类布线支持带宽为 250MHz。在 ANSI/TIA/EIA 568—B. 2—10 标准中又规定了 6A 类（增强 6 类）布线系统支持的传输带宽为 500MHz。目前，3 类与 5 类的布线系统只应用于语音主干布线的大对数电缆及相关配线设备。

2. 光纤布线信道等级划分

对于光纤布线信道划分为 OF-300、OF-500 和 OF-2000 3 个等级，各等级光纤信道所支持的应用长度不应小于 300m、500m 及 2000m。

6.2 综合布线系统配置设计

综合布线系统应能支持电话、数据、图文图像和音视频等多媒体业务的需要。综合布线系统宜按工作区、配线子系统、干线子系统、建筑群子系统、设备间、进线间和管理 7 个部分进行配置设计。

综合布线系统工程设计应采用开放式星形拓扑结构。综合布线系统的开放式星形拓扑结构能支持当前普遍使用的各种网络技术，包括局域网、城域网、广域网和光纤分布式数据接口（FDDI）等。

6.2.1 工作区的配置设计

在配置设计工作区时，重要的是在理解工作区的概念和划分原则的基础上，熟悉工作区的配置设计要点、设计步骤和工作区适配器的选用规定。

1. 工作区面积的划分

每个工作区的服务面积，应按不同的应用功能确定。目前建筑物的功能类型比较多，通常可以分为商业、文化、媒体、体育、医院、学校、交通、住宅和通用工业等类型，因此，对工作区面积的划分应根据应用的场合做具体的分析后再确定。工作区面积划分可参照表 6.2。

表 6.2 工作区面积划分表

建筑物类型及功能	工作区面积/m^2
网管中心、呼叫中心和信息中心等终端设备较为密集的场地	3～5
办公区	5～10
会议、会展	10～60
商场、生产机房和娱乐场所	20～60
体育场馆、候机室和公共设施区	20～100
工业生产区	60～200

在参照使用表 6.2 的数据时，也可以按不同的应用场合调整面积的大小。对于某些应用场合，当终端设备的安装位置和数量无法确定时或使用彻底为大客户租用并考虑自设置计算机网络时，工作区面积可按区域（租用场地）面积确定。对于 IDC 机房（数据通信托管业务机房或数据中心机房）可按机房中每个配线架的设置区域考虑工作区面积。对于此类项目，若涉及数据通信设备的安装工程，可以单独考虑实施方案。

2. 工作区配置设计要点

根据用户需求，在设计时一般将工作区分为语音、数据和多媒体 3 类用户。工作区配置设计要考虑以下几点：

1）工作区内线槽的敷设要合理、美观。

2）信息插座设计在距离地面 30cm 以上。

3）信息插座与计算机设备的距离保持在 5m 范围内；注意考虑工作区电缆、跳线和设备连接线长度总共不超过 10m。

4）网卡接口类型要与缆线接口类型保持一致。

5）估算所有工作区所需要的信息模块、信息插座和面板数量要准确。

凡未确定用户需要和尚未对具体系统做出承诺时，建议在每个工作区安装两个 I/O。这样，在设备间或配线间的交叉连接场区不仅可灵活地进行系统配置，而且也容易管理。

虽然工作区适配器和其他设备可用在一种允许安排公共接口的 I/O 环境之中，但在做出设计承诺之前，需仔细考虑将要集成的设备类型和传输信号类型。在做出上述决定时要考虑以下 3 个因素：

1）每种设计方案在经济上的最佳折衷。

2）一些比较难以预测的系统管理因素。

3）在布线系统寿命期间移动和重新布置所产生的影响。

3. 工作区配置设计步骤

具体配置设计工作区时，可按以下 3 个步骤进行：

（1）确定工作区大小

根据楼层平面图计算每层楼布线面积，大致估算出每个楼层的工作区大小，再把所有楼层的工作区面积累加，计算出整个大楼的工作区面积。

（2）设计平面图供用户选择

一般应设计两种平面图供用户选择，并设计出信息引出插座的平面图。

4. 工作区适配器的选用

工作区适配器的选用宜遵守下列原则：

1）设备的连接插座应与连接电缆的插头匹配，不同的插座与插头之间应加装适配器。

2）在连接使用信号的数模转换，光、电转换，数据传输速率转换等相应的装置时，采用适配器。

3）对于网络规程的兼容，采用协议转换适配器。

4）各种不同的终端设备或适配器均安装在工作区的适当位置，并应考虑现场的电源与接地。

5. 工作区配置设计示例

作为工作区配置设计的一个典型示例是关于开放型办公室布线系统的设计。对于办公楼、综合楼等商用建筑物或公共区域大开间的场地，由于其使用对象数量的不确定性和流动性等因素，宜按开放办公室综合布线系统要求进行设计。GB 50311—2007 通过分析国际布线标准，在 ANSI/TIA/EIA 568 B.1、TSB 75 的基础上做了部分修订，重新规定了缆线长度，并对开放型办公室布线系统提出了以下两种设计方案。

（1）多用户信息插座

在敞开的工作区可以设置具有 12 个 8 位模块通用插座（RJ-45）多用户信息插座。该插座处在水平电缆的终端位置，以便将来使用时通过工作区的设备电缆连接至终端设备。多用户信息插座安装的位置是永久性的，比如在建筑物的柱子和承重墙体上。

当采用多用户信息插座时，每一个多用户插座应包括适当的备用量在内，宜能支持12个工作区所需的8位模块通用插座；各段缆线长度可按表6.3选用。电缆长度也可按下式计算：

$$C=(102-H)/1.2$$
$$W=C-5$$

式中，$C=W+D$ 为工作区电缆、电信间跳线和设备电缆的长度之和；D 为电信间跳线和设备电缆的总长度；W 是工作区电缆的最大长度，且 $W \leqslant 22m$；H 是水平电缆的长度。

表6.3 各段缆线长度限值

电缆总长度/m	水平布线电缆长度 H/m	工作区电缆长度 W/m	电信间跳线和设备电缆长度 D/m
100	90	5	5
99	85	9	5
98	80	13	5
97	75	17	5
97	70	22	5

注意：开放型办公室布线系统对配线设备的选用及缆线的长度有不同的要求。计算公式 $C=(102-H)/1.2$ 是针对24号线规（24AWG）的非屏蔽和屏蔽布线而言的，如应用于26号线规（26AWG）的屏蔽布线系统，公式应为 $C=(102-H)/1.5$。工作区设备电缆的最大长度要求，《用户建筑综合布线》ISO/IEC 11801—2002中为20m，但在《商业建筑电信布线标准》ANSI/TIA/EIA 568 B.1 6.4.1.4中为22m，GB 50311—2007是依据ANSI/TIA/EIA 568—B.1规范给出的要求。

（2）集合点

集合点（Consolidation Point，CP）是指楼层配线设备与工作区信息点之间水平缆线路由中的连接点。CP点由无跳线的连接器件组成，可以用于电缆与光缆的永久链路中。引入CP会影响布线系统的构成、技术指标参数以及系统的工程设计。

当采用CP时，集合点配线设备与FD之间水平线缆的长度应大于15m。集合点配线设备容量宜以满足12个工作区信息点的需求予以设置。同一条水平电缆路由不允许超过一个CP；从CP引出的CP线缆应终接于工作区的信息插座或多用户信息插座上。

目前，还没有CP配线箱的定型产品，但箱体的大小应考虑至少满足12个工作区所配置的信息点所连接4对对绞电缆的进、出箱体的布线空间，以及与CP卡接模块的安装空间。

6.2.2 配线子系统的配置设计

配线子系统主要是实现工作区的信息插座与管理，即中间配线架（IDF）之间的连接。配线子系统宜采用星形拓扑结构。配线子系统的配置设计包括配线子系统的传输介质与连接器件集成。

设计配线子系统时，在理解配线子系统的组成、熟悉设计要点的基础上，重要的是熟悉信息插座、配线架和缆线管理器的选用，正确选择传输介质，确定配线子系统的布线方案等。

1. 配线子系统设计要点

配线子系统设计涉及传输介质和连接器件集成，设计要点主要有：

1）确定建筑物各层需要安装信息插座模块的数量及其位置。

2）根据工程环境条件，确定缆线走向；确定缆线、线槽及管线的数量和类型，以及相应的吊杆、托架等。

3）确定缆线的连接方式。

4）当语音点、数据点需要互换时，所用缆线类型。

2. 确定信息点、信息插座模块的类型及数量

信息点（Telecommunications Outlet，TO）是指各类电缆或光缆终接的信息插座模块。信息插座是终端（工作站）与配线子系统连接的接口。根据工程提出的近期和远期终端设备的设置要求，用户性质、网络构成及实际需要确定建筑物各层需要安装信息插座模块的数量及其位置，配线应留有扩展余地。

1）信息点数量。在实际工程中，每一个工作区信息点数量的确定范围比较大。一般情况下，每一个工作区信息插座模块（电、光）数量不宜少于两个，并满足各种业务的需求。从现有的工程情况分析，设置 1 ~ 10 个信息点的现象都存在，并预留了电缆和光缆备份的信息插座模块。因为建筑物用户性质不一样，功能要求和实际需求也就不一样，信息点数量不能仅按办公楼的模式确定，尤其是对于专用建筑（如电信、金融、体育场馆和博物馆等建筑）及计算机网络存在内、外网等多个网络时，更应加强需求分析，做出合理的配置。因此，每个工作区信息点数量可按用户的性质、网络构成和需求来确定。表 6. 4 为信息点数量配置，供设计时参考使用。

表 6. 4　信息点数量配置

建筑物功能区	信息点数量（每一工作区）			备　注
	电　话	数　据	光纤（双工端口）	
办公区（一般）	1 个	1 个	—	
办公区（重要）	1 个	2 个	1 个	对数据信息有较大的需求
出租或大客户区域	2 个或 2 个以上	2 个或 2 个以上	1 个或 1 个以上	指整个区域的配置量
办公区（政务工程）	2 ~ 5 个	2 ~ 5 个	1 个或 1 个以上	涉及内、外网络时

注：大客户区域也可以为公共设施的场地，如商场、会议中心和会展中心等。

2）综合布线系统可采用不同类型的信息插座和信息插头，最常用的是 RJ-45 连接器。信息插座大致可分为嵌入式安装插座、表面安装插座和多传输介质信息插座 3 类。底盒数量应以插座盒面板设置的开口数确定，每一个底盒支持安装的信息点数量不宜大于 2 个。

3）光纤信息插座模块安装的底盒大小应充分考虑到水平光缆（2 芯或 4 芯）终接处的光缆盘留空间和满足光缆对弯曲半径的要求。

4）工作区的信息插座模块应支持不同的终端设备接入，每一个 8 位模块通用插座应连接 1 根 4 对对绞电缆；对每一个双工或 2 个单工光纤连接器件及适配器连接 1 根 2 芯光缆。

5）电信间 FD 主干侧各类配线模块应按电话交换机、计算机网络的构成及主干电缆/光缆的所需容量要求及模块类型和规格的选用进行配置。

3. 缆线的选购

配线子系统缆线的选择，要根据建筑物内具体信息点的类型、容量、带宽和传输速率来确定。

（1）缆线的选用

一般，可选用非屏蔽或屏蔽4对对绞电缆，必要时应选用阻燃、低烟和低毒等电缆；在需要时也可采用室内多模或单模光缆。在配线子系统中，通常采用的电缆有3种：

1）100Ω非屏蔽对绞电缆（UTP）电缆。

2）100Ω屏蔽对绞电缆（STP）电缆。

3）62.5/125μm光纤光缆。从电信间至每一个工作区水平光缆宜按2芯光缆配置。光纤至工作区域满足用户群或大客户使用时，光纤芯数至少应有2芯备份，按4芯水平光缆配置。

在配线子系统中推荐采用100Ω非屏蔽对绞电缆（UTP），或62.5/125μm多模光纤光缆。设计时可根据用户对带宽的要求选择。

对于语音信息点可采用3类对绞电缆；对于数据信息点可采用5e类对绞电缆或6类线；对于电磁干扰严重的场合可采用屏蔽对绞电缆。但从系统的兼容性和信息点的灵活互换性角度出发，建议配线子系统宜采用同一种布线材料。一般5e类对绞电缆可以支持100Mbit/s、155Mbit/s与622Mbit/s ATM数据传输，既可传输语音、数据，又可传输多媒体及视频会议数据信息等；如对带宽有更高要求可考虑选用超6类、7类或者光缆。

（2）电缆长度的计算

在订购电缆时应考虑布线方式和走向，以及各信息点到电信间的接线距离等因素。一般可按下列步骤计算电缆长度。

1）确定布线方法和缆线走向。

2）确定电信间所管理的区域。

3）确定离电信间最远信息插座的距离（L）和离电信间最近的信息插座的距离（S），计算平均电缆长度为（$L+S$）/2。

4）电缆平均布线长度=平均电缆长度+备用部分（平均电缆长度的10%）+端接容差6m（约）。每个楼层用线量的计算公式如下：

$$C=[0.55\times(F+N)+6]n$$

式中，C为每个楼层的用线量；F为最远信息插座离电信间的距离；N为最近的信息插座离电信间的距离；n为每楼层信息插座的数量。

则整座楼的用线量为

$$W=\sum C$$

5）电信间FD采用的设备缆线和各类跳线宜按计算机网络设备的使用端口容量和电话交换机的实装容量、业务的实际需求或信息点总数的比例进行配置，比例范围为25%～50%。

4. 缆线连接方式

配线子系统应根据整个综合布线系统的要求，在电信间或设备间的配线设备上进行连接。对于电信间（FD）与电话交换配线及计算机网络设备之间的连接方式有以下3种连接方式。

1）电话交换配线的连接方式应按照如图6.1所示要求进行连接。

2）计算机网络设备连接方式可分为两种情况。对于数据系统（经跳线）连接方式应按如图6.2所示的要求进行连接。对于数据系统（经设备缆线）连接方式应按照如图6.3所示要求进行连接。

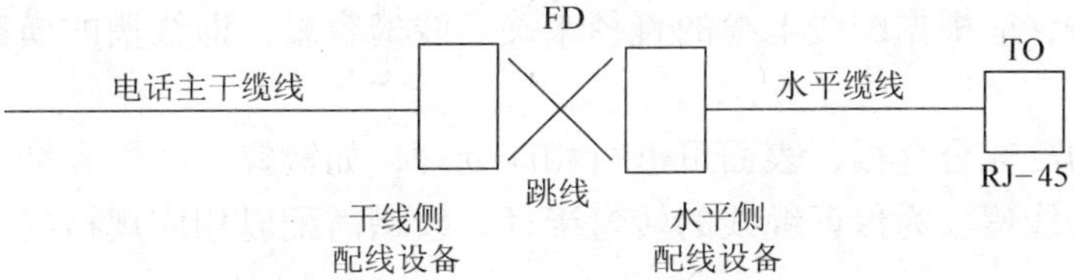

图6.1　电话交换配线的连接方式

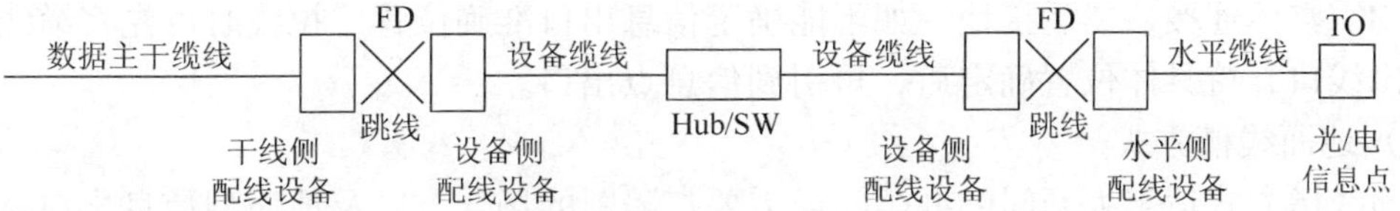

图6.2　数据系统（经跳线）连接方式

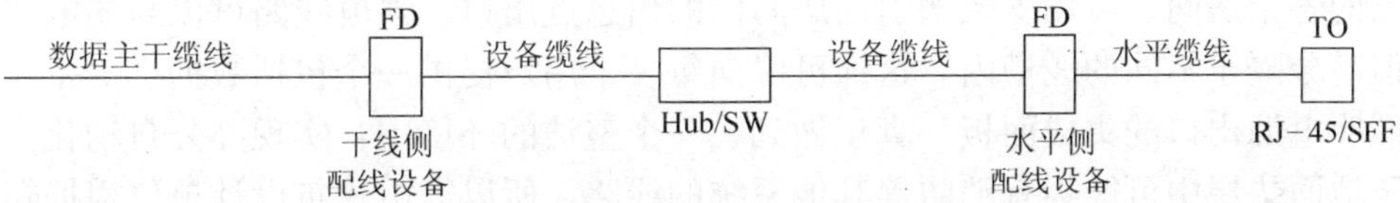

图6.3　数据系统（经设备缆线）连接方式

3）数据中心配线区端至端的连接。对于数据中心水平配线系统，为了提高机房内网络设备的稳定性，应尽可能减少网络设备跳线的插拔。配线区（HDA）的水平配线柜/架宜采用两个配线架相互交叉连接，如图6.4所示。其中，一个配线架采用RJ45-110方式连接至交换机机柜内配线架，另一个配线架采用6类非屏蔽双绞线以110-110方式与设备配线区（EDA）服务器机柜内的6类配线架相互连接。

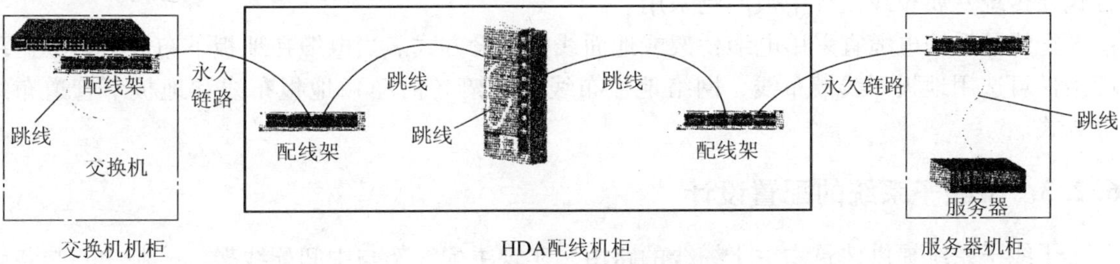

图6.4　设备配线区的端至端连接

5. 配线子系统布线方式

配线子系统布线是将电缆线从管理子系统的电信间接到每一楼层工作区的信息I/O插座上。设计者要根据建筑物的结构特点、从路由最短、造价最低、施工方便和布线规范等几个方面综合考虑。一般有以下几种常用布线方案可供选择。

（1）吊顶槽型电缆桥架方式

吊顶槽型电缆桥架方式适用于大型建筑物或布线系统比较复杂而需要有额外支撑物的场合。为水平干线电缆提供机械保护和支持的装配式轻型槽型电缆桥架，是一种闭合式金属桥架，安装在吊顶内，从弱电竖井引向设有信息点的房间，再由预埋在墙内的不同规格的铁管或高强度的 PVC 管，将线路引到墙壁上的暗装铁盒内，最后端接在用户的信息插座上。

综合布线系统的配线电缆布线是放射型的，线路量大，因此线槽容量的计算很重要。按标准线槽设计方法，应根据配线电缆的直径来确定线槽容量，即线槽的横截面积 = 配线线路横截面积 ×3。

线槽的材料为冷轧合金板，表面可进行相应处理，如镀锌、喷塑和烤漆等，可以根据情况选用不同规格的线槽。为保证缆线的转弯半径，线槽需配以相应规格的分支配件，以提供线路路由的灵活性。

为确保线路的安全，应使槽体有良好的接地端，金属线槽、金属软管、金属桥架及分配线机柜均需整体连接，然后接地。如不能确定信息出口准确位置，拉线时可先将缆线盘在吊顶内的出线口，待具体位置确定后，再引到信息点出口。

（2）地面线槽方式

地面线槽方式适于大开间的办公间或需要打隔断的场合，以及地面型信息出口密集的情况。建议先在地面垫层中预埋金属线槽或线槽地板。主干槽从弱电竖井引出，沿走廊引向设有信息点的各个房间，再用支架槽引向房间内的信息点出口。强电线路可以与弱电线路平行配置，但需分隔于不同的线槽内。这样可以向每一个用户提供一个包括数据、语音、不间断电源和照明电源出口的集成面板，真正做到在一个整洁的环境中，实现办公自动化。

由于地面垫层中可能会有消防等其他系统的线路，所以需由建筑设计单位根据管线设计人员提出的要求，综合各个系统的实际情况，完成地面线槽路由部分的设计。线槽容量的计算应根据配线电缆的外经来确定，即：线槽的横截面积 = 配线线路横截面积 ×3。

（3）直接埋管线槽方式

直接埋管线槽由一系列密封在地板现浇混凝土中的金属布线管道或金属线槽组成。这些金属布线管道或金属线槽从电信间向信息插座的位置辐射。根据通信和电源布线要求、地板厚度和地板空间占用等条件，直接埋管线槽布线方式应采用厚壁镀锌管或薄型电线管。这种方式在传统专属布线设计中被广泛采用。

配线子系统电缆宜采用电缆桥架或地面线槽敷设方式。当电缆在地板下布放时，根据环境条件可选用地板下线槽布线、网络地板布线、高架（活动）地板布线和地板下管道布线等方式。

6.2.3 干线子系统的配置设计

干线子系统提供建筑物主干缆线的路由，实现主配线架与中间配线架、控制中心与各管理子系统之间的连接。干线子系统的配置设计需既满足当前的需要，又适应今后的发展。在配置设计干线子系统时，重要的是掌握干线子系统设计原则、设计步骤、所需缆线容量和布线方式。

1. 干线子系统的配置设计原则

干线子系统的任务是通过建筑物内部的传输缆线，把电信间的信号传送到设备间，直至传送到外部网络。干线子系统的配置设计一般应遵循以下基本原则：

1）干线子系统应为星形拓扑结构。

2）干线子系统应选择干线缆线较短、安全和经济的布线路由；在同一层若干电信间之间宜设置干线路由。宜选择带门的封闭型综合布线专用的通道，也可与弱电竖井合并共用；

从楼层配线架（FD）到建筑物配线架（BD）之间的距离最长不能超过 500m。

3）从楼层配线架（FD）开始，到建筑群总配线架（CD）之间，最多只能有建筑物配线架（BD）一级交叉连接。

4）干线缆线宜采用点对点端接，也可采用分支递减端接，以及电缆直接连接的方法。

5）语音和数据干线缆线应该分开。如果设备间与计算机机房和交换机机房处于不同的地点，而且需要把语音电缆连至设备间，把数据电缆连至计算机房，则宜在设计中选取不同的干线电缆或干线电缆的不同部分来分别满足语音和数据传输需要。必要时，也可采用光缆传输系统予以满足。

6）干线子系统在系统设计施工时，应预留一定的缆线作为冗余。这一点对于综合布线系统的可扩展性和可靠性来说十分重要。

7）干线缆线不应布放在电梯、供水、供气和供暖等竖井中；两端点要标号；室外部分要加套管，严禁搭接在树干上。

2. 干线子系统的配置设计步骤

通常干线子系统可按如下步骤进行配置设计：

1）根据干线子系统的星形拓扑结构，确定从楼层到设备间的干线电缆路由。

2）绘制干线路由图。采用标准图形与符号绘制干线子系统的缆线路由图；图样应清晰、整洁。

3）确定干线电信间缆线的连接方法。

4）确定干线缆线类别和容量。干线缆线的长度可用比例尺在图样上实际测量获得，也可用等差数列计算得出。注意每段干线缆线长度要有冗余（约 10%）和端接容差。

5）确定敷设干线缆线的支撑结构。

3. 主干缆线类别和容量

干线子系统所需要的电缆总对数和光纤总芯数，应满足工程的实际需求，并留有适当的备份容量。主干缆线宜设置电缆与光缆，并互相作为备份路由。主干电缆和光缆所需的容量要求及配置应符合以下规定：

1）对语音业务，大对数主干电缆的对数应按每一个电话 8 位模块通用插座配置 1 对线，并在总需求线对的基础上至少预留约 10% 的备用线对。

2）对于数据业务应以集线器（Hub）或交换机（SW）群（按 4 个 Hub 或 SW 组成 1 群）；或以每个 Hub 或 SW 设备设置 1 个主干端口配置。每 1 群网络设备或每 4 个网络设备宜考虑 1 个备份端口。主干端口为电端口时，应按 4 对线容量，为光端口时则按 2 芯光纤容量配置。

3）当工作区至电信间的水平光缆延伸至设备间的光配线设备（BD/CD）时，主干光缆的容量应包括所延伸的水平光缆光纤的容量在内。

4）建筑物与建筑群配线设备处各类设备缆线和跳线的配备与配线子系统的配置设计相同。

4. 干线子系统的布线方式

干线子系统是建筑物的主馈线缆。在一座建筑物内，干线子系统垂直通道有电缆孔、电缆竖井和管道等方式可供选择，如图 6.5 所示。一般宜采用电缆竖井方式。水平通道可选择预埋暗管或电缆桥架方式。

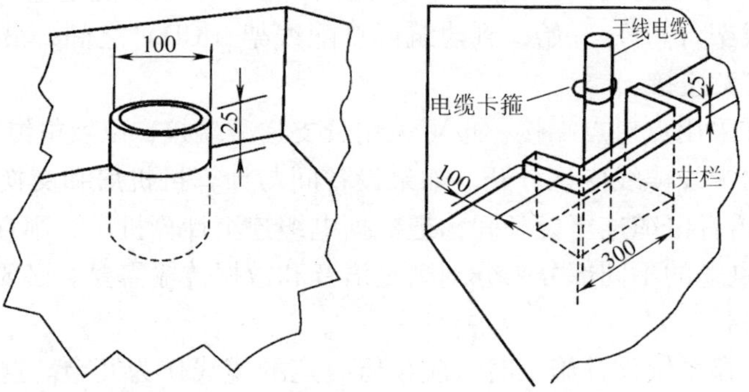

图6.5 电缆孔、电缆竖井方式

（1）电缆孔方式

垂直干线通道中所用的电缆孔是很短的管道，通常用直径为100mm的钢性金属管做成。它们嵌在混凝土地板中，这是在浇注混凝土地板时嵌入的，比地板表面高出25～100mm。电缆往往捆扎在钢丝绳上，而钢丝绳又固定到墙上已经铆好的金属条上。当电信间上下能对齐时，一般采用电缆孔方式布线。

（2）电缆竖井方式

电缆竖井方式常用于垂直干线通道，也就是常说的竖井。电缆竖井是指在每层楼板上开掘一些方孔。使干线电缆可以穿过这些电缆竖井并从某层楼伸展到相邻的楼层。电缆竖井的大小依据所用电缆的数量而定。与电缆孔方式一样，电缆也是捆扎或箍在支撑用的钢丝绳上，钢丝绳靠墙上金属条或地板三角架固定住。电缆竖井有非常灵活的选择性，可以让粗细不同的各种干线电缆以多种组合方式通过。

在多层建筑物中，经常需要使用干线电缆的横向通道才能从设备间连接到垂直干线通道，以及在各个楼层上从二级交连接间连接到任何一个电信间。需注意，横向布线需要寻找一个易于安装的方便通道，因为在两个端点之间可能会有多条直线通道。在配线子系统、干线子系统布线时，要注意考虑数据线、语音线以及其他弱电系统管槽的共享问题。

5. 主干线缆的交接连接

在确定主干线缆如何连接至楼层配线间与二级交接间时，通常有以下两种方法可供选择使用。

（1）点对点端接（独立式连接）

点对点端接是最简单、最直接的连接方法。选择一根双绞电缆或者光缆，其内部电缆对数、光纤根数可以满足一个楼层全部信息插座的需要，而且该楼层只需设置一个配线间，然后从设备间引出这条缆线，经过干线通道，直接端接于该楼层配线间内，如图6.6所示。这根缆线仅到此为止，不再向其他地方延伸，其长度取决于所要连接到那个楼层以及端接的配线间与设备之间的距离。其他楼层也依次自用一根干线线缆与设备相连接。

点对点端接方法的优点是可以避免使用特大对数电缆，在干线通道中不必使用昂贵的分配接续设备，当敷设的电缆发生故障时只影响一个楼层。缺点是穿过干线通道的线缆条数较多。

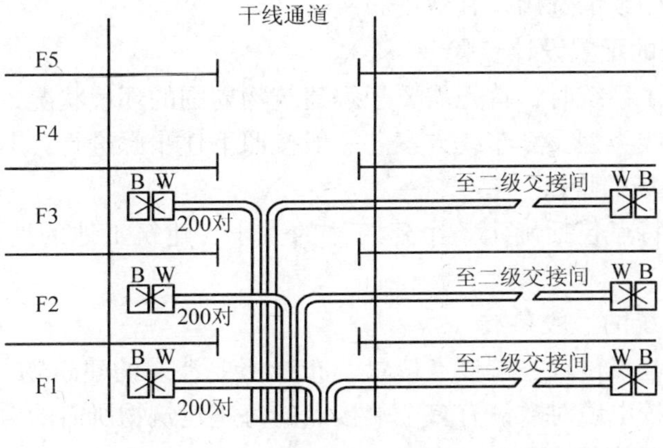

图 6.6　典型的点对点端接方法

（2）分支连接（递减式连接）

分支连接是指干线中的一个特大对数电缆可以提供若干个楼层配线间的通信线路，经过分配接续设备后分出若干根小电缆，使它们分别延伸到各个配线间或各楼层，并端接于目的地配线架，如图 6.7 所示。这种分支连接方法可分为单楼层和多楼层两种情况。

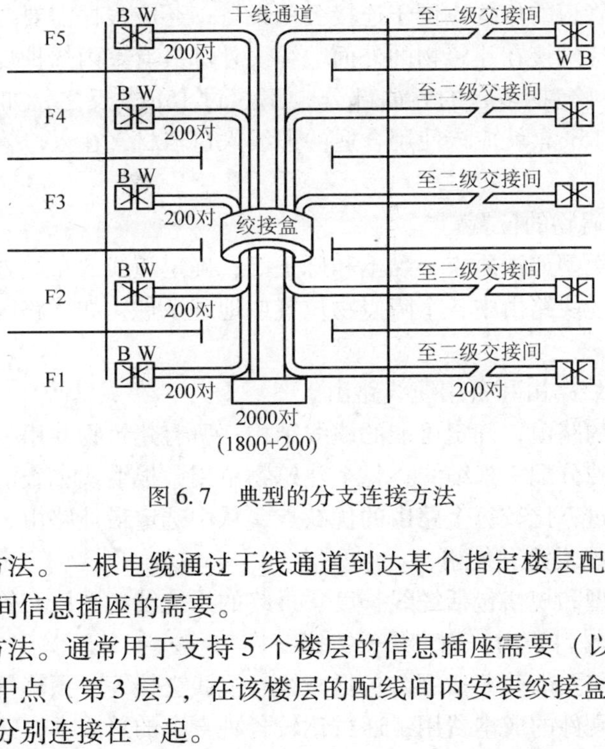

图 6.7　典型的分支连接方法

1）单楼层连接方法。一根电缆通过干线通道到达某个指定楼层配线间，其容量应能够支持该楼层所有配线间信息插座的需要。

2）多楼层连接方法。通常用于支持 5 个楼层的信息插座需要（以 5 层为一组）。一根主干电缆向上延伸到中点（第 3 层），在该楼层的配线间内安装绞接盒，然后把分支后的主电缆与各楼层小电缆分别连接在一起。

6.2.4　建筑群子系统的配置设计

建筑群子系统用于建筑物之间的相互连接，实现楼群之间的网络通信。建筑群之间可以采用有线通信手段，也可采用微波通信、无线电通信技术。在此只涉及有线通信方式。

配置设计建筑群子系统时，在理解建筑群子系统概念的基础上，重要的是掌握建筑群子系统配置设计要点、缆线的选用及其敷设布放。

1. 建筑群子系统的配置设计步骤

配置设计建筑群子系统时，首先需要了解建筑物周围的环境状况，以便合理确定主干缆线路由，选用所需缆线类型及其布线方案。一般按照下述步骤进行：

（1）了解敷设现场的特点

了解敷设现场的特点包括确定整个建筑群的大小、建筑工地的地界和共有多少座建筑物等。

（2）确定缆线系统的一般参数

这一步包括确认起点位置、端接点位置、布线所要涉及的建筑物及每座建筑物的层数、每个端接点所需的对绞电缆对数、有多个端接点的每座建筑物所需的对绞电缆总对数等。

（3）确定建筑物的电缆入口

对于现有建筑物要确定各个入口管道的位置，每座建筑物有多少入口管道可供使用，以及入口管道数目是否符合系统需要。如果入口管道不够用，若移走或重新布置某些电缆后能否腾出某些入口管道；若实在不够用应另装多少入口管道。如果建筑物尚未竣工，则要根据选定的电缆路由去完成电缆系统设计，并标出入口管道的位置，选定入口管道的规格、长度和材料，要求在建筑物施工过程中，安装好入口管道。

建筑物缆线入口管道的位置应便于连接公用设备，还应根据需要在墙上穿过一根或多根管道。所有易燃材料应端接在建筑物的外面。缆线外部具有聚丙烯护皮的可以例外，只要它在建筑物内部的长度（包括多余的卷曲部分）不超过15m。反之，如果外部缆线延伸到建筑物内部的长度超过15m，就应该使用合适的缆线入口器材，在入口管道中填入防水和气密性较好的密封胶。

（4）确定明显障碍物的位置

这包括确定土壤类型如沙质土、黏土和砾土等；确定缆线的布线方法；确定地下公用设施位置；查清在拟定缆线路由中各个障碍物位置或地理条件，如铺路区、桥梁和池塘等；确定对管道的需求。

（5）确定主干缆线路由和备用缆线路由

对于每一种特定的路由，确定可能的缆线结构；所有建筑物共用一根缆线，对所有建筑物进行分组，每组单独分配一根缆线；每个建筑物单用一根缆线；查清在缆线路由中哪些地方需要获准后才能通过；比较每个路由的优缺点，从中选定最佳路由方案。

（6）选择所需缆线类型和规格

选择所需缆线类型和规格包括缆线长度、最终的系统结构图以及管道规格、类型等。

（7）预算工时、材料费用，确定最终方案

预算每种方案所需要的劳务费用，包括布线、缆线交接等；预算每种方案所需的材料成本，包括电缆、支撑硬件的成本费用；通过比较各种方案的总成本，选取经济而实用的设计方案。

2. 建筑群子系统主干缆线的选用

（1）建筑群语音通信网络主干缆线

对于建筑群语音通信网络主干线一般应选用大对数电缆。其容量（总对数）应根据相应建筑物内语音点的多少确定，原则上每个电话信息插座至少配1对对绞电缆，并考虑不少于20%的余量。另外还应注意，对于一幢大楼并非所有的语音线路都经过建筑群主接线间连接程控用户交换机，通常总会有部分直拨外线。对这部分直拨外线不一定要进入建筑群主电信间，应结合当地通信部门的要求，考虑是否采用单独的电缆经各自的建筑配线架就近直接连入公用市话网。

（2）建筑群数据通信网络主干缆线

在综合布线系统中，光纤不但支持FDDI主干、1000Base-FX主干、100Base-FX到桌面、ATM主干和ATM到桌面，还可以支持CATV/CCTV及光纤到桌面（FTTD）。这些都是建筑群子系统和干线子系统布线的主角。因此，应根据建筑物之间的距离确定使用单模光纤（传输距离远达3000m，考虑衰减等因素，实用长度不超过1500m）还是多模光纤（传输距离为2000m）。

从目前应用实践来看，园区数据通信网主干光缆可根据建筑物的规模及其对网络数据传输速率的要求，分别选择6～8芯、10～12芯甚至16芯以上的单模室外光缆。另外，建筑群主干缆线还应考虑预留一定的缆线作为冗余，这对于综合布线系统的可扩展性和可靠性来说是十分必要的。

（3）建筑群主干缆线容量

建筑群配线架（CD）配线设备内、外侧的容量应与建筑物内连接建筑物配线架（BD）配线设备的建筑群主干缆线容量及建筑物外部引入的建筑群主干缆线容量相一致。

3. 建筑群子系统缆线敷设布放

1）建筑群干线电缆、光缆、公用网和专用网电缆、光缆（包括天线馈线）进入建筑物时，都应设置引入设备，并在适当位置转换为室内电缆、光缆。引入设备还包括必要的保护装置。引入设备宜单独设置房间，如条件允许也可与BD或CD合设。

2）建筑群配线架（CD）宜安装在进线间或设备间，并可与入口设施或建筑物配线架（BD）合用场地。从楼层配线架（FD）到建筑群配线架（CD）之间只能通过一个建筑物配线架（BD）。建筑群和建筑物的干线电缆、主干光缆布线的交接不应多于两次。

3）建筑物之间的缆线宜采用地下管道或电缆沟的敷设方式。设计时应预留一定数量的备用管孔，以便扩充使用。

4）当采用直埋缆线方式时，通常缆线应埋设在离地面60cm以下的深度，或按有关法规布放。

6.2.5　设备间的配置设计

设备间的作用是把设备间的电缆、连接器和相关支撑硬件等各种公用系统设备互连起来，因此也是线路管理的集中点。对于综合布线系统，设备间主要安装建筑物配线设备（BD）、电话和计算机等设备，引入设备也可以合装在一起。

设备间通常至少应具有3个功能：①提供网络管理的场所；②提供设备进线的场所；③提供管理人员值班的场所。

配置设计设备间时，在熟悉设备间配置设计原则的前提下，重要的是合理规划设备间的空间规划与设置，以及如何满足环境条件要求，掌握设备间的配置设计步骤等。

1. 设备间的配置设计原则

配置设计设备间时应该坚持以下原则：

1）按照最近与操作便利性原则，设备间位置及大小应根据设备数量、规模和最佳网络中心等因素综合考虑确定。

2）在设备间内安装的BD配线设备干线侧容量应与主干缆线的容量相一致。设备侧的容量应与设备端口容量相一致或与干线侧配线设备容量相同。

3）BD配线设备与电话交换机及计算机网络设备的连接方式按照配线子系统的线缆连接方式进行。

4）色标原则，设备间内的所有总配线设备应用色标区别各类用途的配线区。

5）建筑物的综合布线系统与外部通信网连接时，应遵循相应的接口标准，预留安装相应接入设备的位置；同时要遵循接地的原则。

2. 设备间的空间规划与设置

一般情况下，设备间的主要功能是为所安装的设备提供一种管理环境，但设备间也可以设置类似于全部楼层电信间的功能。设备间是安装电缆、连接器件、保护装置和连接建筑设施与外部设施的主要场所。在规划设计设备间时，无论是在建筑设计阶段，还是承租人入住或已被使用，都应划分出恰当的空间，供设备间使用。一个拥挤狭小的设备间不仅不利于设备的安装调试，而且也不益于设备管理和维护。一般每幢建筑物内应至少设置1个设备间，如果电话交换机与计算机网络设备分别安装在不同的场地或根据安全需要，也可设置2个或2个以上设备间，以满足不同业务的设备安装需要。

（1）设备间的面积

设置专用设备间的目的是扩展通信设备的容量和空间，以容纳LAN、数据和视频网络硬件等设施。设备间不仅是放置设备的地方，而且还是一个为工作人员提供管理操作的地方，其使用面积要满足现在与未来的需要。那么，空间尺寸应该如何确定呢？在理想情况下，应该明确计划安装的实际设备数量及相应房间的大小。设备间的使用面积可按照下述两种方法之一确定：

1）通信网络设备已经确定。当通信网络设备已选型时，可按下式计算：

$$A = K\sum S_b$$

式中，A为设备间的使用面积，单位为m^2；S_b为与综合布线系统有关的并在设备间平面布置图中占有位置的设备投影面积；K为系数，取值为5~7。

2）通信网络设备尚未定型。当设备尚未选型时，可按下式计算：

$$A = KN$$

式中，A为设备间的使用面积，单位为m^2；N为设备间中的所有设备台（架）总数；K为系数，取值4.5~5.5m^2/台（架）。

设备间内应有足够的设备安装空间，其最小使用面积不得小于10m^2（为安装配线架所需的面积）。如果一个设备间以10m^2计，大约能安装5个48.26cm（19in）的机柜。设备间中其他设备距机架或机柜前后与设备通道面板应留1m净宽。如果设备和布局未确定，建议每10m^2的工作区提供0.1m^2的地面空间。一般规定以最小尺寸14m^2为基准，然后根据场地水平布线链路计划密度适当增加地面空间。显然，工作区面积不包括程控用户交换机、计算机网络设备等设施所需的面积在内。

（2）建筑结构

设备间的梁下净高一般为 2.5～3.2m。采用外开双扇门，门宽不小于 1.5m，以便于大型设备的搬迁。设备间的楼板载荷一般分为两级：①A 级，要求楼板载荷大于 $5kN/m^2$；②B级，要求楼板载荷大于 $3kN/m^2$。

3. 设备间环境条件要求

配置设计设备间时，要认真考虑设备间的环境条件。

（1）温度和湿度

根据综合布线系统有关设备对温度、湿度的要求，可将温湿度划分为 A、B、C 三级，见表 6.5。常用的微电子设备能连续进行工作的正常范围：温度 10～30℃，湿度 20%～80%。超出这个范围，将使设备性能下降，甚至减短寿命。另外，还要有良好的通风条件。

表 6.5　设备间温度、湿度级别

项目 \ 指标 \ 级别	A 级		B 级	C 级
	夏　季	冬　季		
温度/℃	22 ±4	18 ±4	12～30	8～35
相对湿度/%	40～65	35～70	30～80	20～80
温度变化率/（℃/h）	<5（不凝露）		<5（不凝露）	<15（不凝露）

（2）尘埃

设备间应防止有害气体（如 SO_2、H_2S、NH_3 和 NO_2 等）侵入，并应有良好的防尘措施。设备间允许的尘埃含量要求，见表 6.6。

表 6.6　设备间允许的尘埃含量限值

灰尘颗粒的最大直径/μm	0.5	1	3	5
灰尘颗粒的最大浓度（粒子数/m^3）	1.4×10^7	7×10^5	2.4×10^5	1.3×10^5

（3）照明

设备间内在距地面 0.8m 处，水平面照度不应低于 200lx。照明分路控制灵活，操作方便。

（4）噪声

设备间的噪声应小于 68dB。如果长时间在 70～80dB 噪声的环境下工作，不但影响工作人员的身心健康和工作效率，还可能会造成人为的噪声事故。

（5）电磁干扰

设备间的位置应避免电磁源干扰，并安装小于或等于 1Ω 的接地装置。设备间内的无线电干扰场强，在频率为 0.15～1000MHz 范围内不大于 120dB；磁场干扰强度不大于 800A/m（相当于 10Ω）。

（6）电源

设备间应提供不少于两个 220V、10A 带保护接地的单相电源插座。当在设备间安放计算机通信设备时，使用的电源应按照计算机设备电源要求进行工程设计。

4. 设备间的配置设计步骤

设备间的配置设计过程可分为选择和确定主布线场交连硬件（跳线架、引线架）的规模，选择和确定中继线/辅助场的交连硬件的规模，确定设备间各种硬件的安装位置 3 个阶段。

（1）选择和确定主布线场的硬件规模

主布线场是用来端接来自电信局和公用设备、建筑物干线子系统和建筑群子系统的线路。理想情况是交接场的安装应使跳线或跨接线可连接到该场的任意两点。在规模较小的交接场安装时，只要把不同的颜色场一个挨一个地安装在一起，就容易实现上述目的。对于较大的交接场，需要进行设备间的中继场/辅助场设计。

（2）选择和确定中继场/辅助场的交连硬件的规模

为了便于线路管理和未来扩充，应认真考虑安排设备间中的中继场/辅助场位置。在设计交接场时，其中间应留出一定的空间，以便容纳未来的交连硬件。根据用户需求，要在相邻的墙面上安装中继场/辅助场。中继场/辅助场与主布线场的交连硬件之间应留有一定空间来安排跳线路由的引线架。中继场/辅助场规模的设计，应根据用户从电信局的进线对数和数据网络类型的具体情况而定。

（3）确定设备间各硬件的安装位置

国际和国家综合布线系统标准不但促使建筑所有人和建筑设计师认识到预留并合理划定设备间的重要性，更重要的是合理确定设备间各硬件的安装位置。如何合理确定设备间各硬件的安装位置，以是否有利于通信技术人员和系统管理员在设备间内进行作业为准。

6.2.6 进线间的配置设计

随着光纤入户技术的普及应用，进线间的设置就显得更为重要。在设计设置进线间时，主要有以下几个方面的问题应注意。

1. 进线间的设置

一个建筑物宜设置1个进线间，一般设置于建筑物外墙及地下层部位，有利于外部缆线从两个不同的路由引入，有利于与外部管道沟通，有利于与缆线金属部件接地。进线间应尽量与竖井相连通。当缆线容量不多时，也可以不设置进线间。

另外，进线间应防水渗入，防有害气体的入侵。

2. 进线间的面积

因进线间涉及许多不确定因素，如管孔数量、缆线容量和数量以及设备的安装等，统一提出所需的具体面积是比较困难的。但可根据建筑物实际情况，并参照通信行业和国家的现行标准要求进行配置设计。一般应以满足缆线的布放路由和成端的位置、光缆的盘留空间、充气维护设备的安装、室外缆线金属部件的就近接地和配线设施的安装容量等条件来测算进线间的面积。通常情况下进线间为窄条形，有利于缆线引入和减少占地面积。在引入管线较少的情况下，如6~24孔时，也可采用局部挖沟的方式设置进线部位，但应注意空间的高度便于人员施工和维护。

3. 进线间的管孔数量及配置

在进线间缆线入口处的管孔数量应满足建筑物之间、外部接入业务及多家电信业务经营者缆线接入的需求。管孔数量应至少满足多家（2~3家）电信业务经营者和智能建筑化系统建设的需要，并应留有2~4孔的余量。

进线间与建筑物红外线范围内的入孔或手孔采用管道或通道的方式互连。建筑群主干电缆和光缆、公用网和专用网电缆、光缆及天线馈线等室外缆线进入建筑物时，应在进线间进行端接转换成室内电缆、光缆，并在缆线的端接处为多家电信业务经营者设置入口设施，入口设施中的配线设备应按引入的电、光缆容量配置。

电信业务经营者在进线间设置安装的入口配线设备应与 BD 或 CD 之间敷设相应的连接电缆、光缆，实现路由互通。缆线类型与容量应与配线设备相一致。

6.2.7　管理系统的配置设计

管理系统通常设置在楼层电信间、进线间及设备间，这些地方是配线子系统电缆端接的场所，也是干线子系统电缆端接的场所。管理点为连接其他子系统提供连接手段。交连和互连允许将通信线路定位或重新定位到建筑物的不同部分，以便能更容易地管理通信线路。输入/输出位于用户工作区和其他房间，以便在移动终端设备时便于插拔。通过对管理子系统交接的调整，可以安排或重新安装系统线路的路由，使传输线路能延伸到建筑物内部的各个工作区。

在规划配置设计管理系统时，在理解管理系统功能的基础上，熟悉管理系统设计原则与要求、设计步骤，重要的是掌握管理系统交连方式以及色标标记方法。

1. 管理系统配置设计原则与要求

（1）管理系统的设计原则

1）对设备间、电信间、进线间和工作区的配线设备、缆线和信息点等设施应按一定的模式进行标识和记录。

2）管理系统中干线管理宜采用双点管理双交连，楼层配线管理可采用单点管理。

3）所有标签应保持清晰、完整，并满足使用环境要求。

4）对于规模较大的布线系统工程，为提高布线工程维护水平与网络安全，宜采用电子配线设备对信息点或配线设备进行管理，以便及时显示与记录配线设备的连接、使用及变更状况。

5）设备跳接线连接方式要符合以下两条规定：①对配线架上相对稳定不经常进行修改、移位或重组的线路，宜采用卡接式接线方法；②对配线架上经常需要调整或重新组合的线路，宜使用快接式插接线方法。

6）电信间墙面材料清单应全面列出，并画出详细的墙面结构图。

（2）管理系统配置设计要求

管理系统配置设计应注意符合下列要求：

1）规模较大的综合布线系统宜采用计算机进行文档记录与保存，简单且规模较小的综合布线系统工程可按图样资料等纸质文档进行管理，并做到记录准确、及时更新和便于查阅；文档资料应实现汉化。

2）综合布线的每一条电缆、光缆、配线设备、端接点、接地装置、安装通道和安装空间均应给定唯一的标识符，并设置标签。标识符应采用相同数量的字母和数字等标明，标识符中可包括名称、颜色、编号、字符串或其他组合。

3）配线设备、缆线和信息插座等硬件均应设置不易脱落和磨损的标识，并应有详细的书面记录和图样资料。

4）电缆和光缆的两端均应标明相同的标识符。

5）设备间、电信间和进线间的配线设备宜采用统一的色标区别各类业务与用途的配线区。

2. 管理系统的管理交连方式

在不同类型的建筑物中，管理系统常采用单点管理单交连、单点管理双交连和双点管理双交连和双点管理三交连4种不同的管理交连方式。

(1) 单点管理单交连

单点管理单交连方式只有一个管理点，交连设备位于设备间内的交换机附近，电缆直接从设备间辐射到各个楼层的信息点，其结构如图6.8所示。所谓单点管理是指在整个综合布线系统中，只有一个点可以进行线路交连操作。交连指的是在两场间作偏移性跨接，完全改变原来的对应线对。一般交连设置在设备间内，采用星形拓扑结构。由它来直接调度控制线路，实现对I/O的变动控制。单点管理单交连方式属于集中管理型，使用场合较少。

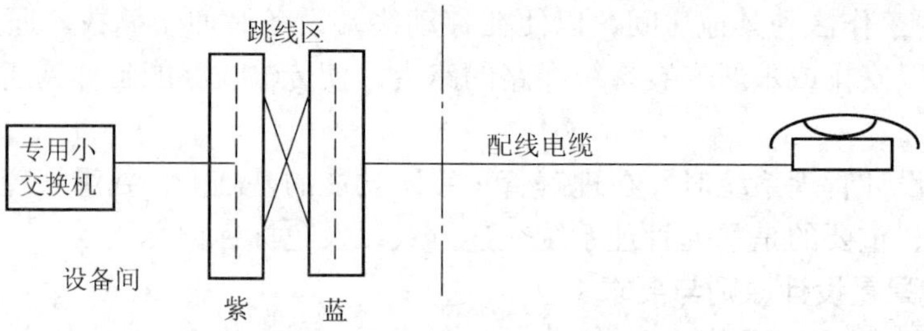

图6.8 单点管理单交连

(2) 单点管理双交连

单点管理双交连方式在整个综合布线系统中也只有一个管理点。单点管理位于设备间内的交换设备或互连设备附近，对线路不进行跳线管理，直接连接到用户工作区或电信间里面的第二个硬件接线交连区。所谓双交连就是指把配线电缆和干线电缆，或干线电缆与网络设备的电缆都打在端子板不同位置的连接块的里侧，再通过跳线把两组端子跳接起来，跳线打在连接块的外侧，这是标准的交连接方式。单点管理双交连，第二个交连在电信间用硬接线实现，如图6.9所示。如果没有电信间，第二个接线交连可放在用户的墙壁上。这种管理只能适用于I/O至计算机或设备间的距离在25m范围内，且I/O数量规模较小的工程，目前应用也比较少。单点管理双交连方式采用星形拓扑，属于集中式管理。

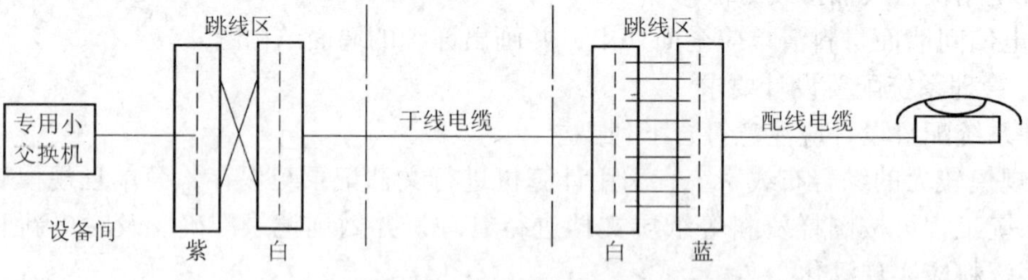

图6.9 单点管理双交连

(3) 双点管理双交连

当建筑物规模比较大（如机场、大型商场）、信息点比较多时，多采用二级电信间，配成双点管理双交连方式。双点管理除了在设备间里有一个管理点之外，在电信间里或用户的墙壁上再设第二个可管理的交连接（跳线）。双交连要经过二级交连接设备。第二个交连接可以是一个连接块，它对一个接线块或多个终端块（其配线场与站场各自独立）的配线和站场进行组合。双点管理双交连，第二个交连接用做配线，如图6.10所示。

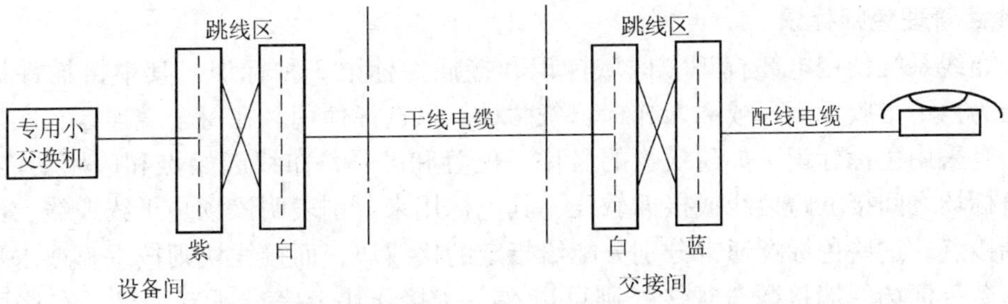

图 6.10　双点管理双交连

双点管理属于集中、分散管理，适应于多管理区。由于在管理上分级，因此管理、维护有层次、主次之分，各自的范围明确，可在两点实施管理，以减少设备间的管理负担。双点管理双交连方式是目前管理系统普遍采用的方式。

（4）双点管理三交连

若建筑物的规模比较大，而且结构复杂，还可以采用双点管理三交连，如图 6.11 所示，甚至采用双点管理四交连方式，如图 6.12 所示。注意综合布线系统中使用的电缆，一般不能超过 4 次交连。

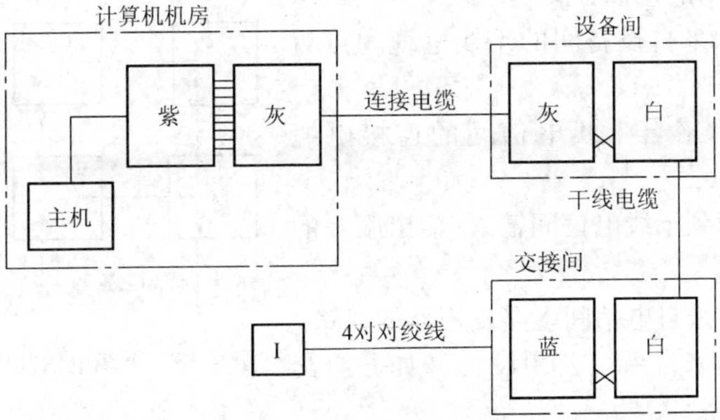

图 6.11　双点管理三交连

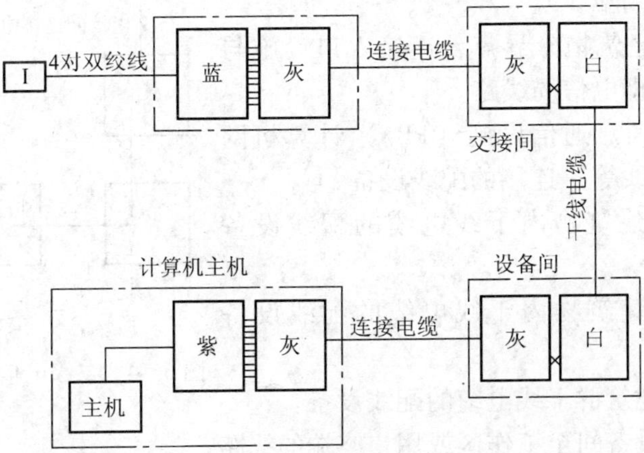

图 6.12　双点管理四交连

3. 线路管理色标标识

综合布线系统使用电缆标识、区域标识和接插件标记3种标识。其中接插件标识最常用，可分为：不干胶标识条或插入式标识条两种，供选择使用。在每个交连区，实现线路管理的方法是采用色标标识，如建筑物的名称、位置和区号，布线起始点和应用功能等标识。在各个色标场之间接上跨接线或接插软线，其色标用来分别表明该场是干线缆线、配线缆线或设备端接点。这些色标场通常分别分配给指定的接线块，而接线块则按垂直或水平结构进行排列。若色标场的端接数量很少，则可以在一个接线块上完成所有端接。在这两种情况中，技术人员可以按照各条线路的识别色插入色条，以标识相应的场。

（1）电信间的色标含义

1）白色。表示来自设备间的干线电缆端接点。

2）蓝色。表示到干线电信间输入/输出服务的工作区线路。

3）灰色。表示至二级电信间的连接缆线。

4）橙色。表示来自电信间多路复用器的线路。

5）紫色。表示来自系统公用设备（如分组交换型集线器）的线路。典型的干线电信间电缆线连接及其色标如图6.13所示。

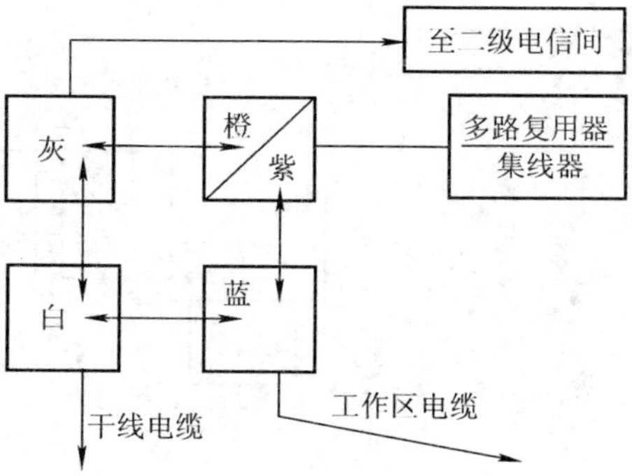

图6.13 干线电信间电缆线连接及其色标

（2）二级电信间的色标含义

1）白色。表示来自设备间的干线电缆的点对点端接。

2）灰色。表示来自干线电信间的连接电缆端接。

3）蓝色。表示到干线电信间输入/输出服务的工作区线路。

4）橙色。表示来自电信间多路复用器的线路。

5）紫色。表示来自系统公用设备（如分组交换型集线器）的线路。

典型的二级电信间电缆线连接及其色标如图6.14所示。

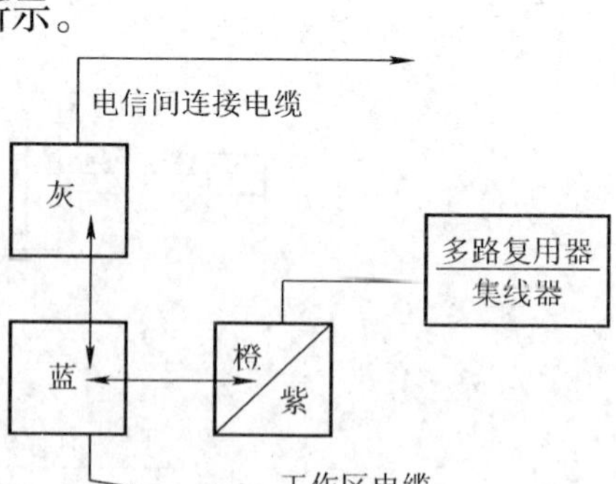

图6.14 二级电信间电缆线连接及其色标

（3）设备间的色标含义

1）绿色。用于建筑物分界点，连接入口设施与建筑群的配线设备，即电信局线路。

2）紫色。用于信息通信设施（PBX、计算机网络、端口线路和中继线等）连接的配线设备。

3）白色。表示建筑物内干线电缆的配线设备（一级主干电缆）。

4）灰色。表示建筑物内干线电缆的配线设备（二级主干电缆）。

5）棕色。用于建筑群干线电缆的配线设备。

6）蓝色。表示设备间至工作区或用户终端的线路。

7）橙色。用于分界点，连接入口设施与外部网络的配线设备。

8）黄色。用于报警、安全等其他线路。

9）红色。关键电话系统，或预留备用。

典型的设备间配线方案及其色标如图 6.15 所示。由该图可以看出，相关色区应相邻放置；连接块与相关色区相对应；相关色区与插接线相对应。

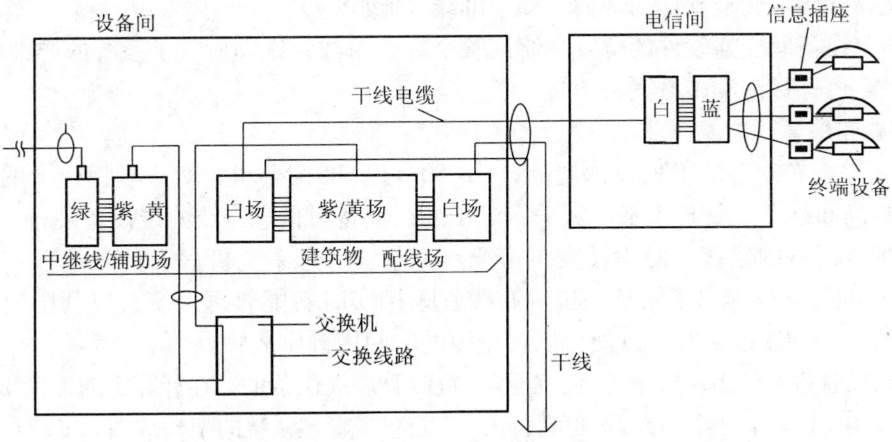

图 6.15 典型的设备间配线方案

综上所述，综合布线系统缆线的连接及其色标示例如图 6.16 所示。

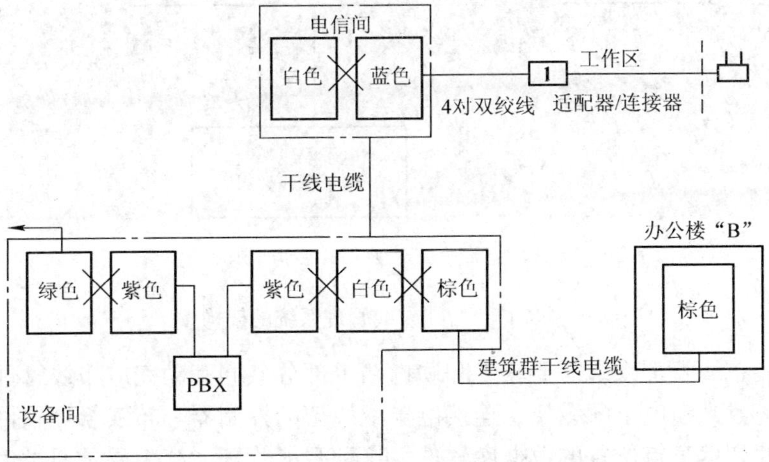

图 6.16　综合布线系统缆线的连接及其色标示例

4. 管理系统的配置设计步骤

在配置设计管理系统时，需要了解线路的基本设计方案，以便管理各子系统的部件。一般按照下述步骤进行:

1）确认线路模块化系数是 3 对线还是 4 对线。每个线路模块当做一条线路处理，线路模块化系数视具体系统而定。

2）确定语音和数据线路要端接的电缆线对总数，并分配好语音或数据线路所需墙场或终端条带。

3）决定采用何种 110 型交连硬件部件。如果线对总数超过 6000（即 2000 条线路）选用 110A 型交连硬件；如果线对总数少于 6000，可选用 110A 型或 110P 型交连硬件。

4）决定每个接线块可供使用的线对总数。主布线交连硬件的白场接线数目，取决于硬件类型、每个接线块可供使用的线对总数和需要端接的线对总数3个因素。

5）决定白场的接线块数目。先把每种应用（语音或数据）所需的输入线对总数除以每个接线块的可用线对总数，然后取整数作为白场的接线块数目。

6）选择和确定交连硬件的规模，即中继线/辅助场。

7）确定设备间交连硬件的位置，绘制整个综合布线系统即所有子系统的详细施工图。

8）确定色标标记实施方案。

5. 智能布线管理方案

按照《综合布线系统工程设计规范》GB 50311—2007要求，对于规模较大的布线系统工程，为提高布线工程管理水平，宜采用电子配线设备对信息点或配线设备进行管理，以显示、记录配线设备的连接、使用及变更情况。《电子信息系统机房设计规范》GB 50174—2008对电子配线架也提出了要求，机房布线宜采用实时智能管理系统，以便随时记录配线的变化；当发生配线故障时，以便可以在较短的时间内确定故障点。

智能布线管理系统解决方案旨在为配线、跳线管理提供帮助。在计算机的辅助下，使综合布线系统可实施、可管理、可跟踪和可控制。智能布线管理系统的架构如图6.17所示。

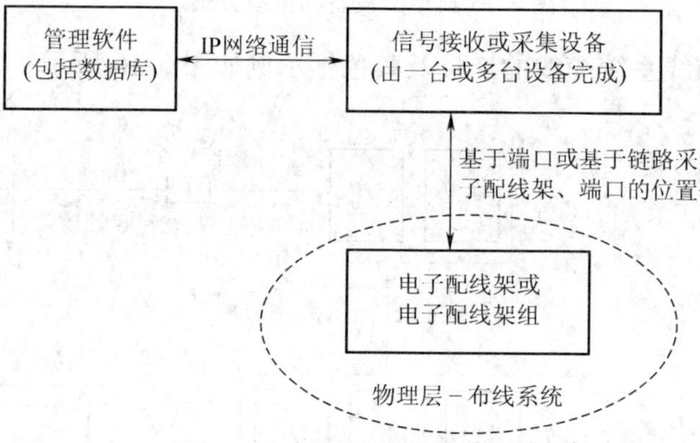

图6.17 智能布线管理系统的架构

显然，智能布线管理系统需要软件和硬件两个部分共同互动完成布线管理任务。硬件部分通常包括铜缆或光缆电子配线架、连接电子配线架的控制器。布线管理软件包括存有连接关系、产品属性和信息点位置的数据库软件。这种智能管理系统主要是通过信号接收或采集设备，利用基于端口或基于链路技术采集电子配线架、端口的位置信息，并自动传给系统管理软件，管理软件将收到的实时信息进行分析、处理，通过图形化查询管理系统将结果显示出来，让用户即时获知布线系统的最新结构。其中，电子配线架的配置连接方式是实现布线系统智能化管理的关键，通常有直连式、交连式两种配置连接系统可供选用。

（1）直连式配线系统

直连式配线系统如图6.18所示，连接步骤如下：

1）设置一组智能电子配线架，先将跳线的一端插入电子配线架的一个端口。当有新的跳线插入该电子配线架时，配线架感应到连接，并向分析仪报告配线架部分连接的更新。

2）随后，将跳线的另一端插入到交换机端口，交换机端口感应到端口的连接（此处的端口连接需要预先在终端连接一台正常工作的网络设备）向后数据库报告连接的形成并存储。

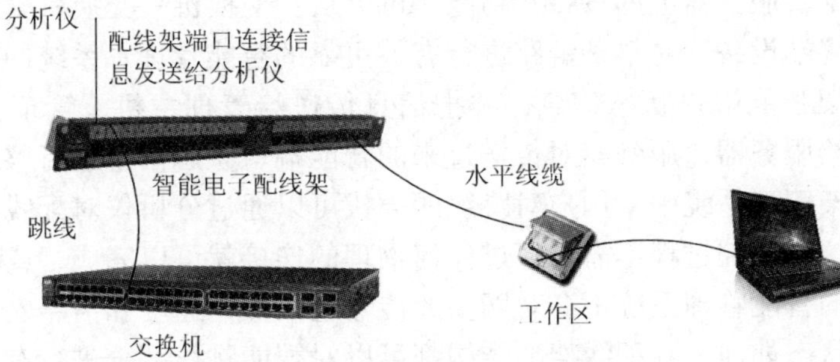

图 6. 18　直连式配线系统

这是一种单配线架模式。实际上，它利用 SNMP 功能发现网络的连接（首段及末端要连接的网络设备），通过植入智能配线架的连接点方式形成整个链路的连接状态。这样当网络断开时，首先由 SNMP 检测到网络的断开，管理人员就可以通过先前确定的网络链路连接寻找到连接的点位并进行处理。单配线架方式的优点是比双配线架方式会节约一些成本，但需要按照一定顺序连接跳线。例如，先插入配线架一端确认连接的点，再插入交换机一端确认链路的连接。当不按这种顺序插入一条跳线的两端时，在数据库中将会形成错误的连接状态。

（2）交连式配线系统

交连式配线系统如图 6. 19 所示，在配线机柜中选用两组智能电子配线架，并设置分析仪，通过分析仪的 I/O 传输电缆连接到智能电子配线架的方式，收集两组智能电子配线架上的连接信息。其中一组电子配线架作为交换机映射配线架，将交换机的端口延伸到该组配线架上。另外一组电子配线架作为水平映射配线架，架构水平链路连接到该组配线架的后端模块。应用智能跳线连接两组智能配线架后，可通过分析仪检测到智能配线架的连接信息，并结合 SNMP 功能检测到整个链路的连接状态。

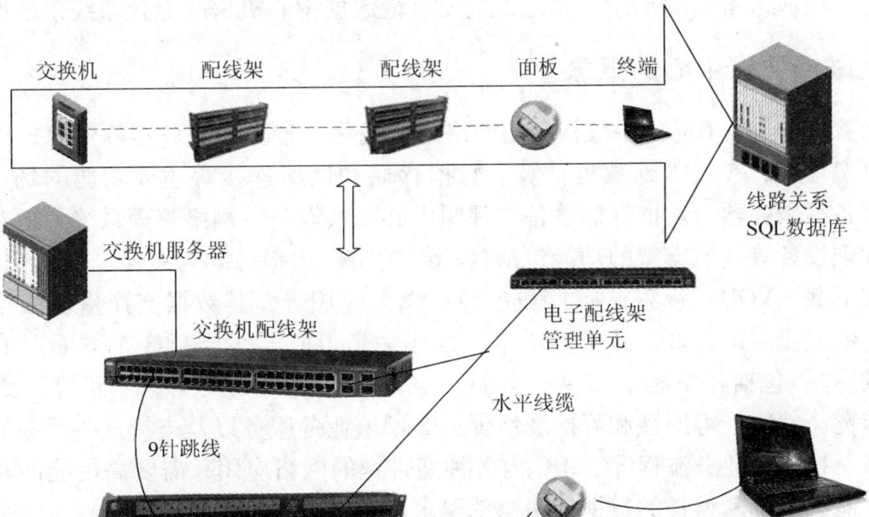

图 6. 19　交连式配线系统

双智能配线架配合服务器上的SNMP功能，可以从：交换机—交换机配线架—水平配线架—工作区面板—终端设备，对整条链路进行有效可靠的智能管理。系统的工作流程为：扫描仪扫描电子配线架智能端口状态信息，并把信息传送给管理主机，管理主机分析扫描信息，然后把它传送给服务器，服务器对传送过来的智能端口状态信息进行整理、存档。

在双智能配线架管理系统中，用户对跳线的插拔可以通过分析仪对配线架的物理连接进行实时监控，并且这个监控过程不需要经过任何物理的连接就可以完成，或者说它是独立于网络之外的。这样的智能管理系统不会对网络的传输包括传输速度和信息安全性产生任何影响，并且不管网络状态如何，双配线架的结构都可以对智能跳线部分进行有效管理。

另外，将交换机的端口延伸出来并不只是智能布线系统对配线架的要求，对于许多具有高密度交换机端口或希望将跳线管理与有源设备进行物理隔离的环境，为了更好地管理跳线，避免在密集的交换机端口进行操作，也要求将交换机端口延伸到配线架上，并在交换机与配线架之间进行跳线及管理。这样可以减少因端口密度高难以操作而引发网络故障。

双配线架模式不仅可以提供可靠的智能布线系统管理方式，还能够在管理维护过程中提高布线系统的移动、增加及变更能力。

双配线架模式的缺点是需要使用特殊跳线，运营成本较高，设计复杂，系统扩展能力弱。

6.3 互联网数据中心布线系统设计

随着信息社会的快速发展，信息越来越重要，目前许多单位已经拥有了信息网络构架。如何对信息网络进行更好地利用，发挥最大作用，成为至关重要的问题。互联网数据中心（Internet Data Center，IDC）是数据集中而形成的集成IT应用环境，是各种业务的提供中心，是数据处理、数据存储和数据交换的总控中心。显然，建立一个稳定、安全和高效的数据中心，是一项非常重要的工作。在此，主要讨论数据中心机房的综合布线系统设计。

6.3.1 互联网数据中心的概念

互联网数据中心（IDC）一般指利用网络通信线路、带宽和服务器等资源，建立标准化的专业级机房环境，实现本地数据计算、数据存储和网络连接等主要功能的场所。在IDC中，放置有各种服务器、数据存储设备、呼叫中心交换设备、网络管理系统、运营控制设备以及缆线管理设备等，所支持的功能包括各种终端用户远程访问与登录、数据交换与处理、多媒体视频下载、VOD（视频点播）和各种音视频应用等，其数据交换量往往是一般网络或终端用户数据流量的数百倍甚至数千倍。构建一个IDC至少包括3个方面：①设施（如数据中心机房），包括建筑物、安全、电源、空调、防火系统及支持空间等；②互联网连接，涵盖带宽、性能、可用性和可扩展性等；③增值业务服务以及支持这些服务的资源，包括服务等级、技术和业务流程等。IDC内各种高带宽的网络应用，需要高性能的布线系统提供支持，才能满足不断增长的数据传输速率要求。

1. 国内外数据中心机房等级及分类

目前，若按照数据中心所属单位，可以将数据中心机房划分为：①以电信部门节点机房为核心的IDC机房，约占据IDC服务业超过60%的市场份额；②以集团公司总部为核心的数据中心机房，如银行、证券和上市企业总部等；③以外资或民营电信运营商为主建设的数据中心机房，这类数据中心机房规模一般较小，服务器台数一般不超过 500 台。④企业、高校和政府职能部门自建的以网络接入、数据存储为主的信息中心机房等。

若按照《电子信息系统机房设计规范》GB 50174—2008，数据中心机房可根据使用性质、管理要求及由于场地设备故障导致电子信息系统运行中断在经济和社会上造成的损失或影响程度，分为 A、B、C 三级。

1）A 级。A 级为容错型，在系统运行期间，其场地设备不应因操作失误、设备故障、外电源中断、维护和检修而导致电子信息网络系统运行中断。

2）B 级。B 级为冗余型，在系统运行期间，其场地设备在冗余能力范围内，不因设备故障而导致电子信息网络系统运行中断。

3）C 级。C 级为基本型，在场地设备正常运行情况下，能保证电子信息网络系统运行不中断。

2005 年 4 月美国通信工业委员会（TIA）发布了数据中心机房通信设施标准 ANSI/TIA 942，该标准为数据中心的设计、安装提供了规范和建议。ANSI/TIA 942 根据数据中心的重要性将其分为 4 个等级（Tier），见表 6.7。按照不同的等级，对数据中心内的设施要求也不相同，级别越高要求越严格，1 级为最基本配置没有冗余，4 级则提供了最高等级的故障容错率。在 4 个不同等级的定义中，包含了对建筑结构、电信基础设施、安全性、电气、接地、机械及防火保护等不同要求。对于一般企业，拥有 Tier 1、Tier2 数据中心已经足够，Tier 3、Tier4 适合政府、金融机构应用，若 IDC 具有大量主机托管业务，则必须达到 Tier4 等级。

表 6.7　TIA 942 数据中心机房的等级分类

等　级	1 级（Tier1）	2 级（Tier2）	3 级（Tier3）	4 级（Tier4）
线路冗余	1 电源 +1 布线	1 电源 +1 布线	2 电源 +1 布线（1 套系统工作）	2 电源 +2 布线（2 套系统同时工作）
允许宕机时间（小时/年）	28.8	22	1.6	0.4
可靠性（%）	99.67	99.749	99.982	99.995
电源	UPS	UPS + 发电机	UPS + 发电机	UPS + 发电机
备用部件	N	N + 1	N + 1	2（N + 1）
系统冗余	没有	没有	空调 + 电源	全部冗余

注：N 表示必须的设备。

2. IDC 系统空间组成

根据 ANSI/TIA 942—2005 标准和中国工程建设标准化协会信息通信专业委员会综合布线工作组发布的《综合布线系统管理与运行维护技术白皮书》，数据中心的建筑空间主要由数据中心计算机房和支持空间两大部分组成，如图 6.20 所示。数据中心计算机房是用于安装、运行和维护信息处理、存储、交换及传输设备的建筑空间，包括服务器机房、网络机房和存储机房等功能区域。支持空间是机房外部专用于支持数据中心运行的设施和工作空间，包括进线间、内部电信间、行政管理区、辅助区及支持区。

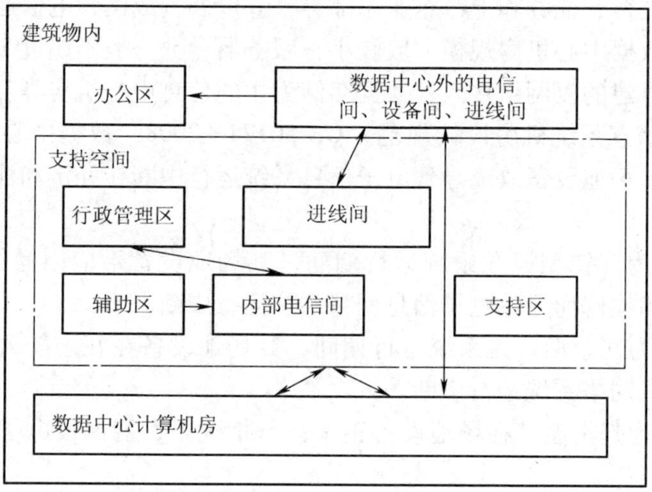

图6.20 IDC系统空间组成框图

3. 数据中心综合布线系统的特点

数据中心综合布线系统设计需考虑的因素因不同的数据中心和所容纳设备的不同而有所不同，一般应包括：①基于标准的开放式系统，满足 ANSI/TIA 942—2005、GB 50174—2008 及 ISO/IEC 24764—2010 机房建设标准要求；②适应不断增长的高性能、高带宽需求，主干可采用全光纤方案，端接方式宜采用预端接系统，水平配线可采用6类非屏蔽铜缆系统；③支持存储设备（即光纤通道、小型计算机系统接口或网络附加存储）；④支持发展中的链路聚集技术；⑤采用物理星形拓扑结构，主干双路，而且路由冗余；⑥大容量和高密度；⑦具有灵活性、先进性、可扩展性，以模块化、系统化、标准化为设计思想，可一次规划分期实施；⑧可服务于楼宇自动化系统（BAS）、语音、视频、闭路电视（CCTV）和其他弱电系统；⑨具有安全监控系统。

6.3.2 数据中心布线系统的构成

通常，数据中心布线系统有3种拓扑结构形式：①基本型拓扑结构。一个进线间、可能有一个电信室、一个总配线区、几个水平配线区、几个设备配线区、可能设有的区域配线区、水平布线及主干布线。基本型拓扑结构较为完整，适于大多数企事业单位的数据中心建设需要；②简化型拓扑结构，将进线间、电信室、总配线区和水平配线区合并为一个区域，即计算机机房的总配线区。在这种结构中，只有总配线区、区域配线区、设备配线区以及水平布线。简化型拓扑结构较为简洁，器件少，适于小型数据中心布线系统建设需要；③分布型拓扑结构。适用于大型数据中心。

1. 国内外数据中心布线系统拓扑结构

目前，数据中心建设尚没有形成统一的标准，可供参照的综合布线标准主要为国家标准 GB 50174—2008、国际标准 ISO/IEC 24764—2010、欧洲标准 EN 50173.5/1—2007 和美国标准 ANSI/TIA 942—A。在这些标准中，国外标准对数据中心综合布线系统构成部分的命名和拓扑结构，在内容上略有差异，但基本原则是一致的。从工程设计应用考虑，一般推荐使用国际标准。

数据中心布线系统包括机房布线和支持空间布线，各标准定义的布线拓扑结构主要有以下 3 种。

（1） GB 50174—2008 标准中的机房布线系统

国家标准 GB 50174—2008 未对数据中心布线系统的构成做出明确定义，一般认为，机房布线系统的构成如图 6.21 所示。该拓扑图比较简单，只给出计算机房内的布线系统构成。机房主配线设备可以通过主干布线连接至水平配线区的交叉配线设备，也可以直接经过水平布线连接至设备配线区的信息插座或区域配线区的集合点配线设备。

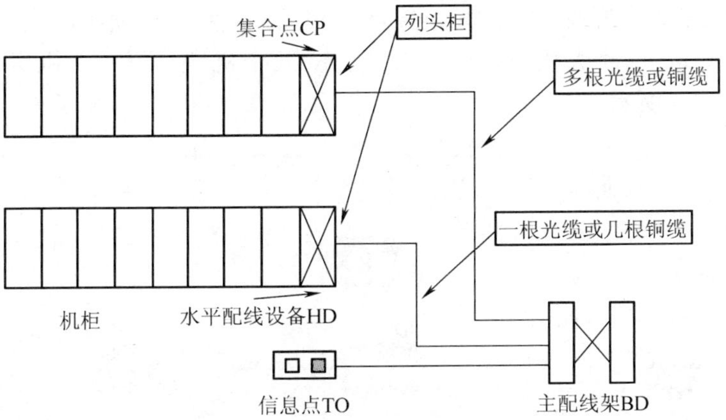

图 6.21　机房布线系统的构成

（2） ISO/IEC 24764—2010 标准中的机房布线系统

国际标准 ISO/IEC 24764—2010 从建筑群的角度，给出了在一个建筑物中数据中心布线系统的构成，如图 6.22 所示。在该布线拓扑结构中，计算机房内部形成主配线、区域配线

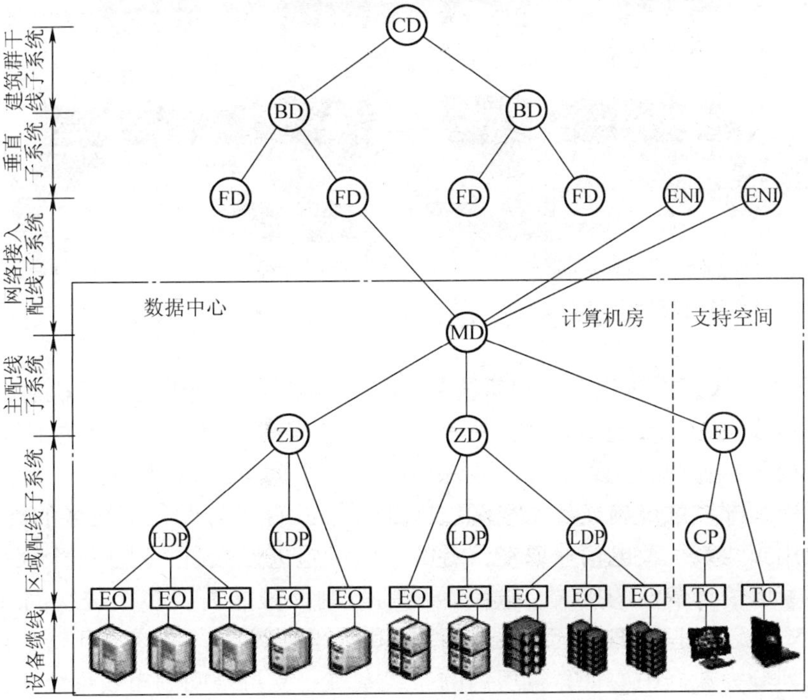

图 6.22　ISO/IEC 标准中的数据中心布线系统

和设备配线的布线结构。计算机房内的主配线架通过网络接入配线子系统与该建筑物的水平配线架及外部网络接口进行互通，完成数据中心布线系统与建筑物通用布线系统及外部电信运营商线路的互连互通。

（3）ANSI/TIA 942—A 标准中的机房布线系统

ANSI/TIA 942 是电信工业协会最受欢迎的标准，一直在不断修订当中。所有美国国家标准协会的标准每5年都要进行重新颁布、撤销或是修改。ANSI/ TIA 942 新版标准更名为 ANSI/TIA 942—A。考虑到大型数据中心的需要，ANSI/TIA 942—A 增加了一个区域配线区（ZDA），容纳第二级垂直配线——中间连接点（IC）。在大型数据中心内一些特殊情况下，需要二级配线，例如，一个大型数据中心可能包括几个机房，每一个机房有多个 IDA 作为管理中心，如图 6.23 所示。

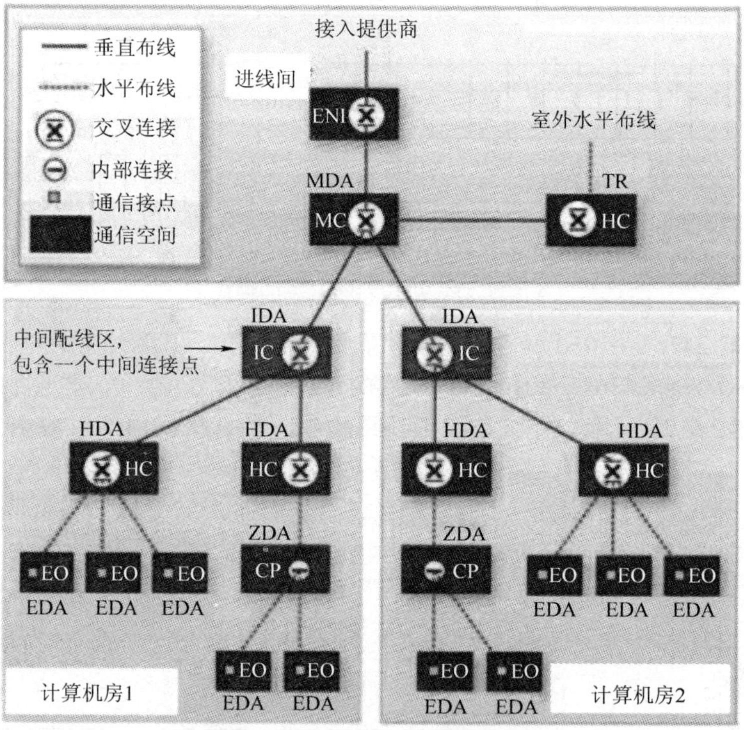

图 6.23 ANSI/TIA 942-A 标准中的数据中心布线系统

在图 6.23 中，布线系统以一座建筑物展开，建筑物内数据中心计算机房内部包括一个进线间（还可以设置一个次进线间）、一个或多个电信间（TR）、一个主配线区（MDA）、若干个水平配线区（HDA）、设备配线区（EDA）及中间配线区（IDA）。主配线区的配线架通过可选的中间配线区设施连接水平配线区配线架或直接与设备配线区的配线架相连接，并与建筑物通用布线系统及电信业务经营者的通信设施进行互通。对于一个大型数据中心来说，为适应多家电信运营商的接入、电路距离的限制，可能需要多个进线间（主进线间和次进线间）。次进线间可能被连接到主要配线区和水平配线区。由该图可以看出，数据中心布线系统可以划分为数据中心计算机房内的布线系统、支持空间的布线系统两大部分，宜采用树形星形混合拓扑结构。

由于 ANSI/TIA 942 标准所描述的布线系统结构，是目前计算机房布线工程中广为采用的实施方案架构，在此主要以此为例介绍布线系统各部分的具体组成及其技术要点。

2. 数据中心计算机房布线系统组成及其技术

数据中心机房内的布线系统包含主配线区（MDA）、水平配线区（HDA）、区域配线区（ZDA）和设备配线区（EDA）。这是一种 4 级数据中心计算机房布线方案。

（1）主配线区

主配线区（MDA）包括路由器、主交叉连接（MC）配线设备等，是数据中心综合布线系统的中心配线区。当设备直接连接到主配线区时，主配线区可以包括水平交叉连接（HC）的配线设备。主配线区主要用于放置数据中心网络的核心路由器、主干交换机、核心存储区域网络交换设备和 PBX 设备等。有时接入运营商的设备（如 MUX 多路复用器）也可以放置在主配线区，以避免因线缆超出额定传输距离或考虑数据中心布线系统及电子信息设备直接与电信业务经营者的通信实施互通而建立第二个进线间（次进线间）。每一个数据中心至少应该有一个主配线区。主配线区可以服务一个或多个及不同地点的数据中心内部的水平配线区或设备配线区，以及各个数据中心外部的电信间。

（2）水平配线区

水平配线区（HDA）用来服务于不直接连接到主配线区的设备。水平配线区主要用于放置水平配线设备，包括 LAN/SAN/KVM 交换机、配线架等。小型数据中心可以不设水平配线区，而由主配线区来支持。但作为一个标准的数据中心应有若干个水平配线区。如果设备配线区的设备距水平配线设备超过水平线缆长度限制要求时，应设置多个水平配线区。在数据中心，水平配线区为位于设备配线区的终端设备提供网络连接，连接数量取决于连接的设备端口数量、线槽通道的空间容量，还应考虑为发展预留空间。

（3）区域配线区

对于大型数据中心机房，为了提高水平配线区与终端设备之间配置的灵活性，水平布线系统中可以包含一个可选择的对接点，称之为区域配线区（ZDA），用于放置 HDA 与 EDA 的中间续接区域过线盒/整合点。区域配线区位于设备经常移动或变化的地方，可以采用机柜或机架，也可以采用集合点（CP）完成线缆的连接。区域配线区也可以是连接多个相邻设备的区域插座。区域配线区不能存在交叉连接，在同一个水平线缆布放的路由中不得超过一个区域配线区。区域配线区中不可使用有源设备。

（4）设备配线区

设备配线区（EDA）是安装终端设备的空间，用于放置机架、机柜设备和出线盒等，可以包括计算机系统和通信设备、服务器和存储设备，以及外围设备。设备配线区的水平线缆端接到机柜或机架的连接硬件上。需要为每个设备配线区的机柜或机架提供数量充足的电源插座和连接硬件，使设备缆线和电源线的长度减少至最短距离。

3. 数据中心支持空间的布线系统组成及其技术

数据中心支持空间的布线系统由进线间、电信间、行政管理区、辅助区和支持区组成。

（1）进线间

进线间是数据中心综合布线系统和外部配线及公用网络之间接口与互通交接的场地，设置用于分界的连接硬件。为安全起见，进线间一般设置在数据中心机房之外。根据冗余级别或层次要求，可以设置多个进线间，以便根据网络拓扑和互连互通关系接入运营商的网络。

如果数据中心面积非常大，可设置次进线间，以便让进线间尽量与机房设备靠近，使设备之间的线缆连接不超过最大传输距离限制。进线间主要用于放置电信线缆和电信运营商通信设备。这些设施在进线间内经过电信线缆交叉转接，接入数据中心的计算机机房内。进线间也可以设置在计算机房内部，与主配线（MDA）区合并。

（2）电信间

电信间是数据中心内支持数据中心机房以外的布线空间，用于放置为数据中心的正常办公、操作维护提供本地数据、视频和语音通信服务的各种设备。

（3）行政管理区

行政管理区是用于日常办公的场所，包括工作人员办公室、门厅、值班室、盥洗室和更衣间等。

（4）辅助区

辅助区是用于安装、调试、维护、运行监控以及管理电子信息设备和软件的场所，包括测试机房、监控中心、备件库、打印室、维修室和用户工作室等。

（5）支持区

支持区是支持并保障完成信息处理、进行技术作业的场所，包括变配电室、柴油发电机房、UPS室、电池室、空调机房、动力站房、消防设施用房、消防和安防控制室等。

6.3.3 数据中心布线系统信道设计

由数据中心布线系统的拓扑结构可知，其基本组成元素有：①主干布线系统；②水平布线系统；③设备布线系统；④主配线区的主干交叉连接；⑤电信间，水平配线区或主配线区的水平交叉连接；⑥区域配线区内的区域插座或集合点；⑦设备配线区内的信息插座。连接数据中心空间的各布线系统组成数据中心布线系统的星形网络拓扑，如图6.24所示。

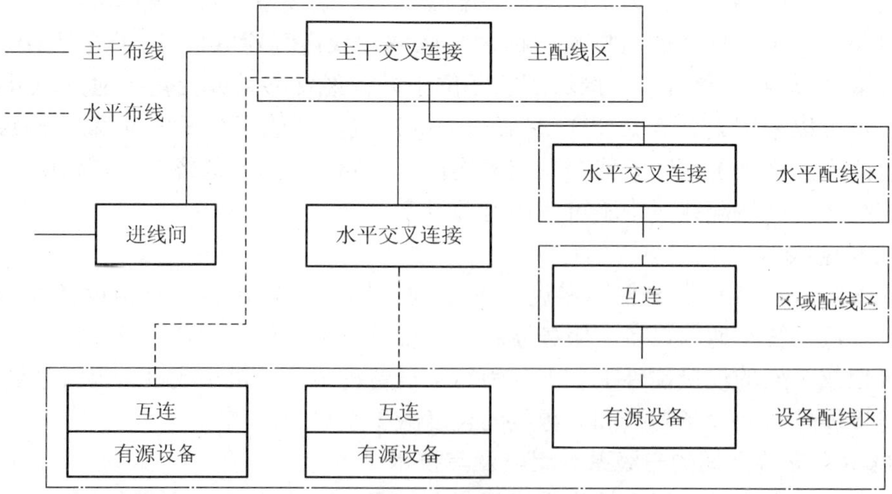

图6.24 数据中心布线系统的星形网络拓扑

1. 主干布线系统

主干布线系统采用一级星形拓扑结构，连接主配线区、水平配线区和进线间。主干布线系统包含主干线缆、主干交叉连接及水平交叉连接配线模块、设备线缆以及跳线。主干布线系统的信道的构成方式如图 6.25 所示。在具体设计时，应注意以下几点。

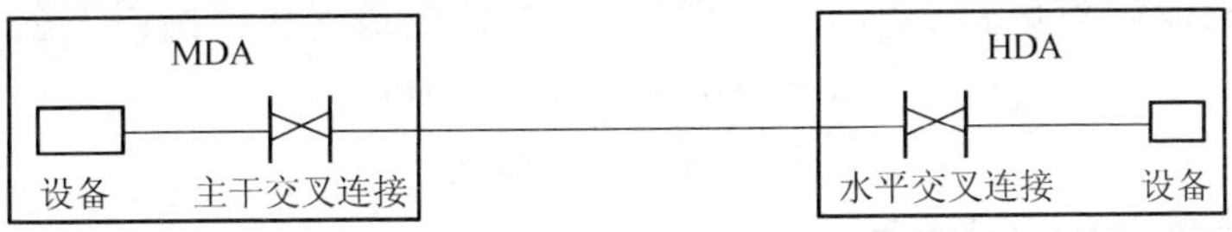

图 6.25　主干布线系统的信道的构成方式

1）主干布线系统应能够支持数据中心在不同阶段的业务应用。在使用期内，主干布线系统应无需增加新的布线就能适应服务要求的增长及变更。

2）每个水平配线区的水平交叉连接的配线模块直接与主配线区的主干交叉连接配线模块相连时，不允许存在多次交叉连接。

3）为了达到充分的冗余，水平配线区（HDA）之间可直连。这种直连是非星形拓扑结构，用于支持常规布线距离超过应用要求的情况。

4）为了避免超过最大电路限制要求，在水平交叉连接和次进线间之间允许设置直连布线路由。

5）主干线缆支持的最长传输距离与网络应用及所采用的传输介质相关。主干线缆和设备线缆、跳线的总长度应能满足相关的规定和传输性能要求。为了缩短布线系统中线缆的传输距离，一般将主干交叉连接设置在数据中心的中间位置。超出这些距离极限要求的布线系统可以拆分成多个分区，每个分区内的主干线缆长度都应满足标准要求。分区间的互连可以参照广域网中布线系统线缆的连接要求。

2. 水平布线系统

水平布线系统采用星形拓扑结构，每个设备配线区的连接端口通过水平线缆连接到水平配线区或主配线区的水平交叉连接配线模块。水平布线系统包含水平线缆、端接配线设备、设备线缆、跳线以及区域配线区的区域插座或集合点。在设备配线区的连接端口至水平配线区的水平交叉连接配线模块之间的水平布线系统中，可含有一个区域配线区的集合点，水平布线系统的信道最多存在 4 个连接器件。水平布线系统信道组成方式如图 6.26 所示。

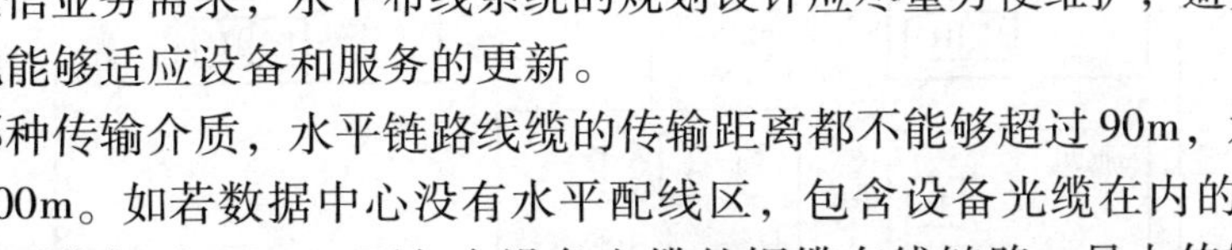

图 6.26　水平布线系统信道组成（4 连接点）

为了适应电信业务需求，水平布线系统的规划设计应尽量方便维护，避免以后设备的重新安装。同时也能够适应设备和服务的更新。

不管采用哪种传输介质，水平链路线缆的传输距离都不能够超过 90m，水平信道的最大距离不能超过 100m。如若数据中心没有水平配线区，包含设备光缆在内的光纤布线信道，其最大传输距离不能超过 300m；不包含设备电缆的铜缆布线链路，最大传输距离不能超过 90m；对于包含设备电缆的铜缆布线信道，最大传输距离不能超过 100m。

如果在配线区使用过长的跳线和设备线缆，则水平线缆的最大距离要适当减小。基于应用的水平线缆和设备线缆、跳线的总长度应能满足相关规定和传输性能要求。

基于补偿插入损耗对于传输指标产生的影响，当区域配线区采用区域插座的方案时，水平布线系统信道构成如图6.27所示。工作区设备线缆的最大长度由以下公式计算得出：

$$C=(102-H)/(1+D)$$

$$Z=C-T\leqslant 22\text{m}$$

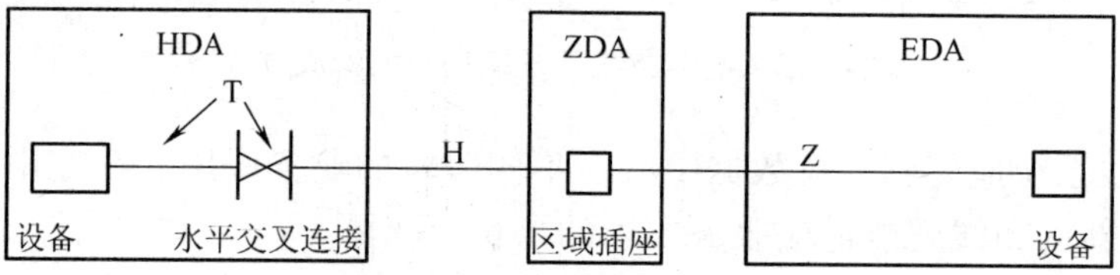

图6.27 水平布线系统信道（区域插座）构成

注：$Z\leqslant 22\text{m}$ 是针对使用24AWG（线规）的非屏蔽电缆或屏蔽电缆而言的；如果采用26AWG（线规）的屏蔽电缆，则 $Z\leqslant 17\text{m}$。

式中，C 是区域配线区线缆、设备电缆和跳线的长度总和；H 是水平线缆的长度（$H+C\leqslant 100\text{m}$）；D 是跳线类型的降级因子，对于24AWG-UTP/24AWG-STP电缆取0.2，对于26AWG-STP电缆取0.5；Z 是区域配线区的信息插座连接至设备线缆的最长距离；T 是水平交叉连接配线区跳线和设备电缆的长度总和。

3. 支持空间的布线方案

支持空间的布线设计包含进线间、电信间、行政管理区、辅助区和支持区的布线方案设计。

对于行政管理区域，应按照GB 50311—2007标准实施布线。所有水平线缆连接至数据中心电信间。

对于辅助区的测试机房、监控控制台等空间，与标准办公环境工作区相比，需要配置更多的信息插座，敷设更多的线路。这可根据用户实际需求确定具体数量。此外，当监控中心需要安装墙挂或悬吊式显示设备（如监视器、电视机等）时，需要配置相应数量的数据网络接口。

支持区的配电室、柴油发电机房、UPS室、电池室、空调机房、动力站房、消防设施用房、消防和安防控制室等，房内至少应设置一个电话信息点，机电室需要至少配置一个数据网络接口，以连接设备管理系统。

支持空间各个区域信息插座数量，可参照图6.28所示予以设计、确定。

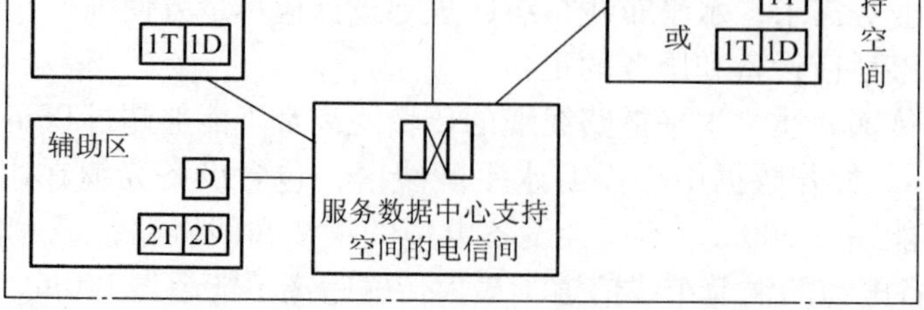

图6.28 支持空间各个区域信息插座分布

4. 布线产品的选用

布线标准认可多种传输介质类型，以支持广泛应用。当建设数据中心时，宜采用支持高传输带宽的布线产品。

1）性能要求。所有元器件必须满足国家标准、国际标准（及草案）ISO 11801 和北美标准（及草案）EIA/TIA 942 对其的技术要求。

2）水平铜缆及跳线，可以采用 6 类铜缆（UTP 非屏蔽双绞线、F/UTP 铝箔总屏蔽双绞线和 S/FTP 双重屏蔽双绞线）或光纤。这取决于设备的连接界面以及期望的应用需求。在许多情况下可以组合使用多种传输介质。最佳选择是在第一次布线时已预测未来的发展需求。

3）水平和主干光缆及跳线。支持 10/100/1000/10000Mbit/s 及多模位以太网应用。室内单模光缆（零水峰）应采用满足 IEEE 802. 3ae 标准，可以支持10GBase-SX万兆以太网达 3000m 以上距离及 1000Base-SX 千兆以太网达 10000m 以上距离，同时又能向下兼容 100Mbit/s 及 10Mbit/s 以太网应用。多模光缆应满足 IEEE 802. 3ae 标准，可以支持 10GBase-SX 万兆以太网应用 300m 及支持 1000Base-SX 千兆以太网应用达 900m 距离，同时又能向下兼容 100Mbit/s 以太网应用。主干光缆应为非金属光缆，无需接地，且为干式设计。

4）配线架。在数据中心使用的配线架应能够满足高密度安装配线模块，方便端口的维护或更换，并且能对端口进行识别，便于智能化管理。

5. 走线通道设计

IDC 包含有高度集中的网络设备及其电信设施，这种高度集中需要高密度的布线系统。数据中心的布线信道一般包括位于架空地板下的地下通道组合和高架线缆桥架。架空地板的优势是提供了整洁的外观和有效的散热管理，并且很容易引入、引出暗线。架空地板下的线缆应敷设在线槽（布线通路）里，以保护其免受运行在同一环境下的电力电缆、安全装置和灭火系统的影响。

IDC 系统的电力电缆既可穿金属管，也可敷设在金属线槽里，并应遵守相关标准的最小间隔距离要求。

IDC 的光纤布线通道与管理应有一个专用的管道系统，为光纤跳线、尾纤和光纤配线架、熔接盒和终端设备间的主干光缆的路由和存储提供安全防护。因为光纤传播的是光信号而不是电信号，它与铜缆相比，由于其承载和弯曲半径不同，应有适当的预留空间。

6.4　光纤配线网的工程设计

光通信作为信息传输的应用技术，具有高带宽、低衰减、抗电磁和射频干扰等优点，光通信系统的应用环境也由原来的电信和长距离传输已经越来越多地应用于智能楼宇、园区、工矿企业和住宅小区建设。基于这些原因，本节讨论光纤配线网（ODN）的工程设计，以便为光纤入户提供技术支持服务。

6.4.1　光纤配线网的构成及工程界面

从综合布线系统的发展历史来看，光纤配线起因于智能建筑的迅猛发展：从单个建筑物的智能化到建筑群与住宅区的智能化。光纤配线网在智能化弱电系统中作为基础设施，同样得到了快速发展。所谓光纤配线网是指所支持应用的业务和网络架构仅包括各类建筑物、建筑园区的建筑红线范围内的配线系统，不包括相关的有源设备。也就是说，光纤配线网包含了位于数据中心（也可以是电信运营商的接入点）和终端设备光信息输出端口之间的所有光缆、光纤跳线、设备光缆、光纤连接器件、敷设的管道及安装配线设备的场地，诸如ODF架（适用于机房环境）、光缆交接箱（适用于室外）和壁挂式光缆交接箱（适用于楼道）等。对于不同的项目与建筑物，其架构和所包括的线缆及配线部件、设备安装场地等可能有所不同。

光纤对于建筑物配线而言，工程界面的确定属于工程任务书的范畴，直接关系到工程的造价与实施方案。依据GB 50311—2007有关单体建筑、建筑楼群、住宅及住宅小区对光纤配线网的建设范围规定，这里所说的光纤配线网主要涉及自建的光纤配线网络系统，但要考虑到与公共通信网之间的互连互通，并且满足多家电信运营商的接入。按照国家的相关法规政策，建筑红线范围内的小区管道、住宅建筑物内的所有管线与配线设施均由房屋开发商建设，与电信运营商互通的配线设备容量要满足2~3家的接入需要，小区内的线缆应该由电信运营商敷设。所以，在园区管线建设时，要确定工程界面，以免与电信运营商在通信资源方面发生争议。

光纤配线网工程的构成与通信业务的接入点设置有以下几种情况。

1. 住宅光纤配线网络系统

住宅小区光纤入户配线网的构成情况较为复杂，建设规模也各不相同。以住宅建筑物的常见形式为例，光纤入户的接入点位置有如下3种形式。

（1）多层住宅光纤配线网

多层住宅的特点是一般在10层以下，用户数量相对较少，常为1梯2~4户/层，每单元总住户数在40户以下。每栋有几个单元，多栋形成一个住宅园区。以楼单元为工程界面，光纤配线网的构成如图6.29所示。

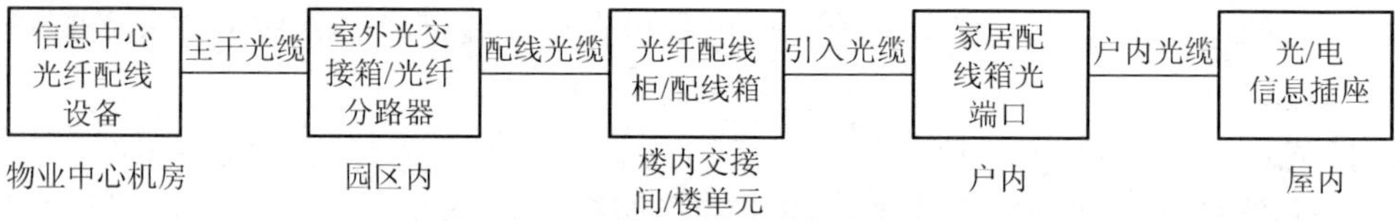

图6.29　多层住宅光纤配线网的构成

一般，将多个单元楼作为一个配线区，每个配线区的覆盖住户数控制在光缆交接箱容量以内。大型园区可设多个配线区，小型园区可只设1个配线区。每个配线区中心位置设置光缆交接箱，箱体容量按照大于“住户数+交接箱接入光缆芯数”的原则选用。

（2）高层住宅光纤配线网

高层住宅的特点是一般在10层以上，可高达30层。每楼层用户数较多，用户总数大。楼内一般拥有完善的竖井和管道设施。以单栋楼、楼层为工程界面，光纤配线网的构成如图6.30所示。

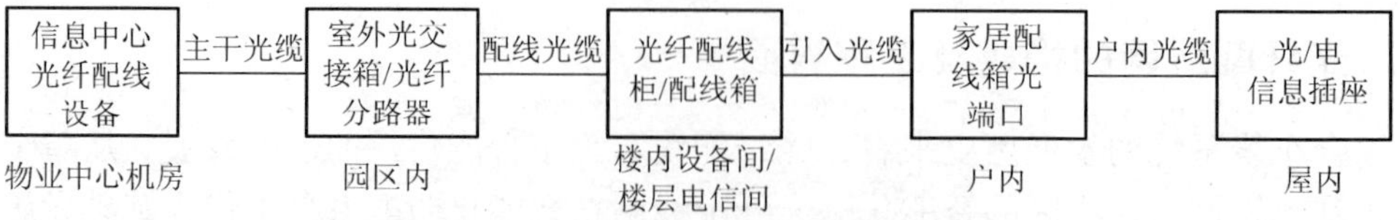

图6.30　高层住宅光纤配线网的构成

对于高层住宅可将每单元楼或多栋楼作为一个配线区。每个配线区的住户数控制在300户左右（可根据具体情况设置）。在每个配线区集中设置光缆交接箱，容量按照大于“住户数+交接箱接入光缆芯数”的原则选用。交接箱内放置光分路器，采用一级集中分光。

（3）别墅住宅园区光纤配线网

别墅区用户分散，住户总数较少，覆盖范围广，常为双联别墅和单联别墅，每栋建筑只有1~2户。为保证能同时实现为多栋别墅实现配线的功能，入户光纤配线点一般不设置在室内。为尽可能减少线路中的接头，入户光缆应同时具备室外防水和室内柔软阻燃的特点。单栋别墅楼，以单栋楼为界面，光纤配线网的构成图6.31所示。

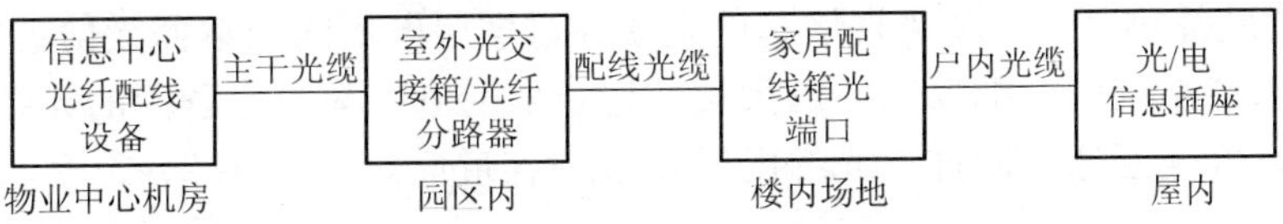

图6.31 单栋别墅楼光纤配线网的构成

一般，可将整个别墅区作为一个配线区（或划分为几个配线区），建议每个配线区覆盖100户以上。若别墅区内的建筑较为分散，可不设配线区。在配线区中心位置（如路边、绿化带等）集中设置光缆交接箱，并在交接箱箱内放置光分路器，采用一级集中分光。

2. 工业园区和专用网光纤配线网

工业园区是专供工业设施设置、使用的地区。区域范围比住宅区大，用户密度相对较低。工业企业园区内及专业网（如医院、学校等）基本上是自建项目，光纤配线网工程情况较为复杂，没有固定的模式，加之地域较大，往往涉及城区的范围，如公路交通、城铁等，其网络具有链形与树形的特征。因为传输距离远，往往又会超出综合布线系统3~5km的范畴。这时，只能以本地通信线路的规范与标准进行规划与设计。

作为自建项目，确定规划红线之内的技术范围。在自建的光纤配网中，实现光纤到建筑物、光纤到区域、光纤到工作区，并且以信息中心机房的光纤配线设备为界面与公共通信网络实现互连互通。同样，光纤配线设备的容量应该满足至少2~3家电信运营商的接入需要。一般情况下，光纤配线网的构成如图6.32所示。

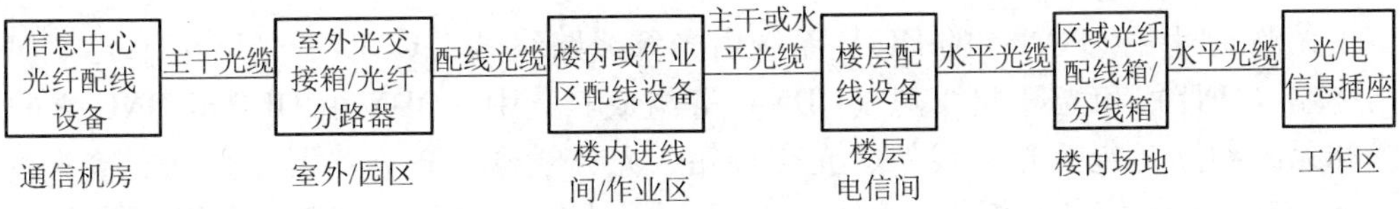

图6.32 工业园区和专用网光纤配线网的构成

对于用户数较多的园区，可在区内设置光纤线路终端（OLT）机房。原则上用户数大于1000户且附近1km左右无进线间的，可设置小区OLT；将整个园区划分为1个或多个配线区，每个配线区设置1个室外光交接箱，可集中设置分光器。

3. 公共建筑光纤配线网

对于公共建筑物，在楼宇内可按照建筑与建筑群综合布线系统的要求实施。将光纤布放到工作区的光纤信息插座，如图6.33所示。光纤到桌面的规划设计有3种情况：

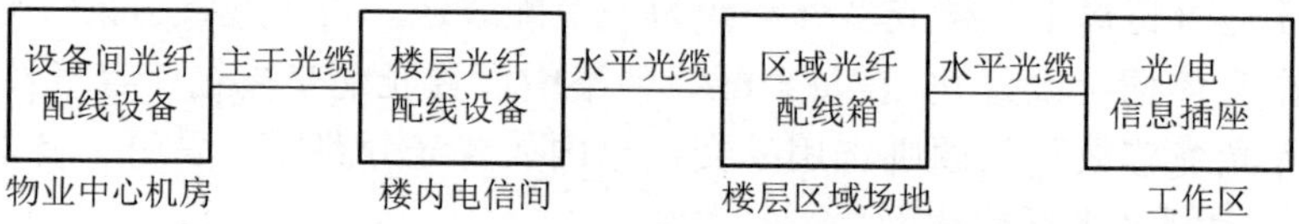

图6.33 楼宇光纤配线网的构成

1）从楼层电信间光配线设备布放水平光缆至桌面光信息插座。

2）从大楼设备间光配线设备直接布放水平光缆至桌面光信息插座。但是，主干光缆和水平光缆的光纤在楼层电信间应做连接（熔接或机械连接）。

3）从大楼设备间光配线设备直接布放光缆经过楼层电信间至桌面光信息插座。

按照综合布线系统的标准要求，以大楼或建筑群的进线间或设备间的光纤设备为界面与公共通信网实现互连互通。同样，光纤配线设备的容量应至少满足2～3家电信运营商的接入需要。

6.4.2 光纤配线网应用方案

目前，在宽带接入领域，有许多光纤通信技术可供选用。在确定工程方案时，应针对用户自建光纤配线网（ODN）的实际情况，选用性价比较高的应用解决方案。

1. FTTx全光网络（PON技术）

FTTx全光网络目前主要是采用以EPON、GPON为代表的无源光网络（PON）技术。EPON、GPON都支持多业务应用，可同时接入数据、视频、音频以及CATV视频业务。

根据光节点位置和最终的入户方案不同，FTTx主要包含有FTTH、FTTB和FTTC等应用类型，统称为FTTx。在光纤配线网络系统内主要体现在光纤到交接箱（FTTCab），光网络单元（ONU）部署在交接箱处，其后常用其他传输介质接入到用户，每个光网络单元典型支持用户数为100～1000户。光纤到大楼/分线箱（FTTB/C）的特征是将光网络单元部署在传统的分线盒处，其后采用其他传输介质接入用户，每个光网络单元典型支持用户数为10～100户。光纤到家庭住户（FTTH）是用光纤传输介质直接连接局端和家庭配线设备，光纤到用户（FTTU）由单个用户独享入户光纤资源。

（1）FTTH网络链路结构

基于无源光网络（PON）的FTTH系统由光纤线路终端（OLT）、光网络单元（ONU）、光网络终端（ONT）和光纤配线网（ODN）等组成。其中，ODN由OLT至ONU之间的所有光缆和无源器件（包括光配线架、光交接箱、光分线盒、光分路器、光分支接头盒、用户终端智能盒和光纤信息面板等）组成，其作用是为局端设备（OLT）和用户接入端ONU之间提供光传输通道。ODN以树形拓扑结构为主，从功能上可划分为馈线光缆段、配线光缆段和入户光缆段3个部分，如图6.34所示。各段之间的光分支点分为光分配点和光用户接入点。从OLT局端延伸到光分配点（可能安装在主干光节点、小区/路边或大楼）的光纤线路为ODN的馈线光缆段；从光分配点延伸到各光用户接入点的光纤线路为配线光缆段；从光用户接入点处延伸到每一个光纤用户端接入点的光纤线路为入户光缆段，入户光缆端接在用户室内或直接将入户光缆连接到ONU上。

根据接入光缆网的分层结构（主干、配线和引入层）以及OLT的设置位置，对于FTTH应用，ODN的配线光缆段可以采用2～3级配线，有时也可以采用4级配线。配线级数多，使用的活接头也越多，将直接影响传输距离。

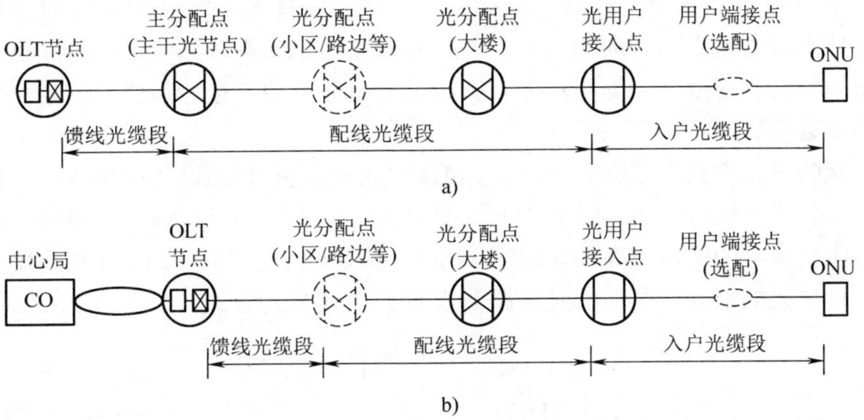

图 6.34　ODN 链路结构

(2) FTTH 的实现方式

FTTH 的实现方式有点到点（P2P）光以太网和点到多点的无源光网络（PON）两种类型。

1）点到点（P2P）光以太网通常采用光信号的点到点传输方式，从数据中心或远端机房到每个用户都采用 2 芯或 1 芯独立的光纤，两端各需要 1 个光收发器。采用这种方式，每个用户的上下行带宽都可以达到 100Mbit/s 甚至 1000Mbit/s 的传输速率。

2）无源光网络（PON）是一组关于第一千米（或最后一千米）采用无源光分路器的光接入网。PON 一般采用树形分支拓扑结构，如图 6.35 所示。光纤线路终端（OLT）是用于 PON 和骨干网之间的接口，光网络终端（ONT）是作为终端用户的服务接口。与 P2P 方式相比，采用 PON 技术可以节省 OLT 光接口和光纤数量，而且可扩展性好，便于维护管理，是实现 FTTH 的主要方式。

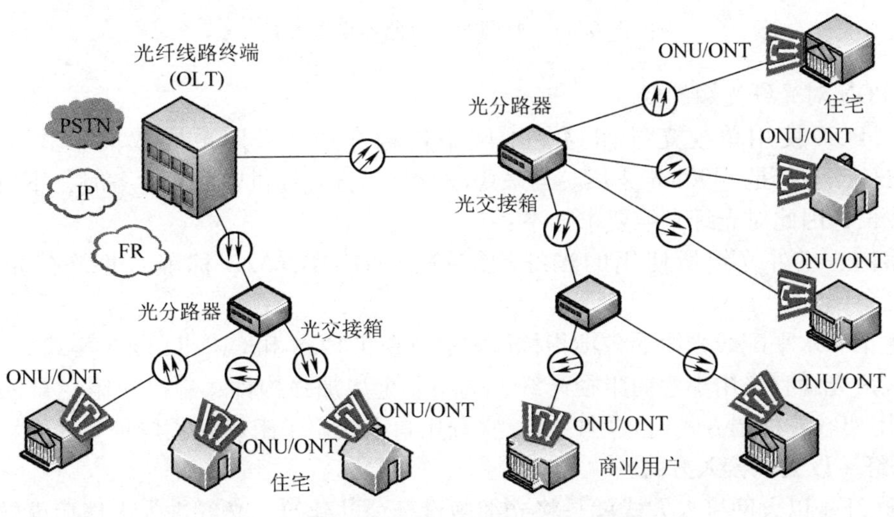

图 6.35　无源光网络（PON）的拓扑结构

（3）光分路器的设置

对于采用PON方式的全光网络，选择分光方式、安排光分路器的位置和选择分光比是光纤线路设计中最为复杂和繁琐的工作。设计时必须考虑光纤线路终端（OLT）每个光端口和光分路器的最大利用率，根据用户分布密度设计分光方式，选择最优化的光分路器组合方式和合适的安装位置。

光分路器的设置方式直接影响对接入光缆纤芯的占用和终端设备的接入，一般以树形拓扑结构为主。分光方式可采用一级分光或二级分光，但不宜超过二级。一级分光适用于高层建筑、用户比较集中的区域或高档建筑（如别墅区及重点用户）；二级分光适用于多层建筑以及管道比较缺乏的地区。典型的光分路器设置方式（分光方式）如图6.36所示。

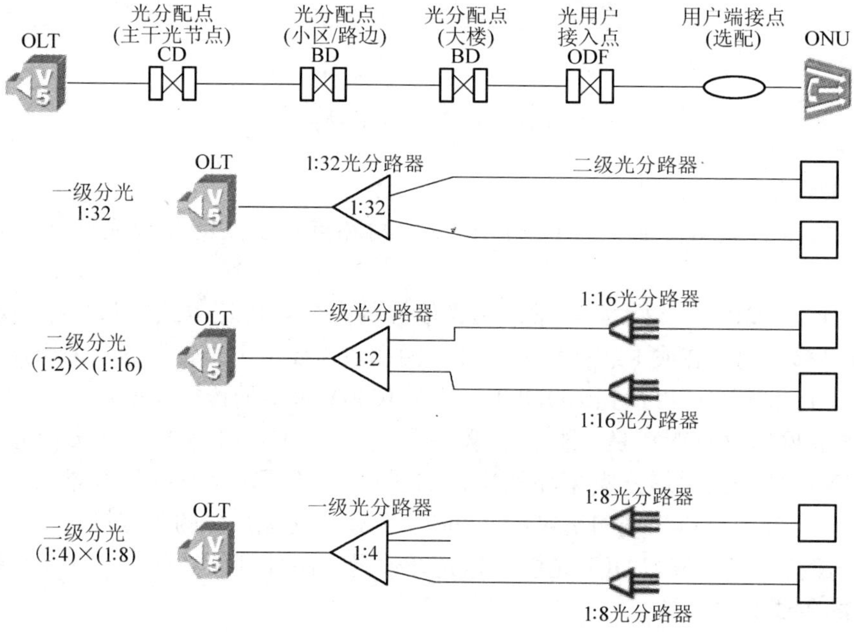

图6.36 典型的光分路器设置方式

（4）PON对光纤光缆的要求

目前，PON使用单模光纤作为主干网络传输介质，采用单纤双向方式，上行使用1310nm波长，下行是1490nm波长。当采用波分复用方式提供CATV业务时，下行增加复用1550nm波长，因此对光纤光缆要求如下：

1）室内、室外光缆所使用的光纤均应符合ITU-TG.652D标准，并符合光缆的衰减要求。

2）主干和水平配线光缆的各项指标应符合YD/T 1258和GB /T13993要求。

3）入户光缆宜采用小弯曲半径光纤，选用非金属加强构件、扁平形阻燃聚乙烯护套光缆。当采用架空或挂墙方式引入用户时，宜选用自承式扁平阻燃聚乙烯护套光缆。

2. 光纤+以太网接入方式

所谓光纤+以太网接入方式就是将光缆敷设至公共建筑，光纤进入大楼后就转换为对绞电缆分配到各个用户，或直接通过光缆延伸至光信息端口。这种方案可支持大中型企业等对高速宽带业务的应用需求，也可以满足建筑物内的大客户需要。自建的计算机局域网一般由交换机、建筑物内的综合布线系统组成，并且通过骨干以太网交换机或路由器与外部公共通信网络互连互通。

对于一个园区或建筑群来说，要构成独立的 LAN，通常由接入（建筑物出口以太网交换机）、汇聚（区域以太网交换机）和骨干（数据中心以太网交换机）三级网络组成。交换机和交换机的光端口之间全部通过光纤进行连接，能够满足多业务和宽带通信的需要。其网络拓扑结构如图 6. 37 所示。

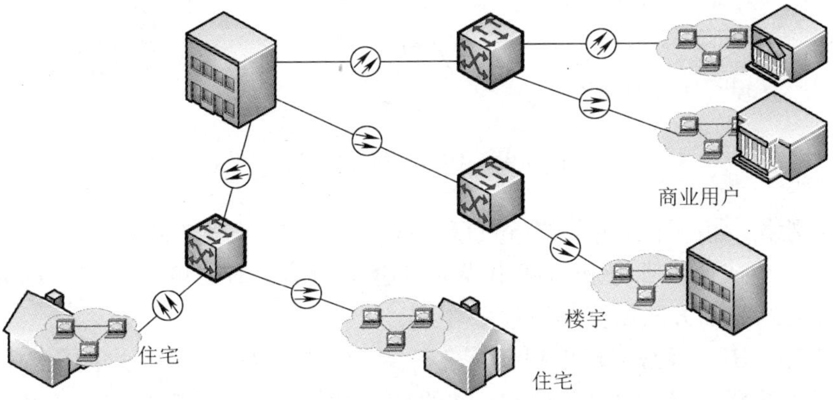

图 6. 37　光纤 + 双绞线以太网拓扑结构

光纤 + 以太网接入方式是一种得到广泛应用的技术方案。在此情况下，以太网交换机通过楼内的光配线柜/架中的光纤模块与室外光缆连接，光缆在超过盘长时，可以在敷设路由中对光缆光纤通过熔接和机械连接的方式进行对接。显然，光缆的选用是关键所在。根据楼宇布线系统的设计规范，通常定义为每个用户配线区域（按 1000m^2）的数据信息点数不宜超过 200 个，因此，光纤数量至少要配置 8 芯光缆，其中 6 芯作为主用，2 芯作为备用。光缆的类型主要依据以太网交换机端口的传输速率（100Mbit/s、1000Mbit/s 和 10Gbit/s）和光纤能够达到的传输距离确定。光缆的各项指标应符合 YD/T 1258 和 GB /T13933 的要求。

对于对绞电缆布线链路，宜选用超 5 类或 6 类 100Ω 对绞电缆及其连接硬件，永久链路限制总长为 90m。

3. HFC 接入方式

混合光纤同轴（HFC）技术已经广泛应用于有线电视网络。从热门的 IPTV 互联网电视来看，它可以 IP 为基础，提供音频、视频和数据三网融合的业务。

HFC 通常由主干光缆、配线同轴电缆和用户配线网络 3 部分组成。从前端的综合业务设备发出的信号通过信息通信机房的总光纤配线架（ODF），经过光缆到光纤连接盘（SC）转换成为同轴电缆分支/分配网络至用户端视频信息插座。其网络拓扑结构如图 6. 38 所示。光纤干线采用星形或环形结构；支线和配线网络的同轴电缆部分采用树形或总线型结构；整个网络按照光节点划分成一个服务区。

HFC 网络使用单模光纤作为主干网络的传输介质，光缆、光纤连接器件的配置与一个光节点（FN）所能够支持的双向传输的用户数有关。目前，HFC 主干光缆常选用 G. 652D 光纤，同时关注 G. 652E、G. 6526 以及 ITU-T 发布的 G. 657 光纤（抗宏弯曲光纤）规范。主干和水平配线光缆应保持同样的光纤类型。各项指标应符合 YD/T1258 和 GB /T13993 要求。

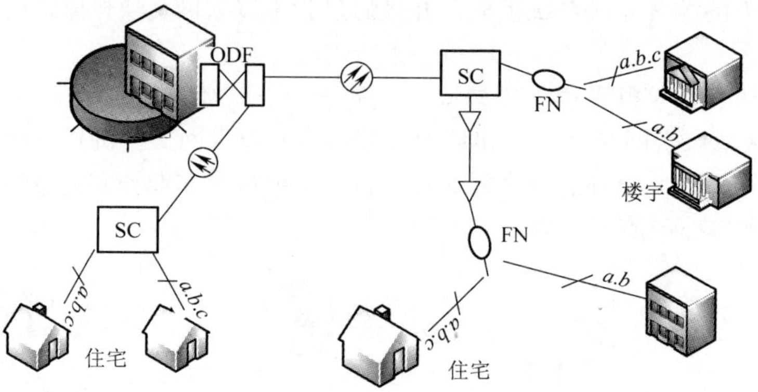

图 6.38 HFC 网络拓扑结构

对于有线电视网络，每一个光缆的终端点可以按照 2~4 芯（含 2 芯备份）的需求测算光纤需求量。当 HFC 建成通信业务和有线电视业务融合的网络时，可以考虑“同光缆和光纤”与“同光缆分光纤”的方式测算光纤数量。

有线电视双向 HFC 系统对反射损耗要求很高，需大于 60dB。只能采用单模光纤端面倾斜 8°连接器。连接器直接影响到光纤链路的信噪比（C/N）、载波复合二次互调比（C/CSO），应根据财力，尽量选用插入损耗小、结构可靠、故障率低的 SC/APC 光纤连接器。

网络的光节点（FN）是网络中的关键部位，一般由无源器件（如光分路器、光连接器件、波分复用器、光损耗器、光滤波器及光纤）组成，而且安装在户外。例如，安装在一个基座上，或者悬挂在架空绞线上。通常，HFC 网络中的每个 FN 可以服务 500~2000 户。为了保证数字信号的传输质量，作为 FN，误码率 BER$\leqslant 10^{-8}$、调制误差率 MER$\geqslant$34dB。

6.5 综合布线系统工程方案

综合布线系统工程方案是综合布线系统工程设计的具体体现。本节讨论构成综合布线系统工程方案的主要内容及其编制方法，并通过具体实例介绍一个综合布线系统工程方案。

6.5.1 综合布线系统工程方案的构成

综合布线系统工程方案涉及的内容较多，对综合布线系统的整体性和系统性具有举足轻重的作用，直接影响智能建筑的功能和质量。虽然，对于综合布线系统工程方案究竟应包括哪些内容没有统一要求，也没有格式规范，但作为一份比较完整的工程方案还是应该既突出重要内容，又应有比较固定的章节结构。一般说来，一份工程方案要包括用户所在行业的特点、综合布线应用特点、工程概况与应用需求分析、综合布线系统的设计方案、布线材料清单及工程预算、综合布线施工方案、测试及验收方案等内容。有时候还包括产品选型介绍、产品质量认证、施工单位资质证明以及质量保证计划等。其中，系统应用需求分析、系统设计方案及布线材料产品选型等是重要的、不可缺少的部分。如果工程方案是为投标服务使用的，则应按照标书的规范要求编制，并准备相应的附件材料。通常，一份完整的综合布线系统工程方案除了封面之外，应参照如下章节目录编制。

1. 综合布线系统概述

1.1　建筑物结构基本情况

1.2　综合布线系统用户需求分析

1.2.1　综合布线系统的客观分析

1.2.2　信息点数量及分布

2. 综合布线系统设计目标与设计原则

3. 综合布线系统工程设计方案

3.1　总体方案说明

3.2　工作区

3.3　配线子系统

3.4　干线子系统

3.5　建筑群子系统

3.6　设备间

3.7　进线间

3.8　管理

4. 管线设计方案

5. 综合布线材料

5.1　主要布线产品选型及性能介绍

5.2　布线材料清单及报价

6. 综合布线系统工程施工方案

6.1　工程施工方案说明

6.2　工程现场管理

6.2.1　岗位素质要求、分工及职责

6.2.2　项目实施领导小组

6.2.3　商务组

6.2.4　技术支持组

6.2.5　系统工程组

6.3　工程施工流程

6.4　工程施工规章制度

6.5　施工机械设备及临时设施

6.6　施工技术和方法

6.6.1　施工方法及工艺标准

6.6.2　主要施工工序及方法

6.7　施工进度计划和工期安排

6.8　电源、电气保护、防电磁干扰及防火要求

6.8.1　电源要求

6.8.2　电气保护

6.8.3　防电磁干扰

6.8.4　防火要求

6.9 保证布线工程质量的技术措施

7. 综合布线系统工程测试验收

7.1 综合布线系统工程测试说明

7.2 5类（或6类）配线电缆的测试说明

7.3 光纤链路测试说明

7.4 工程测试验收

8. 培训计划与建议

9. 20年质量及应用保证

9.1 技术支持方式

9.2 技术支持服务热线

9.2.1 电子邮件客户支援系统

9.2.2 ××××公司技术支持服务网站

9.3 保修期系统维护

9.4 保修期外系统维护及技术支持服务

10. 附件

10.1 室外光缆的施工注意事项

10.2 系统集成授权证书

10.3 专项工程设计证书

10.4 施工单位资质证明

10.5 ISO 9000系列质量保证体系认证证书

10.6 金融机构出具的财务评审报告

10.7 布线材料产品厂家授权的分销或代理证书

10.8 产品鉴定入网证书

当然，并非每一个综合布线系统工程方案都照搬以上所有条目，呈现形式也并非固定不变，可视综合布线系统的规模以及侧重点有所不同，省略其中某些内容。有时，通过某些厂家技术支持中心、Internet网站或其他途径可获得综合布线系统工程方案的模板，作为编制参考，但一定要结合用户应用特点重新编制；生搬硬套模板编制的方案是不会受到欢迎的。因为，一份优秀的综合布线系统工程方案，尤其是项目需求分析、系统设计方案及布线材料选择等重要部分的内容，凝聚着设计师和项目经理的大量心血。

6.5.2 综合布线系统工程方案的编制

综合布线系统工程方案属于科技应用文文体范畴，是对综合布线系统工程进行解说的文体。这是一种技术性文件，不允许出现任何差错，所述内容需有科学依据、正确无误，符合客观事实和规律。对因工程设计方案有误而造成的严重经济损失等，设计者负有不可推卸的法律责任。因此，需认真编制和反复审查，避免出现任何纰漏。本节通过一个简单的工程方案例文，讨论介绍如何编制一份综合布线系统工程方案。

在编制综合布线系统工程方案时，要特别注意以下几项重要内容的撰写。

1. 综合布线系统概述

概述部分主要说明综合布线工程概况，主要内容是用户需求分析。需求分析针对性要强，语言简洁，详略得当，具体明确。例文（方案实例）中的第一部分即为概述。

2. 综合布线系统设计目标与设计原则

这一部分要说明综合布线系统设计的目的意义，简介项目发展情况。有时可有针对性地提出一种旧系统作为比较对象，指出缺点与问题。然后针对这些缺点与问题，提出新的设计思想、方法和设计原则，以适应技术发展和用户需求。例文（方案实例）中的第二部分即为设计目标、原则部分。

3. 综合布线系统工程设计方案

这一部分主要给出系统拓扑结构、各子系统的一些重要参数，数据要准确。例文（方案实例）中的第三部分，分别从工作区子系统、配线子系统、干线子系统、设备间及管理子系统、建筑群子系统等方面来撰写设计内容，条理很清楚。同时在各相应部分还给出了所选用的管线材料、缆线类型及其敷设方式等，内容具体翔实。

4. 布线材料选型

布线材料是保证综合布线工程质量的主要因素之一。布线材料产品种类繁多，质量特征不同，因此要对所选产品的适用性、可靠性和经济性给出具体表述，一般用表格形式呈现。本部分在例文（方案实例）中用 3 个表格分别给出了综合布线系统工程材料清单和经费预算，让人一目了然。

5. 综合布线系统工程施工方案

施工方案是保证整个布线系统工程质量的又一要素。它主要涉及工程的施工现场管理措施、工程施工流程、施工技术和方法、施工进度计划和工期安排、工程质量监督等方面。这些内容如果在工程中处理得当，保持正常状态运行，不但能按期竣工，而且工程质量也有保证。因此在编制工程施工方案时，应该从这些方面反映组织实施布线系统工程的施工组织、施工计划、步骤和方法。

在编制工程施工流程时，要具体详细、分工明确，责任到人；同时还应体现严格按照规章制度开展各项工作的精神。这部分内容可参照网络综合布线系统施工要点部分所讲内容编制。

6.5.3　综合布线系统工程方案实例

综合布线系统从 20 世纪 80 年代起步至今，已成为一个比较成熟的行业，有许多成功案例可供参考。本部分按照前面所述格式，给出某公司参加投标的一个实际的某学校校园网络综合布线系统工程方案，说明综合布线系统设计的思路、方法和内容。限于篇幅，为突出综合布线系统工程方案的关键内容，在此只选择其中部分内容，供读者参考。

1. 综合布线系统工程方案概述

本设计方案按照《综合布线系统工程设计规范》（GB /T 50311—2007）和《综合布线系统工程验收规范》（GB /T 50312—2007），并根据×××的招标要求及建筑楼层的分布情况，围绕×××单位的应用需求，从综合布线的重要性、长远性、可扩展性以及所采用的综合布线系统产品特点而设计。

本方案的布线范围为《×××招标书》要求的范围，功能主要以满足计算机网络通信、语音通信、各弱电系统的联网通信及网络视频、有线电视系统传输为主，不包含各智能子系统（如监控报警系统、会议系统和一卡通系统）本身所需的布线；各智能子系统的布线用专用电缆敷设。

设计方案的内容包括综合布线系统用户需求分析、布线系统方案设计和服务等部分。在此，仅对方案设计中的有关部分进行比较具体的介绍。

1.1 建筑物结构基本情况

×××学校是在当前我国经济和科学飞速发展时期而创建的现代化新型学校，目前正处在施工阶段，主要建筑物有：教学楼、宿舍、实验室、管理中心及图书馆等，详见校园规划设计图（略）。从校园规划设计图可以知道，无论是在规划设计方面，还是在整个学校基础教育设施的建设方面，都具有一定的前瞻性，处在我国校园建设的前列。作为其中重要组成部分之一的综合布线系统工程是其关键所在，要把它作为整个校园建设中的基础设施来抓实、抓好。

1.2 综合布线系统用户需求分析

根据×××学校提供的有关资料，对用户需求进行了初步的调研和分析。该学校校园网综合布线系统建设的目标，是将校园内各种不同应用的信息资源通过高性能的网络（交换）设备相互连接起来，形成校园园区内部的 Intranet 系统，对外通过路由设备接入广域网。

1.2.1 综合布线系统的功能需求分析

具体说来，该校园网综合布线系统的目标是建设一个以办公自动化、计算机辅助教学及现代计算机校园文化为核心，以计算机网络技术为依托，技术先进、扩展性强、能覆盖全校主要楼宇，结构合理、内外沟通的校园计算机网络系统。需要该网络将学校的各种 PC、工作站、终端设备和局域网连接起来，并与有关广域网相连，建立起能满足教学、科研和管理工作需要的软硬件环境，开发各类信息库和应用系统，为学校各类人员提供网络通信服务。

（1）总体需求

1）满足干线 1000Mbit/s、配线 100Mbit/s 交换到桌面的数据传输要求。

2）主干光纤的配置冗余备份，满足将来扩展的需要。

3）满足与电信及自身专网的连接。

4）信息点功能可视需要灵活调整。

5）兼容不同厂家、不同品牌的链路接续部件、网络互联设备。

（2）基本功能要求

1）电子邮件系统。主要用于信息交流、开展技术合作、学术讨论和交流等活动。

2）文件传输 FTP。主要利用 FTP 服务获取重要的科技资料和技术文档。

3）Internet 服务。学校建立自己的主页，利用外 Web 网页对学校进行宣传，提供各类咨询信息等；利用内部网页进行管理，例如发布通知、征集学生意见等。

4）计算机辅助教学。包括多媒体教学和网络远程教学。

5）图书馆访问系统。用于计算机查询、计算机检索和计算机阅读等。

6）其他应用。如大型分布式数据库系统、超性能计算机资源共享、管理系统和视频会议等。

（3）相关技术要求

1）数据处理、通信能力强，响应速度快。

2）网络运行安全性强、可靠性高。

3）系统易扩充，易管理，便于增加用户。

4）主干网支持多媒体、图像传输接口等应用，支持高性能数据库软件包的持续增长。

5）系统开放性、互联性好。

6）满足特殊用户高效连入广域网，使用灵活。

7）具有较强的分布式数据处理能力。

1.2.2　信息点数量及分布

按照校园土建建设施工图样设计，包括教学楼、宿舍、实验室、管理中心及图书馆等在内所有视频、语音及数据通信信息点共计约6900个。

2. 综合布线系统设计目标、标准与原则

2.1　设计预期目标

该校园综合布线系统设计预期目标为

1）能适应现在和将来技术的发展，实现数据通信、语音通信和图像传输。

2）能够支持100MHz的数据传输，可支持100Base-T、100Base-VG、1000Base-T、Token Ring和FDDI等网络及应用。

3）采用模块化设计，综合布线系统中除固定于建筑物内的缆线之外，其余所有的接插件都是模块化的标准件，以方便将来扩充及重新配置。

4）能满足灵活应用的要求，即任一信息点能够连接不同类型的计算机或数据终端设备。

5）借助于不同颜色的跳接线和配线架的端口标识，系统管理人员能方便地进行系统的线路管理。

2.2　设计标准及规范

本设计方案所采用的标准、计算依据、施工及验收遵循以下标准或规范：

1）《ISO/IEC 11801 用户建筑通用布线标准》，《ANSI/TIA/EIA 568—A，ANSI/TIA/EIA 568—B》。

2）《综合布线系统工程设计规范》（GB/T 50311—2007），《综合布线系统工程验收规范》（GB/T 50312—2007）。

2.3　设计原则

1）开放性。系统设计立足于开放性原则，既支持集中式系统，又支持分布式系统；既支持目前不同厂家不同类型的计算机及网络产品，又支持视频信号传输；在将来网络技术升级时还能使用现有的网络技术和产品，易于技术更新及网络扩展。

2）灵活性。所有配线子系统采用相同类型、规格的传输介质；所有通信网络设备的开通及更改均不需改变系统布线，只需作必要的跳线管理即可；系统组网也应灵活多样，各部门既可独立组网又可方便地互联，为合理组织信息流提供必要条件。

3）经济性。充分考虑学校的经济实力，选择“好用，够用，适用”的网络技术。配线子系统、干线子系统的数据、语音传输采用5e类非屏蔽对绞电缆布线，按照8芯配置，合理地构成一套完整的布线系统。

4）可靠性。采用高品质传输介质，以组合压接的方式构成高标准数据传输信道，每条信道均采用专用仪器测试，以保证电气性能良好。布线系统采用星形拓扑，点到点端接，任何一条线路故障均不影响其他线路的正常运行；同时为线路的运行维护及故障检修提供方便，保障系统可靠运行。

5）先进性。以满足用户的需求为第一前提，统一规划，适当超前；采用先进而成熟的技术，所用缆线产品系列，在高速网络环境或复杂的电磁环境下，具有较佳的传输可靠性、抗电磁干扰能力，并符合 EMC 电磁辐射控制的国家标准。

6）安全性。采用防尘装置，以避免信息点意外损伤及因灰尘而产生数据传输障碍；具有保证信息不被窃、不丢失的基本保障机制。

3. 综合布线系统工程设计方案

3.1 总体方案说明

×××校园网综合布线系统是一个具有三层布线结构的设计方案，其系统拓扑结构如图6.39所示。

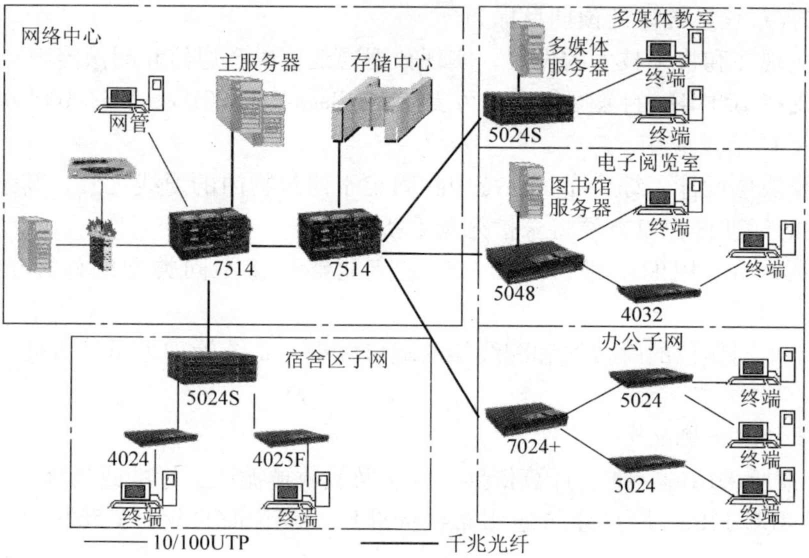

图 6.39 系统拓扑结构

第一层结构：由网络中心机房到汇聚层交换机柜，如核心交换机到汇聚层交换机或中心通信交换设备至楼栋电信间，采用单（多）模光纤（100m 短距离内也可采用 5e 类对绞电缆）或几百对的大对数对绞电缆进行连接。

第二层结构：由汇聚层交换机柜到多个楼层交换机柜，如汇聚交换机到楼层交换机或楼栋交接箱至楼层电信间，采用多模光纤（100m 内可采用对绞电缆）或几十对对绞电缆进行连接。

第三层结构：由楼层交换机柜内的配线架到用户端信息点接口，采用 5e 类对绞电缆（也可以使用光纤直接连至房间内或用户桌面）或少对数对绞电缆与用户端设备进行连接。

3.2 综合布线系统工程设计方案

该综合布线系统分为工作区、配线子系统、干线子系统、建筑群子系统、设备间和管理6个部分。建议采用开放式布线系统设计思想，对所有建筑物进行综合布线设计；产品以AMP 公司的布线材料为主，包括各种规格高品质的 5e 类非屏蔽对绞电缆（UTP）、单模（多模）光纤、光纤配线架、5e 类信息配线架和信息插座等。

3.2.1 工作区

用户工作区由终端设备连接到信息插座的连线和信息插座所组成。通过插座可以连接数据终端以及其他传感器和弱电设备。在本项目的设计中，根据用户提出的需求，以及考虑到该建筑物目前和未来的应用需求，共设数据点 5000 个、语音点 1700 个和视频信息点 200 个。

为满足高速数据传输要求，数据点、语音点全部采用 5e 类非屏蔽信息模块，使用国标双口防尘墙上型插座面板。视频信息点采用 VF-45 光纤插座。使用光纤来传输视频信号是考虑到今后发展及系统的先进性，将视频传输系统设计成一个多功能、高性能的双向图像传输系统，其带宽为 750MHz。

3.2.2　配线子系统

根据用户对配线子系统的数据传输要求和将来扩展的需要，考虑到部分配线缆线一旦埋入墙中就无法更换，在本项目设计中，设备间与各楼层、工作区之间的高速数据传输采用 100Ω、5e 类 4 线对的非屏蔽对绞电缆（UTP），支持 100MHz 的带宽；语音信息传输也采用 100Ω、5e 类 UTP。视频信息采用 4 芯 62.5/125μm 多模光纤传输。

本方案采用直接埋管方式进行配线子系统布线。即在土建施工阶段，在现浇混凝土垫层中预埋硬质塑料管道，使电缆线从电信间向信息插座位置呈辐射状布放；电信间内按线端子与信息模块之间采用点到点端接。

3.2.3　干线子系统

本系统中的干线子系统是指大楼中的主干光缆系统和大对数电缆，它源自大楼的数据和语音主配线架，采用星形拓扑结构铺设到各楼层配线架。为满足用户当前的需求，同时又能适应今后的发展，在本项目设计中，数据传输采用 6 芯多模室内光纤作为主干线；语音干线采用 3 类大对数电缆，同时建议每层增加 1 条 5e 类对绞电缆作为光纤主干的备用线路。干线沿弱电管井内竖直桥架敷设。所选用的连线管理器均为 48.26cm（19in）标准系列产品，均可安装在 48.26cm（19in）标准机柜内。某实验教学楼综合布线结构如图 6.40 所示。

本方案所用干线缆线均为阻燃型电缆，线径为 0.5mm（即符合美国线规 24AWG），电缆的绝缘耐压为 AC500V。

3.2.4　建筑群子系统设计

建筑群子系统的建筑群配线架设置在网络中心大楼设备间，大楼之间采用电缆通道布线法铺设光缆。电缆通道布线隐蔽安全，线路工作稳定，施工简单，检修故障及扩建较为方便。

各大楼之间通信网络系统的连接，主要采用室外光缆（其中包括单模光纤和多模光纤）、室外大对数通信电缆以及避免延及其他建筑的铜线漏电的保护设备；推荐使用注胶缆线（Gel Filled Cables）以避免线芯受潮。

3.2.5　设备间和电信间

设备间是整个布线系统的中心单元，每栋大楼设置一个设备间，每层设置一个电信间，实现每层楼汇接电缆的最终管理。设备间同时也是连接各建筑群子系统的场所。计算机中心和电话主机房均设在一层。

设备间由主配线机柜中的电缆、连接模块和相关支撑硬件组成，它把网络中心机房中的公共设备与各管理子系统的设备互连，从而为用户提供相应的服务。

本工程的主配线间设在计算机中心机房，语音和数据合用一个配线机柜，所有语音干线和数据干线全部连到该配线机柜的相应模块配线架上。主配线机柜规格为 48.26cm（19in）42U，除安装配线设备外，还可放置网络互联设备；机柜材料选用金属喷塑，并配有网络设备专用配电电源端接位置。此种安装模式具有整齐美观、可靠性高、防尘、保密性好和安装规范等特点。

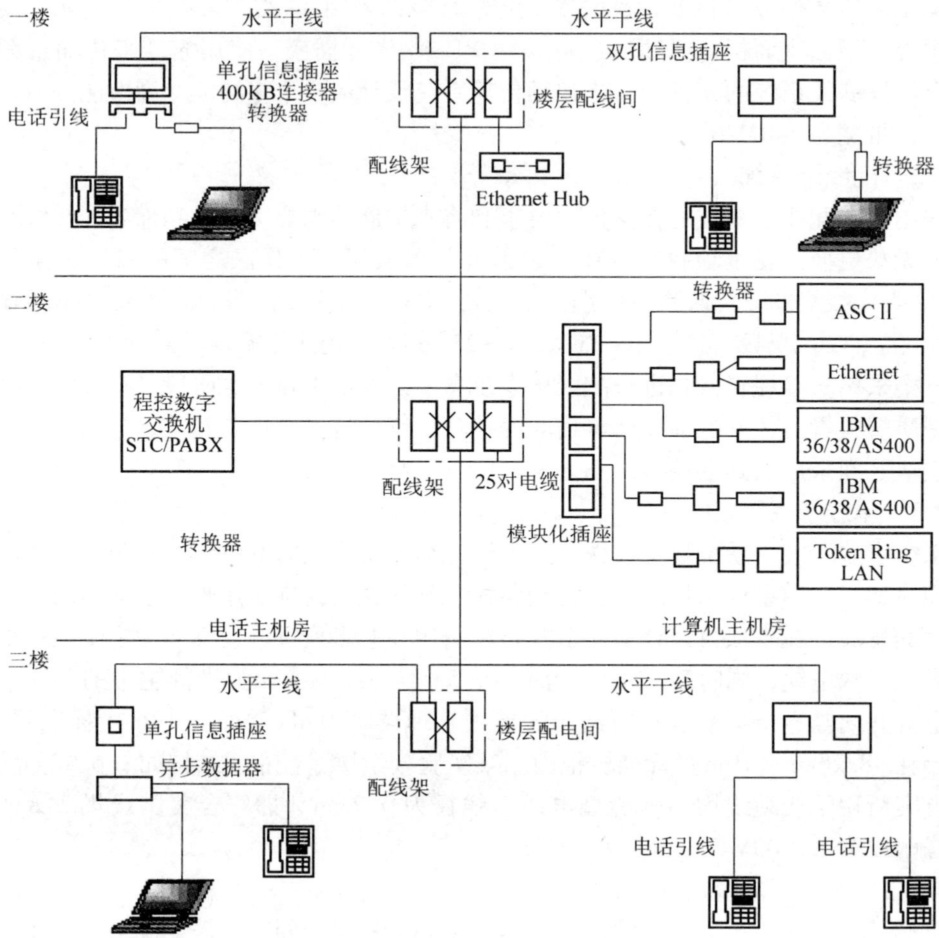

图 6.40 某实验教学楼综合布线结构

（1）计算机中心主机房主要设备

24 口模块配线架、24 口光纤配线架、ST 光纤耦合器、ST 光纤接头、100 对 110 配线架和 42U 标准机柜。

（2）对计算机中心主机房的整体要求

1）本工程的计算机中心按计算机机房标准装修，并考虑接地、防雷措施及配套的 UPS 电源。

2）总配线室应避免电磁干扰。

3）室内天花板高度不应小于 2.5m。

4）机房室内应铺设高约 0.25 ~ 0.3m 的防静电架空地板，为地下配线提供方便；活动地板平均荷载不小于 500kgf/m^2（1kgf = 9.80665N）。

5）机房内应备有合适的接地端子，建议独立接地，接地电阻阻值小于 1Ω。

6）机房内室温应保持在 18 ~ 27℃之间、相对湿度保持在 30% ~ 50%，室内照明不低于 150lx。

7）机房面积不小于 14m^2，室内应洁净、干燥和通风良好。防止有害气体（如 SO_2、

H_2S和 NH_3等）等侵入，并有良好的防尘措施。

8）机房内的电源插座按计算机设备电源要求进行工程设计，以利于交换机、服务器等设备使用。

3.2.6　管理

管理主要由在各楼层分设的电信间构成，以避免跨楼层布线的复杂性。电信间主要放置各种规格的配线架，用于实现配线、主干缆线的端接及分配；由各种规格的跳线实现布线系统与各种网络、通信设备的连接，并提供灵活方便的线路管理。所选择的配线架均能够支持干线、配线子系统所选用缆线类型之间的交接。电信间与弱电井合用一个小房间。

主配线架位于中心机房内，用来调配和管理每层楼的信息点和语音点。主设备机房设置一台 72 口 AMP 光纤跳线箱和两台 12 口 AMP 光纤跳线箱，通过多模光纤连接各层配线间的光纤跳线箱，组成一套完整的光纤管理系统。

电话语音系统由数字程控电话交换机、中继线、用户分机和直接外线组成。通过综合布线系统提供的传输通路构成电话系统的连接，并通过综合布线系统的管理子系统向所有用户进行分配。

根据 ANSI/TIA /EIA 606 标准编排和制作主干缆线的编号，并使用防水塑料薄膜进行保护；同时在各电信间的桥架中，用塑料标签牌标注，以便于查找。

3.2.7　其他相关系统

（1）接地系统

为保证信号传输不受干扰，对综合布线接地系统设计如下：①在金属铁管或金属槽内布线时，各段铁管或金属架都应有牢靠的电气连接并接地；②与布线系统有关的有源设备的外壳、干线电缆屏蔽层和接地线均采用等电位连接；③保护地线的接地电阻值，单独设置接地体时不大于 4Ω；采用联合接地体时不大于 1Ω。

（2）有线电视系统

考虑到系统的先进性，将有线电视系统设计成一个高性能的双向图像传输系统，带宽为 750MHz。有线电视网系统采用光纤到楼方式，视频信号在楼内也采用光纤传输。

3.2.8　系统升级的考虑

根据本方案设计实施完成后的综合布线系统，对未来的升级特别是对数据传输具有很好的开放性。数据传输采用 4 对对绞电缆缆线，保证以太网在 100m 链路范围内能正常通信，即数据传输速率不小于 100Mbit/s。如将来需要提高数据传输速率时，因主干光缆已备有较大的扩容余地，所以配线子系统的缆线不需作任何改变即可支持更高的数据传输速率；对其他系统设备的升级同样也只是改变一下跳线方式，就可以完全支持。

4. 管线设计方案

4.1　配线子系统的布线方式

配线子系统由电信间到工作区信息出口线路连接组成，布线方式有两种。

4.1.1　墙上型信息出口

采用走吊顶的轻型装配式槽形电缆桥架方式。装配式槽形电缆桥架是一种闭合式的金属托架，安装在吊顶内，从弱电井引向各个设有信息点的房间。再由预埋在墙内不同规格的铁管，将线路引到墙上的暗装铁盒内（86 型）。对绞电缆（UTP）在信息点处预留 30cm，光纤出线也预留 30cm。

线槽的材料为1.2mm厚冷扎合金板，表面可进行相应处理，如镀锌、喷塑和烤漆等。可以根据情况选用不同规格的线槽（详见管线图样）。为保证缆线的弯曲半径，线槽需配以相应规格的分支辅件，以提供线路路由弯转自如。

4.1.2 地面型信息出口

采用地面多条ϕ25金属管走线方式。这种方式主要用于大开间办公间、实验室等有许多地面型信息出口的情况。在地面垫层中预埋ϕ25圆管。主线槽从弱电井引出，沿走廊引向各方向，到达设有信息点的房间后，用支线槽引向房间内的分线盒，再引向各信息点出线口，信息点出线盒预留30cm作为信息点安装用。

4.2 干线子系统的布线方式

4.2.1 干线的垂直通道

干线的垂直通道用于安装弱电井内垂直干线缆线。这部分采用预留电缆井方式，在每层楼的弱电井中留出专为布线系统的大对数电缆和光缆通过的长方形面孔。电缆井的位置设在靠近支持电缆的墙壁附近，但又不妨碍端接配线架的地方。在预留有电缆井一侧的墙面上安装金属桥架。干线用紧绳绑在上面，用于固定和承重。

4.2.2 干线的水平通道

干线的水平通道用于安装从设备间到其所在楼层的弱电井的干线缆线。这部分可采用走吊顶的轻型装配式槽型电缆桥架布线方式。所用的线槽由金属材料构成，用来安放和引导电缆，可以对电缆起到机械保护作用；另外，还提供了一个防火、密封和坚固的空间，使缆线可以安全地延伸到目的地。

4.3 设备电源管线方案

首先，在电信间内至少留有2个为本系统专用的、符合一般办公室照明要求的（电压220V、电流10A）单相三孔电源插座。

根据电信间内放置设备的供电需求，还需配有另外的带4个AC双排插座的20A专用线路。此线路不应与其他大型设备并联，并且最好连接到UPS，以确保对设备供电及电源质量。

5. 综合布线系统设备材料

本综合布线系统工程部分设备材料清单，见表6.8、表6.9和表6.10所列。

表6.8 工作区工程材料清单

序号	设备名称	规格型号	数量	单位	单价	金额
1	5e类非屏蔽模块	GM501	6638	个		
2	英式双孔斜口面板	PF860101	3266	个		

表6.9 干线、配线子系统工程材料清单

序号	设备名称	规格型号	数量	单位	单价	金额
1	12芯单模光纤	FC1212M-S	5000	m		
2	3类100对主干305	GC301100	23	箱		
3	5e类对绞电缆	GC501004	1450	箱		
4	6芯室内多模光纤	GJFGV6	1800	m		

表 6.10　设备间、电信间工程材料清单

序号	设备名称	规格型号	数　量	单　位	单　价	金　额
1	200 对安装架	110-200B	9	个		
2	4 对连接块	G110C-4	425	个		
3	1U 跳线管理器	GB 110-A	135	个		
4	24 口 5e 类配线架	GD1024	135	个		
5	5e 类模块跳线 2m	GL45-20	4606	个		
6	SC 双工光纤耦合器/多模	FD10M-SC/SC	110	条		
7	24 芯光纤跳线架	FD2024	28	个		
8	SC-SC 62.5 双芯光纤跳线	FJ02MCC-X	210	个		
9	SC 62.5 多模连接块	FD10M-SC/SC	210	个		
10	光纤接续工具		1	套		
11	42U 标准机柜	PB28942	8			
12	24U 标准机柜	PB26626	20			

6. 综合布线系统工程施工方案

6.1　工程施工方案说明

为了保护建筑物投资者的利益，该方案按照“总体规划，分步实施，配线子系统布线尽量一步到位”的设计思想，主干线大多数设置在建筑物弱电井内，以便更换或扩充。配线子系统布放在建筑物的天花板内或管道内。考虑到今后如果更换配线电缆，可能要损坏建筑结构，影响整体美观，因此在设计配线子系统时，选用了档次较高的缆线及连接件。

本工程由施工经验丰富的×××公司负责工程实施。

6.2　工程现场的组织管理

根据布线系统工程设计方案、工程施工及项目管理经验，组建相应组织机构并配备相关人员。

1）工程项目。工程项目组内设项目总指挥、项目经理、项目副经理、技术总监、设计工程师、工程技术人员、质量管理工程师、项目管理人员和安全员等。

2）设计组。按综合布线系统工程情况，配备相关技术工程师。共配备 3 名设计工程师，负责本工程设计工作。

3）工程技术组。配备 3 名技术工程师，负责本工程施工工作。

4）质量管理组。配备 1 名质检工程师和 1 名材料设备管理员，从质量管理角度予以负责。

5）项目管理组。配备 1 名项目管理人员，1 名行政助理，1 名安全员。

6.3　工程施工流程

严格按照各项规章制度、工程施工流程进行施工。

1）设计。包括工程方案设计和实施方案设计，工程方案设计由技术总监负责组织，设计组负责完成，由项目副经理负责组织实施方案设计，技术总监协助工程技术组、质量管理组和项目管理组负责完成。

2）实施。由项目副经理负责组织，由工程技术组、质量管理组和项目管理组完成。设

计组作为支援。

3）根据×××弱电系统工程施工特点，本工程施工分以下几个阶段进行：管槽施工、缆线敷设、设备安装、线路测试和网络调试等阶段。

在整个施工过程中，以控制工程质量为主，以控制工程进度为辅，不断督导检查，以执行标准为设计依据，以工程验收标准为检验依据，保证工程顺利完成，直至工程竣工验收。

6.4 施工技术和施工方法

6.4.1 对绞电缆的安装与施工

在安装对绞电缆时，应注意不能在缆线上施加足以造成缆线表面和导线上留下永久痕迹的力量，施工过程中不能对缆线使用热吹风式气焊枪等加热方法，缆线拐弯时应该保证足够大的弯曲半径。

施工参数：最小弯曲半径不小于8倍缆线半径；天花板内最大暴露对绞电缆长度为不大于2cm（机柜处除外）；最大分绞长度不超过2cm；线缆上不得负载重物；如果缆线必须穿越电源线，应该垂直穿越；最大拉力，不管是多少对线，不得超过400N。

在安装线槽时，首先应该计算线槽中将要布放的缆线数量与重量，以免线槽的支撑点负载超过建筑物结构所容许的载荷。如果线槽是管状的，不能开盖，安装时，在每一个拐弯的地方要求有线盒；另外，在安装时应先安装引线，以方便穿线。

6.4.2 光缆线路工程的施工

光缆布线的敷设环境和条件是：光缆的外护层要达到阻水、防潮、耐腐蚀，在鼠咬或白蚁严重的地方，采用金属带皱纹纵包或尼龙护套层加以保护。光缆敷设施工技术要求如下：

1）光缆敷设过程中，光缆的最小弯曲半径为20cm。要防止光缆打结，特别是打死结。

2）光缆敷设过程中，人力牵引或机械牵引径向牵引力须小于980N，并且受力在外包装胶层或钢丝上。距离较长时应分段多处同时牵引。

3）光缆敷设过程中，避免破坏光缆胶层，防止汽车等重物横向碾压。

4）光缆敷设到达所指定的配线柜后，应再留10~15m的余量，以方便光纤接续。

5）光缆在电缆槽中敷设时，光缆要与已有缆线平行，不得与其他缆线扭绞在一起。

6）在光缆进入配线间时，应注意管道的进口或出口处的边沿是否平滑，否则应加套管加以保护。

光缆由建筑物的电缆竖井进入配线间，在竖井中敷设光缆时，为了减少光缆上的负荷，应在一定的间隔上用缆夹或缆带将光缆扣在桥架或垂直线槽上。用缆带固定光缆的步骤如下：用所选的缆带，由光缆的顶部开始，将主干光缆扣在垂直线槽上；由上而下，在指定的间隔（约定2m）上安装缆带，直到主干光缆被牢固地扣住；在光缆通道中将光缆插入预留孔的套筒中，光缆被固定后，用水泥将孔填满，如孔大可将其中的光缆松弛地捆起来。

光缆的端接在挂墙式的光纤接线盒中进行，主干光缆由光纤接线盒的入线孔进入，要用光缆夹将光缆完全固定，不能使其松动。剥出纤芯的长度以1m为限。待熔接完成后，将纤芯按顺序排列在光纤盒的绕线盘中，在盘绕光纤时一定要注意纤芯的弯曲半径。将纤芯排好后，按色标和序号在尾纤标签上标明。

6.4.3 安装铜质电缆时的标记识别

配线模块的标记。为完善这一工作，采用占用一个模块位置的模块式标签托架，以便标出模块并识别哪个区域或哪个办公室。为方便操作，至少为每个模块、主干电缆和电源各设一个标签托架。

连接标记。为了在安装中识别连接，建议在电缆和跳线的两端进行识别标记。例如：电缆都有一个标签或一个识别套；跳线电缆根据其长度在一端或两端做记号，或在每一端都带有一个不同颜色的识别标签托架，以便识别；插座有一个正反两面（电话、计算机）都可用的标签。

6.4.4　安装光纤时的标记和识别

配线模块的标记。为了便于识别，每一个光纤盘在正面 ST 连接器的右边设有标记；为辨别模块，上面的光纤盘标有其接受的光纤的编号，每个光纤盘根据其光缆套管的颜色很容易区别。

连接标记。一个光纤连接如下构成：预布线的固定部；在预布线的两端连接有源设备的连接电缆；在配线架上直接跳线。在光缆的每一端都有一根光纤接在一个 STII 型插头，ST 型插头安装在由光纤盘托着的 STII 连接器中，在光纤盘的正面有一个醒目的彩色标签。接受光缆的模块在第一个光纤盘的标签上注明以下内容：到达配线间的辨别编号；轨道编号；轨道上的光纤盘编号；对应区域编号；连接两个配线间的每根光缆的序号。

7. 综合布线系统工程测试验收

由供应商、系统集成商、用户以及用户聘请的技术顾问共同组成验收小组，对工程的下列项目进行测试验收。

7.1　阶段验收

在工程施工过程中，由施工单位项目负责人按照工程施工表、督导指派任务表配合工程单位进行工程质量的阶段验收，包括 PVC 线槽的架设、缆线的敷设、配线架的安装和信息模块的安装等。

7.2　竣工验收

本工程竣工后，由承建方组织技术人员对整个工程进行全面验收。验收内容主要有：检查设备安装，包括机柜安装情况、跳线制作是否规范、配线架接线是否美观整齐；信息模块安装是否规范、平整和牢固，标志是否齐全、明显等。

7.3　布线安装检查

桥架和线槽安装位置是否正确、安装是否符合要求及接地是否正确；缆线规格、路由和标号是否正确；转角是否符合规范；竖井的缆线固定是否牢固，是否存在裸线；缆线终端安装是否符合规范，包括信息插座的安装、线头压接等。

7.4　系统测试

主要进行缆线连接正、误测试。对绞电缆性能测试项目为（按 5e 类标准）：①接线图；②链路长度；③衰减；④近端串绕 NEXT 损耗等。光纤性能测试项目为：①光纤链路衰减；②光纤链路反射测量。另外，还要测试系统接地是否符合要求（不大于 4Ω）。测试结果应为：通过。

7.5　技术文档检查

技术文档包括技术方案、竣工平面图（蓝图）、施工报告、测试报告、施工图、设备连接报告及物品清单。工程施工竣工后，对所有技术文档检查验收合格后归档。

8. 培训计划

公司负责对甲方 2 ~4 人进行系统培训，包括：在施工前进行系统及产品知识培训，以便对系统及产品性能有比较详细地了解。在施工过程中进行安装培训，以达到能独立进行系统安装及维护。在施工结束后进行应用培训，使之能够熟练掌握系统在各种应用环境中的使用。

9. 质量及服务保证

本综合布线系统工程提供15年的系统应用保证和产品质量保证。公司对于所承诺的综合布线系统的系统保修服务，是指对该系统在验收并投入运行后所出现的无源缆线传输部分及相应元器件出现的质量、使用问题的保修服务。具体如下：

1）对于工程中安装的所有相关元器件材料（如：电缆、光缆、插座、配线架、光纤接续箱和ST接头等)，在保修期内如出现质量问题公司均有责任予以随时免费更换。

2）在保修期内如果由于使用不当造成系统组成元器件出现故障或损坏，公司亦会予以及时更换，但要收取相关元器件的成本费用。

3）当本系统与其他系统配合使用时，本公司的工程师将赴现场及时解决其他系统与本系统配合时所出现的问题。

4）对用户在保修期内提出的系统扩容，公司将本着用户至上的原则，进行扩容施工时只收取相关部分的材料成本费，有关设计费及施工督导费不计。

5）在保修期内用户所提出的与本系统相关的咨询，公司给予全面详细的书面解答。

思考与练习题

1. 综合布线系统工程设计主要包括哪几方面的内容？
2. 配线子系统有哪几种布线方式？
3. 简述干线子系统的设计步骤，设计时应注意哪些问题？
4. 一个较为完善的综合布线系统工程方案应包括哪些内容？
5. 选用布线元器件材料时主要应注意哪些问题？
6. 如何确定光纤配线系统的工程界面？
7. 简述光纤+以太网接入方案的常用网络拓扑结构。
8. 试以某单位为例，设计一个综合布线系统工程方案。

第7章　综合布线施工技术

综合布线工程的施工是整个布线工程中非常重要的一步，也是布线工程成功的关键一步。布线施工需根据GB 50312—2007、GB 50373—2006、GB 50374—2006和ISO/IEC 14763—1～3等布线安装、测试和工程验收规范、标准，以确保工程实施中每一个部件的安装工艺质量，其中要特别注意一些强制性条款的要求。

本章围绕综合布线工程施工过程中的技术要点，重点介绍综合布线工程施工实用技术。其中，比较详细地介绍布线工程施工基本要求、布线施工常用工具和综合布线系统中各子系统的布线与安装等实用施工技术。以期读者能够全面掌握综合布线工程施工的相关技能，利于独立操作。

7.1　综合布线施工要点

不论是5类、5e类和6类电缆系统，还是光缆系统都必须经过施工安装才能完成，而施工的过程对传输系统的性能影响很大。即使选择了高性能的缆线系统，例如，5e类或6类，如果施工质量粗糙，其性能可能还达不到5类的指标。所以，不论选择安装什么级别的缆线系统，最后的结果一定要达到与之相应的性能指标。综合布线工程的施工一般包括施工准备、施工、调试开通和竣工验收4个步骤。抓住综合布线施工要点，制订施工管理措施，是保证综合布线工程质量的关键。因此，本节就综合布线的施工准备、管理和注意事项等予以讨论。

7.1.1　施工前的准备工作

综合布线系统工程经过调研、工程设计，确定施工方案后，接下来就是工程的实施，而工程实施的第一步就是施工前的准备工作。在施工准备阶段，主要有硬件准备与软件准备两项工作。

1. 硬件准备

硬件的准备就是备料。综合布线系统工程施工过程需要许多施工材料，这些材料有的需在开工前就备好，有的可以在施工过程中准备，针对不同的工程有不同的需求。所用设备并不要求一次到位，因为这些设备往往用于工程的不同阶段，比如网络测试仪就不是开工第一天就要用的。为了工程的顺利进行，应该考虑得尽量充分和周到一些。

备料主要包括光缆、对绞电缆、插座、信息模块、配线架、服务器、稳压电源、集线器、交换机和路由器等，要落实购货厂商并确定提货日期。同时，不同规格的塑料槽板、PVC防火管、蛇皮管和自攻螺钉等布线材料也要到位。如果集线器是集中供电，则要准备导线铁管并制订好电器设备安全措施（供电线路需按民用建筑标准规范进行）。

在施工工地上可能会遇到各种各样的问题，难免会用到各种各样的工具，包括用于建筑施工、空中作业、切割成形器件、弱电施工和网络电缆的专用工具等工具，或器材设备。

（1）电工工具

在施工过程中常常需要使用电工工具。比如各种型号的螺钉旋具、各种型号的钳子、各种电工刀、榔头、电工胶带、万用表、试电笔、长短卷尺和电烙铁等。

（2）穿墙打孔工具

在施工过程中还需要用到穿墙打孔的一些工具。比如冲击电钻、切割机、射钉枪、铆钉枪、空气压缩机和钢丝绳等，这些通常是又大又重又昂贵的设备，主要用于线槽、线轨、管道的定位和坚固，以及电缆的敷设和架设。建议与从事建筑装饰装修的专业安装人员合作进行。

（3）切割机、发电机和临时用电接入设备

这些设备虽然并非每一次都需要，但是却需要每一次都配备齐全，因为在多数综合布线系统施工中都有可能用到。特别是切割机和打磨设备等，在许多线槽、通道的施工中是必不可缺的工具。

（4）架空走线时的相关工具及器材

架空走线时所需的相关器材，如膨胀螺栓、水泥钉、保险绳和脚架等。这些都是高空作业需要的工具和器材，无论是建筑物还是外墙线槽敷设，还是建筑群的电缆架空等操作，都需要。

（5）布线专用工具

通信网络布线需要一些用于连接同轴电缆、对绞电缆和光纤的专用工具。譬如需要准备剥线钳、压线钳、打线工具和电缆测试器等。

（6）测试仪

用于不同类型的光纤、对绞电缆和同轴电缆的测试仪，既可以是功能单一的，也可以是功能完备的集成测试工具，如 Fluke 的 DSP-4000/4100 网络测试仪。一般情况下，对绞电缆和同轴电缆的测试仪器比较常见，价格也相对较低；光纤测试仪器和设备比较专业，价格也较高。另外，还有许多专用仪器用于进行系统的全面检查与测试，如进行协议分析等。最好准备 1 ~2 台有网络接口的笔记本计算机，并预装网络测试的若干软件。这类软件比较多，而且涉及面也相当广，有些只涵盖物理层测试，而有些甚至还可以用于协议分析、流量测试或服务侦听等。根据不同的工程测试要求，也可以选择不同的测试平台，比如通常用于网管的 Snifter Pro、LAN-pro 和 Enterprise LAN Meter 等。

（7）其他工具

在以上准备的基础上还需要准备透明胶带、白色胶带、各种规格的不干胶标签、彩色笔、高光手电筒、捆扎带、牵引绳索、卡套和护卡等。如果架空线跨度较大，还需要配置对讲机、施工警示标志等工具。

2. 软件的准备

软件的准备也非常重要，主要工作包括：

1）设计综合布线系统实施施工图，确定布线路由图，供施工、督导人员和主管人员使用。

2）制订施工进度表。施工进度要留有适当的余地，施工过程中随时可能发生意想不到的一些事情，要立即协调解决。

3）向工程单位提交的开工报告。

4）工程项目管理。工程项目管理主要指部门分工、人员素质的培训和施工前的动员等。一般工程项目组应下设项目总指挥、项目经理、项目副经理、技术总监、设计工程师、工程技术人员、质量管理工程师、项目管理人员和安全员等。设计组按系统的情况应配备相关工程师，负责本工程设计工作。工程技术组应配备3名技术工程师，负责工程施工。质量管理组应配备1名质检管理人员和1名材料设备管理员，负责质量管理。项目管理组需要配备1名项目管理人员，1名行政助理，1名安全员。

由于并不是每一个施工人员都明确自己的任务，包括工作目的和性质、所做工作在整个工程中的地位和作用、工艺要求、测试目标、与前后工序的衔接、时间及空间安排、所需的资源等，所以施工前进行动员也是十分必要的。另外，根据工程“从上到下，逐步求精”的分治原则，许多情况下可能需要与其他工程承包商合作，如缆线的地埋、架空及楼外线槽的敷设等，双方的协调工作完成得怎么样？下级承包商对自己“责任区”的责、权、利是否已经明确清晰？其施工能力和管理水平能否达到工程要求？会不会造成与其他承包商相互冲突或推卸责任？这些都是在施工准备阶段就应准备就绪的工作。

7.1.2 布线工程管理

一项完美的工程，除了应有高水平的工程设计与高质量的工程材料之外，有效的、科学的工程管理也至关重要。施工质量和施工速度来自系统工程管理。为了使工程管理标准化、程序化，提高工程实施的可靠性，可专门为其布线工程的实施制订一系列制度化的工程标准表格与文件。这些标准表格与文件涉及诸如现场调查、开工检查、工作分配、工作阶段报告、返工表、下阶段施工单、现场存料、备忘录及测试表格等方面。

1. 现场调查与开工检查

现场勘察与调查通常先于工程设计，一个高水平高质量的设计方案与现场调查分析是紧密相关的，而且这种现场调查可以随着现场环境的变化多次提交。现场调查表可分为多种，主要用于描述现场情况与综合布线系统工程之间的一些相关因素。

在开始施工前，应进行开工检查，主要是确认工程是否需要修改，现场环境是否有变化。首先要核对施工图样、方案与实际情况是否一致，涉及建筑（群）重要特性的参数是否有变化。另外，还需要核查图样上提到的打孔位置所用的建筑及装修材料，挖掘地埋的地表条件如何？是否有遗漏的设备或布线方案，是否有修改的余地等。这些都是施工前最后核查的主要内容。如果没有什么不妥，就要严格执行施工方案。因此施工前工程师和安装工人都应该到现场熟悉环境。当然，不要忘记与项目负责人及有关人员通报，并在他们的帮助下进行最后的考查。开工检查表格在工程实施开始前提交用户，且需要用户签字。

2. 工作任务分配

在进行施工任务分配时，要认识到施工质量和施工速度并不矛盾。俗话说“欲速则不达”。开工前首先要做的是调整心态，赶工期的工程往往会因返工而浪费更多时间，所以“千万不要以牺牲质量来换取速度。如果工期紧可以根据实际需求增加施工人员，但盲目地增加闲散人员不仅不能加快进度，反而可能有碍现场秩序。理想的工程管理应该做到现场无闲人，事事有人做，人人有事做。这可采用类似于现代计算机CPU芯片的“并行多道流水线处理”的调度原则，即尽量将不相关的项目分解并同时施工。一个典型的例子就是建筑物外的地线工程和地埋工程能与建筑物内的布线线槽的敷设等同时进行；工作区终端信息插座的安装可以和管理间的配线架施工同时进行等。

施工任务分配包括布线工程各项工作及完成各项工作的时间要求，工作分配表要在施工开始之前提交，由施工者与各方签字认定。为保证施工进度，可制订工程进度表。在制订工程进度表时，不但要留有余地，还要考虑其他工程施工时可能对本工程带来的不利影响，避免出现不能按计划竣工交付使用的问题。

3. 工作阶段报告

顾名思义工作阶段报告指的是每一段工作完成之后所提交的报告，通常1~2周提交一次。报告完成后由用户方协同人员、工程经理和工程实施单位的主管一起在现场检查后，对前一阶段工作进行总结，形成工作阶段报告。同时，对下一阶段的工作提出实施计划。

4. 返工通知

对前一阶段工作进行总结时，如果发现有需要返工的问题，要及时提交返工通知。返工通知可以表格形式给出，主要描述要求返工的原因，返工要求及返工完成的时间。施工方需提出解决问题的技术方案，以及返工费用的承担等解决相关问题的方法。

5. 下一阶段施工单

下一阶段施工单要对下一阶段工作的现场情况、要求、人员、工具和材料等进行描述，一般在所涉及的工作开始前1~3天内提交。相关单位根据下一阶段施工单内容进行施工准备。由相关各方单位负责人签字。

6. 现场存料

工程材料的交付与使用将使现场存料不断发生变化，为使工程如期进行，对原存的材料应该做到“心中有数”。为此需填写并提交现场存料表，该表主要描述材料的现存量、存放地点，运输途中的材料及到货时间等。

7. 备忘录

在工程实施期间，与布线工程有关的各种会议、讨论会以及各相关单位的正式声明，均以备忘录的方式提交，由有关单位签收。

8. 测试报告

在进行现场认证测试时，要分别对光纤与对绞电缆进行测试，并制作测试报告。测试报告可用表格形式呈现，由相关人员填写并签字。综合布线系统工程的验收将主要依据测试报告进行。

9. 制作布线标记系统

综合布线的标识系统要遵循 ANSI/TIA/EIA 606 标准，标识符要有10年以上的保质期。

10. 验收并形成文档

作为工程验收的一个重要部分，在上述各环节中需建立完备的文档资料。要注意，工程管理所提到的所有文件都应视为保密文件。

7.1.3 施工过程中的注意事项

在布线施工过程中，重要的是注重安装工艺。“粗犷”的布线不仅影响美观，更为严重的是可能会造成许多进退两难的局面。例如，信息插座中对绞电缆模块的制作，是综合布线系统工程中比较靠后的工序，通常是线槽敷设完毕、电缆敷设到位以后才开始，但做不好却可能使通信网络不稳定甚至不通。虽然可以把作废的模块剪掉重做，但要注意底盒中预留的尾缆长度，不能被剪得太短，否则只能重新布线。所以，在网络综合布线施工中需区别于一般的强弱电施工的无源网络系统。网络布线所追求的不仅是导通或接触良好，还要保证通信质量，既要保证通信双方“听得见”，还要保证“听得清”。因此在施工中要切实注意以下几点。

1. 及时检查，现场督导

施工现场督导人员要认真负责，及时处理施工进程中出现的各种问题，协调处理各方意见。如果现场施工遇到不可预见的情况，应及时向工程单位汇报，并提出解决办法，供工程单位当场研究解决，以免影响工程进度。对工程单位计划不周的问题，也要及时协商妥善解决。对工程单位新增加的信息点要及时在施工图中反映出来。对部分场地或工段要及时进行阶段检查验收，确保工程施工质量。

2. 注重细枝末节，严格管理

对于熟练施工技术人员来讲，过分强调细节问题会被认为是小题大做，但事实上，无论水平高低、工程大小或工期松紧，忽视重要的细节对工程质量都可能是致命的。在充满电钻和切割机轰鸣的施工现场，要求工程师能完成一些细致的工作，如电缆连接、配线架施工、光纤熔接以及对绞电缆的排线压制等。特别是在制作大对数电缆时，即使一个多年从事布线安装的熟练工也难免失误，所以一味地求快往往适得其反，这时需要的是细心。

施工过程中的另一任务就是对所有进场设备及材料器件的保管，既要考虑施工的方便，又要考虑施工的安全性，注意防火防盗。比如许多施工设备、测试仪器非常昂贵，应当每天施工完毕后清点并带离现场，即便是廉价的小工具，如果一时找不到也会给施工带来不便。

3. 协调进程，提高效率

一个高效的工程计划及其实施往往来自于恰当的组织和管理，并非所有条件都齐备了才能有所进展，也并非人员和设备越多效率越高。一种较为合理的安排是，由方案的总设计师和施工现场项目负责人根据进度协调进场人员、设备安装和缆线敷设等，在不同工程阶段，按所需要的人员、技术含量、工具及仪器设备分别进场。其原则是最大限度地提高人员工作效率和设备的利用率，利于加快施工进度。

4. 全面测试，保证质量

测试所要做的事情有：①工作区到设备间连通状况；②主干线连通状况；③数据传输速率、衰减、接线图及近端串扰等。

7.1.4　施工结束时的工作

布线工程施工结束时，涉及的主要工作包括：①清理现场，保持现场清洁、美观；②对墙洞、竖井等交接处要进行修补；③汇总各种剩余材料，把剩余材料集中放置，并登记仍可以使用的数量；④总结。做总结就是收集、整理文档材料。主要包括：开工报告、布线施工过程报告、测试报告、使用报告及工程验收所需要的验收报告等。

7.2　布线施工常用工具

欲做好一个布线系统，布线施工工具是不可或缺的。综合布线施工常用工具有许多种，按其用途可以分为电缆布线系统安装工具、光缆布线系统安装工具等。

7.2.1 电缆布线系统安装工具

电缆布线系统安装工具又可分为对绞电缆和同轴电缆专用工具两类。对绞电缆网线制作工具主要有剥线工具、端接工具、压接工具、铜缆线布线工具包和工具箱等；同轴电缆网线的制作材料及工具主要包括：同轴电缆、中继器、收发器、收发器电缆、粗同轴电缆网线附件（N系列接头、N系列终端匹配器和N系列端接器）、细同轴电缆附件（BNC电缆连接器、BNC T形接头、BNC桶形接头和BNC终端匹配器）和同轴电缆网线压线钳等。下面主要介绍应用最多的对绞电缆网线制作工具。

1. 网线钳

在对绞电缆网线制作中，最简单的方式就只需一把网线钳，如图7.1所示。它具有剪线、剥线和压线3种用途。在购买网线钳时一定要注意选择种类，因为针对不同的线材，会有不同规格的网线钳，一定要选用对绞电缆专用的网线钳才可用来制作以太网对绞电缆。3种常见的剥线钳如图7.2所示。

图7.1 网线钳

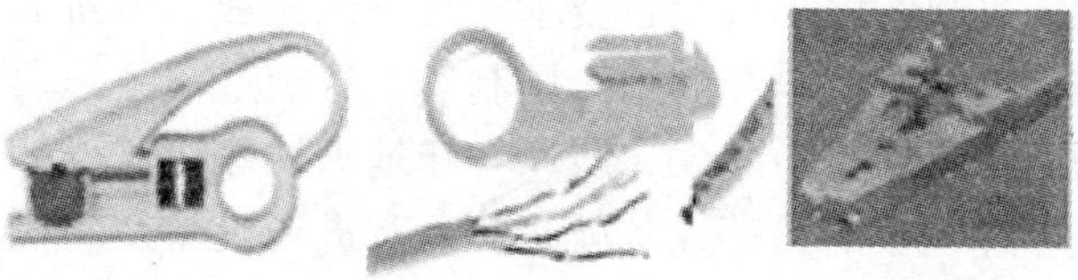

图7.2 剥线钳

2. 打线钳

信息插座与模块是嵌套在一起的。网线的卡入需用一种专用的卡线工具，称之为“打线钳”，如图7.3所示，其中第一、二幅是西蒙的两款单线打线钳，第三幅是西蒙的一款多对打线工具。多对打线工具通常用于配线架网线芯线的安装。

3. 打线保护装置

由于把网线的4对芯线卡入信息模块的过程是比较费力的，而且信息模块容易划伤手，于是专门设计开发了一种打线保护装置，这样不但可以方便地把网线卡入信息模块中，还可以起到隔离手掌，保护手的作用。如图7.4所示，是西蒙公司的两款掌上防护装置。注意，上面嵌套的是信息模块，下面一部分才是保护装置。

图7.3 打线钳

图7.4 打线保护装置

7.2.2 光缆布线系统安装工具

在光缆施工过程中，一般需要如下一些工具：光缆牵引设备、光纤剥线钳、光纤固化加热炉、光纤接头压接钳、光纤切割器、光纤熔接机、光纤研磨盘、组合光纤工具以及各种类型、各种接头的光纤跳线等。当然，一般小规模通信网络不需要这些工具，因为在小规模通信网络中通常不需要进行光缆敷设，但在较大的综合布线系统工程中则需要考虑光缆施工的相关工具和测试仪器。如果条件许可，还需要带上专用的现场标注签打印机和热缩设备，用于电缆、配线架和终端信息点的标注。通常是工程进行到最后阶段才会用到这些专业而昂贵的设备。

在进行光纤终接安装时，所需要的工具比较多。为便于使用，通常将光纤施工布线工具放置在一个多功能工具箱中。如图 7.5 所示是一个光纤施工工具箱，箱内工具包括：光纤剥线钳、钢丝钳、大力钳、尖嘴钳、组合套筒扳手、内六角扳手、卷尺、活动扳手、组合螺钉批、蛇头钳、微型螺钉批、综合开缆刀、简易切割刀、应急灯、镊子、清洗球、记号笔、剪刀、开缆刀和酒精泵瓶等。现场进行光纤终接时，还需要光纤接头研磨加工工具，如图 7.6 所示。

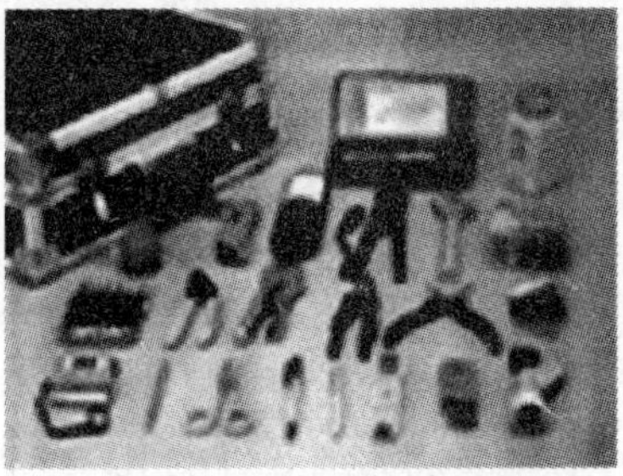

图 7.5　光纤施工工具箱

图 7.6　光纤接头研磨工具

7.3　工作区布线与安装

工作区被定义为自信息插座端延伸至用户终端之间的部分，它将用户终端和通信网络连接起来。从信息插座到终端设备的连接通常使用两端带 RJ-45 水晶头的插接软线，有些终端设备需要选择适当的适配器或平衡/非平衡转换器才能连接到信息插座上。工作区布线与安装的主要工作是安装工作区信息插座。因此，本节主要讨论工作区信息模块的安装、信息模块的压接技术以及对绞电缆与 RJ-45 水晶头的连接技术等。

7.3.1　工作区信息模块的安装

在安装工作区信息模块时，应考虑区分面板上各种接口的用途，以提醒用户将哪种适配器的缆线插头插入哪种插座，防止因阻抗失配或信令不符造成系统故障。

为防止互连失误，提供了一种工作区信息模块通用解决方案。这些系列产品是具有多种用途的专用插接件，可为面板上的每一种用途提供使用接口。使用这种通用的产品解决方案，比如令牌环工作区跳线可以是 6-A 型 PC 适配器缆线，100Base-T 工作区跳线可以是配有 RJ-45 水晶头的模块化连接缆线，而 3270 工作站可以采用带 BNC 连接器的同轴连接缆线。这样，自然就可以防止用户在“标准”面板上发生插孔误插的现象。

信息插座的安装分为嵌入式和表面安装式两种。用户可以根据实际需要选择不同的安装方式。通常情况下，新建建筑物采用嵌入式信息插座，已有建筑物增设综合布线系统则采用表面安装式信息插座。

1. 信息插座盒与面板的安装

每个工作区至少要配置一个信息插座盒，对于难以再增加插座盒的工作区，要至少安装两个分离的信息插座盒。每条对绞电缆需终接在工作区的一个8脚（针）的模块化插座（插头）上。

面板的作用是保护内部模块、使接线头与模块接触良好。在网络布线工程中一个重要的工序就是正确地标识每一个信息插座面板的功能，使之清晰、美观和易于辨认。

2. 信息插座的安装

工作区的终端设备（如电话机、打印机和计算机）可用5类对绞电缆直接与工作区内的每一个信息插座相连接，或用适配器（如ISDN终端设备）、平衡/非平衡转换器进行转换连接到信息插座上。因此，工作区布线要求相对简单，以便于移动、添加和变更设备。

工作区的每个信息插座都应该支持电话机、数据终端、计算机及监视器等终端设备。同时，为了便于管理和识别，有些厂家的信息插座做成多种颜色：黑、白、红、蓝、绿、黄，这些颜色的设置应符合ANSI/TIA/EIA 606标准。

信息插座与连接器的接法：对于RJ-45连接器与RJ-45信息插座，与4对对绞电缆的接法主要有两种，一种是ANSI/TIA/EIA 568—A标准，另一种是ANSI/TIA/EIA 568—B标准。通常采用ANSI/TIA/EIA 568—B标准。

信息插座的一般连接技术为：在终端（工作站）一端，将带有8针的RJ-45连接器插入网卡；在信息插座一端，跳线的RJ-45连接器连接到插座上。在配线子系统一端，将4对对绞电缆连接到插座上。每个4对对绞电缆都终接在工作区的1个8脚（针）的模块化插座（插头）上。

信息插座与终端的连接形式如图7.7所示。

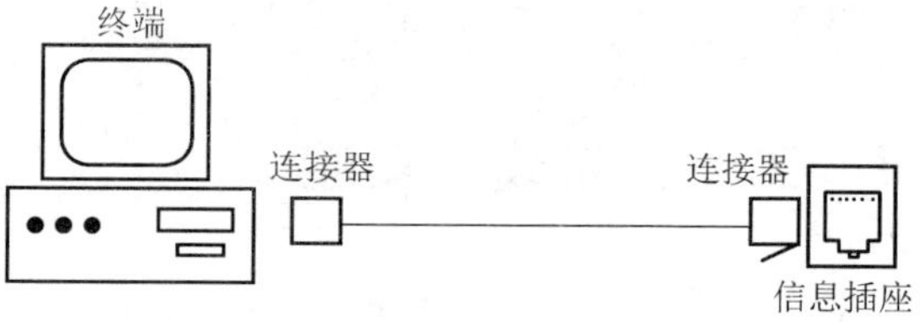

图7.7 信息插座与终端的连接

3. 信息插座的安装要求

安装工作区信息插座时，应注意以下几点：

1）信息插座安装前需确认所有装修工作完成，核对信息点编号是否有误。

2）所有信息插座按标准进行卡接。

3）安装在地面上的信息插座应采用防水和抗压接线盒。

4）安装在墙面或柱子上的信息插座底盒、多用户信息插座盒及集合点配线箱体的底部距离地面的高度一般为30cm。

5）每一个工作区至少应配置一个220V交流电源插座。为便于有源终端设备的使用，信息插座附近最好设置扁圆两用的三孔（或五孔）具有带地端子的220V交流电源插座。

6）工作区的电源插座应选用带保护接地的单相电源插座，保护接地与零线应严格分开。

7）信息插座安装完毕后应立即依照平面图在面板上做好编号。

7.3.2 信息模块的压接技术

信息模块是信息插座的核心，同时也是终端（工作站）与配线子系统连接的接口，因而信息模块的安装压接技术直接决定了高速通信网络系统能否运行，因此予以比较详细地进行介绍。

1. 信息模块与 RJ-45 水晶头的压线方式

信息模块与信息插座配套使用，信息模块安装在信息插座中，一般通过卡位来实现固定。实现网络通信的一个必要条件是信息模块的正确安装。信息模块与 RJ-45 水晶头压线时有 ANSI/TIA/EIA 568—A 和 ANSI/TIA/EIA 568—B 两种线序方式，如图 7. 8 所示。

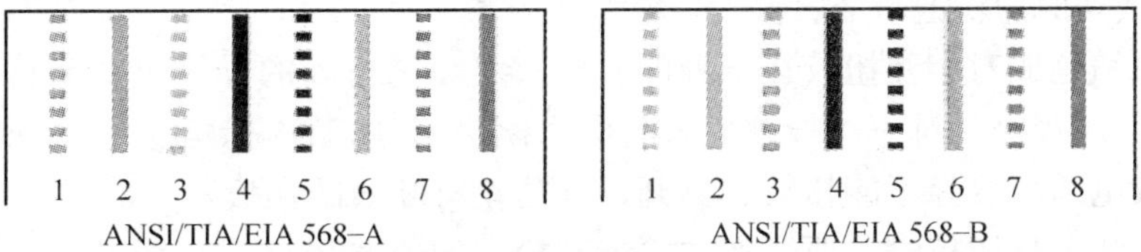

图 7. 8　ANSI/TIA/EIA 568—A 和 568—B 标准信息插座 8 针引线/线对安排正视图

注：对于 TIA/EIA 568—A 从左至右线序为：绿白、绿、橙白、蓝、蓝白、橙、棕白、棕；
对于 TIA/EIA 568—B 从左至右线序为：橙白、橙、绿白、蓝、蓝白、绿、棕白、棕。

在同一个综合布线系统工程中，需要统一使用一种连接方式，一般使用 ANSI/TIA/EIA 568—B 标准制作连接线、插座和配线架；否则，必须标注清楚。

为了允许在交叉连接处进行线路管理，使不同服务用的信号出现在规定的导线对上。为此，8 针引线 I/O 插座已在内部接好线。8 针插座将工作站一侧的特定引线（工作区布线）接到建筑物布线电缆（配线子系统布线）上的特定对绞电缆对上。

对于模拟式语音终端，行业的标准做法是将触点信号和振铃信号置入对绞电缆的两个中央导线（即 4 对对绞电缆的引针 4 和 5）上。剩余的引针分配给数据信号和配件的远地电源线使用。引针 1、2、3 和 6 传送数据信号，即将 4 对对绞电缆中的线对 1—2、3—6 相连；引针 7—8 直接连通，并留作配件电源之用。

2. 信息模块的压接

目前，信息模块的供应商有 IBM、AT&T、AMP 和西蒙等国外商家，国内有南京普天等多家公司，产品的结构基本类似，只是排列位置有所不同。有的面板标注有对绞电缆颜色标号，与对绞电缆压接时，注意颜色标号配对就能够正确地压接。

压接信息模块时一般有用打线工具压接和不用打线工具直接压接两种方式。根据工程实践经验体会，一般是采用打线工具进行模块压接为好。

打线工艺是信息模块压接的关键。用户端的模块打线要求完全等同于配线架端的要求，一是严格控制开捻长度，二是严格控制解绕长度，因为模块是引起串扰的最重要因素。对绞电缆终接时，每对对绞线应保持扭绞状态，扭绞松开长度对于 3 类电缆不应大于 75mm；对于 5 类电缆不应大于 13mm；对于 6 类电缆应尽量保持扭绞状态，减小扭绞松开长度。

在信息模块上有两排跳线槽，每一个槽口都标有颜色，与对绞电缆的每一条线一一对应。打线时先把对绞电缆的一头剥去 2 ~ 3cm 的绝缘层，然后将线头分开，把线头放在相应的各槽口中，用手将线按下；然后将打线工具的刃口向外，放在槽口上，垂直槽口用力按下，听到“喀哒”一声就可以了。注意对绞电缆的颜色要与槽口标识的颜色一致。同样方法打好其他的导线，注意最后要再次检查一下，以免出现错误，然后再将留余的线头摘掉。最后在模块上装上面板，用螺钉将其固定。

在现场施工过程中，有时会遇到5类或3类线，与信息模块压接时出现8针或6针模块。例如，要求将5类线（或3类线）一端压在8针的信息模块（或配线面板）上，另一端压在6针的语音模块上。对这种情况，无论是8针信息模块，还是6针语音模块它们在交接处都是8针，只在输出时有所不同。所以按5类线8针压接方法压接，6针语音模块将自动放弃不用的一对棕色线。

3. 注意事项

压接信息模块时应注意以下几点：

1）对绞电缆是成对相互扭绞在一处的，按一定距离扭绞的导线可提高抗干扰能力，减小信号的衰减，压接时一对一对拧开放入与信息模块相对应的端口上。

2）在对绞电缆压接处不能扭绞、撕开，并防止有断线的伤痕。

3）使用压线工具压接时，要压实，不能有松动的地方。

4）对绞电缆解绞不能超过要求。

7.3.3 对绞电缆与RJ-45水晶头的连接

要使对绞电缆能够与网卡、集线器和交换机等设备相连，还需要RJ-45水晶头。RJ-45水晶头其前端有8个压接片触点，与对绞电缆的连接如图7.9所示。通常认为RJ-45水晶头与对绞电缆的连接是个小细节，没有必要专门讨论，连接的成功率只与是否细心有关。实际上，对绞电缆与RJ-45水晶头的连接是链路中很容易产生串扰的地方，需要格外注意。

1. 对绞线与RJ-45水晶头的连接方式

RJ-45水晶头的排列顺序自左至右是1、2、3、4、5、6、7、8。终接时，RJ-45水晶头的连接分为ANSI/TIA/EIA 568—A与ANSI/TIA/EIA 568—B标准两种方式，如图7.10所示。需要注意的是，不论采用哪种方式都必须与信息模块所采用的方式相同。对于RJ-45水晶头与对绞线的连接，需要了解以下事宜。ANSI/TIA/EIA 568—A方案比较适合住宅线路的升级和重新安装，因为它的线对1和线对2的导线连接方式与USOC完全相同；而ANSI/TIA/EIA 568—B接线方式是最常用的接线方案，特别是在商用通信网络的安装中更是如此。在此以ANSI/TIA/EIA 568—B为例简述如下：

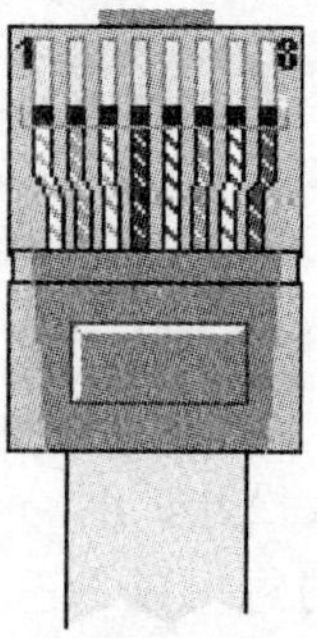

图7.9 对绞电缆与RJ-45水晶头的连接

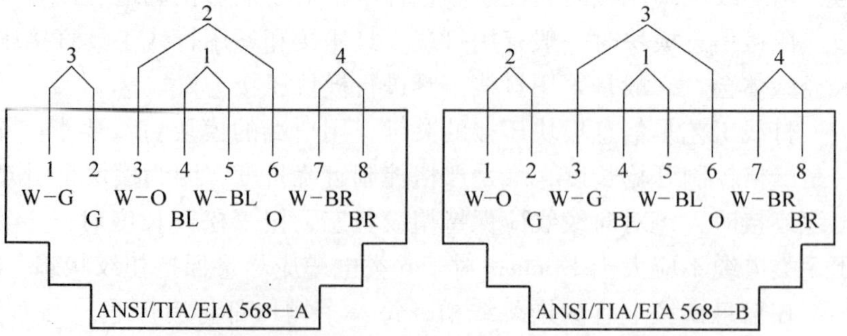

G(Green)–绿;BL(Blue)–蓝;BR(Brown)–棕;W(White)–白;O(Orange)–橙

图7.10 ANSI/TIA/EIA 568—A与568—B标准的接线方案

1）首先将对绞电缆套管，自端头剥去大约20mm，露出4对线。

2）定位对绞线以使它们的顺序号为1&2、3&6、4&5、7&8。为防止插头弯曲时对套管内的线对造成损伤，导线应并排排列至套管内至少8mm形成一个平整部分，平整部分之后的交叉部分呈椭圆形状态。

3）为绝缘导线解纽，使其按正确的顺序平行排列，导线6是跨过导线4和5的，在套管里不应有未扭绞的导线。

4）导线端面应平整，避免毛刺影响性能，导线经修整后距套管的长度14mm，从线头开始，至少（10±1）mm之内导线之间不应有交叉，导线6应在距套管4mm之内跨过导线4和5。

5）将导线插入RJ-45水晶头，导线在RJ-45水晶头部能够见到铜芯，套管内的平坦部分应从插塞后端延伸直至初张力消除，套管伸出插塞后端至少6mm。

6）用压线工具压实RJ-45水晶头。

2. 千兆位网络交叉线的连接

在综合布线系统中，Cat3、Cat5/5e和Cat6等常用缆线都是8芯的，在大多数应用中仅使用了其中的2对4根导线。例如，通常100Base-T的Ethernet使用其中第1、2、3、6根，第1、2根线通常为Tx+、Tx-和Rx+、Rx-。因此，对于10/100Mbit/s网络的布线系统，只需把1—3、2—6进行交叉连接就可以了，其他的4根线可以不使用。但对于千兆位网络来说，原来看似无用的4根线都要派上用场，具体接法如图7.11所示。

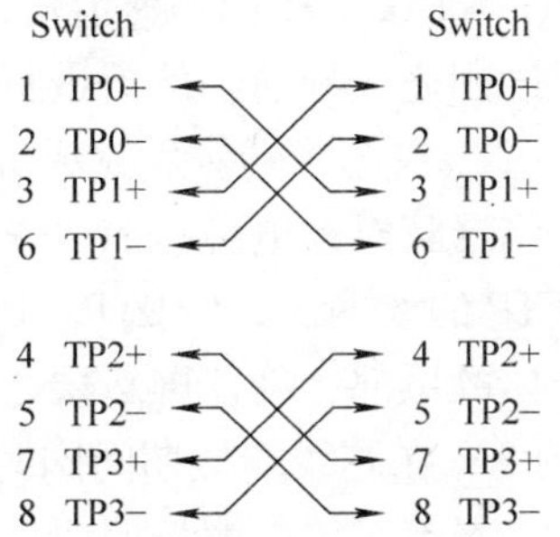

图7.11　千兆位网络交叉线的连接

按这种方式做的RJ-45水晶头，10/100/1000Mbit/s通信网络均可使用。

3. 连接RJ-45水晶头的注意事项

对绞电缆与RJ-45水晶头的连接属于一种操作性工作，经过实践很快就能掌握。将对绞电缆与RJ-45水晶头进行连接时，应注意：①按对绞电缆色标顺序排列，不要有差错；②把RJ-45水晶头点斩实；③用压力钳压实。

对于10/100Mbit/s网络的布线系统，由于只使用其中的2对4根导线，在应用上看起来显得非常浪费。再如，许多较流行的方案中往往采用Cat3对绞电缆的8芯缆线代替传统的电信语音缆线，似乎也是一种浪费。因此，有些习惯于传统网络安装的工程师们可能会将一些暂时不用的线芯先利用起来：比如将一根Cat5/5e缆线的第1、2、3、6根用于100Base-T的网络数据传输，将4、5、7、8根导线用于传输语音信号。这种方案虽然可行，但并不值得推荐，因为这些闲置的线芯只是"暂时不用"，而不是永远不用。当用户将网络升级到1000Mbit/s时，如果用现有的Cat5/5e对绞电缆来传输100Base-T的信号，则缆线中的4对8芯都将会被使用。所以，不要因现在盲目地节约而导致以后重新布线，而造成名副其实的浪费。另外，如果将电话语音缆线与通信网络用的数据缆线共用同一条对绞电缆，可能会造成信号的严重串扰，甚至降低网络带宽。由于电话的振铃电流较强，可能会对相邻的计算机网络信号传输造成极大干扰，因而在综合布线系统设计中应尽量避免这种情况。

7.3.4　屏蔽模块的端接

在布线工程中，屏蔽布线是保证传输质量和传输效率的基础。屏蔽模块的端接是指对绞电缆的屏蔽层与模块屏蔽壳体之间的端接过程，分为屏蔽层端接和8芯对绞芯线端接两个部分。

1. 屏蔽层端接的基本方法

屏蔽对绞电缆与屏蔽模块端接时应满足 GB 50312—2007 要求：屏蔽对绞电缆的屏蔽层与连接器件终接处屏蔽罩应通过紧固器件可靠接触，缆线屏蔽层应与连接器件屏蔽罩 360°圆周接触，接触长度不宜小于 10mm。屏蔽层不应用于受力的场合。

屏蔽对绞电缆屏蔽层与屏蔽模块屏蔽层之间的端接的方法取决于屏蔽对绞电缆的种类，而更多的是取决于屏蔽模块的结构。屏蔽模块的屏蔽层端接方法大体上可以分为以下 3 种情况。

（1）在芯线端接前完成屏蔽层端接

将屏蔽对绞电缆按照要求处理后，把屏蔽层（SF/UTP、S/FTP、SF/FTP 的丝网层，F/UTP、U/FTP、F/FTP 为铝箔，以及汇流导线）插入或固定在模块屏蔽壳体的尾部，确保屏蔽层之间完全导通，然后进行芯线端接。

（2）在芯线端接后完成屏蔽层端接

将屏蔽对绞电缆按照要求处理后，再进行芯线端接。然后将屏蔽层（SF/UTP、S/FTP、SF/FTP 的丝网层，F/UTP、U/FTP、F/FTP 和 F2TP 为铝箔，以及汇流导线）固定在模块屏蔽壳体的尾部，确保屏蔽层之间完全导通。

（3）在芯线端接期间同时完成屏蔽层端接

将屏蔽对绞电缆按照要求处理后，根据模块自带的说明书进行芯线端接，同时完成屏蔽层（SF/UTP、S/FTP、SF/FTP 的丝网层，F/UTP、U/FTP、F/FTP 和 F2TP 则为铝箔和汇流导线）与模块屏蔽壳体之间的端接，并确保屏蔽层之间完全导通。

无论是哪种情况，在初次端接前应根据模块说明书进行必要的模拟演练，在确认端接方法能够符合要求后再正式进行端接施工。

2.4 对对绞芯线端接

屏蔽模块内 8 芯对绞芯线的端接应遵循 GB 50312—2007 的要求，基本方法如下：

1）根据 TIA 568A 或 B 的色标，将蓝、橙、绿、棕色线对分别卡入相应的卡槽内，最好不要破坏各个线对的绞合度。注意：如果为了保证色谱而被迫改变绞距时，应将芯线多绞一下，而不是让它散开。用手或专用工具将各个线对卡到位，采用工具（斜口钳或剪刀）将多余的线对剪断，手动或采用专用工具将模块的其他部件安装到位。

2）芯线端接的打线规则在整个布线工程要求统一，不能混用。

3）剪断多余线对时，同时将模块卡接到位。

4）注意检查端接点附近是否有丝网或铝箔。如果有则全部清除，以免造成芯线对地短路。

3. 模块端接后的收尾工作

在模块芯线端接完成后，应做好以下各项收尾工作。

1）将模块的屏蔽壳体合拢，并固定对绞电缆及对绞电缆中的接地线。

2）将模块安装到面板或配线架上，整理线缆。

3）将屏蔽模块插入面板或配线架的模块孔中。

4）安装面板时应注意屏蔽电缆的弯曲半径不要过小，否则容易测试失败。

5）安装配线架时应注意屏蔽模块与配线架接地汇流排之间良好接地。

7.4　配线子系统的布线与安装

配线子系统是楼层内部由管理间到用户信息插座的最终信息传输信道，即在同一个楼层中的布线系统。由于智能建筑对通信系统的要求，需要把通信系统设计成易于维护、更换和移动的结构，以适应未来发展的需要。配线子系统分布于智能建筑的各个角落，相对干线子系统而言，一般安装得比较隐蔽。在智能建筑竣工后，该子系统较难接近，不但更换和维护缆线的费用高，而且技术要求也较高。如果需要经常对配线子系统的缆线进行维护和更换的话，就会影响建筑物内用户的正常工作，严重时还要中断用户通信。由此可见，配线子系统的管路敷设、缆线选择是布线施工的一个重要组成部分。显然，掌握综合布线系统的基本知识，从施工图中领悟设计者的意图，并从实用的角度为用户着想，减少或消除日后用户对配线子系统的更改，是非常有意义的。

7.4.1　配线子系统布线路由选择

当研究和设计配线子系统时，需考虑与设施相关的一些问题，比如家具安装的类型、办公室的物理结构和整体建筑结构。建筑物结构类型可以影响安装缆线时采用的组合方法；办公区域的类型可以决定信息插座的种类。配线电缆路由可以根据办公室的结构来决定。

影响配线子系统布线路由的主要因素有建筑物的功能、电磁干扰和外观等。在设计路由时需全面掌握建筑物的组成结构，以确定楼层管理间与工作区之间配线子系统电缆分布的最佳路径，但并不一定是最短的路径。同时，施工人员还应对专用设施的规定，国家及地方条例有一个综合了解，从而选取符合规定的电缆包层材料，确定防火墙穿入方式等各项事宜。

如果在所选路径中存在供电线路时，还要了解低压与高压电缆之间应保持的最小间距。

通信电缆路径与供电线路、设备之间的最小间距明细可参考 GB 50312—2007 和 ISO/IEC 的设计与安装指南部分。不过作为一项实用原则，非屏蔽电缆的间距为 300mm，屏蔽电缆为 70mm。最佳的路由选择需经过测量，保证配线子系统布线路径的长度在 90m 之内。

理解了布线过程中需掌握的结构和规定之后，便可以开始场地调查，确定经济的布线路由。布线和固定电缆束的方法根据所选路由的环境和结构组成来确定。如果不能满足与高压电缆的间距要求或环境恶劣需对电缆加强保护时，可使用金属管道和线槽布放对绞电缆。

一般应以水平电缆沿主要走廊和办公通道捆扎布线为原则设计布局，使电缆由楼层电信间延伸至整个工作区。这样布线尽管电缆的长度增加了，但利于安装者采用更有效的布线方法，减少对用户日常工作的影响。

从审美的角度考虑配线子系统布线时，大部分用户往往比较关心美观问题，所以需要考虑电缆接至信息插座的配线部分如何布线才美观。电缆无论是由天花板向下延伸，还是由底下系统向上分布，都需要确定信息插座处布线的路径，以易于缆线安装且达到令人满意的美观效果。

7.4.2　配线子系统的布线安装

配线子系统的管路在综合布线系统中所占比例较大，若与其他专业管路处理不当，会给电气施工带来不便。可利用 AutoCAD 绘出三维样图，在样图上注明其他专业管路的走向、标高以及各种管路的规格型号，制订出最优敷设管路的施工方案，满足管线路由最短，便于安装的要求。目前，配线子系统布线方法比较多，主要有预埋管线布线、地面金属线槽方式布线、格形楼板线槽与沟槽相结合布线、吊顶内布线、天花板内布线、网络地板布线及墙面布线等。

1. 预埋管线布线

所谓预埋管线布线就是将金属管或阻燃高强度 PVC 管直接预埋在混凝土楼板或墙体中，并由电信间向各信息插座辐射，如图 7.12 所示。这种方式具有节省材料、配线简单和技术成熟等特点。其局限性在于建筑楼板的厚度可能不够，因此，预埋在楼板中的暗管内径宜为 15～25mm，一般多选用 ϕ20mm 的管子；墙体中间的暗管内径不宜超过 50mm。同一根管道宜穿 1 条缆线，若管道直径较大，同一管道中允许最多布放 5 根缆线。

光缆与电缆同管敷设时，应在预埋暗管内预置塑料子管，将光缆敷设在子管内，使光缆和电缆分开布放。子管的内径应为光缆外径的 1.5 倍。

预埋管线布线一般用于房间小或信息点较少的地方。实践经验证明：信息点较多时，预埋管线布线法就不适宜了，可以采用地面金属线槽方式布线。

2. 地面金属线槽方式布线

地面金属线槽方式布线是为了适应智能建筑弱电系统日趋复杂，出线口位置变化不定而推出的一种新型布线方式。所谓地面金属线槽方式就是将长方形的线槽安装在现浇楼板或地面垫层中，每隔 4～8m 拉一个过线盒或出线盒（在支路上出线盒起分线盒的作用），直到信息点出口的出线盒。这种方式就是将电信间出来的缆线沿地面金属线槽布放到地面出线盒，或由分线盒引出支管到墙上的信息插座，如图 7.13 所示。

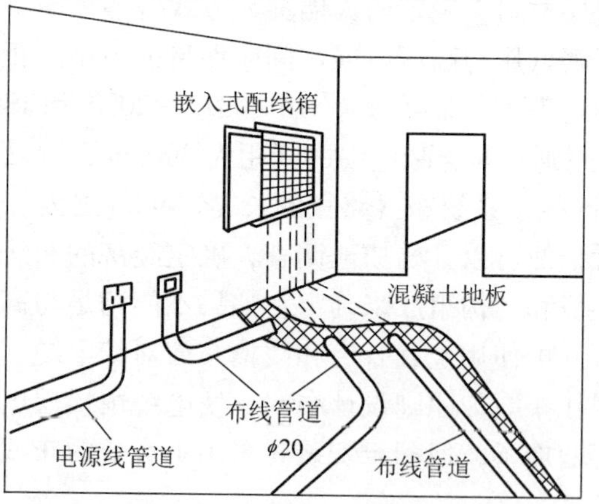

图 7.12 预埋管线布线法

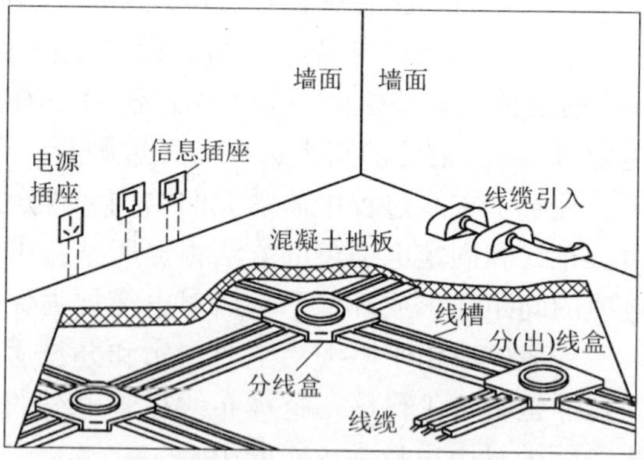

图 7.13 地面金属线槽方式布线

地面金属线槽有单槽、双槽、三槽和四槽之分，分为 50×25、70×25、100×25 和 125×25 几种规格，可根据建筑情况合理选用。敷设地面金属线槽时，电气专业应与土建专业密切配合，结合施工图出线口的位置、线槽的走向，确定分线盒的位置。金属线槽在交叉、转弯或分支处应设置分线盒；当线槽的长度超过 6m 时，应加设分线盒。设备间配线架、集线器和配电箱等设备引至线槽的线路，用终端变形连接器与线槽连接。线槽每隔 2m 处设置固定支架和调整支撑，并与钢筋连接防止移位。线槽的保护层应达到 35mm 以上，线槽连接之后应进行整体调整，请测量工用水准仪进行复核，严禁地面线槽超高。连接器、分线盒和线槽接口处应用密封条粘贴好，防止砂浆渗入腐蚀线槽内壁。在连接线槽过程中，出线口、分线盒应加防水保护盖，待底板的混凝土强度达到 50% 时，取下保护盖换上标识盖。施工中，应用钢锉对金属线槽的毛刺锉平，否则会划伤对绞电缆的外皮，使系统的抗干扰性、数据保密性和数据传输速度降低，甚至导致系统不能顺利开通。

对于明敷的线槽或桥架，通常采用粘结剂粘贴或螺钉固定。当线槽（桥架）水平敷设时，应整齐平直，直线段的固定间距不大于 3m，一般为 1.5～2.0m。垂直敷设时，应排列整齐，横平竖直，紧贴墙体，间距一般宜小于 2m。在线槽（桥架）的接头处、转弯处及离线槽两端 0.5m（水平敷设）或 0.3m（垂直敷设）处，应设置支承构件或悬吊架，以保证线槽（桥架）稳固。

金属线槽应具有良好的接地系统，并符合设计要求。线槽间应采用螺栓固定法连接，在线槽的连接处应焊接跨接线。

地面金属线槽布线方式的优点是节省空间，使用美观，出线灵活，比较适宜于较高档的智能建筑，尤其是建筑物内信息点密集、大开间需要打隔断的办公场所；缺点是投资比较多，工艺要求高，施工比较困难，局部利用率也不高。

3. 格形楼板线槽与沟槽相结合布线

格形楼板线槽与沟槽相结合布线是指，将格形楼板线槽与沟槽连通成网，沟槽内电缆为干线布线路由，分束引入各预埋线槽，在线槽的出线口处安装信息插座，如图 7.14 所示。

不同种类的缆线分槽或同槽分室（用金属板隔开）布放。一般线槽高度不超过 25mm，宽度不大于 600mm，主线线槽宽度宜在 200mm 左右；支线线槽宽度不小于 70mm。沟槽的盖板采用金属材料，方便开启；盖板面不得凸出地面；盖板四周和通信引出端（信息插座）出口处，应采取防水和防潮措施，以保证通信安全。这种方式适用于大开间或需打隔断的场所。

4. 吊顶内布线

吊顶内布线是指先走吊顶线槽、管道，再走墙体内暗管的布线方式，常用于大型建筑物或布线系统较复杂的场所，如图 7.15 所示。通常将线槽放在走廊的吊顶内，到房间的支管适当集中在检修孔附近。由于一般楼层内总是走廊最后吊顶，综合布线施工不影响室内装修，且走廊在建筑物的中间位置，布线平均距离最短。这种布线方式一般作为地面走线的补充方式，适用于公共建筑物。

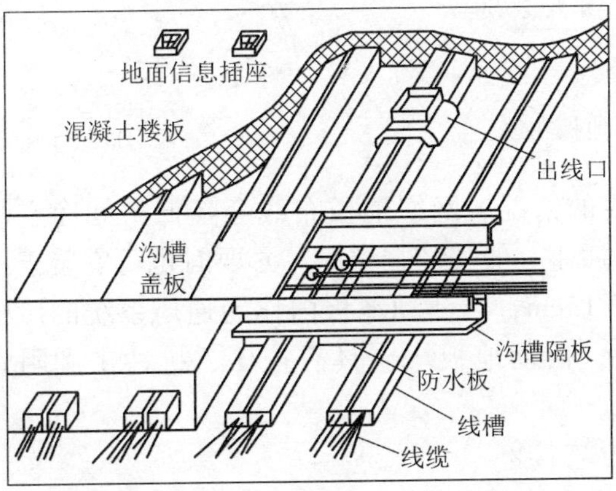

图 7.14　格形楼板线槽和沟槽示意图

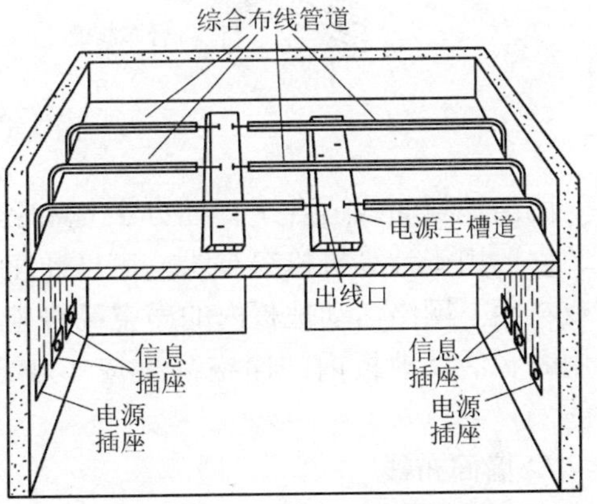

图 7.15　吊顶线槽、管道与墙内暗管结合布线

5. 天花板内布线

采用天花板内敷设缆线时，宜用金属管道或硬质阻燃PVC管予以保护。如图7.16所示，是在天花板内设置集合点（转接点）的分区布线方式。这种方式通过集合点将缆线布至各信息插座，适用于大开间工作环境。集合点一般设在维修孔附近，便于更改与维护。集合点距楼层电信间的距离应大于15m，其端口数不要超过12个。对于楼层面积不大、信息点不多的一般办公室和家居布线情况，可不设置集合点，在天花板内直接从电信间将对绞电缆布放至各信息插座，以消除来自电缆中混合信号的干扰。

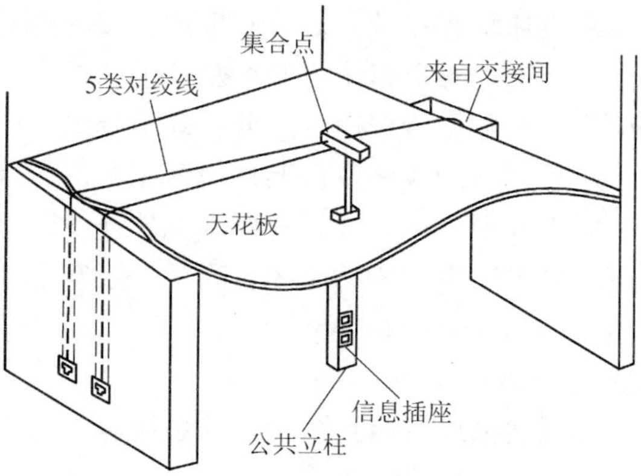

图7.16 在天花板内布线

6. 网络地板布线

网络地板是基于架空地板方式发展起来的大面积、开放性地板。网络地板布线从下至上由网络状阻燃地板、线路固定压板和布线路罩三大部分组成，可铺设地毯。各种线路可以任意穿连到位，保证地面美观。网络地板布线由电信间出来的缆线走线槽到地面出线盒或墙上的信息插座。采用这种方式布线，强、弱电线槽要分开，每隔4～8m或转弯设置一个分线盒或出线盒，如图7.17所示。

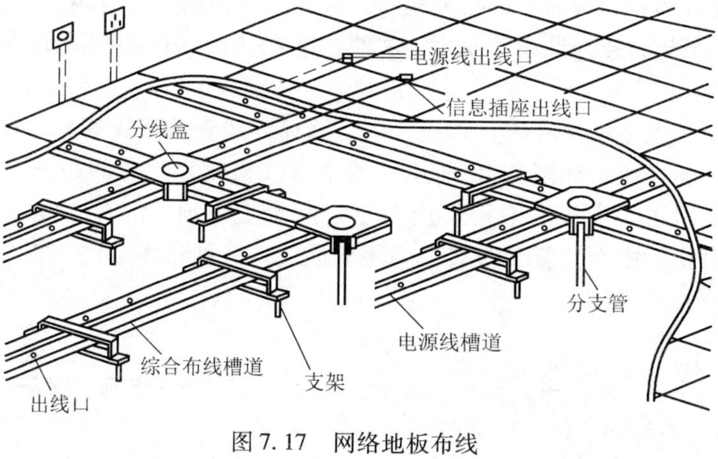

图7.17 网络地板布线

网络地板布线适合于普通办公室和家居布线的情况。网络地板布线会降低房间净空高度，一般用于计算机机房布线，信息插座和电源插座一般安装在墙面，必要时也可安装于地面或桌面。网络活动地板内的净空高度应不小于15cm，当活动地板内作为通风系统的风道使用时，活动地板内的净空高度应不小于30cm，活动地板块应具有抗压、抗冲击和阻燃性能。

7. 墙面布线

由管道或线槽、缆线交叉穿行的接线盒、电源和出线盒及其配件组成墙面布线系统，如图7.18所示。

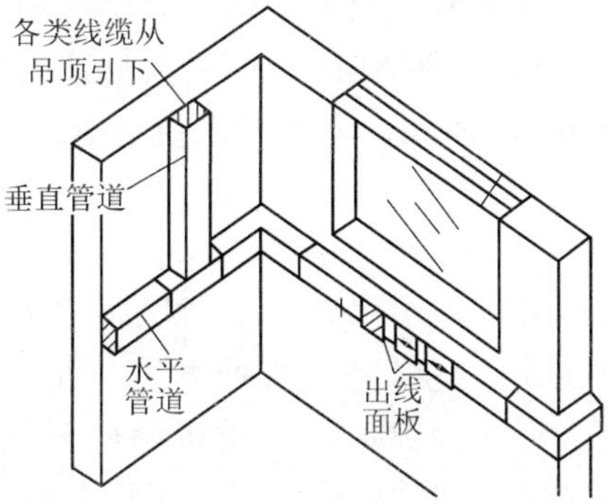

图 7.18　墙面布线

7.5　干线子系统的布线与安装

干线子系统的布线是综合布线工程中的关键部分。典型的通信网络公用设备，如 PBX 和用户服务器都是通过干线子系统进行延伸的。更重要的是，当一条配线电缆路径发生故障时，可能只影响一个或几个用户；若一条干线电缆发生故障，则有可能使几百个用户受到影响。因而许多情况，如备份、物理独立路径、接地、雷击、浪涌保护、备件以及扩容等问题，在干线子系统布线时都应予以考虑。

7.5.1　干线子系统路由选择

ANSI/TIA/EIA 568—B 标准建议干线子系统的布线系统采用分层星形拓扑结构，并用图标出可选用安装的、能提供高保密性和可靠性的管理间到管理间缆线敷设线路。通常情况下，这种星形方式安装可通过配线架配置完成。确定实施的拓扑结构将决定路由设计的逻辑方法。一旦了解了路由设计目标，便可开始收集信息，为用户提供可能的路由来选择每种方法的性价比。

当调查干线子系统的最佳路由时，需研究并考虑设施和建筑群的各个方面。因此，需调查并全面掌握干线子系统布线将要使用的路由和专用通信间，比如干线机柜是否完备，现有干线的数量，有哪些电缆孔或线槽、管道可供使用，是否埋入了干线管道系统，它们是否含有牵引线，是否有电缆桥架等。

布线走向应选择干线电缆最短、经济，确保人员安全的路由。一般建筑物有封闭型和开放型两大类通道，宜选择带门的封闭型通道敷设干线电缆。

封闭型通道是指一连串上下对齐的电信间，每层楼都有一个电信间，电缆竖井、电缆孔、管道和托架等穿过这些房间的地板层。每个电信间通常还有一些便于固定电缆的设施和消防装置。

开放型通道是指从建筑物的地下室到楼顶的一个开放空间，中间没有任何楼板隔开。例如，通风通道或电梯通道，不能用于敷设干线子系统缆线。

7.5.2　干线子系统的布线安装

综合布线系统中的干线子系统并非一定是垂直布置的。从概念上讲它是建筑物内的主干通信系统。在某些特定环境中，如在低矮而又宽阔的单层平面的大型厂房，干线子系统就是平面布置的，它同样起着连接各配线间的作用。而在大型建筑物中，干线子系统可以由两级甚至多级组成（一般不多于三级）。因此，干线子系统可分为垂直干线布线和水平干线布线两种安装形式。

1. 垂直干线布线安装

垂直干线是在从建筑物底层直到顶层垂直（或称为上升）电气竖井内敷设的通信线路。建筑物垂直干线布线可采用电缆孔和电缆竖井两种方法，如图7.19所示。电缆孔在楼层电信间浇注混凝土时预留，并嵌入直径为100mm，楼板两侧分别高出25～100mm的钢管；电缆竖井是预留的长方孔。各楼层电信间的电缆孔或电缆竖井应上下对齐。缆线应分类捆箍在梯架、线槽或其他支架上。电缆孔布线法也适于改造旧建筑物时的布线。

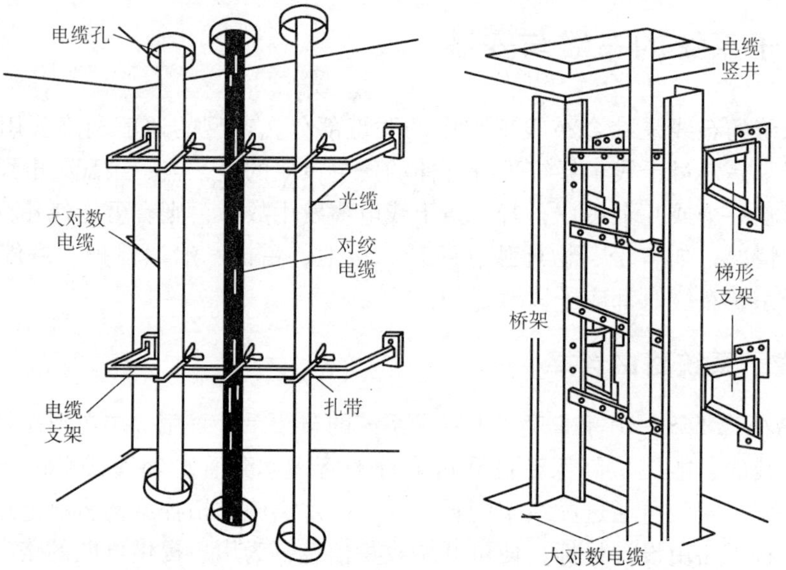

a) 电缆孔垂直布线　　b) 电缆竖井垂直布线

图7.19 垂直干线的安装

电缆桥架内缆线垂直敷设时，在缆线的顶端，并每间隔1.5m处应将缆线固定在桥架的支架上；水平敷设时，在缆线的首、尾、转弯及每间隔3～5m处进行固定。电缆桥架与地面保持垂直，不应有倾斜现象，其垂直度偏差应不超过3mm。

电缆竖井中缆线穿过每层楼板的孔洞宜为矩形或圆形。矩形孔洞尺寸不宜小于30cm×10cm，圆形孔洞处应至少安装3根圆形钢管，管径不宜小于10cm。

2. 水平干线布线

水平干线布线可以采用桥架线槽、管道托架敷设方式，如图7.20所示。

水平桥架和线槽的安装左右偏差应不超过5mm，离地面的架设高度宜在2.2m以上。如在吊顶内安装时，线槽和桥架顶部距吊顶上的楼板或其他障碍物应不小于30mm，如为封闭型线槽，其槽盖开启需有一定垂直净空，要求应有80mm的操作空间，以便槽盖开启和盖合。水平桥架和线槽应与设备和机架的安装位置平行或直角相交，其水平度偏差每米应不超过2mm。

桥架和线槽采用吊装或支架安装方式时，要求吊装或支架件与桥架和线槽保持垂直，形成直角，各个吊装件应保持在同一直线上安装，安装间隔均匀整齐，牢固可靠，无倾斜和晃动现象。

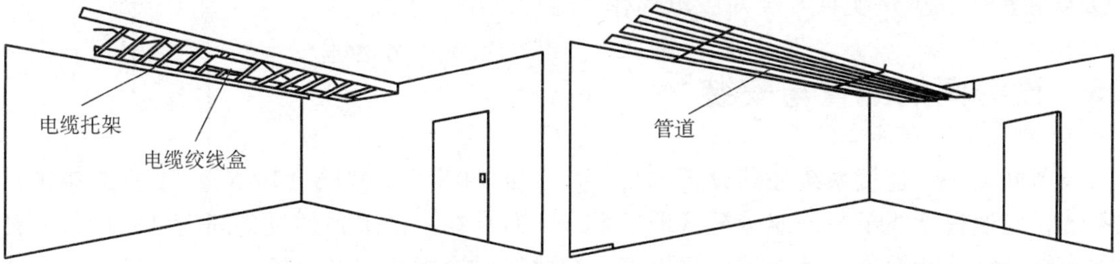

a) 托架法　　b) 管道法

图7.20　水平干线的布线

沿着墙壁安装的水平桥架和线槽，在墙上埋设的支持铁件位置应水平一致，安装牢固可靠，支持铁件间距均匀，安装后的桥架和线槽应整齐一致，不应有起伏不平或扭曲歪斜现象，其水平度偏差每米应不超过2mm。

桥架和线槽穿越楼板或墙壁洞孔处，应加装木框保护。缆线敷设完毕后，除用盖板盖严桥架和线槽外，还应用密封的防火堵料封好洞口，木框和盖板的颜色应与地板或墙壁的颜色协调一致。

两段直线段桥架和线槽连接处，应采用连接件连接，并装置牢固、端正，相接处的桥架和线槽的水平度偏差也应不超过2mm。线槽横断面及两段线槽拼接处应平滑、无毛刺。节与节之间接触良好，必要时应增设电气连接线（编织铜线），以保证桥架和线槽电气连通和接地。

主干缆线敷设在弱电井内，移动、增加或改变比较容易。布放在线槽内的缆线可以不绑扎，但槽内缆线应顺直，尽量不交叉、不溢出；在缆线进出线槽部位、转弯处应绑扎固定。在水平、垂直桥架和垂直线槽中敷设缆线时，应对缆线进行绑扎。4对对绞电缆以24根为一束，25对或以上主干对绞电缆、光缆及其他信号电缆应根据缆线的类型、缆径和缆线芯数分束绑扎。绑扎间距不宜大于1.5m，扣间距应均匀、松紧适度。

3. 干线电缆的端接

干线电缆可采用点对点端接，也可采用分支递减端接以及电缆直接连接方法。点对点端接是最简单、最直接的接合方法，它将每根干线电缆直接延伸到指定的楼层和电信间。分支递减端接是用足以支持若干个电信间或若干楼层的通信容量一根大容量干线电缆，经过电缆接头保护箱分出若干根小电缆，然后分别延伸到每个电信间或楼层，并端接于目的地的连接硬件。电缆直接连接方法是用于特殊情况的连接技术：①一个楼层的所有水平端接都集中在干线电信间；②二级电信间太小，在干线电信间完成终接。

另外，干线子系统布线及缆线终接时应注意：

1）缆线在终接前，必须核对缆线标识内容是否正确。

2）缆线中间不应有接头；缆线终接处必须牢固、接触良好。

3）对绞电缆与连接器件连接应认准线号、线位色标，不得颠倒和错接。

4）网络线一定要与电源线分开敷设，可以与电话线及电视天线放在一个线管中。布线拐角处不能将线缆折成直角，以免影响传输性能。

5）网络设备需分级连接，主干线是多路复用的，不可能直接连接到用户端设备；所以不必安装太多的缆线。如果主干距离不超过100m，当网络设备主干高速端口选用RJ-45时，可以采用单根8芯5e类或6类对绞电缆作为通信网络主干线。

7.6 设备间的配置与安装

设备间是一个连接系统公共设备的集中区，如PBX、局域网（LAN）、主机、建筑自动化系统，它通过干线子系统连接至管理子系统。通常在一个单独的设备间内可以设置一种或多种布线系统功能设备，其种类也比较多，在此仅讨论配线架、机柜安装及管理间、设备间的总体配置事宜。

7.6.1 设备间的配置与布线

设备间是大楼中数据、语音主干缆线终接的场所，也是来自建筑群的缆线进入建筑物终接的场所，更是各种数据、语音主机设备及保护设施的安装场所，一个典型的设备间如图7.21所示。

图7.21　设备间实例

由于设备间是安装支持智能建筑或建筑群通信需求主要设备的地点，所以一个良好的设备间可支持独立建筑或建筑群环境下的所有主要通信设备。设备间可支持专用小交换机、通信网络服务器、计算机、控制器、集线器、路由器和其他支持局域网与广域网连接的设备。另外，设备间还应起外部通信电缆终接点的作用，而就此用途来说，设备间也是放置通信的总接地板的最佳位置，总接地板用于接地导线与接地主干线的连接。设备间在作为建筑通信电缆入口使用的情况下，设备间布线缆线也可以采用铜缆。数据通信局的分界点应安装主保护器，可能的话，还可增加二级保护器。由于设备间中可能安装重型机械，因此水泥地板或任何高架地板需具备额定的承载重量。

设备间内的布线可以采用地板或墙面内沟槽敷设、预埋管槽敷设、机架布线架敷设和活动地板下敷设等方式。如图7.22所示，就是一种机架布线敷设示例。在设备间内如设有多

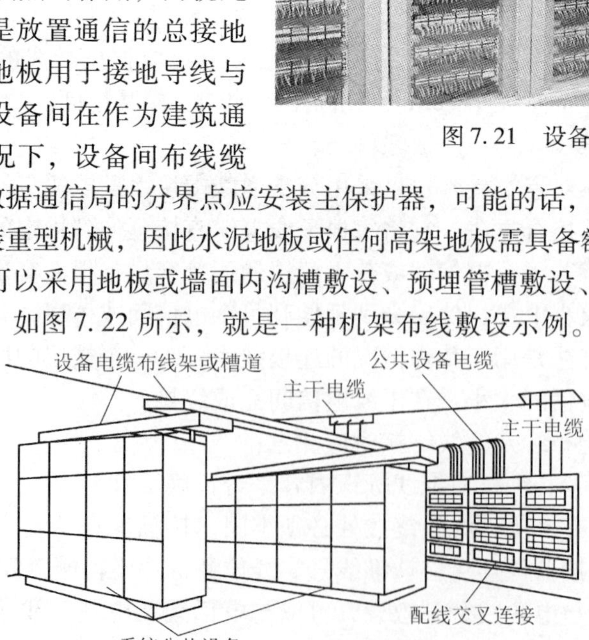

图7.22　设备间内的机架布线敷设

条平行桥架和线槽时，相邻桥架和线槽之间应有一定间距，平行的线槽或桥架其安装的水平度偏差应不超过 2mm。机柜、机架、设备和线缆屏蔽层以及钢管和线槽应就近接地，保持良好的连接。当利用桥架和线槽构成接地回路时，桥架和线槽应有可靠的接地装置。另外，所有桥架和线槽的表面涂料层应完整无损，如需补涂油漆时，其颜色应与原漆色基本一致。

活动地板下的敷设方式在房屋建筑建成后装设。通常活动地板高度为 30 ~ 50cm，简易活动地板高度为 6 ~ 20cm。

7.6.2　配线架的安装

在布线施工时，会接触到一些器件，如配线架、跳线模块等安装工作。通常把配线架分为主干配线架（MDF）和分支配线架（IDF），作用是配合管理人员进行网络管理维护，安装方法大同小异。现介绍新推出的一种 110 型配线架的安装方法。

大多数非屏蔽对绞电缆（UTP）、屏蔽对绞电缆（STP）的安装都使用配线板，因此，也就要用到 110 型配线架模块。110 型配线架系统为常用的语音数据缆线终端连接配线方式，它既可以用于墙装机柜也可用于立式机柜。110 型配线架的底端配合 110 型连接块，可将缆线嵌入打线，此后用 110 型跳线跳接。用于墙装机柜的 110 型配线架提供有腿和无腿的 50 对和 100 对可供选择；连接块有 3 对、4 对和 5 对可供选择；110 型跳线有 2、3 和 4 对供选择。

110 型配线架有多种结构，有些结构也较为简单。一般，110 型配线架的接线单元由数排或多排 110 型单元连接器构成。电缆的各条线插入到连接单元并用一种专用工具冲压，使之与内部金属片连接。为防止产生不必要的串扰，接入 110 型连接单元时，缆线的分劈长度不能超过 12.7cm（5in）。

可以看到，配线架的一面是 RJ-45 接口，并标有编号；另一面是跳线接口，上面也标有编号，这些编号和前面的 RJ-45 接口的编号逐一对应。每一组跳线都标识有棕、蓝、橙和绿的颜色，对绞电缆的色线要与这些跳线逐一对应，这样做不容易接错。

先用网线钳把对绞电缆的一头剥去 2 ~ 3cm 的绝缘层，然后分开四组线；先将棕色的线放在 1 号口的棕色跳线槽中，用手将其向下按一下，然后按照颜色标识依次放好其他的线。用打线工具，将有刃口的一面朝外，放在棕色线上，然后用力垂直向下按，听到“喀哒”一声，就表明线已打好。然后再将棕白线放在棕白跳线槽中，用打线工具将其打好。接下来依此打剩下的其他 6 条线。最后用手将线头摘下，这时会发现打线工具的刃口将线头已经切断了，看上去也很美观。打好线之后，先将 Hub、配线架安装在机柜中，再用三英尺线把 Hub 与配线架连接起来。

一般情况下，配线架集中安装在交换机、路由器等设备的上方或下方，而不应与之交叉放置，否则缆线可能会变得十分混乱。

综上所述，安装配线架及终接时，应注意以下几点：

1）分配线架挂墙安装时，下端应高于 30cm，上端应低于 2m，配线架挂墙安装时应保证垂直，垂直偏差度不得大于 3mm。

2）分配线间配线架采用壁挂式机柜包装，机柜垂直倾斜误差不应大于 3mm，底座水平误差每平方米不应大于 2mm。

3）系统终接前应确认电缆和光缆敷设已经完成，电信间土建及装修工程竣工完成，具有洁净的环境和良好的照明条件，配线架已安装好，核对电缆编号无误。

4）剥除电缆护套时应采用专用电缆开线器，不得刮伤绝缘层，电缆中间不得发生断接现象。

5）终接前需准备好配线架终接表，电缆终接依照终接表进行。

7.6.3 机柜的安装

早期的网络通信设备通常是直接放置的，但标准机柜目前已经广泛应用于通信网络机房，有线、无线通信设备间等场合。使用机柜不仅可以增强电磁屏蔽、削弱设备工作噪声、减少设备占地面积、便于使用和维护等，重要的是对于一些较高档次的机柜，通常还具有提高散热效率、空气过滤等功能，用于改善精密设备的工作环境质量。

机柜的结构比较简单，主要包括基本框架、内部支撑系统、布线系统和通风系统。对于一般的标准机柜，其外形有宽度、高度和深度3个常规指标。一般工控设备、交换机和路由器等设计宽度为48.26cm（19in）或58.42cm（23in），机柜高度一般在0.7~2.4m之间，根据机柜内设备的多少和统一格调而定。常见的成品48.26cm（19in）标准机柜高度约为1.2~2.2m，机柜的深度约为50cm、60cm或80cm。通常，因安装的设备不同，另有一些机柜是半高、桌上型或墙体式的。还有一些机柜是针对一些特殊行业而设计的，比如，行业专用机柜、配电柜（电力柜）和测试机柜等。对于一些特殊应用，机柜厂商可以量身定制各种特型机柜。

在机柜中，通常一台48.26cm（19in）标准面板设备安装所需高度可用一个特殊单位“U”来表示，大约为4.445cm，一般为设备的“安装高度”，因而使用标准机柜的设备面板一般都是按U的整数倍规格制造的。对于一些非标准设备，大多可以通过附加适配挡板装入48.26cm（19in）机箱并固定。一般，机柜内上方安装配线架，下方放置网络交换机或集线器。例如，一台标准机柜具体连接如图7.23所示。

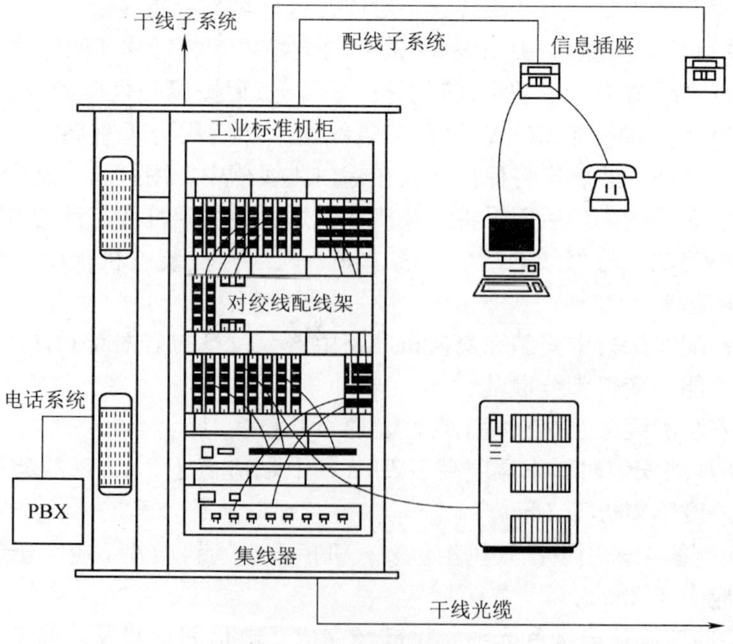

图7.23 标准机柜连接分布

在安装综合布线机柜、机架及设备时应当特别细心，即使是熟练安装人员，在安装机柜之前也应参考相应的技术说明，并注意认真清点附件以确保安装过程的顺利进行。安装过程中应当注意以下几个具体细节。

1）机柜安装时通常应当有3个人以上在现场，注意螺钉紧固，不要用力过猛以损坏设备螺口。

2）机柜安装位置应符合设计要求，机架或机柜前面的净空不应小于80cm，后面的净空不应小于60cm。壁挂式配线设备底部离地面的高度不宜小于30cm。

3）底座安装应牢固，应按设计图样的防震要求进行施工。机柜应垂直放置，柜面水平。

4）机台表面应完整、无损伤、螺钉紧固，每平方米表面凹凸度应小于1mm；柜内接插件和设备接触可靠，接线应符合设计要求，接线端子的各种标志应齐全，且保持良好。

5）机柜内配线设备、接地体、保护接地、导线截面和颜色应符合设计要求；所有机柜应设接地端子，并良好地接入建筑物接地端。

6）电缆通常从下端进入（有些设备间也从上部进入），并注意穿入后的捆扎，宜将标注签进行保护性包扎。电缆宜从机柜两边上升接入设备，当电缆较多时应借助于理线架、理线槽等理清电缆并将标注签整理朝外，根据电缆功能分类后进行轻度捆扎。

7.7 综合布线系统的标识与管理

在综合布线系统中，网络应用的变化会导致连接点经常移动、增加或减少。一旦没有标识或使用了不恰当标识，就会使用户不得不付出高昂的维护费来解决连接点的管理问题。建立管理系统的工作贯穿于综合布线的建设、使用及维护过程之中，好的管理系统会给综合布线增色；劣质的管理标识将会带来麻烦。随着ANSI/TIA/EIA 606、GB 50311—2007等标准在综合布线系统中的普及应用，越来越多的用户从自身的利益出发逐步认识到了有效的管理对于综合布线系统具有重要意义。

7.7.1 管理系统的缆线终接

管理系统的设备一般设置在主电信间和楼层电信间。主电信间主要管理建筑物的主干系统、干线子系统和设备间的缆线，建筑群子系统的缆线也在这里交汇。作为主电信间管理系统，楼层电信间在楼层范围进行配线管理，配线子系统和干线子系统的缆线在这里的配线架（柜）上进行交接。

1. 管理系统缆线的终接方式

为了适应对用户移动、增加和变化的管理要求，电信间、设备间中的设备均应采用一定的方式进行连接。常用的连接方式有直接连接、交叉连接、重复连接以及混合使用等几种方式（与电话电缆的配线方式类似）。如图7.24所示，是直接相互连接和交叉连接的示意图。用得最多的是交叉连接方式，虽然所用的设备和跳线少，但这种连接方式的系统通融性差，不灵活。

2. 管理系统缆线终接的注意事项

当配线和干线进入管理区之后，要在各种配线架（柜）和相应的管理设备上进行终结；

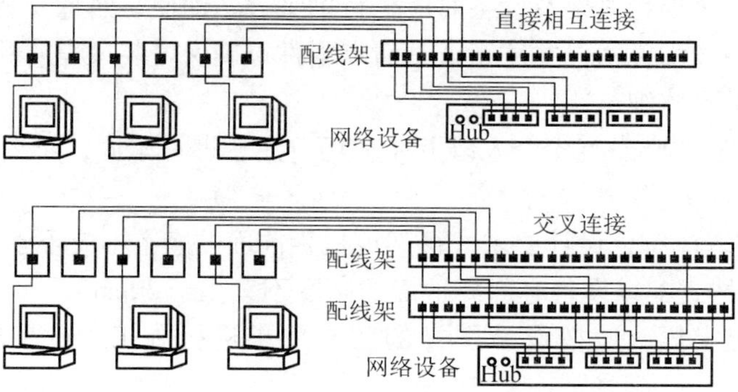

图 7.24 直接相互连接和交叉连接的示意图

配线架（柜）之间通常采用跳接线进行管理。因此选择合适的配线管理设备，并将其进行良好的连接非常重要。

在管理系统中，需充分考虑缆线的预留，这不仅可以保证有足够的缆线长度用于连接到配线架，还可逐步消除在网络布线施工中形成的缆线拉力。否则，可能会影响到通信网络系统的可靠性。

在布线安装时，不能将所有的缆线紧紧地捆绑成一束，因为这不利于消除缆线的残余应力，还可能增大缆线之间的相互干扰。而应将各种类型的通信缆线分开，选择各自最合适的位置，分别使用线套或绑扎绳将缆线扎成很多小束；然后，经过线槽之类的设备，将缆线束盘绕起来，保留一定的余量；最后，再安装连接到各自的配线设备上去。

7.7.2 布线系统的标识

大多数人认为布线施工结束后的工作就只有测试验收了，然而，对于综合布线系统来说，标识管理是日渐突出的问题，也是布线施工验收中倍受重视的内容。因为它会影响到布线系统能否有效的管理和运行维护。

1. 标签的选用

标签的选用应符合以下要求：

1）选用粘贴型标签时，缆线应采用环套型标签，标签在缆线上至少应缠绕一圈或一圈半，配线设备和其他设施应采用扁平型标签。

2）标签衬底应耐用，可适应各种恶劣环境；不可将民用标签应用于综合布线工程；插入型标签应设置在明显位置、固定牢固。

2. 布线系统的标识

综合布线系统中各部分的标识应相互联系，互为补充。

1）缆线的标识，应在缆线两端都予以标识，严格地说，每隔一段距离就要进行标识，而且要在维修口、接续处和牵引盒处的电缆位置进行标识；从材料和应用的角度讲，缆线的标签还要通过 UL969 认证。

2）空间标识和接地标识要求清晰、醒目，让人一眼就能注意到。

3）配线架和面板的标识除应清晰、简洁易懂外，还要美观。

4）对于跳线的标识要求使用带有透明保护膜（带白色打印区域和透明尾部）、耐磨损、抗拉伸的标签材料（如乙烯基）。使用这种包裹和伸展性的材料做标签，即使缆线弯曲、变形以及经常地磨损，也不会使标签脱落和字迹模糊不清。

5）面板和配线架的标签要使用连续标签，以聚酯材料为好，可以满足外露的要求。由于各厂家的配线架规格不同，有 6 口、4 口之分，标识宽度也不同，所以选择标签时，宽度和高度也要多加注意。

7.7.3　标识标签产品的应用

根据 ANSI/TIA/EIA 606 标准，针对综合布线系统产品的规格差异，许多公司制订了相应的配套产品，用户可以根据综合布线产品规格来选定标识标签产品。但是，由于许多公司受到资金、专业知识和技术水平等多种因素的限制，使许多布线安装工程中的标识管理存在着一些不规范的现象。这不仅给后续布线安装工作带来了不便，而且对将来的网络维护可能会造成不应有的困难。

1. 缆线标识常见问题

以缆线标识为例，目前仍有许多施工单位和用户在使用下面几种不规范的标记方法：

采用直接书写标记的方法对缆线进行标识。由于所用标签一般很小，有不同书写习惯的技术人员直接在上面书写各种不规则的文字，别人不容易分辨读取；即使字体工整、无可挑剔，时间长了也会变得模糊、褪色或污损。因此这种方法一般仅限于临时标记，不适合长期、耐用的情况。

对缆线进行标识的另一个方法称为“挂牌标记法”。当使用这种方法的时候，由于要将标签悬挂于缆线之上，在移动、增加以及修改的过程中，悬挂于缆线之上的标签常常被弄得一塌糊涂。

有时，也经常使用一种打号器直接在缆线上打印符号。不过，打号器会弄脏缆线，也不便于更改标识信息。

另外，在做缆线标识时，常选择不适宜的标识材料，如使用较硬而有弹性的聚酯材料或普通的聚乙烯材料等。这样，不论采取哪种粘贴方式，其材料的特性都会影响其粘贴的耐久性。这些材料只适用于平面标识，如配线架、资产和面板标识等。

2. 缆线标识的标签类型

对于布线的标记系统来说，标签的材质是关键。那么究竟什么样的标签才适合用于缆线标识呢？ANSI/TIA/EIA 606 标准推荐了两种类型。

一类是专用缆线标签，可直接粘贴缠绕在缆线上。这类标签通常以耐用的化学材料作为基层而绝非纸质。一般推荐使用的缆线标签由两部分组成，上半部分是白色的打印涂层，下半部分是透明的保护膜，使用时可以用透明保护膜覆盖打印的区域，起到保护作用。透明的保护膜应该有足够的长度以包裹电缆一圈或一圈半。另外这种材料还具有防水、防油污和防有机溶剂的性能，并不易燃烧。另外，作为缆线专用标签还要满足 UL969 标准所规定的清晰度、磨损性和附着力的要求。UL969 的试验由两部分组成：暴露测试和选择性测试。暴露测试包括温度测试（从低到高）、湿度测试范围（37℃/30 天，95% RH）和抗磨损测试。选择性测试包括粘性强度测试（ASTM D1000 测试，ASTM：美国材料试验协会）、防水性测试、防紫外线测试（日照 100/30 天）、抗化学腐蚀测试、耐气候性测试（ASTM G26 测试）以及抗低温能力测试等。只有经过了上述各项严格测试的标签才能用于缆线标识，在布线系统的整个寿命周期内发挥应有作用。例如，美国贝迪（Brady）公司生产的一种缆线标签就选用了具有良好伸展性和抗拉性的乙烯基作为标签基材，非常适合于包扎和经受弯曲的地方使用。由于受到技术和生产工艺的限制，国产缆线标签中符合 UL969 标准的品种目前还较少，无法满足多种应用的要求。

ANSI/TIA/EIA 606 标准推荐使用的另一类电缆标识是普通套管和热缩套管。套管类产品只能在综合布线工程完成之前使用，因为需要从缆线的一端套入并调整到适当位置。如果是热缩套管，还要使用加热枪使其收缩固定。套管缆线标识的优势在于紧贴缆线提供最大的绝缘性和永久性，非常适合某些特殊环境的需要，比如电力、核工业等行业。

对于成捆的线缆，建议使用标识牌来进行标识。这种标识牌可以通过尼龙扎带或毛毡带与线缆捆固定，可以水平或垂直放置。标签固定方式如图 7.25 所示。

图 7.25　标签固定方式

3. 标签的制作方法

所有需要标识的设施都要有标签。建议按照“永久标识”的概念选择材料，标签的寿命应能与布线系统的设计寿命相对应。选择了适合的标签后，所考虑的问题是如何制作标签。标签的制作有以下几种方式。

（1）使用预先印制的标签

预先印制的标签有文字或符号两种。常见印有文字的标签包括“DATA（数据）”、“VOICE（语音）”、“FAX（传真）”和“LAN（局域网）”。其他预先印制的标签包括电话、传真机或计算机的符号。这些预先印制的标签节省时间，使用方便，适合大批量需求；但这些文字或符号的内容对于以管理为目标的应用是远远不够的。

（2）使用手写标签

手写标签要借助于特制的标记笔，书写内容灵活、方便。但要特别注意字体的工整与清晰。

（3）借助软件设计和打印标签

对于需求数量较大的标签，最好的方法莫过于使用软件程序进行设计打印，例如，美国贝迪（Brady）公司的 Label Mark 软件。这类软件程序在印制标准的标签或设计、印制用户自己的专用标签时可提供很大的灵活性。如插入公司徽标、条形码、图形、符号和文字（字母和数字），制作用户自定义的标签，内容变化可谓无穷无尽。使用支持 Windows 平台的点阵式、喷墨或激光打印机可印制任何数量、各种类型的标签。如果需要制作标签的数量比较大，这种方法是最佳选择。

（4）使用手持式标签打印机现场打印

若印制的标签数量较少时，可以选用手持打印机打印标签。美国贝迪（Brady）公司生产的 ID Pro Plus 和 TLS 2200 手持标签打印机可以根据需要“现场”制作标签，配合 Label

Mark 软件可打印图形、条形码和特殊符号，也可打印中文标识内容，为标识工作提供很好的灵活性。

7.7.4　综合布线系统标识示例

综合布线系统的标识与工程规模以及应用特点具有一定的相关性，可以根据布线系统的具体构成要求进行工程标识。布线标识可以采用辅助中文说明。一个比较完整的综合布线系统标识示例（仅表示地址标识）如图 7.26 与表 7.1 所示。

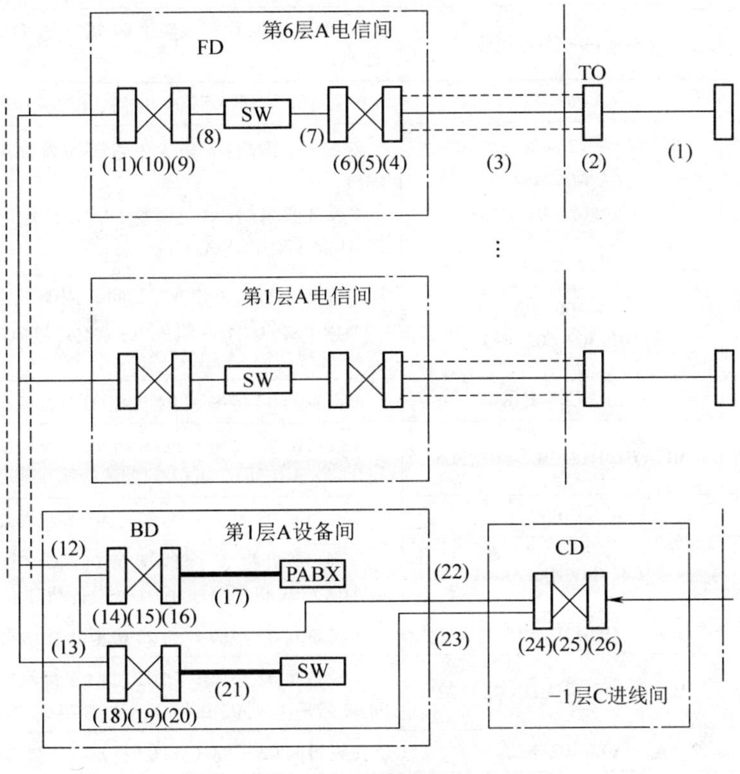

图 7.26　综合布线系统标识示例

表 7.1　综合布线系统标识符说明

位置号	含　义	标　识　符	标识符说明
1	设备缆线	A6-D02-C10	设备缆线连接到：A 建筑物 6 层-D 功能区 02 房间-C 面板第 10 端口
2	面板	D02-C10-DATA	D 功能区 02 房间-C 面板第 10 端口- DATA（数据业务）
3	水平缆线	A6-D02-C10/6A-A06-E24	端接于工作区：A 建筑物 6 层-D 功能区 02 房间-C 面板第 10 端口 端接于电信间：6 层 A 电信间-A 列 06 机柜-E 配线架第 24 端口
4	配线架	6A-A06-E24	6 层 A 电信间-A 列 06 机柜-E 配线架第 24 端口
5	跳线	A06-E24/ A06-F14	A 列 06 机柜-E 配线架第 24 端口/ A 列 06 机柜-F 配线架第 14 端口

（续）

位置号	含　义	标　识　符	标识符说明
6	配线架	6A-A06-F14	6层A电信间-A列06机柜-F配线架第14端口
7	设备缆线	A06-F14-Q02	A列06机柜-F配线架第14端口-机柜Q交换机位置02号设备端口
8	设备缆线	A06-G04-Q06	A列06机柜-G配线架第04端口-机柜Q交换机位置06号设备端口
9	配线架	6A-A06-G04	6层A电信间-A列06机柜-G配线架第04端口
10	跳线	A06-G04/A06-H02	A列06机柜-G配线架第04端口/A列06机柜-H配线架第02端口
11	配线架	6A-A06-H02	6层A电信间-A列06机柜-H配线架第02端口
12	主干电缆（语音主干）	6A-A06-H02/ A01-A02-C04/H18	端接于电信间：6层A电信间-A列06机柜-H配线架第02端口 端接于设备间：A建筑物1层-A设备间02号房-C列04机柜/H配线架第18端口
13	主干光缆（数据主干）	6A-A06-L02/ A01-A02-C02/F15	端接于电信间：6层A电信间-A列06机柜-L配线架第02端口 端接于设备间：A建筑物1层-A设备间02号房-C列02机柜/F配线架第15端口
14	配线架	A02-C04/H18	A设备间02房-C列04机柜/H配线架第18端口
15	跳线	A02-C04/H18- A02-C02/E06	A设备间02号房-C列04机柜/H配线架第18端口- A设备间02号房-C列02机柜/E配线架第06端口
16	配线架	A02-C02/E06	A设备间02号房-C列02机柜/E配线架第06端口
17	设备缆线	C02/E06-D01/J04	C列02机柜/E配线架第06端口-D程控用户交换机（PABX）01机柜/J机柜04号设备端口
18	配线架	A02-C02/F15	A设备间02号房-C列02机柜/F配线架第15端口
19	跳线	A02-C02/F15- A02-C02/K22	A设备间02号房-C列02机柜/F配线架第15端口- A设备间02号房-C列02机柜/K配线架第22端口
20	配线架	A02-C02/K22	A设备间02号房-C列02机柜/K配线架第22端口
21	设备缆线	C02/K22-J04	C列02机柜/K配线架第22端口-机柜J交换机位置第04号设备端口
22	主干电缆（语音主干）	A02-C04/T32—1C-A01/T22	A设备间02号房-C列04机柜/T配线架第32端口—地下1层C进线间-A列01机柜/T配线架第22端口
23	主干光缆（数据主干）	A02-C02/T15—1C-A01/T01	A设备间02号房-C列02机柜/T配线架第15端口—地下1层C进线间-A列01机柜/T配线架第01端口
24	配线架	—1C-A01/A01	地下1层C进线间-A列01机柜/A配线架第01端口
25	跳线	—1C-A01/A01—1C-A02/B01	地下1层C进线间-A列01机柜/A配线架第01端口—地下1层C进线间-A列02机柜/B配线架第01端口
26	配线架	—1C-A02/B01	地下1层C进线间-A列02机柜/B配线架第01端口

7.7.5 综合布线的标识管理

传输介质从同轴电缆发展到现在的对绞电缆和光缆，数据传输速率由十兆、百兆发展到千兆。国际测试验收标准也由 ANSI/TIA/EIA 568—A 更新到了 ANSI/TIA/EIA 568—B。与此同时，还推出了 ANSI/TIA/EIA 606《商业建筑电信基础结构管理标准》；我国颁布的 GB 50311—2007、GB 50311—2007 也提出了明确规定。然而，在实际工程中，综合布线工程的甲乙双方和工程监理所关心的往往是工程的质量，如缆线敷设是否符合标准、能否通过测试验收和工程造价是否超预算等。而与用户关系最为密切的布线文档和标签标识往往被忽略。经常发生的情况是，当网络运行维护人员进入机房时，发现缆线和相关设备上贴的标识已经脱落，用户线路信息已无处查找。

随着综合布线工程的普及和布线灵活性的不断提高，用户变更网络连接或跳接的频率也在不断增加，网管人员已不可能再根据工程竣工图或网络拓扑结构图来进行网络维护。那么，如何通过有效的办法实现综合布线的管理，使网管人员有一个清晰的网络维护工作界面呢？这就是综合布线系统的管理。所谓综合布线系统管理，一般有两种方式：①智能管理；②物理管理。

1. 智能管理

智能管理有时也称为逻辑管理，它是通过综合布线管理软件和电子配线架来实现的一种管理方式。通过以数据库和 CAD 图形软件为基础制成的一套文档记录和管理软件，实现数据录入、网络变更和系统查询等功能，使用户随时拥有更新的电子数据文档。智能管理方式需要网管人员有很强的责任心，需要时时根据网络的变更及时将信息录入数据库。另外，需要用户一次性投入的费用也比较大。

2. 物理管理

物理管理就是目前普遍使用的标识管理系统。根据国家标准的规定：传输机房、设备间、传输介质终端、对绞电缆、光缆和接地线等都要有明确的编号标准和方法。通常施工人员为保证缆线两端的正确终接，会在缆线上贴上标签。用户可以通过每条缆线的唯一编码，在配线架和面板插座上识别缆线。由于用户每天都在使用综合布线系统，而且用户通常自己负责综合布线系统的维护，因此越是简单易识别的标识越容易被用户接受。一般标识使用简单的字母和数字进行识别。现在许多制造商在生产面板插座时预印了“电话”、“电脑”、“传真”等字样，但建议不要在面板插座上使用这些图标。因为，这些标识信息既不完整，达不到管理的目的，也会使综合布线基础设施不再具有通用性。

7.8　电缆敷设技术

电缆敷设技术在综合布线系统中占有非常重要的地位，而高性能铜线的连接往往具有更高的技术难度和要求，因此有必要讨论有关电缆敷设技术问题。

7.8.1　电缆敷设方式

在电缆敷设施工中，首先应当考虑的是建筑物连接与入口，无论是架空电缆布线还是直埋电缆管道布线，电缆路由的起点和终点几乎都是与建筑物相连的。这些线路相互之间必须保持隔离，以避免与行人、车辆及供电服务线路发生接触。这些线路通常从同一位置进入建筑物结构，因此建筑物入口连接应由具备资格的结构工程师来协调。

在建筑群子系统中，电缆敷设方法有直埋管道布线、架空电缆布线和直埋电缆布线等几种方式。其中，直埋电缆布线是在地沟中敷设电缆，在网络综合布线中一般不被采用。在此讨论直埋管道布线和架空电缆布线两种方式。

1. 直埋管道布线

在相距较远的两幢建筑物之间往往考虑直埋管道布线，如图7.27所示。这并不仅仅因为美观，其中一个更重要的因素是直埋管道通常具有更高的可靠性和易维护性。

为了保证电缆敷设后的安全性，管材和其附件需使用耐腐和防腐材料。地下电缆管道穿过建筑物的基础或墙壁时，如采用钢管，应将钢管延伸到土壤未扰动的地段。引入管道应尽量采用直线路由，在电缆牵引点之间不得有两处以上的直角拐弯。管道进入建筑物地下室处，应采取防水措施，以避免水分或潮气进入室内。管道应有向室外倾斜的坡度，坡度一般不小于0.3%～0.5%。在室内从引入电缆线的进口处敷设到设备间配线接续设备之间的电缆线长度，应尽量缩短，一般应不超过15m，并设置明显标志。引入缆线与其他管线之间的平行或交叉的最小净距需符合标准要求。

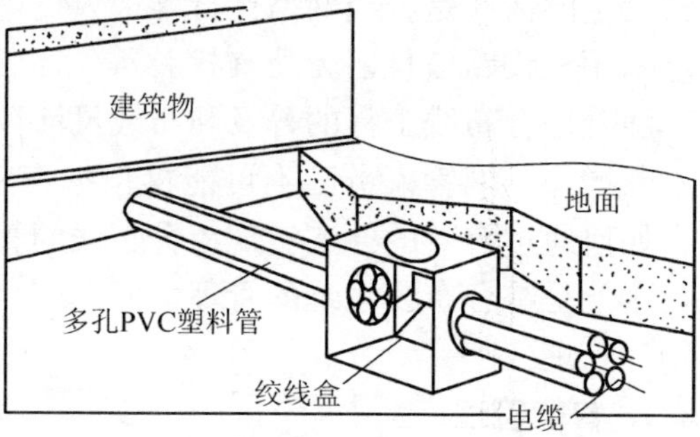

图7.27　建筑群子系统直埋管道布线

施工前应核对管道占用情况，清洗、安放PVC塑料管，同时放入牵引线，计算好布放长度，一定要有足够的预留长度。另外，一次布放长度不要太长，且布线应从中间开始向两边牵引，缆线牵引力一般不大于1200N。

2. 架空电缆布线

如果两幢建筑物相隔很近，可以考虑采用架空电缆布线方式。虽然目前在城市建设布线中并不提倡这种方式，但出于成本考虑，在某些距离不远的布线施工中也还可以采用这种方式。

对于建筑群子系统而言，进行户外架空电缆布线施工，通常采用吊线托挂架空方式。即用钢绞线在两端固定拉接一条吊线，然后每隔一定距离用特制的挂扣将电缆掉挂在钢绞线上，从而避免了无依托电缆因自身重量而造成下垂的现象，如图7.28所示。在必要时，甚至还会在电缆的某一端绕O形圈来确保电缆自由伸缩余量。这种方式的特点是安装简单，价格相对较便宜，因而有较广泛的应用。实际上，在很多建筑物之间的通信电缆或CATV的HFC电缆架设多采用这种方式，但挂钩的加挂和整理比较费时。

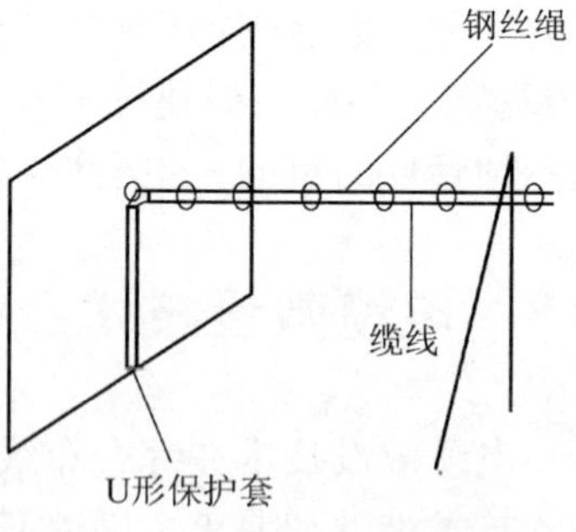

图7.28　架空电缆布线

实际上，架空电缆布线一般很少用于建筑群通信网络，而更多的是用于CATV、语音电话等线路的安装，毕竟这种安装的美观性较低。除非已经有架空路径相关的条件或者规范专门规定，一般不宜采用架空电缆布线的方式。

7.8.2　电缆的布放

由于综合布线工程的不同，可采用不同的放线方法，通常采用以下两种方式。

1. 从纸板箱中拉线

一般，电缆线出厂时都包装在各种纸板箱中。如果纸板箱是常规类型的，通过使用下列放线技术能避免缆线的缠绕。

1）撤去有穿孔的撞击块。

2）将电缆线拉出 1m 长，让塑料插入物固定在应有的位置上。

3）将纸板箱放在地板上，并根据需要放送电缆线。

4）按所要求的长度将电缆线割断，需留有适当余量供终接、扎捆及日后维护使用。

5）将电缆线滑回到槽中，留数厘米在外，并在末端系一个环，以使末端不滑回到槽中。

如果纸板箱的侧面有一个塑料塞，则可：

1）除去塑料塞。

2）通过孔拉出数米电缆线。

3）将纸板箱放在地板上，拉出所要求长度的电缆线，割断它，将电缆线滑回到槽中，留数厘米伸在外面。

4）重新插上塞，固定电缆线。

2. 从卷轴或轮上布放电缆线

用来布放电缆线的卷轴和轮子有多种，从卷轴或轮上布放电缆线的要点是：

1）为了使用来自卷轴的电缆线，打开纸板箱的顶盖，并将一个有孔的顶盖翻下，使此箱盖上的孔与纸板箱侧面的孔对齐，把一段 2cm 或 3cm 长的管子从孔中插入，穿过卷轴，然后，穿过对应侧面上的孔，即顶盖翻下来与侧面孔对齐。

2）较重的电缆线需绕在轮轴上，不能放在纸箱中。例如，同时布放走向同一区域的多条“4 对”电缆线，可先将电缆线安装在滚筒上，然后从滚筒上将它们拉出，如图 7.29 所示。

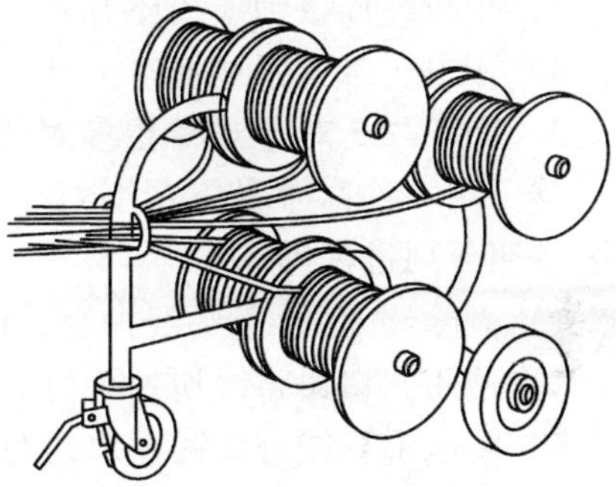

图 7.29　用缆线轴布放多条电缆

线缆布放人员要注意保持平滑和均匀地放线。对于带卷轴包装的电缆，一次拉出的线不能过多，主要是应避免多根电缆缠结环绕。拉线工序结束后，两端留出的冗余电缆要整理并保护好，这时应特别注意不要让现场的污染物进入两端电缆的包层；盘线时要顺着原来出厂时的盘绕方向，并在线两端进行临时标注。

7.8.3　电缆的牵引

所谓电缆牵引就是用一条牵引线或一条软钢丝绳将电缆牵引穿过墙壁管道、天花板或地板管道。牵引所用的方法取决于要完成作业的类型、电缆的质量和布线路由的难度，还与管道中要穿过电缆的数目有关。在已有电缆的拥挤管道中穿线要比空管道难得多。而且，对于不同的电缆牵引方法也不相同，例如，牵引“4 对”电缆与牵引“25 对”电缆（又有单条及多条之分）不同。当然，建筑物之间的干线电缆的连接技术就更不一样了。但是，不管在哪种场合都应遵守一条规则：使牵引线与电缆的连接点应尽量平滑。

1. 牵引“4 对”对绞电缆

标准的“4 对”对绞电缆很轻，通常不要求更多的准备，只要将它们用电工带子与拉绳捆扎在一起就行了。当牵引多条（如4条或5条）“4对”缆线穿过一条路由时，可用下列方法：

1）将多条对绞电缆聚集成一束，并使它们的末端对齐。

2）用电工带紧绕在对绞电缆束外面，在末端外绕长5～6cm。

3）将拉绳穿过电工带缠好的对绞电缆，并打好结。

如果在牵拉对绞电缆的过程中，连接点散开，则要收回对绞电缆和拉绳重新制作更牢固的连接。为此，可以：

1）除去一些绝缘层暴露出5cm长的裸线。

2）将裸线分成两条。

3）将两束导线互相缠绕起来形成一个环。

4）将拉绳穿过此环，并打结，然后将电工带缠到连接点周围，要缠得结实和平滑。

2. 牵引单条“25对”对绞电缆

牵引单条的“25对”对绞电缆，可用下列方法：

1）将对绞电缆向后弯曲以便建立一个环，直径约为15～30cm，并使对绞电缆末端与缆线本身绞紧。

2）用电工带紧紧地缠在绞好的对绞电缆上，以加固此环。

3）把拉绳连接到缆线环上。

4）用电工带紧紧地将连接点包扎起来。

3. 牵引“25对”或“更多对”的对绞电缆

这可用一种称为芯套/钩连接。这种连接非常牢固。它能用在“几百对”的缆线上，为此要按照下列过程操作：

1）剥除约30cm的缆线护套，包括导线上的绝缘层。

2）使用斜口钳将线切去，留下约12根（一打）。

3）将电缆导线分成两个均匀的绞线组。

4）将两组绞线交叉穿过拉线的环，在缆线的那边建立一个闭环。

5）将缆线一端的线缠绕在一起以使环封闭，如图7.30所示。

6）然后，用电工带紧紧地缠绕在缆线周围，覆盖长度约5cm，然后继续再绕上一段。

在某些重缆线上装有一个牵引眼，在缆线上制作一个环，以使拉绳能固定在它上面。对于没有牵引眼的重缆，可以使用一个芯套/钩或一个分离的缆夹。将夹子分开并将它缠到缆线上，在分离部分的每一半上有一个牵引眼。当吊缆夹已经缠在缆线上时，可同时牵引两个拉眼，使夹子紧紧地保持在缆线上。

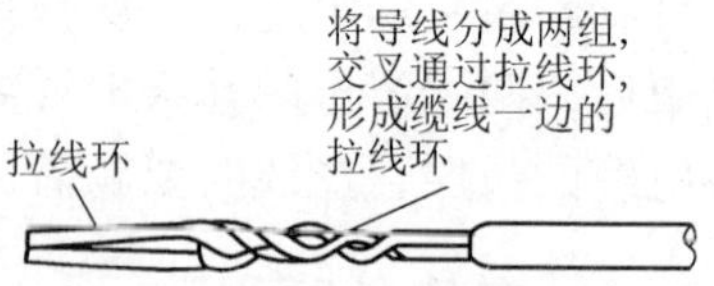

图7.30 用一个芯套/钩牵引缆线

4. 电缆牵引时的最大拉力

最大拉力指电缆导体变形之前，电缆可承受的牵拉力极限的上限。超出这一极限值会造成外观损伤，在综合布线系统终检和认证时会发现痕迹。目前，对于高速数据电缆，不能再用几年前对对绞电缆和同轴电缆的牵引方法来牵引了。拉力过大，缆线变形，会引起缆线传输性能下降。许多安装人员习惯将电缆绕在手上以便抓得更牢，但这种做法对电缆的安装无疑是十分有害的。缆线最大允许拉力为：

1）1 根 4 对对绞电缆，拉力为 100N。

2）2 根 4 对对绞电缆，拉力为 150N。

3）3 根 4 对对绞电缆，拉力为 200N。

4）n 根 4 对对绞电缆，拉力为（$n \times 50 + 50$）N。

不管多少根对绞电缆，最大拉力不能超过 400N，速度不宜超过 15m/min。

对安装技术人员来说，这意味着在不使用弹簧平衡的情况下，现场施工时需注意：

1）选择的电缆路由应比较通畅。

2）在阻碍电缆的任何位置安装摩擦力适中的电缆导向，或安排人员在该位置引导电缆。在外部线路管道安装过程中，要采用双向联络，以保证牵拉与馈送电缆的动力协调一致。由于主干线直径大于建筑物内部各分支使用的电缆直径，所以室外线路牵拉操作经常可能需要机械绞线车辅助。

3）长距离牵拉要配备足够的人力，保证电缆的重量不影响正常的拉力。

4）当电缆穿过主干管道和电缆槽牵拉时，主干管道、电缆槽与电缆接触的表面摩擦会使拉力急剧增加。在安装光缆时也要注意同样的情况，尽管光缆的最大拉力比铜缆大得多。

5）各生产厂家产品的最大拉力极限值可能有所不同。如果可能，应向电缆生产厂家咨询，以确定其特定电缆类型的最大拉力。

对于牵拉缆线的速度，从理论上讲，线的直径越小，则牵拉的速度愈快。但是，有经验的安装者采取慢速而又平稳的牵拉速度，而不是快速的牵拉。原因是快速牵拉会造成缆线的缠绕或被绊住。

5. 布线时的最小弯曲半径

布线的最小弯曲半径通常又称为布线转弯半径。在方案设计中虽然希望能有效地利用建筑物的结构和外观进行电缆的敷设，但在许多情况下，仍然不可避免地会有线槽、线管或线轨需要绕行和转角。最小弯曲半径与最大拉力同样重要。这个看似微不足道的机械设计参数可能会给安装的电缆造成灾难性的损坏。

线槽或管道通常已经有许多现成的弯管和各式各样的接头，数据信息电缆不能完全按照动力线的敷设方法，随便转弯、续接或缠绕打结。特别是光缆在转弯时，其布线最小弯曲半径要大于等于光缆自身直径的 20 倍。如果小于这个半径，就有可能会损伤光纤的纤芯。虽然通过仪器能较快地确认断点的位置并进行接续，但每次依次接续都不可避免地会增大接续损耗而影响性能。另外，即使光纤的纤芯没有断裂，但由于形变所产生的拉伸或挤压也是非常有害的，很可能会造成光纤内部的模场不一致、纤芯不同圆和包层同心度不准或轴心错位。其中，光纤模场直径不一致影响最大。根据 ITU-T 的建议书，单模光纤的容限标准为模场直径，约为（9～10）（1±10%）μm。换句话说，即容限约为 ±1μm。同时包层直径约为（125±3）μm、模场同心度误差应不大于 6%、包层不圆度范围应不大于 2%。所以，光缆施工中必须注意小心轻放，切勿施以过大的牵引力或压力，同样在转角布线中也不能强行转弯。几乎每个安装人员在安装第一条光缆的同时，就要对最小弯曲半径做到心中有数。保持缆线所有弯曲处不小于缆线最小弯曲半径，才能保证不降低缆线传输性能的等级。

同样的问题也可能发生在对绞电缆施工中。一般数据通信网络敷设用的对绞电缆的线芯可分为单芯或多芯。这里所指的“芯”不是指对绞电缆中相互缠绕的某一根，而是指一簇裸铜细丝组成多芯，外面以氟化乙烯做绝缘包层，再相互缠绕。当然，多芯对绞电缆较易于转角不易折断，但由于通过的高频信号会产生一种“趋肤效应”，所以会产生比单芯对绞电缆更大的阻抗，因而不宜用于宽带网络建设，也不适宜长距离传输。单芯对绞电缆适合高频长距离传输，但施工时，其布线最小弯曲半径通常小于电缆直径的8倍，即约3.18cm，否则铜芯可能会折断而影响网络通信的稳定性。

7.8.4　电缆的处理

1. 电缆的剥皮

当准备连接电缆时，需注意以下规则：剥去一段电缆外皮，露出适当的工作长度。用于插座连接时露出长度为25~50mm，用于压接配线架连接时可以再长一点，小心地反向捻散导线，便于在导体槽中与IDC连接。注意：改变导线的几何形状和导线结构是造成整个系统故障的主要原因。尽管这一规定就每一个插座来说相当简单，但当终接的电缆压入模块或配线架时，的确可能会因某些细节上的疏忽而产生故障。

导线绝缘错位连接应当遵照生产厂商的建议或使用的工业条例，导线排列整齐，绝缘错位连接表面尽可能齐平。为了便于连接操作，成品电缆不必再剥皮，这样保证电缆尽可能最大限度的完整性。如果在连接过程中必须剥去几厘米外皮才便于正确地连接，同样也要符合操作规程。

2. 电缆的捆扎与固定

电缆的结构类型在某种程度上决定着电缆捆扎的固定方法。在安装过程中用于配线子系统的光缆和铜缆的直径一般比用于干线子系统的电缆细，也是安装过程中较容易产生问题的地方。为使布线施工中发生的故障减至最少，通常应采取以下几项措施。

1）电缆的初始路径应沿建筑物的走廊和门厅布置。

2）在存在已有设施的情况下，电缆路径应与设施管理相协调。尤其是与供暖、通风和供冷管道以及消防喷水系统安装者协调电缆路径也是很重要的，因为这些行业设施通常占据天花板的大部分空间，而且先于天花板布线系统安装。

3）路由确定之后，沿电缆路径安装电缆支撑系统。这样可以使电缆牵拉导向或用滑轮保护电缆。所有电缆缚于电缆支撑托架或托钩上并被绑扎成为整齐的线捆，捆扎电缆时应注意牵拉其两端的多余部分。与管道或电缆槽安装类似，应在电缆布线中的转弯、过渡之处的两侧加上支撑，这样也有利于符合铜缆和光缆的最小弯曲半径。支撑较粗电缆捆时要在拐角处安装附加支撑。

4）在选择垂直干线支撑系统时，电缆可承受的垂直距离是需要考虑的一个重要因素。垂直距离通常以米（m）为单位。它是电缆在不降低系统等级的情况下，可以承受长期拉伸应力的线性函数。在垂直干线布线系统中，电缆可直接固定在墙上，也可通过每层楼板一点或多点固定，将电缆长期拉伸负荷的影响减至最小。不过，安装在管道中的主干电缆一般不在每层地板支撑，需在拉线盒中或电缆中点位置安装支撑机制。

5）在各种情况下，电缆必须以整齐固定的方式捆扎起来，但不能挤伤或损坏电缆的外皮，也不能受到局部损伤。

6）对于对绞电缆，通常采用标准尼龙线捆扎。电缆捆扎带所施压力会造成电缆捆的瓶颈效应，因为电缆捆绑过紧会导致电缆的几何形状和局部结构发生变化。如果电缆受外力作用挤压过紧，易形成电缆噪声，增加隐患。就光缆安装而言，过大的应力会因微弯曲而造成衰减加剧，严重时可能会造成单股光纤纤芯折断。

3. 电缆续接和伸缩余量预留

如果布线时没有考虑足够的电缆接续余量，很可能因为仅仅差一点点而束手无策。当然也还是有一些补救措施的，比如用对绞电缆的直通或三通在其两端各压制一个 RJ-45 水晶头，然后接入。这只是简单地续接，没有信号放大功能，所带来的只是增加串扰和损耗，应当尽量避免使用。一般来说，应预留一段缆线作为备用，使电缆可以从配线架中拉出，其长度足以灵活地重新终接。备用电缆的长度取决于配线架的尺寸和信息插座的配置情况。

通常的电缆或线槽、线轨等都可能受热胀冷缩等因素的影响而产生一定形变，这种形变产生的应力往往大得出乎意料，可能使原先做好的电缆接续点拉伸开裂或挤压变形，所以在布线施工中应该对电缆做适当余量预留。比如，光缆在直埋、架空布线以及墙体内直埋时，应注意保留一定的余缆并盘结成 O 形卷圈。无论是对绞电缆还是光纤，冗余缆线的预留，一方面可用于未来的扩展，更重要的是可用来应急使用。如果出现故障，则可通过在配线架上的跳线启用这些缆线，否则只有将维护和使用分开进行。

4. 屏蔽对绞电缆的屏蔽层处理

屏蔽对绞电缆是综合布线产品系列中的一类，是经过特殊设计、添加了屏蔽材料所构成的。屏蔽对绞电缆的屏蔽层结构分为两大类：总屏蔽技术（在 4 对芯线外总的添加屏蔽层）和线对屏蔽技术（在每个线对外界的屏蔽层），而线对屏蔽技术与总屏蔽技术相组合，再加上屏蔽材料的变化，就形成了各种类型的屏蔽对绞电缆。一般说来，屏蔽对绞电缆的屏蔽层可以分 3 种情况处理。

（1）含有丝网的屏蔽对绞电缆

此类屏蔽对绞电缆有 SF/UTP、S/FTP 和 SF/FTP 等，它们的特点是屏蔽层含有铜丝网和铝箔，端接时可以仅进行丝网的屏蔽层端接，而不进行铝箔层的屏蔽端接。基本方法如下：

1）精确测量需要保留的长度，剪断多余的线缆后，在电缆上制作永久性标签。

2）使用专业剥线刀剥离屏蔽对绞电缆的护套，避免剥离护套时将铜网或铝箔剪断。为保证端接质量，通常会在距离电缆末端 5cm 处进行线缆的外护套剥离。

3）剪去铝箔层，将丝网翻转后均匀覆盖在屏蔽对绞电缆的护套外。

（2）仅含铝箔层且铝箔层导电面向内的屏蔽对绞电缆

此类屏蔽对绞电缆有 F/UTP、F/FTP 和 F2TP 等，它们的特点是屏蔽层含有铝箔（导电面在内侧）和汇流导线，端接时需要将铝箔和汇流导线进行屏蔽层端接。基本方法如下：

1）精确测量需要保留的长度，剪断多余的线缆后，在电缆上制作永久性标签。

2）使用专业剥线刀剥离屏蔽对绞电缆的护套，避免剥离护套时将铜网或铝箔剪断。为保证端接质量，通常会在距离电缆末端 5cm 处进行线缆的外护套剥离。

3）剪去铝箔层翻转后，均匀覆盖在屏蔽对绞电缆的护套外，导电面向外。

4）对于 F/FTP、F2TP 对绞电缆，还应将内层的铝箔剪去。

5）用模块包装的金属箔粘在电缆的开剥处。注意要可靠紧固地粘住，之后将多余铝箔剪断。

6）将导流线缠绕在铝箔层外。

（3）仅含铝箔层且铝箔层导电面向外的屏蔽对绞电缆

此类屏蔽对绞电缆有 U/UTP 等，特点是屏蔽层含有铝箔（导电面在外侧）和汇流导线，端接时需要将铝箔和汇流导线进行屏蔽层端接。基本方法如下：

1）精确测量需要保留的长度，剪断多余的线缆后，在电缆上制作永久性标签。

2）使用专业剥线刀剥离屏蔽对绞电缆的护套，避免剥离护套时将铜网或铝箔剪断。为保证端接质量，通常在距离电缆末端5cm处进行线缆的外护套剥离。

3）剪去铝箔层翻转后，均匀覆盖在屏蔽对绞电缆的护套上，导电面向外。

4）将导流线缠绕在铝箔层外。

7.9 综合布线系统安装示例

在上面几节中，分别介绍了综合布线系统安装施工的一些实用技术，现给出一个综合布线系统安装示例。组建一个通信网络，首先要做好系统初期的规划和设计、综合布线系统的设计图和施工图，确定使用何种缆线（光缆、电缆）作为网络通信的主干缆线，楼层中节点的位置、数量都要同时确定。在施工过程中，可以预先埋放好铺设缆线的管道。在建筑施工的后期也就是装修阶段，开始具体的布线工作。最后组建的通信网络系统如图7.31所示。在图7.31b中，A为主干线，B是安装在主干线上的收发器；它们属于干线子系统。D是

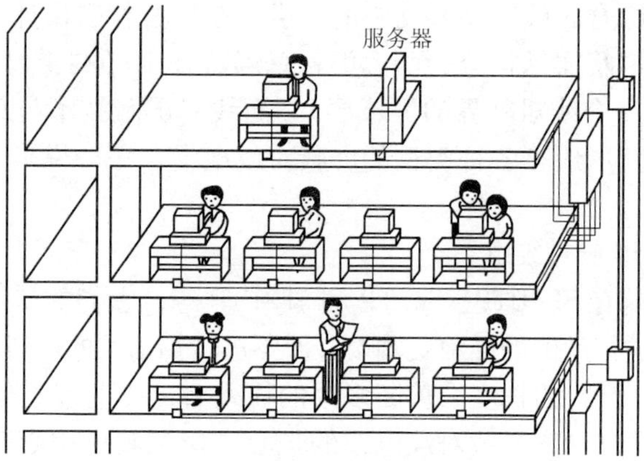

a) 综合布线结构示意

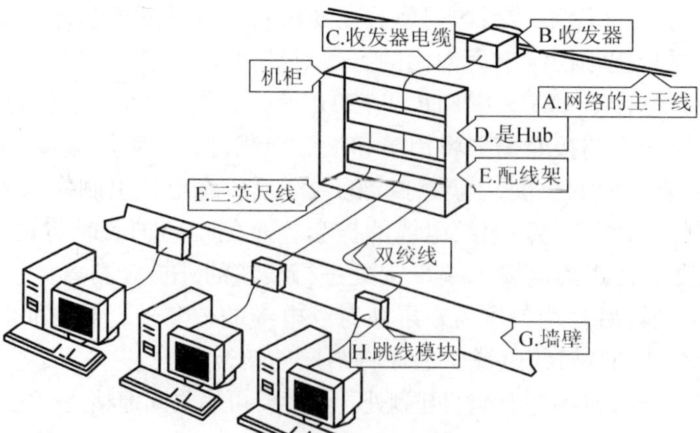

b) 网络布线设施连接示意

图7.31 网络综合布线示例

Hub，如果此楼层的机器数量多，可能要安装若干个智能 Hub；C 是收发器电缆，它连接着收发器与 Hub；设备 E 是配线架；D、E 之间的连接线 F 叫做三英尺线，它也是由对绞电缆制作的，两端是 RJ-45 水晶头，其长度恰好是三英尺。在实际安装中，通常要把 D、E、F，也就是 Hub、配线架、三英尺线放在一个专用机柜中；机柜通常安装在一个通风的房间或者直接放在大楼弱电井中，形成管理功能。在图 7.31b 中，G 是墙壁，H 是跳线模块，包括安装在墙壁上的电话线插座；这一部分属于配线子系统。从图 7.31b 中可以看到计算机并没有直接连接到 Hub 上，而是接在墙壁上的跳线模块上，属于工作区子系统。另外，配线架和模块之间的缆线是对绞电缆，在布线时主要就是将这一部分对绞电缆安装在墙体内的管道或线槽中，同时要在缆线两端做好唯一的标记，以便于测试及故障检查。

思考与练习题

1. 综合布线系统工程施工前应做哪些准备工作？
2. 综合布线系统工程施工要点有哪些？
3. 试分别按照 ANSI/TIA/EIA 568—A 与 ANSI/TIA/EIA 568—B 标准制作 RJ-45 水晶头。
4. 试分别按照 ANSI/TIA/EIA 568—A 与 ANSI/TIA/EIA 568—B 标准压接信息模块。
5. 压接信息模块时应注意哪些要点？
6. 工作区信息模块的安装主要涉及哪些器件的安装？
7. 信息插座的安装有哪几种方式？
8. 试分别画出 ANSI/TIA/EIA 568—A 和 ANSI/TIA/EIA 568—B 线序方式。
9. 配线子系统布线时有什么要求，有哪些布线方式？
10. 干线子系统有哪些布线方式？
11. 试简述配线架、面板和模块的作用。
12. 机柜中“1U”代表什么含义？安装机柜时应注意哪些细节？
13. 如何对缆线进行正确标识？

第8章　光缆布线施工技术

光缆布线施工与管理技术是综合布线系统工程的重点。遵循光纤布线标准，合理利用成熟的光缆布线技术、正确的光纤布线方法进行快速准确地实施光缆布线是综合布线系统工程中最细致、最精确的工作。由于光纤的特殊性，光缆布线技术从理论到实践都与电缆布线技术有着本质上的区别。与电缆布线相比，光缆布线有更严格的操作规程，在布线过程中极微小的差错都有可能导致布线失败或故障，严重时还危及人身安全，这是光缆布线工程中要特别引起注意的地方。

本章重点介绍常用的光缆敷设技术、光纤接续技术和光纤的极性管理；同时，也介绍当前国内外比较先进的光纤产品和新一代光纤技术，为全面掌握和学习光缆布线技术，紧跟光缆技术的发展奠定基础。

8.1　光缆布线的施工要求

光纤是网络通信的首选传输介质。随着网络速度进入千兆位和万兆位的应用，光纤已成为智能建筑物的主要传输介质。由于光纤可以不设配线间和有源硬件，可节约布线系统中间环节的成本，随着用户带宽需求越来越高，光纤布线产品小型化以及光纤网络设备价格的下降，光纤布线系统所拥有的、铜缆无法相比的传输性能和优势将更加突出，不论是在垂直子系统还是在配线子系统，越来越多的综合布线系统采用了光纤通信系统，最终目标是实现光纤到桌面（FTTD）的全光纤网络。国内外许多知名布线系统供应商都十分重视光纤布线系统，并不断地推出与光纤/光缆、光纤布线和光纤端接等相关的新产品、新技术、新工艺和新方法，在提高光纤性能的前提下不断地降低光纤布线成本。

8.1.1　光缆布线的施工准备

光缆布线是整个综合布线系统中的一个重要环节，光缆布线质量的好坏直接影响整个通信网络系统性能，因此，在敷设光缆前要注意做好各项准备工作。

1. 确定综合布线工程中光纤布线的光缆及光缆敷设方法

主要是强调光纤布线时光缆的现场敷设方法和敷设光缆工艺。根据通信网络的连接方式，光缆敷设方法主要有：

1）智能建筑、智能小区等与 Internet 的连接，即 LAN 与 WAN 或 MAN 之间的连接，通常所采用的光缆多为单模光纤，敷设光缆的方式宜采用地下管道或光缆沟敷设方式。

2）智能小区内建筑物之间的连接，可以视为 LAN 与 LAN 之间的连接，所采用的光缆多为多模光纤，也可采用单模光纤，敷设光缆的方式宜采用地下管道或光缆沟敷设方式。

3）建筑物中的干线子系统，所采用的光缆多为多模光纤。一般地，每个楼层配线间至少要用 6 芯光缆，高级应用最好能使用 12 芯光缆，以便于应用、备份和扩容。敷设光缆的方式主要采用电缆桥架方式。

4）全光纤网中的配线子系统，所采用的光缆多为多模光纤，敷设光缆的方式主要采用直埋缆线方式、管道方式或电缆桥架方式。

2. 备料

当确定了光缆及其敷设方法后，就可以根据所采用的光纤布线技术、光缆敷设的建筑环境和通信网络设计方案等因素来确定光缆、光纤配线架、光纤跳线和其他敷设光缆辅材等的类型、长度和数量，为光缆布线做好准备。在开工前或在开工过程中需要准备的工作主要有以下几项：

1）光缆长度估算。一般地，所备光缆的长度应大于或等于综合布线设计的长度，以避免在施工中出现实际光缆短于设计长度而返工的现象。

2）光缆、配线架、信息插座和信息模块等落实购货厂商，并确定提货日期。

3）不同规格的塑料槽板、PVC 防火管、蛇皮管和自攻螺钉等布线辅料就位。

4）供电导线、电器设备安全措施（供电线路必须按民用建筑标准规范进行）。

3. 路由工程

光缆敷设前首先要对光缆经过的路由做认真勘查，了解当地道路建设和规划，尽量避开坑塘、打麦场和加油站等。路由确定后，对其长度做实际测量，精确到 50m 之内。还要加上布放时的自然弯曲和各种预留长度，各种预留还包括插入孔内弯曲、杆上预留、接头两端预留和水平面弧度增加等其他特殊预留。为了使光缆在发生断裂时再接续，应在每百米处留有一定余量，余量长度一般为 5% ~10%，根据实际需要的长度订购，并在绕盘时注明。

接下来画路径施工图。在预先埋好的电杆上编号，画出路径施工图，并说明每根电杆或地下管道出口电杆的号码以及管道长度，并定出需要留出余量的长度和位置。这样可有效地利用光缆的长度，合理配置，使熔接点尽量减少。

选择两根光纤接头处。最好选择在地势平坦、地质稳固的地点，应避开水塘、河流、沟渠及道路，一般应设在电杆或管道出口处，架空光缆接头应落在电杆旁 0.5 ~1m 左右，这一工作称为“配盘”。合理的配盘可以减少熔接点。另外在施工图上还应说明熔接点位置，当光缆发生断点时，便于迅速用仪器找到断点进行维修。

4. 施工前光缆的检验

在光缆敷设之前对所购的光缆进行检验，是一种提前发现光缆问题、减少返工损失的最简捷的措施，也是经常容易忽视的问题。施工前对光缆的检验内容包括：

（1）光缆类型检验

1）光缆类型。检查所购光缆类型（光缆外保护层上所印的规格、光缆所带的产品说明书）与综合布线设计中本阶段所敷设光缆要求的类型是否一致。

2）光纤对数。检查所购光缆（光缆外保护层上所印的规格、光缆所带的产品说明书）与综合布线设计中本阶段所敷设光缆要求的对数是否一致。

（2）光缆连通性检验

1）检查欲敷设的光缆中的每一根光纤的连通性。最简单的方法是用手电筒对光纤的一头进行照射，从光纤的另一头应能看到有光射出，而且所有光纤射出的光强要一致。若其中某一光纤射出的光强较弱，则说明该光纤的连通性不好。当连通性不好的光纤对数多于设计要求的剩余光缆对数时，被测光缆将不能用于本段光缆布线。

2）施工前必须首先判断并确定光缆的 AB 端。A 端应朝向网络枢纽方向，B 端应朝向用户一侧。敷设光缆的端别应当方向一致，千万不能搞错。

（3）光缆长度检查

敷设光缆时应当按照设计要求预留适当的长度，一般在设备端应当预留5～10m，如有特殊要求再适当延长。另外，还必须考虑光缆的弯曲长度。在弯曲处，施工时光缆容许的最小弯曲半径应当不小于光缆外径的20倍，施工完毕应当不小于光缆外径的15倍。这些预留长度和弯曲长度均应计入所购光缆长度。

5. 向业主提交开工报告，制订施工进度表

向业主提交开工报告是一种正式的、规范化的必要程序。报告的内容包括合同号、综合布线设计书号、开工时间、工程说明、估计工程完工时间、所需要金额估算及所需设备清单等。在制订工程进度表时，既要留有余地，又要考虑其他工程施工时可能对本工程带来的影响，以及材料供应问题对本工程带来的影响。因此，一般在工程中多使用“督导指派任务表”、“工程施工表”等来对布线工程进行监督管理。将管理工作细化到每一个信息点，做到任务到人、职责到人。

8.1.2 光缆敷设的基本要求

光缆敷设是一种技术要求高、专业性强的工作。光缆敷设的要求按光缆敷设的场地可分为室外光缆敷设要求和室内光缆敷设要求两大类。

1. 室外光缆敷设要求

室外光缆敷设主要用于建筑群子系统的布线，可分为管道光缆敷设、直埋光缆敷设和架空光缆敷设3种方式。在实施建筑群子系统布线时，应当首选管道光缆敷设方式，只有在不得已的情况下，才选用直埋光缆或架空光缆敷设方式。

（1）管道光缆敷设的基本要求

1）试通。敷设光缆前应逐段将管孔清刷干净并试通。清扫时应用专制清刷工具，清刷后要用试通棒作试通检查。塑料子管的内径应为光缆外径的1.5倍以上。当在一个水泥管孔中布放两根以上的塑料子管时，子管等效总外径应小于管孔内径的85%。

2）布放塑料子管。当穿放两根以上塑料子管时，应在其端头分别做好标记。若管材为不同颜色时，端头可以不作标记。

3）光缆牵引长度。光缆一次牵引长度一般应小于1000m。超过该距离时，应采取分段牵引或在中间位置增加辅助牵引方式，以减少光缆张力并提高施工效率。

4）光缆敷设时的张力和侧压力应符合表8.1的规定。要求布放光缆的牵引力应不超过光缆允许张力的80%，瞬时最大牵引力不得大于光缆允许的张力。主要牵引力应当加在光缆的加强构件上，光纤不能直接承受拉力。

表8.1 光缆敷设允许的张力和侧压力

光缆敷设方式	光缆许可张力/N		光缆许可侧压力/(N/100m)	
	长　期	短　期	长　期	短　期
管道光缆	600	<1500	300	1000
直埋光缆	(a) 1000 (b) 2000	3000	1000	3000

5）预留余量。光缆敷设后，应逐个在人孔或手孔中将光缆放置在规定的托板上，并应留有适当余量，以防止光缆过于紧绷。

6）接头处理。光缆在管道中间的管孔内不得有接头。当光缆在人孔中没有接头时，要求光缆弯曲放置在光缆托板上固定绑扎，不得在人孔中间直接通过，否则既影响施工和维护，又容易导致光缆损坏。当光缆有接头时，应采用蛇形软管或软塑料管等管材进行保护，并放在托板上予以固定绑扎。

7）封堵与标识。光缆穿放的管孔出口端应封堵严密，以防止鼠类、水分或杂物进入管内。光缆及其接续均应有识别标志，并注明编号、光缆型号和规格等。在严寒地区还应采取防冻措施，以防光缆受冻损坏。如遇光缆可能被碰损坏的情况，可在上面或周围设置绝缘板材进行隔断保护。

（2）架空光缆布设的基本要求

1）架设并检查钢绞线。架空光缆布设应考虑与其他物体的间距符合要求。对于非自承重的架空光缆而言，应当先行架设承重钢绞线，并对钢绞线进行全面的检查。钢绞线应无伤痕和锈蚀等缺陷，绞合紧密、均匀、无跳股。吊线的原始垂度和跨度应符合设计要求，固定吊线的铁杆安装位置正确、牢固，周围环境中无施工障碍。

2）光缆敷设。光缆敷设时应借助于滑轮牵引，下垂弯度不得超过光缆所允许的弯曲半径。牵引拉力不得大于光缆所允许的最大拉力，牵引速度应缓和均匀，不能猛拉紧拽。光缆在架设过程中和架设完成后的伸长率应小于0.2%。当采用挂钩吊挂非自承重光缆时，挂钩的间距一般为50cm，误差不大于3cm。

3）预留光缆。中负荷区、重负荷区和超重负荷区布放的架空光缆，应在每根电杆上预留一定长度的光缆，轻负荷区则可每3～5杆再作预留。光缆与电杆、建筑或树木的接触部位应穿放长度约90cm的聚乙烯管加以保护。另外，由于光缆本身具有一定的自然弯曲，因此，在计算施工使用的光缆长度时，应当每千米增加5m左右。

（3）直埋光缆敷设的基本要求

1）敷设地域选择。直埋光缆敷设的地域应选择能有效避免重物压碾、地质运动频繁的地方。

2）敷设光缆选择。直埋光缆敷设的光缆应选择铠装光缆。

3）防护标识。直埋时应在光纤经过的地方做警告标志，以防以后的施工破坏。

4）最佳路由。较长距离的光纤敷设最重要的是选择一条合适的路径。这里不一定最短的路径就是最好的，还要注意土地的使用权，架设或地埋的可能性等。

5）接地保护。在山区、高电压电网区敷设时，要注意光纤中金属物体的可靠接地。

2. 室内光缆敷设的基本要求

室内光缆主要是应用于配线子系统和干线子系统的敷设。配线子系统光缆的敷设与双绞线类似，只是由于光缆的抗拉性能较差，因此，在牵引时应当更为小心，弯曲半径也要更大。干线子系统光缆用于连接设备间至各个楼层配线间，一般应装在电缆竖井或上升房中。

为了防止下垂或滑落，在每个楼层的槽道上、下端和中间，必须将光缆牢牢地固定住。通常情况下，可采用尼龙扎带或钢制卡子进行有效的固定。最后，还应用油麻封堵材料将建筑物内各个楼层光缆穿过的所有槽洞、管孔的空隙部分堵塞密封，并应采取加堵防火材料等防火措施，以达到防鼠、防潮和防火的效果。

8.1.3 光缆施工的安全防护

由于光缆中光纤的纤芯是石英制成的，容易破碎。因此，在光缆敷设施工时，有许多特殊要求并要特别小心谨慎。若施工人员操作不当，可能会使光缆断裂，导致网络不通或损耗倍增；也可能被光纤碎段刺入人体内，造成身体损害；或是使人受到激光波辐射，伤害施工人员的眼睛。因此，参加施工的人员，必须经过严格训练，学会光纤连接的技巧，并遵守操作规程。未经严格训练的人员，严禁操作已安装好的光缆传输系统。

施工人员即使能熟练操作，也必须严格遵守正确的操作程序来实施光纤安装。根据光缆布线设计，制订正确的光缆割接方案、放线方案和安全措施，检查光缆割接施工过程各环节。

1）合理安排施工人员（光纤接续人员、防护人员和配合人员）。

2）制订正确的放线、续接方案。

3）严格按光纤布线设计的要求完成光缆的接续（光缆预留长度、弯曲半径、编号或色谱等）。

4）光缆敷设作业人员应严格遵守施工安全条例。主要内容有：

穿着合适的工作服。穿着合适的工装可以保证工作中的安全，一般情况下，工装裤、衬衫和夹克就够用了，不宜穿带过长的衣服。

安全眼镜。在操作中要始终配戴眼镜。在端接或接续光纤时，可防止光纤或其他物质伤及眼睛。

安全帽。在有危险的地方要始终配戴安全帽。

手套。安装或操作时，应配带手套，以防护意外伤害。例如，当在拉光缆时，或擦拭带螺纹的线杆时都可能会碰到金属刺而伤害手掌。

工作鞋。通常，应该穿工作鞋来保护脚踝。在山区作业时，要求穿鞋尖有护钢的鞋。

保证工作区域的安全。确保在工作区域的每个人的安全。一旦工程确定，在布线区域要设置安全带和安全标记。妥善安排工具以使其不妨碍他人。

使用合适的工具。在保证使用安全工具的同时，选择合适的工具。

环境应保持干净。如果无法远离人群，则应采取隔离防护措施。

切记：不允许直接用眼睛观看已运行的光纤传输系统中的光纤及其连接器；维护光纤传输系统时，只有在断开所有光源的情况下，才能进行操作。

8.2 光缆敷设技术

光缆作为综合布线系统的一种重要传输介质，无论在施工或使用中都具有其特殊性。光缆的敷设施工技术可分为建筑群和建筑物内干线光缆敷设两大类。

8.2.1 建筑群干线光缆的敷设

建筑群干线的光缆敷设主要采用管道、直埋和架空的敷设方式。在实际工程中，由于直埋光缆和架空光缆易受损害，应尽量避免使用，一般采用管道敷设方式。

1. 管道光缆的敷设

管道光缆敷设方式就是在管道中敷设光缆，即在建筑物之间或建筑物内预先敷设一定数量的管道，如塑料管道，然后再用牵引等方法布放光缆。

（1） 作业前的准备工作

光缆敷设前的准备工作包括人员准备、技术资料组织准备、工（器）具物质准备和施工场地的具体准备等。

1） 技术资料组织准备。光缆敷设前，应根据设计文件和施工图样对选用光缆穿放的管孔数和其位置进行核对。如果采用塑料管，要求对塑料管的材质、规格和管长进行检查，均应符合设计规定。光缆敷设前应使用光时域反射计和光纤损耗测试仪检查光纤是否有断点，损耗值是否符合设计要求。核对光纤的长度，根据施工图上给出的实际敷设长度来选配光缆。配盘时要使接头避开河沟、交通要道以及其他障碍物。

2） 清理管道和入孔。清刷管道时，先用竹片或穿管器将管孔穿通。较长的管孔可以从管孔两端同时穿入工具，但穿管工具端部应装置十字铁环与四爪铁钩，以便穿管工具端部相碰时能够勾连起来，而后自一端拉出。在穿管穿通管孔后，应在工具末端连上一根 3mm 的铁丝，以便带入管孔内作为引线。为了排除管道内的污泥杂物等障碍，应在引线末端连接传统的管孔清刷工具。其中，转环可把新管道连接缝处的水泥残余、硬块除去，起到打磨的作用；钢丝刷可清除淤泥、污物；杂布、麻片可将淤泥、杂物带出管孔，起到清扫管道的作用。

3） 预放塑料子管。当在混凝土管孔和塑料管孔内敷设光缆时，光缆必须穿放到塑料子管中。一个混凝土管孔可穿放多个子管。先在管孔中穿放多根子管，然后把光缆放到塑料子管内。

4） 制作光缆牵引头。对于光缆管道敷设，制作光缆牵引头是非常重要的工序。光缆牵引头制作方法是否得当，将直接影响施工的效率，同时影响光缆的安全性。对光缆牵引头的基本要求是：牵引张力应主要加在光缆的加强件（芯）上（约 75% ~80%），其余张力加到外保护层上（约 20% ~25%）；缆内光纤不应承受张力；牵引头应具有一般的防水性能，避免光缆端头浸水；牵引头体积（特别是直径）要小，尤其在塑料子管内敷设光缆时必须考虑这一点。目前，一些厂家在光缆出厂时，已经制作好牵引头，在单盘检验时应尽量保留一端。光缆牵引头的种类较多，光缆布放过程中为避免受力扭曲，应制作合格的牵引端头。如图 8.1 所示是较具代表性的 4 种不同结构牵引头的制作方法。

另外，光缆的牵引头应做好技术处理，采用具有自动控制牵引性能的牵引机进行。在光缆的牵引过程中，吊挂光缆的支点间距不应大于 1.5m。当同时牵引几根光缆时，每根光缆承受的最大安装张力应降低 20%，牵引速度宜为 10 ~ 15m/min，牵引长度一般不要超过 2000m。

在光缆穿入管道拐弯处或与其他障碍物有交叉时，应采用导引装置或喇叭口保护管等进行保护。必要时可在光缆四周加涂中性润滑剂等材料，以减少摩擦阻力。

（2） 管道光缆的布放操作

如果采用机械牵引，应根据光缆牵引的长度、布放环境和牵引张力等因素选用集中牵引或分散牵引等方式。以常用的机械牵引为例，光缆的管道布放步骤为：①预放钢丝绳。通常，管道或子管已有牵引索，若没有应及时预放，一般用钢丝绳或尼龙绳。机械牵引敷设时，应先在光缆盘处将牵引钢丝绳与管孔内预放的牵引索连接好，另一端将钢丝绳牵引至牵引机位置，并做好由端头牵引机牵引管孔内预放的牵引索的准备；②安装光缆牵引设备。光缆牵引设备的安装需视安装现场的具体情况而定，通常有以下几种情况。

1） 缆盘放置及引入口安装。由光缆拖车或千斤顶支撑于管道入孔一侧，光缆盘一般距

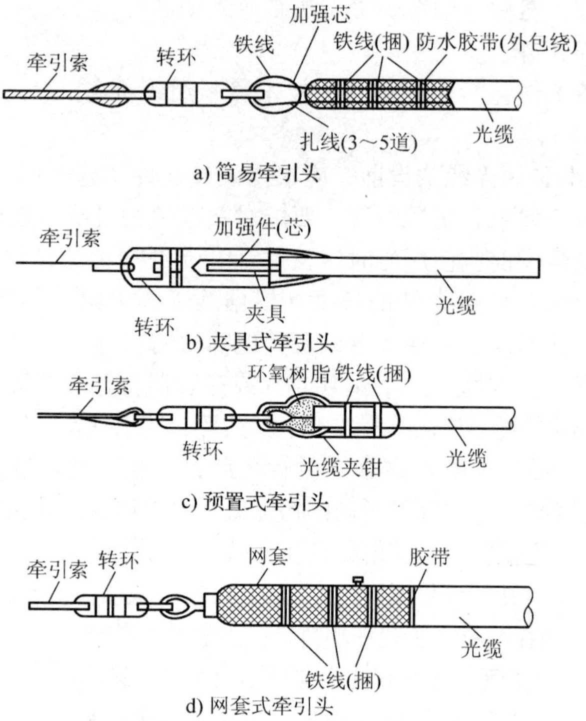

图 8.1　光缆牵引头制作示意图

地面 5 ~ 10cm。为光缆安全起见，在光缆入口孔，可采用输送管，如图 8.2a 所示为将光缆盘放置在光缆入口处近似直线的位置；也可以按如图 8.2b 所示位置放置。

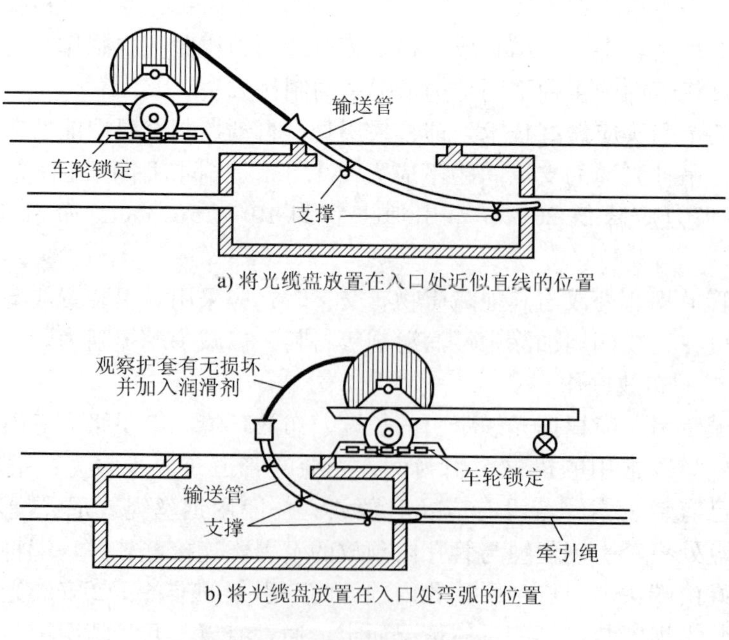

图 8.2　光缆入孔处的安装

2）光缆引出口的安装。在光缆引出口的安装有导引器、滑轮两种方式。采用导引器方式是把导引器和导轮按如图 8.3a 所示方法安装，应使光缆引出时尽量呈直线。可以把牵引机放在合适的位置。若入孔出口窄小或牵引机无合适位置时，为避免光缆侧压力过大或摩擦光缆，应将牵引机放置在前边一个入孔（光缆牵引完后再抽回引出入孔）。但应在前一个入孔另安装一副导引器或滑轮，如图 8.3b 所示。

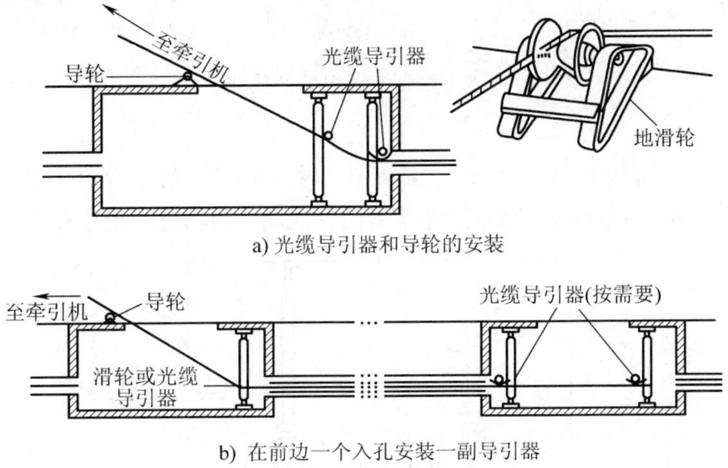

图 8.3　光缆引出口处的安装（导引器）

若采用滑轮方式安装，基本上是与布放普通电缆的方式相同，如图 8.4 所示。

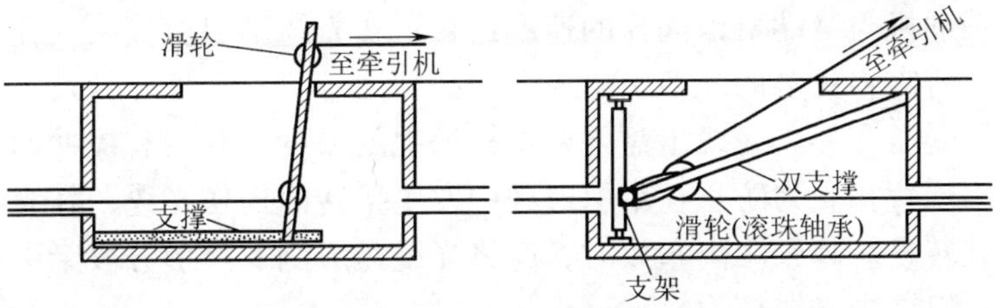

图 8.4　光缆引出口处的安装（滑轮）

3）拐弯处减力装置的安装。光缆拐弯处，牵引张力较大，一般应安装导引器或减力轮，如图 8.5 所示。采用导引器时，可参考如图 8.6 所示方法安装。

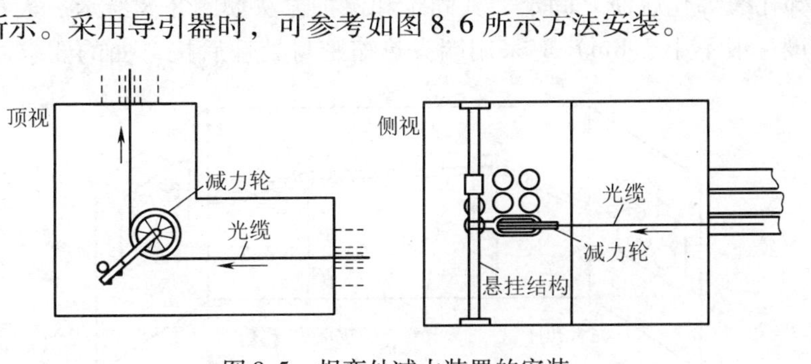

图 8.5　拐弯处减力装置的安装

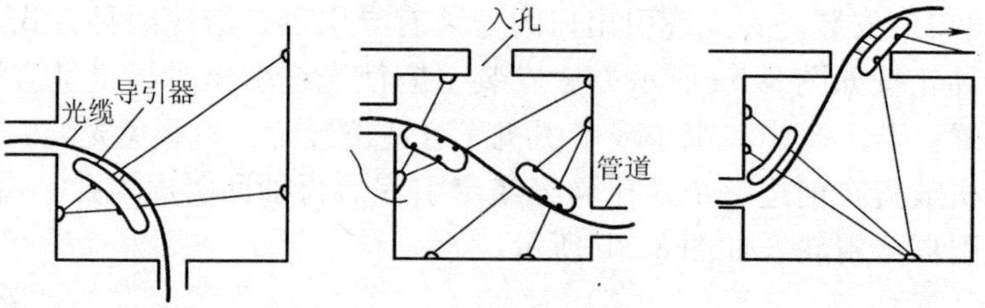

a) 拐弯导引　　b) 高差导引　　c) 出口导引

图8.6　光缆导引器的使用

4）管孔高差导引器的安装。为减少因管孔不在同一平面（存在高差）所引起的摩擦力、测压力，通常是在高低管孔之间安装导引器，具体安装方法如图8.7所示。

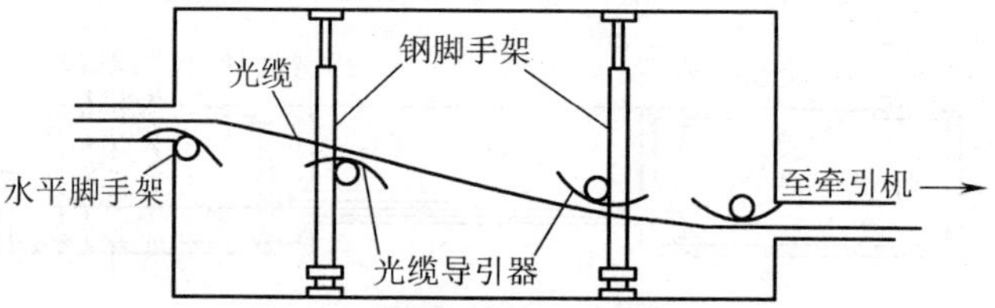

图8.7　管孔高差导引器的安装

（3）光缆的牵引

光缆的牵引按照如下步骤进行：①遵照如图8.1所示方法制作合格的牵引头并接至钢丝绳；②按牵引张力、速度要求开启终端牵引机；③光缆引至辅助牵引机位置后，将光缆按规定安装好，并使辅助机与终端机以同样的速度运转；④光缆牵引至接头入孔时，应留足接续及测试用的长度。若需将更多的光缆引出入孔，必须注意引出孔处导轮及入孔壁摩擦点的侧压力，以避免光缆受压变形。光缆出盘处要保持松弛的弧度，并留有缓冲的余量，余量不宜过多，避免光缆出现背扣。为防止在牵引过程中发生扭转而损伤光缆，在光缆的牵引端头与牵引索之间应加装转环。超长距离布放时，应将光缆盘成倒8字形分段牵引或在中间适当地点增加辅助牵引，以减少光缆拉力。

（4）入孔内光缆的安装

光缆牵引完毕后，由人工将每一个入孔中的余缆用蛇皮软管包裹后沿入孔壁放至规定的托架上，并用绑扎线绑扎后使之固定。其固定和保护方法如图8.8所示。入孔内供接续用的余留光缆（长度一般不小于8m）应采用端头热缩密封处理后按弯曲的要求，盘圈后挂在入

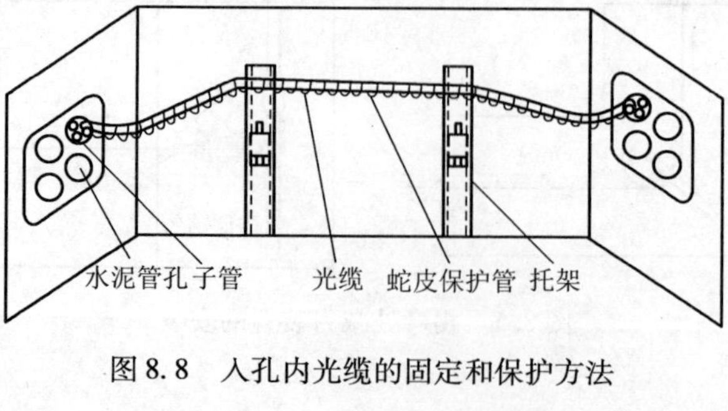

图8.8　入孔内光缆的固定和保护方法

孔壁上或系在人孔内盖上，注意端头不要浸泡在水中。

（5）注意事项

1）地下管道的管孔较多，施工前应核对管道占用情况，选择管孔时，应由下向上，由两侧向中间的顺序安排使用。施工时，管孔的使用应以设计图样给出的管孔为准。

2）光缆占用管孔的位置不宜变动。在同一路由上，管孔必须对应使用，即同一条光缆所占管孔的位置，在各个人孔内应尽量保持不变，以避免光缆发生交错现象。如需改变管孔位置和拐弯时，应考虑光缆敷设后能满足弯曲半径要求。

3）计算好布放长度，一定按要求有足够的预留长度。一次布放长度不要太长，布放时应从中间开始向两边牵引。光缆不得在管孔内做接头，接头位置只能安排在入孔内。

4）布线牵引力一般不要超过 1500N，而且应牵引光缆的加强心部分，并做好光缆头部的防水处理。

5）光缆引入和引出处需加顺引装置，不可直接拖地。铠装光缆不能敷设在管道中。

6）管道光缆也要注意可靠接地。

2. 直埋光缆的敷设

直接地埋光缆的敷设与直埋电缆的施工技术基本相同，就是将光缆直接埋入地下，除了穿过基础墙的那部分光缆有导管保护之外，其余部分没有管道给予保护。直埋光缆沟要按标准进行挖掘，埋设深度应符合表 8.2 中的规定。

表 8.2　直埋光缆的埋设深度

光缆敷设的地段或土质	埋设深度/m	备　注
市区、村镇的一般场合	≥1.2	不包括车行道
街坊和智能小区内、人行道下	≥1.0	包括绿化地带
穿越铁路、道路	≥1.2	距道碴底或距路面
全石质	≥0.8	从沟底加垫 10cm 细土或砂土
普通土质（硬土等）	≥1.2	
砂砾土质（半石质土等）	≥1.0	

在光缆埋设前，应先清理沟底，沟底应保证平整坚固，无碎石和硬土块等杂物。若沟槽为石质或半石质，在沟底可预填 10cm 厚的细土、水泥或支撑物，经平整后才能敷设光缆。光缆敷设后应先回填 20cm 厚的细土或砂土保护层。保护层中严禁将碎石、砖块等混入，保护层采取人工轻轻踏平，然后在细土层上面覆盖混凝土盖板或完整的砖块加以保护。

直埋光缆接头应平放于接头坑中，接头坑和预留的余缆情况如图 8.9 所示，其弯曲半径不得小于光缆直径的 1/20。

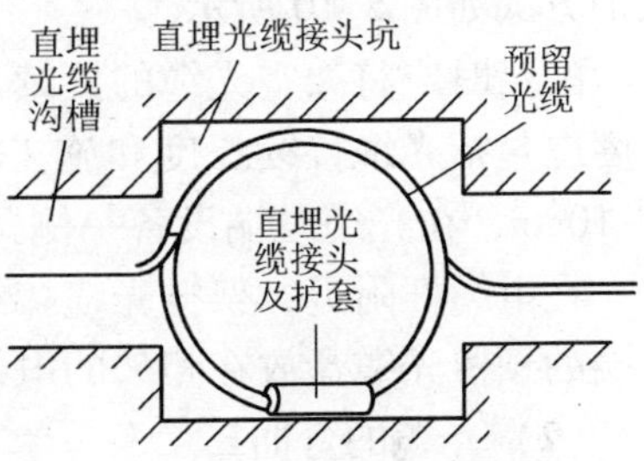

图 8.9　直埋光缆接头和预留光缆安装示意图

敷设直埋光缆时可用人工或机械牵引，但要注意导向和润滑。在同一路径上，且同沟敷设光缆时，应同期分别牵引敷设。若与直埋电缆同沟敷设，应先敷设电缆，后敷设光缆，在沟底应平行排列。如果同沟敷设光缆，应同时分别布放，在沟底不得交叉或重叠放置，光缆需平放于沟底，或自然弯曲使光缆应力释放，光缆如果有弯曲腾空或拱起现象，应设法放平，不能用脚踩光缆使其平铺沟底。

直埋光缆与其他管线及建筑物间的净距要遵循最小净距要求。

光缆敷设完毕后，应检查光缆的外护套，如果有破损等缺陷，应立即修复，并测试其对地绝缘电阻。单盘直埋光缆敷设后，其金属外护套对地绝缘电阻应不低于10MΩ/km。光缆接头盒密封组装后，浸水24h，测试光缆接头盒内所有金属构件对地绝缘电阻应不低于20000MΩ/km(DC 500V)。

直埋光缆的接续处、拐弯点或预留长度处，以及与其他地下管线交越处，均应设置标志。

3. 架空光缆的敷设

对于建筑群子系统，有时也会采用架空光缆敷设方式。敷设前，应按照《本地网通信线路工程验收规范》和《市内电话线路工程施工及验收技术规范》中的规定，在现场对架空杆路进行检验，确认合格且能满足架空光缆的技术要求时，才能敷设光缆。一般有以下3种敷设方式供选择使用。

1）吊线托挂架空方式。这种方式简单便宜，我国应用最为广泛，但挂钩加挂、整理较费时。

2）吊线缠绕式架空方式。这种方式较稳固，维护工作少，但需要专门的缠绕机。

3）自承重式架空方式。这种方式对电缆杆要求较高，施工、维护难度大，造价也高，国内目前很少采用。

在进行建筑群子系统干线架空光缆敷设施工时，要有专人指挥，严禁在无联络工具的情况下作业；高空作业人员必须佩戴安全带；不符合安全技术要求的工（器）具一律不得进入施工现场。同时，还应注意以下几点。

（1）光缆的伸缩预留

光缆在架设过程中和架设后，受到最大负荷所产生的伸长率应小于0.2%。

在中负荷区、重负荷区和超重负荷区布放的架空光缆，应在每根电缆杆上给以伸缩预留。一般中负荷区2~3档作一预留；轻负荷区3~5档作一预留。对于无冰期地区可以不作预留，但布放光缆时不应拉得太紧，注意自然垂度。光缆在电缆杆上的伸缩预留及保护方式如图8.10所示。

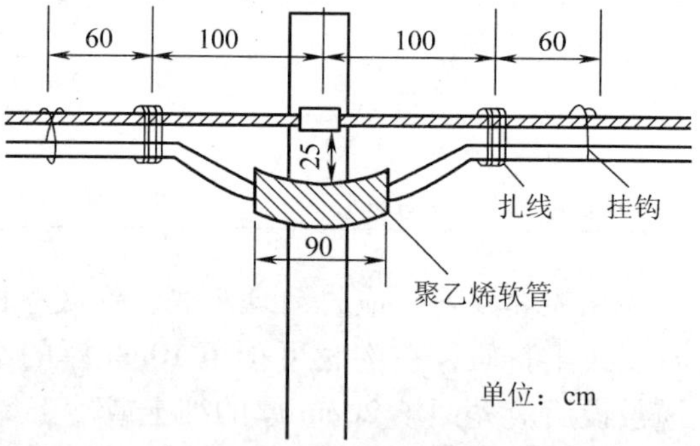

图8.10 光缆在电缆杆上的伸缩预留及保护方式

配盘时应将架空光缆的接续点放在电缆杆上或邻近电缆杆1m左右处。在接续处的预留长度应包括光缆接续长度和施工中所需的消耗长度。一般架空光缆接续处每侧预留长度为6~10cm，在光缆终端设备一侧预留长度应为10~20m。

在电缆杆附近，架空光缆接续的两端应分别作伸缩弯，安装尺寸和形状如图8.11所示。两端的预留光缆盘放在相邻的电缆杆上。

（2）光缆的弯曲

当光缆经过十字形吊线连接或丁字形吊线连接处时，光缆弯曲应圆顺，并符合最小弯曲半径要求，光缆的弯曲部分应穿放聚乙烯管加以保护，其长度为30cm左右，如图8.12所示。

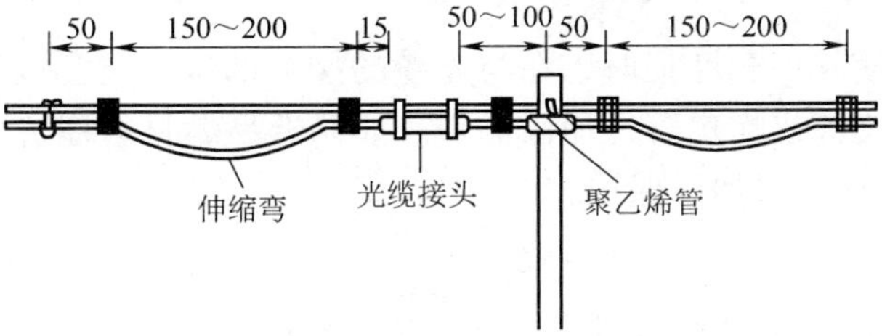

图 8. 11　在电缆杆附近架空光缆接续的安装

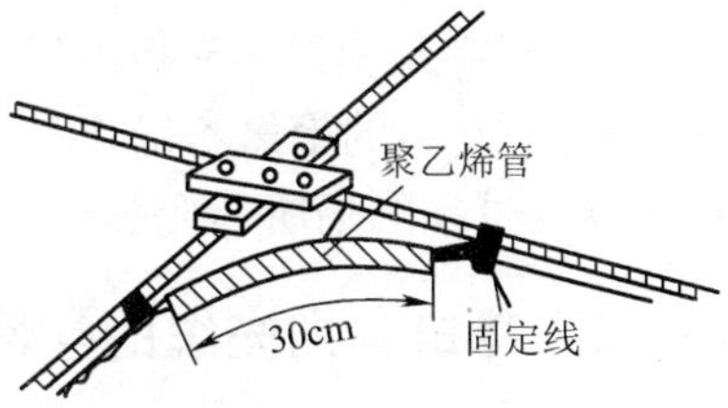

图 8. 12　光缆在十字吊线处的保护

架空光缆用光缆挂钩将光缆卡挂在钢绞线上，要求光缆统一调整平直，无上下起伏或蛇形。

（3）光缆的引上

管道光缆或直埋光缆引上后，光缆引上线处需加导引装置；与吊挂式的架空光缆相连接时，要余留一段用于伸缩的光缆。其引上光缆的安装方式和具体要求如图 8. 13 所示。

（4）吊挂式架空光缆敷设步骤及方法

1）架空杆路的架设。架空光缆线路的杆质一般为水泥杆。杆子的长度一般为 6 ~ 12m，杆距一般为 50m 左右。杆路架设包括路由核测、运杆打洞、立杆、打拉线和装夹板等工序。

2）吊线架设。包括布放吊线、吊线的接续和紧线等工序。

3）光缆的布放和架挂。架空光缆的布放方法目前有两种：①滑轮牵引法。它是通过挂载杆子或吊线上的定滑轮利用人工或机械进行牵引的方法，如图 8. 14 所示；②光缆盘移动放出法，又称边放边挂法。

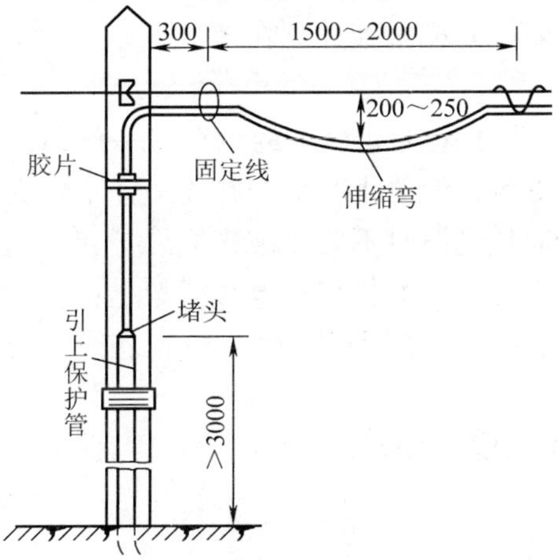

图 8. 13　引上光缆的安装及保护

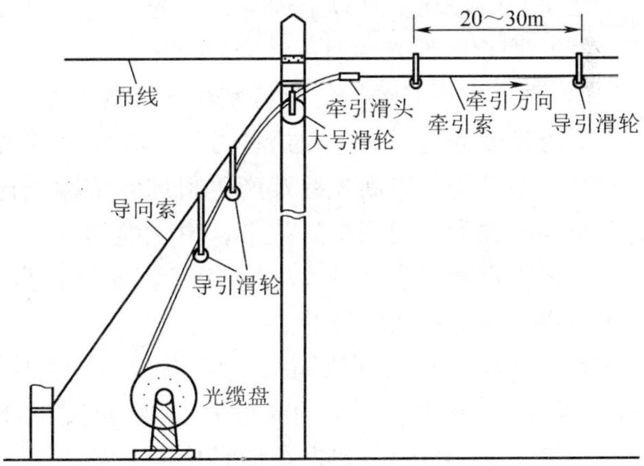

图 8. 14　光缆滑轮牵引架设示意图

（5）其他注意事项

1）注意光缆中金属物体的可靠接地。特别是在山区、高电压电网区，一般每千米要有 3 个接地点，甚至选用非金属光缆。

2）架空光缆线路的架设高度，与其他设施接近或交叉时的间距，应符合有关电缆线路部分的规定。

3）架空光缆与电力线交叉时，应在光缆和钢绞线吊线上采取绝缘措施。在光缆和钢绞线吊线外面采用塑料管、胶管或竹片等捆扎，使之绝缘。

4）架空光缆如紧靠树木等有可能使外护套磨损时，在与光缆的接触部位，应套包长度不小于 lm 左右的聚氯乙烯塑料软管、胶管或蛇皮管，加以保护。如靠近易燃材料建造的房屋或温度过高的场所，应套包耐温或防火材料加以保护。

8.2.2 建筑物内光缆的敷设

建筑物内光缆敷设的基本要求与干线电缆敷设方式基本类似。一般采用人工布放方式敷设。

1. 干线光缆的垂直敷设

如建筑物内有专用的弱电井，可在这个弱电井内敷设综合布线系统所需的干线光缆。在弱电井中敷设光缆有两种选择：向上牵引和向下垂放，通常向下垂直布放比向上牵引容易。如果将光缆卷轴机搬到建筑物顶层有困难，则只能由下向上牵引。

（1）垂直敷设光缆的步骤

当选择向下垂放敷设光缆时，通常按以下步骤进行：

1）在离建筑物顶层设备间的槽孔 1～1.5m 处安放光缆卷轴，使卷筒在转动时能控制光缆。将光缆卷轴安置于平台上，以便保持在所有时间内光缆与卷筒轴心都是垂直的，放置卷轴时要使光缆的末端在其顶部，然后从卷轴顶部牵引光缆。

2）转动光缆卷轴，并将光缆从其顶部牵出。牵引光缆时，要保持不超过最小弯曲半径和最大张力的规定。

3）引导光缆进入敷设好的电缆桥架中。

4）慢慢地从光缆卷轴上牵引光缆，直到下一层的施工人员可以接到光缆并引入下一层。

在每一层楼均重复以上步骤，当光缆达到底层时，要使光缆松弛地盘在地上。

（2）垂直敷设光缆时的注意事项

1）垂直敷设光缆时，应特别注意光缆的承重问题。为了减少光缆上的负荷，一般每隔两层要将光缆固定一次。用这种方法，光缆不需要中间支持，但要小心地捆扎光缆，不要弄断光纤。为了避免弄断光纤及产生附加的传输损耗，在捆扎光缆时不要碰破光缆外护套。固定光缆的步骤为：使用塑料扎带，由光缆的顶部开始，将干线光缆扣牢在电缆桥架上；由上往下，在指定的间隔（如 5～8m）安装扎带，直到干线光缆被牢固地扣好；检查光缆外套有无破损，盖上桥架的外盖。

2）光缆布放时应有冗余。光缆在设备端的接续预留长度一般为 5～10m；自然弯曲增加长度 5m/km；在弱电井中的光缆需要接续时，其预留长度一般应为 0.5～1.0m。如果在设计中有特殊预留长度要求时，应按规定妥善处理。

3）光缆在弱电井中间的管孔内不得有接头。光缆接头应放在弱电井正上方的光缆接头托架上，光缆接头预留余线应盘成 O 形圈紧贴人孔壁，用扎线捆扎在人孔铁架上固定，O 形圈的弯曲半径不得小于光缆直径的 20 倍，如图 8.15 所示。按设计要求采取保护措施；保护材料可以采用蛇形软管或软塑料管等。

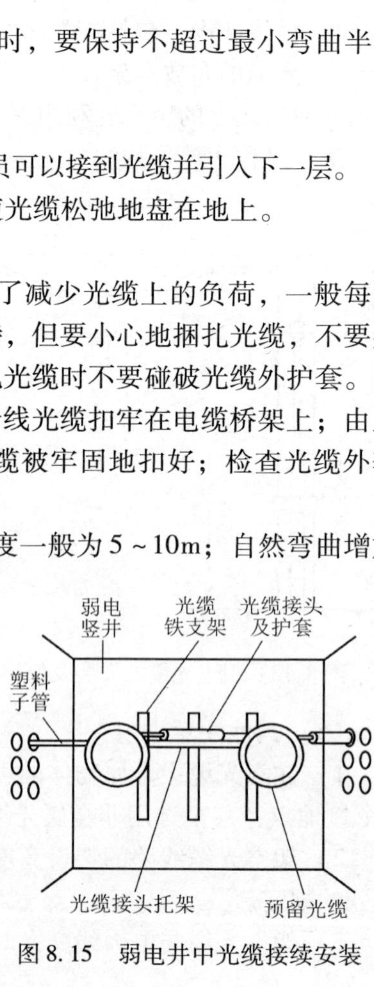

图 8.15 弱电井中光缆接续安装

4）在建筑物内同一路径上如有其他缆线时，光缆与它们平行或交叉敷设，应有一定间距，要分开敷设和固定，各种缆线间的最小净距应符合设计规定。

5）光缆全部固定牢靠后，应将建筑物内各个楼层光缆穿过的所有槽洞、管孔的空隙部分，先用油性封堵材料堵塞密封，再加堵防火材料等，以求防潮和防火。在严寒地区，还应按设计要求采取防冻措施，以防光缆受冻损伤。

6）光缆及其接续应有识别标志，标志内容有编号、光缆型号和规格等。

7）光缆敷设后应检查外护套有无损伤，不得有压扁、扭伤和折裂等缺陷。否则应及时检测，如有严重缺陷或有断纤现象，应检修、测试合格后才能使用。

2. 干线光缆的水平敷设

建筑物内从弱电井到电信间的这段路径，干线光缆一般采用走吊顶（桥架）敷设的方式。桥架分为梯架、托架和线槽 3 种方式。梯架为敞开式走线架，两侧设有挡板；托架为线槽的一种形式，但在其底部和两边的侧板留有相应的小孔，主要起排水作用；线槽为封闭型，但槽盖可开启。干线光缆的一般敷设步骤为：

1）沿着所设计的光缆敷设路径打开吊顶（桥架）。

2）利用工具切去一段光缆的外护套，一般由一端开始的 0.3m 处环切，然后除去外护套。

3）将光纤及加固芯切去并掩没在外护套中，只留下纱线。对需敷设的每条光缆重复此过程。

4）将纱线与带子扭绞在一起。

5）用胶布紧紧地将长 20cm 范围的光缆护套缠住。

6）将纱线馈送到合适的夹子中去，直到被带子缠绕的护套全塞入夹子中为止。

7）将带子绕在夹子和光缆上，将光缆牵引到所需的地方，并留下足够长的光缆供后续处理用。

3. 光缆进线间

光缆穿墙或穿过楼层时，要加带护口的塑料管，并且要用阻燃的填充物将管子填满。进线间光缆的安装固定如图 8.16 所示。光缆由进线间敷设至机房的光纤配线架，由楼层间爬梯引至所在楼层。光缆在爬梯上，于可见部位应在每只横铁上用粗细适当的麻线绑扎。对无铠装光缆，每隔几档应衬垫一块胶皮后扎紧。在拐弯受力部位，还需套一段胶管加以保护。

4. 入户光缆的布放

入户光缆进入用户桌面或家庭有两种主要方式：采用 86 型信息面板或家居配线箱，应在土建施工时预埋在墙体内，或以后在线缆的入户位置明装。

（1）入户光缆敷设要求

1）入户光缆室内走线应尽量安装在暗箱、桥架或线槽内。

2）对于没有预埋穿线管的楼宇，入户光缆可以采用钉固定方式沿墙明敷。但应选择不易受外力碰撞、安全的地方。采用钉固定方式时，应每隔 30cm 用塑料卡钉固定，

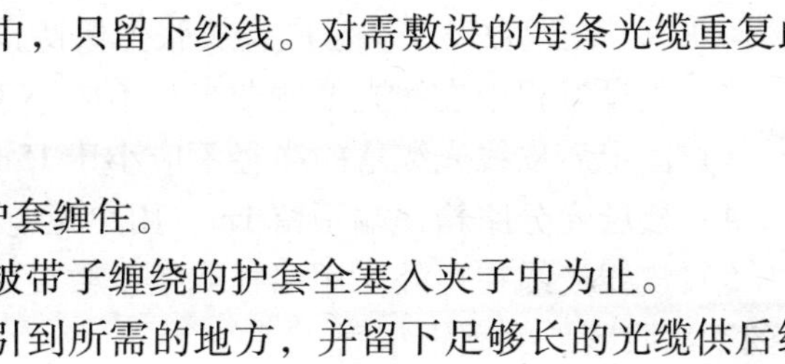

图 8.16　进线间光缆的安装固定

必须注意不得损伤光缆，穿越墙体时应套保护管。皮线光缆也可以布放在地毯下。

3）在暗管中敷设入户光缆时，可以采用石蜡油、滑石粉等无机润滑材料。竖向管中允许穿放多根入户光缆。水平管宜穿放一根皮线光缆，从光分纤箱到用户家庭光终端盒宜单独敷设，避免与其他线缆共穿一根预埋管。

4）明敷上升光缆时，应选择在较隐蔽的位置，在人可以接触的部位，应加装1.5m引上保护管。

5）线槽内敷设光缆应顺直不交叉，无明显扭绞和交叉，不应受到外力的挤压和操作损伤。

6）光缆在线槽的进出部位、转弯处应绑扎固定；垂直线槽内光缆应每隔1.5m固定一次。

7）桥架内光缆垂直敷设时，自光缆的上端向下，每隔1.5m绑扎固定；水平敷设时，在光缆的首、尾、转弯处、每隔5～10m处都应绑扎固定。转弯处应均匀圆滑，弯曲半径应大于30mm。

8）光缆两端应用统一的标识，标识上宜注明两端连接的位置。标签书写应清晰、端正和正确。标签应选用不宜损坏的材料。

9）入户光缆敷设应达到“防火、防鼠、防挤压”的要求。

（2）皮线光缆的敷设

1）牵引力不应超过光缆最大允许张力的80%。瞬间最大牵引力不得超过光缆最大允许张力100N。光缆敷设完毕后应释放张力保持自然弯曲状态。

2）敷设过程中皮线光缆弯曲半径不应小于40mm。

3）固定后皮线光缆弯曲半径不应小于15mm。

4）楼层光分路箱一端预留1m；用户光缆终端盒一端预留1m。

5）皮线光缆在户外采用墙挂或架空敷设时，可采用自承式皮线光缆，应将皮线光缆的钢丝适当收紧，并固定牢固。

6）室内型皮线光缆不能长期浸泡在水中，一般不宜直接在地下管道中敷设。

5. 光纤盘纤

盘纤是在熔接、热缩之后在光纤配线箱内对余留光缆的整理盘绕操作。科学的盘纤方法，可使光纤布局合理、附加损耗小、经得住时间和恶劣环境的考验，可避免挤压造成的断纤现象，如图8.17所示。

（1）盘纤的规则

根据接线盒内预留盘中能够安放的热缩管数目，沿松套管或光缆分支方向为单元进行盘纤，前者适用于所有的接续工程，后者仅适用于主干光缆末端且为一进多出，分支多为小对数光缆。该规则是每熔接、热缩完一个或几个松套管内的光纤或一个分支方向光缆内的光纤后，盘纤一次。其优点是避免了光纤松套管间或不同分支光缆间光纤的混乱，使之布局合理，易盘、易拆，更便于日后维护。

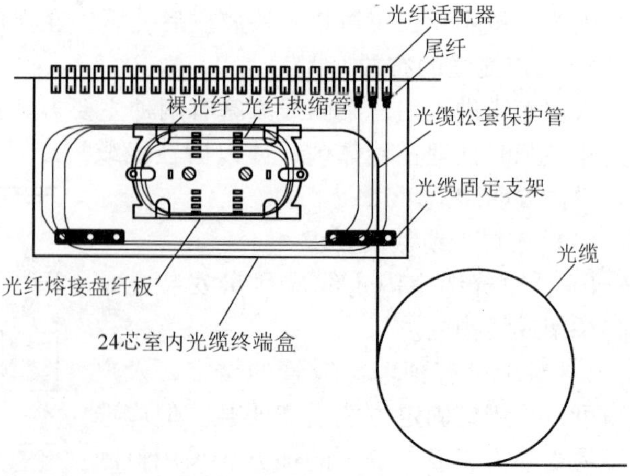

图8.17　盘纤示意图

以预留盘中热缩管安放单元为单位盘纤，此规则是根据接续盒内预留盘中某一小安放区域内能够安放的热缩管数目进行盘纤。例如，GLE型桶式接头盒，在实际操作中每6芯为一盘，极为方便。其优点是避免了由于安放位置不同而造成的同一束光纤参差不齐、难以盘纤和固定，甚至还可以避免出现急弯、小圈等现象。

（2）盘纤的方法

1）先中间后两边，即先将热缩后的套管逐个放置于固定槽中，然后再处理两侧余纤。这种盘纤方法有利于保护光纤接点，避免盘纤可能造成的损害。在光纤预留盘空间小，光纤不易盘绕和固定时，常使用此种方法。

2）以一端开始盘纤，即从一侧的光纤盘起，然后固定热缩管，再处理另一侧余纤。这种盘纤方法的优点是，可根据一侧余纤长度灵活选择铜管安放位置，方便、快捷，可避免出现急弯、小圈现象。

3）对于某些特殊情况，如个别光纤过长或过短时，可将其放在最后单独盘绕；如在接续中出现光分路器、上/下路尾纤和尾缆等特殊器件时，要先熔接、热缩和盘绕普通光纤，再依次处理。若与普通光纤共盘时，应将其轻置于普通光纤之上，两者之间加缓冲衬垫，以防挤压造成断纤，且特殊光器件尾纤不可太长。

4）根据实际情况，采用多种图形盘纤。按余纤的长度和预留盘空间大小，顺势自然盘绕，切勿生拉硬拽，应灵活地采用圆、椭圆、“CC”、“～”等多种图形盘纤（注意弯曲半径 $R \geqslant 4$cm），尽可能最大限度利用预留盘空间，有效降低因盘纤带来的附加损耗。

8.2.3　光纤配线设备的安装

1. 光缆终端箱（盘）

在电信间、设备间等机房内光缆布放宜盘留，预留长度宜为3～5m，有可能挪动位置时，预留长度应视现场情况而定；然后进入光缆终端箱，如图8.18所示。

光缆进光纤配线架（ODF）光缆终端盘前，直埋光缆一般在进架前将铠装层剥除；松套管进入盘纤板后应剥除。按光缆及光纤成端安装图操作，成端完成后将活动支架推入架内。推入时注意光纤的弯曲半径，并用仪表检查光纤是否正常。

2. 室外光设备

光缆是光信号传输媒介，分为光纤素线光缆、带状光纤光缆两大类。对于光缆中的光纤素线是无法与光设备直接连接的，必须通过转接。每根光纤素线均要与一根光纤熔接，熔接完毕，用钢丝塑料套管套好，然后再将尾纤的光纤插头插到法兰盘上。法兰盘的另一端通过跳线与设备连接。因此，对于室外光设备的安装连接需要格外注意。

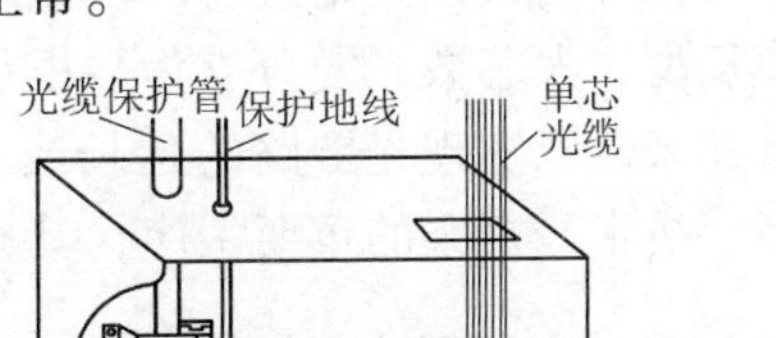

图8.18　光缆终端箱（盒）成端方式

（1）光节点

1）在钢绞线上吊装。对于体积较大、重量较重的光节点应装在距电杆1.5～2m处，机壳下应有辅助托架支撑。

2）安装在墙上。把光节点安装在墙壁上，需要选用合适的支撑和横担，使其稳固，支撑不得松动。光节点外壳要紧贴墙壁，尽量缩短悬空光缆的长度，防止接头松动、缩芯。光节点应距离地面约6m，装在支架的中间部位，并保证良好接地。

3）尾缆连接。①打开光节点盒盖，取下光缆口堵头，并谨慎地将尾缆的光纤插头穿进光缆口，每次穿一根尾纤，并保证光纤弯曲不超过允许范围；②将尾缆的光缆螺套推到光节点的光缆口，拧紧光缆螺套和橡胶圈，保证尾缆不随之转动，主体可承受扭矩为60~70mp（米磅，meter poundm）；③纤缆固定后，在接续盒内的位置要比较顺畅、宽松，然后拧紧密封螺母，密封螺母拧到底部为止。最后拧紧内螺母、防水密封螺母，一直到拧紧为止；④光纤熔接完成后，按施工工艺要求对光缆进行悬挂。

4）光节点内的面板螺钉，在调试或做完接头后，所有螺钉松开后严格按标注顺序，分两次紧固，并检查螺钉是否齐全。

（2）柱形光分路器

对于柱形光分路器需要格外注意以下安装事项。

1）柱形光分路器都是二分路器，长约50mm，直径约3mm，一端单光纤素线，一端双光纤素线，均需安装并熔接在接续盒内。

2）柱形光分路器的根部非常脆弱，稍有硬折，即会折断，操作时应比熔接光纤素线更加小心。

3）确认1310nm或1550nm适用波长是否正确。

4）确认各端口不同的分光比及其连接对象是否正确。

（3）盒形光分路器

盒形光分路器均为SC/APC法兰盘入出，为防止尾纤断裂，不要使用尾纤入出形式，并且需要确认1310nm或1550nm适用波长以及各端口不同的分光比及其连接对象的正确性。

8.3 光纤的接续连接

光纤的接续是指进行两段光纤之间的连接。在光纤传输系统工程中，当链路距离大于光缆长度、大芯数光缆分支为数根小芯数光缆时，都需要以低损耗的方法把光纤或光缆相互连接起来，以实现光链路的延长或者大芯数光缆的分支应用。光纤接续是光缆敷设中精度最高、技术最复杂的重要工序，其质量好坏直接影响光纤线路的传输质量和可靠性。

8.3.1 光纤连接的类型

光纤的接续连接方法从连接的持久性上可分为永久性连接、应急连接和活动连接3种；从连接需要的温度上可分为熔接方式和冷接方式；从连接工艺上又可分为熔接和粘接。

1. 熔接接续方式（永久性光纤连接）

光纤熔接是目前较多采用的一种连接方式，相对而言，熔接也是成功率和连接质量最高的一种方式。光纤熔接类似于尾纤的端接方法和操作步骤，其主要特点是具有最小的连接衰减（典型值为0.01~0.03dB/点），但需要专用设备（熔接机）和专业人员进行操作。一般用于长途接续、永久或半永久固定连接。

应该注意到的是，熔接后的接头是比较容易受损或发生故障的主要因素之一，因此连接点需要用专用容器将熔接处保护起来。另外在使用和维护过程中，对设备的维护操作是必须的，因此其安全性（尤其是在野外），也是必须考虑的问题。在通常的情况下，熔接可以得到较小的连接损耗，一般在 0.1dB 以下，但是回波损耗是不容易控制的。同时，在光纤熔接过程中，影响熔接质量的外界因素很多，如环境条件（包括温度、风力和灰尘等）、操作的熟练程度（包括光纤端面的制备、电极棒的老化程度）和光纤的匹配性（包括光纤、尾纤类型匹配和光纤厂商匹配）等，若采用 MTP 多芯带状光纤连接器，带状光纤熔接机则更无法避免熔接过程中出现的个别光纤损耗过大的现实。

熔接的真实损耗值必须通过测试才能得出。在光纤芯数较多的情况下，很容易损伤已经完成熔接的光纤。在测试阶段，如果测试结果不理想或不达标，应进行返工。

2. 冷接或现场磨接光纤连接器的方式（又称应急性光纤连接）

在高精度的光纤熔接机出现之前，冷接（也称为机械连接）作为光纤的永久或者临时连接方式在光纤连接中已经得到广泛的应用。这种连接方式主要是利用机械固定和化学粘合的方法，将两根光纤固定并粘接在一起，其主要特点是连接快速、低成本等，连接典型衰减为 0.1 ~ 0.3dB/点。

冷接或现场磨接光纤连接器的现场研磨与工厂生产制造是两种无法比拟的完全不同的方式，工厂采用的是专用研磨机器的由粗到精的五道研磨工艺，现场是无法调整压力、无法保持一致的手工研磨，会出现插损和回损超标、连接不稳定等情况。对于低速网络应用来说这可能可以接受，但是，高速网络对很多指标和参数都是极为敏感的，若发生损耗超出网络设计要求、测试无法通过等情况，就会让设计者或施工者伤透脑筋。即便是这种连接能够使用也可能会不稳定，因此这种连接方式只能作为短时间内应急之用。

3. 活动连接方式

活动连接是利用各种光纤连接器件（插头和插座），将光端点与光端点或站点与光缆连接起来的一种方式。这种连接方式灵活、简单、方便和可靠，多用在建筑物内的计算机网络布线中。

在光缆敷设中，采用哪种光缆接续方式需根据具体情况而定，但都要达到下列要求：

1）采用光纤连接盘对光纤进行连接、保护，在连接盘中光纤的弯曲半径应符合安装工艺要求。

2）光纤熔接处应加以保护和固定。

3）光纤连接盘面板应有标识。

4）光纤连接损耗值，应符合表 8.3 的规定。

表 8.3　光纤连接损耗值　（单位：dB）

连接类别	多模		单模	
	平均值	最大值	平均值	最大值
熔接	0.15	0.3	0.15	0.3
机械连接	—	0.3	—	0.3

8.3.2　光纤接续前的施工准备

由于光纤接续的质量直接影响光缆敷设的质量，因此，在光纤接续之前，应该针对影响光纤接续质量的诸多因素（包括光纤选材、光缆敷设施工、接续人员安排、接续环境选择、光纤端面切割和熔接机熔接参数选定等）做好如下几项施工准备工作。

1）同一条线路上尽量采用同一批次的优质名牌光缆。对于同一批次的光纤，其模场直径基本相同，光纤在某点断开后，两端间的模场直径可视为一致，因而在此断开点熔接可使模场直径对光纤熔接损耗的影响降到最低程度。所以要求光缆生产厂家用同一批次的裸纤，按要求的光缆长度连续生产，在每盘上顺序编号并分清A、B端，不得跳号。敷设光缆时需按编号沿确定的路由顺序布放，并保证前盘光缆的B端要和后一盘光缆的A端相连，从而保证接续时能在断开点熔接，并使熔接损耗值达到最小。

2）敷放光缆应严格按光缆施工要求，最低限度地降低光缆施工中光纤受损伤的几率，避免光纤芯受损伤导致的熔接损耗增大。

3）安排经验丰富训练有素的光纤接续人员进行接续。尽管现在熔接大多是采用熔接机自动熔接，但接续人员的水平直接影响接续损耗的大小。接续人员应严格按照光纤熔接工艺流程图进行接续，并在熔接过程中应一边熔接一边用光时域反射仪（OTDR）测试熔接点的接续损耗。不符合要求的应重新熔接，对熔接损耗值较大的点，反复熔接次数以3~4次为宜，多根光纤熔接损耗都较大时，可剪除一段光缆重新开缆熔接。

4）接续光缆应在整洁的环境中进行。严禁在多尘及潮湿的环境中露天操作，光缆接续部位及工具、材料应保持清洁，不得让光纤接头受潮，准备切割的光纤必须清洁，不得有污物。切割后光纤不得在空气中暴露时间过长尤其是在多尘潮湿的环境中。

5）选用精度高的光纤端面切割器来制备光纤端面。光纤端面的好坏直接影响到熔接损耗大小，切割的光纤应为平整的镜面，无毛刺，无缺损。光纤端面的轴线倾角应小于1°，高精度的光纤端面切割器不但提高光纤切割的成功率，也可以提高光纤端面的质量。这对OTDR测试不着的熔接点（即OTDR测试盲点）和光纤维护及抢修尤为重要。

6）正确使用熔接机。熔接机的功能就是把两根光纤熔接到一起，所以正确使用熔接机也是降低光纤接续损耗的重要措施。根据光纤类型正确合理地设置熔接参数、预放电电流、时间及主放电电流、主放电时间等，并且在使用中和使用后及时去除熔接机中的灰尘，特别是夹具、各镜面和V形槽内的粉尘和光纤碎末的去除。每次使用前应使熔接机在熔接环境中放置至少15min，特别是在放置与使用环境差别较大的地方（如冬天的室内与室外），根据当时的气压、温度和湿度等环境情况，重新设置熔接机的放电电压及放电位置，以及使V形槽驱动器复位调整等。

8.3.3 光纤的熔接

当认真做好光纤接续前的准备工作后，就可以开始进行光纤熔接了。光纤熔接过程和步骤如下：

1）开剥光缆，并将光缆固定到盘纤架上。首先使用美工刀将光缆的黑色外表层去掉，大约去掉1m长左右。不同的光缆要采取不同的开剥方法，剥好后要将光缆固定到盘纤架上或光纤收容箱内，如图8.19所示。

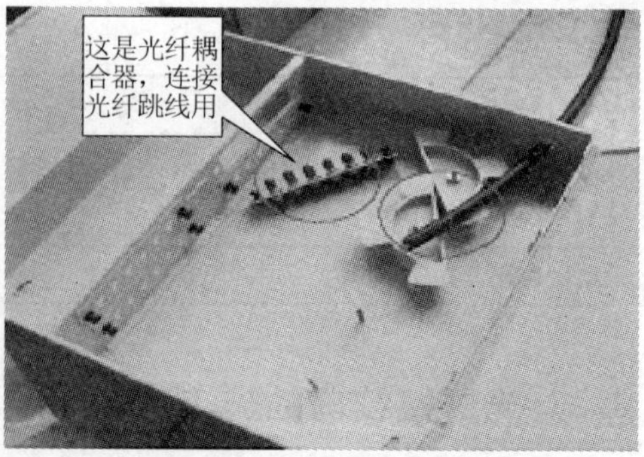

图8.19 光纤收容箱

2）剥去光纤保护层并清洁光纤。接着使用美工刀将光纤内的保护层去掉，特别注意的是不要弄断纤芯。在熔接工作开始之前，还须对纤芯进行清洁。比较普遍的方法就是用纸巾蘸上酒精，然后擦拭清洁每一根光纤。

3）分纤并穿光纤热缩管。接下来，将不同束管、不同颜色的光纤分开，穿过热缩管。待熔接完成后，可用热缩管保护光纤熔接头。

4）制备光纤端面。光纤端面制作的好坏将直接影响接续质量，所以在熔接前，必须首先做合格的端面。用专用的剥线工具剥去涂覆层，再用蘸了酒精的纸巾或棉花在裸纤上擦拭几次，使用精密光纤切割刀切割光纤，对 0. 25nm（外涂层）光纤，切割长度为 8 ~ 16mm，对 0. 9mm（外涂层）光纤，切割长度只能是 16mm。

5）放置光纤。将光纤放在熔接机的 V 形槽中，小心压上光纤压板和光纤夹具，要根据光纤切割长度设置光纤在压板中的位置，并正确放入防风罩中，如图 8. 20 所示。

6）熔接光纤。将纤芯固定，按“SET”键开始熔接，如图 8. 21 所示。可以从光纤熔接器的显示屏中看到两端纤芯的对接情况，如果偏差不是太大仪器会自动调节对正，当然也可以通过按钮 X、Y 手动调节位置。高压放电产生的电弧将左边光纤熔到右边光纤中，等待几秒钟后就完成了光纤的熔接工作。最后微处理器计算损耗并将数值显示在显示器上。若显示的损耗值达不到要求，应重新熔接。

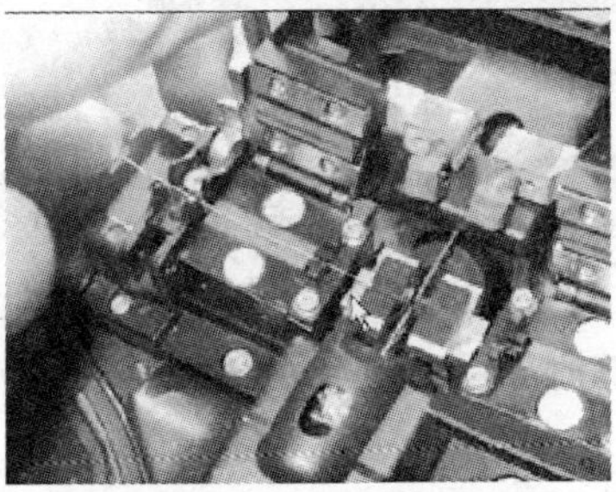

图 8. 20　熔接准备

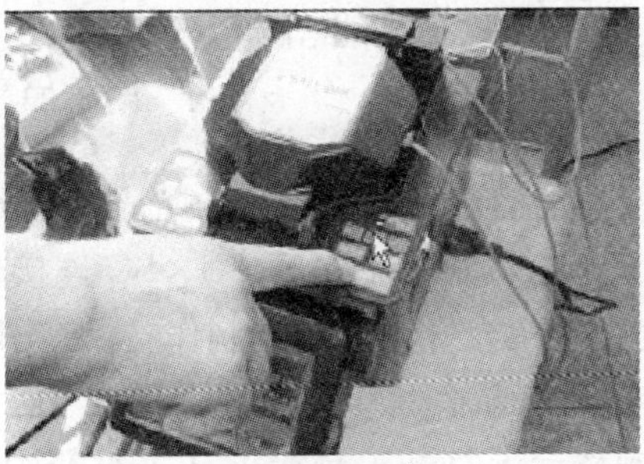

图 8. 21　熔接光纤

7）给光纤加装热缩套管。熔接完的光纤纤芯还露在外面，很容易被折断。这时候就可以使用刚刚套上的光纤热缩套管进行固定了。将套好光纤热缩套管的光纤放到加热器中按“HEAT”键开始加热 10s 左右，如图 8. 22 所示。至此完成一根纤芯的熔接工作。最后还需要把熔接好的光纤放置固定在光纤收容箱中。

图 8. 22　加热光纤热缩管

8）盘纤并固定。将接续好的光纤盘到光纤收容盘上，固定好光纤、收容盘和光耦合器等，完成光纤熔接工作。

8. 4　光纤连接器的组装

光纤连接器是光纤通信系统中使用量最大的光无源器件。光纤连接器的主要用途是用以实现光纤的接续，它能把光纤的两个端面精密对接起来，常用于光源到光纤、光纤到光纤以及光纤与探测器之间的连接。在光纤通信系统、光信息处理系统和光学仪器仪表中，光纤连接器的使用非常广泛。因此实用的连接器须具备损耗低、体积小、重量轻、可靠性高、便于操作、重复性和互换性好以及价格低廉等优点，还要能承受机械振动和冲击，适应一定的温度和湿度环境条件。另外，光纤活动连接器还需要有装拆时防止杂质污染的保护措施。在一定程度上，光纤连接器的性能影响着光纤传输系统的可靠性和传输性能。

8.4.1 标准 ST 型护套光纤连接器的组装

ST 连接器的部件包括：连接器体、单光纤缆套管、缓冲器光纤缆引导、带螺纹帽的扩展器、保护帽等，如图 8.23 所示。ST 连接器与 IEC 874—10 兼容，有陶瓷和塑料两种结构。典型的插入损耗为 $MM = 0.2\text{dB}$，$SM = 0.15\text{dB}$，回波损耗为 $SM \leqslant -45\text{dB}$（*MM* 表示多模，*SM* 表示单模）。长度为 22.6mm，陶瓷结构的耦合次数为 500 次，运行环境温度为 -40 ~ 85℃。

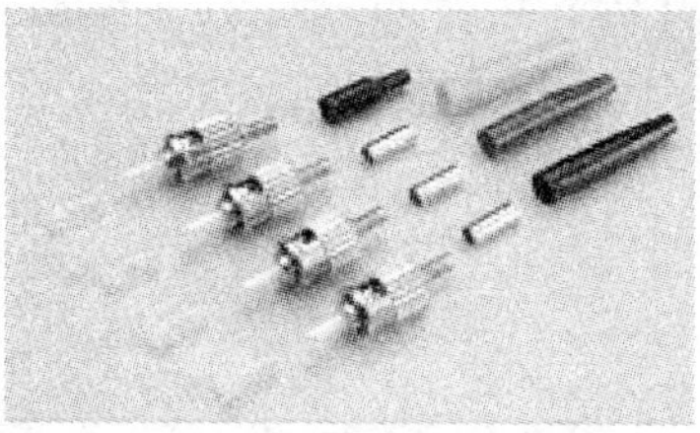
a) ST连接器

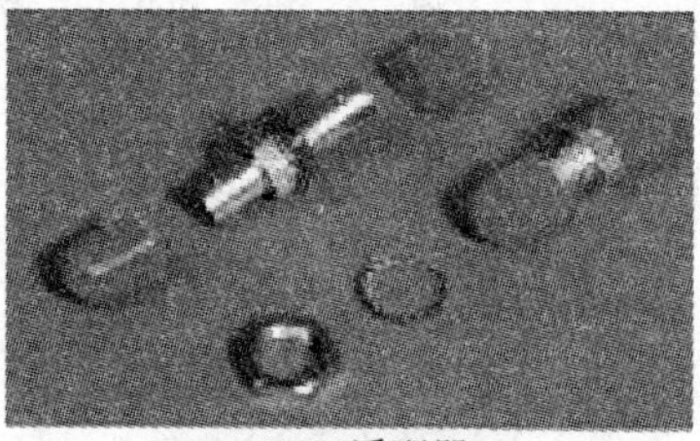
b) ST适配器

图 8.23 ST 连接器

较早的 ST 连接器制作工艺分为磨光、金属圈制作，而目前有些公司推出了新产品，采用压接方法，工艺较为简单。由于 FC、SC 连接器制作工艺与 ST 连接器制作工艺相似，在此以 ST 连接器为例介绍光纤连接器的制作技术。ST 连接器的制作工艺主要分为以下几个步骤。

第一步：准备工作区。

1）在操作台上打开工具箱，从工具箱中取出并摆放好必要的工具。

2）在操作台上，放一块平整光滑的玻璃。

3）准备好塑料注射器（拔下注射器针头的盖，装入金属针头）。

4）把磨光垫放在一个平整的表面上，使其带橡胶的一面向上，然后把砂纸放在磨光垫上，光滑的一面向下。

第二步：光缆的准备。

1）用环切工具剥掉光缆的外套（最外层），如图 8.24 所示。

2）调整环切工具上的刀片调整螺钉，设定刀片深度，如图 8.25 所示。不同类型光缆的刀片深度见表 8.4。在光缆末端的 96.5cm 处环切外护套（内层）。将内外护套滑出。

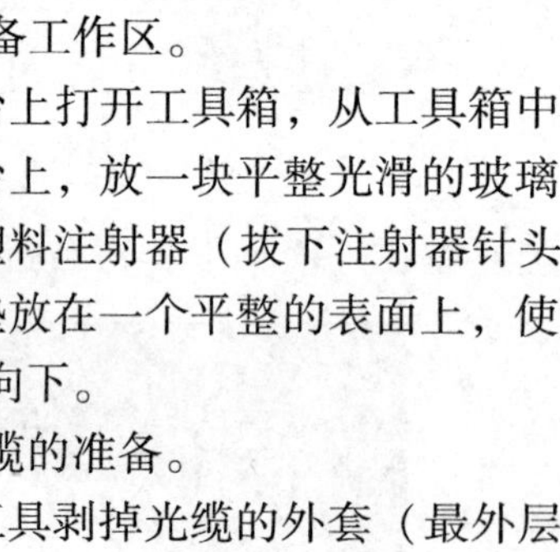

图 8.24 用环切工具剥掉光缆的外套

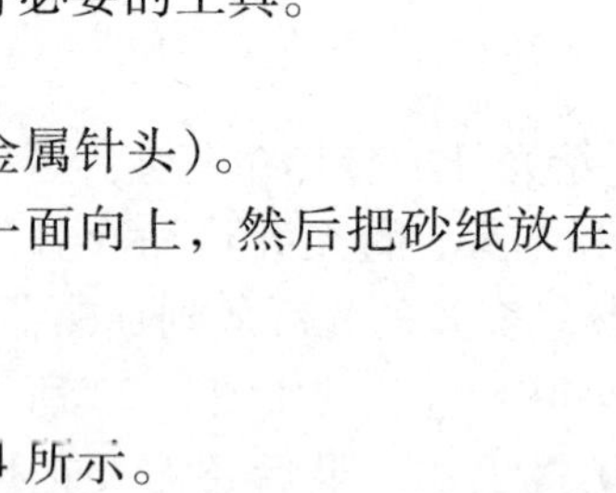

图 8.25 调整环切工具刀片的深度

表 8.4　不同类型光缆的刀片深度

光缆类型	刀切的深度/mm	准备的护套长度/mm
LGBC-4	5.08	965
LGBC-6	5.08	965
LGBC-12	7.62	965

3）给光缆装上缆支撑、帽扩展器。先从光纤的末端将帽扩展器套上（尖端在前）向里滑动，再将光纤末端插入缆支撑向里滑动。如图 8.26 所示。

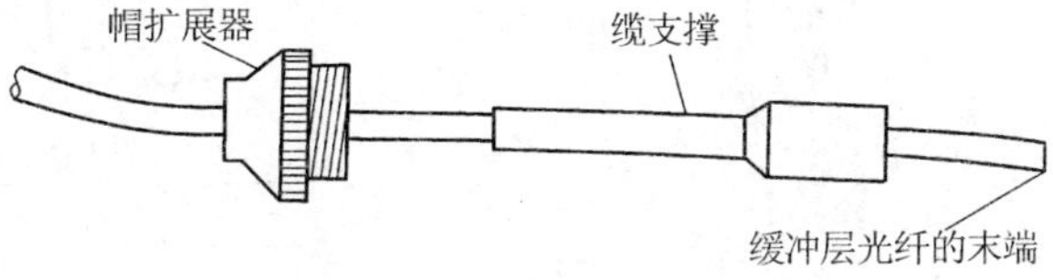

图 8.26　为光缆装上缆支撑、帽扩展器

第三步：按规定长度来标记光纤。

按表 8.5 和图 8.27 的规定，对于不同类型的光纤及不同类型的 ST 插头，用记号笔标记光纤剥线长度。

表 8.5　不同类型的光纤和 ST 插头对长度的规定

光纤类型	ST 陶瓷类型/mm	ST 塑料类型/mm
缓冲层光纤（缓冲层和光纤外衣准备的长度）	16.5 ~ 19.1	6.5 ~ 7.6
SBJ 光纤（缓冲层的准备长度）	18.1 ~ 20.6	7.9 ~ 9.2

第四步：用剥线器将光纤的外衣剥去。

对有缓冲层的光纤使用“机械剥线器”，对有纱线的 SBJ 光纤要使用“线剥线器”。两种操作方法有些差异。

1）用“机械剥线器”剥除缓冲器光纤的外衣。将剥线器深度按要求长度置好。打开剥线器手柄，将光纤插入剥线器导管中，用手紧握两手柄使它们牢固地关闭，然后将光纤从剥线器中拉出，如图 8.28 所示。然后，用浸有酒精（纯度 >99%）的纸/布从缓冲层向前擦拭，去掉光纤上残留的外衣（至少擦拭两次），且擦拭时不能使光纤弯曲，切记不要用干布去擦没有外衣的光纤，这会造成光纤表面缺陷，也不要去触摸裸露的光纤或让光纤与其他物体接触。

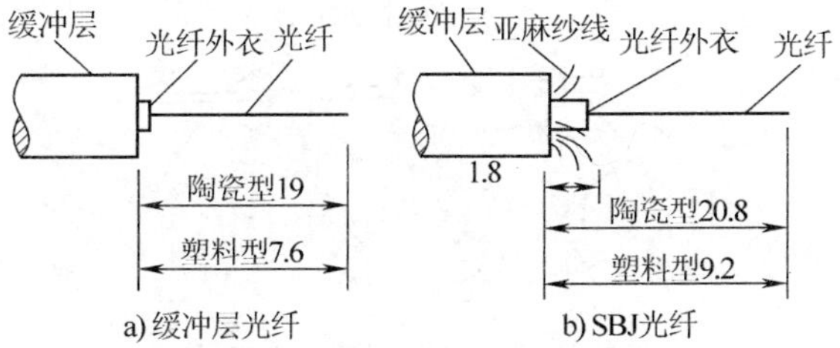

图 8.27　光纤剥线的长度规定

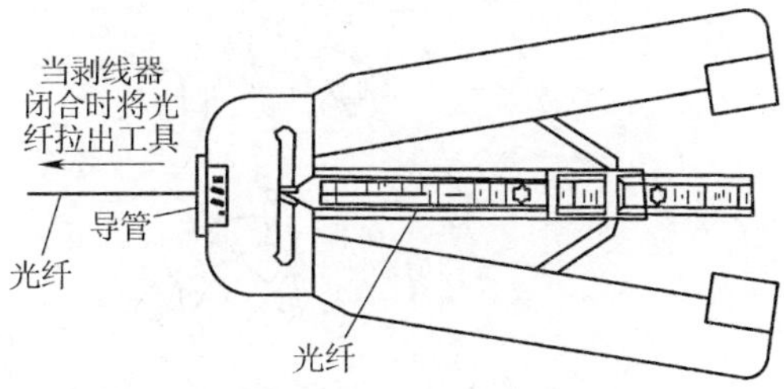

图 8.28　机械剥线器

2）用“线剥线器”剥除SBJ光纤的外衣。首先使用刻度尺测量并标记合适的光纤长度，然后，用“线剥线器”上的2号刻槽一小段一小段地剥去外衣，剥时拉力要直，切勿弯曲光缆，直到剥到标记处为止，如图8.29所示。并要在离标记1.6mm处剪去纱线。最后用浸有酒精的纸/布细心擦光纤两次以上。

3）每次剥离好12根光纤并存放在“保持块”的槽中备用（有外衣的部分放在槽中），裸露的光纤部分悬空，如图8.30所示。

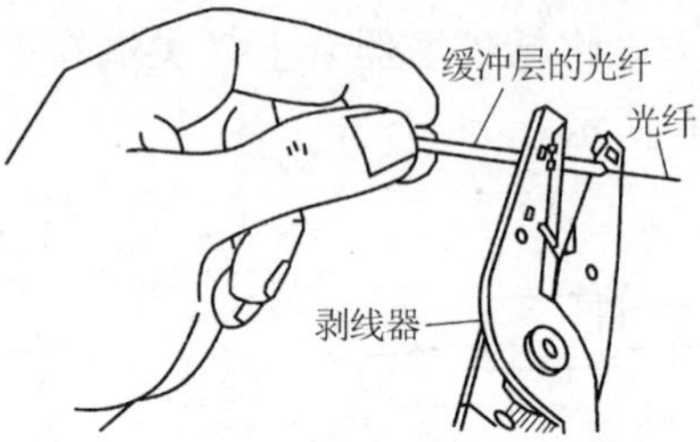

图8.29 线剥线器剥除SBJ光纤外衣

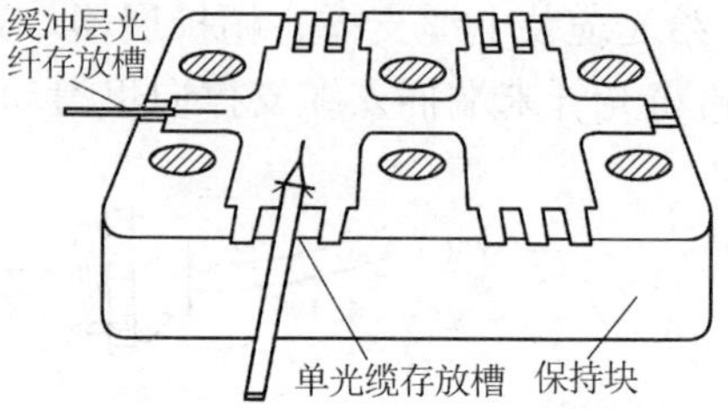

图8.30 剥好的光纤存放在保持块

第五步：准备环氧树脂和注射器。

1）取出环氧树脂塑料袋（内装黄白两色树脂，中间被分隔器分开），取下分隔器，然后在没有打开的塑料袋上用分隔器来回摩擦，以使两种颜色的树脂混合均匀成淡黄色。

2）取出注射器，拧转注射器针头到达锁定的位置。将注射器塞拉出，以便装入环氧树脂。将装有环氧树脂的塑料袋剪去一角，并将混合好的环氧树脂从注射器后部孔中挤入（约19mm的环氧树脂）。从后面重新插入注射器塞；并将针管中的空气排除。

第六步：安装ST连接器插头。

1）从连接器袋取出与光纤相符的连接器，可用工具箱中的Mmusic线试着插入孔中去掉阻塞物，确保连接器的光纤孔是通的（无阻塞物）。然后，将装有环氧树脂的注射器针头从背后插入ST连接器底部，推压注射器塞，慢慢地将环氧树脂注入连接器，直到一个大小合适的泡出现在连接器陶瓷尖头为止，如图8.31所示。

2）用注射器针头给光纤涂上一薄层环氧树脂外衣，大约到缓冲器外衣的12.5mm处。若是SBJ光纤，则对剪剩下的纱线末端也要涂上一层环氧树脂。同样也给连接器筒的头部（3.2mm）涂一层薄的环氧树脂外衣，然后，从连接器的背部插入光纤，如图8.32所示。当光纤穿出连接器尖后，从连接器后部轻轻地往回拉光纤以检查光纤是否折断，是否位于连接器孔的中央。确认无误后重新把光纤插到位。

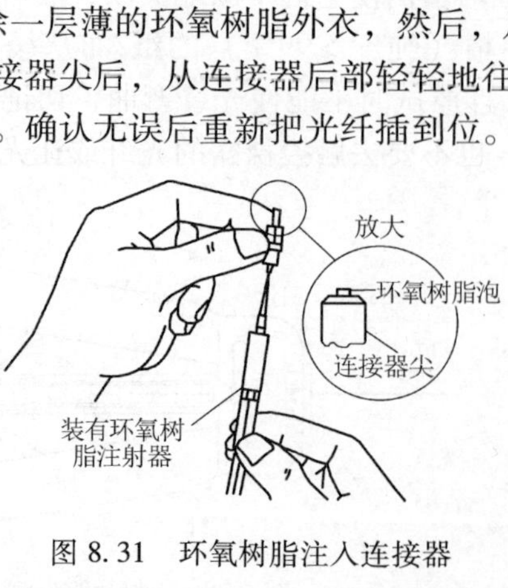

图8.31 环氧树脂注入连接器

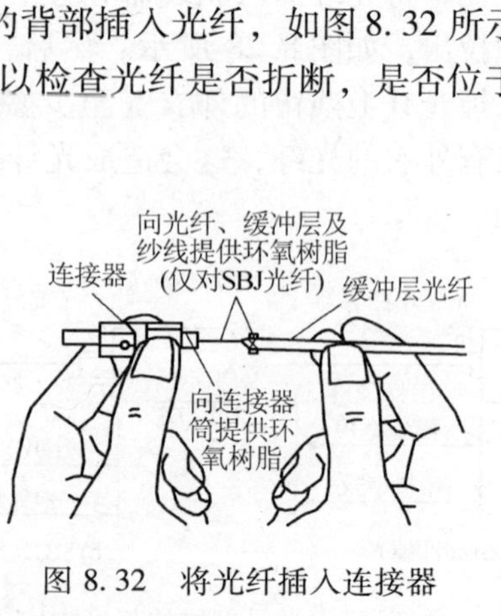

图8.32 将光纤插入连接器

3）检查连接器尖头部分以确保环氧树脂泡是否符合要求。如果需要的话，可小心地用注射器重建环氧树脂小泡。然后，将套在缓冲器光纤上的“缆支撑”移向连接器后部的筒，旋转“缆支撑”以使环氧树脂在筒上均匀分布。接着在帽扩展器的螺纹上注射一滴环氧树脂，并将帽扩展器螺旋拧到连接器体中，连接器就成型了，如图 8.33 所示。

4）加保持器以保持光纤定位准确，将连接器尖端的定位突块与保持器的槽对成一条线（同时将保持器上的突起与连接器内部的前沿槽对准）。再将保持器拧锁到连接器上，压缩连接器的弹簧，直到保持器的突起完全锁进连接器。要特别小心将连接器尖伸出的光纤位于保持器中心，若过长伸出，则使用剪子把光纤剪去。

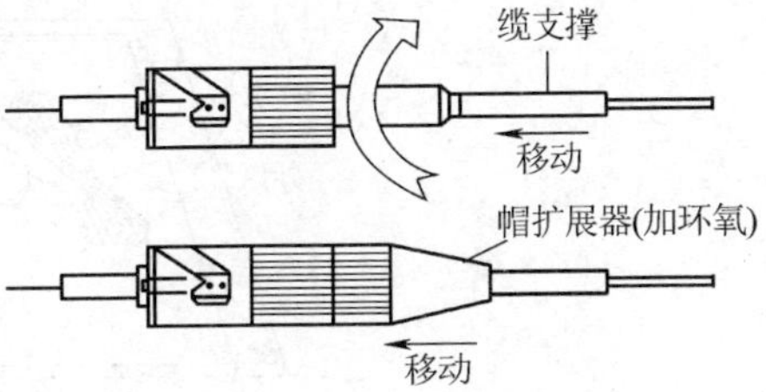

图 8.33　装缆支撑及帽扩展器

第七步：烘烤环氧树脂。

把烘烤箱通电开关按到“ON”位置，将烘烤箱加温直到“READY”灯亮。然后，将“连接器和保持器组件”放到烘烤箱的一个端口（孔）中，并用工具箱中的微型固定架夹住连接器组件的支持部分。烘烤 10min 后，拿住连接器的“支持部分（切勿拿光纤）”，将组件从烘烤箱上取出，将其放入保持块的端口（孔）中进行冷却。

第八步：切除多余的光纤。

先用切刀在连接器尖环氧树脂泡上伸出的光纤一侧刻痕，然后，对刀口加力将连接器尖外多余光纤切去，动作要干净利索。切勿通过弯曲来折断光纤。最后用一个干净的单边刀片除去在连接器的陶瓷尖头上所有多余的环氧树脂，特别注意，切勿刻、刮连接器的尖头。

第九步：磨光。

磨光方法有两种：PF 磨光方法和 PC 磨光方法。所谓 PF（Protruding Fiber）是陶瓷结构的 ST 连接器使用的磨光方法。该连接器须将光纤连接器磨光直至陶质部分（不同材料的金属圈，需要使用不同的磨光程序和磨光纸）。经过正确的磨光操作后，让光纤露出 1 ~ 3μm。当连接器进行耦合时，两连接器之间唯一的接触部分就是光纤，如图 8.34a 所示。PC（Physical Contact）方法是使用 ST 连接器的圆顶金属连接器的交接。在 PC 磨光方法中，圆顶的顶正部位恰好与金属圈上光纤的位置平齐。当连接器耦合时，两连接器唯一产生接触的地方在圆顶的部位，并构成紧密的接触，如图 8.34b 所示。相比这两种方法，PC 方法可以获得较小的回波损耗，应用较多。

值得注意的是，一粒灰尘就能阻碍光纤末端的磨光，所以对磨光砂纸的要求很严格。例如，对多模光纤只能用 D102938 或 D182038 磨光砂纸。具体步骤如下：

1）清洁所有用来进行磨光工作的物品。

2）初步磨光，先将磨光砂纸放在手掌心，将光纤头轻轻地磨几下（不要对连接器尖头进行过分磨光），对连接器尖端面检查无误后，初步磨光就完成。

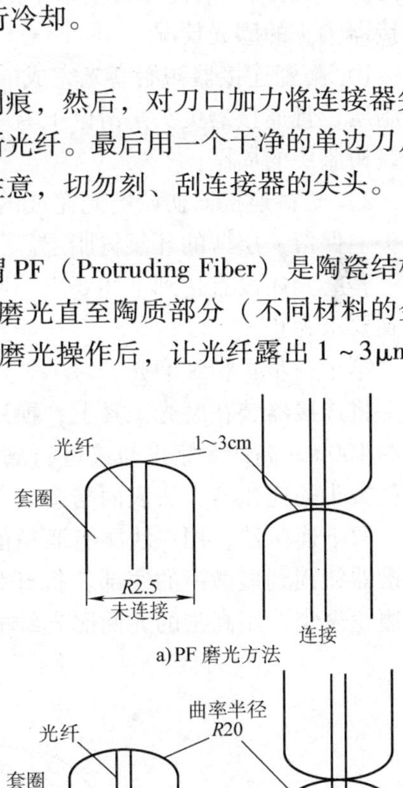

图 8.34　ST 连接器磨光方法

3）磨光纤，取一张 Type A 磨光纸放在磨光盘上，将连接器尖头轻轻地插到 400B 磨光工具中，将工具放在磨光纸上，开始用非常轻的压力进行磨光，磨光运动轨迹为约 80mm 高的 8 字形。然后逐步增加压力，磨光的时间根据环氧树脂泡的大小而不同，但平均是移动 20 个 8 字形，如图 8.35 所示。磨光完成后，用罐气吹掉工具和纸上的砂粒。

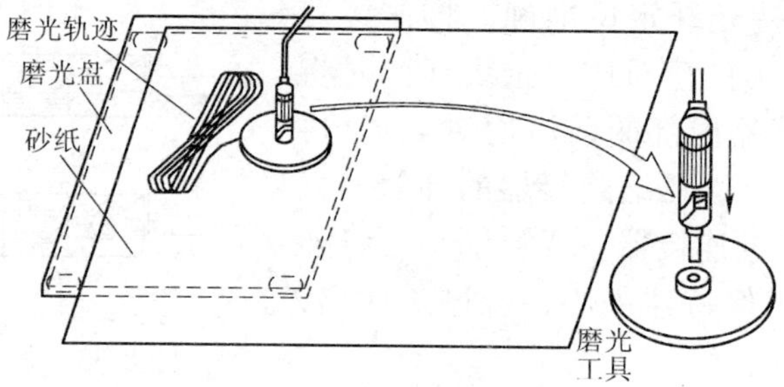

图 8.35 8 字形轨迹初始磨光纤

第十步：初始光纤检查端面。

检查时，要确保光纤是未加有激光或 LED 光的光纤，以免损坏眼睛！先用一块蘸有酒精的纸/布清洁从磨光工具上拿下的连接器尖头及磨光工具。然后用一个 10 倍放大镜检查对连接器尖头的磨光情况。

1）陶瓷连接器初始磨光完成的标志是：在连接器尖头的中心部分保留有一个薄的环氧树脂层，且连接器尖头平滑区上有一个陶瓷的外环暴露出来，将能看到一个发亮的晕环绕在环氧树脂层的周围。

2）塑料连接器初始磨光完成的标志是：直到磨光的痕迹刚刚从纸上消失为止，并在其尖头上保留一层薄的环氧树脂层。

若磨光还没有达到上述要求，则继续按 8 字形轨迹磨光，并频繁检查连接器尖头，直到达到要求为止。

第十一步：精细磨光。

将连接器装在磨光工具上，换用 Type C 磨光纸，开始用轻的压力，然后逐步增加压力，以约 100mm 高的 8 字形轨迹进行磨光。要求是：多模陶瓷尖头的连接器无环氧树脂，多模塑料尖头的连接器尖头表面与磨光工具的表面平齐。

取下连接器，用一块蘸有酒精的纸/布清洗连接器尖头、被磨光的末端及连接器头。将连接器钮锁到显微镜的底部。打开显微镜的镜头管（接通电源）以照亮连接器的尖头，并用边轮聚焦，用高密的光回照光纤的相反的一端，如图 8.36 所示。

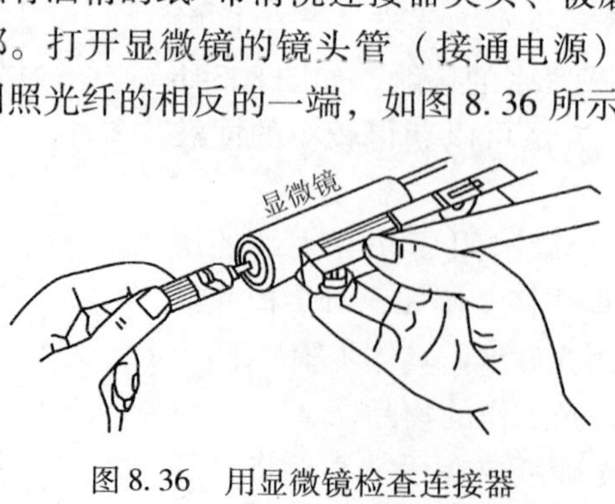

图 8.36 用显微镜检查连接器

第十二步：最终检查。

如果可能用 CertiFiber 多模光缆测试仪、DSP FTK 光缆测试工具包和 SimpliFiber 多功能光缆测试工具等仪器检测连接器尖端面，则效果更好也更容易，并且可以避免伤害眼睛。部分的光纤端面检测情况如图 8.37 所示。

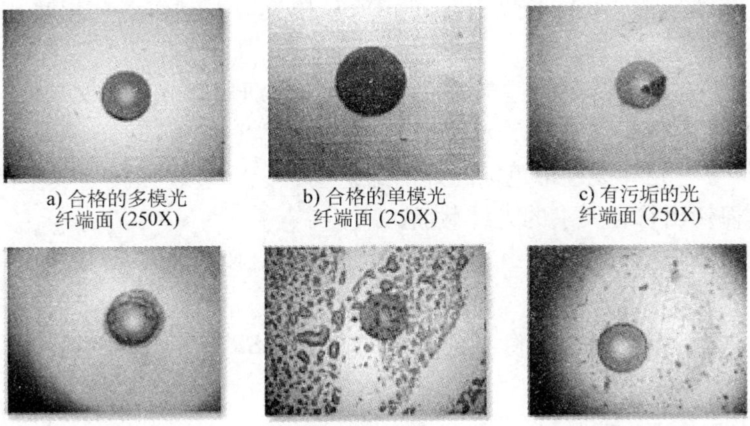

a) 合格的多模光纤端面 (250X)　b) 合格的单模光纤端面 (250X)　c) 有污垢的光纤端面 (250X)

d) 有环氧膜的光纤端面 (250X)　e) 有油腻的光纤端面 (250X)　f) 有擦伤和残渣的光纤端面 (250X)

图 8.37　用测试仪检查连接器尖的光纤端面

8.4.2　标准 SC 型护套光纤连接器的组装

SC 型连接器的部件包括：整体化的 SCII 插头、陶瓷套管、分档的压接器和带色标的外部保护套等。塑料材质，凸缘铸件。对于多模接头，外部采用磷青铜；对于单模接头，采用镀锌陶瓷。SC 型连接器与 IEC 874-14 兼容。典型的插入损耗为 $MM=0.2$dB，$SM=0.15$dB，回波损耗为 $SM\leqslant -45$dB。其他参数与 ST 连接器相似。SC 型还有双光纤连接器，其特征是将两个不同色标的 SC 单连接器用一个聚合夹拼合而成，而对应的双适配器则是专门设计的。

SC 型连接器制作工艺与 ST 型连接器制作工艺相似，不再赘述。

另一种制作工艺与 ST 型连接器相似的连接器是 FC 型连接器。FC 型连接器采用金属螺纹连接结构，插针体采用外径 2.5mm 的精密陶瓷插针，根据其插针端面形状的不同，分为球面接触的 FC/PC 型和斜球面接触的 FC/APC 型两种结构。FC 型连接器是目前世界上使用量最大的品种，也是我国采用的主要品种。FC 型连接器大量用于光缆干线系统，其中 FC/APC 型连接器用在要求高回波损耗的场合，如 CATV 网等。标准代号为 FOCIS4，我国已制订了 FC 型连接器的国家标准。

8.4.3　LC 型光纤连接器的现场组装

SC 型连接器等属于传统的连接器，其特点是“粘接型”连接器，制作工艺繁琐、体积较大。为了使光纤端口与安装过程变得快速、简单和整洁、无粘接，压接式光纤连接技术及其相应的 LC（Light Crimp Plus）型连接器便应运而生，并得到迅速普及。

LC 型连接器的部件包括：一个精密的陶瓷套圈、分档的压接器和带色标的外部保护套等。塑料材质，与 TIA/EIA、IEC、CECC 及 EN 标准兼容，有多模接头、单模接头两类。

LC 型连接器能提供始终如一的压接性能，体积小（其双适配器与 RJ-45 插座相当），无需打磨和加热连接头（产品出厂前已进行了高质量打磨）。典型的插入损耗为 $MM=0.2$dB，

SM =0.15dB，回波损耗为 $SM \leqslant 45$dB，$MM \leqslant 20$dB。使用温度范围为 -10 ~65℃。

使用LC型连接器时，必须采用与该连接器配套的压接工具组件：包括剥线工具、切断刀、压接工具、线缆托架、切线长度引导和ST/SC模具等。制作工艺相对ST连接器简单许多，只需以下4个步骤。

1）剥开线缆。选择工具箱中适当的剥线工具，分别剥除光缆的外套（最外层）、外护套（内层），并用蘸有酒精（纯度>99%）的纸/布清洁光纤。

2）切断光纤。将光纤穿过带色标的外部保护套，以及装在压接工具上的陶瓷套圈和压接器，并用切断刀切出符合要求的光纤截面。

3）压好接头。将穿好光纤的LC连接组件定位后，用标准手持式压接工具压接LC连接器。

4）检查LC型连接器。检查LC型连接器的方法与ST型连接器的检查方法相同。

8.5 光纤的端接连接

光纤的端接连接是指在管理子系统进行的光缆末端连接。光纤的端接通常采用活动连接技术，也就是将光缆的末端制成各种不同类型的光纤活动连接器，以实现光链路与设备端口之间的连接。

8.5.1 光纤的端接方式

光纤端接的方式比较复杂，受到光纤连接器类型、光纤产品、端接现场环境以及施工人员技术水平等众多因素的影响。常用的光纤端接方式有：纤对纤、纤对接头和预端接光纤等三大类型，当然，不同的光纤端接方式其利弊也不一样。光纤端接方式的选择，不仅是在现场施工时才会面临的问题，而且也是在布线项目的设计阶段和产品选型时就必须考虑的事项。

1. 纤对纤端接

纤对纤端接是指敷设光纤与在工厂已端接了一端光连接器的尾纤（Pigtail）相连接。在纤对纤端接前，首先应确定需要端光缆芯线（编号或束管号和色谱）和相应的尾纤，然后再选择相应的端接方法。光纤的准备过程包括剥掉缓冲层，清洁裸光纤，把光纤剪成所要求的长度。在剪断光纤时，必须保证直角端面，以确保对准光纤末端。纤对纤端接有机械接合与熔断接合两种方式。

1）机械接合。一般为塑料模具，在每一端带有电缆夹（或采用键控方式的锁定夹），适合250mm或900mm缓冲光纤。要接合的两光纤端要滑入模具内部，直到这两端在通常填有与折射率相符凝胶的空间中相接。

2）熔断接合。使用熔断接合机进行端接。熔接机包括一台对准设备、一个电弧发生器和一台小型干燥箱。对准设备保证准备好的光纤处在每个轴的相应位置上。然后电弧在预先编程的时间和功率上点火，实现无缝连接。

2. 纤对接头端接

纤对接头端接是指敷设光纤与光纤连接器直接相连接，可大致分为以下几种方式。

1）干燥箱固化的环氧树脂型端接。这是最常用（也是最早）的直接端接方法。这种方式先拆掉缓冲层，清洁裸光纤，准备光纤；然后混合环氧树脂（粘合剂和催化剂），并传送到注射器中；接着把环氧树脂注入连接器的套圈中，直到端面上出现环氧树脂；之后把光纤插入套圈，然后把套圈放到套管中，大约 5min 后，放到干燥箱中。在烘干冷却之后，取下套管，剪掉光纤末端。最后进行打磨、清洁和检查。

2）预装环氧树脂型端接。这类连接器的端接方法在大多数地方与传统的干燥箱固化环氧树脂类似。它预装有预先混合的环氧树脂，另外还能重新熔化（尽管制造商不推荐这种做法），以取下和更换断开的光纤。在剪断光纤后，进行打磨、清洁和检查。

3）冷固化环氧树脂型端接。前期准备工作与干燥箱固化的环氧树脂相同，但进行了简化。通常是直接从分配器中把催化剂和粘合剂放到光纤或套圈上，而不需混合/传送到注射器中。在室温下，其固化时间一般为 2min。在剪断光纤后，进行打磨、清洁和检查。

3. 预端接的光纤

预端接的光纤是由光缆生产厂根据用户定制（长度、选定光纤连接器、指定芯数和指定外护套）的光纤，在现场直接敷设即可。

预端接的光缆两端受到拉入孔保护，制造商已经对其进行光测试。略有不同的一种预先端接的光纤采用插入式配线盒，而不是配线架，在背面有一个多芯连接器（MTP/MPO），正面采用 SC、ST 型等连接器。由于光缆装配件和配线盒事先都经过测试，因此其安装速度较快。

上述端接方法并不能全部适用于单模光纤，但都可以适用于多模光纤。这是因为端接中会产生端面打磨，从而导致回波损耗性能变差。在具有预打磨套圈的任何连接器中，在制造过程中将控制其回波损耗。很明显，预端接的光纤在出厂时已经通过了测试。

端接光缆有许多不同的方法。前面已经提到，这些方法各有自己的优缺点，选择何种端接方式在很大程度上取决于应用环境、应用性能及系统成本。一般来说，安装快的端接产品通常价格比较高，而安装慢的端接产品价格则较低。需要注意的是，应考虑端接的总成本，而不应只是购买最便宜的产品，因为其端接成本和长期使用成本会比较高。

另外，各种端接光纤的方式均有其合适的应用环境。例如，控制交通信号灯的光纤因事故需连接，通常在白天先采用机械接续的方式临时抢修，待到夜晚交通流量很小时再重新采用熔接方式永久固定；直接端接光纤与光纤连接器的方式会让安装商可以为用户方便地制作指定长度的跳线，也是光纤到桌面的常用安装方法。因此在具体实施中要充分了解用户需求和环境情况，方可结合自身情况选择恰当的光纤端接方式。

8.5.2　光纤连接器的端接

光纤连接器的端接就是利用光纤连接器和耦合器实现光纤模块互连。光纤连接器的互连是光纤通信系统中实现光纤传输信道的最为常用的方法。根据互连的模块不同，通常有两种模式：

1）对于互连模块，是将要进行互连的两条半固定的光纤通过其上的连接器与此模块嵌板上的耦合器互连起来，形成一条光纤信道。做法是将两条半固定光纤上的连接器分别从嵌板上的耦合器两侧插入并固定。

2）对于交叉连接模块，是将一条半固定光纤上的连接器插入嵌板上要交叉连接的耦合器的一端，该耦合器的另一端中插入要交叉连接的另一条半固定光纤的连接器。这样，交叉连接的作用就是在两条半固定的光纤之间形成所谓的“光纤跳线”，作为中间链路，便于管理员对光纤线路进行重新布线。

光纤连接器的端接比较简单，下面以ST连接器为例，来说明光纤连接器的互连方法。

第一步：清洁ST连接器。

取下ST连接器头上的橡胶保护帽，用蘸有酒精的纸巾或医用棉花轻轻擦拭连接器尖头部，以擦去粘在连接器尖头处光纤截面上的沉积物。

第二步：清洁耦合器。

摘下耦合器两端的红色保护帽，用蘸有酒精的杆状清洁器穿过耦合孔擦拭耦合器内部以除去其中的残留碎片，如图8.38所示。

第三步：吹除耦合器尘埃。

使用罐装气，吹去耦合器内部的灰尘，如图8.39所示。

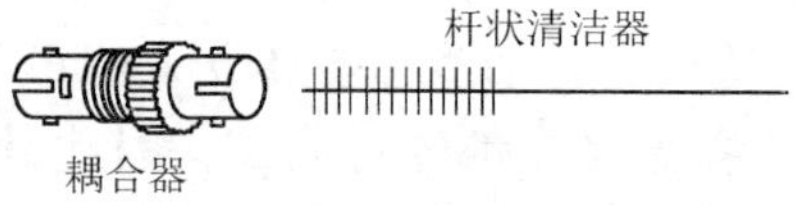

图8.38 杆状清洁器清洁耦合器

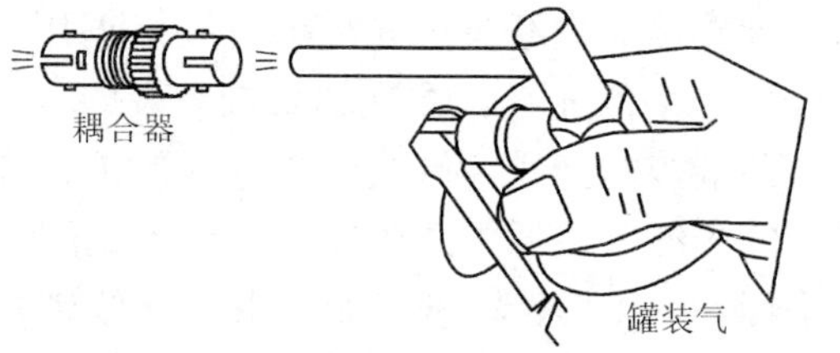

图8.39 用罐装气清除耦合器

第四步：将ST连接器插到耦合器中。

将连接器的头插入耦合器一端，将连接器上的紫铜色舌片对准耦合器上的缺槽，耦合器上的突起对准连接器槽口，插入连接器后并旋转连接器使之锁定，如经测试发现光能量损耗较高，则需摘下连接器并用蘸有酒精的纸巾或医用棉花再次擦拭连接器尖头部，用罐装气重新净化耦合器，然后再插入ST连接器。在耦合器两端插入ST连接器，要确保耦合器的突起块完全定位于两个连接器的槽口定位处，如图8.40所示。

图8.40 ST连接器插入耦合器

重复以上步骤，直到所有的ST连接器都插入耦合器为止。应注意，若一次来不及装上所有的ST连接器，则连接器头上要重新盖上橡胶保护帽，而暂时没有用到的耦合器或暂时悬空的耦合器端（另一端已插上连接器头的情况）也要盖上红色保护帽。

目前还流行一种所谓“压接式光纤连接头技术”。压接式光纤连接头技术是安普公司的专利压接技术，它使光纤端口与安装过程变得快速、整洁和简单，而有别于传统的繁琐过程。该技术采用一种称为Light Crimp Plus的接头，使用预先打磨的光纤，安普公司的Light Crimp Plus连接头在工厂出厂时就已经打磨好了，不需要在现场再打磨。因此，在进行该压接式光纤连接器端接时，只需要做的是：剥开线缆、切断光纤和压好接头。在节省时间的同时，还可获得高质量的产品。Light Crimp Plus连接头的主要特点为：

1）简单的光纤端口，易于快捷安装。

2）快速连接，不需要打磨，只需剥皮、切断和压接。

3）出厂时即进行了高质量打磨，不需要打磨纸。

4）无源，高性能。

5）不需要热固式加工或紫外处理，无损健康，无环境污染。

6）多模 SC、ST 接头，直接端接，不需要工作站。

7）与 TIA/EIA、IEC、CECC 及 EN 标准兼容。

8）人工成本低，提供工具升级。

因此，Light Crimp Plus 接头能提供始终如一的压接性能，典型节点损耗为 0.3dB，具有与热固式接头相同的性能，并能适应较宽的温度范围（-10～+60℃）。

8.5.3　光纤到电缆的转接

对于某些应用场合，全光纤网络的工程造价还难以为所有综合布线工程所接受，因此，光纤为主干、电缆为支干的网络结构还有较大的应用前景，所以电缆与光纤或光纤与电缆的连接在目前布线工程中是较为常见的连接方式，而实现这种混合连接方式的关键设备就是光纤收发器。

光纤收发器是用来进行光信号与电信号之间转换的设备，它的另一个重要功能是扩展网络通信的范围。这类产品有卡式和盒式两种类型。卡式光纤收发器直接用于具有 GBIC 预置端口的交换机，一般只有一对光纤端接口，使用时该设备被直接插入交换机的 GBIC 端口中，称为千兆单模 GBIC 模块，而交换机输出端口为双绞线 RJ-45，光信号与电信号是一种间接转换。盒式光纤收发器是一个独立于交换机的设备，置于交换机外部，有一对以上的光纤端口和 RJ-45 端口，能直接转换光信号与电信号。

1. GBIC 千兆接口转换器

思科粗波分复用（CWDM）千兆接口转换器（GBIC）解决方案可以使企业和服务供应商在他们的网络中提供可扩展、易于部署的千兆位以太网服务。该套产品可实现较高可用性、多业务网络的灵活设计。思科 CWDM GBIC 为一种热插拔输入输出设备，可插入思科交换机和路由器符合 802.3z 标准的 GBIC 端口/插槽，将此端口和光纤网络连接起来。有单模光纤模块（LX-GBIC）和多模光纤模块（SX-GBIC）两大类，传输距离为 270m～80km，外形如图 8.41 所示。

图 8.41　思科 CWDM GBIC 产品系列

（1）GBIC 模块的主要特性

1）可扩展性。CWDM GBIC 解决方案可在一对单模光缆上提供高达 8Gbit/s 的以太网信道。

2）易于部署和灵活实施。思科 CWDM GBIC 适用于被支持的思科平台上兼容 IEEE 802.3z 标准的 GBIC 端口。CWDM GBIC 不需配置。思科 CWDM GBIC 解决方案提供多种类型的网络配置，从多信道点对点到集中、网状（环路）配置。

3）高可用性。思科 CWDM GBIC 解决方案充分利用了环路结构的多信道结构和内置保护优势。在信道终点（CWDM GBIC）采用第 2 层、第 3 层冗余和故障切换机制来构建高可用性链接。在一个环路结构中使用两路链接配置提供光纤断裂保护（以及快速重新汇聚）。

4）投资保护。思科 CWDM GBIC 解决方案使企业和服务供应商能够增加现有千兆位以太网光基础设施的带宽，而无需加入新光纤。思科 CWDM GBIC 可和其他思科 CWDM GBIC 应用于同一个平台。

5）符合 GBIC REV. 5.5 标准，IEEE 802.3z、1000Base-LX 和 1000Base-SX 以太网标准，

符合 ANSI X3 T11 光纤信道标准。

6）1550nm DBF 激光器技术、多种光纤模式和可热插拔。

（2）GBIC 解决方案

1）点到点。在点到点配置中，两个端点可通过一条光纤链路直接连接起来。思科 CWDM GBIC 解决方案使客户可以在一对单模光纤中分插高达 8Gbit/s 的以太网信道，因此最大限度地降低了添加额外光纤的需求。通过在第 2 对单模光纤中分插冗余信道可以实现冗余点到点链接。点到点结构主要应用于企业园区链接和城域网，如图 8.42 所示。

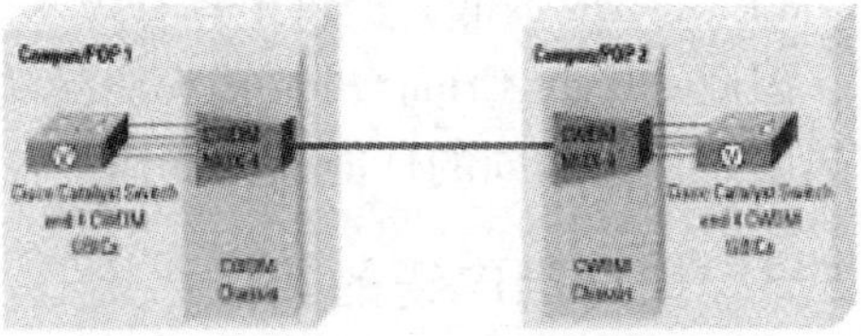

图 8.42　采用 GBIC 实现点到点连接

2）集中星形（环路）。在集中星形拓扑结构配置中，多个节点（星形）通过一个单模光纤环与集中位置连接起来。每个集中节点连接可以包含单一或多个波长（Lambda），每个链接承载一个完整的千兆位以太网信道。对环路中光纤断点的保护通过在光纤环路的两个方向上连接集中位置和各节点来实现。这种结构主要应用于服务供应商千兆位以太网城域接入环路，如图 8.43 所示。

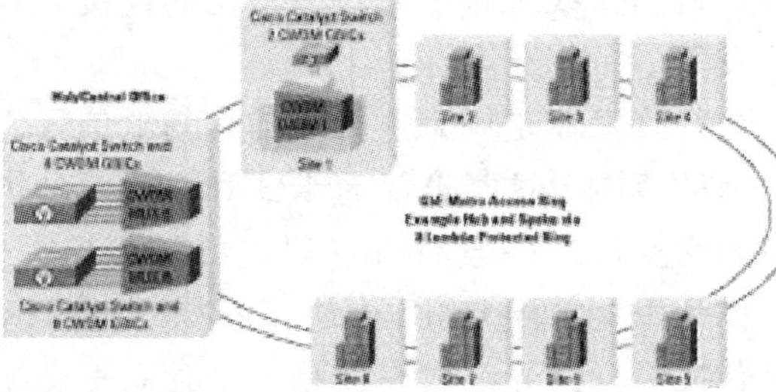

图 8.43　基于 GBIC 集中控制星形（环路）结构

3）网形（环路）。网形部署是在同一光链路上组合了集中星形和点到点连接，甚至是并联的多重点到点连接。允许多达 8 个波长对这些方案进行不同的组合，例如，一个 4 个波长集中星形拓扑结构同一个 4 个波长点到点结构。

2. 光纤转换器

单/多模光纤转换器如图 8.44 所示，用于双绞线与光纤之间的数据通信，支持用户利用单模或多模光纤扩展 UTP 通信网络的规模，广泛应用于以太网数据通信需扩展传输距离的情况，通过光纤链路实现通信网络的扩展和延伸。单/多模光纤转换器可以有全双工、半双工或自动选择的工作状态，通过设备本身提供的状态指示灯，用户可实时监测设备当前的工作状态。可为宽带专网、光纤城域宽带网的信息传输提供高性能的硬件支持。通信网络范围扩展原理，如图 8.45 所示。

a) 四端口光纤转换器　　b)10 插槽机箱式光纤转换器

图 8.44　光纤转换器

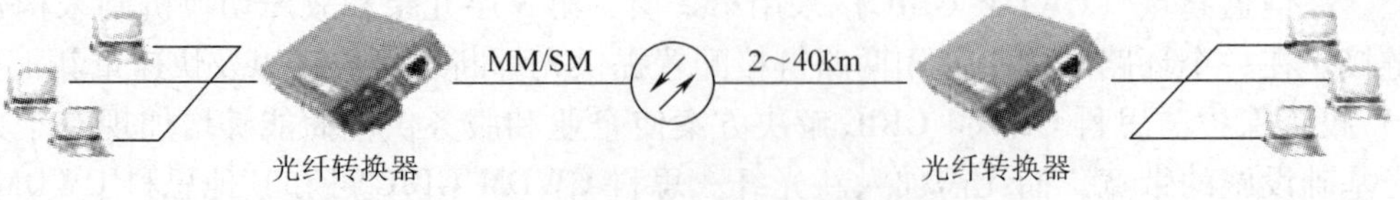

图 8.45　光纤转换器实现通信网络范围扩展

光纤转换器的主要性能：①符合 IEEE 802.3、IEEE 802.3U Ethernet、IEEE 802.1d、10Base-T/100Base-TX 和 10Base-FL/100Base-FX 标准；②传输速率为：10Mbit/s、100Mbit/s 和 10/100Mbit/s；③双绞线接口：RJ-45、UTP；④光纤接口：SC、ST 接口，50/125μm、62.5/125μm 或 100/140μm 多模光纤，8.3/125μm、8.7/125μm 和 9/125μm 或 10/125μm 单模光纤；⑤波长：850/1310/1550nm；⑥最大传输距离：UTP 电缆为 100m；多模光纤全双工状态下为 2km；单模光纤全双工状态下为 20km、40km、60km 或 120km；⑦通信方式：支持全双工或半双工。

在选择光纤转换器时，单模光纤、多模光纤、传输速率及光信号传输距离是重要参数。即光纤转换器的光纤端口模式必须与所连接的光纤模式相同，GBIC 模块的传输速率是千兆位的，盒式光纤转换器的传输速率一般是 100Mbit/s。另外，光纤转换器要与通信网络类型一致，选用时要注意其参数。

8.6　光纤布线系统的管理

除光纤连接器安装技术外，光纤布线工程中还需要一些与光缆连接密切相关的设备，以实现光纤的互连、交连（即交叉连接）、光纤连接管理、输出等，统称为光纤连接设备。不同的综合布线产品制造商推出的光纤连接设备的型号及款式不尽相同，但均以符合相关的国际标准作为基础。按综合布线系统的分类方法，可以分为工作区光纤连接设备和管理间光纤连接设备两大类。

8.6.1　光纤交连连接

光纤交连是指配线设备和信息通信设备之间采用插接软线或跳线上的连接器件相连的一种连接方式。光纤交连连接用到的线路管理件主要是交连硬件、光纤交连场、光纤交连部件管理/标记、推荐的跨接线长度和其他机柜附件等。

1. 交连硬件

组成交叉连接和互连的基本器件是光纤互连装置（LIU），它是综合布线中常用的标准光纤连接硬件，具有识别线路用的附有标签的盒子，因此也称为光纤连接盒，其容量范围有 12、24 到 48 根光纤之分。当交连的光纤根数不同时应采用不同型号的光纤互连装置，对应类型有 100A、200A 和 400A。其中，400A 光纤互连装置，可直接端接 48 根光纤或 24 个交连接和 24 个端接。光纤互连装置利用 10A ST 光纤连接器面板来提供 ST 光纤连接器所需的端接能力。如图 8.46 所示，是西蒙公司的 LIU 实物结构图。该装置用来实现交叉连接和互连的管理功能，还可直接支持带状光缆和束管式光缆的跨接线。

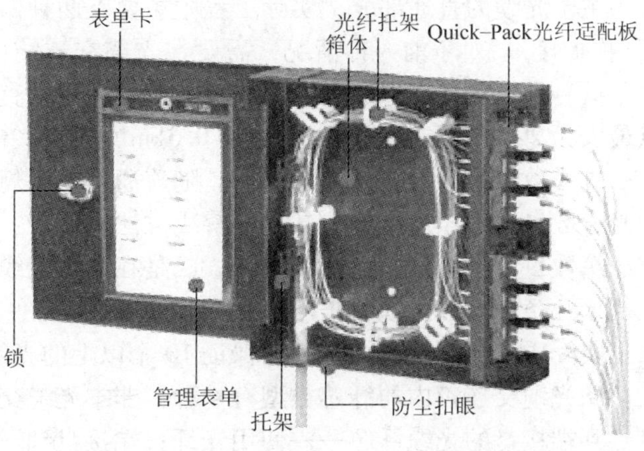

图 8.46　西蒙公司的 LIU 实物结构图

2. 光纤交连场

光纤交连场即集中光纤交连（实现数十至数百根光纤交连的场所），由若干个 LIU 模块组成，通常每个 LIU 模块允许端接 12 根光纤。光纤交连场可以使每一根输入的光纤通过两端均有套箍的跨接线光缆连接到输出光纤。如图 8.47 所示是一个二列交连场，它包括 8 个光纤配线箱，8 个光纤适配器面板、8 根跨接线过线槽和 2 根捷径过线槽的光纤交连场。若强调光纤交连场的强度及保护光缆，可改用铝制过线槽，并配有可拆卸盖板以加强对光纤跨接线的机械保护。

一个光纤交连场最多可扩充到 12 列，每列 6 个 100A LIU。每列可端接 72 根光纤，因而一个全配置的交连场可容纳 864 根光纤，占用的面积为高达 3.51m × 1.42m。目前，较新的光纤交连箱多采用刀片形式的 LIU 模块，该种模块将 12 个光纤端接口排成一行，能极大降低 LIU 模块占用的体积。

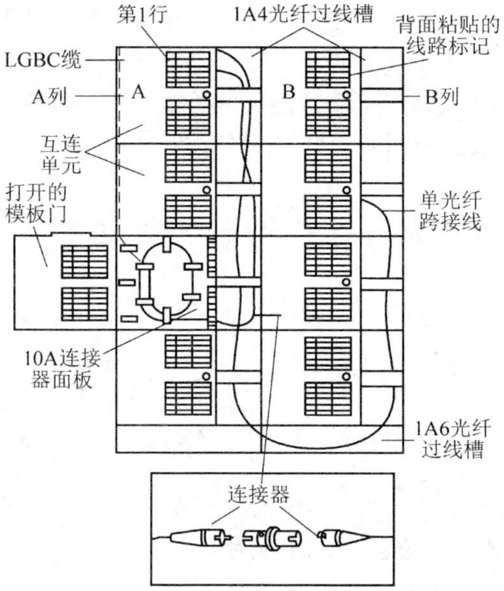

图 8.47 二列交连场

随着国内光纤接入网建设的迅猛开展，在城市的光缆网络建设中，并不是每个地方都能提供合适的室内环境安装光纤配线架（ODF），所以使用户外光缆交连箱是必然的选择。光缆交连箱是一种为主干层光缆、配线层光缆提供光缆成端、跳接的户外交接设备。对光缆交连箱最基本的要求就是能够抵受剧变的气候和恶劣的工作环境，要具有防水汽凝结、防水和防尘、防虫害和鼠害、抗冲击损坏能力强的特点。因此，箱体外侧对防水、防潮、防尘、防撞击损害和防虫害鼠害等方面要求比较高；其内侧对温度、湿度控制要求十分高。

光缆交连箱的容量是指光缆交连箱最大能成端纤芯的数目。光缆交连箱的容量实际上应包括主干光缆直通容量、主干光纤配线容量和分支光缆配线容量等部分。

主干光缆的直通部分，实际工程中主要有两种做法：一种是剪断端接；另一种是不剪断（俗称掏接）。对于前一种情况，需要在光缆交连箱中安装专用的端接盘或端接模块/单元，对于后一种情况，可以通过专用的直通单元来容纳直通光缆。一般一个光缆交连箱管理接入点最大为 20 个左右，范围控制在约 0.3km^2。

进缆数目是个不能忽视的问题。随着通信网络规模的不断发展，线路的不断扩容，进箱的光缆数量是逐年递增的。基本的解决方法有两个：一是在光缆网络规划时，通过增加光缆交连箱数量解决光接入点密集问题；二是在引入光缆固定点用完前，布放一条大对数光缆用来割接几条小对数光缆，腾出引入固定点。总之，一般光缆交连箱接入的光缆应有 16 ~ 20 条。实际中，光缆交连箱至少要保证 10 个以上的光缆进孔和光缆固定位。

从光缆交连箱内的纤芯类型有 4 种：非本光缆交接箱使用的纤芯——直通光纤；光缆开剥点到端接盘的光缆纤芯——使用光纤；端接盘到适配器的尾纤和连接主干层光缆和配线层光缆的跳纤。如何合理安排这 4 类纤芯在光缆交接箱的走向、盘留、固定、保护，使施工、维护、更换等操作方便、合理，是判别光缆交接箱性能好坏的一个重要指标。

光纤交连方法比较灵活，尤其是在用户后期管理阶段更能体现其优势，会给计算机网络管理人员在系统维护、用户更改、网络扩容等方面带来很大方便。但光纤交连模式会使其连接器数目增加一倍，导致综合布线系统的前期成本增加。

8.6.2　光纤互连连接

当主要需求不是重新安排链路时，可将光纤配线箱组成“光纤互连场”，使每根输入光纤通过金属套箍直接连接到另一根输出光纤上。与光纤交连场相比，减少了一根光纤跳线；同时也利于链路的管理。

1. 采用 LIU 模块的互连连接

光纤配线箱是一种标准光纤交连模块，每个完整的光纤配线箱侧面可安装两个光纤适配板。光纤配线箱的安装模式有单个和组合两种模式。单个模式是把光纤配线箱单个钉在墙上，并在侧面安装相应的光纤适配板，构成小型应用系统。组合两种模式是把光纤配线箱组成“光纤互连场”，即将若干个光纤配线箱、相应的光纤适配板、跨接线过线槽（垂直）、捷径过线槽（水平）以及其他机架附件组成一个大型的光纤配线箱。可能的组合形式有：

1）单列互连场。若安装单列互连场，可把第一个光纤配线箱放在规定空间的左上角。其他的光纤配线箱顺序放在前一个模块的下方。在这列最后一个下方应增加一个光纤过线槽。如果需要增加列数，每个新增加列都应先增加一个过线槽，并与第一列下方已有的过线槽对齐。

2）多列互连场。当安装的交连场多于一列光纤配线箱时，应把第一个光纤配线箱放在规定空间的最下方，而且先给每行配上一个光纤过线槽（把它放在最下方光纤配线箱的底部且至少应比楼板高出 30.5mm）。

3）配线架。光纤配线架（ODF）是最常用的光纤互连设备之一，主要用于：实现光缆的固定、保护和接地功能；完成光缆纤芯与尾纤的熔接；提供光路的调配并提供测试端口；实现冗余光纤及尾纤的存储管理。光纤配线架有多种规格，能满足用户不同容量、不同结构、不同熔纤和不同配线方式的需要；统一采用 48.26cm（19in）标准安装结构，具有与其他设备的兼容性；适用于不同芯数普通光缆，带状光缆与各种规格的光纤活动连接器的连接。

2. 采用光纤交连箱的互连

光纤配线箱组成“光纤互连场”，可使每根输入光纤通过金属套箍直接连至输出光纤上。这种光纤互连场将若干对光纤配线箱相对安装，并且只在其中一列安装 ST/SC 型光纤适配板。如图 8.48 表示了一个光纤互连场，其中包括两对光纤配线箱和 4 个光纤 ST/SC 型光纤适配器板。

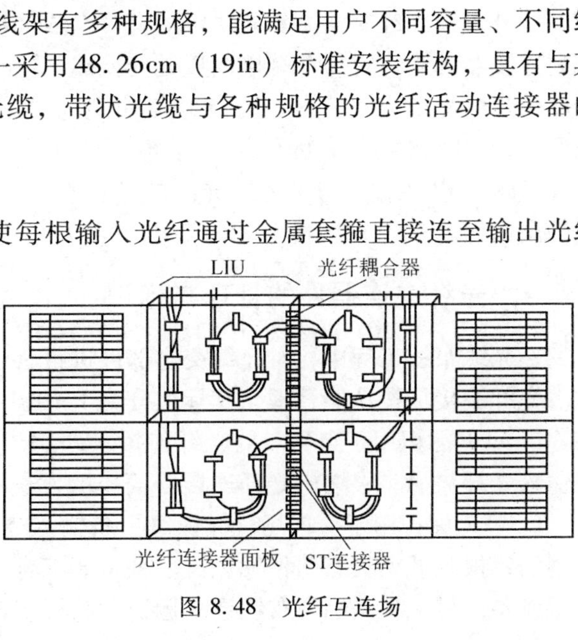

图 8.48　光纤互连场

两种连接方式相比，互连方式的光能量损耗比交叉连接小，这是由于在互连中，光信号通过一次连接，而在交叉连接中，光信号要通过两次连接；但交连方式灵活，便于重新安排链路。

8.6.3 光纤连接的器件

光纤连接器件主要有连接器（如ST、SC）、光纤耦合器、光纤连接器面板、托架和光缆等。它们之间的连接关系如图8.49所示。其中，ST连接器有用于缓冲光纤的ST接线盒（每根光纤只有两个部件）、夹套光纤的ST接线盒（包括3个部件）两种。SC连接器有用于缓冲光纤的SC复式接线盒（包括3个部件）、夹套光纤的SC复式接线盒（包括4个部件）两种。

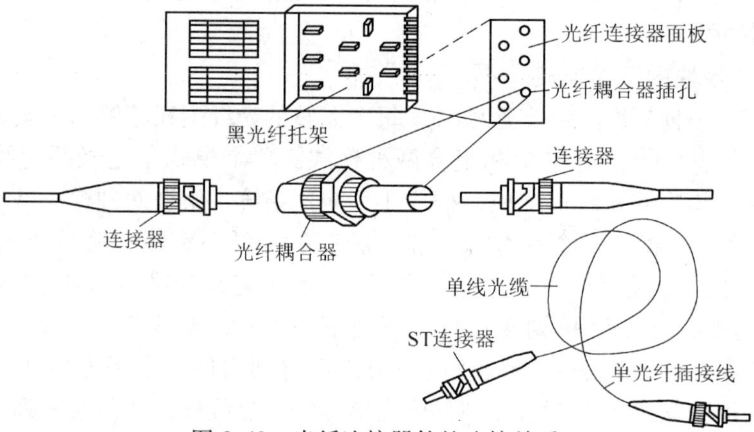

图8.49 光纤连接器件的连接关系

光纤跳线也是光纤连接的管理硬件中必不可少的组成部分，主要用于交连场，通过它实现交连场（互连场）内任意两根光纤之间的连接，同时还可以实现不同光纤连接器之间的转换连接。对光纤跳线，除了对光纤模式、光纤直径和连接器类型要求一致以外，对用于多个光纤交连模块间跨接线的单光纤互连光缆还有长度要求（不论是预装连接器或是现场安装连接器）。

此外，在光纤交连LIU模块中还有一个成品扇出件。扇出件通常与某款LIU配用，使带阵列连接器的光缆容易在端接面板处变换成12根单独的光纤。标准扇出件是一个带阵列连接器的带状光缆，它的另一端为12根带连接器的光纤。每根光纤都有特别结实的缓冲层，以便在操作时得到更好的保护。标准扇出件的长度为182.88cm，其中带状光缆的长度为121.92cm，12根彼此分开的单光纤的长度均为60.96cm。所有类型的光纤和连接器均有相应的扇出件。

8.6.4 光纤交连器件的管理与标识

在光缆布线工程中，对光纤交连部件进行管理是应用、维护光纤系统中重要的手段和方法。光纤端接场按功能管理，其标记分为Level 1和Level 2两级。

Level 1标识用于点到点的光纤连接，即用于互连场，标识通过一个直接的金属箍把一根输入光纤与另一根输出光纤连接（简单的发送端到接收端的连接）。

Level 2标识用于交连场，标识每一条输入光纤通过单光纤跨接线连接到输出光纤。交连场的每根光纤上都有两种标识：一种是非综合布线系统标识，它标明该光纤所连接的具体终端设备；另一种是综合布线系统标识，它标明该光纤的识别码。一种交连场光纤管理标识如图 8.50 所示。

每根光纤应用光纤标签标识，标签标识的内容包括两类信息：①光纤远端的位置；包括设备位置、交连场、墙或楼层连接器等；②光纤本身的说明。包括光纤类型、光纤编号和光纤颜色代码和远端的建筑物号等，如图 8.51a 所示。

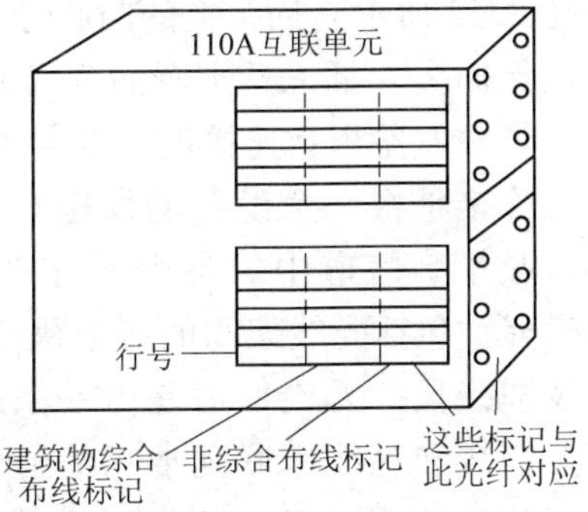

图 8.50　交连场光纤管理标识

除了各个光纤标签提供的标记信息外，在每条光缆上还可增加光缆标签标记，以提供该光缆远端的位置及其特殊信息。光缆标签的特殊信息包括光缆编号、使用的光纤数、备用的光纤数以及长度，用其他两行来描述。例如：第 1 行表示此光缆的远端在音乐厅（MUS）A77 房间；第 2 行表示启用光纤数为 6 根，备用光纤数为 2 根，光缆长度为 357m，如图 8.51b 所示。

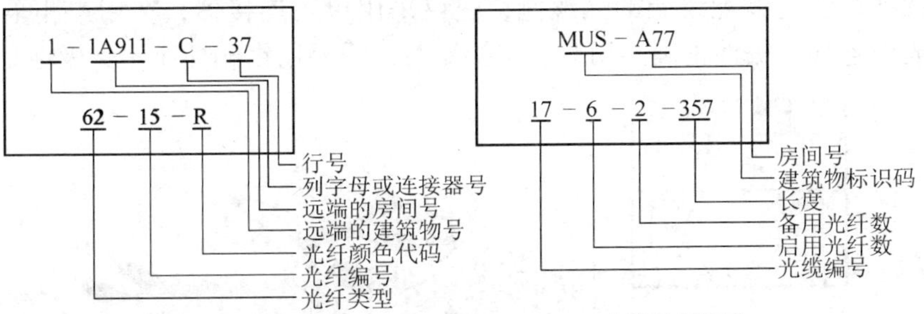

a) 光纤标签范例　　b) 光缆标签范例

图 8.51　光纤交连部件管理及标记

8.7　光纤系统的极性管理

大多数光纤系统都是采用一对光纤来进行信号传输的，一根用于正向的信号传输，而另一根用于反向传输。在安装和维护这类光纤系统时，需要特别注意信号是否在相应的光纤上传输，确保始终保持正确的发送/接收极性。因此，在接续和端接光纤时，需要注意光纤的极性并进行极性管理。

在 ANSI/TIA/EIA 标准中，通常用 A 和 B 来表示光纤的极性。在光缆线路施工中，需要对光纤链路的极性做出标识，以缩短光纤连接和线路查找时间。具体方法是：奇数芯数的光纤为位置 A 开始，位置 B 结束。偶数芯数的光纤以位置 B 开始，位置 A 结束。

在光纤链路两端，光纤芯数可以连续性排列（比如 1、2、3、4、…），但是光纤适配器却需要采用两端相反的方式连接。例如，一端为 A-B、A-B、…，另一端则为 B-A、B-A、…。除此连接方法之外，光纤芯数也可以采用交叉排列的方式接续。交叉排列方式是：光纤链路的一端按照正常的序列排列（如 1、2、3、4、…），另一端则为交叉方式（如 2、1、4、3、…）。这时链路两端的适配器则不需要采用反向连接（如同为 A-B、A-B、…）。

8.7.1　光纤的端接极性

通常双工连接头和适配器上都标明字母 A 和 B 以便于识别。当将双工连接头和适配器连接时，在将凸起键向上放置时正视双工连接头的插头（插入光纤），左边是A，右边是B，如图8.52所示。插头上的凸起键和适配器上的键槽使插头只能以一个方向插入适配器，从而确保插头A插入适配器的A位置，插头B插入适配器的B位置。

将收发器相互连接时，信号必须是交叉传递的。交叉连接是将一个设备的发送端连接到另一个设备的接收端。信道中的各个元件都应提供交叉连接。信道元件包括配线架间的各个跳线、适配器（耦合）以及缆线段。无论信道是由一条跳线组成，还是由多条缆线和跳线串联而成，信道中的元器件数始终是奇数。ST型单工连接器通过繁冗的编号方式来保证光纤连接极性；SC连接器为双工连接头，在施工中对号入座即可解决极性问题。ANSI/TIA/EIA 568—B.3标准规定的568SC连接头和相应的568SC适配器的端接位置，如图8.53所示。在光缆或干线光缆配线架的光缆侧，建议采用单工连接器，在用户侧采用双工连接器，以保证光纤连接的极性正确。用双工连接器时，需要用锁扣插座定义极性。

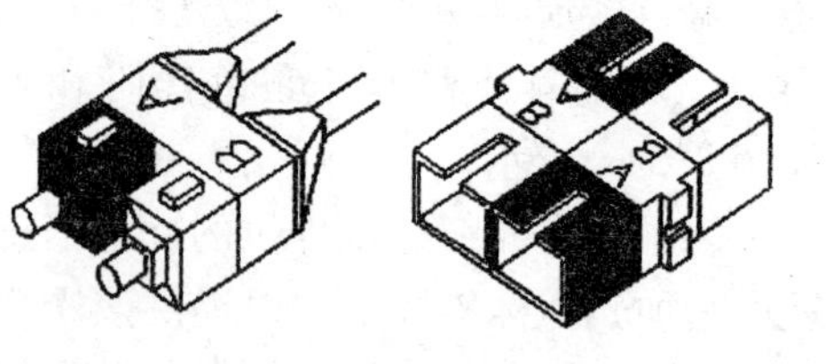

图8.52 收发器极性标识

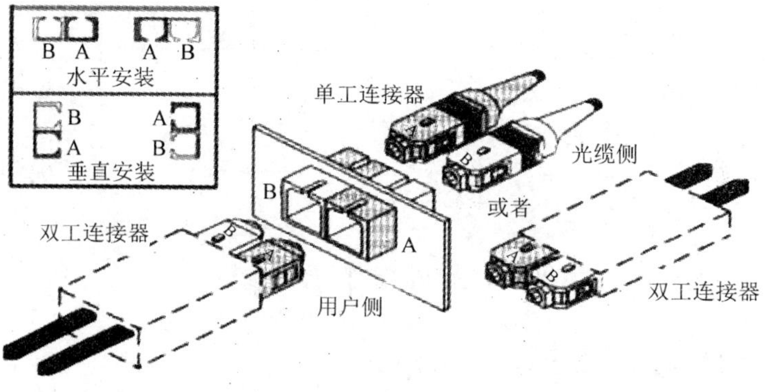

图8.53 混合光纤连接器的极性配置

由于适配器前后两端的键槽朝向相同（例如向上），适配器在两个配对的插头间提供了一个交叉连接。这种结构使适配器前端的右侧位置（标有A）与面向适配器后端时的左侧位置（标有B）相匹配。这样，插头上的位置A就会与另一个插头上的位置B配对，反之亦然，从而在适配器中形成交叉连接。

8.7.2 跳线交叉连接

使用双工交叉跳线和配对交叉布线可简化光纤网络的布线管理工作。在正确安装后，这些系统将自动确保正确的信号极性，终端用户因此无需担心连接点上信号发送与接收的一致性。同一应用系统（例如以太网）中的所有双工光电收发器的传送和接收端口位置都是相同的。从收发器插座的键槽（用于帮助确定方向的槽缝）朝上的位置看收发器端口，发送端一般在左侧，接收端在右侧。

对于设备和工作区的光纤跳线，无论是交叉连接还是设备连接，必须按照一种方向（交叉），以确保A连接到B，B连接到A。如图8.54所示的一对光纤，在其中一根上从A位到B位，在另一根从B位到A位。如果连接器分成单一部件，光纤跳线的每一端必须作上标识以表示 A 位和 B 位。交叉连接头的设计采用了闭锁装置，闭锁与钥匙定位的方式是一样的。对单个连接头，插入接收器的连接头是位置 A，插入发射器的连接头是位置 B。

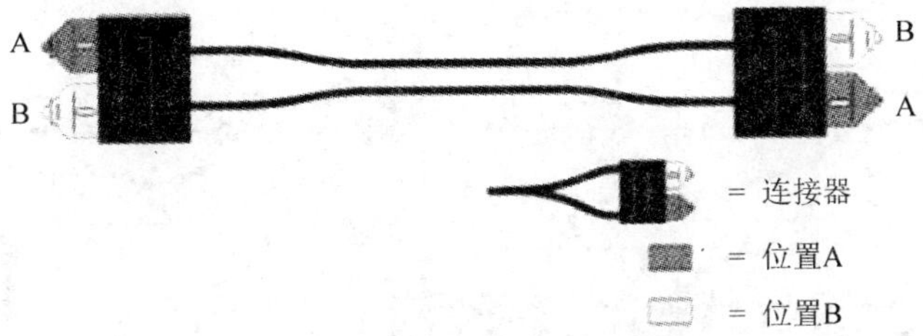

图 8.54　跳线极性标识

实现交叉连接的常用光纤跳线如图 8.55 所示。为清楚起见，以 3 个不同的方向标示了该交叉跳线。在所有视图中，两根光纤都是一端连接插头位置 A，另一端连接位置 B。注意连接头上的键槽位置。

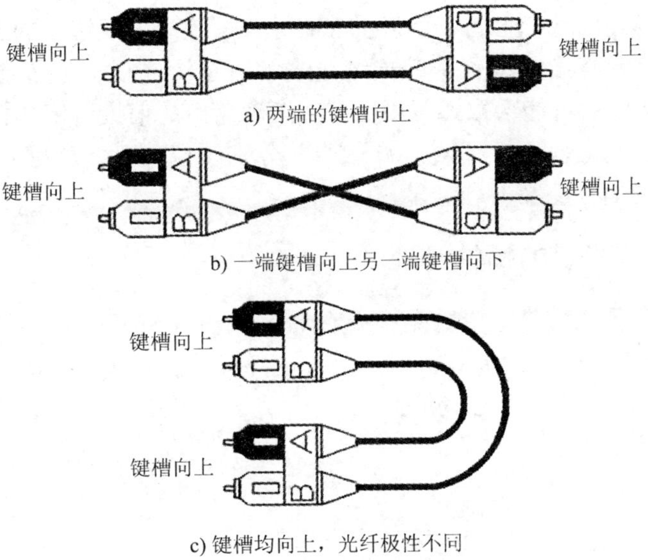

图 8.55　交叉跳线视图

目前，大多数光纤系统都是在一对光纤传输的基础之上，用其中的一根光纤将信号以一个方向进行传播，用另一根光纤实现反向传输。安装和维护这类光纤系统时，要保持发送与接收极性始终如一，确保信号在正确的光纤上传播。

8.7.3　端到端光纤信道极性管理

在布放两个工作站之间的连接线时，会有许多“跨接”连接。固定的缆线段需要按照各光纤对中的跨接进行安装，使光纤对中的每一根光纤的一头插入适配器 A 位，另一头插入适配器 B 位。这需要按照如图 8.56 所示两种方法之一来决定适配器的方向并调节配线架中的光纤顺序。该图是使用对称定位方法形成的端到端连接示意图，起点是主交叉连接，经过中间的交叉连接或水平连接，最后到达通信信息口。图中的每一缆线段和每一跳线，一端插入适配器 A 位，另一端插入 B 位。

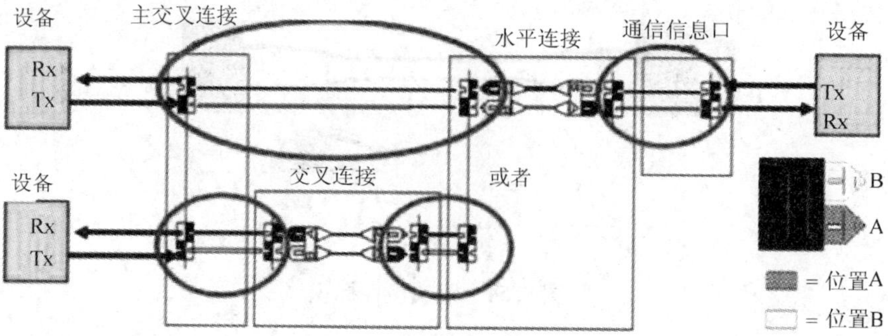

图 8.56 端到端极性管理

当使用相同定向的适配器进行交叉连接时，信号从奇数编号的光纤中转移至偶数编号的光纤中。若不按照以上方法进行操作，可能会出现极性故障。任何一个违背 A-B 规则的连接，将减少一个跨接并可能产生偶数个跨接继而导致系统内出现错误的极性。有时虽然可以通过使用单工跳线或者直连跳线代替跨接缆线来解决这个错误，但可能会导致缆线管理混乱，因为这些跳线在以后可能会被无意用于有着正确路由的信道。解决极性故障，必须确定哪些配线架中未按照规定使用上述连接方法，并分别予以纠正。注意：在正确的光纤连接中，由 A 位置输入的信号将在 B 位置输出。

8.7.4 预端接带状光缆的极性管理

在部署高速局域网（LAN）或数据中心存储区域网（SAN）时，需要使用具有高密度预端接的 MTP-MTP 带状光缆，如图 8.57 所示，这种预端接带状光缆一般采用多芯连接器（MPO/MTP）。这种连接器是 12 芯为一组的 MTP 光纤接头，在极性管理中可以一次完成 6 组全双工光纤链路极性管理。

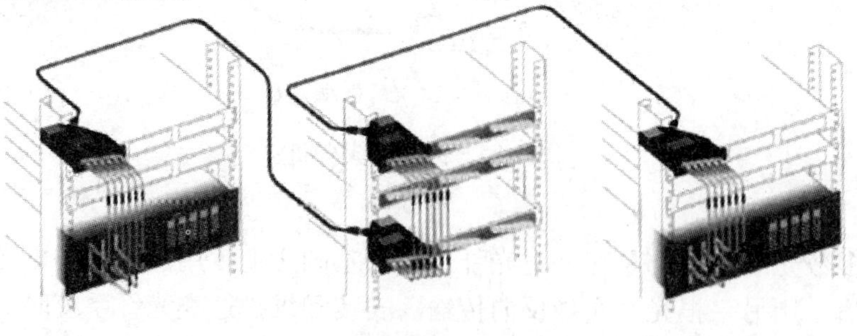

图 8.57 高密度预端接带状光缆

采用 MTP 光纤接头，定位键能够确保两个多芯接头的极性正确，但不能确保双芯光纤极性的一致性。因此，选择合适的极性管理方法对满足当前和未来的需求非常重要。在 TIA568B-1AD7 标准中，关于带状光缆极性管理有 A、B 和 C 这 3 种方法，也称为 A 模式、B 模式和 C 模式（所谓模式是指在光导纤维中光波的路径），分别从跳线、模块和主干缆线 3 个部分进行极性转换。

1. A 模式

A 模式的光纤回路采用一种直通配线模块和两种不同的跳线。一端跳线是直通的线对，另一端跳线是反转的线对。链路中所有元器件都采用定位键向上与定位键向下的模式耦合，如图 8.58 所示。由于标准中没有提到什么位置采用反转的线对以及如何生产，因此极性的管理只在跳线，只能由用户来实现极性管理。

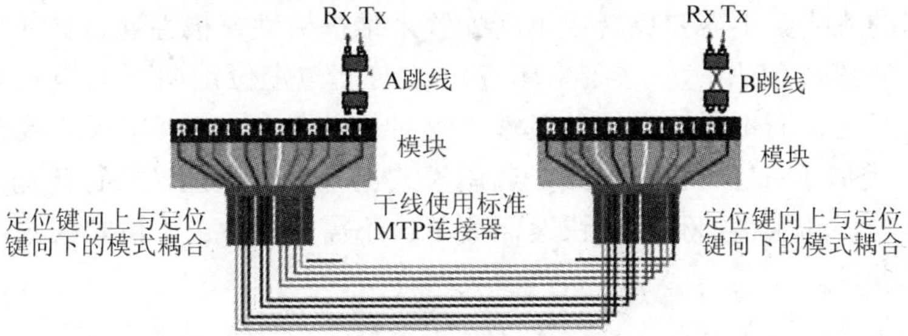

图 8.58　A 模式

2. B 模式

B 模式的光纤回路采用一种直通配线的模块和一种直通线对的跳线。两端采用标准的跳线。不同的是链路中所有的元器件采用定位键向上与定位键向上的模式耦合，如图 8.59 所示。当采用这种模式配置链路时，物理位置#1 对应于另一端的#2。一端的模块反转因此逻辑上位置#1 对应于另一端的位置#1。这种模式需要预先规划好模块的位置，以便确认光纤链路中模块的型号和反转模块的位置。显然这增加了极性管理的复杂性。采用 MTP 定位键向上与定位键向上的耦合模式不允许使用 APC 的单模接头。

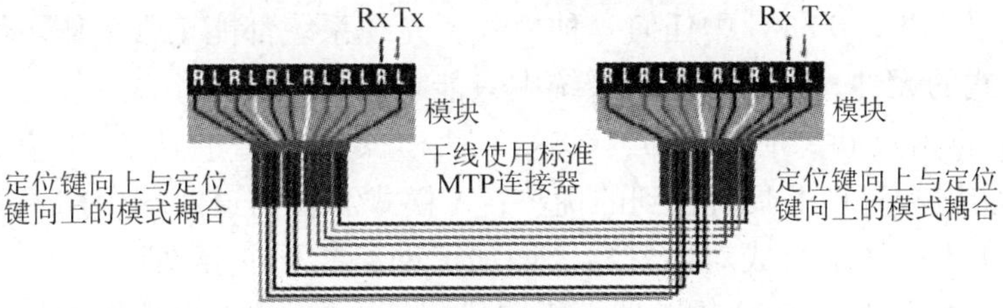

图 8.59　B 模式

3. C 模式

C 模式采用在主干光缆中翻转线对来校正极性。这种模式采用相同的模块和相同的跳线，如图 8.60 所示。由于极性管理在主干光缆，在延伸链路时需要规划好主干数量，以便极性维护。TIA 标准没有讨论 C 模式升级到光并行传输的问题，但光并行传输能够通过特殊的跳线翻转主干光缆中的翻转线对。

图 8.60　C 模式

4. 通用模式

在TIA标准中还提到有很多种方法可以用来管理极性，并列举了几种可能用到的模式。“可能”意味着标准中没有提到的其他极性管理方法也可以实现光纤极性管理。例如，即插即用的通用系统极性管理模式。

即插即用的通用系统极性管理模式是一种增强的极性管理模式，这种模式在两端采用相同的模块和相同的跳线，不需要反转或重新配置来维护极性，极性通过模块内部的光纤配置来完成和管理，如图8.61所示。系统采用定位键向上与定位键向下的模式耦合。这种模式支持多根主干的互连，而不影响系统的极性。这种模式提供各种单/双芯接头类型以及单模APC MTP接头。类似于A、B和C模式，通用模式也易于升级至光并行传输。这种模块化的系统组成使网络的移动、增加和改变快速而简单，不需要像A、B和C模式那样需要采用特殊的极性补偿元器件。

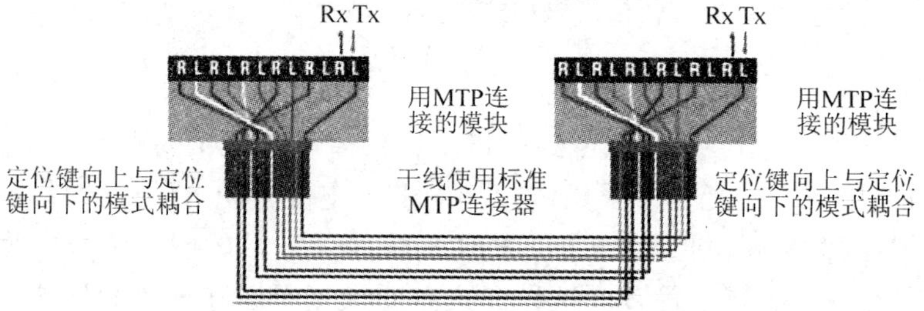

图8.61　通用系统极性管理模式

总之，采用以上A、B和C中任何一种模式，光缆系统都能正常工作。然而应注意不要混合使用不同模式的元件，在一个网络系统中只能采用一种模式。

从定制部件的角度讲，在A、B、C这3种模式中，普遍认为B模式在1Gbit/s和10Gbit/s系统的实施和管理上具有独到的优势；A模式需在信道两端使用不同的双芯光纤跳线；C模式需在主干电缆加装成对触发器，增加了网络扩展的复杂度。在并行光纤配置上，B模式更具优势，仅需使用MPO耦合器面板取代用于聚合/非聚合信道的模块，系统即可用于平行光纤系统。

目前，有些互联网数据中心项目正在向40Gbit/s、100Gbit/s迁移，当选用多模光纤作为传输介质时必须使用并行光纤，并行光纤则更加强调使用正确的极性管理方案。

8.8　光缆线路常见故障及处理

随着密集波分复用（Dense Wavelength Division Multiplexing，DWDM）技术的广泛应用，光纤传输容量和传输速率越来越大，作为通信网络基础设施的光缆线路，其安全性、可靠性对整个通信网络至关重要。因此，研究故障产生的原因，积极做好光缆线路的防护，及时准确查找故障点并组织抢修，是保证通信网络安全、稳定和可靠的重要工作之一。

8.8.1　光缆线路故障原因分析

根据工程统计资料分析，光纤通信系统中使通信中断的主要原因是光缆故障，约占故障的 2/3。光缆故障产生的原因与光缆的敷设方式有很大关系，多来源于以下几种情况。

1. 接头

由于光纤接续处完全失去了原有光缆结构对其强有力的保护，仅靠接续盒进行补充保护，因此易发生故障。如接续质量较差或接续盒内进水，也会对光纤的使用寿命和插入损耗产生影响。

2. 外力

光缆线路大多敷设在野外，直埋光缆埋设深度一般要求 1.2m，因此机械挖掘施工、鼠咬、农业活动和人为破坏等都会对光缆线路构成威胁。据资料统计显示，除接续故障外，外力造成的故障占 90% 以上。其中，挖掘是光缆线路损坏的最主要原因，在建筑施工、维修地下设备、修路和挖沟等工程时均有可能对光缆直接产生损伤。

3. 绝缘不良

光缆绝缘不良将会导致光缆、接续盒在受潮或渗水后，因腐蚀、静态疲劳致使光缆强度降低甚至断裂，并且 OH^-、过渡金属离子等也会使吸收损耗增大，涂覆层剥离强度降低。此外，光缆对地绝缘不良，也会降低光缆的防雷、防蚀和防强电能力。

4. 雷电

光纤虽然可免受电流冲击，但光缆的铠装元件都是金属导体，当电力线接近短路和雷击金属件时会感应出交流电浪涌电流，可能致使线路设备受损。

5. 强电

当光缆与高压电缆悬挂在同一铁塔并处于高压电场环境中时，会对光缆产生电腐蚀。

6. 技术操作错误

技术操作错误是由技术人员在维修、安装和其他活动中引起的人为故障。其中，在对光缆维护的过程中，由于技术人员不小心引起的故障占多数，如在光纤接续时，光纤被划伤、光纤弯曲半径太小，接触不牢靠；在切换光缆时错误地切断正在运行的光缆等。

从以上原因分析，光缆线路易受外力损伤，在日常工作中，大部分故障属于人为造成，由光缆本身的质量、自然灾害引起的故障所占比例相对较少。表 8.6 列出了光缆线路常见故障现象及其产生原因。

表 8.6　光缆线路常见故障现象及其产生原因

故障现象	故障原因
光纤接续损耗增大	保护管安装有问题或接续盒渗水
光纤衰减曲线出现台阶	光缆受机械力作用，部分光纤断但并未完全断开
某根光纤出现衰减台阶或断纤	光缆受外力影响或光缆制造工艺不当
接续点衰减台阶水平拉长	接续点附近出现断纤
通信全部中断	光缆受外力影响挖断、炸断或塌方拉断，或供电系统中断

8.8.2　光缆线路故障处理

当光缆线路出现故障时，应根据所辖属光缆线路资料视故障情况制订抢修方案，按照光缆线路故障点的测试方法，准确分析确定故障点的位置，组织技术力量进行抢修。

1. 光缆线路故障处理的一般步骤

光缆线路发生故障后，一般抢修步骤如下。

1）光纤通信系统发生故障后，应首先判断是站内故障还是光缆线路故障，同时及时实现系统倒换。对于SDH已经建立网关系统，可实现自动切换。当建立自愈环网后，则光纤传输网具有自愈功能，即自动选取通路迂回。当未建自愈环网或SDH为未建网管系统时，则需要人工倒换或调度通路。

2）故障测试判断。如确定是光缆线路故障，应迅速判断故障发生在哪一个中继段内和故障的具体情况，并携带抢修器具和材料赶赴故障点进行查修，必要时应进行抢代通作业。如果在端末站没能测出故障点位置，则传输站人员应到相关中继站配合查修。查修人员必须带齐相关光缆线路的原始资料。光缆线路抢修的基本原则是先干线后支线，先主用后备用，先抢通后修复。

3）建立通信联络系统。抢修人员到达故障点后，应立即与通信调度（或机房）建立起通信联络，联系手段可因地制宜，如采取光缆线路通信联络系统或移动通信联络系统等。

4）光缆线路的抢修。当找到故障点后，一般使用应急光缆或其他应急措施，首先将主用光纤通道抢通，迅速恢复通信。同时认真观察分析现场情况，并做好记录，必要时应进行现场拍照。在接续前，应先对现场进行净化。

5）抢修后的现场处理。在抢修工作结束后，清点工具、器材，整理测试数据，填写有关记录表，并对现场进行清理。

6）修复及测试。以接入或更换光缆方式修复光缆线路故障时，应采取与故障光缆同一厂家型号的光缆，并应尽可能减少光缆接头以减少光纤接续损耗。有条件时，应进行双向测试，严格把接头损耗控制在允许范围之内。当多芯光纤接续后，要进行中继段光纤通道衰减测试，并记录测试结果，测试数据合格后即可恢复正常通信。

7）线路资料更新。修复作业结束后，要整理测试数据，填写有关表格，及时更新补充线路资料，并总结抢修情况。

2. 光缆线路故障点的定位

光缆线路故障现象比较复杂，要视具体情况具体分析原因。例如，当光缆线路的全部纤芯在某处中断，通信受阻，这往往多是外力作用造成的，如挖掘、钻孔和车挂等。当确认为线路故障后，在端站或传输站使用光时域反射仪（OTDR）对线路进行测试，以确定线路故障的性质和部位。

（1）用OTDR测试出故障点到测试端的距离

在ODF架上将故障纤外线端活动连接器的插件从适配器中拔出，做清洁后插入OTDR的光输入口，观察线路的后向散射信号曲线。在OTDR的显示屏上通常有以下4种情况之一。

1）显示屏上没有OTDR曲线。这说明故障点在仪表的盲区内，包括室外光缆与室内光缆的固定接头和活动连接器插件部分。这时可以串接一段（长度应大于1000m）测试纤，并减少OTDR输出的光脉冲宽度以减少盲区范围，细致地分辨出故障点的位置。

2）OTDR曲线远端位置与中继段总长明显不符。此时，后向散射曲线的远端点即为故障点。如该点在光缆接头点附近，应首先判定为接头处断纤。如故障点明显偏离接头处，应准确测试故障点与测试端之间的距离，然后对照线路维护明细表等资料，判定故障点在哪两个标识之间（或哪两个接头之间），距离最近的标识多远，再由现场观察光缆路由的外观予以证实。

3）后向散射曲线的中部无异常，但远端点又与中继段总长相符。在这种情况下，应注意观察 OTDR 曲线远端点的波形，可能有 3 种情况之一出现：①远端出现明显的菲涅尔反射峰，说明该处光纤为端点，而不是断点。故障点可能是远端活动连接器松脱或污染；②远端无反射峰，说明该处光纤端面为自然断纤面。最大可能是户外光缆与室内软光缆的连接处出现断纤或活动连接器损坏；③远端出现较小的发射峰，呈现一个小突起，提示该处光纤出现裂缝，造成损耗很大。可打开终端盒或 ODF 架检查，剪断光纤插入匹配液中，观察曲线是否变化以确定故障点。

4）显示屏上 OTDR 曲线显示高损耗点或高损耗区。高损耗点一般与个别接头部位相对应，与菲涅尔反射峰明显不同。

（2）查找光缆线路故障点的具体位置

当遇到自然灾害或外界施工等外力影响造成光缆线路阻断时，检修人员要根据测试人员提供的故障现象与大致地段沿光缆线路路由巡查，一般就可找到故障点。如不是上述情况，巡查人员则不容易从路由上的异常现象找到故障点。这时，需要根据 OTDR 测出的故障点到测试端的距离，与原始资料进行核对，查出故障点是在哪两个标识或哪两个接头之间，通过必要的计算后，再精确丈量其间的地面距离，直到找到障碍点的具体位置。若无条件，可以通过双向测试来判断障碍点的具体位置。

（3）准确判定光缆线路障碍点的方法

1）正确、熟练使用 OTDR 仪表。首先要准确设置 OTDR 的参数，然后恰当选择测试范围档，适当应用 OTDR 的放大功能。

2）依据光缆线路路由原始资料，进行正确的换算。保持障碍测试与资料上测试条件的一致性，包括测试仪表型号、操作方法及仪表参数设置等。

3）灵活测试，综合分析。一般情况下，可在光缆线路两端进行双向测试，并结合原始资料，计算出障碍点的位置。然后再将两个方向的测试和计算结果进行综合分析、比较，可使障碍点的判断更加准确。

3. 光缆线路故障的修复

准确判断障碍点以后，可分两种情况进行处理：①应急抢代通，就是迅速用应急光缆代替原有的故障光缆，临时性恢复通信；②修复。

光缆线路障碍点的修复分为直接修复和正式修复两种。两种修复操作方法基本相同，只是在步骤上有所区别。直接修复应首先完成主用光纤的熔接、端站测试，合格后即可将业务开通或倒换过来，然后再进行其他光纤熔接。正式修复时，应尽量保持不中断重要通信，一般应先熔接光缆中未抢待通的光纤，端站测试合格后，将业务倒换到已修复的光纤上，然后再进行其他光纤的修复，完成后再将业务倒换到原主光纤上。

根据光缆线路故障点的位置不同，有以下几种修复作业方法。

1）故障点在接头盒内的修复。修复方法为：①松开接头点附近的预留光缆，将接头盒处外部及预留光缆做清洁处理；②端站建立 OTDR 远端监测；③将接头盒两侧光缆在操作台上作临时固定，打开接头盒，寻找光纤障碍点；④在 OTDR 的监测下，路由接头盒内的余纤重新做端面和熔接，并用热缩保护管予以增强保护后重新盘纤；⑤用 OTDR 作中继段全程测试，测试合格后装好接头盒并固定；⑥整理现场，修复完毕。

2）故障点在接头处，但不在盒内的修复。线路障碍点在接头处但不在盒内时，要充分利用接头点预留的光缆，取掉原接头，重新做接续即可。当预留的光缆长度不够时，按非接头部位的修复处理。

3）故障点在非接头部位的修复。当光缆障碍点不在接头处时，需要根据现场情况、障碍点位置、光缆障碍范围、线路损耗富裕度以及修理的耗时程度等多方面因素综合考虑修复方式。通常有两种处理方法：①利用线路上光缆的预留进行修复；②更换光缆进行修复。

8.8.3 光缆线路的防护

光缆线路防护工作的基本任务是：保持设备完整，传输性能良好；一旦发生故障，应能及时快速排除。

1. 日常技术维护

日常维护是光缆防护的基础工作，包括根据质量标准，定期按计划维护，使线路设施处于良好状态，并掌握维护工作的主要项目和周期。加大护线宣传力度，多方位、深层次地进行宣传教育，使人们能够清楚认识护线的重要性，自觉自愿地保护光缆。

光缆线路的技术维护主要是对光缆进行定期测试，包括光缆线路的性能测试和金属外护套对地绝缘测试。

2. 光缆线路的防雷

光缆加强芯和金属铠装层，容易受雷电影响。光缆的防雷首先应注重光缆线路的防雷，其次要防止光缆将雷电引入机房。光缆线路可采取以下防雷措施：

1）采取外加防雷措施，如布防雷线（排流线）。

2）当光缆与建筑物等其他物体较近时，可采用消弧线保护光缆。为防止光缆把雷电引入机房，用横截面积为25～35mm^2的多股铜线将光缆加强芯接地，并做好加强芯与设备机架和数字式配线架（DDF）机架的绝缘。

3. 光缆线路的防蚀

对于直埋式长途光缆线路，所经地方的地理环境易受周围介质的电化学作用，会使金属护套及金属防潮层发生腐蚀而影响光缆的使用寿命。对光缆线路一般应采用以下防蚀措施。

1）改进金属护套及金属防潮层的结构和材料，采用防水性能良好的防蚀覆盖层。

2）采用新型的防蚀管道。

4. 技术防护

有铜线的光缆线路，其防护强电影响的措施与电缆通信线路基本相同。对只有金属加强芯而无铜线的光缆线路，一般应采取以下防护措施：

1）在光缆的接头上，两端光缆的金属加强件、金属护套不做电气通连，以缩短电磁感应电动势的积累段长度，减少强电的影响。

2）在交流电和铁路附近进行光缆施工或检修作业时，应将光缆中的金属加强件做临时接地，以保证人身安全。

3）在发电厂、变电站附近，不要将光缆的金属加强件接地，以避免将高电位引入光缆。

4）当光缆经过高压电场环境时，应合理选择光缆护套材料及防震鞭材料，以防电腐蚀。

思考与练习题

1. 光缆布线系统施工一般有哪些要求？
2. 管道光缆敷设时应注意哪些事项？
3. 光缆连接的类型有哪些？
4. 管道光缆施工中如何清洗管道和人孔？
5. 接续用预留光缆怎样在人孔中固定？
6. 室内光缆应如何引上安装、固定？
7. 简述 ST 型连接器的制作步骤。
8. LC 型连接器的特点有哪些？
9. 光纤的接续连接主要有哪几种方法？目前常采用哪一种连接方式？
10. 光纤转换器的功能是什么？
11. 何谓光纤交连场？
12. 光纤连接技术的特点是什么？
13. 简述光纤端接技术。
14. 按功能管理光纤端接场标识可分为哪两级？
15. 如何使用光纤跳线实现交叉连接？
16. 引起光缆线路故障的主要原因有哪些？
17. 光缆线路故障处理有哪些步骤？
18. 如何进行非接头部位的故障修复？

第 9 章　布线系统测试与工程验收

布线系统测试与工程验收是综合布线系统工程最终得以顺利交付的保证。如何对布线系统进行正确的、合理的、标准化的测试以及建立规范的布线工程验收文档是综合布线系统工程中重要而关键的工作之一。今天已经认识到布线系统的测试与工程验收是保障工程质量、保护投资利益的一项重要工作。本章在介绍综合布线系统测试相关标准与测试链路模型的基础上，重点讨论测试参数定义、测试仪及其使用、电缆和光纤系统的测试、故障分析与定位以及布线工程的验收等。

9.1　测试验收标准与链路模型

布线系统的测试是一项技术性很强的工作，它不但可以作为布线工程验收的依据，同时也给工程业主一份质量信心。通过科学、有效的测试，还能使工程技术人员及时发现布线故障、分析处理问题，但综合布线是一个系统工程，需要分析、设计、施工、测试和维护各环节都遵守标准，才能获得全面的质量保障。标准是基础。本节在介绍布线系统测试标准的基础上，重点讨论布线系统测试链路的模型。

9.1.1　测试验收标准

当综合布线工程的所有布线项目完成后，就进入了布线的测试和验收工作阶段，即依照相关的现场电缆/光缆的认证测试标准，采用公认的经过计量认可的测量仪器对已布施的电缆和光缆按其设计时所选用的规格、标准进行验证测试和认证测试。也就是说必须在综合布线工程验收和网络运行调试之前进行电缆和光缆的性能测试。虽然有关部分的布线测试，诸如光纤熔接时的相关测试已经在光纤布线阶段已经进行过了，但在布线工程的验收阶段仍需要重新进行测试。布线测试是综合布线工程中一个关键性环节，它能够验证综合布线前期工程中的设计和施工的质量水平，为后续的网络调试以及工程验收做必要的、定量的准备。

布线系统的测试可分为验证测试（MicroScanner）、鉴定测试（CableIQ）和认证测试（DTX）三大类。这三类测试均是对某个综合布线工程所布的缆线进行测试，只是所测试的项目不同。

1）验证测试是测试电缆的通断、长度以及对绞电缆的接头连接是否正确等进行的一般性测试。验证测试并不测试电缆的电气指标，所以不表示被测缆线以至整个布线工程符合标准。

2）鉴定测试是在验证测试的基础上，又增加了故障诊断测试和多种类别的电缆测试。

3）认证测试是根据国家、国际上某种综合布线缆线测试标准来进行测试的。它包括了验证测试的全部内容及标准，测试电缆的指标主要有衰减、特征阻抗等。只有通过了认证测试才能保证所安装的缆线可以支持或达到某种相应的技术等级。

布线系统的测试与布线系统的标准紧密相关。近几年来布线标准发展很快，主要是由于有像千兆位以太网这样的应用需求在推动着布线系统性能的提高，导致了制订新布线标准的加快。布线系统的测试标准随着计算机网络技术的发展而不断变化。先后使用过的标准有：现场测试标准（ANSI/TIA/EIA TSB 67）、现场测试标准（ANSI/TIA/EIA TSB 95）、5e类缆线的千兆位网络测试标准（ANSI/TIA/EIA 568—A—5—2000）和综合布线系统工程验收规范（GB 50312—2007）等。

2001年3月通过了ANSI/TIA/EIA 568—B标准，它集合了ANSI/TIA/EIA 568—A、TSB 67、TSB 95等标准的内容，现已成为新的布线测试标准。该标准对布线系统测试的连接方式也进行了重新定义，放弃了原测试标准中的基本链路方式。

2002年6月ANSI/TIA/EIA 568—B. 2—1—2002铜缆对绞电缆6类线标准正式出台。对于6类布线系统的测试标准，与5类布线系统在许多方面都有较大的超越，提出了更为严格、全面的测试指标体系。

1）为保证在200MHz时综合*ACR*时为正值，6类布线系统的测试标准对参数*PSACR*（功率和串扰衰减比）、*NEXT*（近端串扰）、*PSNEXT*（综合近端串扰）、*PSELFEXT*（综合等效远端串扰）、传播时延、时延偏差、Attenuation（衰减）、Return Loss（回波损耗）等都有具体的要求。因此，真正区分6类布线系统最重要的就是检验布线系统是否能够达到6类标准中所有参数的要求。

2）6类系统标准取消了基本链路模型，采用符合ISO标准的信道模型，保证了测试模型的一致性。

3）6类系统标准要求采用4连接点100m的方法进行测试，更符合实际应用时的信道特征。

4）6类系统标准要求在0~250MHz整个频段上及整个长度上有一致的测试指标要求。

5）6类系统标准要求全线产品都要达到6类性能指标要求，包括模块、配线架、跳线和缆线等部件。

6）6类系统标准提供了1~250MHz频率范围内实验室和现场测试程序两种方式。

7）6类标准对100Ω平衡对绞电缆、连接硬件、跳线、信道和永久链路作了详细的要求。

8）6类标准还包括提高电磁兼容性时对缆线和连接硬件的平衡建议。

2007年4月6日中华人民共和国建设部发布了第620号公告，批准《综合布线系统工程验收规范》为国家标准，编号为GB 50312—2007，自2007年10月1日起实施。其中，第5.2.5条为强制性条文，必须严格执行，且至今仍为现行执行标准。

9.1.2 测试链路模型

对综合布线系统进行测试之前首先需要确定被测链路的测试模型。对于传统的测试来说，基本链路和信道是布线系统测试链路的两个模型。推出5e类以后，由于基本链路模型存在一些缺陷，不能用于5e类布线系统的测试。ANSI/TIA/EIA 568—B. 2—1—2002标准提出：网络综合布线系统测试链路模型为永久链路和信道两种模型。GB 50312—2007在其附录B《综合布线系统工程电气测试方法及测试内容》中明确规定，3类和5类布线系统按照基本链路和信道进行测试，5e类和6类布线系统按照永久链路和信道进行测试。

1. 基本链路

在GB 50312—2007标准中，所定义的基本链路（Basic Link）模型测试连接方式如图9.1所示。基本链路模型适合于3类和5类布线系统链路的测试。

基本链路最大长度是94m，其中包含了两根各为2m长的测试跳线，这两根跳线由测试

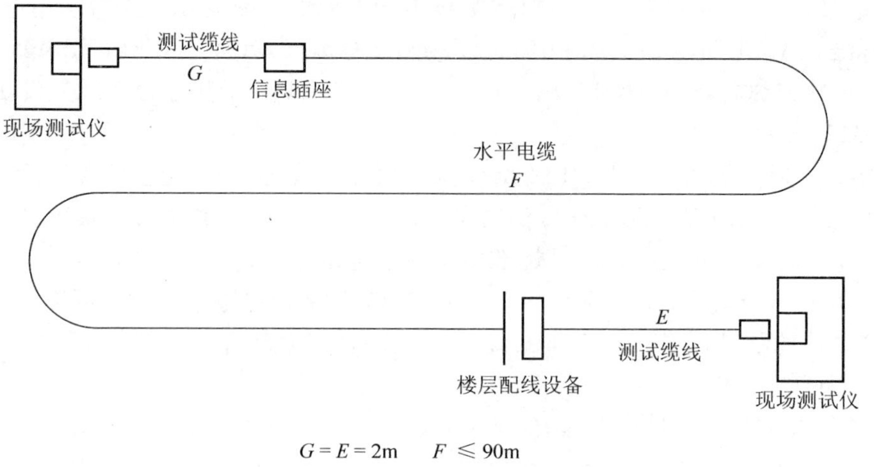

图 9.1 基本链路模型

设备提供。在测试过程中，链路两端连接测试仪和被测链路的测试仪跳线不可能不对测试结果产生影响（主要影响是近端串扰与回波损耗），并且包含在总测试结果之中。所以当两根测试跳线出现问题之后（例如不正确的摆放和损坏），其结果会直接影响总测试结果。

2. 永久链路

永久链路（Permanent Link）又称为固定链路，永久链路模型的测试连接方式如图 9.2 所示。这种测试模型适用于测试固定链路（水平电缆及相关连接器件）的性能。

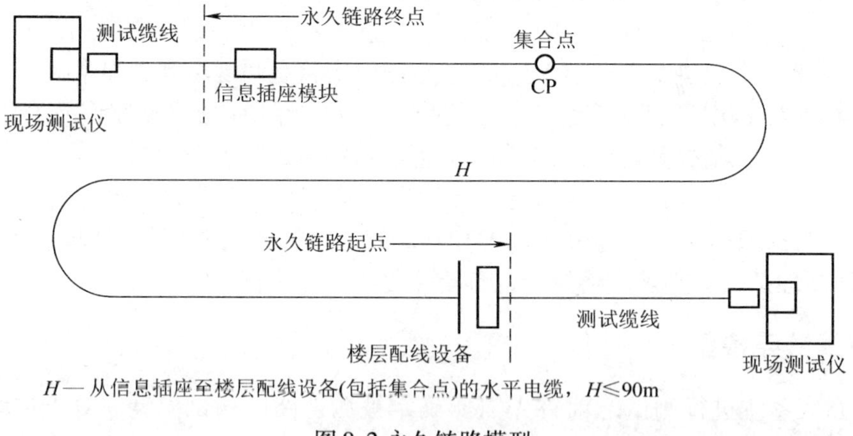

图 9.2 永久链路模型

可以看出，永久链路模型是指建筑物中的固定布线部分，即从楼层配线设备到用户端的墙上信息插座（TO）的连线（不含两端的测试缆线），最大长度为 90m。

显然，基本链路与永久链路这两个模型不完全兼容。对于这两个不同的链路模型，曾经给布线商和布线现场的测试者带来许多麻烦。在对布线系统进行现场测试时，采用 ISO 与 TIA 标准测试的结果有时并不完全一致，因此人们都非常关心能否让这两个模型一致，从而使测试结果一致？推出 5e 类标准以后，基本链路模型暴露出来的缺点更为明显了。考虑到基本链路测试跳线对链路性能的影响，美国标准化组织 TIA 放弃了基本链路而采用永久链路。在 ANSI/TIA/EIA 568—B. 2—1—2002 标准中，有关综合布线系统测试的最重要内容就是废弃基本链路而采用永久链路的测试模型，从而使两个标准在测试模型上达成一致。这个重要的更新对现场测试设备和测试技术提出了更高的要求。永久链路模型的特点是，如果按照永久链路进行检测并且通过了测试，那么到原厂家购买合格的用户连接线（Patch Cable，又称跳线）并连接好通信网络设备，就可以得到合格的链路，直接投入使用。

3. 信道

根据 GB 50312—2007 标准，信道（Channel）模型的连接方式如图 9. 3 所示。

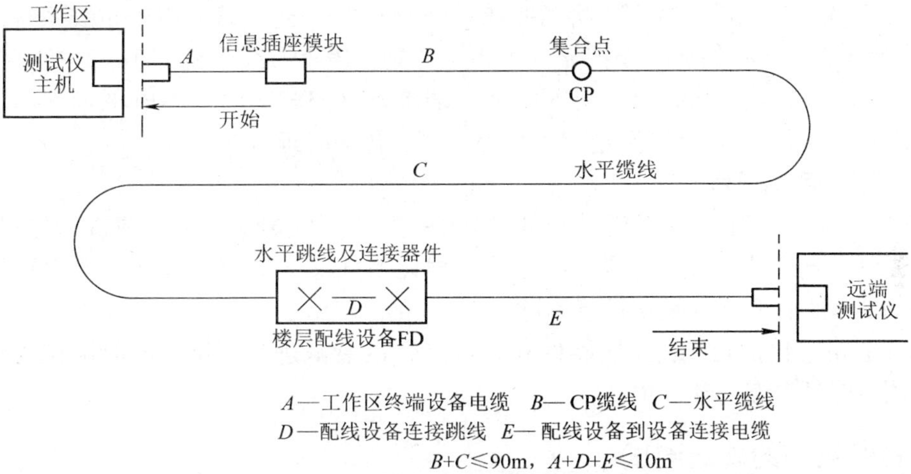

图 9. 3　信道模型

可以看出，信道模型定义了包括端到端的传输要求，含用户末端设备电缆。信道包括了最长 90m 的水平缆线、信息插座模块、集合点、电信间的配线设备、跳线和设备缆线在内。信道总长不得大于 100m。信道模型适用于用户用于验证终端连接线与跳线在内的整体信道的性能。

9. 1. 3　测试项目

对于不同级别的布线系统，测试模型、测试内容、测试方式和性能指标是不一样的。按照 TSB 67 标准要求，对于 5 类布线系统，在验证测试指标中有接线图、链路长度、衰减和近端串扰等 4 个性能指标。ISO 要求增加一项指标，即衰减串扰比（ACR）。对于 5e 类标准，性能指标的数量没有发生变化，只是在指标要求的严格程度上比 TSB 95 高了许多；而到 6 类之后，这个标准已经面向 1000Base-TX 的应用，所以又增加了很多参数，如综合近端串扰、综合等效远端串扰、回波损耗和时延偏差等。这样，包括增补后的测试参数有：接线图、布线链路及信道长度、近端串扰、综合近端串扰、衰减、衰减对串扰比、远端串扰及等电平远端串扰、传播时延、时延偏差、结构回波损耗、插入损耗、带宽、直流环路电阻等。

1. 电缆布线系统的测试项目

《综合布线系统工程验收规范》（GB 50312—2007）规定测试内容有接线图、布线链路及信道缆线长度，而且对不同的布线系统，给出了具体测试模型、增加的测试内容和性能指标。

1）3 类和 5 类水平链路及信道测试项目增加测试近端串扰、衰减。

2）5e类、6类和7类信道测试项目有：回波损耗（RL）（只在布线系统中的C、D、E、F级采用）、插入损耗（IL）、近端串扰（NEXT）、近端串扰功率N（PS NEXT）（只应用于布线系统的D、E、F级）、线对与线对之间的衰减串扰比（ACR）（只应用于布线系统的D、E、F级）、ACR功率和（PS ACR）、线对与线对之间等电平远端串扰（ELFEXT）（只应用于布线系统的D、E、F级）、等电平远端串扰功率和（PS ELFEXT）、直流（DC）环路电阻、传播时延、传播时延偏差。

3）5e类、6类和7类永久链路或CP链路测试项目：回波损耗（RL）、插入损耗（IL）、近端串扰（NEXT）、近端串扰功率和（PS NEXT）（注：只应用于布线系统的D、E、F级）、线对与线对之间的衰减串扰比（ACR）（只应用于布线系统的D、E、F级）、ACR功率和（PS ACR）、线对与线对之间等电平远端串扰（ELFEXT）、等电平远端串扰功率和（PS ELFEXT）、直流（DC）环路电阻、传播时延、传播时延偏差。

2. 光纤链路测试项目

《综合布线系统工程验收规范》（GB 50312—2007）规定，在施工前进行器材检验时，一般检查光纤的连通性，必要时宜采用光功率损耗测试仪（稳定光源和光功率计组合）对光纤链路的插入损耗和光纤长度进行测试。

对光纤链路（包括光纤、连接器件和熔接点）的衰减进行测试，同时测试光跳线的衰减值，并测试光纤链路的插入损耗。

9.1.4 布线系统的现场测试

在布线系统的现场测试项目与性能指标参数问题上，要注意测试项目与指标参数是随链路类别不同而变化的。通常，现场验证测试的测试项目主要有接线图、布线链路及信道长度、近端串扰NEXT和衰减4项。

1. 接线图

接线图（Wire Map）是用来测试布线链路有无终接错误的一项基本检查，测试的接线图能显示出所测每条8芯电缆与配线模块接线端子的实际连接状态。它主要测试水平电缆终接在工作区或电信间配线设备的8位模块式通用插座的安装连接正确或错误情况。正确的线对组合为：1/2、3/6、4/5、7/8，分为非屏蔽和屏蔽两类，对于非RJ-45的连接方式按相关规定要求列出结果。此外，接线图测试要确认链路电缆中线对是否正确，判断是否有开路、短路、反向、交错和串对等情况。布线过程中可能出现以下正确或不正确的连接图测试情况，具体如图9.4所示。

保持线对正确绞接是非常重要的。标准规定正确的连线图要求端到端相应的针连接是：1对1、2对2、3对3、4对4、5对5、6对6、7对7和8对8，如果接错，便有开路、短路、反向、交错和串对等情况出现。应特别注意，分岔线对是经常出现的接线故障，使用简单的通断仪器常常不能准确地查出。测试时会显示连接正确，但这种连接会产生极高的串扰，使数据传输产生错误。

2. 布线链路及信道长度

布线链路及信道长度是指连接电缆的物理长度，常用电子长度测量来估算。所谓“电子长度测量”是应用时域反射（Time Domain Reflectometry，TDR）的测试技术，基于传播时延和电缆的额定传输速率（NVP）而实现。

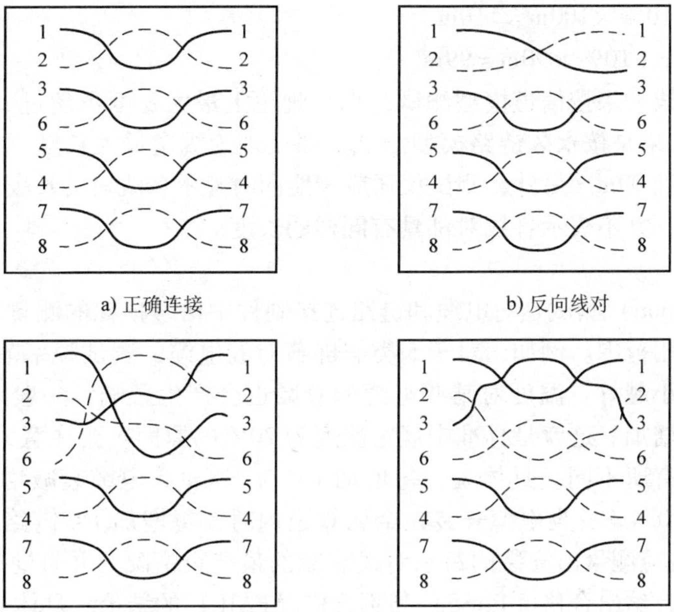

a) 正确连接　　b) 反向线对　　c) 交叉线对　　d) 串对

图 9.4　接线图

时域反射仪器（TDR）的工作原理是，TDR 从铜缆线一端发出一个脉冲波，在脉冲波行进时如果碰到阻抗变化，如开路、短路或不正常接线时，就会将部分或全部脉冲波能量反射回 TDR。依据来回脉冲波的延迟时间及已知信号在铜缆线传播的额定传播速率（NVP），就可以计算出脉冲波接收端到该脉冲波返回点的长度。返回脉冲波的幅度与阻抗变化的程度成正比，因此在阻抗变化大的地方，如开路或短路处，会返回幅度相对较大的回波。接触不良产生的阻抗变化（阻抗异常）会产生小幅度的回波。

若将电信号在电缆中传输速度与光在真空中传输速度的比值定义为额定传播速率，用 NVP 表示，则有

$$NVP=(2\times L)/(T\times c)$$

式中，L 是电缆长度；T 是信号传送与接收之间的时间差；c 是真空状态下的光速（3×10^8m/s）。

一般典型的非屏蔽对绞电缆的 NVP 值为 62% ~72%，则电缆长度为

$$L=NVP\times(T\times c)/2$$

显然，测量的链路长度是否精确取决于 NVP 值，因此，应该用一个已知的长度数据（必须在 15m 以上）来校正测试仪的 NVP 值。但 TDR 的精度很难达到 2% 以内，同时，同一条电缆的各线对间的 NVP 值也有 4% ~6% 的差异。另外，对绞电缆线对的实际长度也比一条电缆自身要长一些。在较长的电缆里运行的脉冲波会变成锯齿形，这也会产生几纳秒的误差。这些都是影响 TDR 测量精度的因素。

TDR 发出的脉冲波宽约为 20ns，而传播速率约为 3ns/m，因此该脉冲波行至 6m 处时才是脉冲波离开 TDR 的时间。这也就是 TDR 在测量长度时的“盲区”，故在测量链路长度时将无法发现这 6m 内可能发生的接线问题（因为还没有回波）。因此，在处理 NVP 时存在不确定性，一般会导致至少 10% 左右的误差。考虑电缆厂商所规定的 NVP 值的最大误差和长度测量的时域反射（TDR）误差，测量长度的误差极限为

信道：100m + 10% ×100m = 110m

永久链路：90m + 10% ×90m = 99m

也就是说，缆线如果按信道模型测试，那么理论上最大长度不超过100m，但实际测试长度可达110m，如果是按永久链路模型测试，那么理论规定最大长度不超过90m，而实际测试长度最大可达到99m。另外，测试仪还应该能同时显示各线对的长度。如果只能得到一条电缆的长度结果，并不表示各线对都具有同样的长度。

3. 衰减

衰减（Attenuation）测试是对电缆和链路连接硬件中信号损耗的测量，衰减随频率而变化，所以应测量应用范围。例如，对于5类非屏蔽对绞电缆，测试频率范围是1～100MHz。测量衰减时，值越小越好。温度对某些电缆的衰减也会产生影响，一般说来随着温度的增加，电缆的衰减也增加。这就是标准中规定温度为20℃的原因。要注意，衰减在特定缆线、特定频率下的要求有所不同。具体说，每增加1℃对于Cat 3电缆衰减增加1.5%、Cat4和Cat5电缆衰减增加0.4%；当电缆安装在金属管道内时，每增加1℃链路的衰减增加2%～3%。现场测试设备应测量出安装的每一对线衰减的最严重情况，并且通过将衰减最大值与衰减允许值比较后，给出合格（PASS）与不合格（FAIL）的结论。具体规则是：

1）如果合格，则给出处于可用频宽内的最大衰减值；否则给出不合格时的衰减值、测试允许值及所在点的频率。

2）如果测量结果接近测试极限，而测试仪不能确定是PASS或FAIL时，则将此结果用“PASS＊”标识；若测量结果处于测试极限的错误侧，则给出“FAIL”。

3）PASS/FAIL的测试极限是按链路的最大允许长度（信道链路是100m、永久链路是90m）设定的，不是按长度分摊的。若测量出的值大于链路实际长度的预定极限，则在报告中前者将加星号，以示警戒。

4. 近端串扰

近端串扰（NEXT）是指测量在一条UTP电缆中从一对线到另一对线的信号耦合程度。对于UTP电缆而言这是一个关键的性能指标，也是最难精确测量的一个指标，尤其是随着信号频率的增加，其测量难度增大。TSB 67定义5类UTP电缆链路必须在1～100MHz的频宽内测试。

由NEXT定义可知，在一条UTP电缆上的NEXT损耗测试需要在每一对线之间进行，并有6对线对组合关系。也就是说，对于典型的4对线UTP电缆，需要测试6次NEXT。

串扰分近端串扰与远端串扰（FEXT），由于FEXT的量值影响较小，因此TDR主要是测量NEXT。NEXT并不表示在近端点产生的串扰值，它只表示在近端点所测量的串扰数值。这个量值会随电缆长度的变化而变化，同时发送端的信号也会衰减，对其他线对的串扰值也相对变小。实验证明，在40m内测量得到的NEXT值是较为真实的，如果另一端是大于40m的信息插座，它会产生一定程度的串扰，但测试仪可能无法测量到这一串扰值。基于这个原因，对NEXT的测量，最好在两端都进行。目前，大多数测试仪都能够在一端同时进行两端的NEXT测量。

对于5e类、6类线的测试参数，除了上述测试指标外，还应增加结构回波损耗SRL等内容。ANSI/TIA/EIA 568—B要求在100MHz下*SRL*值为16dB，其量值越小，表示信号完整性越好。

5. 缆线的性能指标汇总

目前在综合布线系统中大量采用或即将大量采用的缆线（例如 Cat7 电缆）的性能标志、工业标准规定以及主要的性能参数汇总于表 9.1。

表 9.1　常用对绞电缆的性能标志

性能标志	工业标准/规定	性能参数
5 类布线系统	·5 类的初始工业性能说明 —ANSI/TIA/EIA—568—A 5 类 —ISO/IEC 11801 D 级 —CENELEC EN 50173 D 级 —AS/NZS 3080：1996；D 级 ·TIA/EIA—568—A 目前被修订，增加了等效远端串扰和回波损耗的要求 ·考虑了布线技术的最低性能要求	·带宽性能：1～100MHz ·100MHz 时 ANSI/TIA—568—A 在最坏情况下的链接性能要求 —近端串扰和（损耗）……… 29.3dB —衰减 ……………………… 21.6dB —信噪比（*ACR*）……………… 7.7dB —等效远端串扰　TBD —回波损耗　TBD
5e 类布线系统	·ANSI/TIA/EIA—568—A 草案附录“4 对 100Ω 超 5 类的附加传输性规格” —针对所有 4 对线和全双工传输的应用 —提供了比 5 类更高的性能余量 —布线系统的认识有进步 —将更多参数考虑进去，如近端串扰和、远端串扰和、回波损耗、接入损耗及均衡	·带宽性能：1～100MHz ·100MHz 时 ANSI/TIA—568—A 在最坏情况下的链接性能要求 —近端串扰和（损耗）……… 29.3dB —衰减 ……………………… 21.6dB —信噪比总和 * * ……………… 7.7dB —等效远端串扰　TBD —回波损耗　TBD —接入损耗　TBD —均衡性　TBD
6 类布线系统	·由原来欧洲的一个 300MHz 的布线标准（建议）发展而来，它与 EN50173 完全相符，而且在 300MHz 下 *ACR* 值是理想的 ·最近，ISO/IEC 11801—A 建议 6 类/ E 级规定系统信道性能要达到 200MHz ·NETCONNECT QUANTUM（UTP）和 PiMF300（SFTP）系统都优于这些要求	·最初的带宽性能：1～300MHz ·ISO/IEC 11801 信道带宽：1～200MHz（建议） ·按 ISO/IEC JTC 1/SC 25/WG3 建议在最坏情况下信道的性能要求 —串扰总和（损耗）………… 31.9dB —衰减 ……………………… 31.8dB —*ACR* 总和 ………………… 1 dB ·ISO/ICE 11801 将就此类的性能颁发一个证明文件
7 类布线系统	·最初是由 EDIN44312—5 定义的 E（建议）级（德国建立的新一代铜缆性能类别） ·最近，ISO/IEC 11801 建议 7 类/ F 级的系统信道性能要达到 600MHz	·带宽性能：1～600MHz ·ISO/IEC 11801 信道带宽：1～200MHz（建议） ·按 EDIN 44312—5 规定，在 600MHz 时坏情况下信道的性能要求 —近端串扰（损耗）………50dB —衰减……………………50dB —*ACR* 总和………………>4.0dB ·ISO/ICE 11801 将就此类的性能颁发一个证明文件

综上所述，综合布线系统的质量将直接影响将来网络的“健康”。众所周知，综合布线是一项“隐蔽”工程，若出现差错将会带来无法挽回的巨大损失。因此，综合布线工程竣工后，一定要经过严格的布线系统测试，以确保布线系统长期安全可靠运行。

9.2　测试仪器

测试仪器是综合布线系统测试和工程验收的重要工具。测试仪器的功能、技术指标、测量等级和权威认证等在综合布线系统测试和工程验收过程中起着不可替代的作用。布线系统现场认证测试使用的测试仪器在技术上非常复杂，要保证认证测试准确、快捷和测试结果的权威性，就需认真选择适合用户需求的测试仪器。

9.2.1 测试仪器的类型

自从各种综合布线系统测试标准颁布实施以来，全球有许多公司生产了各种相关的测试仪，用于测试网络中光纤和电缆的参数，如Data Technologies公司的LAN Cat V，Fluke公司的DSP-100、DSP-2000、DSP-4000，Micro Scanner Pro，Scope Communication公司的Wirescope-155，Wavetek公司的Lantek Pro XL等均是广泛使用的电缆测试仪。

综合布线系统工程所涉及的测试仪器有许多类型，其功能和用途也不尽相同。按照所测试的对象可以分为铜缆类测试仪和光纤类测试仪两大类；而铜缆类测试仪又可分为5类缆线测试仪和6类缆线测试仪等类型；从使用级别上可分为简易测试仪、综合测试仪和认证分析仪等类型；从测试仪的大小上又可分为手执式和台式等类型。

1. 按照测试仪表使用的频率范围分类

若按照测试仪表使用的频率范围，可将其分为通用型测试仪和宽带链路测试仪两种类型。

（1）通用型测试仪

通用型测试仪主要用于5类以下（含5类）链路测试，测量单元的最高测量频率极限值不低于100MHz，在0～100MHz测量频率范围内能提供各测试参数的标称值和阈值曲线。

（2）宽带链路测试仪

宽带链路测试仪不仅用于5e类以上链路的测试，还可用于6类缆线及同类别或安装更高类器件（接插部件、跳线、连接插头和插座）的宽带链路测试，链路测试系统最高测量工作频率可扩展至250 MHz。在0～250MHz测试频率范围内提供各测试参数的标称值和阈值曲线。

2. 按照测试仪表适用的测试对象分类

若按照测试仪表适用的测试对象分类，可分为电缆测试仪、网络测试仪和光纤测试仪。

（1）电缆测试仪

电缆测试仪具有电缆的验证测试和认证测试功能，主要用于检测电缆质量及电缆的安装质量。验证测试包括测试电缆有无开路、断路，UTP电缆是否正确连接，对串扰、近端串扰故障进行精确定位，同轴电缆终端匹配电阻连接是否良好等基本安装情况测试。认证测试则完成电缆满足ANSI/TIA/EIA 568—A、ANSI/TIA/EIA TSB 67等有关标准的测试，并具有存储和打印有关参数的功能。比较典型的产品如Fluke DSP-100、Fluke DSP-2000测试仪、Fluke 620电缆测试仪及Fluke DSP-4000系列测试仪等。

Fluke DSP-100采用数字测试技术，能测试包括UTP、STP在内的各种电缆，遵从ANSI/TIA/EIA、IEEE、ISO等各种测试标准，测试速度快；能测试阻抗、链路长度、串扰和衰减等多项指标，并能定位故障。

Fluke DSP-2000测试仪采用数字技术测试电缆。它不仅完全满足ANSI/TIA/EIA TSB 67所要求的Ⅱ级精度标准，而且还具有更强的测试和诊断功能。

Fluke 620电缆测试仪是一种既不需要远端连接器，也不需要安装人员在电缆另一端提供额外帮助的电缆测试仪。它只需要配备一个连接器，就能证实电缆的接法与接线是否正确。

FlukeDSP-4000 系列测试仪采用先进的数字测试技术，其测试的带宽可以达到 350MHz。它不仅可以支持 5e 类电缆标准，还可以支持 6 类测试标准。

这些电缆测试仪能检测同轴电缆、非屏蔽对绞电缆和光纤等传输介质，一般要求为：

1）测试功能包括验证测试和认证测试。

2）测量精度为 TSB 67 标准Ⅱ级精度。

3）测试频率为 100MHz 以上。

4）测试结果输出方式有屏幕显示和打印。

5）测试电缆种类有 3 类、5 类、5e 类、6 类 UTP 电缆以及光纤。

（2）网络测试仪

网络测试仪主要用于计算机网络的安装调试、网络监测、维护和故障诊断。网络测试仪具有迅速准确地进行网络利用率、碰撞率等有关参数的统计，网络协议分析、路由分析、流量测试，以及对电缆、网卡、集线器、网桥、路由器等网络设备进行故障诊断，并存储和打印有关参数的功能，比较有代表性的产品如 Fluke 67X LAN 测试仪、Fluke 68X 企业级 LAN 测试仪等。

Fluke 67X LAN 系列网络测试仪是一种专用于计算机局域网安装调试、维护和故障诊断的工具。可以用于迅速查找电缆、网卡、集线器、网桥、路由器和交换机等网络设备的故障。

Fluke 68X 是专门用于大中型企业网的测试仪器，具有很强的故障测试诊断功能。

这些网络测试仪的相关要求是：

1）测试功能包括网络监测和故障诊断。

2）测试结果输出方式有屏幕显示和打印。

3）测试网络类型有以太网、令牌环网等。

（3）光纤测试仪

最常用的光纤测试仪是光功率损耗测试仪（OLTS）和光时域反射仪（OTDR）。此外，也有部分用户使用可视故障定位仪（VFLs）来检测光纤极性、断点以及衰减。例如，配线架上光缆的过紧捆扎等。某些 VFLs 可以产生两个光源，一个稳定一个振荡，来帮助识别微型接口（SFF）的光纤极性。有时 OTDR 也被用来定位连接器、熔接点以及弯曲过度的故障。在很多情况下，用户也可用 OTDR 曲线和 OLTS 一起来保证所安装的光缆没有过度弯曲、不良的熔接等。

有些电缆测试仪也可与光纤测试套件配套使用，如 Fluke DSP-2000 测试仪与 Fluke DSP-FTK 光纤测试套件配套使用，实现光纤的安装测试，并符合 ANSI/TIA/EIA 568—A 关于“多模光纤的安装及光功率损耗的测试”中的有关要求。光缆测试套件通过 RJ-45 适配器与 DSP-2000 连接，可以把测试数据储存至 Fluke DSP-2000，可与测试仪内置的相关测试标准进行比较，得到所测光纤性能是否达标的报告。把 Fluke 提供的测试和认证单模、多模光纤布线系统的光纤测试适配器产品选件，与 Fluke DSP-4000 系列数字式电缆分析仪配合使用，可组成高性能、高效率的光纤测试仪器。

9.2.2　电缆测试仪

在实际中比较常用的电缆测试仪是 Fluke 公司的 DSP 系列数字式电缆分析仪，也是目前业界公认的较好的网络电缆测试分析仪器。由于该仪器采用了 Fluke 数字式电缆测试技术，因而在电缆测试产品中具有较快的测试速度和较高的测试精度。

Fluke 公司生产的 DSP-4000 系列测试仪享有各种专利测试技术，已经被用户广泛使用。Fluke DSP-4000 系列测试仪具有测试速度快、精度高等优点。此外，它的故障诊断能力不但非常独特，而且是用户真正需求的功能。Fluke DSP-4000 系列数字式电缆分析仪可提供给用户一套完整的测试、验证电缆和光缆，并进行文档备案的方案。同其他 Fluke 公司的网络测试仪一样，DSP-4000 系列数字式电缆测试仪坚固耐用，可以用于恶劣环境的布线工程。

1. Fluke DSP-4300 系列电缆测试仪的特点

Fluke DSP-4000 系列数字式电缆测试仪有 4300、4100、4000PL 以及 4000 共 4 种型号可供选择。

在 Fluke DSP-4000 系列数字式电缆测试仪中，典型产品是具有 6 类布线系统完整认证测试解决方案的 DSP-4300 电缆测试仪，如图 9.5 所示。这种测试仪配置了新型的永久链路适配器，能够彻底解决测试连接线对测试结果的影响，轻松完成信道测试；适配器末端的可更换个性化模块（PM01、PM02 和 PM03）支持 6 类布线标准；方便的电缆 ID 下载功能增加了测试的准确性和效率；系统软件和内置标准的可升级设计能最大限度保护用户的投资和利益。

图 9.5　Fluke DSP-4300 电缆测试仪及其附件

2. Fluke DSP-4300 电缆测试仪的主要性能指标

Fluke DSP-4300 电缆测试仪主要有如下一些性能：

1）满足 5 类、5e 类和 6 类线测试所要求的Ⅲ级精度要求，并同时获得 UL 和 ETL SEMKO 的认证。

2）随机提供 6 类信道适配器和一个信道/流量适配器，与 DSP 配合使用可以对网络诊断及故障排除执行流量监测，这是其他任何一种电缆测试仪所不具备的功能。使用它可监测 10Base-T 和 100Base-TX 以太网的网络流量，检查和测量脉冲噪声。该适配器也可帮用户识别 Hub 端口的连接，检测这些连接所支持的标准。以前信道/流量适配器作为一个选件，现在标准的 Fluke DSP-4300 包含了该适配器。

3）自动诊断电缆故障，时域测量可迅速得到精确的、图形化的故障诊断信息，同时以米（m）或英尺（ft）为单位准确显示故障位置。

4）在 Fluke DSP-4300 中包含 DSP-LIA101S 永久链路接口适配器。DSP-LIA101S 永久链路接口适配器将 Fluke DSP-4000 系列电缆测试仪的基准精度拓展到测试线的最远端，使对绞电缆布线现场测试符合标准要求，并且获得非常好的测试结果。

5）扩展的 16MB 主板集成存储卡可存储 300 个测试结果，还可以将测试结果存储在外置的多媒体卡中。

6）允许将符合 ANSI/TIA/EIA 606 标准的电缆 ID 下载到 Fluke DSP-4300 数字式电缆测试仪中，节省时间同时确保了数据的准确性。

7）随机提供电缆测试管理软件包。Fluke DSP-4000 系列数字式电缆测试仪包含功能强大的 Link Ware（电缆管理）软件（DSP-CMS），使用它可根据工作地点、用户、建筑物等快速组织、编辑、查看、打印、存储，或对测试结果进行存档；可以将测试结果合并到一个已经存在的数据库中，并根据任一字段或参数对这些数据进行排序、检索以及重组。

9.2.3　光时域反射仪

光时域反射仪（OTDR）是光纤通信系统中最重要的仪表之一，具有较多的产品类型和规格型号，如图 9.6 所示。反射仪是指它测量的是反射光信号，时域是指它测量反射往返的时间。OTDR 的主要功能是：观察整个光纤线路、定位端点和断点、定位接头点（“故障点”）、测试接头损耗、测试端到端损耗、测试反射值、测试回波损耗、建立事件点与地标的相对关系、建立光纤数据文件并将数据归档等。OTDR 广泛应用于光纤光缆工程的测量、施工、维护及验收工作中，被形象地称为光通信行业的“万用表”。

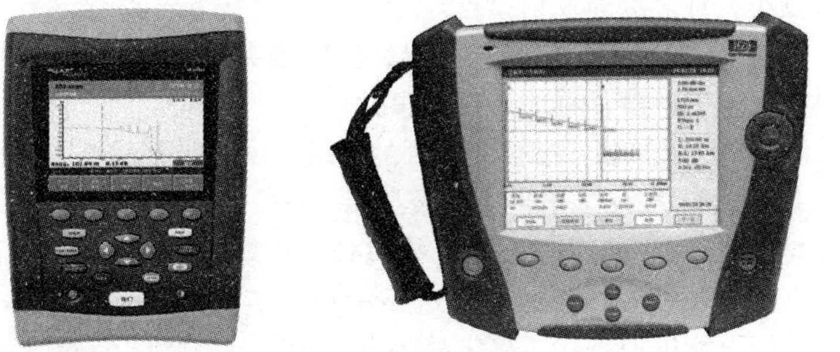

图 9.6　光时域反射仪

1. OTDR 的工作原理

目前 OTDR 型号种类虽然繁多，操作方式也各不相同，但其工作原理都是依据时域反射（TDR）测试技术。当光脉冲在光纤中传输时，沿光纤的各个点都将产生散射，其散射强弱与该点的光功率大小成正比。而光功率又与光纤的衰减有关，散射的强弱也反映了光纤各点衰减的大小。因为散射是全方位的，在散射光中会有一部分光反向传输到输入端，称之为后向散射光。根据后向散射光可以计算出光纤的衰减。如果光纤有断裂，则从断裂点以后的后向散射光功率降为零，依此可以判断出光纤的断点和长度。OTDR 就是依此制造的。它通过激光光源向被测光纤发送一光脉冲，光脉冲在光纤本身及各特征点上会有光信号反射回 OTDR，反射回的光信号通过一个定向耦合器耦合到 OTDR 的接收器，并在这里转换成电信号，做数据分析后在显示器上显示出结果及曲线。

OTDR 的组成框图如图 9.7 所示，其中各部分的作用是：①光源（激光二极管）将符合规定要求的光信号发送到被测光纤；②脉冲发生器控制光源发送的时间，控制数据分析和显示电路与光源同步工作；③定向耦合器将光源发出的光耦合到被测光纤，并将光纤沿线各点反射回的光耦合到光检测器；④光检测器（光敏二极管）将被测光纤反射回的光信号转换为电信号；⑤放大器将光检测器送来的电信号放大、整形；⑥数据分析及显示部分将反射回的信号与发送脉冲比较、分析，计算出测试结果，并通过显示屏以曲线等形式将测试结果显示出来。

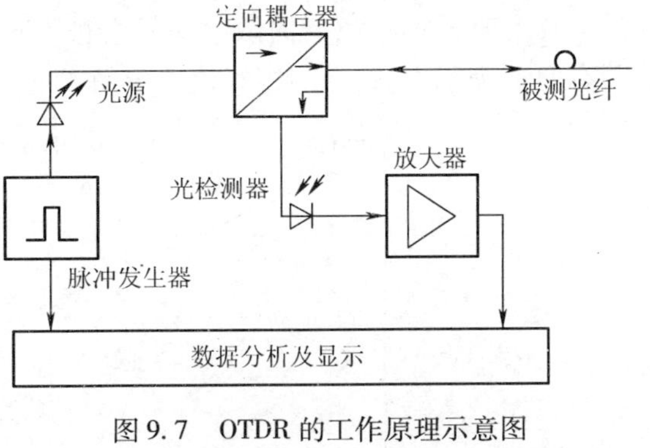

图 9.7　OTDR 的工作原理示意图

使用OTDR测试光纤链路时，经常用到后向散射、非反射事件、反射事件和光纤末端等术语，其含义为：

1）后向散射。光纤自身反射光信号的现象。

2）非反射事件。光纤中的熔接头和微弯会带来损耗，但不会引起反射。由于它们的反射较小，称之为非反射事件。

3）反射事件。活动连接器、机械接头和光纤中的断裂点会引起损耗和反射，把这种反射幅度较大的事件称之为反射事件。

4）光纤末端。指被测光纤的远端。

2. OTDR测试事件类型及显示

OTDR的功能非常强大，能将长100多千米光纤链路的完好情况、故障状态，以一定斜率直线（曲线）的形式清晰地显示在几英寸的液晶显示屏上，如图9.8所示。根据事件表的数据，能迅速查找、确定故障点位置，判断障碍的性质及类别，为分析光纤的主要性能特征提供准确数据。

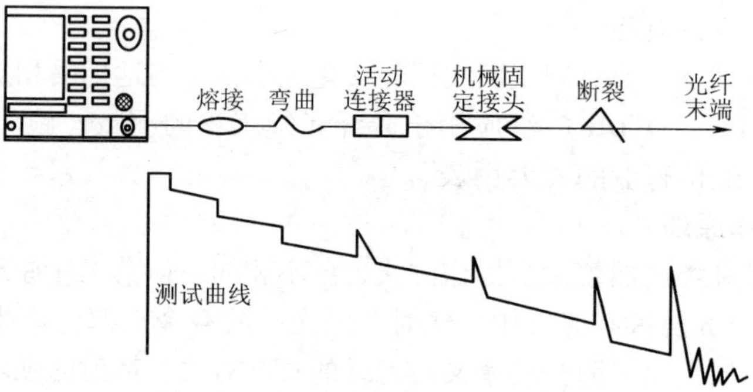

图9.8　OTDR测试事件类型及曲线

3. OTDR性能参数

OTDR的性能参数包括动态范围、盲区、距离精度，以及光纤的回波损耗和反射损耗等。

（1）动态范围

通常，将动态范围定义为初始后向散射电平与噪声电平的差值（dB），如图9.9所示。动态范围决定了OTDR可以测量的光纤最大长度。动态范围越大，OTDR可以分析的距离越远。不够大时，远距离后向散射信号会被噪声淹没，观察不到接头、弯曲等小特征点。动态范围有两种表示方法：①峰-峰值（又称峰值动态范围），指后向散射电平初始点电平值与噪

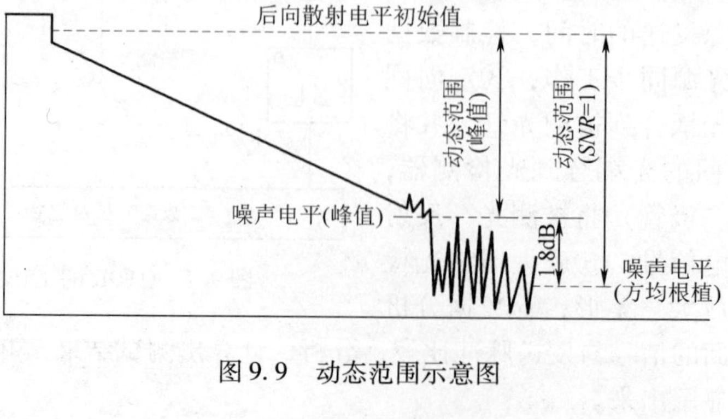

图9.9　动态范围示意图

-峰值电平之差；②信噪比（$SNR=1$）范围，指后向散射电平初始点电平值与噪声电平均方根值之差。

（2）盲区

由活动连接器和机械接头等特征点产生反射（菲涅尔反射）后，引起 OTDR 接收端饱和而带来的一系列“盲点”称为盲区。盲区分事件盲区、衰减盲区两种，如图 9.10 所示。

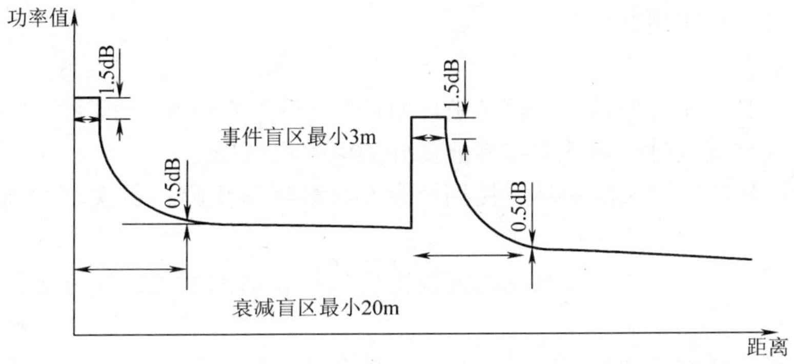

图 9.10　盲区

1）事件盲区描述的是能够分辨的两个反射事件的最短距离，即指从反射峰的起始点到接收器从饱和峰值恢复到距峰值 1.5dB 点间的距离。事件盲区确定了两个可区分的反射事件点间的最短距离（例如，两个连接器之间）。盲区越小越好。事件盲区有时也称 OTDR 的两点分辨率，如果一个反射事件在“事件盲区”之外，则该事件可以被定位、计算出距离。

2）衰减盲区是指从反射峰的起始点到接收器从饱和峰值恢复到距线性后向散射后延线上 0.5dB 点间的距离。如果一个反射或非反射事件在“衰减盲区”之外，则该事件可以被定位，损耗也可以被测量。

盲区和动态范围的关系是：盲区决定 OTDR 横轴上事件的精确程度，动态范围决定 OTDR 纵轴上事件的损耗情况和可测光纤的最大距离。

（3）距离精度

距离精度是指测试长度时 OTDR 的准确度（又称为一点分辨率）。OTDR 的距离精度与其采样间隔、时钟精度、光纤折射率、光缆的成缆因素和仪表的测试误差有关。

4. OTDR 的操作使用

1）熟读 OTDR 使用说明书，掌握仪表按键和显示屏界面。

2）测试连线。使用 OTDR 测量光纤（光缆）衰减常数、长度的接线图如图 9.11 所示，其中，盲区光纤是一小盘长度为 1m 的过渡光纤，用于连接 OTDR 和被测光纤。有的 OTDR 不需要使用盲区光纤，具体可参考 OTDR 使用说明书。

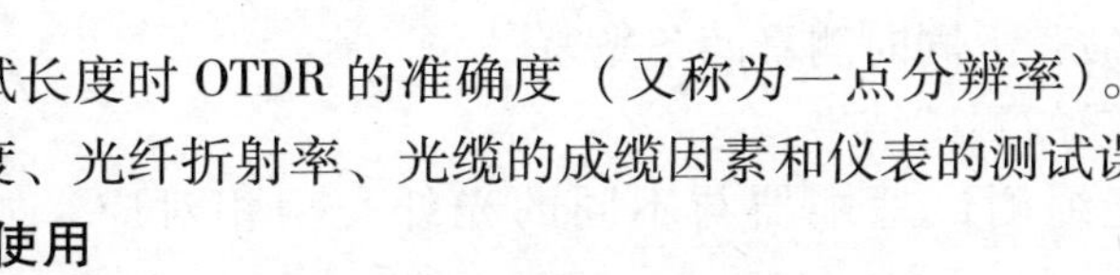

图 9.11　测量光纤（光缆）衰减常数和长度的接线图

3）自动设置或手动设置测量条件及参数。需设置的参数一般有：①测量范围。一般选被测纤长的1.5倍；②脉冲宽度。脉宽越大，功率越大，可测的距离越长，但分辨率变低。脉宽越窄，分辨率越高，测量也就越精确。即长距离用宽脉宽，短距离用窄脉宽；③选择光纤的工作波长，与光纤实际工作波长一致；④设置光纤的参数；⑤平均时间。

4）按测量键开始测量。

5）进行波形分析。

6）存储波形、打印测试结果。

5. 注意事项

1）被测光纤必须无业务运行，以免破坏OTDR。可用光功率计予以测试。

2）使用外接交流电时，必须加接性能良好的电源稳压器。

3）保持OTDR光输出头的清洁。使用结束及时戴好防尘帽；每次测试前，要清洁被测光纤的端面。

4）根据被测光纤的模式以及欲测的波长窗口选择合适的插件，保证光信号的模式、波长与被测光纤一致。

5）根据被测光纤的长度及衰减的大小，选择合适的量程及光脉冲的宽度。

6）做好日常维护。在野外使用OTDR时要做防尘、防晒和防雨淋保护，不能直接放在地上直接使用。使用后要将电池充满电；长期不用时，一般3个月左右要至少进行一次充放电。

9.2.4 光纤测试仪的组合使用

目前，已有许多集成了适用于局域网光缆布线故障诊断和认证测试平台的综合测试仪器仪表。例如，Fluke公司在DSP-4300系列电缆测试仪上配套光缆测试适配器的解决方案，就是一种较为方便、集成度高的可组合使用方案。这种结构紧凑的适配器可以确保被测试的光缆和网络的传输光源相匹配，可以自动进行双光缆、双波长的测试和认证，使DSP-4300迅速变成全功能的网络测试仪。整个仪器的特点如下：

1）一个测试仪就可完成铜缆和光缆的测试，认证和文档备案。

2）自动计算光缆余量并根据标准报告通过/不通过。

3）自动地在两个波长上同时测量两条光缆。

4）存储铜缆和光缆的测试结果。

5）有多种型号光缆测试适配器与不同的光纤类型相对应，如DSP-FTA440S/430S/420S等。

1. DSP FTA4X0 系列光缆测试适配器

DSP FTA4X0系列光缆测试适配器的规格、类型、波长和功率等数据见表9.2所列，根据综合布线工程中所用光纤类型可具体选择使用。

表9.2 DSP FTA4X0 系列光缆测试适配器

连接器SC	FTA420S 62.5 多模 FTA430S 9.0 单模 FTA440S 50.0 多模	波长	FTA420 850nm和1300nm FTA430 1310nm和1550nm FTA440 850nm和1310nm

（续）

发射器类型	FTA420 多模 LED FTA430 单模激光 FTA440　850nm VCSEL；1310nm FP 激光	输出功率	FTA420　-20dBm FTA430　-8dBm FTA440　-10dBm
认证	CE，CSA	功率输出稳定性	0.25dB，23℃（8h）

2. 单模光纤测试组合

选择 FTA430S 光缆测试适配器（符合 ANSI/TIA/EIA—526—7 标准）。它采用与网络传输硬件同类型的激光光源，可以自动对双光纤损耗进行测试，并使用 Fabry-Perot（FP）激光光源在 1310nm 和 1550nm 上进行认证。

将 FTA430S 连接至 DSP-4300 上，可测量光缆长度、自动计算相应的损耗余量 M 并根据标准报告通过/不通过的余量。对于连接不良、熔接不良、过度弯曲等情况，以及光功率损耗都能很容易测量出来。它还可以测量光纤链路的长度并且依据 1000Base-LX 和其他标准进行认证。此外，FTA430 可以对双光纤进行双向测试并将测试结果存储在同一个记录中。

3. 多模光纤测试组合

选择 FTA420S 光缆测试适配器（符合 ANSI/TIA/EIA—526—14A 标准）连接至 DSP-4300 就可以同时对双光纤在双波长上进行测试。该光缆测试适配器使用 LED 光源就可精确地测量 850nm 和 1300nm 多模光纤的功率损耗、长度，准确记录连接不良、熔接不良、过度弯曲、光功率损耗情况；可对双光纤进行双向测试并自动存储双方向的测试结果于一个记录之中。FTA420S 光缆测试适配器的光纤查找（FindFiber）功能使用户可以在两端迅速检查和定位来自另一端的信号，极大地缩短了认证测试时间。

4. 千兆位以太网光纤测试组合

目前，在多模光纤千兆位以太网上通常使用一种新型 VCSEL（Vertical Cavity Surface Emitting Laser）、波长为 850nm 的光源。VCSEL 比传统的激光光源更为便宜，而比 LED 具有更宽的带宽。VCSEL 光源的光能量更加集中在光纤的纤芯部分，而 LED 光源的能量是散布在整个光纤上的，距离越远，光能量就越向纤芯以外扩散，从而损耗就越大。

DSP FTA 440S 是一台用 VCSEL 激光光源的光纤测试适配器，能精确测试光纤链路。与 Fluke DSP-4300 配合，可以自动地对双光纤损耗进行测试；并有 VCSEL 激光光源（在 850nm 波长）和 Fabry Perot（FP）激光光源（在 1310nm 波长）两种测试。还能测试光纤链路的长度，并依据千兆位以太网的标准认证测量结果。

9.2.5　测试仪器的常规操作程序

光纤链路衰减测试是综合布线系统中比较常见的测试项目。常用的衰减测试方法是后向散射法，即用光时域反射仪（OTDR）测量。用 OTDR 测试只需在光纤的一端进行，不仅可以测量光纤的衰减系数，还能提供沿光纤长度衰减特性的详细情况，检测光纤的物理缺陷或断裂点的位置，测定接头的衰减和位置，以及被测光纤的长度。这种方法不但功能全、精度高和无破坏性，测量数据也可以直接打印出来。

在测试前，首先要明确一些问题，例如，被测链路是通用型测试（存档）还是应用型测试？是一类测试还是二类测试？是单模光缆还是多模光缆，是否需要进行极性测试？是否选择双波长测试？是否需要精确测试（B模式），是否需要测试链路结构图等。然后按照如下步骤进行测试操作：

1）如果被测光纤没有被连接起来，剥开光缆并将被测光纤露出2m长。

2）准备好测试模块和测试跳线。通过光纤跳线或尾纤和裸光纤适配器，将被测光纤与OTDR连接起来。与此同时，如需要可添加一根盲区光纤。盲区光纤一般是一小盘长度为1m的光纤，将它插入OTDR和被测光纤之间。

3）确保光源没有连接到被测光纤的其他端。

4）接通OTDR且将它加热到稳定的工作温度。

5）选择测试介质（单模、多模、电缆等，如果需要）。为了使OTDR工作，要输入正确的OTDR参数，包括测量范围、脉冲宽度、波长和被测光纤的折射率等。

6）开始OTDR测量，使OTDR得到平均测量长度，以求呈现一个光滑的光纤衰减谱。

7）调整分辨率以显示出整个被测光纤。为获得最好的分辨率，要保持脉冲宽度尽可能窄。

8）测量所有异常事件、熔接点、连接器和整个光纤衰减。

9）测量光纤总的端到端的损耗（dB）和光纤的衰减系数（dB/km）。

10）存储数据（命名/存入）。在OTDR上存储得到的结果和光纤衰减谱，打印测试结果。

11）对所需测量的各个波长重复以上步骤。

12）关机（或充电）。

9.3 电缆布线系统的测试

缆线及相关硬件安装质量对数据传输起着决定性的作用。在综合布线系统工程中，只有对电缆与相关硬件的连接、网络设备的连接情况都进行测试，才能保证所建立的通信网络能健康运行。

9.3.1 电缆布线系统的测试类型

根据综合布线系统测试和工程验收，以及现场施工的需要，通常从工程的角度，将电缆布线系统测试分为电缆的验证测试和认证测试两种类型。

1. 验证测试

验证测试是对永久链路的测试，即测试电缆的基本安装情况：电缆无开路或短路、UTP电缆的两端是否按照有关规定正确连接、同轴电缆的终端匹配电阻是否连接良好、电缆的走向如何等。永久链路验证测试接线示意图如图9.12所示。在进行永久链路的测试时要特别注意的一个特殊错误是串扰。所谓串扰就是将原来的两对线分别拆开而又重新组成新的绕对。因为这种故障的端与端连通性是好的（用万用表查不出来），而且当网络低速运行或流量很低时其表现不明显，当网络繁忙或高速运行时其影响很大，这是因为串扰会引起很大的近端串扰（NEXT）。只有用专用的电缆测试仪（如Fluke DSP100等）才能检查出来，电缆的验证测试要求测试仪器使用方便、快速。

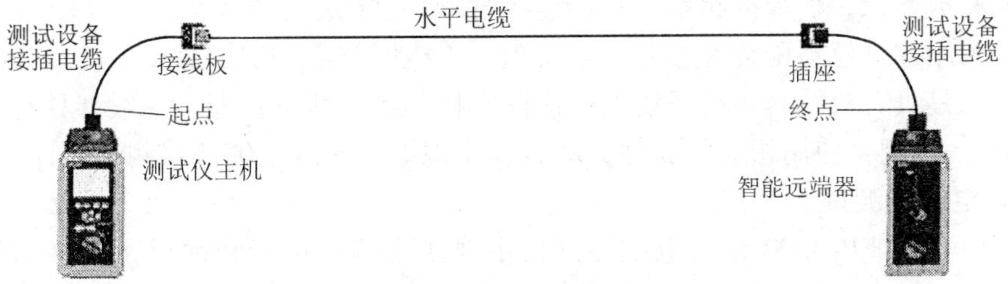

图 9.12　永久链路验证测试接线示意图

2. 认证测试

认证测试也称之为验收测试，是在工程验收时对布线系统的链路连接性能、电气特性以及施工质量的全面检验，是评价综合布线工程质量的科学手段。通常将链路的认证测试分为连接性能测试与电气性能测试两部分。

（1）连接性能测试

连接性能测试确认链路的安装是否符合标准，即测试缆线是否存在物理连接错误，链路的安装是否准确，是否符合标准，是否有接线开路、短路、反接、错对和缠绕等现象。

（2）电气性能测试

电气性能测试主要是检查布线系统中链路的电气性能指标是否符合标准，如衰减、特征阻抗、电阻、近端串扰和串扰衰减比等参数。对于图像传输介质（同轴电缆以及有关的信息端口）的性能测试，采用场强仪、信号发生器等设备，对各图像信息的信号电平进行测试。

信道认证测试接线示意图如图 9.13 所示。认证测试要以测试标准（ANSI/TIA/EIA 568—A、ANSI/TIA/EIA 568—B、ANSI/TIA/EIA TSB 67）为基础，对布线系统的物理性能和电气性能进行严格测试。

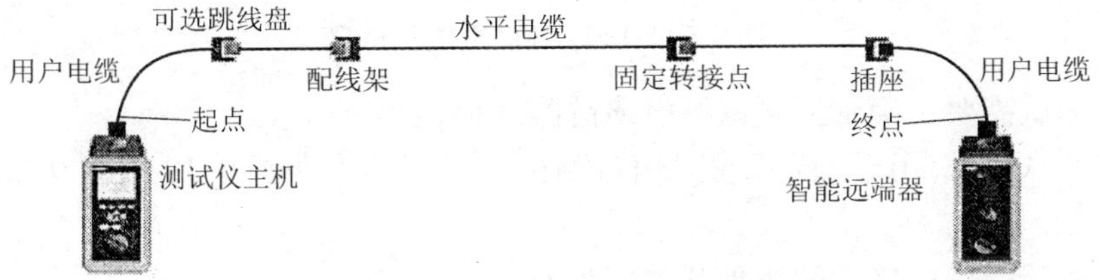

图 9.13　信道认证测试接线示意图

值得注意的是，根据工业布线标准的定义，信道不包括与用户电缆相接的连接插头，因此，在图 9.13 中特别指出了信道的起点和终点位置。认证测试往往是在布线工程全部竣工之后，甲乙双方共同参与由第三方进行的验收性测试，并形成认证测试报告。

9.3.2　UTP 电缆的布线链路测试

一般地，UTP 电缆的布线链路测试是指对综合布线系统工程中所布放的 UTP 电缆链路或信道参数进行测试。这种测试通常不包括对网络互联设备（如交换机、路由器等）的测试。

通常，若布线数量低于 500 条，那么可以使用传统方法，对每条链路（缆线）的布线参数、连接情况等是否符合 TIA/EIA 606 标准，用手工方式填写各种表格，进行简单管理。

这种管理虽然成本低，但数据粗糙，只能适用管理小型网络系统。

目前，采用测试仪器配合专业软件来实现计算机网络物理层的测试，已成为综合布线管理的主流。凡是具有对综合布线系统进行认证资格的各种测试仪器，一般都具有将所测试结果上传到PC，再配合使用相应的软件，就可以实现综合布线电缆链路测试的计算机化。

1. UTP电缆的测试

Fluke公司的DSP-4300系列电缆测试仪主要由主测试单元和远程智能单元两大部分组成，如图9.14所示。在测试时，在主测试单元以Fluke公司的DSP-4300系列电缆测试仪的应用为例，介绍UTP电缆的测试方法。

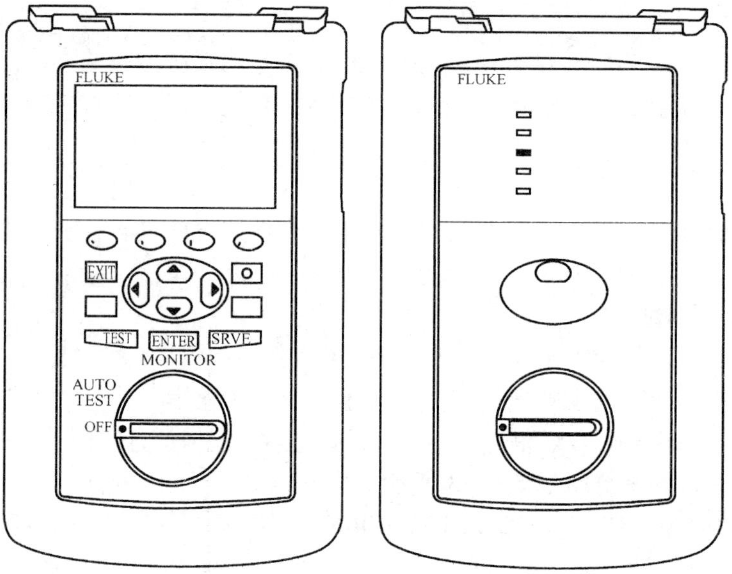

a)主测试单元 b)远程智能单元

图9.14 DSP-4300电缆测试仪

1）根据测试需要，确定要测试的电缆链路或信道。

2）按“永久链路测试”模式或“信道测试”模式，参照图9.12或图9.13完成正确的测试连接。

3）将远程智能测试单元的拨盘开关置为ON。

4）根据测试要求，旋转主测试单元面板上的拔盘转换开关，选择所需的测试方式（Auto TEST或SINGLE TEST）。

5）等待测试完成后，从主测试单元的显示屏上读取相应的测试结果，并做好相应的记录。

6）如果测试失败，应首先重新检查测试连接方式是否正确，排除连接方式错误后，可重新测试一次，若仍失败，则根据测试结果做好测试失败的记录。

7）测试完毕后主测试单元面板上的拔盘转换开关应置于OFF位置；将远程智能测试单元的拨盘开关置为OFF。

8）拆除测试连接链路，开始下一条电缆的测试。

2. LinkWare电缆测试管理软件

LinkWare电缆测试管理软件是DSP-4300系列测试仪的一个Windows应用程序，它支持ANSI/TIA/EIA 606—A标准。该软件允许加入606—A标准管理信息到LinkWare数据库，并打印除了电缆测试报告之外的管理记录。可以帮助组织、定制、打印和保存 Fluke 系列测试仪测试的铜缆和光纤记录。采用 LinkWare 电缆测试管理软件进行布线管理的主要步骤为：

（1）安装软件

（2）测试仪与 PC 连接

将 DSP-4300 电缆测试仪通过 RS-232 串行接口或 USB 接口与 PC 相连。

（3）设置环境

从“Options”菜单中选择“Language”项，然后单击“Chinese（simplified）”，使其支持简体中文。

（4）输入测试仪记录

单击“Import”按钮，在其弹出的菜单中选择相应的测试仪型号，该软件将自动检测 RS-232 串口或 USB 接口，将测试仪中的测试数据读入 PC。当输入记录时，LinkWare Import Wizard 可以自动建立一个工程结构并将测试记录放置在该结构的正确层次或是追加测试记录到该结构的正确层次。该向导可以使用用户已定义的电缆 ID 字段来建立和命名该层次。例如，如果用户的电缆 ID 包含了表示接插板、电信间和楼层的字符，该向导可以加入这些图标到该工程结构中；然后放置该记录到结构的相应层次中。

（5）测试数据处理

LinkWare 测试数据处理主要包括：数据分类处理（快速分类和高级分类）、测试全部数据详细观察和测试参数属性修改等功能。

（6）报告输出

LinkWare 软件处理的数据，以 *.flw 为扩展名，保存在 PC 的磁盘中；也可以硬拷贝的形式，打印出测试报告。测试报告有两种文件格式：ASCII 码文本文件格式和 Acrobat Reader 的 .PDF 格式。报告内容可以有 3 种，可根据需要选择输出报告的格式。

1）自动测试报告。按页显示每根电缆的详细测试参数数据、图形、检测结论、测试日期和时间等。

2）自动测试概要。只输出测试数据中的电缆识别名（ID）、总结果、测试标准、长度、余量和日期/时间项目。

3）管理报告。按水平链路、主干缆线、电信区、TGB 记录、TMGB 记录、防火系统定位、建筑物记录和驻地记录分类输出报告（PDF 格式）。

（7）其他实用工具

LinkWare 软件还提供了一组针对各类测试仪的实用工具软件和 Re-Certify（重新认证）软件，可很方便地通过 PC 直接控制测试仪进行参数设置、显示方式、画图方式、链路校准和软件升级等处理。利用 Re-Certify 工具还可以根据新的测试标准，重新评估现有的电缆测试（只对保存了图形数据的电缆测试有效），当电缆测试被重新评估后，该系统将生成一个新的测试报告，测试报告使用相同电缆 ID，但测试日期和时间是新的。

3. 布线系统测试中的 3dB 原则

在 5e 类和 6 类布线系统的测试中，回波损耗（RL）的测试变得越来越重要。这是因为全双工的网络系统需要合格的回波损耗，以避免发送信号端错误地将回波信号识别为有效信号。实践中 RL 的测试结果常采用“3dB 原则”。

所谓 3dB 原则是指，若在测试频带内衰减有小于 3dB 的点，则这些点上所产生的回波损耗即使超出了标准所规定的极限，但可以认为对数据的传输没有太大的影响，而不作为最差的情况列出，可以认为测试通过。

此外，还应特别注意以下几点：

1）若按 TSB 67 的规定，无论是永久链路还是信道链路测试，均不包括仪器和电缆的连接部分（接头和插座）。所以测试时需进行补偿，以消除它们的影响。从试验结果看，这部分对测试项目中的 NEXT 影响极大。在实际测试中采用两种方法减小其对 NEXT 的影响：采用 NEXT 较低的专用接头或进行时域补偿（采用时域近端串扰测试，即 TDX 技术）。

2）由于 TSB 67 标准不仅规定了测试标准，对现场的测试仪器也规定了具体指标，并把仪器所能达到的精度分成两类，即一级精度和二级精度，只有二级精度的仪器才能达到最高的测试认证。

3）TSB 67 还规定了近端串扰的测试必须从两个方向进行，也就是双向测试。只有这样才能保证 UTP 电缆的安装质量。

9.3.3 认证测试报告

对于综合布线系统的每一条 UTP 布线链路，都应该向用户提供一个测试报告，以表明布线电缆是否合格。通常，UTP 电缆测试报告由接线图、特征阻抗、电缆长度、时延、衰减、近端串扰和远端串扰等参数组成。例如，用 Fluke DSP-4300 测试仪得到的一份测试通过的 UTP 电缆认证测试报告，通常包括了被测试的布线链路、测试地点、测试人、结论、日期及时间、标准、电缆类型、依据标准版本、软件版本、测试仪器、电缆平均温度及测试结果。

1. 手工报表

对每一条测试通过的 UTP 电缆要形成认证测试报告。测试报告的基本内容应包括测试项目、测试数据以及结论等。从测试报告中可以清楚地看到测试项目、测试数据以及结论等重要数据。

2. 计算机综合测试报表

利用 LinkWare 缆线管理软件，由电缆测试仪产生的测试结果和曲线可通过 PC 输出测试报表，得到数据详细、曲线精确的电缆测试结果。

9.3.4 电缆布线故障的分析与诊断

布线系统测试的目的不是为了判断哪条布线链路不合格，而是通过先进的测试技术手段认证布线链路能全部达到标准要求。无论是对于综合布线系统的验收测试还是维护测试，重要的是利用测试仪对电缆电气故障进行精确的分析与定位，为排除故障提供可靠依据。

1. 布线故障的类型

布线故障有很多种，概括起来可以将其分为物理故障（也可称连接故障）和电气性能故障两大类。

（1）物理故障

物理故障主要是指由于主观因素引起的可以直接观察到的故障，多数物理故障是由于布线施工工艺或对电缆的意外损伤所造成的，如：模块、接头的线序错误，链路的开路、短路和超长等。

（2）电气性能故障

电气性能故障主要是指布线链路的电气性能指标未达到布线标准要求，即电缆在信号传输过程中达不到设计要求。影响电气性能的因素除电缆材料本身质量之外，还包括布线施工过程中电缆的过度弯曲、捆绑太紧、过力拉伸和靠近干扰源等，如：近端串扰、衰减、回波损耗等。

2. 布线故障诊断技术

通过测试可以发现在综合布线工程中存在的各种故障。为了保证工程的合格，布线故障需要及时解决，这样就对故障的定位技术以及定位的准确度提出了较高要求。新的测试技术主要有：

（1）高精度时域反射技术

高精度时域反射技术（High Definition Time Domain Reflectometry，HDTDR）是美国 Fluke 公司的专利技术，已应用于其 DSP-4000 系列测试仪中，是一种针对电缆阻抗变化故障来进行电缆故障定位的一种先进技术。该技术采用数字信号处理技术（DSP），通过在被测线对中发送极短的（2×10^{-9}s）测试信号，同时监测该信号在该线对的反射相位和强度来确定故障的类型，并记录和计算测试信号反射的时间和信号在电缆中传输的速度，来精确报告故障的具体位置（精确到 0.1m）。如果信号在通过电缆时遇到一个阻抗的突变，部分或所有的信号会反射回来，反射信号的时延、大小以及极性表明了电缆中特征阻抗不连续的位置和性质。HDTDR 图形的水平坐标代表距离，而垂直坐标代表反射信号相对原信号的百分比。具体说，HDTDR 检测图形有两类：①一对电缆开路的 HDTDR 曲线图，图形显示被测缆线在某处有一峰值很大的正反射波，这是由于被测电缆对在此处开路致使电缆的阻抗突增所导致的，可以确定这对电缆在此处有开路故障；②一对电缆短路的 HDTDR 曲线图，图形显示被测电缆在某处有一峰值很大的负反射波，这是由于这对电缆在此短路，引起电缆的阻抗突然下降，产生了与原信号极性相反的反射信号。可以确定被测电缆在该处有短路故障，如图 9.15所示。

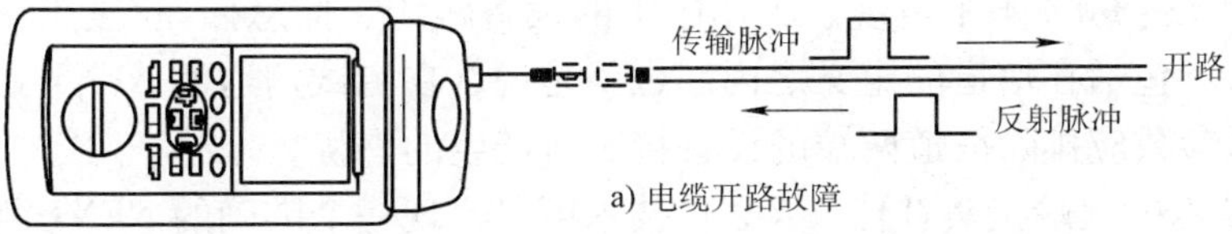

a) 电缆开路故障

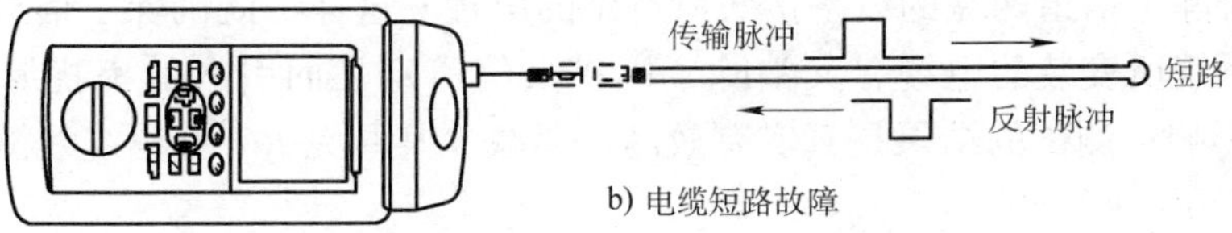

b) 电缆短路故障

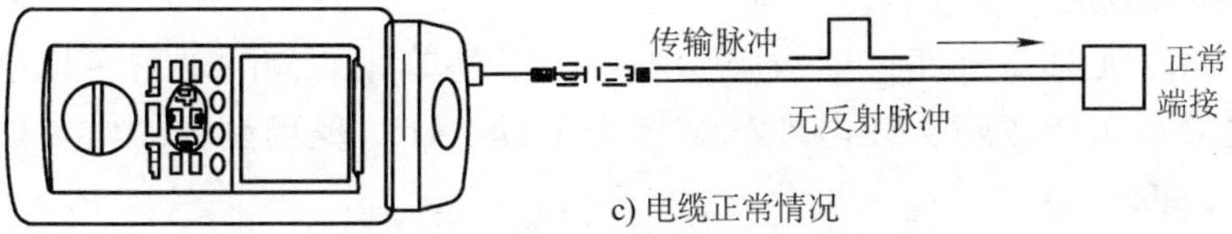

c) 电缆正常情况

图 9.15　HDTDR 电缆测试技术

回波损耗是传输信号功率与由电缆阻抗异常的反射信号功率的差值。回波损耗图形表明在一定频率范围内电缆的阻抗与标称的阻抗相匹配的程度。具有高回波损耗值的电缆在局域网信号传输时由于反射信号的损失较小而有较高的效率，这对于高速系统是十分重要的。由于在千兆位以太网中采用4对对绞电缆同时双向传输（全双工）技术，因此，反射信号会与收到的信号叠加而在接收端产生混乱。而影响链路阻抗不匹配的位置主要是发生在连接器附近，但也可能发生在由于过度弯曲、损坏而造成电缆阻抗发生变化的地方。

采用HDTDR技术，可以轻易发现诸如Wire Map错误和衰减故障，电缆开路、短路和超长故障，也可以对回波损耗（RL）参数不合格的链路进行故障的精确定位，并准确地报告电缆故障点。

（2）高精度时域串扰分析技术

高精度时域串扰分析技术（HDTDX）主要对各种导致串扰的故障进行精确定位。HDTDX技术采用数字信号处理技术，采用通过在一个线对上发送极短的（2×10^{-9}s）测试信号，同时在时域上对相邻线对测试串扰信号的方法，根据串扰发生的时间及信号传输速度之间的关系和计算，可以精确地对发生近端串扰（NEXT）和等电位远端串扰（ELFEXT）的物理位置进行定位。

HDTDX的分析图能显示被测试电缆的所有串扰源的幅度与位置：图形的水平坐标表示被测电缆的位置，垂直坐标表示被测串扰的幅度。由于电缆的衰减，距测试仪较远地方的串扰峰值就会显得很小，测试仪能够自动进行补偿并显示。这样可以很容易地通过比较串扰峰值的相对幅度来判定最大的串扰源。HDTDX技术解决了普通电缆测试仪只能根据串扰发生的频率点（MHz）来报告串扰发生的频域值，而不能精确报告串扰发生的物理位置的缺点，是目前唯一能够对近端串扰进行精确定位且无测试死区的实用技术。

采用HDTDX技术，可以轻易发现诸如NEXT参数不合格的电缆，可以将故障精确定位在RJ-45连接器或电缆的某一段。

（3）补偿技术RC^2

信道测试被用于验证整个信道或综合布线系统的性能。按ANSI/EIA/TIA568—A/B标准定义，信道由最长为90m水平电缆、工作区中的设备跳线、信息插座/接头等组成，但信道两端的设备接头不包括在信道的定义之内。也就是说，在测试信道的NEXT参数时，一个准确的NEXT测试参数应排除信道两端的设备接头所产生的串扰。

基于DSP技术的远端接头补偿（RC^2）技术可以实现一个准确的NEXT测试，在所得到的测试结果中排除了信道两端的设备接头所产生的串扰。这样，既确保了信道测试时采用的电缆就是布线系统所安装的电缆，又消除了因扩大信道定义而引入的串扰源（信道两端的设备接头）的影响，测试的结果是真实有效的。对减少某些无RC^2补偿缆线测试仪的误判将起到决定性的作用。

3. 布线故障的诊断

布线故障诊断，尤其是链路性能故障诊断往往不是单凭人们的观看可以确定的。为了准确、全面和快速诊断布线故障，以电缆测试仪为工具，针对现场测试中常见的故障，结合上述测试技术进行讨论介绍。

（1）接线图故障诊断

主要接线图（Wire Map）故障包括以下几种类型：短路、反接、错对和串扰等。对于前两种错误，一般的测试设备都可以很容易发现，测试技术也非常简单。利用Fluke公司DSP-4300就可以轻松地发现这类错误。一些可能出现的接线图故障归纳为表9.3。

表 9.3　接线图故障一览表

接线图故障情况	故障显示（只显示故障的绕对）	故 障 分 析
交叉	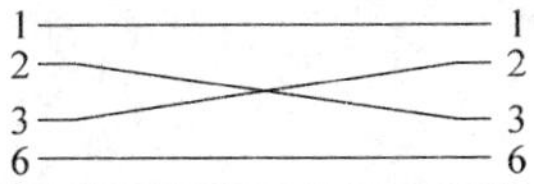	1、2 对和 3、6 对中的线交叉。接线不能形成可识别的电路
反接	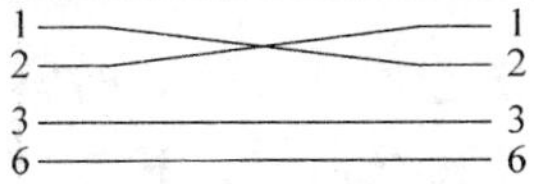	线 1 和 2 交叉
错对	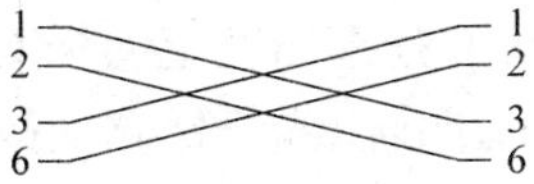	线对 1、2 和 3、6 交叉
短路	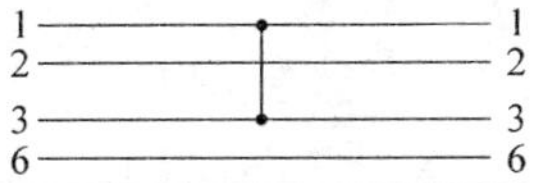	线 1 和 3 短路，可以用 HDTDR 来确定短路位置
开路		线 1 在靠近测试主机处开路，可以用 HDTDR 来确定开路位置
串扰	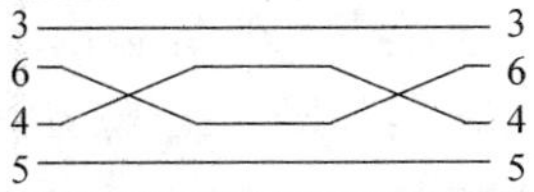	线对 4、5 中的线与线对 3、6 相串接，可以用 HDTDX 分析找出串扰的位置

（2）长度故障诊断

电缆超长（超过了链路规定的极限长度值）后，链路有很大的阻抗变化，会引起较大的信号衰减。这可利用 HDTDR 技术来进行定位。测试设备可以通过测试信号相位的变化以及相应的反射时延来判断链路距离。当然定位的准确与否还受设备设定的信号在该链路中的额定传输速率（NVP）值决定。

（3）近端串扰（NEXT）故障诊断

近端串扰故障是很难发现的。出现近端串扰错误的原因是在连接模块或接头时没有按照 ANSI/EIA/TIA 568—A/B 规定，虽然在物理上实现了 1-1、2-2、…、8-8 的连接，但是没有保证 1-2、3-6、4-5、7-8 线对的双绞；或者是在连接模块或接头时线对散绞过长。利用测试仪的 HDTDX 技术可以发现这类错误，也可以准确地报告近端串扰电缆的起点和终点（即使串扰存在于链路中的某一部分）。

（4）回波损耗故障诊断

回波损耗故障主要是由于链路阻抗不匹配造成的。不匹配主要发生在连有连接器的部位，但也可能发生于电缆中特征阻抗发生变化的地方。尤其是在千兆位以太网中，对绞电缆中的 4 对线需要同时双向传输（全双工），因此被反射的信号会被误认为是收到的信号产生混乱引起故障。利用 HDTDR 技术可以对回波损耗故障进行精确定位。

在综合布线施工过程中，应及时使用电缆测试仪做好电缆的验证测试，发现问题随时纠正，以保证每一个连接正确无误，为布线工程的合格验收奠定良好基础。

9.4　光纤布线系统的测试

一条完整光纤链路的性能不仅取决于光纤本身质量，还取决于连接头的质量、施工工艺和现场环境。由于在光缆布线系统的施工过程中涉及光缆的敷设、光缆的弯曲半径、光纤的接续和光纤跳线，更由于设计方法及物理布线结构的不同，都会导致光纤信道上光信号传输衰减等指标发生变化，因此需要对光纤信道、光纤链路进行认真的测试。

9.4.1 光纤链路的测试内容

光纤链路的基本测试内容是光纤链路的光学连通性，必要时宜采用光功率损耗测试仪（OLTS）对光纤链路的插入损耗（即光功率及光功率损失）和光纤长度进行测试。光纤链路的测试是安装和维护光纤网络的必要工作，目的是遵循特定的标准，检测光纤布线系统的连接质量，减少故障隐患，当存在故障时能够迅速找出光纤链路的故障点，从而进一步查找故障原因。

1. 光纤链路的光学连通性测试

光纤链路的光学连通性表示光纤通信系统传输光功率的能力。连通性测试是最简单的测试。通常是在光纤通信系统的一端连接光源，把红色激光、发光二极管或者其他可见光注入光纤；在另一端连接光功率计并监视光的输出；通过检测到的输出光功率确定光纤通信系统的光学连通性。如果在光纤中有断裂或其他的不连续点，光纤输出端的光功率就会减少或者根本没有光输出。当输出端测到的光功率与输入端实际输入的光功率的比值小于一定的数值时，则认为这条链路光学不连通。光功率计和光源是进行光纤传输特性测量的基本设备。

2. 光功率测试

对光纤布线系统的最基本测试是由 EIA 的 FOTP-95 标准定义的光功率测试（Power Meter）。它规定了通过光纤传输信号的强度，同时也是光功率损耗测试的基础。测试时把光功率计放在光纤的一端，把光源放在光纤的另一端。

3. 光功率损耗测试

光功率损耗用于检测一段光纤链路的衰减，是插入损耗（IL）的一种，包含光纤线缆的损耗、连接器件损耗和熔接点损耗等。光功率损耗测试实际上就是衰减测试，测试的是光信号在通过光纤后的减弱程度。光功率损耗测试能验证光纤和连接器安装是否正确。

光功率损耗测试的方法与光功率测试类似，只不过是使用一个标有刻度的光源产生信号，使用一个光功率计来测量实际到达光纤另一端的信号强度。在实际光缆工程中，进行光功率损耗测试（IL）往往需要使用光功率损耗测试仪（OLTS）进行双向测试，如图 9.16 所示。

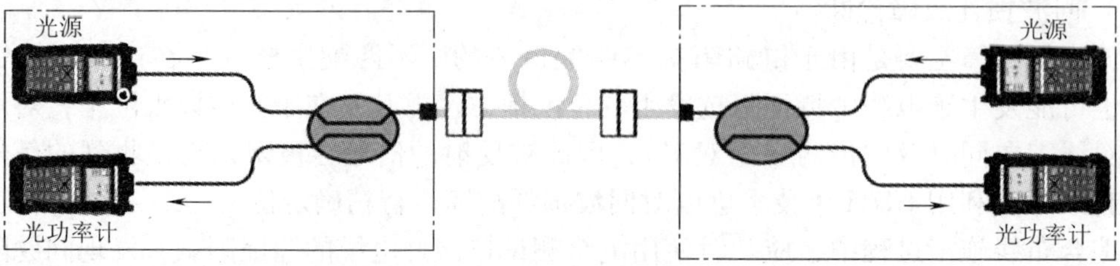

图 9.16 双向光功率损失测试

测试时首先将光源和光功率计分别连接到参照测试光纤的两端，以参照测试光纤作为一个基准，对照它来度量信号在光纤链路上的损耗。在参照测试光纤上测量了光源功率之后，取下光功率计，将参照测试光纤连同光源连接到要测试的光纤的另一端，而将光功率计接到另一端。测试完成后，对两个测试结果进行比较，就可以计算出实际链路的信号损失。这种测试能有效地测量在光纤中和参照测试光纤所连接的连接器上的损失量。

对于配线子系统光纤链路的测量仅需在一个波长上进行测试即可。这是由于光纤长度短（小于90m），因此波长变化而引起的衰减是不明显的，衰减测试结果小于2.0dB。对于干线光纤链路应以两个操作波长进行测试，即多模干线光纤链路使用850nm和1300nm波长进行测试，单模干线光纤链路使用1310nm和1550nm波长进行测试。1550nm的测试能确定光纤是否支持波分复用，还能发现在1310nm测试中不能发现的由微小的弯曲所导致的损失。由于在干线光纤链路现场测试中干线长度和可能的接头数取决于现场条件，因此应使用光纤链路衰减方程式，根据ANSI/TIA/EIA 568—B中规定的部件衰减值来确定测试的极限值。

9.4.2　光纤链路测试的基本要求

尽管光纤种类很多，但光纤及其布线系统的基本测试方法大致相同，所使用的测试仪器也通用。光纤现场测试时应根据网络的应用情况，选用相应的光源（LED、VCSEL和LASE）和光功率计或时域反射仪（ODTR）。

1. 光纤链路的分类测试

GB 50312—2007的附录7.0.2参照TIA/EIA TSB 140标准（光缆系统现场测试长度、损耗和极性的附加原则）对如何在现场测试光缆做了要求，将光纤链路的测试分为等级1（必须）和等级2（可选）。在TIA/EIA TSB 140标准中将光纤链路的测试分为两类，分别称为“一类测试”（Tier 1）和“二类测试”（Tier 2），也称为“等级1测试”、“等级2测试”。

（1）一类测试

光纤链路的一类测试方法较简单，只要将光纤链路两端分别连接光源与光功率计即可。测试原理也很简单，光源发送光信号，功率计用于接收光信号。两个信号功率值的差数即为光纤链路上发生的插入损耗（简称损耗）。

一类测试主要关心光纤链路的总衰减值（插入损耗）、长度以及极性是否符合要求，测量精度较高。测试的对象主要是低速光纤链路（千兆以下），测试参数包含“损耗和长度”两个指标，并对测试结果进行“通过/失败”的判断。一类测试常分为“通用型测试”和“应用型测试”。通用型测试关注光纤本身的安装质量，一般不对光纤的长度做出规定；应用型测试关注当前选择的某项应用是否能够被光纤链路所支持，通常有对光纤链路长度的限制。

TIA/EIA TSB 140标准要求所有光纤链路都需要进行一类测试。进行一类测试时，要使用光功率损耗测试仪（OLTS）测量每条光纤链路的衰减，通过光学测量或借助光缆护套标记计算出光缆长度；使用OLTS或可见故障定位器验证光纤极性。一类测试的缺点是，只能得到最终的测试结果，对于不合格的链路无法进行故障点的分析和定位。

（2）二类测试

光纤链路的二类测试又称扩展的光纤链路测试，也称为OTDR测试，主要用于测试高速光纤链路。当光缆安装调试完成后，有的用户希望了解光纤链路的衰减值和真实准确的链路结构（如链路的总损耗值是多少，链路中有几根跳线、几个交叉连接、几个熔接点、几段光纤和各段真实长度等），则需要进行二类测试。当升级高速光纤链路时，为评估连接点、熔接点的质量，也需要进行二类测试。二类测试的主要参数是在一类测试的基础上增加反映链路中各种“质量事件”（如连接点、熔接点的连接状况）和链路真实结构的OTDR曲线。

二类测试采用一端连接OTDR测试仪，另一端开路的方式，利用光源发送的光信号在链路中产生的反射信号进行衰减量、长度的计算，并生成OTDR曲线。与一类测试相比，这种测试方法对链路损耗量的测量精度低，优点是可以定位故障点位置，从而便于施工人员对不合格被测链路进行修复。二类测试对于长途干线光缆链路或者园区主干光缆测试尤其有帮助。

二类测试虽然是可选性测试，但也非常重要。它不仅包括一类测试的测试参数，还提供对每条光纤链路的OTDR曲线。OTDR曲线是一条光纤随长度变化的衰减图形。通过检查路径的不一致性，可以深入查看链路的详细性能（如光缆、连接器或接合处的性能）以及施工质量。OTDR曲线虽不能替代使用OLTS进行插入损耗测量，但可用于光纤链路的补充性评估。综合一、二类两个等级的测试，可以全面了解光缆的敷设、安装质量。

一类测试和二类测试可以在工程完工后分别进行，也可以同时进行。测试参数可合并到一个测试报告中。有的用户因为系统升级，需要在已经进行过的一类测试基础上，增加二类测试，以便为高速应用准备（备用）链路。此时两种测试报告可以分开单列，也可以重新合并到一起提供给用户。

2. 光纤链路测试标准及要求

在综合布线时，事先可能不知道光纤链路以后是否会升级运行，是否更改运行的应用业务。例如，昨天运行的是低速100Base-F，今天改为1GBase-SX，明天可能要升级到10GBase-SX。所以，一般应采用通用型测试。当新建网络已经规划将有高速通信应用时，可以选择“通用型”+“应用型”相结合的测试方式。

在综合布线系统中，进行一类测试时，通用型标准目前多选用ANSI/TIA/EIA—568—B和ISO 11801。这些标准也适用于在FTTx中进行分段验收测试。对高速光纤链路或要求较高的用户可进行二类测试，以确保高速链路的安装质量。

光纤测试仪器的选择必须满足所用光纤布线系统的测试标准及精度。

1）对多模光纤布线的现场测试工具必须满足标准ANSI/TIA/EIA—526—14A的要求。

2）光源必须满足标准ANSI/TIA/EIA 455—50 B的要求；测试波长为1300nm和850nm。

3）对多模光纤，测试工具可以用现场测试工具，也可以通过标准ANSI/TIA/EIA—568—B.1所述方式测试。

4）对单模光纤布线的现场测试工具必须满足标准ANSI/EIA/TIA—526—7的要求。

3. 测试光源

通常，单模光纤使用典型的1310/1550nm激光光源，多模光纤使用典型的850/1300nm LED光源。对于不常用的其他波长测试可选择对应波长的光源。例如，在1Gbit/s和10Gbit/s以太网应用测试中，多数使用850nm波长的VCSEL准激光光源。

4. 被测光纤链路的损耗极限值

在ANSI/TIA/EIA—568—B和ISO 11801标准中，对光纤链路的插入损耗极限值的定义和要求是一致的。通过计算得出被测光纤链路的损耗极限值，只要最终的测试结果小于这个极限值，就认为该链路符合标准要求。在实际测试中，通常按如下简便计算公式计算被测光纤链路损耗极限值：

光纤链路损耗（A）=光纤线缆损耗+连接器件损耗+熔接点损耗

其中，光纤线缆损耗=光纤最大损耗系数（dB/km）×光纤长度。不同型号光纤的最大损耗系数可查询表 9.4 获知。

表 9.4　光纤的最大损耗系数

	多模光缆（OM1、OM2、OM3）		单模光缆（OS1）	
工作波长/nm	850	1300	1310	1550
最大损耗/（dB/km）	3.5	1.5	1.0	1.0

连接器件损耗 = 链路中连接器件的最大损耗值/个 × 连接器件数量（标准中连接器件的最大损耗值为 0.75dB/个）。熔接点损耗 = 熔接点最大熔接损耗值/个 × 链路中熔接点数量（标准的熔接点损耗最大值是 0.3dB/个）。例如，假设一条被测多模光纤链路的长度为 100m，其中包括 2 个连接器件和 2 个熔接点。这条被测链路的损耗极限值 A 为

$$A = 3.5\text{dB/km} \times 100\text{m} + 0.75\text{dB/个} \times 2\text{ 个} + 0.3\text{dB/个} \times 2\text{ 个} = 2.45\text{dB}$$

这样，最终测试结果只要小于 2.45dB，就可以认为这条光纤链路符合标准。

9.4.3　光纤链路测试方法

测试光纤链路的性能，需要在双波长下对每一根光纤链路在两端分别就收/发光信号的情况进行测试。根据 GB 50312—2007 定义，在两端对光纤逐根进行双向（收与发）测试时，连接方式如图 9.17 所示。其中，光连接器件可以是工作区 TO、电信间 FD、设备间 BD、CD 的 SC、ST、SFF 连接器件；光缆可以是水平光缆、建筑物主干光缆和建筑群主干光缆。注意，光纤链路不包括光跳线在内。

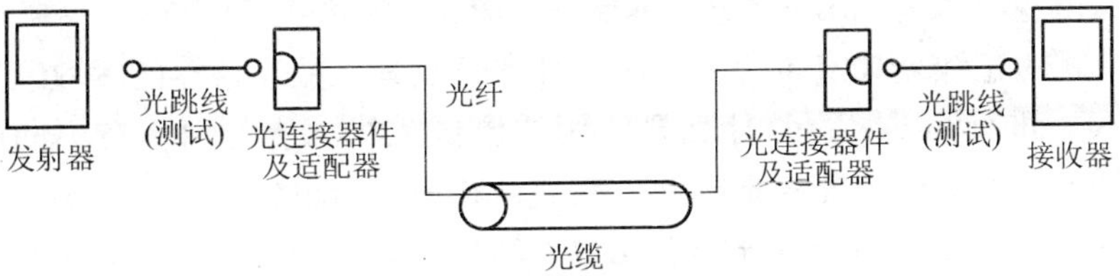

图 9.17　光纤链路测试连接（单芯）

在光纤链路的具体测试中，有如下几种测试方法可供选择使用。

1. 测试方法 A 或称“A 模式”

光纤链路衰减测试是光缆线路技术的重要内容，是判断光纤链路工作状态的主要手段之一。通过对光纤链路的衰减测试可以了解光纤的工作状态，掌握光缆线路实际运行状况。衰减测试的基本方法是：①测出光源输出的功率 P_o，如图 9.18 所示；②测出光源输入光功率计的功率 P_i，如图 9.19 所示，则光纤链路的衰减值为 $P_o - P_i$。

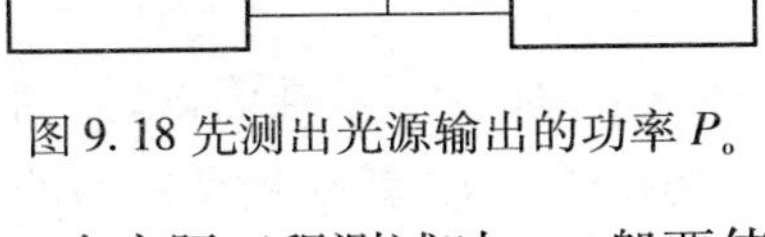

图 9.18 先测出光源输出的功率 P_o

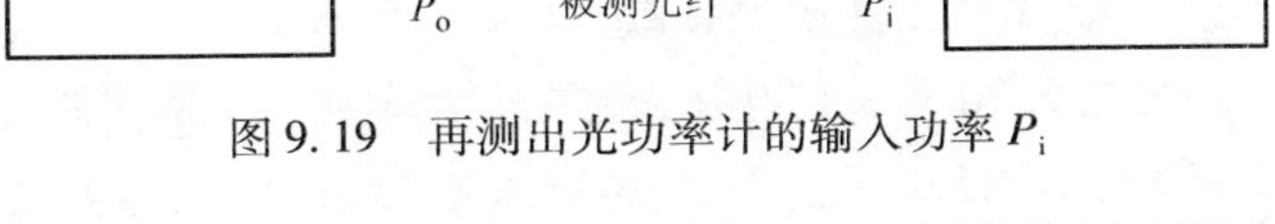

图 9.19　再测出光功率计的输入功率 P_i

在实际工程测试时，一般要使用测试跳线，具体操作方法是：①先将测试跳线用光耦合器短接，如图 9.20 所示；②然后移去光耦合器，将被测光纤接入，测出 P_i，如图 9.21 所示，则

这根光纤链路的衰减值为 P_o-P_i。按照这种方法的测试称为测试方法A或称“A模式”。

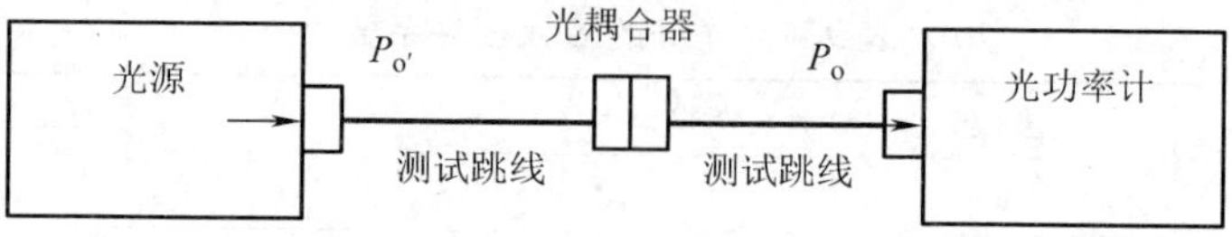

图9.20 先将测试跳线用光耦合器对接，测得 P_o 并“归零”

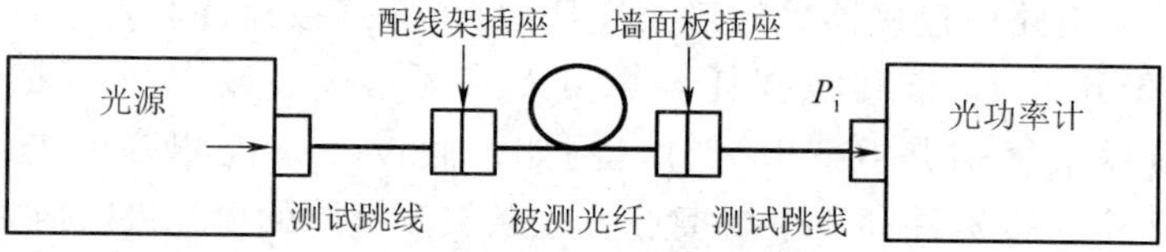

图9.21 去掉耦合器加入被测光纤，测得光纤衰减值 P_i

在上述测试中由于加入了测试跳线带来一个问题：即得出的测试结果不仅包括了需要测试的光纤链路损耗，而且包括了测试跳线的损耗。为解决这个问题，参考采用了购物称重的方法，即先将容器的重量称出归零，再将选购的物品和容器一起称量，即可得到所购物品的重量。常把这个过程称为设置参考值，也就是将测试跳线的损耗先测出归零，之后再将其与被测链路连接一起进行测试。所以，在实际测试时需要按照图9.20测得 P_o，然后将此 P_o 值强行设为“相对零”，即将 P_o 设置为参考值零，称为“归零”、设置基准值、设置基准零等。由于 P_o 已经等于相对“零”，所以图9.21中测得的 P_i 值就等于这条被测光纤链路的衰减值（P_o = “0”，链路损耗 $loss = |P_o - P_i| = |P_i|$）。

注意：A模式的光纤衰减值包含了被测光纤本身及其一端连接器的等效衰减。

在采用A模式进行测试时，为什么要使用“测试跳线”呢？由于在不同的项目中被测光纤链路的光纤连接器类型可能各不相同，被测链路的模型也各不相同。为了提高测试的灵活性、可操作性，并且减少测量过程中对光源和光功率计端口的磨损，在测试光纤链路时重要的一步就是加入测试跳线来帮助完成测试工作。测试跳线的一端连接光源或光功率计，另一端连接需要测试的光纤链路。在测试过程中，与光源和光功率计相连的一端可以不被拆下，只要断开与被测链路相连的一端就可以完成连续性的、重复性的测试工作。测试时，只要清洁测试跳线端面或者更换测试跳线即可，并能够避免光源和光功率计端口模块被磨损和变脏。另外，由于测试跳线可以配置不同类型的光纤连接头，也增加了测试的灵活性。

使用测试跳线的另一个优点是，在每次测试中，不需要再改变测试跳线与光源仪器的连接。因为测试跳线与测试仪器接口也存在着耦合偏差，当设定参考值之后，也不能再改变测试跳线与仪表端的连接，否则设定的参考值将失去意义。

进行工程测试时的建议：将测试跳线连接测试仪器的一端做好标记，每次测试时都用此端与仪器相连，这样可以减少测试结果的漂移，保证测试精度及测试结果的稳定性。

2. 测试方法B或称“B模式”

先按图9.20方式测出 P_o，并将其设为相对零功率（归零）。完成参考基准值设置之后，再按照如图9.22所示的方式接入被测光纤链路，测得接收光功率 P_i。P_i 就是光纤链路的损耗值。这种方法称为测试方法B或称“B模式”。B模式使用了3个连接适配器。

在B模式中，被测试光功率链路在光纤的两端都带有连接器。同时，添加了另外一条

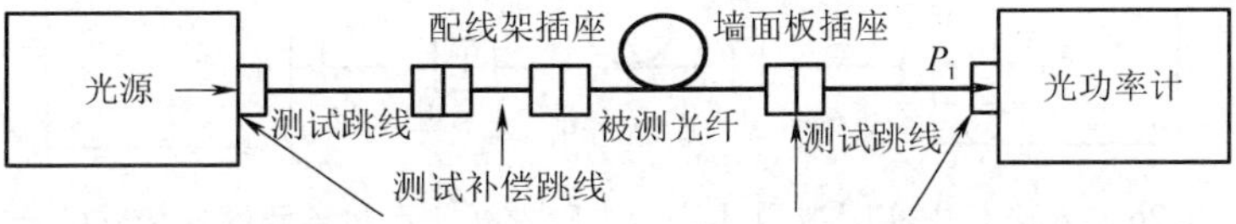

图 9.22　归零时已经包含了 3 个连接器和两段跳线的衰减

测试补偿跳线。为了保证测试结果的正确性，这条补偿测试跳线应是一根已知的、低损耗测试跳线，而且这根补偿测试跳线一般很短（比如 0.3m），衰减可以忽略不计。设置参考值这个“动作”一般在仪器开机预热 5min 后进行，如果此前忘记“归零”，则多数测试仪器会给出“提示”。

B 模式的优点是测试结果较为精确，是 ANSI/TIA/EIA—568—B.1 标准的首推方法，是 ISO 11801 标准中第二推荐的方法。但在早期，测试厂家所提供的光功率计的光纤端口模块是不能更换的。所以，这种方法只能用于测量与光功率计端口模块采用相同类型的光纤链路。例如，光功率计的端口为 SC，则被测链路中连接器也必须是 SC。目前，已经有了光功率计端口模块类型可以更换的测试仪，大大提高了这种测试方法的灵活性。

注意：B 模式包含被测光纤本身及其两端连接器的等效衰减值。

3. 测试方法 C 或称“C 模式”

如果只希望了解被测光纤本身的衰减值，不包含光纤两端连接器的衰减，那么可以按照如图 9.23 所示方法，先用短跳线设置基准值（归零）。然后按照如图 9.24 所示方式进行实际测试。这种测试模式称为“测试方法 C”。

图 9.23　C 模式：先用短跳线归零

图 9.24　只测试光纤的衰减，不包含两端连接器的衰减值，损耗值 = P_i（已归零）

注意：测试方法 C 只包含光纤本身的等效衰减值。此方法不适合大批量测试，否则会过度磨损仪器插座，测试成本较高。

通常，进行大批量测试时可按照如图 9.25 所示先进行归零，然后用如图 9.26 所示方式进行测试。这种测试模式称作改进的 C 模式或者改进的测试方法 C。

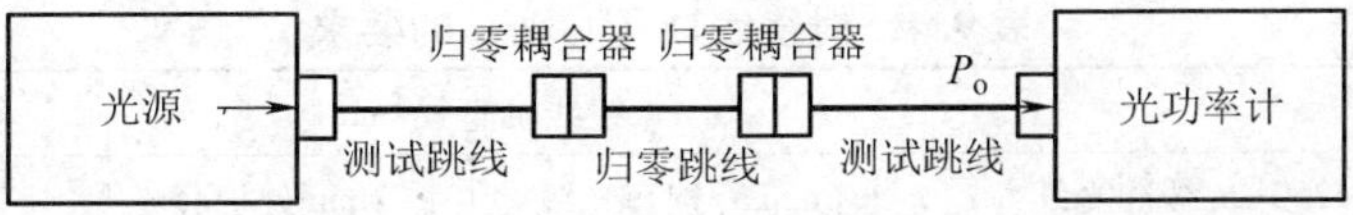

图 9.25　大批量测试光纤衰减：设置参考零时使用 0.3m 归零跳线

被测光纤越短，测试精度受耦合器精度波动的影响越大，因为链路中光纤本身的衰减值很

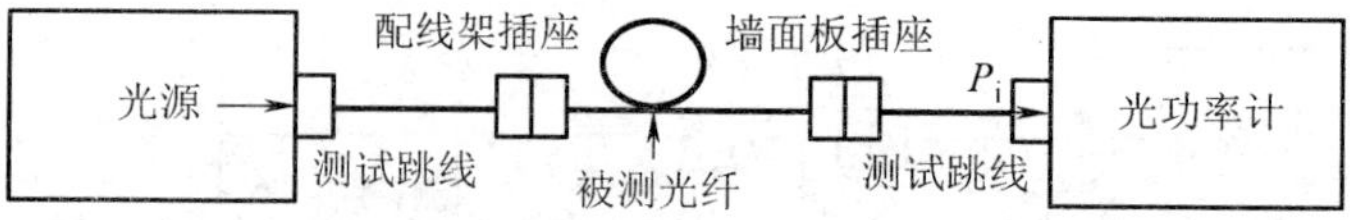

图9.26　方法C中实际被测试的是一段光纤，不包含两端连接器的衰减

小，耦合器的衰减值相对短光纤的衰减值所占“份额”较大，因此耦合器的衰减值出现波动时所占的误差比例就较高。由于测试时每次插拔耦合器都有可能产生耦合器衰减值的微小波动，而这些微小波动相对于整条短光纤的总衰减值来说已经可比拟。因此，短光纤的衰减值一般不提倡用“方法C”进行测试。而且，测试中使用的跳线必须选用高质量的测试跳线。

注意：测试方法（测试模式）按方法A、方法B、方法C的分类比较常见，但在不同标准中的称谓可能不一样。

9.4.4　绕线轴（心轴）光纤测试

当使用LED光源测试多模光纤链路时，需要使用绕线轴。这是因为，LED光源由于发散会在光纤纤芯与涂覆层之间产生“高次模”。在设置参考值和测试的过程中，使用绕线轴可以消除“高次模”，增强测试方法的可重复性、结果的可靠性。同时，绕线轴也是为了保证使用LED光源测试时，被测链路能够支持当前以及未来的高速率传输应用，例如，千兆以太网、万兆以太网。对于VCSEL等入射光集中的光源，不需要使用绕线轴；单模光纤的测试也不需要使用绕线轴。

使用绕线轴（心轴）对多模光纤进行测试时，为获得具有较高精度的衰减值测试结果，一般要把测试跳线缠绕在一个测试绕线轴（心轴）上。按照ANSI/TIA/EIA—568—B.1标准要求，参考跳线需要在绕线轴上不重叠的盘绕5圈，盘绕方法如图9.27所示。

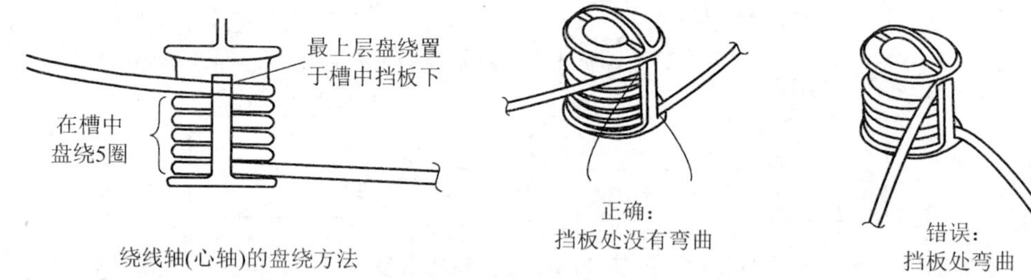

图9.27　多模光纤测试绕线轴（心轴）的盘绕方法

绕线轴的过滤作用与光波长、光纤直径和绕线轴（心轴）的直径、盘绕的圈数都有关系。不同类型参考跳线，所使用的绕线轴直径也各不相同。对绕线轴（心轴）的要求见表9.4。

表9.4　对绕线轴（心轴）的要求

被测光纤/μm	绕线轴直径/mm			
	250μm缓冲光纤	1.6mm外护套光缆	2mm外护套光缆	3mm外护套光缆
50/125	25	23.4	23.0	22
62.5/125	20	18.4	18.0	17

最常用的带绕线轴的多模光纤测试采用测试方法B，设置基准（归零）的操作方法如图9.28所示。

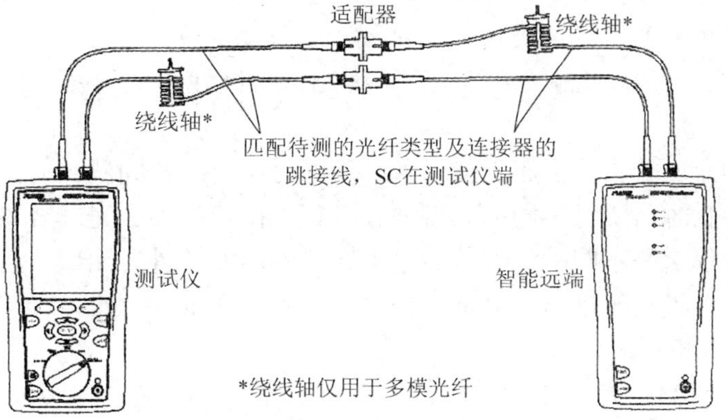

图9.28　用绕线轴测试多模光纤（方法B，双光纤），归零操作

按照如图9.29所示的带绕线轴的多模光纤测试方法B，可以进行双光纤测试、双极性与双波长常规测试。这种测试包含了链路两端连接器的损耗值。

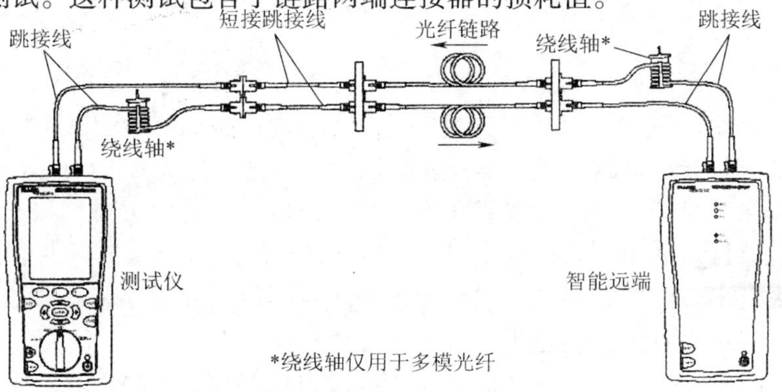

图9.29　用绕线轴测试多模光纤（方法B，双光纤）

9.4.5　光纤链路测试注意事项

在对光纤链路进行各种性能参数测试之前，必须使光纤与测试仪器之间的连接良好，否则将会影响光纤布线系统的测试结果。目前，有各种各样的接头可用，但如果选用的接头不合适，就会造成损耗或者产生光学反射。在光纤应用中，绝大多数光纤布线系统都采用标准类型的光纤、发射器和接收器。这样可以减少测量结果的不确定性，提高可靠性和重复性。

1. 双光纤、双向（极性）、双波长测试选择

在设计综合布线系统时一般成对布放光纤（收发信号各使用一根），因此在大多数情况下测试对象是成对光纤，但标准中没有强制要求同时进行双光纤的成对测试。同时进行双光纤测试，效率比单光纤测试平均要高4倍以上。

在实际中，收发光纤有时可能会被互换使用，例如，将原来的发射光纤因某种原因（在维护时搞错了发送Tx和接收Rx，插错位置）可能与接收光纤颠倒，在验收测试时需要对这种不可预见的连接状态预先进行双向损耗值验收测试。

另外，在 FTTx 和电信级的光纤应用中，常用单光纤和频分复用、密集波分复用等技术实现单光纤双向传输信号。由于器件误差、安装错误等原因，可能会造成一条光纤链路两个方向的衰减值有较大偏差。对这类应用需要对每一根光纤的极性进行测试（即双向衰减值测试）。但在综合布线系统的测试标准中没有强制进行极性测试的要求，可根据用户意见确定是否进行极性测试。

光纤的使用寿命比较长，由于更换设备，不同时期会有不同波长的光信号在光纤链路上传输，这要求在验收时需要对不同的典型波长进行测试。另外，光纤链路的弯曲半径对不同波长的衰减值影响程度是不同的，安装后也需要对不同波长进行测试。目前，通用型标准中的一般要求是：对多模光纤进行 850nm 和 1300nm 波长的损耗测试，单模光纤进行 1310nm 和 1550nm 波长的损耗测试。

目前，多数（一类）光纤测试仪器都具备对双光纤、双极性（方向）和双波长进行测试的功能，使用时只需做简单设置、选择即可。

2. 测试方法（模式）选择

在实际工程测试时，经常需要选择光纤链路的测试方法（模式）。在进行认证/验收测试时一般推荐使用方法 B（B 模式）。其优点是精度高，仪器接口磨损少，测试成本低；缺点是测试跳线较多。

对于较长的光纤链路可以考虑使用 A 模式。它忽略了一个连接器的衰减值，优点是测试跳线少，仪器接口磨损小；缺点是偏差较大，适于在诊断故障时临时测试光纤链路的衰减值。

当需要考虑较长光纤链路中光纤本身衰减值时，可选用方法 C（C 模式）或改进的 C 模式。优点是可以测试光纤本身的衰减值（不含两端连接器的等效衰减），缺点是短光纤的测试误差较高，仪器接口磨损大，测试成本高，适于诊断故障时偶尔进行少量测试。

3. 测试跳线选择

测试跳线的选用也直接影响着测试结果。被测光纤链路两端的插件端口有许多规格，常见的有 ST、FC 和 FDDI 等，还有各种小型连接器如 LC、VF45 和 MT-RT 等，但测试仪器上一般只有一种规格的测试接口，需要根据被测链路选择测试跳线。测试跳线的插头一端与测试仪器接口相同，另一端应与被测链路的接口相同。通过灵活选用各种测试跳线，可以测试几乎任何接口的光纤链路。有时，也可以选择不同的光纤耦合器来进行测试，同样，耦合器两端的耦合接口也需有不同的类型。

如果需要进行二类测试，OTDR 测试跳线的选择与一类测试基本相同，一般建议选择稍长的测试跳线，以便避开测试盲区。为了清晰地评估第一个接入的被测光纤链路接头，可以在被测链路前面加一段“发射补偿光纤”（提高精度并避开盲区）。为了清晰评估最后一个链路接头，可以增加一段“接收补偿光纤”。

为保证 OTDR 接入链路后能够稳定地进行测试，测试规程一般要求在传输前清洁测试跳线和仪器接口，或者使用光纤显微镜检查测试跳线的端面质量，部分 OTDR 在开始测试前会自动评估测试跳线的端面连接质量。

4. 带分光器链路的测试

由于带分光器的链路没有对应的测试标准，在工程中常会引起争议。这类链路通常涉及光纤有线电视网络、FTTx 网络等。

对于带分光器的链路建议采用分段测试的方法。即以分光器为分段点，对光纤链路进行

“一类”通用型测试（衰减测试和长度测试），所采用的测试标准和方法应事先与用户协商确定。对分光器则进行单独地安装前验证测试或者安装后验证测试。此时使用 B 模式自环方式进行单向衰减测试即可。

对于没有成对使用光纤的链路，用“飞时法”无法实现长度测试，一类测试只能测试损耗值。光纤长度这一指标的测试需要使用“二类测试”及 OTDR 来完成，选用的测试工具最好能将两个测试结果合并到一个测试报告中。

除上述注意事项之外，在测试光纤链路时还要注意：

1）对光纤信道进行连通性、端-端损耗、收发功率和反射损耗 4 种测试时，要严格区分单模光纤和多模光纤的基本性能指标、基本测试标准和测试仪器或测试附件。

2）为了保证测试仪器的精度，应选用动态范围大（通常为 60dB 或更高）的测试仪器。在这一动态范围内功率测量的精确度通常称为动态精确度或线性精度。

3）为使测量结果准确，测试前应对所有的光连接器件进行清洗，并将测试接收器校准至零位。值得注意的是，即使是经过了校准的光功率计也有大约 ±5%（±0.2dB）的不确定性，测量时所使用的光源与校准时所用的光谱必须一致；同时，要确保光纤中的光有效地耦合到光功率计中，最好是在测试中采用发射光缆和接收光缆（光缆损耗低于 0.5dB）；最后还必须使全部光都照射到检测器的接收面上，又不使检测器过载。

9.4.6　光纤链路故障检测与分析

光缆线路一旦发生故障，最直接、最主要的表现就是整个线路损耗增大。通过测量光纤链路衰减，可判断故障点及故障性质。

目前在实际工程施工维护中，一般多采用后向散射法来测量光纤损耗。首先将大功率的窄脉冲注入被测光纤，然后在同一端检测光纤后向散射光功率。由于光纤的主要散射是瑞利散射，因此测量光纤后向瑞利散射光功率就可以获得光沿光纤的衰减和其他信息。通常使用 OTDR 进行测量。OTDR 采用取样积分仪和光脉冲激励原理，对光纤中传输的光信号进行取样分析，可以判断出光纤的接续点和损耗变化点。

1. OTDR 的参数设置

OTDR 是目前光纤链路测量中最常用的一种测试仪器。使用 OTDR 时，一般需要设置如下参数。

1）测量范围。测量范围是指 OTDR 所能测试的最大距离，其设定值至少应与被测光纤一样长，通常应为被测光纤长度的 1.5 倍以上，使曲线占满屏的 2/3 为宜。

2）脉冲宽度。脉冲宽度是每次取样中激光器打开的时间，其数值由选定的激光器决定。脉冲宽度也取决于当前最大测量距离的设定，通常这两个参数相互关联。窄脉冲可测试较短的光纤，测试精度较高；宽脉冲可以低分辨率测试较长的光纤。脉宽周期通常以纳秒（ns）来表示。一般 10km 以下选用 100ns、300ns，10km 以上选用 300ns、1μs。

3）波长。因不同的波长对应不同的光纤特性（包括衰减、微弯等），测试波长一般遵循与系统传输通信波长相对应的原则，即系统通信使用 1550 nm 波长，则测试波长为 1550nm。

4）光纤参数。光纤参数的设置包括折射率 n 和后向散射系数 η 的设置。折射率参数与测量的距离有关，后向散射系数则影响反射与回波损耗的测量结果。这两个参数通常由光纤生产厂家给出。

5）平均化次数（时间）。由于后向散射光信号极其微弱，一般采用统计平均方法来提高信噪比，平均时间越长，信噪比越高。较高的平均化次数会产生较好的信噪比，但所需时间也长；而较小的平均化次数会缩短平均化时间，噪声也更多。一般平均时间不超过3min，以20s为宜。

6）测试模式。一般选择平均化模式。

2. OTDR曲线分析

（1）正常曲线分析

通过OTDR测试，获得如图9.30所示OTDR曲线后，判断曲线是否正常的方法如下：

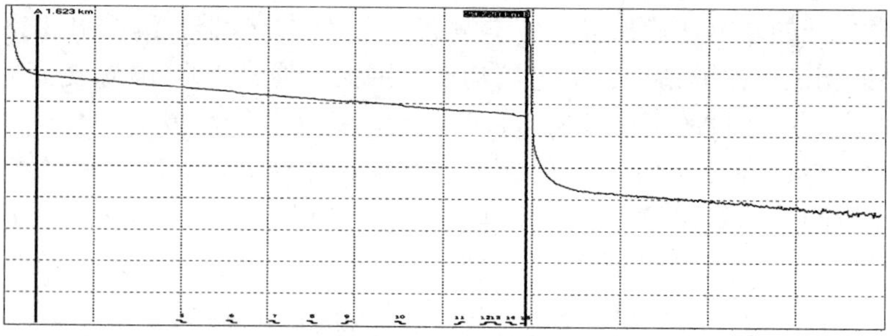

图9.30 正常曲线

1）曲线主体斜率基本一致，且斜率较小，说明链路衰减常数较小，衰减的不均匀性较好。①衰减系数要求。单模光纤的衰减系数应符合标准规定；②衰减不均匀性要求。在光纤后向散射曲线上，任意500m长度上的实测衰减值与全长上平均每500m的衰减值之差的最坏值应不大于0.05dB；③衰减点不连续性要求。对B1.1类单模光纤，在1310nm波长、一连续光纤上不应有超过0.1dB的不连续点；在1550nm波长、一连续光纤上不应有超过0.05dB的不连续点；对B4类单模光纤，在1550nm波长、一连续光纤上不应有超过0.05dB的不连续点。

2）无明显“台阶”，说明光纤链路接头质量较好。一般要求每个连接器件的损耗（双向平均值）不大于0.1dB。

3）尾部反射峰较高，说明光纤末端成端质量较好。

（2）异常曲线分析

1）曲线有大台阶。如图9.31所示曲线有明显“台阶”，若此处是接头处，说明此接头接续不合格或者该根光纤在融纤盘中弯曲半径太小或受到挤压。若此处不是接头处，则说明此处光缆受到挤压或打急弯。

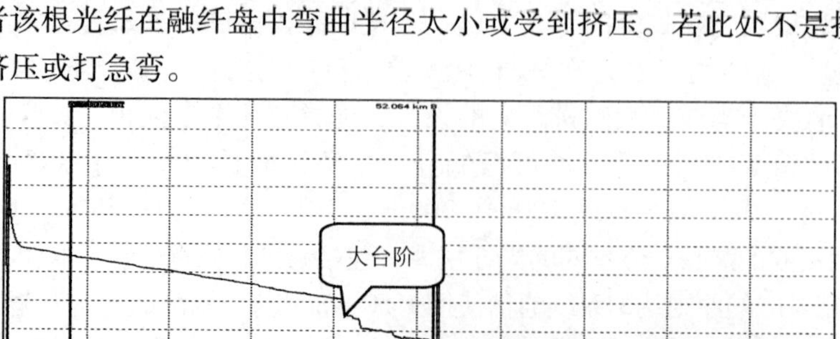

图9.31 曲线中有大台阶

2）曲线有斜率较大段。如图 9.32 所示，此段曲线斜率明显较大，说明此段光纤质量不好，损耗较大。

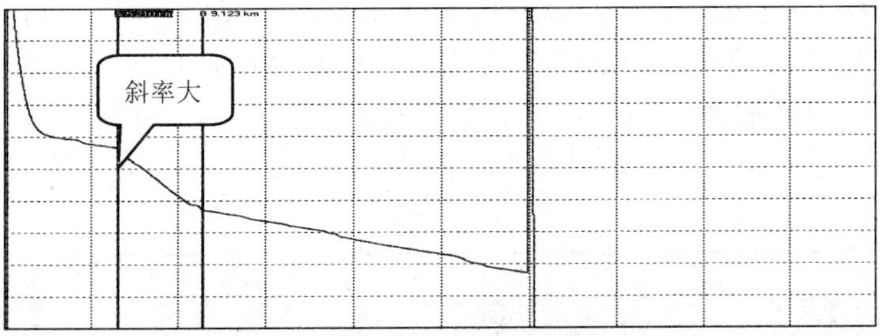

图 9.32　曲线中有斜率较大的段

3）曲线远端没有反射峰。如图 9.33 所示，此段曲线尾部没有反射峰，说明此段光纤末端成端质量不好或者末端光纤在此处折断。

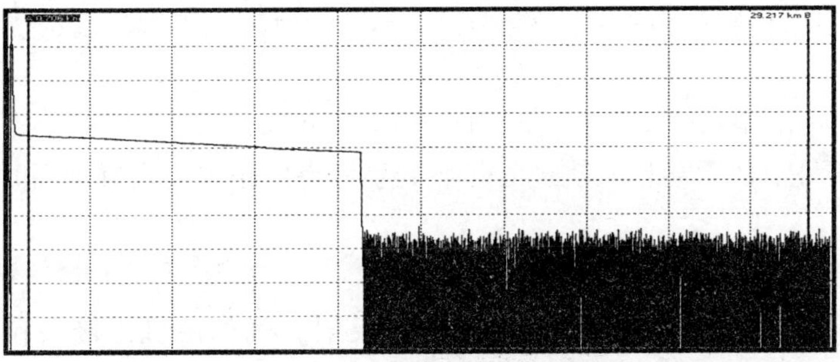

图 9.33　曲线远端没有反射峰

另外，要注意识别与处理 OTDR 曲线上的幻峰（鬼影）。当需要消除幻峰（鬼影）时，可选择短脉冲宽度、在强反射前端（如 OTDR 输出端）中增加衰减。若引起鬼影的事件位于光纤终结，可“打小弯”以衰减反射回始端的光。

4）正增益现象。在 OTDR 曲线上可能会产生正增益现象，如图 9.34 所示。正增益是由于在熔接点之后的光纤比熔接点之前的光纤产生更多的后向散光而形成的。事实上，光纤在这一熔接点上是有熔接损耗的。常出现在不同模场直径或不同后向散射系数的光纤熔接过程中，因此，需要在两个方向测量并对结果取平均作为该熔接损耗。

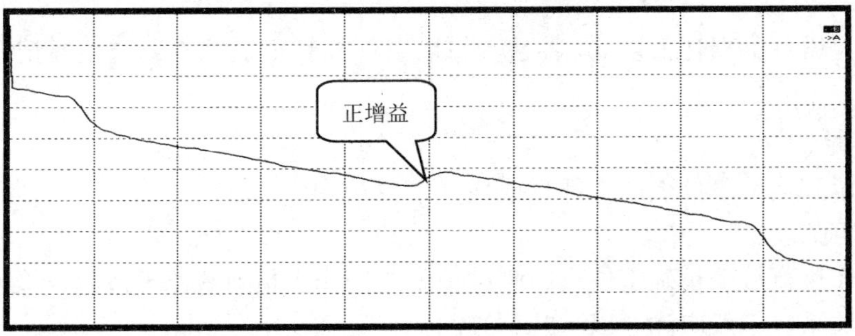

图 9.34　正增益现象

3. 事件表说明

在光纤链路测试结果分析中，“事件”是指由于有损耗的连接（微弯、连接器或熔接点）造成的衰减异常、反射连接（连接器或光纤断裂）或光纤末端。事件表中只列出超出预设阈值的事件。超出告警阈值的事件在事件表中以高亮度红色显示。如图9.35所示，事件表显示的信息有：①事件编号（No）；②到事件点的距离（Dist）；③事件类型（Type）；④事件的损耗（Loss）；⑤反射损耗（Reflect）；⑥事件点之间的光纤损耗系数（dB/km）；⑦总损耗（Cum. Loss）。其含义如下：

事件编号	到事件点的距离	事件类型	事件的损耗/dB	反射损耗/dB	事件点之间的光纤损耗系数(dB/km)	总损耗/dB
01	34.4000		0.383	(-48.342)	0.196	6.740
02	49.1150		0.544	(-54.036)	0.191	9.936
03	73.6700		Fiber End	-15.688	0.211	15.662

图9.35　事件表

注意：事件表中检测值小于阈值的参数写在（）内，如果测量参数无法算出，则表示为＊＊.＊＊＊。

（1）到事件点的距离

事件表中到事件点的距离指从轨迹的起点到事件点的距离。设置画面时可以设置距离的单位，例如“km”。

（2）事件类型

1）反射事件。从未饱和的接续点产生反射，例如由机械接头和连接器造成的菲涅尔反射。

2）饱和反射事件。从饱和的接续点产生反射，例如由机械接头和连接器造成的菲涅尔反射。

3）非反射事件。未产生反射的熔接点或微弯点。

4）群事件。当几个事件点靠得太近而无法分开时，将被当做一个事件点。在事件表中，整个群事件的结果显示在第一个事件处。

5）光纤远端。损耗超过设置的光纤阈值的事件被认为是被测光纤的末端。

（3）损耗

事件中计算得到的损耗值以dB表示。如果事件损耗值后面有M型标记则表示检测到了宏弯曲事件。

（4）总损耗

该区域显示到当前事件点的光纤总损耗，单位是dB。

4. 注意事项

利用OTDR进行故障精确定位时，测试精度与操作人员对线路熟悉程度及OTDR操作熟练程度有很大关系。一般应注意以下几个方面：

（1）距离的精确定位

如测某点至测试仪表的距离，只需将任意一个光标精确定位后便可读出距离值；如测定整个曲线内某一段的长度，则两个光标都应正确定位，以两光标之间的距离为准。当确定一个非反射性接头的位置时，应将光标定位于曲线斜率改变处。对于脉冲反射处的正确定位，幅度大于 3 dB 的未削波脉冲反射，可将光标调到反射波前沿比峰值低 1.5dB 的位置；幅度小于或等于 3dB 的未削波脉冲反射，可将光标调至其前沿峰值一半以上的位置。无论是非反射或反射接头，在精确定位时都应将曲线尽可能放大，以便精确检测光纤。

（2）OTDR 的盲区

在 OTDR 测量中，盲区随脉冲宽度的增加而增加。为提高测试精度，在进行短距离测试时，应采用窄脉冲；长距离测试时，采用宽脉冲，以减少盲区对测量精度的影响。

（3）"增益"现象

由于接续的两根光纤具有不同的模场直径或后向散射光功率，当第二根光纤的后向散射光功率高于第一根光纤时，OTDR 波形会显示第二根光纤有更大的信号电平，接头好像有功率增益。当从另一方向测量同一接头时，所显示的损耗将大于实际损耗，所以只能将两个方向的测量结果平均才能得到真实的接续损耗值。

（4）OTDR 的测试精度

目前，OTDR 测试的动态范围已能满足要求，提高测试精度主要是对不同的光纤链路设置不同的测试参数。首先应正确设定被测光纤的折射率、预估长度。其次用宽脉冲粗测光纤长度，当光纤长度基本明确后，调整脉宽和测试量程，使量程为测试长度的 1.5 ~2 倍，使脉宽小于事件盲区，这时的测试精度最高。

光缆的维护对光网络的可靠运行十分重要。在已开通的光网络中，光缆的维护和监测应该是在不中断通信的前提下进行的。一般采用通过监测空闲光纤的方式来检测在用光纤的状态，有效的方式是直接监测正在通信的光纤。为了缩短检测及修复时间，美国朗讯公司曾提出了新一代的光纤测试及监控系统，能在 1s 内发出故障告警，3min 内找到故障点，且工作人员可以遥控操作，据称该系统还将开发故障预测及对断纤快速反应的能力。在施工和维护中，如何降低成本，节省劳动力和时间，推广先进的施工方法，完善光纤通信网络的自动监测维护系统，提高光纤通信网络的不中断维护水平已是众心所望。

9.5　综合布线工程验收

综合布线工程验收是综合布线系统工程中的最重要的工作之一，当然也是最复杂的工程，因为综合布线工程验收涉及施工方、业主甚至是第三方论证单位。综合布线工程验收是施工方将该工程向业主移交的正式手续，也是业主对整个布线工程的认可（主要是功能和质量方面）。验收依据可参考《综合布线系统工程验收规范》（GB 50312—2007）。综合布线工程验收工作实际上是贯穿于整个施工过程的，而不只是布线工程竣工后的工程电气性能测试及验收报告。

9.5.1　综合布线工程的验收项目及内容

在进行综合布线工程验收时，认证测试实际上是对整个施工过程的最后检验。对于用户来说，要想保证综合布线工程质量，必须经过综合布线系统工程的验收。由于布线施工方与用户所处的角度不同，理想的情况是选择第三方布线认证测试公司进行认证测试，这对用户和施工方来说也是公正的。布线认证测试公司不仅能提供专业的认证测试仪器及专业测试人员，而且能提供完整的认证测试文档报告，有利于以后用户对网络的维护管理。但在实际认证测试过程中，由于诸多客观原因，多数由用户与施工方双方进行认证测试，这就要求用户对测试仪的选择、测试模式及测试结果的解释有一定的了解，否则很难保证综合布线工程的质量。

综合布线系统工程验收分为施工质量检查、随工检验和竣工验收等工作。施工质量检查包括环境检查、器材及测试仪表工具检查；随工检验主要是设备安装检验、缆线的敷设和保护方式检验、缆线终接等；竣工验收包括工程电气测试、管理系统验收和工程验收工作。

综合布线系统施工、测试和试运行一段时间后要进行工程验收。一般综合布线系统工程采取三级验收方式。

1）自检自验。施工单位自检、自验，发现问题及时改进与完善。

2）现场验收。由施工单位和建设单位联合验收，并作为工程结算的根据。

3）鉴定验收。上述两项验收后，乙方提出正式报告作为正式竣工报告，由甲乙双方共同呈报上级主管部门或委托专业验收机构进行工程鉴定。

对综合布线系统工程验收是施工方向用户方移交工程的正式手续之一，也是用户对工程的认可。综合布线工程的验收项目可分为：施工前检查、随工检验、隐蔽工程签证以及竣工检验等几部分，见表9.5所列，并给出相应的验收结果。

表9.5 综合布线工程验收项目及内容

阶段	验收项目	验收内容	验收方式	结果
施工前检查	1. 环境要求	①土建施工情况：地面、墙面、门、电源插座及接地装置 ②土建工艺：机房面积、预留孔洞 ③施工电源 ④地板铺设 ⑤建筑物人口设施检查	施工前检查	
	2. 器材检验	①外观 ②型号、规格和数量 ③电缆及连接器件电气性能测试 ④光纤及连接器件特性测试 ⑤测试仪表和工具的检验	施工前检查	
	3. 安全、防火要求	①消防器材 ②危险物的存放 ③预留孔洞防火措施	施工前检查	
设备安装	1. 电信间、设备间、设备机柜和机架	①规格、外观 ②安装垂直、水平度 ③油漆不得脱落、标志完整齐全 ④各种螺钉必须紧固 ⑤抗震加固措施 ⑥接地措施	随工检验	
	2. 配线部件及8位模块式信息插座	①规格、位置和质量 ②各种螺钉必须拧紧 ③标志齐全 ④安装工艺符合要求 ⑤屏蔽层可靠连接	随工检验	

（续）

阶　段	验收项目	验收内容	验收方式	结果
楼内电缆、光缆布放	1. 电缆桥架及线槽布放	①安装位置正确 ②安装工艺符合要求 ③缆线布放工艺符合要求 ④接地	随工检验	
	2. 缆线暗敷（包括暗管、线槽和地板下等方式）	①缆线规格、路由和位置 ②缆线布放工艺符合要求 ③接地	隐蔽工程签证	
楼外电缆、光缆布放	1. 架空缆线	①吊线规格、架设位置和装设规格 ②吊线垂度，卡、挂间隔 ③缆线规格 ④缆线的引入工艺符合要求	随工检验	
	2. 管道缆线	①使用管孔孔位 ②缆线规格 ③缆线走向 ④缆线防护措施的设置质量	隐蔽工程签证	
	3. 直埋式缆线	①缆线规格 ②敷设位置、深度 ③缆线防护措施的设置质量 ④回填土夯实质量		
	4. 其他	①通信线路与其他设施的间距 ②进线室安装、施工质量		
缆线终接	1. 8 位模块式信息插座 2. 光纤连接器件 3. 各类跳线 4. 配线模块	符合工艺要求	随工检验	
系统测试	1. 工程电气性能测试	①接线图 ②长度 ③衰减 ④近端串扰（两端都应测试） ⑤近端串扰功率和 ⑥衰减串扰比 ⑦衰减串扰比功率和 ⑧等电平远端串扰 ⑨等电平远端串扰功率和 ⑩回波损耗 ⑪传播时延 ⑫传播时延偏差 ⑬插入损耗 ⑭直流环路电阻 ⑮设计中特殊规定的测试内容 ⑯屏蔽层的导通	竣工检验	
	2. 光纤链路测试	①衰减 ②长度		

（续）

阶　　段	验 收 项 目	验 收 内 容	验 收 方 式	结果
管理系统	1. 管理系统级别	符合设计要求	竣工检验	
	2. 标识符与标签设置	①专用标识符类型及组成 ②标签设置 ③标签材质及色标		
	3. 记录和报告	①记录信息 ②报告 ③工程图样		
工程总验收	1. 竣工技术文件	清点、交接各种技术文档	竣工检验	
	2. 工程验收评价	考核工程质量，确认验收结果		

9.5.2 布线工程验收的组织准备

综合布线工程验收的组织准备工作主要包括：施工方为鉴定提供的文档资料、相关验收标准文档、业主和施工方共同确认的鉴定测试仪器、业主和施工方共同组成的鉴定小组成员名单以及鉴定时抽样检查规则等。施工方为鉴定提供的文档资料主要有以下几种。

1. 综合布线工程建设报告

该报告的内容主要涉及工程概况、工程设计与实施方案（包括布线工程设计目标、布线工程设计指导思想、综合布线的设计与实施概述、设计要求、实施方案和布线示意图、布线工程的质量和测试、布线系统管理信息等）、工程技术和工艺特点、各类工程文档，包括综合布线工程技术方案、系统设计图、工程施工报告、测试报告、施工图、设备连接报告和物品清单等。

2. 综合布线工程测试报告

综合布线工程测试报告包含缆线检验、辅助材料检验、测试标准选用、测试仪器选用、测试结果记录和测试小组成员签名等内容。

3. 综合布线工程资料审查报告

该报告重点检查施工方为业主提供的网络系统布线工程方案、工程施工报告、网络布线系统工程测试报告、综合布线方案、楼宇间站点位置图和接线图、计算中心主跳线柜接线表和主配线柜端口/位置对照表、布线系统测试结果等8类文档。

4. 综合布线工程用户意见报告

该报告是由业主提供的试运行报告，主要内容包含：系统设计是否合理、性能是否可靠；网络拓扑结构是否能方便灵活地进行调整而无需改变布线结构，该系统是否为业主的局域网管理提供了良好的基础，在布线系统上进行高、低速数据混合传输试验时系统是否表现了很好的传输性能，以及业主试用阶段的最终结论等内容。

5. 综合布线工程验收报告

该报告从工程系统规模、工程技术先进性和设计合理性、施工质量达到的设计标准、文档资料齐全和鉴定结论等方面，对该综合布线工程作出结论。

一般情况下，验收工作分为布线工程现场（物理）验收和文档验收两个重点部分进行。

9.5.3　布线工程现场（物理）验收

综合布线系统的现场（物理）验收应由施工方和业主共同组成一个验收小组，对已竣工的综合布线系统工程进行验收。在现场（物理）上验收，通常按综合布线系统的各个子系统分别进行。验收要点如下。

1. 工作区验收

对于众多的工作区不可能逐一验收，通常是由甲方抽样挑选工作区进行。验收的重点为：

1）线槽走向、布线是否美观大方，符合规范。

2）信息插座是否按规范进行安装。

3）信息插座安装是否做到高、平一致，且牢固。

4）信息面板是否都固定牢靠。

5）活动地板的敷设是否符合标准。

6）信息插座是否通畅，相关技术参数指标是否达到设计标准。

2. 配线子系统验收

对于配线子系统，主要验收点为：

1）线槽安装是否符合规范。

2）线槽与线槽、线槽与槽盖是否接合良好。

3）托架、吊杆是否安装牢固。

4）配线子系统缆线与干线、工作区交接处是否出现裸线。

5）配线子系统干线槽内的缆线是否固定好。

3. 干线子系统验收

干线子系统的验收除了类似配线子系统的验收内容之外，重点要检查建筑物楼层与楼层之间的洞口是否封闭，以防出现火灾时成为一个隐患点。还要检查缆线是否按间隔要求固定，拐弯缆线是否符合最小弯曲半径要求等。

4. 设备间、进线间和管理系统验收

设备间验收主要检查设备安装是否规范整洁，各种管理标识是否明晰；竖井、线槽和打洞的位置是否符合要求，与楼层之间的洞口是否封闭；进室缆线是否预留足够的长度；接地和避雷系统是否符合标准。验收工作不一定到工程结束才进行，有些工作往往需要随时验收。

管理系统的验收侧重 3 个方面：①管理系统级别是否符合设计要求；②标识符与标签设置情况，需要管理的每个组成部分均设置标签，并由唯一的标识符进行表示，标识符与标签的设置应符合设计要求；③记录和报告。管理系统的记录文档应详细完整并汉化，包括每个标识符相关信息、记录、报告和图样等。

5. 系统测试验收

系统测试验收是对信息点进行有选择的测试，检验测试结果。测试综合布线系统时，要认真详细地记录测试结果，对发生的故障、参数等都要逐一记录。系统测试验收的主要内容为：

（1）电缆传输信道的性能测试

1）5类线要求。接线图、长度、衰减和近端串扰要符合规范。

2）5e类线要求。接线图、长度、衰减、近端串扰、传播时延和时延偏差要符合规范。

3）6类线要求。接线图、长度、衰减、近端串扰、传播时延、时延偏差、综合近端串扰、回波损耗、等电平远端串扰和综合远端串扰要符合规范。

4）系统接地电阻要求小于4Ω。

（2）光纤链路的性能测试

1）类型。单模/多模、根数等是否正确。

2）衰减。

3）反射。

（3）测试报告

测试报告可由一组记录或多组连续信息组成，以不同格式介绍记录中的信息。测试报告应包括相应记录、补充信息和其他信息等内容。综合布线系统测试完毕，施工方应提供包含如下内容的测试报告：测试组人员姓名，测试仪表型号（制造厂商、生产系列号码），生产日期，光源波长（仅对多模光纤布线系统），光纤光缆的型号、厂商、终端（尾端）地点名、测试方向、相关功率测试得出的网段光功率衰减、合格值的大小等。

6. 智能布线系统的验收

对于智能布线系统的验收应分两部分进行：①物理层传输性能的认证测试；②智能功能模块间的功能验证。

1）因为在智能布线系统中管理信号没有采用物理信道中1～8针进行传输，管理信号与业务信号是分离的，所以对于物理层的认证测试仍然按照传统的方式进行，也可以分为永久链路和信道两种不同的模型进行认证测试。根据配线架和缆线的种类，依据Cat5e、Cat6、Cat6a、多模光纤和单模光纤等相关标准进行测试。

2）对于管理设备和管理软件需要验证的内容有：电子配线架与系统管理硬件之间的连通性，管理硬件通过网络系统与管理软件之间的连通性，系统各功能模块工作是否正常等。

9.5.4 文档验收

技术文档、资料是布线工程验收的重要组成部分。完整的技术文档包括电缆的标号、信息插座的标号、电信间配线电缆与干线电缆的跳接关系、配线架与交换机端口的对应关系等。在条件许可的情况下，要尽可能地按照《建设电子文件与电子档案管理规范》（CJJ/T 117—2007），建立电子文档，便于以后维护管理使用。

为了便于工程验收和管理使用，施工单位应编制工程竣工技术文件，按协议或合同规定的要求交付所需要的文档。工程竣工技术文件主要包括以下几个方面：

（1）竣工图样

综合布线系统工程竣工图样应包括说明及设计系统图、反映各部分设备安装情况的施工图。竣工图样应表示以下内容：

1）安装场地和布线管道的位置、尺寸和标识符等。

2）设备间、电信间和进线间等安装场地的平面图或剖面图及信息插座模块安装位置。

3）缆线布放路径、弯曲半径、孔洞、连接方法及尺寸等。

（2）工程核算书

综合布线系统工程的施工安装工程量核算，如干线布线的缆线规格和长度，楼层配线架的规格和数量等。

（3）器件明细表

将整个布线工程中所用的设备、配线架、机柜和主要连接器件分别统计，清晰地列出其型号、规格和数量。列出网络接续设备、主要器件明细表。

（4）测试记录

布线工程中各项技术指标和技术要求的随工验收、测试记录，如缆线的主要电气性能、光纤光缆的光学传输特性等测试数据。

（5）隐蔽工程

直埋缆线或地下缆线管道等隐蔽工程经工程监理人员认可的签证；设备安装和缆线敷设工序告一段落时，常驻工地代表或工程监理人员随工检查后的证明等原始记录。

（6）设计更改情况

在布线施工中有少量修改时，可利用原布线工程设计图进行更改补充，不需重作布线竣工图样，但对布线施工中改动较大的部分，则应另作竣工图样。

（7）施工说明

在布线施工中一些重要部位或关键网段的布线施工说明，如建筑群配线架和建筑物配线架合用时，它们连接端子的分区和容量等。

（8）软件文档

在综合布线工程中，如采用计算机辅助设计，应提供程序设计说明及有关数据、操作使用说明、用户手册等文档资料。

（9）会议、洽谈记录

在布线施工过程中由于各种客观因素变更或修改原有设计或采取相关技术措施时，应提供设计、建设和施工等单位之间对于这些变动情况的洽谈记录，以及布线施工中的检查记录等资料。

总之，布线竣工技术文件和相关文档资料应内容齐全、真实可靠、数据准确无误，语言通顺，层次条理，文件外观整洁，图表内容清晰，不应有互相矛盾、彼此脱节、错误和遗漏等现象。

思考与练习题

1. 什么是电缆的验证测试和认证测试？电缆认证测试的标准或规范有哪些？
2. 综合布线系统主要有哪些测试参数？电缆测试中的 NEXT 参数是什么？
3. 什么是基本链路？什么是永久链路？什么是信道？
4. 简述综合布线系统的测试模型。
5. 电缆认证测试的标准或规范有哪些？何谓电缆的验证测试和认证测试？
6. 综合布线系统的测试仪器主要有哪些类型？
7. 简述光时域反射仪（OTDR）的工作原理。
8. 利用光时域反射仪（OTDR）可以测量的项目有哪些？
9. 举例说明市场上常见的综合布线的测试仪器。
10. 对绞电缆布线的常见故障有哪些？
11. 分析测试近端串扰未通过的可能原因。

12. 有哪些标准测试光纤链路?
13. 在光纤链路测试中有哪几个主要指标?
14. 为什么不可以使用1300nm LED光源来测试运行1310nm的单模光缆?
15. 什么是HDTDR技术，有什么特点?
16. 什么是HDTDX技术，主要用于哪些测试项目?
17. 简述综合布线系统物理验收的要点。

附　　录

本书比较详细地介绍了综合布线系统的组成、布线系统的工程设计、布线施工技术、布线系统测试与工程验收等，在实际工程中要更为复杂。伴随着综合布线系统、计算机网络技术的迅速发展和高速通信网络对布线要求的不断提高，布线工程的所有技术细节都将严格按照相关标准进行实施，而不能容忍任何不符合要求的自由度存在。因此，在这里通过附录A、B给出综合布线系统需要严格遵守的标准参考目录和综合布线系统常用图形符号，供读者查阅。

附录A　综合布线系统标准参考目录

表A-1　综合布线系统国家标准、通信行业标准和推荐性标准

序号	标准名称	标准标号	实施日期
1	综合布线系统工程设计规范	GB 50311—2007	2007. 10. 1
2	综合布线系统工程验收规范	GB 50312—2007	2007. 10. 1
3	通信管道与通道工程设计规范	GB 50373—2006	2007. 05. 1
4	通信管道工程施工及验收规范	GB 50374—2008	2008. 05. 1
5	通信用单模光纤系列第1～5部分	GB /T 9771. 1/5—2000	2001. 6. 1
6	通信用多模光纤系列	GB/T 123457—1990	1991. 3. 1
7	光缆总规范第1部分：总则	GB /T 7424. 1—2003	1999. 7. 1
8	光纤总规范第1部分：总则	GB /T 15972. 1—1998	1999. 7. 1
9	光缆总规范第2部分：光缆基本试验方法	GB /T 7424. 2—2008	2008. 11. 1
10	通信光缆系列第2部分：干线和中继用室外光缆	GB /T 13993. 2—1999	2000. 3. 1
11	通信光缆系列第2部分：核心网用室外光缆	GB /T 13993. 2—2002	2003. 4. 1
12	通信光缆系列第3部分：综合布线用室内光缆	GB /T 13993. 2—2001	2002. 5. 1
13	通信光缆系列第4部分：接入网用室外光缆	GB /T 13993. 4—2002	2003. 4. 1
14	电子计算机机房设计规范	GB 50174—2008	2008. 9. 1
15	智能建筑设计标准	GB /T 50314—2006	2007. 7. 1
16	信息技术用户建筑群的通用布缆	GB /T 18233—2000	2001. 8. 1
17	大楼通信综合布线系统第1部分：总规范	YD/T 926. 1—2001	2001. 11. 1
18	大楼通信综合布线系统第2部分：综合布线用电缆、光缆技术要求	YD/T 926. 2—2001	2001. 11. 1
19	大楼通信综合布线系统第3部分：综合布线用连接硬件技术要求	YD/T 926. 3—2001	2001. 11. 1
20	综合布线系统电气特性通用测试方法	YD/T 1013—1999	1999. 10. 1
21	数字通信用对绞/星绞对称电缆第1～4部分	YD/T 838. 1/4—1997	1997. 7. 1
22	用户接入网工程设计暂行规定	YD 5023—1996	1996. 9. 1

（续）

序号	标准名称	标准标号	实施日期
23	城市住宅区和办公楼电话通信设施设计标准	YD/T 2008—1993	1994. 1. 1
24	城市住宅建筑综合布线系统工程设计规范	CECS 119：2000	2000. 1. 1
25	中国公用计算机互联网工程设计暂行规定	YD 5037—1997	1997. 4. 1
26	建筑与建筑群综合布线系统工程设计施工图集	YD 5082—1999	2000. 1. 1
27	公用计算机互联网工程验收规范	YD 5070—1998	1999. 2. 1
28	电线电缆燃烧试验方法第 1、3、4、6、7 部分	GB 12666. 1/3/4/6/7—1990	1990. 12
29	电缆在火焰条件下的燃烧试验第 1、2、3 部分	GB /T 18380—2001	2001. 07
30	建设电子文件与电子档案管理规范	CJJ/T 117—2007	2008. 01. 01

表 A-2 综合布线系统常用国际标准

序号	标准名称	标准标号	发布日期
1	信息技术—用户通用布线系统（第 2 版）	ISO/IEC 11801—2002	2002. 8. 13
2	商用建筑通信布线标准	ANSI/TIA/EIA 568—A/1 ~ 5	1995
3	商用建筑通信布线标准总则	ANSI/TIA/EIA 568—B. 1	2001. 4. 1
4	商用建筑物通信电缆标准总则附录	ANSI/TIA/EIA 568—B. 1-1	2001. 8. 1
5	商用建筑物通信电缆标准第 2 部分：平衡双绞线系统	ANSI/TIA/EIA 568—B. 2 ANSI/TIA/EIA 568—C. 1	2001. 4. 1 2008. 10
6	商用建筑物通信电缆标准第 2 部分附录 2：6 类布线标准	ANSI/TIA/EIA568—B. 2-1—2002 ANSI/TIA/EIA 568—C. 2	2002. 6. 1 2008. 10
7	商用建筑物通信电缆标准第 3 部分：光纤布线部件标准	ANSI/TIA/EIA 568—B. 3 ANSI/TIA/EIA 568—C. 3	2001. 4. 1 2008. 10
8	商用建筑标准通信路径和间隔标准	ANSI/TIA/EIA 569—A	1998. 2. 1
9	100Ω4 线对 5 类布线附加传输性能标准	ANSI/TIA/EIA TSB 95	1995
10	UTP 和 ScTP 对绞线布线系统现场测试传输性能标准	ANSI/TIA/EIA TSB 67—1995	1995. 10
11	5 类通道和 LevelII-E 测试设备的现场鉴定	ANSI/TIA/EIA TSB 96—1996	1996
12	商用建筑通信设施管理标准	ANSI/TIA/EIA 606	1993. 2. 1
13	商用建筑通信设施接地与屏蔽要求	ANSI/TIA/EIA 607	1994. 8. 1
14	100Ω 屏蔽对绞线布线的技术规范	ANSI/TIA/IS 729	1995
15	信息技术—通用布线系统	EN 50173 A1—2000/2002	2000/2002
16	信息技术—布线系统的规划和安装	EN 50174	2002
17	用户通用布线系统的执行和操作—管理、文档和记录	ISO/IEC 14763-1：1999	1999. 10. 15
18	用户通用布线系统的执行和操作—电缆布线系统规划和安装	ISO/IEC 14763-2：2000	2000. 7. 20
19	用户通用布线系统的执行和操作—光纤布线系统的接收测试	ISO/IEC 14763-3：2000	2000. 7. 20
20	家居电信布线标准	ANSI/TIA/EIA 570—A—1999	1999. 9. 1
21	安全系统家居布线	ANSI/TIA/EIA 570—A—1—2002	2002. 2. 1
22	家居音频布线整体解决方案	ANSI/TIA/EIA 570—A—3—2002	2002. 2. 1

附录 B　综合布线系统常用图形符号

序号	符　　号	名　　称
1	CD	建筑群配线架（系统图，含跳线连接）
2	BD	建筑物配线架（系统图，含跳线连接）
3	FD	楼层配线架（系统图，含跳线连接）
4	FD	楼层配线架（系统图，无跳线连接）
5	CP	集合点配线架
6	ODF	总光纤配线架（总光纤连接盘）
7	SC	光纤配线架（光纤连接盘）
8	MDF	总配线架
9	SB	模块配线架式的供电设备（系统图）
10	Hub	集线器
11	SW	网络交换机
12	PABX	程控用户交换机
13	RUT	路由器
14	UPS	不间断电源
15		服务器
16	MUTO	多用户信息插座，信息孔数量≤12
17	IP	网络电话
18	形式 1：nTO 形式 2：nTO	信息插座，n 为信息孔数量 例如：TO—单孔信息插座；2TO—双孔信息插座；4TO—四孔信息插座； nTO—n 孔信息插座
19	形式1: 形式2:	信息插座的一般符号。可用以下的文字或符号区别不同插座，TP—电话；GD—计算机（数据）
20		直线连接
21		线槽
22		交叉连线
23		接插线
24		转接点
25	AP	无线接入点
26	IP	网络摄像机
27	IP	带云台网络摄像机（含解码器）
28	PRT	打印机
29	MD	调制解调器
30		测试仪
31	DD	配线箱
32		光纤或光缆
33	a.b.c	电缆
34		机械端接
35		二分配器
36		三分配器
37		放大器

说明：1. n 为信息插座数量。

2. a、b、c 表示缆线数量、型号、穿管管径。

参 考 文 献

[1] 刘化君．综合布线系统［M］．2 版．北京：机械工业出版社，2008.
[2] 刘化君．网络综合布线［M］．北京：电子工业出版社，2006.
[3] 张宜，等．综合布线系统白皮书［M］．北京：清华大学出版社，2010.
[4] 张宜．综合布线工程［M］．北京：中国电力出版社，2008.
[5] 黎连业．网络综合布线系统与施工技术［M］．5 版．北京：机械工业出版社，2013.
[6] 刘化君，等．计算机网络与通信［M］．2 版．北京：高等教育出版社，2011.
[7] 刘化君，等．计算机网络原理与技术［M］．2 版．北京：电子工业出版社，2012.
[8] 刘化君，刘传清．物联网技术［M］．北京：电子工业出版社，2010.
[9] 宋大为．光纤配线架的特点和选型［J］．http：//www. dt365. com.
[10] TIA/EIA 通信工业协会/电子工业协会．http：//www. eia. org，http：//tiaonline. org.
[11] IEC 国际电工委员会．http：//www. iec. ch.
[12] ANSI 美国国家标准学会．http：//www. ansi. org.
[13] 中国智能建筑信息网．http：//www. ib-china. com.
[14] 千家综合布线网站．http：//www. cabling-system. com.
[15] 中国光纤在线网．http：//www. c-fol. net.
[16] 安恒公司网站．http：//www. anheng. com.